工业制冷集成新技术与应用

第 3 版

李宪光　编著
张建一　主审

机 械 工 业 出 版 社

本书在第 2 版的基础上，结合新标准、新规范、新技术、新系统，对相关内容进行了更新和补充。

本书介绍了一些发达国家工业制冷领域的先进技术和在冷链物流冷库与速冻加工中制冷工艺的设计理念，以及作者在吸收先进理念与技术的基础上，结合国内现状，在制冷工程项目中的具体应用和创新成果。全书共15 章，分别为工业制冷、制冷循环的演变、压缩机与制冷工艺相关的技术、蒸发器的现代技术、冷凝器、供液方式与液体循环、管道与阀门的选择、容器的功能设计、冷链物流冷库的自动控制、超低温制冷系统、二氧化碳工业制冷系统、制冷剂、制冷系统的润滑油、载冷剂、冷链物流冷库的新动态。

第 3 版最大的亮点是根据国外一些著名的制冷生产厂家提供的数据和相关的公式，分析了各种制冷剂的气液密度比；定义了分离液滴直径；推导出了分离容器（立式与卧式）计算公式所需要的阻力系数，得出了完整的理论与实践相结合的计算结果，并且可以直接在工程上使用；对管道的各种选型计算进行了归纳和总结；完善了一些制冷循环中新技术名称的定义；增加了二氧化碳制冷系统、超低温、制冷剂、载冷剂等内容；通过公式推导用二氧化碳作为制冷剂的制冷系统与其他制冷剂系统运行所具有的不同特点和现象，以及二氧化碳作为载冷剂应该采用的方式；在制冷自动控制方面，介绍了移动互联网技术与云平台技术。

本书理论与工程实践相结合，技术数据来源于工程实际和厂家提供的试验数据。

书中部分彩图采用扫描二维码形式呈现，操作方法见封四使用说明。

本书可作为有一定理论基础的工程技术人员在制冷工程设计时的参考书，也可作为高校建筑环境与能源应用工程、能源与动力工程专业制冷方向高年级学生的实践课程参考书以及相关方向研究生的参考书。

图书在版编目（CIP）数据

工业制冷集成新技术与应用/李宪光编著. —3 版. —北京：机械工业出版社，2023.11

ISBN 978-7-111-73973-9

Ⅰ.①工…　Ⅱ.①李…　Ⅲ.①制冷技术-研究　Ⅳ.①TB66

中国国家版本馆 CIP 数据核字（2023）第 187816 号

机械工业出版社（北京市百万庄大街 22 号　邮政编码 100037）
策划编辑：刘　涛　　　责任编辑：刘　涛　于伟蓉
责任校对：贾海霞　张　薇　　责任印制：单爱军
保定市中画美凯印刷有限公司印刷
2024 年 1 月第 3 版第 1 次印刷
184mm×260mm · 27.75 印张 · 743 千字
标准书号：ISBN 978-7-111-73973-9
定价：289.00 元

电话服务　　网络服务
客服电话：010-88361066　机 工 官 网：www.cmpbook.com
010-88379833　机 工 官 博：weibo.com/cmp1952
010-68326294　金 书 网：www.golden-book.com
封底无防伪标均为盗版　机工教育服务网：www.cmpedu.com

序

人工制冷技术起源于18世纪中叶的苏格兰。19世纪80年代，人工制冷技术伴随着西方商品的涌入而传入我国东南沿海一带，被首先应用到水产品和农产品的加工、运输和储藏方面。西方国家开始在我国东南沿海港口和码头，在人口密集的东部大城市兴建冷库。这一阶段可称为人工制冷技术应用阶段，也是我国引进与吸收这种技术的阶段。在这期间也诞生了我国首批具有现代热工知识的制冷技术专业人才。

新中国成立后，政府为了“发展生产、保障供给”，专门责成政府相关部门负责食品供给的计划保障工作，这期间除了发展生产外，还主要依靠了人工制冷技术在易腐食品的生产、加工、储运领域的广泛应用，才得以完成政府之托。20世纪50年代，受苏联政府的委派，苏联肉乳工业部派出专家到我国相关部委工作，指导制冷技术在易腐食品加工、储藏方面的应用，同时在我国高等院校也开设了“制冷机”这门专业课程，教授人工制冷技术。从那时起，我国开始有了具备系统制冷专业知识的高级技术人才，制冷技术也在我国商业、农业、机械、轻工、外贸、化工、石油、交通、水利、采矿、制药、医疗卫生、国防等领域得到了广泛的应用。

改革开放以来，随着我国国际交往范围的扩大，以及对科学技术的引进与吸收工作的推进，美国及欧洲一些国家近几年制冷技术研发的成果也被迅速地引入我国，为我国广大的从事制冷技术研发与应用的科技工作者提供了新的思路。

本书作者正是在这种历史大背景下成长起来的生产一线制冷科技工作者，受过系统的高等制冷专业教育，加之个人勤奋，结合自己多年的制冷工程设计与安装工作的实践，以及在国外专业技术考察期间的学习心得，结题成文，写成本书。这也是近十几年来在食品冷藏行业难得的一本系统论述工业制冷技术，在食品加工与储运方面有具体应用实例的专业书籍。特别是作者将一些国外最新制冷工程实践的实例，图文并茂地介绍给读者，足见作者在专业领域内学习与钻研所下的功夫。本书具有针对性和实用性，值得向国内从事工业制冷技术学习、应用与研究的广大师生、科技人员推荐。

中国制冷学会理事

徐庆磊

前言

从2017年4月出版第1版，仅仅6年时间，现在已经是第3版了。更新如此之快有两个原因：首先是这几年由于中国的城市化建设使冷链物流得到飞速发展，城市的物流配送已成为人们生活不可缺少的一部分。工业制冷技术为这个行业的发展起到了重要作用；其次是本书介绍的内容，可以帮助读者解决在工程应用上的一些难题。理论与实践的有机结合是这本书的最大特点。

第1版的出版受到了业内工程技术人员和相关读者的欢迎和好评，第1次印刷的图书很快销售一空，出乎作者与出版社的预料。为了对读者负责以及对制冷技术的精益求精，作者启动了第2版的写作，在第1版的基础上补充了一些容器数据，修改了书中存在的问题。由于市场的需求和读者的企望，第2版准备的时间不长，只用了5个月，于2018年7月与读者见面了。

由于时间上准备不足，第2版还是存在不少问题，主要是一些数据的引用来源交代不清晰，一些技术回过头来看，需要赋予新的概念。这些问题给作者带来许多遗憾，希望第3版能部分弥补一些这方面的缺失。

在第2版写作完成后，作者就从原来的工作岗位上退下来了，于是有了更多的时间去了解国内各地在工业制冷方面的应用与现实情况，有机会与许多技术人员交流以及倾听他们的意见与建议，并且参与了一些新技术的施工和实践，如二氧化碳复叠制冷与载冷、超低温复叠与载冷、低压循环桶的启动容积与缓冲容积的测试等。这些项目的参与和调试，让作者丰富了实践经验，同时收集了相关数据和资料，为第3版的写作打下了更好的基础。

第3版怎样写？应该是在引进国外的先进技术的同时，结合国内工业制冷的实际情况解决相关的问题。例如，采用蒸发排管的低压循环桶选型，卤代烃制冷剂（氟利昂）系统的高、低温共用的高压系统计算等。尽可能减少错误和避免理解上的偏差是作者写作第3版的原动力。这些年作者一直留意国外在这方面的发展与新技术。工业制冷已经有一百多年的历史了，经过几代人的努力与实践，有很成熟的模式与计算公式。作者发现虽然这些技术仍然在不断发展，但是没有出现颠覆性的、革命性的技术，只是对原有的技术的完善与改进。

编写第3版的最大困扰是：国内在这个领域缺乏技术上完整的数据库，也就是国内在这方面的基础研究比较薄弱。书中的许多计算需要这种数据的支持，因此，需要由别人的计算结果来反推这些基础数据。要实现技术的创新，没有这些数据的支持与基础理论的研究，是不可能实现的。完整数据库与基础理论研究，是我们与发达国家在工业制冷领域的最大差距。

对于工业制冷领域，更偏重于实际的应用，理论是为应用服务的。对于一些基础的理论计算，如制冷系统的质量流量的计算、压力降的计算、系统负荷的计算，很早就有了严格的定义。但是对于一些业内还没有形成真正共识的理论，如分离容器的分离理论、二氧化碳的液滴在干回气管再次形成的比例、二氧化碳作为载冷剂的应用方式等，有些是一些著名的生产企业的研究成果或者是核心专利而不会披露，而有些是通过实际应用得到的测试结果，服务于相关的设计与应用。尽管这些成果可能由于技术专利的原因而没有披露，但是所应用的系统运行时给出的数据是真实有效的。一句话：数据不会骗人。

第 3 版的亮点在于：美国 Wilbert F Stoecker 教授利用 Souders 和 Brown 方程（Mott Souders 和 George Brown 于 1934 年创立）与斯托克斯定律（Stokes Law，1851 年创立），完整地推导出适合制冷分离容器应用的公式。作者通过大量地阅读欧美国家在工业制冷这方面的相关资料与书籍，根据国外一些著名的制冷生产厂家提供的数据和相关的公式，分析了各种制冷剂的气液密度比，自行定义了分离液滴直径，推导出了分离容器（立式与卧式）计算公式所需要的阻力系数，从而得出了完整的理论与实践相结合的计算结果，并且可以直接将其应用于工程上。这在实际应用上解决了国内一直没有解决的难题。尽管这种推算可能不那么完美，但是目前世界上在工业制冷的实际应用中已经广泛接受了 Souders 和 Brown 的理论。第 3 版还对管道的各种选型计算进行了归纳与总结；完善了一些制冷循环中新的技术名称定义；增加了二氧化碳制冷系统、超低温、制冷剂、载冷剂等内容；通过公式推导用二氧化碳作为制冷剂的制冷系统与其他制冷剂系统运行所具有的不同的特点和现象，以及二氧化碳作为载冷剂应该采用的方式；在制冷系统自动控制方面，增加了移动互联网技术与云平台技术的介绍。

由于这几年我国冷链市场的飞速发展，工业制冷技术呈现规模化与多样化的形式。在这发展的浪潮中，作者也亲历了技术探索与改进的过程。本书论述的绝大部分内容，作者都具体地参与从设计、施工到调试的全过程，并且获得了十多项国家授予的发明与实用新型专利。从原来以氨制冷技术为主到后来的卤代烃、二氧化碳制冷，从直接膨胀系统（卤代烃系统直接膨胀到氨系统的直接膨胀）到重力系统以及桶泵循环系统、载冷剂系统；从高温冷藏、低温冷藏和速冻制冷到食品应用的超低温系统、实验室的超低温系统；从盐水制冰到直接膨胀接触制冰以及桶泵循环的大型系统接触制冰。这些项目通过理论与实践的结合，如热气融霜、自动放空气器、虹吸桶的应用、桶泵技术、经济器补气等，都是经过试验→失败→再改进和试验→再次失败→再次改进和试验，直至成功的过程。有些技术要通过多年的反复试验、总结、再改进才能获得成功。如自动放空气器，前后经历三代产品的改进，5年的时间；热气融霜技术的完善及其项目应用的改进用了10年；分离容器的理论计算，前后用了10多年的时间。

工业制冷的发展历史表明，许多技术都是经过不断地磨炼与测试、总结与归纳得来的，新的技术和理念同样如此。追求制冷技术上的完美，需要不断地学习与改进。一些技术从当时的眼光来看是成熟的，但是实践一段时间后回看，也许会有更多的收获和不同的感受。追求技术上的精益求精，是永远没有止境的。

本书能够得到同行的认可，需要感谢许多在事业上对作者有过很大帮助的人。首先感谢的是粤联水产制冷工程有限公司总经理吴少强先生和把作者引入粤联公司的何刚明先生，以及公司的股东们。没有他们的全力支持，作者不可能取得如今的成就。还要感谢公司中的同事，他们在工程调试中全力配合，及时反馈现场调试的结果，并进行总结。正是他们的帮助，才使本书介绍的制冷技术在工程中得到应用，并经过前后近20年的磨炼从尝试走向初步的成熟。

另外，作者更要感谢为本书引路和审核的张建一教授，他为本书的写作、文字的处理提出了不少意见和建议；庄友明老师为本书的书名提供了重要的思路；感谢机械工业出版社的刘涛老师为本书出版付出的辛勤劳动。部分三维图以及图8-21~图8-23由宋成杰先生协助完成。还要感谢第一个支持作者做这种尝试的人——粤泰冷链物流有限公司的陈拱龙先生，以及给作者最大实践项目的物流先行者——福州名成实业有限公司的林香建先生（作者参与这家公司的项目达38万吨冷库）。还有粤联水产制冷工程有限公司的：向泉、赵云强、肖刚毅、潘洪准、林良影、陈炳耀、骆锦登，西安联盛能源科技有限公司的董事长白建林先生，广州博邦制冷科技有限公司的钟锦荣先生，广州科勒尔制冷设备有限公司的总经理彭光辉先生，山东神舟制冷设备有限公司的宋明刚先生，武汉鑫江车冷机系统成套设备有限公司的张红钦先生，美国汉森技术公司的陈中先生，以及冯飚先生的大力支持。

感谢为本书提供资料与支持的单位（排名不分先后）：

中国制冷学会、广东省冷链协会、广东省冷藏行业协会；

华商国际工程有限公司、约克（中国）商贸有限公司、比泽尔制冷技术（中国）有限公司、丹佛斯中国公司、Hansen Techoloiges Corporation（美国汉森技术公司）、派克汉尼汾管理（上海）有限公司、凯络文换热器（中国）有限公司、福建雪人股份有限公司、阿法拉伐（中国）公司、伐德鲁斯换热设备（张家港）有限公司、路伟换热器有限公司、上海汉钟精机股份有限公司、银海洁环保科技（北京）有限公司、优泰门业有限公司、德默菲换热器（平湖）有限公司、广州冰峰制冷工程有限公司、山东神舟制冷设备有限公司、济南欧菲特制冷设备有限公司、上海协达冷气工程有限公司；

《冷藏技术》杂志、华南理工大学食品科学与工程学院、广东海洋大学工程学院热能与动力工程系、顺德职业技术学院机电工程系、冰轮环境技术股份公司、上海拓梵实业有限公司、南通冰源冷链科技有限公司。

特别感谢广东海洋大学的谢烈老师（作者的专业老师）。

本书的制冷剂热力性质及相关数据、压焓图来自丹麦技术大学提供的免费软件以及美国杜邦公司 2004 年的资料、霍尼韦尔公司的资料。同时感谢广东省冷链协会会长李健华女士以及美国驻广州总领事馆商务处的大力支持。分离容器的选型软件编辑由程传凯先生完成，制冷剂数据编辑由黄寿德先生协助完成，封面由李冬卉、张静设计。当然也少不了作者的夫人龚进英女士背后的全力支持。

由于作者长期在工程公司基层工作，因此本书在理论方面会有所欠缺，希望同行的朋友给予谅解及指正。谢谢！

李宪光

2023 年初秋再次修订于珠江畔

特别声明：书本中所有的管道设备以及阀门连接图均为示意图或者原理图，不能作为施工图之用。

本书封面设计部分图片采用北京市建筑设计研究院的设计图样，由使用单位北京京津港国际物流有限公司提供。

采用本书介绍的工业制冷新技术完成的国内工程项目

图 1　2013 年完工的北京京津港冷链物流冷库的低温穿堂

图 2　2013 年完工的北京京津港冷链物流冷库的外形

图 3　2012 年完工的山东中凯兴业贸易广场有限公司 15 万吨冷库

图 4　山东中凯兴业贸易广场有限公司 15 万吨冷库压缩机采用闪发经济器补气连接

图 5　粤联公司首先使用二次节流供液的粤泰冷链物流有限公司冷库（2009 年完工）

采用最新工业制冷技术的国外工程项目

图 6　采用补气连接的管道和阀门与压缩机的接入大样图（Lineage 公司，2014 年完工，美国）

图7　低温低压循环桶（浅蓝色）与中温低压循环桶（深蓝色）的安装现场
（Lineage 公司，2014 年完工，美国）

图8　低温低压循环桶（浅蓝色）与中温低压循环桶（深蓝色）的一次节流供液与二次节流供液
（Lineage 公司，2014 年完工，美国）

图9　Diepop's-Hertogenbosch B. V. 工厂的机房压缩机的补气连接（2012 年，欧洲）

图 10　采用二次节流供液方式，制冷液体在进入其中一台中温低压循环桶液体节流后，再向另一台低温低压循环桶进行二次节流供液（Diepop's-Hertogenbosch B. V，欧洲）

图 11　在高压贮液器出液管上的紧急关闭阀（Diepop's-Hertogenbosch B. V，欧洲）

目 录

第1章 工业制冷

工业制冷这个术语源于对应用制冷方式在规模上的划分，它在规模上的划分对应的另一个名词是商业制冷。工业制冷（industrial refrigeration）通常是指规模比较大的制冷系统，商业制冷（commercial refrigeration）是指规模比工业制冷小，但比家用制冷容量大的制冷系统。

1.1 什么是工业制冷

工业制冷和空调制冷在应用上有一个共同的目标，就是去冷却某些物质。它们都由：压缩机、换热器、风扇、水泵、管道、风管以及控制器等组成。主要的工作流体是空气、水和制冷剂。这两种系统都由一个整体制冷系统构成。

工业制冷行业是充满活力的行业，有许多技术上的挑战，对社会有着重要作用。

相关的制冷技术活动一直存在一定的危险性，例如使用氨作为制冷工质的制冷系统。典型的工业制冷设备通常运行在较低温度下，舒适性空调不会出现这种情况。用于空调系统的制冷设备通常是由工厂组装成一个撬块，只要连接电、水和通风就可以使用。而工业制冷系统由于有各种各样的设施需要连接，多数由非撬块的各种设备组成。

工业制冷系统的另一个特点是压缩机和冷凝器均各自并联使用。而空调制冷系统则相反，各压缩机与其匹配的冷凝器一一对应。当工业制冷系统需要扩容时，通常是通过增加压缩机、冷凝器或蒸发器来完成。

空调制冷系统通常由风道输送空气，由管道输送水。而工业制冷系统只是偶尔使用风管送风，更多的是制冷剂管道分布网络。

1.2 工业制冷的定义与范围

工业制冷的特点之一是它包含的温度范围很大。蒸发温度可能高达15℃（60°F），制冷温度范围延伸到-60℃甚至到-70℃。在温度低于-70℃时，已经属于工业低温制冷范畴，工业低温领域生产和使用液化天然气、液态氮、液态氧和其他低温物质。

工业制冷的一个典型应用领域是食品工业。另一个重要的应用是特殊条件下的制造业和实验室，即这些地方必须保持较低温度，用工业制冷达到满足工艺要求的较低的温度环境是最佳途径和手段。工业热泵在环境中提取比环境温度高得多的温度热能的应用也可以称为工业制冷。

在冷链物流行业，究竟多大规模以上的冷库属于工业制冷的范围呢？根据全球冷链联盟（GCCA）专家的定义：库容大约4000t以上的冷库制冷系统属于工业制冷。

在制冷设备方面，工业制冷通常使用的制冷压缩机有螺杆式压缩机和活塞式压缩机。目前冷链物流行业使用得最广泛的是螺杆式压缩机；小型的活塞式压缩机和涡旋式压缩机则多使用在商业制冷方面，即超级市场或农贸批发市场的小型冷库、冷柜、冷藏陈列柜等。

作为蒸发器的冷风机通常也会分为工业型和商业型两种，不同的生产厂家有不同的分类。它们之间的差别在第4章蒸发器的现代技术中进一步说明。

应用在工业制冷方面的冷凝器主要有蒸发式冷凝器和壳管式冷凝器，在缺水的地区还会使用风冷式冷凝器。商业制冷主要是使用后两种。冷凝器在第5章有进一步的讨论。

本文介绍的工业制冷系统应用的制冷剂主要有氨、二氧化碳和卤代烃制冷剂。常见卤代烃制冷剂有五种：氯氟烃（CFCs），含有碳、氯和氟；氢氯氟烃（HCFCs），由碳、氢、氯和氟组成；氢氟烃（HFCs），含有碳、氢和氟；氟烃（FC）以及次氟酸（HFC）。

1.3　工业制冷的理论基础

1.3.1　制冷简介

在欧美国家，有关工业制冷的理论计算的文献、著作有很多，比较有代表性的著作是《工业制冷手册》（即 *Industrial Refrigeration Handbook*，由美国 Illinois 大学 Urbana-Champaign 分校的机械工程教授 Wilbert F. Stoecker 先生把他在1988年出版的第一版与1995年出版的第二版合编而成），于1998年正式出版（图1-1）。从出版到现在20多年过去了，这位教授已经去世了，但这本书在美国仍然是工业制冷领域的经典之作。在这20多年，工业制冷又有了进一步的发展，并且在理论计算方面许多生产厂家根据自己的产品特点编制出适合自己产品的选型软件，大大减少了在制冷循环应用上的计算，因此在工程选型计算时更加方便和快捷了。本书的大部分计算会采用软件选型的方法代替公式的数据计算，这也是目前在工业制冷选型计算上的一种趋势。

图1-1　《工业制冷手册》封面

本书主要介绍冷链物流冷库应用的实用新技术，它比国内目前设计的典型制冷循环更加节能。这个结论是笔者在美国参观了许多冷链物流企业的制冷车间，特别是参观了 Stellar（恒星）公司（当时美国最大的氨制冷工程公司）为 Lineage 公司（当时世界第二大冷链物流公司）设计与建造的冷库，分别于2007年和2014年完工的冷库，以及2012年在欧洲参观了由 GEA 公司在 Diepop's-Hertogenbosch B. V. 建造的冷冻加工线和冷库，经过综合分析对比得出的。

其实这些冷库的设计模式以及数据计算差别很小。美国的冷库规模更大一些，设计计算粗放一些，而欧洲在设计与计算上更加细腻一些，在自动控制方面更加完善。笔者在美国参观的冷库制冷系统中，使用最久的制冷系统是1985年启用的，最新的是2014年投入使用的，总共有近20个冷库。制冷系统的变化反映了技术的更新换代，本书中介绍的转型设计应用应该没有超过30年的时间（到笔者出版本书为止）。

至于工业制冷的一些基础知识，如工程热力学+传热学以及流体力学基础、制冷工艺设计等，以及国内的大学专业课程与国外相同专业的内容的差别（笔者曾经查阅过国外相关的书籍，认为有一些区别，但是不算很大)，本书就不再详细介绍。由于我们国内原来的制冷技术主要是沿用以苏联的知识基础为主体的计算公式，这些公式缺乏严谨的数据引用，已经不能适应现代工业制冷发展的需求。本书重点介绍英美体系的制冷理论、应用新技术与计算方法，以及作者在国内没有看到的一些基础知识。

另外，在大学有关工业制冷的专业课老师的配置，可能是以后教育改革的一个重点。在工业制冷比较发达的国家，学校配置的专业课老师几乎都是来自一些老牌的大型工程公司或制造厂的技术骨干。因为这个学科是一门应用型的学科，一些先进的技术与研究，都离不开在实践中的反复试验与数据采集，大学的专业课老师至少应该在这些部门兼职才能更好地教学和有更多的个人发展空间。

1.3.2　制冷循环的基本知识

冷和热是相对而言的。在制冷技术领域，所谓冷，是指低于环境介质（自然界的水或空气）温度的状况。

制冷即致冷，又称冷冻，即将物体或者空间的温度降低到或维持在自然环境温度以下。实现制冷的途径有两种，天然冷却和人工制冷。天然冷却利用天然冰或深井水冷却物体，但其制冷量（即从被冷却物体取走的热量）和可能达到的制冷温度往往不能满足生产需要。

人工制冷又称机械制冷，是借助于一种专门的技术装置，消耗一定的外界能量，迫使热量从温度较低的被冷却对象，传递给温度较高的环境介质，得到人们所需要的各种低温。这种技术装置称为制冷装置（制冷机）。

众所皆知，水不能从低处向高处流，但是借助水泵消耗一定能量，就可以使水从低处向高处流。热量也不能从温度低处向温度高处流，但类似水泵抽水原理，借助制冷机消耗一定能量，就可以使热量从温度低处向温度高处流。图 1-2 所示为制冷机与水泵工作原理对照。例如冷库内在低温处的热量，借助制冷机，可以把这些热量传递到温度较高的环境，即实现人工制冷。

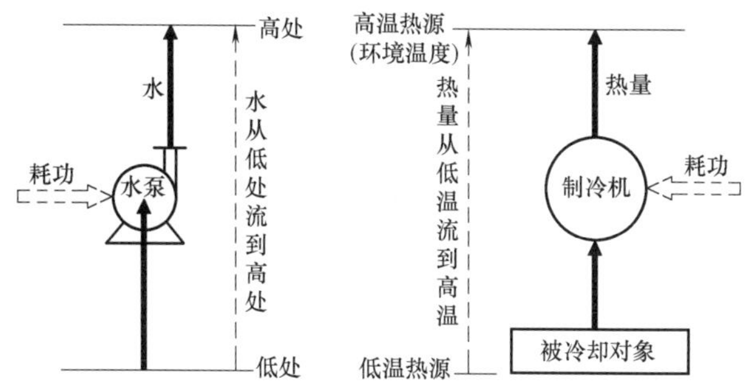

图 1-2　制冷机与水泵工作原理对照

用人工制冷方法可以获得的各种低于环境的温度，统称为制冷温度。人工制冷能达到的温度范围很广，从稍低于环境温度到接近于绝对零度。工农业生产和科学研究需要的各种不同的低温，均可通过人工制冷获得。因为制冷温度不同，所采用的制冷方法与设备也各异。

人工制冷的方法有很多种。在普通制冷的温度范围，常用的是蒸汽压缩式制冷、吸收/吸附式制冷、蒸汽喷射式制冷、热电（半导体）制冷四种。如图 1-2 所示，制冷必须付出代价——消耗功/消耗能量。在压缩式制冷中，消耗的是电能，而在吸收/吸附式制冷中，消耗的主要是热能。因此，利用太阳能或者燃气，借助吸收/吸附式制冷机也可以实现制冷。而工业制冷通常采用的方法是压缩式制冷。本书也主要讨论的是工业制冷的各种方式。

压缩式制冷的原理可简述如下：液态制冷剂在蒸发器中蒸发，吸收周围的热量实现制冷降温，转化成低温低压的气态制冷剂；压缩机吸入低温低压的制冷剂蒸气，把它压缩转化成高温高压的气态制冷剂，送入冷凝器（散热系统）；高温高压的气态制冷剂在冷凝器放出热量，转化为高压液态制冷剂；流经节流装置（例如毛细管）转变为低温低压制冷剂，回到蒸发器继续吸热制冷。如此形成一个制冷循环。分析制冷循环通常是采用压焓图的形式。图1-3所示为通过压焓图的方式来表示压缩式制冷原理图。

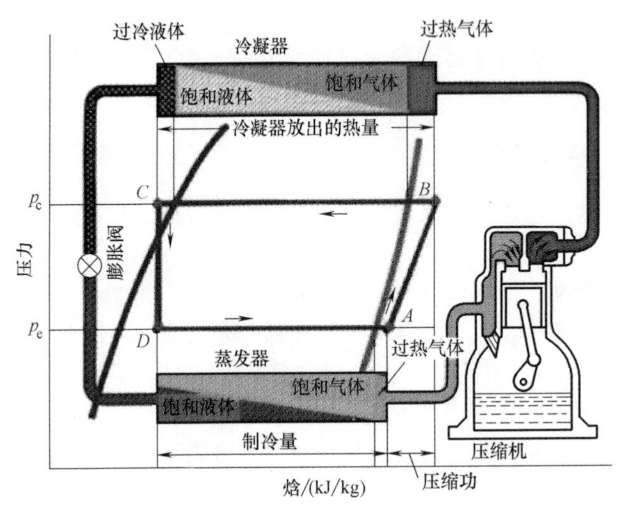

图1-3 以压焓图的方式来表示的压缩式制冷原理图（微信扫描二维码可看彩图）

压焓图（lg$p$-h图）指压力与焓值的曲线图，压焓图以绝对压力为纵坐标，以焓值为横坐标，如图1-4所示。压焓图是分析制冷气体压缩式制冷循环的重要工具，制冷循环设计、计算通常都是围绕着压焓图进行分析的。

压焓图可以分成三个区域（图1-4），分别是液体、液体+气体混合物、气体，这些区域用实线的半圆形曲线隔开，这条曲线叫作饱和曲线。在半圆形区域内，制冷剂达到热平衡，以气体和液体的混合物形式存在。混合物中的气体含量从0%（饱和半圆的左侧）变为100%（半圆的右侧）。

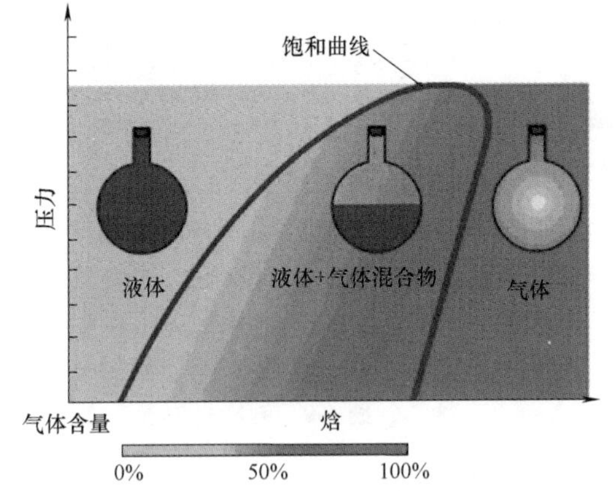

图1-4 压焓图（微信扫描二维码可看彩图）

完整的压焓图如图1-5所示。在压焓图上，可以把它分为：一点、二线、三区、五态、六线。

一点：指临界点，临界点为两根粗实线的交点。在该点，制冷剂的液态和气态差别消失。

二线：指饱和液体线与饱和气体线。

三区：左边过冷液体区，该区域内的制冷剂温度低于同压力下的饱和温度；右边过热气体区，该区域内的蒸气温度高于同压力下的饱和温度；中间湿气体区，气液共存区，该区制冷剂是饱和状态，压力和温度对应。

五态：过冷液状态、饱和液状态、过热气体状态、饱和气体状态、湿气体状态。

六线：等压线、等焓线、等干度线、等温线、等熵线、等容线。

在制冷的压焓图上，能体现的各种数据有压力、温度、焓值、比体积。

压力是指发生在两个物体的接触表面的作用力。表压力和绝对压力：绝对压力=表压力+大气压力。压力的单位为 kPa，本书中也用 bar，1bar=100kPa。

温度是表示物体冷热程度的物理量，可以用不同的温标来表示。三种常用温标分别是摄氏温标（单位为℃），华氏温标（单位为℉），热力学温标（绝对温标，单位为 K）。

摄氏温度 t（℃）与热力学温度 T（K）的关系为

$$t=T-273.15\text{K}$$

摄氏温度 t（℃）与华氏温度 T'（℉）的关系为

$$t=(T'-32)/1.8$$

焓值是温度和湿度的综合，是一个能量单位，单位为 kJ/kg。

比体积是指单位质量的物质所占有的容积，单位为 m^3/kg（立方米每千克）。密度是比体积的倒数。

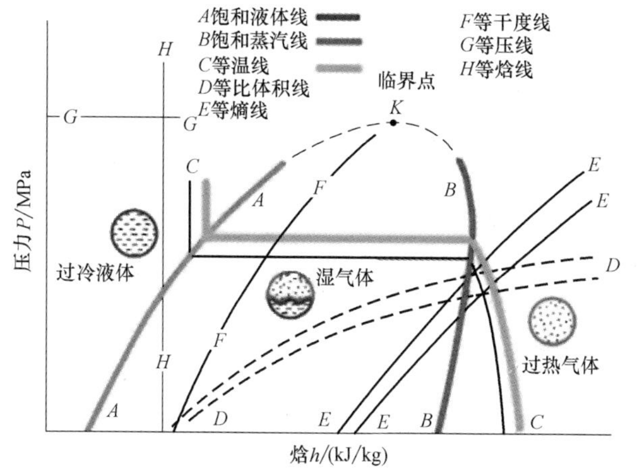

图 1-5 完整的压焓图以及各种的区域、状态、等线示意（微信扫描二维码可看彩图）

热力体系中，不能用来做功的热能可以用热能的变化量除以温度所得的商来表示，这个商叫作熵。“熵”的通俗理解就是“混乱程度”。熵的单位为 J/(mol·K)。熵就是热量转化为功的程度，也就是说每摩尔的物质在这温度下转化了多少焦耳的功。制冷中熵的应用：①用等熵线来表示压缩制冷剂气体的理想状态；②利用熵来描述一个理想的制冷循环。

对物质进行加热时，如果没有相态变化，就可以用温度计测量其温度的变化，此时所加的热量称之为显热。

如果对物质加热到一定程度，物质发生了相态变化，在此相变过程中所加的热量则称为潜热。

掌握制冷循环的压焓图，它是本书的技术分析重点。制冷过程中的各种运行状态都体现在压力与焓值之间的数据变化上，找出它们的特点并加以利用才能达到节能的目的。

1.4 转型中的冷链物流冷库与发展情况

什么是现代冷链物流冷库？笔者通过在欧洲和美国的参观学习，开始有了一个初步的认识。

与传统的冷库贮存不同，现代冷链物流是指从农田收割需要冷藏的食品或从屠宰车间出来的肉制品，经过包装处理后马上进入冷加工，由冷藏运输车送入冷库，冷库内的配送车间根据各个超市的订单进行商品的二次包装，然后由冷藏配送车送到各个超市的冷藏展示柜销售。特点是：在整个流程中，这条冷链没有中断，而且冷藏食品在冷库的贮存时间比较短，一般是5~10天，最长一般不会超过一个月，以保证食品的品质在送到消费者的手中时是完好和新鲜的。这种模式符合现代大城市的工作与生活节奏。都市的人们在下班后直接在超市（而不是在农贸市场）采购所需的食品，回到家将这些食品经过简单的烹饪后就可以食用。这种生活方式节省了时间，人们可以有更多的时间去安排自己的活动。

随着我国都市化进程的加快，以及网络电商销售平台的大量涌现，都市的白领一族慢慢开始改变原来的消费模式，网络及超市消费已经开始流行，生活习惯的改变预示着新型市场的机会来临。为这种市场服务，需要改变原有的设计理念和技术上的创新。

根据国际冷藏仓库协会（IARW）统计，冷库方面，这些年我们建了不少，总量（2018年为1.05亿m^3）已跃居世界第三，仅次于印度和美国，如图1-6所示。

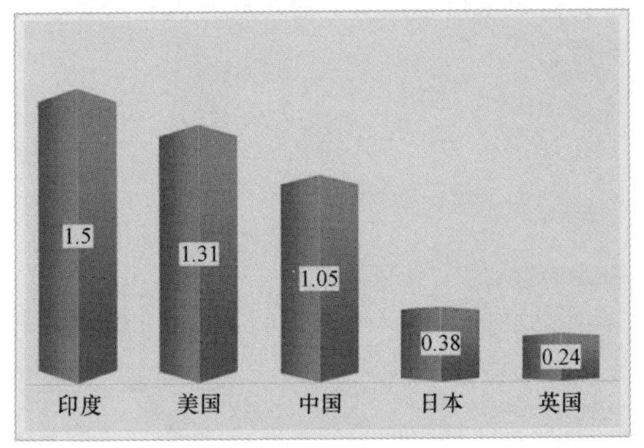

图1-6 2018年全球各国冷藏库容量排名（亿m^3）

笔者编写本书的目的是研究和介绍原有的工业制冷技术如何在现代冷链物流冷库中应用。笔者参观的大多数现代冷链物流的冷库是在工业制冷技术范围内。传统的冷库设计是基于保证冷藏食品的长期保存，商品的周转期比较长，冷库的货物进出量不大；而现代冷链物流的冷库运行是冷藏食品保存期短，商品的周转很快，冷库货物的进出量大而且频繁。因此原来的负荷计算、冷库的建筑方式以及层高、设备的选型和布置、冷库与配送车间的布置、冷库运行的自动化程度和网络监控等技术，都出现了革命性的改变。

笔者首先了解了欧美国家现代冷链物流的冷库模式。图1-7所示为美国最新建造用于贮存与配送结合的冷库。其建筑特点是：冷库是单层建筑，高度一般为12~13.5m（综合考虑消防与装卸叉车的因素）；冷藏物的进货与出货有专门的区域；配送车间至少有2~3个面环绕冷库的进出口布置；配送车间的面积一般会占整个建筑平面的30%以上（图1-8）。

图1-7 某大型食品配送中心实例照片

图1-8 宽阔的食品配送车间

这种用作食品配送中心的冷库，一般根据贮存的食物品种会有几个不同的温度区。例如在前面提及的 Lineage 公司 2014 年投产的冷库 Lineage Logistics LLC（Cold Storage Facility）就有四个温区，其中-30~-20℃分成三个温区；而另一个果菜加工及贮存配送中心 Freshpoint（Fresh Produce Distributor），在-5~10℃的温度范围内，就有五个温区。

这些食品配送中心的另一个特点是：在食品配送区域，参与配送、加工、分装的各种人员特别多。前面提到的果菜加工及贮存配送中心，里面的工作人员超过 300 人。在加工和配送期间，冷库门基本上是很少有机会关闭的。

在笔者参观的这些配送与冷库贮存相结合的食品配送中心，里面的制冷系统全部采用工业制冷技术。其中 98%的冷库使用氨作为制冷剂，机房无人操作，只有需要参观时，才把机房门打开。制冷系统的运行监控则由负责整个厂区的网络监控人员兼顾，甚至由负责设计安装的工程公司进行远程监控。

如果按这种模式建造国内的冷链物流的配送冷库，那么这种模式的冷库发展空间非常大。抛开制冷系统的全自动监控不说，按这种建筑模式建造的配送冷库，根据笔者的了解，目前占全国库容的比例不算很大。而在沿海城市的冷库规模已经接近饱和，研究如何将部分冷库向这个方向转型，将大有可为。

广东粤泰冷链物流冷库是广东地区最早按这种模式建造的冷链物流冷库之一（2008 年开始建造），也是笔者认识和参与现代冷链物流冷库建设的开始。在这个冷库的设计中首先使用二次节流供液（重力供液），采用闪发式经济器和压缩机的补气、热气融霜等现代工业制冷技术。2009 年投入使用，在配送车间的各种人员高峰期超过 200 人，用于配送的冷藏车有 40 多辆。2016 年这个冷库进行了第二期的扩建。

2013 年投产的北京平谷国际陆港冷链物流冷库，是一个用于速冻食品配送的冷链物流冷库。第一次采用氨系统压缩机并联系统，热气融霜的技术升级（在北京地区的冬季，冷风机蒸发面积超过 700m^2，实现每次融霜时间不超过 20min），冷库地坪加热采用热回收技术；初步实现氨机房无人操作自动控制（由于操作规范不允许，只能在控制室手工指令操作）。

2015 年在昆明市，一个完全按外资冷链配送公司要求建造的物流配送冷库（图 1-9），采用卤代烃制冷剂。在这个项目中采用的是氟泵供液、二次节流、冷风机全部采用热气融霜、网络监控等高新节能技术。

图 1-9　昆明市物流配送冷库

笔者自 2008 年以来，通过广州市粤联水产制冷工程有限公司（以下简称粤联公司）这个实践平台，在学习欧美工业制冷的一些先进理论的同时，结合中国的实际情况，不断对冷链物流冷库的制冷技术进行研究并且与实践紧密结合。通过粤联公司取得了这样一些成果：制冷系统的二次节流理论计算与选型、氨泵的无汽蚀上液、冷风机的选型与热气融霜的计算、各种制冷剂在分离容器的分离理论与计算（立式与卧式）并且做出相应的选型软件、各种制冷剂的虹吸桶及其管道的理论计算与选型、氨制冷系统的小型化及并联机组（图1-10）、各种制冷剂的自动放空气器等。这些成果已经在实践中得到了应用。通过与欧美国家的冷链物流冷库的各种数据进行对比，这些数据与外国一些著名的生产厂家披露的数据样本差别在1%~3%。因此，可以认为这些技术在应用上可以满足现有的工业制冷项目，但是在理论研究方面，差距还是相当大的，主要体现在数据库的采集与建立，基础理论与实践的相结合。

2014年笔者负责的某工业制冷系统的卤代烃制冷剂R507（氟泵）系统设计与安装，实现二次节流供液、采用闪发式经济器和压缩机的补气、热气融霜，实现机房无人操作自动系统。同年，根据自动放空气器的基本放空气原理，对该产品进行第三次改革，设计具有自己特色的自动放空气器（图1-11）。此款新型自动放空气器除了在氨制冷系统应用以外，也能应用在速冻加工的卤代烃制冷剂制冷系统中，目前已经有多台投入使用。

图1-10　国内氨系统并联机组（2013年5月投产）

图1-11　粤联公司制作的新型自动放空气器在现场使用

本章小结

部分冷链物流冷库向配送物流冷库转型是我国城市化进程的一个必然趋势，应该把握这种潮流和趋势，利用现代工业制冷技术为这种转型服务，同时把国内的制冷技术与国外的先进技术相结合，找出符合我国实际国情的新型制冷技术。

参考文献

[1]　STOECKER W F. Industrial refrigeration handbook [M]. New York: McGraw-Hill Companies Inc., 1998.

[2]　张静波. 因为它，中国每年1/3的蔬菜和1/4的水果烂在了路上 [R/OL]. (2021-02-18) [2023-04-13]. https://baijihao.baidu.com/s? id=1691996663709571374& wfr=spider & for=pc.

[3]　张建一，李莉. 制冷空调供暖实用知识365问 [M]. 北京：中国建筑工业出版社，2015.

第 2 章 制冷循环的演变

2

在工业制冷的温度范围内，蒸发温度与冷凝温度的温差最大为 50~80℃，这也是制冷系统由小温差的单级压缩循环，逐步向大温差的多级压缩制冷循环过渡的过程。我国的冷链贮存及加工所使用的制冷工艺，一般采用单级及双级压缩系统基本可以满足以上要求。

笔者了解的我国冷链物流现阶段使用的制冷工艺循环设计与欧美国家在 20 世纪末所使用的制冷工艺类似。在低温冻结物冷藏间和冷却物冷藏间使用的压缩机逐渐由原来的活塞式转变为螺杆式。螺杆压缩机的制冷量大，故障率低，维修简单。因此，在制冷工艺上的改进都是围绕螺杆压缩机进行的。螺杆压缩机通过补气，提高了压缩机在低温工况下的制冷量，因此在制冷工艺中为每一台螺杆压缩机配套补气经济器。这种方式在欧美国家一直沿用到 20 世纪末。1992 年美国出版的 *Industrial Refrigeration Principles, Design and Applications* 以及 1998 年《工业制冷手册》中，介绍了采用集中闪发式经济器作为螺杆压缩机的补气，使这种工艺有了它的雏形和理论依据。

2014 年年底，笔者在美国参观的近 20 个冷库中，从 1985 年建成的 San Diego Cold Storage（圣地亚哥冷库）到 20 世纪末以前所建的其他冷库，采用的仍然是国内目前使用的制冷工艺方式（单独经济器）。21 世纪初到 2014 年年底建成的冷库，包括 2014 年在科尔顿市（Colton）建成的 Lineage Cold Store（Lineage 冷库），以及同样是这个公司 2007 年建成的冷库（Lineage 公司是当时全球冷链物流第二大公司），还有在 2012 年参观欧洲由 GEA 公司设计和建造的 Diepop's-Hertogenbosch B. V. 的冷库（2012 年建成）等，采用的则是集中闪发式经济器。这些变化表明，采用集中闪发式经济器和二次节流供液的制冷工艺手段，是目前欧美国家冷链物流冷库发展的主流。那么这种制冷工艺的演变是如何进行到今天这种模式的？下面介绍根据笔者理解的这种工艺技术的理论依据。

2.1 闪发气体的产生

闪发：流体从液态转变为气体或气态的物理过程。这是由于流体的实际压力低于该工作温度下流体的气体压力造成的。

闪发气体是在制冷剂循环经过节流装置时产生的。随着节流后蒸发温度的下降，产生的闪发气体在混合气液状态中所占的比例越来越大。这种闪发气体无法吸收来自蒸发器的热量（气体无法等温吸热），如果太多的闪发气体进入给蒸发器供液的气液分离器或低压循环桶（本书后续将把低压循环桶、气液分离器、中间冷却器/闪发式经济器在原理分析中统称为分离容器），这些气体会占用分离容器的分离空间，使容器的分离能力快速下降；或者直接进入蒸发器（如直接膨胀制冷系统），会占用蒸发器的部分蒸发空间，降低有效的蒸发面积，使蒸发器的传热效率下降。因此在制冷系统蒸发温度比较低的情况下，原来采用的单级制冷循环需要有进一步的改进，这除了压缩机的压缩比大，排气温度高使压缩机的效率下降以外（这方面已经有许多文章和书籍论述，这里不详细讨论），从制冷工艺考虑，闪发气体的去除是考虑的另一因素。因此减少闪发气体进入蒸发器或分离容器，是提高制冷循环能效比（COP）的有效途径。

如何计算各种制冷剂节流过程中产生的液体和气体的质量流量呢？一般可以通过以下方法。

2.1.1　作图计算

利用制冷剂的压焓图进行计算。

【例 2-1】　冷凝温度为35℃的氨饱和液体，在蒸发温度-30℃节流后，液体和气体各占的比例是多少？

解：计算制冷剂在节流后液体与气体的比例时，可以采用制冷剂制冷循环时在压焓图中各种工况下的状态，图2-1所示为氨制冷剂在本题条件下的比例。

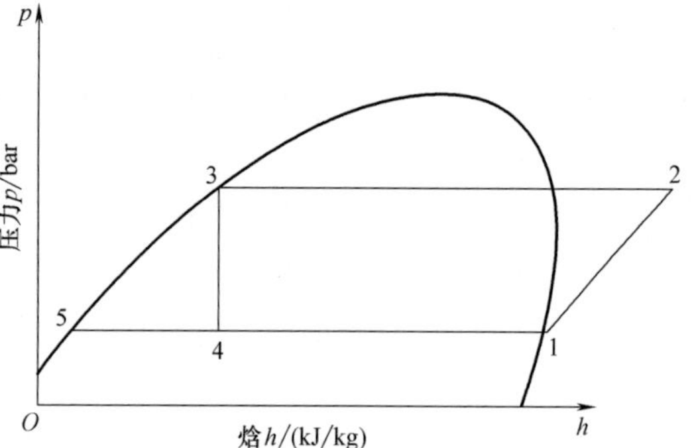

图2-1　氨制冷剂在冷凝温度35℃，蒸发温度-30℃节流后液体和气体的比例

在图中点4到点1的过程是节流后液体制冷剂蒸发的焓差；点4到点5是节流后产生的闪发气体焓差（没有参与制冷蒸发），那么闪发气体的质量比例可用式（2-1）计算：

$$w_t = \frac{h_4 - h_5}{h_1 - h_5} \times 100\% \tag{2-1}$$

式中，h 表示焓。

由于 $h_4 = h_3$，各个状态点的焓值可以查表得出（本例题查附录七）：$h_1 = 1422.26\text{kJ/kg}$，$h_3 = 362.58\text{kJ/kg}$，$h_5 = 64.64\text{kJ/kg}$，即采用式（2-1），闪发气体的质量比例为

$$w_t = \frac{h_4 - h_5}{h_1 - h_5} \times 100\% = \frac{h_3 - h_5}{h_1 - h_5} \times 100\%$$
$$= \frac{362.58 - 64.64}{1422.26 - 64.64} \times 100\% = 21.95\%$$

2.1.2　理论计算

计算各种制冷剂在节流过程中不同的蒸发温度下的液体和气体的质量比例，也可以用以下方式：

同样按例2-1的内容，根据能量守恒定律，节流前后总的单位能量仍然不变，假设单位质量（1kg）的制冷剂节流后液体的质量（kg）为 x，那么气体质量（kg）为 $1\text{kg} - x$。

查表，35℃氨的饱和液体焓值是362.58kJ/kg，-30℃液体焓值是64.64kJ/kg，气体焓值是1422.26kJ/kg。

能量守恒的情况下（节流前的制冷剂质量=节流后的制冷剂质量）：

$$1\text{kg} \times 362.58\text{kJ/kg} = x \times 64.64\text{kJ/kg} + (1\text{kg} - x) \times 1422.26\text{kJ/kg}$$

液体质量：

$$x = 0.7805\text{kg}$$

液体质量比例：

$$0.7805 \times 100\% = 78.05\%$$

气体质量：

$$(1-0.7805)\mathrm{kg} = 0.2195\mathrm{kg}$$

气体质量比例：

$$0.2195 \times 100\% = 21.95\%$$

根据上述计算，采用式（2-1）计算出常用的两种制冷剂在不同蒸发温度下节流后的液体和气体的质量分数，结果见表 2-1。

表 2-1　不同蒸发温度下节流后的液体和气体的质量分数（%）

制冷剂 \ 蒸发温度	0℃	-1℃	-2℃	-3℃	-4℃	-5℃	-6℃	-7℃	-8℃	-9℃	-10℃
R717 液体	87.1	86.8	86.5	86.2	85.8	85.5	85.2	84.9	84.6	84.2	83.9
R717 气体	12.9	13.2	13.5	13.8	14.2	14.5	14.8	15.1	15.4	15.8	16.1
R507 液体	72.5	71.9	71.3	70.7	70.1	69.6	69.0	68.4	67.8	67.3	66.7
R507 气体	27.5	28.1	28.7	29.3	29.9	30.4	31.0	31.6	32.2	32.7	33.3
制冷剂 \ 蒸发温度	-11℃	-12℃	-13℃	-14℃	-15℃	-16℃	-17℃	-18℃	-19℃	-20℃	-21℃
R717 液体	83.6	83.3	83.0	82.7	82.4	82.1	81.8	81.5	81.2	80.9	80.6
R717 气体	16.4	16.7	17.0	17.3	17.6	17.9	18.2	18.5	18.8	19.1	19.4
R507 液体	66.1	65.6	65.0	64.5	64.0	63.4	62.9	62.4	61.9	61.3	60.8
R507 气体	33.9	34.4	35.0	35.5	36.0	36.6	37.1	37.6	38.1	38.7	39.2
制冷剂 \ 蒸发温度	-22℃	-23℃	-24℃	-25℃	-26℃	-27℃	-28℃	-29℃	-30℃	-33℃	-40℃
R717 液体	80.3	80.0	79.8	79.5	79.2	78.9	78.6	78.3	78.1	77.2	75.32
R717 气体	19.7	20.0	20.2	20.5	20.8	21.1	21.4	21.7	21.9	22.8	24.68
R507 液体	60.3	59.8	59.3	58.8	58.3	57.8	57.3	56.8	56.4	55.0	51.78
R507 气体	39.7	40.2	40.7	41.2	41.7	42.2	42.7	43.2	43.6	45.0	48.22

注：制冷剂节流前的饱和温度是 35℃；从 0℃至-30℃的比例数可以供分离容器的负荷叠加计算之用。

2.2　软件计算工具

在现代工程计算中，采用软件计算是一种既科学又快捷的方法。这种软件计算是建立在理论计算基础上的，只需输入数据，即可以图像与数据的形式得到所需要的结果。

2.2.1　采用工程管道阀门的选型软件计算

下面介绍一家著名的国外阀门制造公司的阀门选型软件的使用方法。

这种管道阀门的选型软件的界面如图 2-2 所示，在选择需要的阀件后，进入一个常用的制冷系统循环图（图 2-3）界面。它包括：直接膨胀供液（干式供液）、泵循环供液（泵供液）以及重力供液三种（图的左边图形）。使用该软件时，首先用鼠标单击所需要的制冷循环（三种中的一种），然后单击需要计算的容器之间的管道。进入图 2-4 所示界面，输入所需要的参数，就可以得到所需要的数据。

下面仍然以例 2-1 中的氨系统为例，说明如何使用选型软件计算这种节流后液体与气体的质量比例。

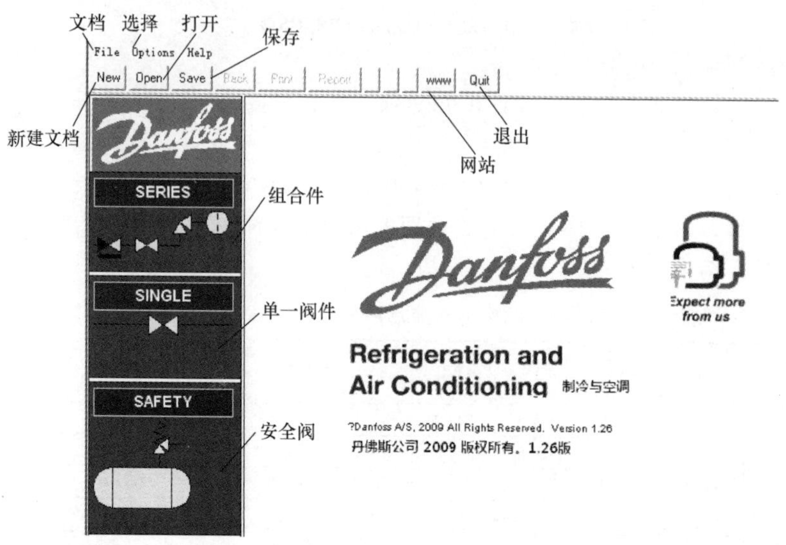

图 2-2　阀门与管道选型软件界面（一）

注：这里选用旧版本的原因是界面布置完整。

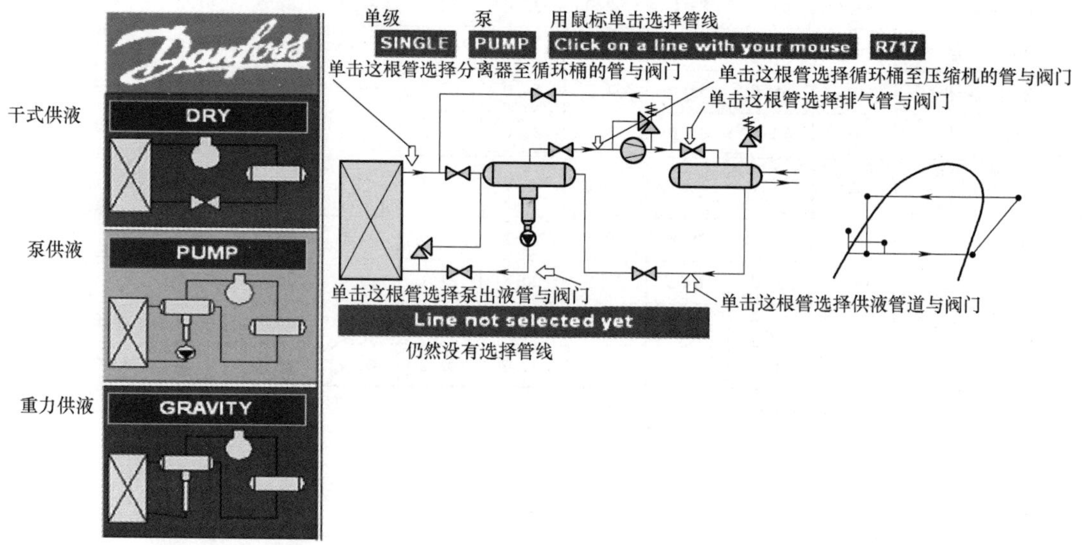

图 2-3　阀门与管道选型软件界面（二）

【例 2-2】 在氨制冷系统中，冷凝温度是 35℃，分离容器的蒸发温度是 -10℃，制冷量是 100kW，用计算软件求节流后液体的质量比例。

解：在计算软件中选取氨为制冷工质，输入制冷量 100kW，假设其过热度及过冷度都为 0K，额外过冷度为 0K，循环倍数 = 1，质量流量如图 2-4 所示。

保持上述的工况，单击分离容器与蒸发器之间的管道，观察在这种工况下分离容器节流后的液体质量流量。

图 2-4 中质量流量 = 331.6kg/h，图 2-5 中质量流量 = 278.0kg/h。

节流前后的液体质量比例是：

$$(278 \div 331.6) \times 100\% = 83.8\%$$

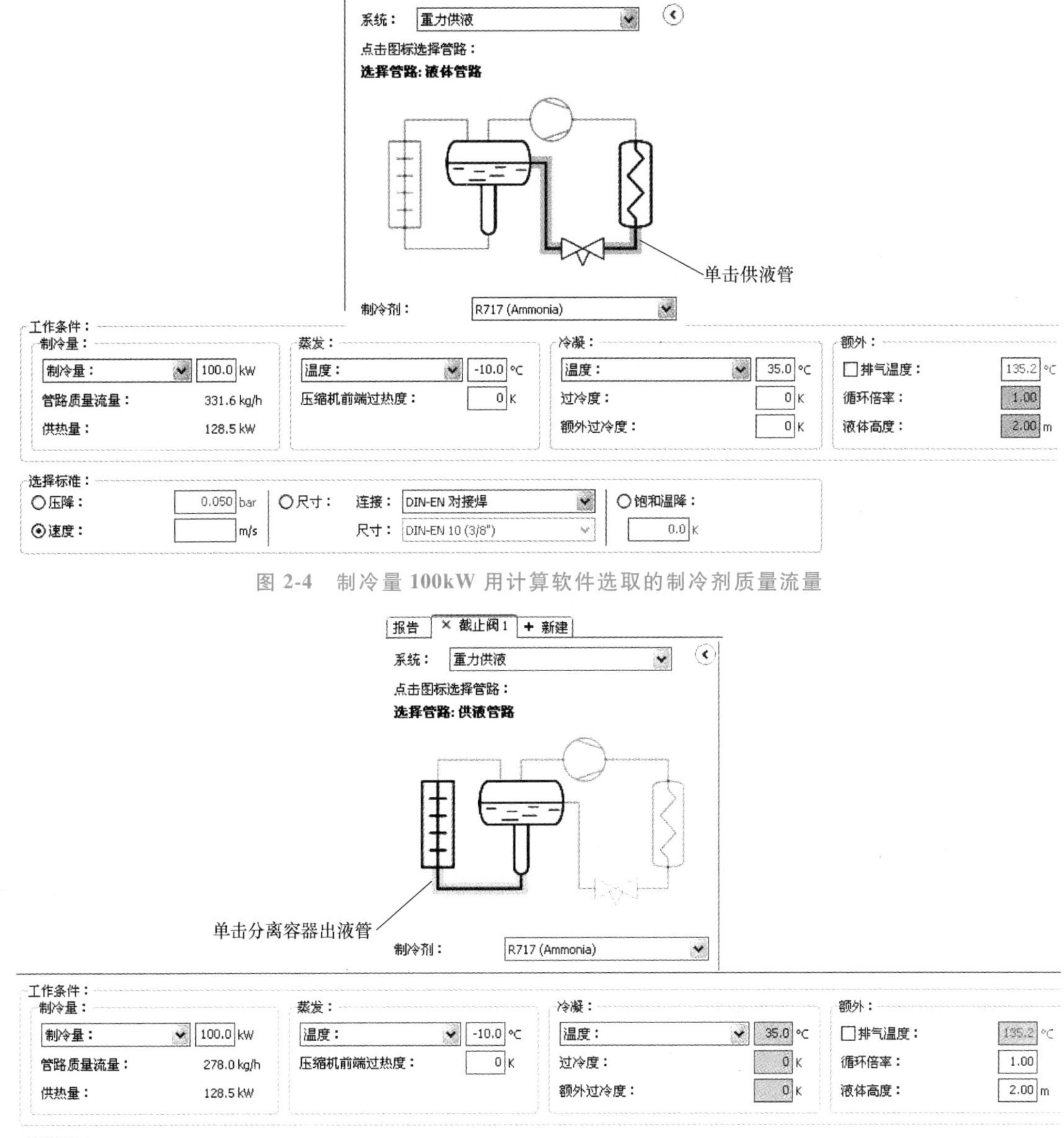

图 2-4　制冷量 100kW 用计算软件选取的制冷剂质量流量

图 2-5　分离容器节流后用计算软件选取的液体质量流量

选型软件的计算结果与表 2-1 的理论值 83.9%基本一致。在工程计算中，这种软件计算是可以满足要求的。以上作图计算、理论计算、软件计算三种方法，最后一种计算最方便。由于工程计算软件的出现，在热力分析和能量计算中会尽量采用这种软件计算，以简化计算过程。这些软件的数据库设置是建立在科学的理论分析和计算公式的基础上，因此，基础知识也是不可缺失的。

结论：不论是从理论计算结果来看还是从软件计算结果来看，制冷剂节流温度越低，所产生的闪发气体所占的比例就越大。因此，减小闪发气体在低温分离容器或蒸发器中的比例，是提高设备能效比的最好方式。

2.2.2　质量流量与制冷剂液体的过冷

在上述管道阀门选型软件中出现了一个名词“Mass flow”，即质量流量。质量流量是一个基本术语，在图 2-1 所示的制冷循环过程中，制冷量 Q 与质量流量 m 的关系如下：

制冷量（kW）：

$$Q=m(h_1-h_4) \tag{2-2}$$

压缩机的功率（kW）：

$$P_y=m(h_2-h_1) \tag{2-3}$$

对于冷凝器的排热量（kW）：

$$Q_c=m(h_2-h_3) \tag{2-4}$$

质量流量（kg/s）：

$$m=\frac{Q}{h_1-h_4} \tag{2-5}$$

在制冷循环中质量流量的概念为：单位时间内流过制冷设备或者管道阀门有效截面面积的制冷剂质量，数学表达形式是制冷量（排热量）除以参与这一过程的焓差。

在制冷软件计算过程中，几乎离不开“质量流量”这个术语。压缩机的制冷量、输入功率、冷凝器的排热量、管道阀门通过的流量、蒸发器的制冷量以及分离容器的制冷量都是通过质量流量的计算来确定的。

本章介绍的另外一个专业名词是：制冷剂液体的过冷。

制冷剂液体的过冷：制冷剂液体的温度低于给定压力下冷凝温度对应的制冷剂饱和液体的温度。

液体离开高压贮液器是处于饱和状态，因此，由于摩擦或管道提升而产生的任何压降，以及从周围环境到供液管道的任何热增量，都将导致液体产生闪蒸并形成气体。膨胀阀前面的供液管道中产生有害的闪蒸气体有两个危害性：

a）由于两相流（气相与液相共存），液体管线中的摩擦压降急剧增加。

b）随着时间的推移，进入膨胀阀或其他控制阀的两相流将加剧（wiredraw 拉丝现象）不可控状态。

因此，有必要对离开高压贮液器的液体进行充分的过冷，以防止闪发气体的形成。所需的过冷量由摩擦和升力引起的总压降以及周围环境的任何热增量决定（在指定的管道尺寸与长度后如何计算使用的制冷剂所需的过冷温度，在第 7 章有详细的计算）。

2.3　闪发气体的去除

2.3.1　含有闪发气体的制冷循环

从简单的制冷工艺循环进行分析，图 2-6 所示为制冷系统的单级压缩循环布置图和压焓图。

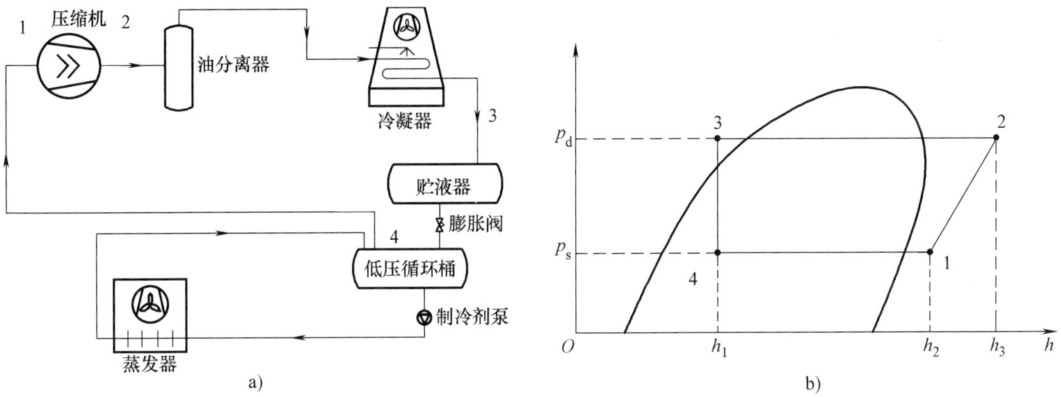

图 2-6　制冷系统的单级压缩循环布置图、压焓图

a）布置图　b）压焓图

在图 2-6b 中，p_d 为排气压力（kPa）；p_s 为吸气压力（kPa）；h_1-h_3 为焓值（kJ/kg）。压缩机的质量流量为 m（kg/s），则系统的制冷量（kW）：

$$Q=m(h_2-h_1)$$

输出功率（kW）：

$$P=m(h_3-h_2)$$

能效比：

$$\mathrm{COP}=Q/P=(h_2-h_1)\div(h_3-h_2)$$

2.3.2　去除部分闪发气体的制冷循环

在冷链物流冷库的制冷系统中，通常采用螺杆式机组带有经济器的系统。去除闪发气体的制冷循环主要有两种方法，使用经济器就是其中的一种方法。

1. 液体过冷可以减少闪发气体

图 2-7 所示是目前国内冷藏物冷藏间制冷系统最普遍的供液方式。从冷凝器（或者贮液器）出来的饱和液体，其中一部分液体（m）进入板式换热器中节流，用于冷却其余的饱和液体，使这些液态制冷剂在到达膨胀阀前已经处于过冷工况。

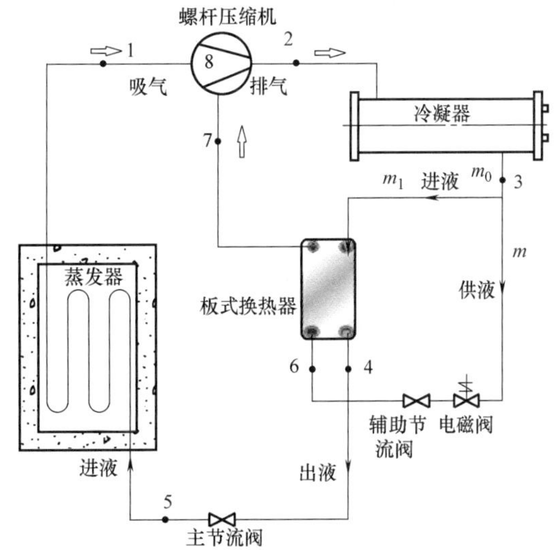

图 2-7　采用板式换热器过冷的螺杆压缩机制冷循环

在这里，制冷剂总的质量流量 m_0 在点 3 分成两部分：第一部分 m 从点 3 节流后到点 6，从点 6 至点 7 是蒸发冷却，蒸发后的气体进入螺杆压缩机的补气口，第二部分质量流量 m_1 从点 3 节流后部分液体成为过冷液体，然后到达点 4，经过主节流阀（膨胀阀）节流到达点 5，点 5 至点 1 是制冷蒸发过程。另外，点 7 是蒸发冷却产生的气体在压缩到补气口前的工况，这些气体与在蒸发器蒸发所产生的蒸发气体（点 1）经过一段压缩在补气腔内混合（点 8）后，继续在压缩机内压缩，直至排气口

（点 2），这种混合的优点在于有效地降低压缩机的排气温度。

带板式换热器经济器（图 2-8）的计算：

p_d 为排气压力（kPa）；$p_{e'}$ 为经济器压力（kPa）；p_s 为吸气压力（kPa）；$h_1-h_{5'}$ 为焓值（kJ/kg）。

设定压缩机吸气侧的质量流量（kg/s）仍为 m；经济器回路质量流量（kg/s）为 m_1；压缩机总回路质量流量（kg/s）为 m_0。

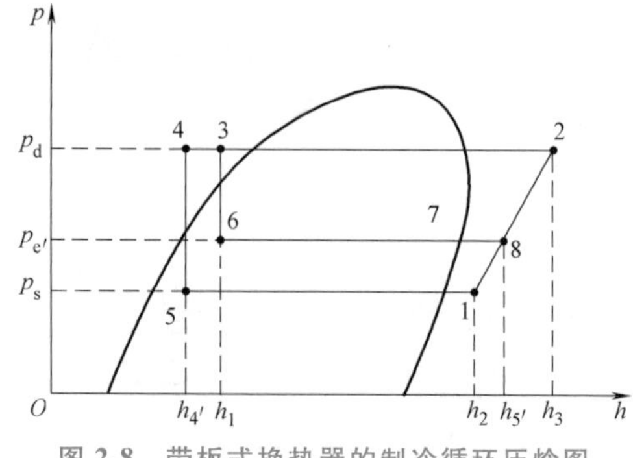

图 2-8　带板式换热器的制冷循环压焓图

则　　　　$m_0=m+m_1$

系统的制冷量（kW）：

$$Q=m(h_2-h_{4'})=m(h_2-h_1)+m(h_1-h_{4'}) \tag{2-6}$$

输出功率（kW）：

$$P=m(h_3-h_2)+m_1(h_3-h_{5'}) \tag{2-7}$$

能效比：

$$\begin{aligned}\text{COP}&=Q/P\\&=[m(h_2-h_1)+m(h_1-h_{4'})]\div[m(h_3-h_2)+m_1(h_3-h_{5'})]\end{aligned}$$

其中

$$m(h_1-h_{4'})=m_1(h_{5'}-h_1)$$

又从压焓图中可以知道，图 2-6b 与图 2-8 两种循环的能效比比较：

$$[(h_5-h_1)\div(h_3-h_5)]>[(h_2-h_1)\div(h_3-h_2)]$$

计算表明，与含有闪发气体的制冷循环比较，带板式换热器经济器（去除部分闪发气体）的制冷循环的能效比得到了提高。

这种方式使供液温度过冷，大大地减少了蒸发器前的节流阀节流这些过冷液体产生的闪发气体。这种设置在 20 世纪 90 年代前欧美国家的工业制冷系统比较常用，但在 90 年代后期就相对较少使用了，主要是这种供液方式还有可以改善的空间。这种供液方式存在的问题是：由于供液与压缩机的补气压力使部分节流的液体蒸发，这种热交换在换热器中存在一定的温差，温差使供液温度没有达到比较理想的温度；而且这种经济器的综合性能单一。由于液体是过冷的，它会从温暖的环境吸收热量，而这也可能导致闪发。因此这种供液模式还存在优化的空间。

2. 二次节流供液

图 2-9 所示是最初使用二次节流的制冷工艺设计，部分节流制冷剂需要合适的设备去除闪发气体，从冷凝器或高压贮液器出来的液体制冷剂通过液位控制阀第一次节流后进入分离容器，从分离容器分离后的液体再次进入蒸发器的节流阀进行二次节流；增设去除闪发气体压缩机，它从分离容器吸入闪发气体，压缩后

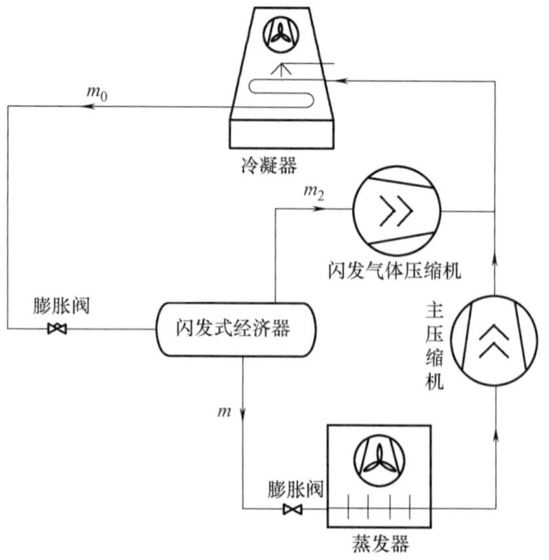

图 2-9　二次节流的最初设计

将其加入主压缩机的排出气体，再到冷凝器冷凝。

由于螺杆压缩机的补气口提供了类似于闪发气体压缩机的吸气功能，因此在分离容器上把去除闪发气体的管道接到螺杆压缩机的补气口，就形成了如图 2-10 所示的制冷系统循环图。这种功能的分离容器在欧美制冷产品中称为闪发式经济器（Flash Economizer），它的应用功能是：闪发式经济器（图 2-11）提供中间温度的饱和液体，液体节流后供给蒸发器，同时减少其中的闪发气体，以改进系统效率。

这种带闪发式经济器的制冷循环过程如图 2-10 所示：制冷剂总的质量流量 m 在点 3 处一次全部节流，在点 4 节流后分成两部分：第一部分蒸发的气体 m_2 从点 4 蒸发到点 7，蒸发后的气体进入螺杆压缩机的补气口，第二部分质量流量 m 从点 4 成为过冷液体后到达点 5，经过膨胀阀二次节流到达点 6，点 6 至点 1 是制冷蒸发过程。另外，点 7 是蒸发冷却产生的气体在压缩到补气口前的工况，这些气体与在蒸发器蒸发所产生蒸发气体（点 1），经过一段压缩在补气腔内混合（点 8）后继续在压缩机内压缩，直至排气口（点 2），完成全部制冷循环。

这种闪发式经济器在国内没有生产，那么这种闪发式经济器（图 2-11）的工作原理是什么？下面通过制冷循环的压焓图来了解这种经济器的优点和计算方法。

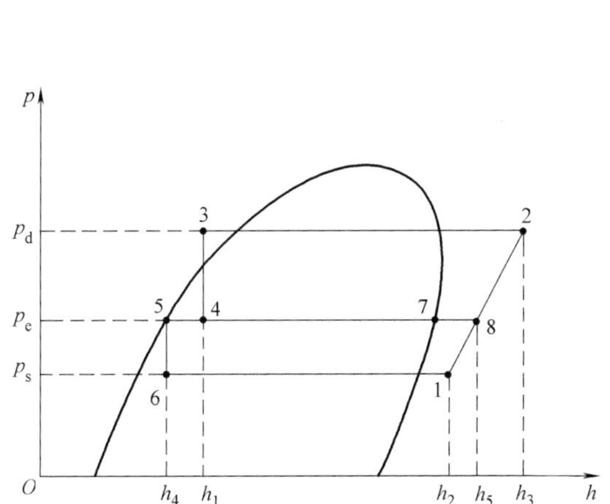

图 2-10　带闪发式经济器的制冷循环压焓图

图 2-11　闪发式经济器的外形

p_d 为排气压力（kPa）；p_e 为经济器压力（kPa）；p_s 为吸气压力（kPa）；h_1-h_5 为焓值（kJ/kg）。

设定压缩机吸气侧的质量流量（kg/s）为 m；经济器回路质量流量（kg/s）为 m_2；压缩机总回路质量流量（kg/s）为 m_0。

则

$$m_0 = m+m_2$$

那么系统的制冷量（kW）：

$$Q = m(h_2-h_4) = m(h_2-h_1)+m(h_1-h_4) \tag{2-8}$$

其中，$m(h_1-h_4) = m_2(h_5-h_1)$，是增量。

由于质量流量的增加，制冷量也得到了相应提高。

输出功率（kW）：

$$P = m(h_3-h_2)+m_2(h_3-h_5) \tag{2-9}$$

其中，$m_2(h_3-h_5)$ 是增量。

能效比：

$$\mathrm{COP}=Q/P=[m(h_2-h_1)+m(h_1-h_4)]\div[m(h_3-h_2)+m_2(h_3-h_5)]$$

其中，$m(h_1-h_4)=m_2(h_5-h_1)$

又从压焓图中可以得知，图 2-10 与图 2-6b 的能效比：

$$[(h_5-h_1)\div(h_3-h_5)]>[(h_2-h_1)\div(h_3-h_2)]$$

此外，这种二次节流的制冷循环能效比带板式换热器的制冷循环更高了一些。

对图 2-10 与图 2-8 所示的能效比进行比较，由于板式换热器两侧流体存在温差，故而影响 $h_{5'}<h_5$，最终导致带板式经济器的能效比要小于带闪发式经济器的能效比。这两种形式的能效比差值主要取决于板式换热器两侧流体存在温差以及运行的工况，对压缩机而言一般会有 2%～3% 的差别，不同型号和不同生产厂家的压缩机也会有一定的差别。

这种闪发式经济器一般是立式的，卧式的一般是以与中温低压循环桶或者中温气液分离器的容器合并的形式出现（第 8 章有这种容器的详细介绍）。

去除闪发气体的节能程度取决于制冷剂热力性能和来自冷凝器的制冷剂到蒸发器后温度下降的幅度。图 2-12 所示为几种制冷剂在不同蒸发温度去除闪发气体的节能百分比。

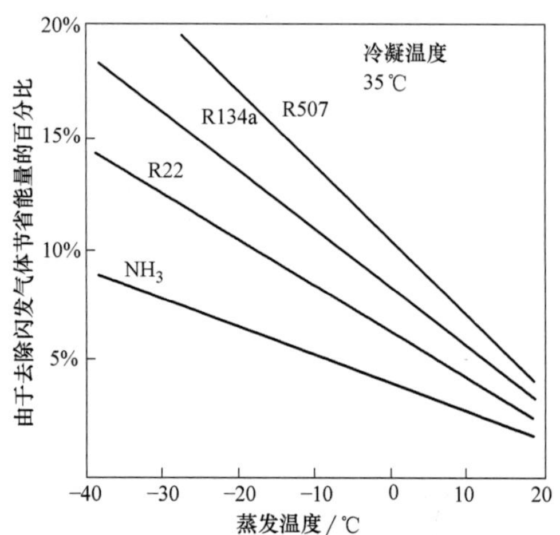

图 2-12　几种制冷剂在不同蒸发温度去除闪发气体的节能百分比

2.3.3　现代去除闪发气体的方式

用中间压力容器（经济器、中间冷却器）可以去除闪发气体。节省的能量百分比随蒸发温度下降而上升。一般在蒸发温度低的情况下双级压缩是最有效的。卤代烃制冷剂比氨具有较高的节能百分比，这是因为卤代烃制冷剂在节流后比氨的闪发气体比例更大，因此在去除闪发气体后效率更高。但并不能认为卤代烃制冷剂在去除闪发气体后，与氨制冷剂比较系统运行一定更加节能（在 2.5 节有进一步说明）；也不能认为双级系统使用卤代烃制冷剂，在提高效率上有更大的改进。即虽然在去除闪发气体上，卤代烃制冷剂比氨制冷剂的系统节能性要好一些，但整个制冷系统的能耗还包括制冷剂气体的压缩和制冷剂液体的输送，相同温度下卤代烃的气体密度（气体的质量流量）与液体密度（液体的质量流量）比氨要大许多，因此这部分的能耗自然就会比氨大一些。这两者相差多少，还需要具体情况具体分析。

由于螺杆压缩机的出现和发展，设计师和研究人员很快就发现，螺杆压缩机旁路负荷的功能（旁路负荷将在压缩机的章节进行讨论）可以取代去除闪发气体的压缩机。用旁路负荷的方法代替去除闪发气体的压缩机的做法，估计是在 20 世纪 90 年代初开始应用的，21 世纪初开始在各种工业制冷系统中大量应用。

图 2-13 所示是采用螺杆压缩机旁路接口代替去除闪发气体的压缩机的制冷系统布置，节流后的闪发气体由螺杆压缩机的旁路接口吸入，与压缩腔内的部分已压缩的气体混合后继续压缩，由排气口排至冷凝器进行冷凝。

这种技术很快就得到了欧美国家制冷专业公司的认同，并且在 21 世纪初开始，许多工业制冷的工程项目都相继采用了这种二次节流与集中闪发式经济器相结合的工艺形式，图 2-14 与图 2-15 所示是这种工艺的实例图与某制冷站的压缩机补气口连接图。这两幅图中，在闪发式经济器与螺杆压缩机的补气口连接中加入了一个压力控制阀，这个压力控制阀要根据不同的压缩机厂家和压缩机补气特点，来确定采用何种控制方式，即阀前压力控制与阀后压力控制。大部分情况下，采用阀前压力控制。后一种控制方式，需要对压缩机的参数进行详细计算，在第 3 章有详细介绍。

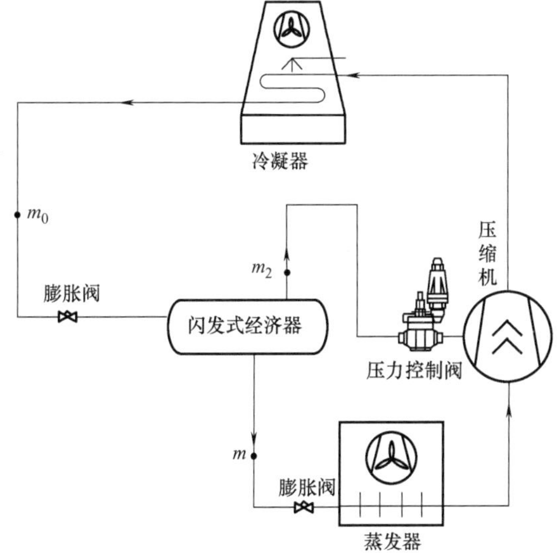

图 2-13　采用螺杆压缩机旁路接口去除闪发气体的制冷系统布置图

图 2-14　采用压缩机补气口的管道与阀门连接（阀后压力控制）（2014 年完工）

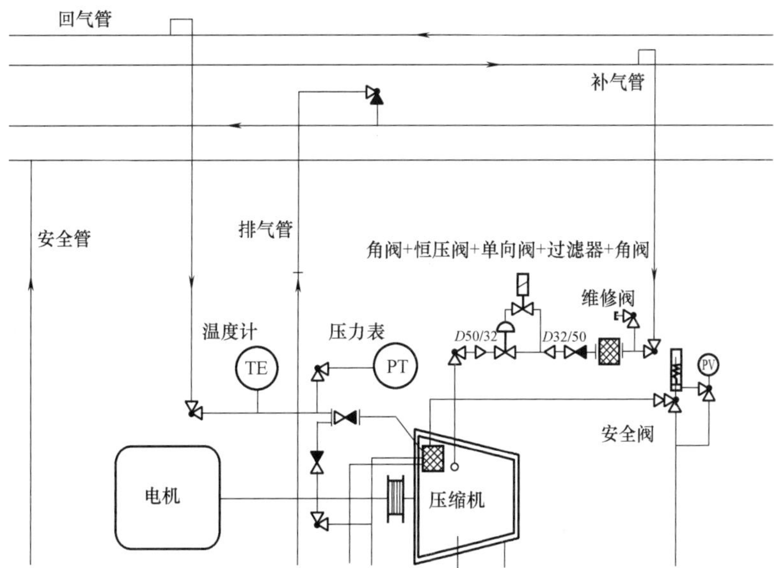

图 2-15　欧洲某公司设计的某啤酒厂冷水制冷站的压缩机补气口连接图（局部）（阀前压力控制）

由于中间压力由螺杆压缩机旁路接口补气所产生，因此这个压力越低，闪发气体去除得越多，系统的制冷效率也就越高；但这个中间压力一般取决于旁路接口的吸气负荷压力（这个中间压力等于或大于旁路负荷压力，详细原因在实例计算时进行说明。另外，一次节流后由于压力降低，再进行二次节流时的管道及阀门选型需要重新计算）。不同的生产厂家旁路接口的位置有区别，因此中间压力的吸气负荷及补气温度需要由生产厂家提供。在同一机组中，不同的蒸发温度有不同的补气温度，不同的制冷剂补气温度也不同。图 2-16 与图 2-17 所示是不同生产厂家压缩机的选型截图，使用的制冷剂不同，相同的蒸发温度有不同的补气温度（见下划线部分）；图 2-18 是相同压缩机使用氨、R507 在不同的蒸发温度下的补气温度（见下划线部分）。

那么采用这种二次节流制冷工艺循环的方式，蒸发温度高至多少才不采用这种二次节流制冷工艺呢？从图 2-12 中可以发现，即使蒸发温度高达 0℃，其节约的能量仍然可以接近 5%。因此可以推论，只要蒸发温度等于或低于 0℃，就可以使用这种工艺。只是在工程造价方面比较采用膨胀阀的节流补气方式要高一些。

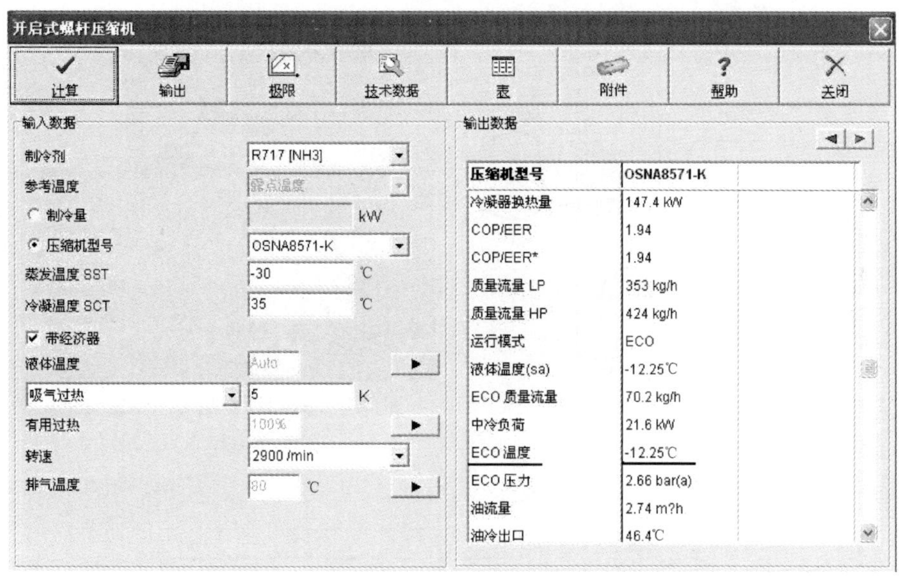

图 2-16　使用氨制冷剂蒸发温度-30℃时某生产厂家的补气温度为-12.25℃（见下划线，软件界面）

RWFII 222 压缩机组型号
R717 Ammonia 工质：氨

RWFII222 #1　Date 2014/9/23
Johnson Controls-China-Fred Hao　Atmospheric 1.00 bar
Version 8.3.5　Elevation 95 m

系统性能
蒸发负荷 Evap Capacity 565.8 kW
轴功率 Shaft Power 260.1 kW
COP Coeff of Perf 2.175

全负荷/部分负荷
Evap Capacity 100.0 % 蒸发负荷
Slide Valve Pos 100.0 % 旁路负荷
Speed 100.0 %
Speed 2950 rpm 转速

压缩机
压缩机型号 Model SGC 2317
可调容积比 Vi Control Variable Vi
排气标准 Disc Port Standard
转子标准 Rotors Standard

条件
Comp Ratio 11.77 压缩比
Ideal Vi 6.83 理想内容积比
Actual Vi 5.00 实际内容积比
Discharge Temp 82.2 ℃ 排气温度

蒸发器
制冷量 Capacity 565.8 kW
蒸发温度 Temperature -30.0 ℃
压力 Pressure 0.19 barg
过热度 Superheat 0.0 ℃
供液温度 Liquid Feed -8.4 ℃
管过热度 Line Superheat 1.0 ℃

冷凝器
排热量 Heat Rejected 827.1 kW
温度 Temperature 35.0 ℃
压力 Pressure 12.49 barg
过冷度 Subcooling 0.0 ℃
额外过冷度 Extern Subcool 0.0 ℃
管过热度 Line Superheat 0.0 ℃

经济器
负荷 Capacity 90.7 kW
经济器温度 mperature -13.4 ℃
Pressure 1.53 barg
压力 Superheat 5.0 ℃
过热度 Approach 5.0 ℃
管过热度 Line Superheat 0.0 ℃

图 2-17　使用氨制冷剂蒸发温度-30℃时另一生产厂家的补气温度为-13.4℃（见下划线，软件界面）

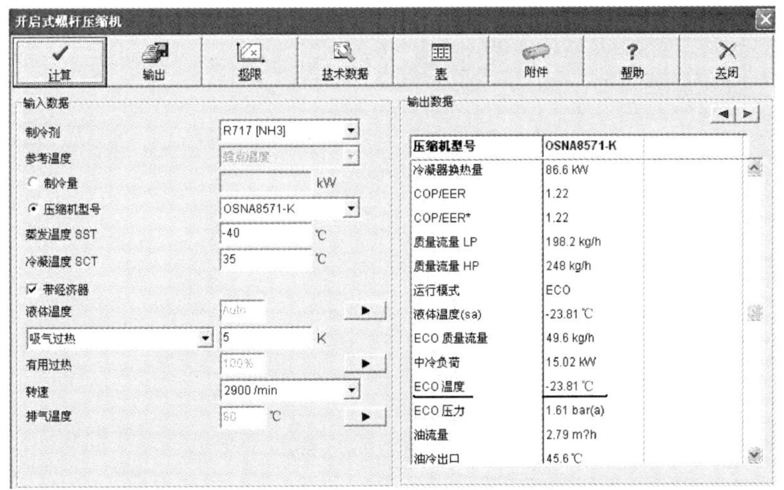

a)

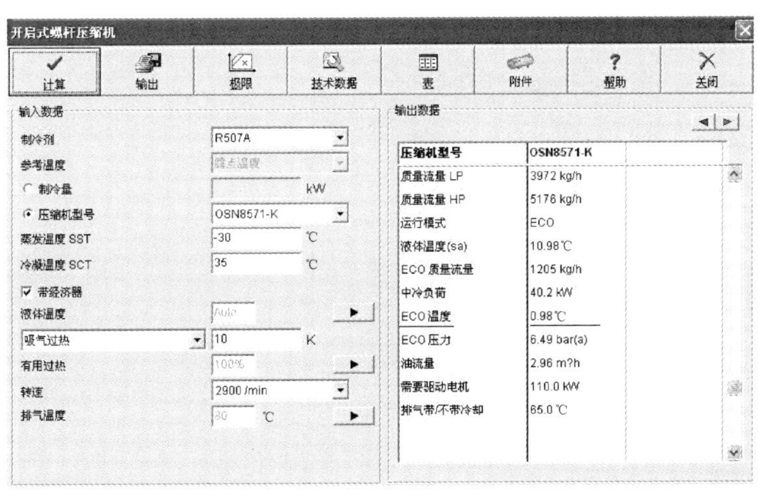

b)

图 2-18　相同压缩机使用不同制冷剂在不同蒸发温度下的补气温度

a）使用相同压缩机氨制冷剂蒸发温度-40℃时的补气温度为-23.81℃（见下划线，软件界面）

b）使用相同压缩机 R507 制冷剂蒸发温度-30℃时的补气温度为 0.98℃（见下划线，软件界面）

图 2-19 所示是国外某啤酒厂的乙二醇冷水制冷工艺图（局部），这里的氨气液分离器的蒸发温度是 0℃，仍然采用二次节流和经济器。

那么什么情况下使用双级压缩制冷循环，会使制冷效率更高，且初投资也比较经济呢？从图 2-20 的 COP 值可以看出，蒸发温度越低，双级压缩的 COP 与单级压缩带经济器的 COP 的差值越大，蒸发温度低于-35℃后双级压缩更有优势。当然蒸发温度低于-35℃时也有使用带经济器的单级系统，只是能耗大一些而已。但是从投资角度来看，工程造价会低一些。

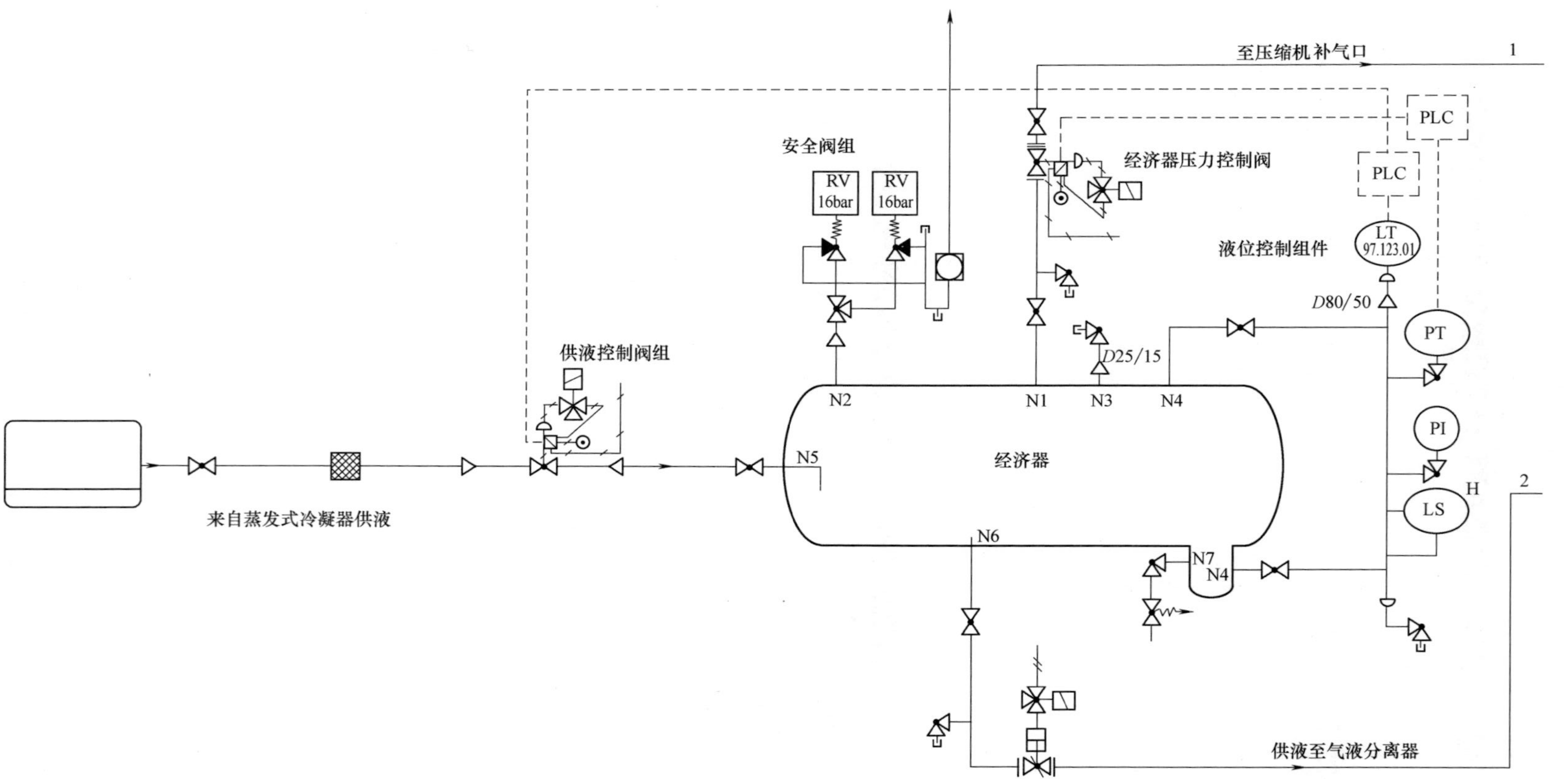
至压缩机补气口
1
PLC
PLC
安全阀组
RV
16bar
RV
16bar
经济器压力控制阀
液位控制组件
LT
97.123.01
D80/50
PT
D25/15
供液控制阀组
N2
N1
N3
N4
PI
N5
经济器
2
H
LS
来自蒸发式冷凝器供液
N6
N7
N4
供液至气液分离器

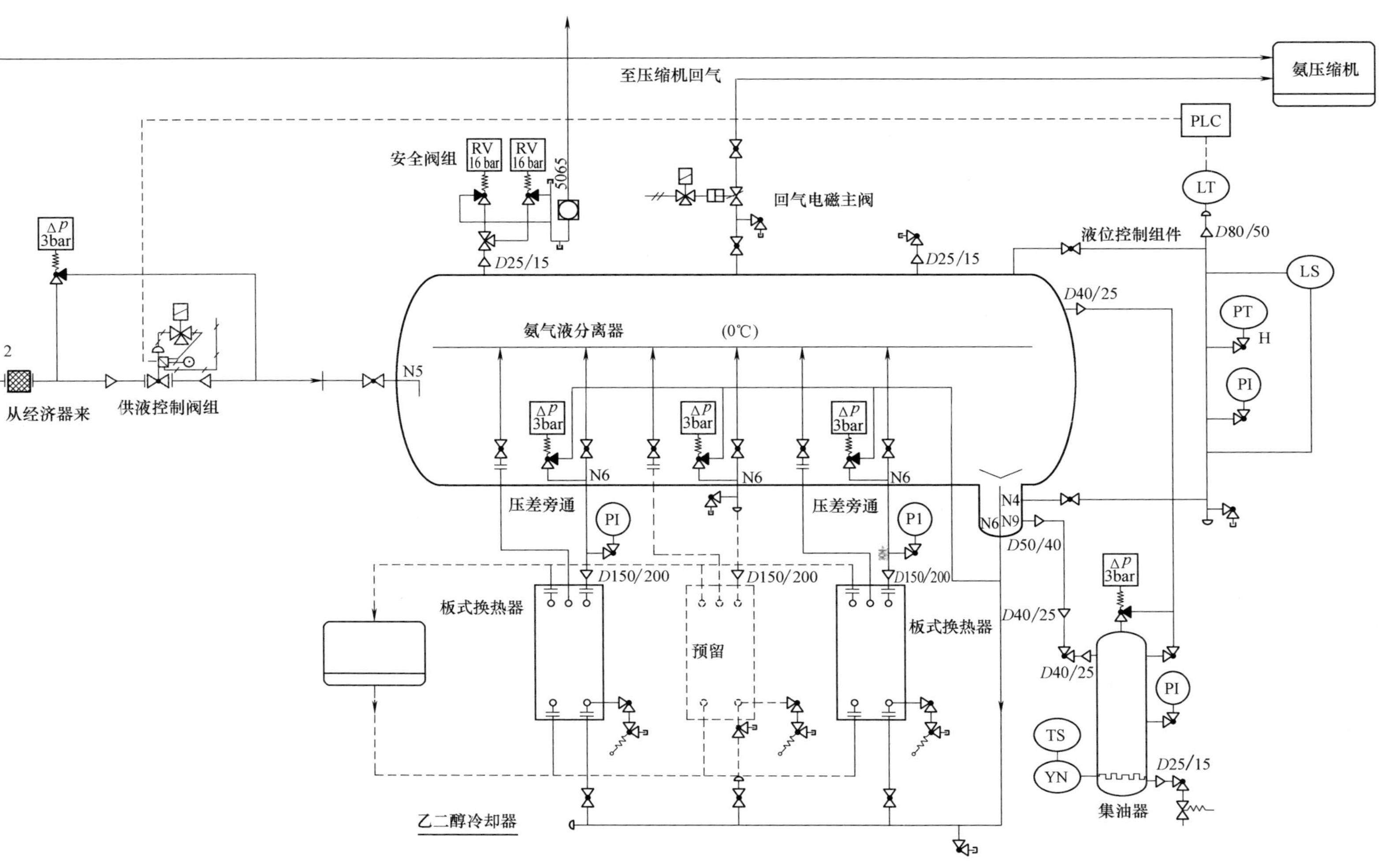

图 2-19　国外某啤酒厂的乙二醇冷水制冷工艺图（局部）

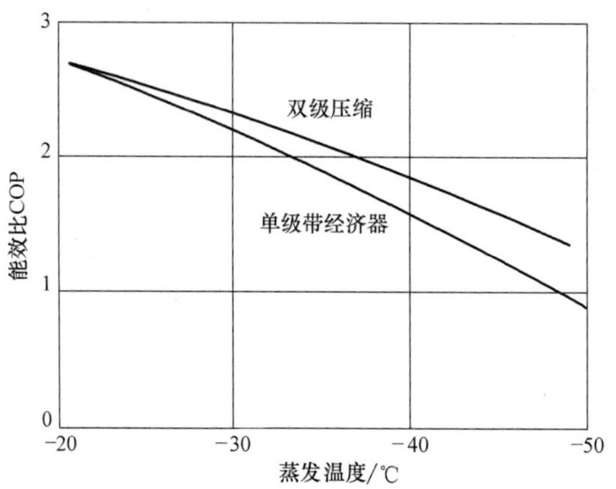

图 2-20　双级压缩与带闪发式经济器的单级压缩的能效比的比较

2.4　双级压缩系统

本节介绍双级压缩系统的运行模式和改进。双级压缩的制冷量人工计算是烦琐的。由于现在的压缩机生产厂家在设备选型上都有选型软件，因此在实际应用中，只要将生产需求提供给设备厂家，就能方便地实现设备选型。

2.4.1　实现制冷循环双级压缩运行的几种模式

1. 使用单机双级压缩机

这些压缩机有活塞式也有螺杆式。这些机组有的自带中间冷却器，也有的外接中间冷却器。这种形式使用比较普遍，许多生产厂家的资料都有详细介绍。这种模式运行的缺点是：一般双级运行的系统用于速冻系统，在系统开始运行阶段，由于蒸发温度高、负荷大，而且压缩机的电动机运行工况是按速冻工况选择的，这时这种单机双级运行的压缩机不能全负荷投入运行，否则压缩机的电动机会由于过高的运行电流而损坏。而恰恰这时的热负荷是整个速冻过程中最大的。还有一个问题是这种单机双级运行的压缩机的综合利用性问题。在一个大型速冻系统中，可能同时使用几台这种压缩机，而这几台压缩机不能根据蒸发温度的变化，相互匹配它们之间的高低压级的上载比例。这也许是一些著名的欧美压缩机厂至今还没有生产螺杆式单机双级压缩机的原因。这个问题笔者也曾经与欧美国家生产压缩机的厂家讨论过，他们的回答是，既然双级配打在速冻的初期运行更有优势，在控制上也不存在问题，为什么还要研究这种单机双级运行的螺杆机呢？而国内的思维是：两台（配打）螺杆压缩机的价格肯定比同样制冷量的单机双级螺杆压缩机要贵一些，而且设计的回路也要少一些。

2. 采用高压压缩机与低压压缩机配打的形式

根据中间冷却器的使用，这种配打也有两种形式：

1）使用板式换热器［或者带盘管的中间冷却器（closed intercooler），国外称为闭合式中间冷却器］过冷，供液不完全冷却的模式。这是国内速冻系统普遍采用的模式，制冷剂从贮液桶出来经过板式换热器冷却后节流进入蒸发器（图 2-21、图 2-22）。

2）完全中间冷却双级压缩制冷循环。使用的中间冷却器没有冷却盘管，这种中间冷却器在国外称为开放式中间冷却器（opened intercooler）。使用的供液方式是二次节流供液。从冷凝器出

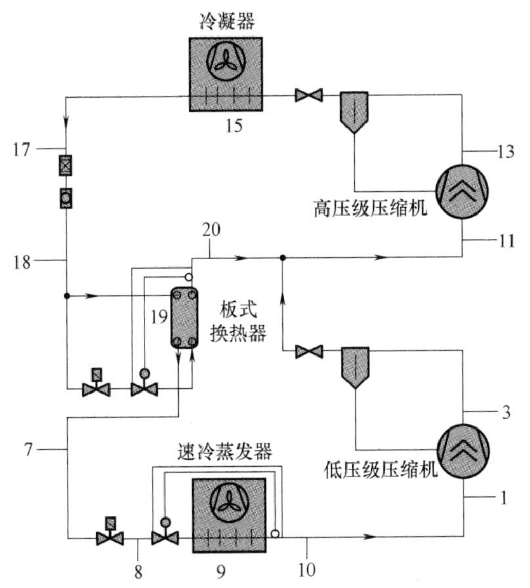

图 2-21　不完全冷却双级压缩制冷循环的布置

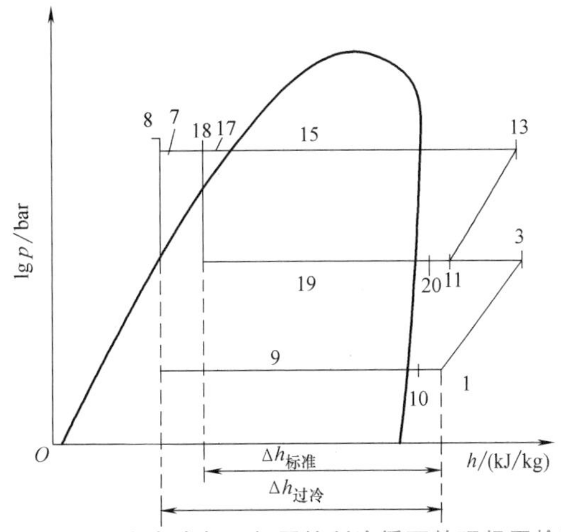

图 2-22　不完全冷却双级压缩制冷循环的理想压焓图

来的制冷剂，在中间冷却器前的膨胀阀第一次节流后进入中间冷却器，所产生的闪发气体由高压级压缩机从中间冷却器中抽走；在中间冷却器内的完全饱和液体在进入蒸发器前的膨胀阀进行二次节流，最后进入蒸发器制冷蒸发。这种系统与前面的不完全冷却方式相比，它的优点是制冷剂液体进入蒸发器前是完全饱和液体，温度也更低，因此制冷效率与其他形式比较也是最好的。而这种供液方式需要对中间冷却器的分离能力进行计算（在容器介绍中会详细讨论这种计算）。我国目前制冷系统的容器选型仍然不够完善，因此这种做法在我国的速冻系统中并不普遍。仍然以上面的系统为例，这种完全冷却双级压缩制冷循环的设备布置与理想压焓图如图 2-23 所示。

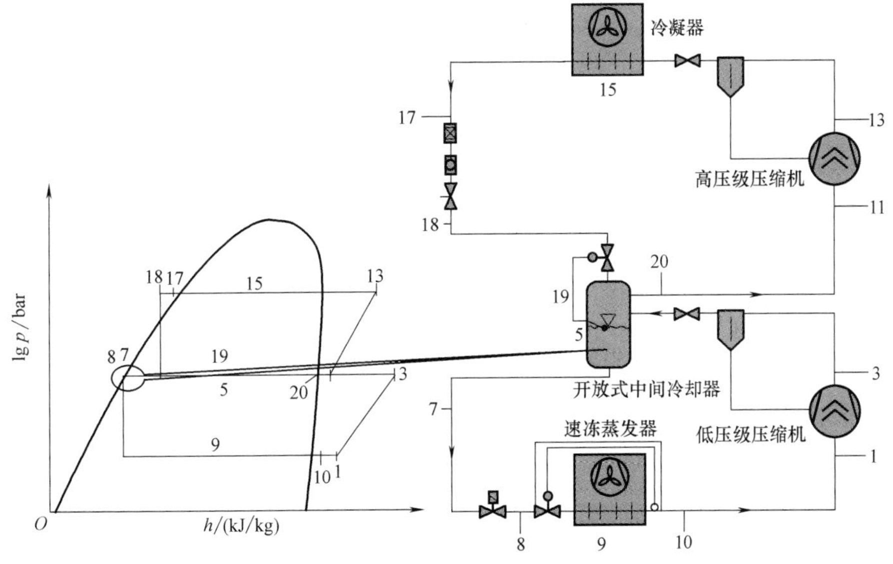

图 2-23　完全冷却双级压缩制冷循环的设备布置与理想压焓图

2.4.2　双级制冷系统压缩的改进

为了使高压级压缩机充分发挥在速冻开始时的作用，在图2-23所示的设备布置做进一步的改进（图2-31），在蒸发器的回气管上连接一根带有单向阀的管道，连接到高压级压缩机的回气管上。在蒸发温度没有达到设定的中间温度时，系统中的低压级压缩机没有起动，而是由高压级压缩机直接吸取蒸发器的蒸发气体；当蒸发温度下降到设定的中间温度时，低压级压缩机也起动。由于单向阀的作用，这时蒸发器的蒸发压力已经低于中间冷却器的蒸发压力，因此这时的高压级压缩机只能吸取中间冷却器的气体，这样系统进入正常的双级制冷运行了，这是单机双级压缩机无法做到的，同时也达到了节能的目的。

2.5　压缩机的吸气压力损失与排气压力损失

2.5.1　压缩机的吸气压力损失与吸气温度过热度

压缩机的吸气压力损失（suction penalties）是吸气过热度和吸气压力下降在压缩机吸入口的一个综合表现。

1. 吸气过热度

在实际的制冷系统运行中，制冷剂在蒸发器蒸发后，气体经过回气管回到压缩机回气口前，由于受到环境热量、回气气体流动与管道内壁的摩擦以及压缩机的吸气阀外露的影响，使制冷剂回气的温度上升，这个温差就是吸气过热度。这种过热度在制冷压焓图上的表现形式是蒸发温度的饱和温度点向过热区的等温线延长，用ΔT表示，如图2-24所示。

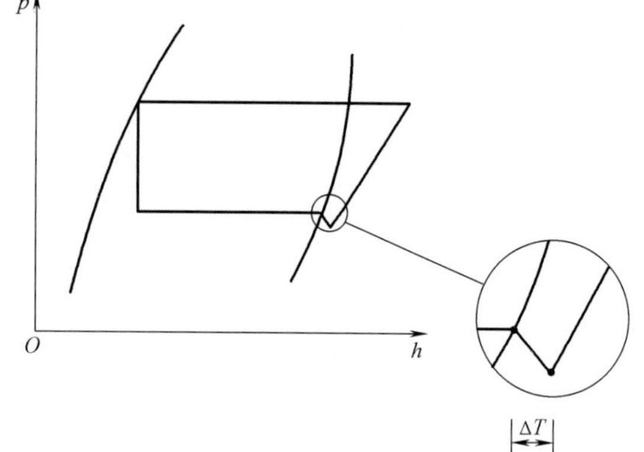

图2-24　吸气过热度在压焓图上的表示

2. 吸气压力下降

造成吸气压力下降的原因有：

1）回气管上安装的阀门、配件及弯头。

2）压缩机上的过滤器、单向阀和吸气阀。

3）吸气加速。

4）蒸发器的压力降。

这种吸气压力下降在制冷压焓图上的表现形式，是蒸发温度的饱和温度点向下的直线，如图2-25所示。

吸气压力下降过多会使压缩机的尺寸增大，增加了电动机的功率。但是，吸气压力下降太小会加大吸入管道、配件的尺寸和保温成本。因此，设计时吸气压力下降的损失应与管道、阀门的尺寸和保温成本经济平衡。

3. 吸气压力损失

吸气压力损失是吸气过热度和吸气压力下降的组合，如图2-26所示。因此，吸气压力损失不是一条水平线，也不是一条垂直线。正确的表达应该是在p-h图上的斜线。

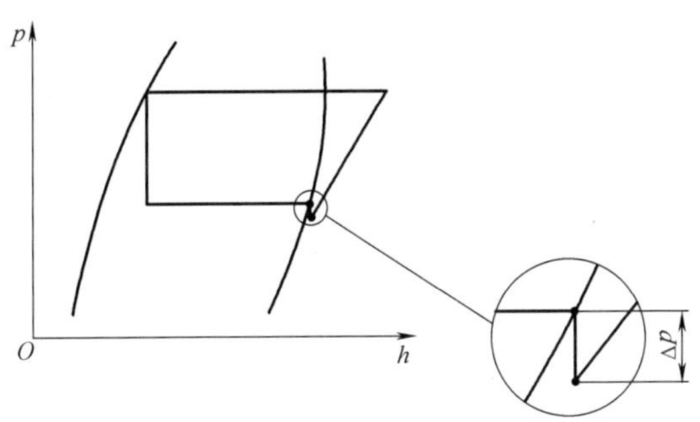

图 2-25　吸气压力下降在制冷压焓图上的表示

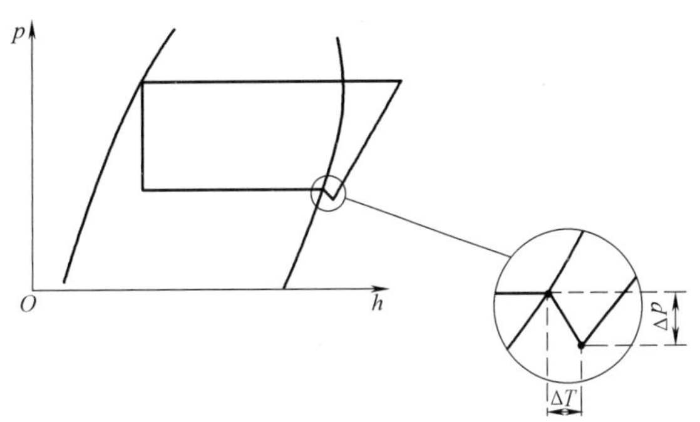

图 2-26　吸气压力损失在制冷压焓图上的表示

2.5.2　排气压力损失

1. 排气压力损失的概念

压缩机排气压力要高于冷凝压力，以克服排气管中的压力阻，这个压力差 Δp 就是排气压力损失，如图 2-27 所示。

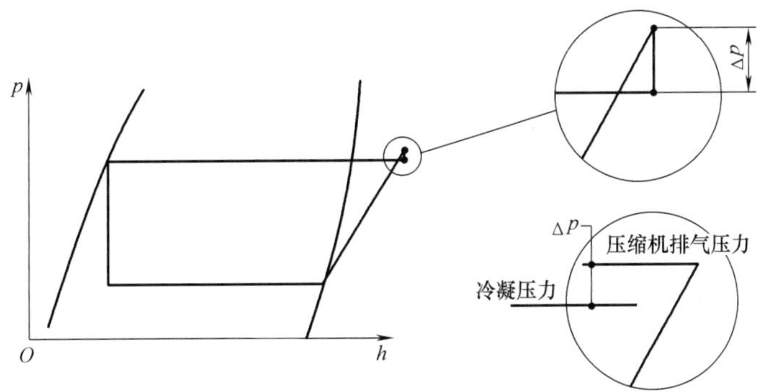

图 2-27　排气压力损失在制冷压焓图上的表示

排气压力下降过多，可增加压缩机的功率消耗。但是，压力下降损失控制太小，可能会增加排气管道及配件尺寸。在任何情况下，正常功能排气压力损失制冷系统，螺杆压缩机上的排气压差 Δp，通常大于往复式压缩机；风冷或蒸发式冷凝器压差 Δp 大于水冷却式冷凝器。

2. 吸气和排气的压力损失对压缩机的影响

图 2-28 所示为制冷系统带吸入和排出压力损失的 p-h 图。压力损失压缩线为虚线。

系统设计必须包括排气和吸气两种压力损失，它是实际运行需要的。如果压缩机只标定额定饱和冷凝温度和饱和蒸发温度而没有考虑损失，以图 2-17 所示选用的压缩机及其工况为例，该系统的制冷能力将低于设计制冷能力约 2%～3%。

2.5.3　不同工质的过热度与能效比

由于氨制冷剂与卤代烃制冷剂的热力性质不同，制冷剂的液滴在回气管的蒸发能力，以及在压缩机吸气口部分的蒸发能力是决定过热度的关键因素。由于液氨比卤代烃液体更容易蒸发，因此在压缩机选型设置回气过热度时（目的是防止压缩机产生湿冲程），一般把氨制冷剂的过热度设置得比卤代烃制冷剂小一些。每一个压缩机制造厂家设定的标准会有区别，例如某外资压

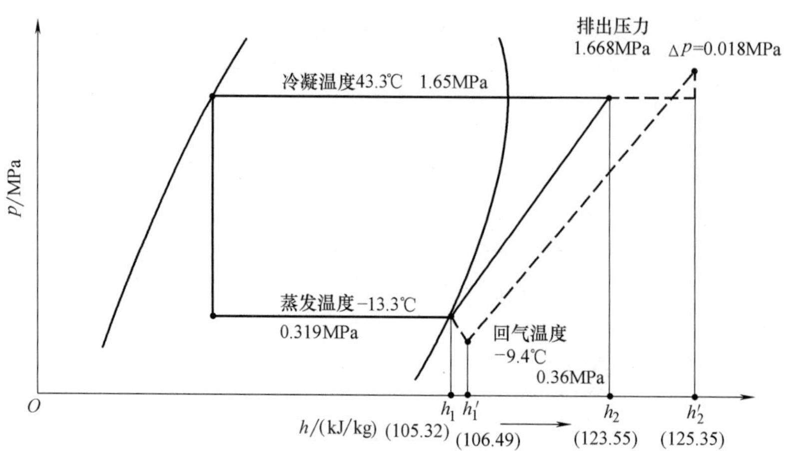

图 2-28　R22 制冷系统带吸入和排出压力损失的 *p-h* 图

缩机公司把氨制冷剂过热度默认设置为 5K，而卤代烃制冷剂设置为 10K。相同的压缩机，制冷工况相同，制冷量也基本相同，使用不同的制冷剂作为工质，其输入的压缩功率有较大的差别。

这里通过用压缩机的选型软件就可以比较出来。

在蒸发温度为-10℃，冷凝温度为 35℃时，同一台压缩机使用不同的制冷剂（氨和卤代烃 R507），采用压缩机选型软件计算能效比的结果界面如图 2-29 和图 2-30 所示。

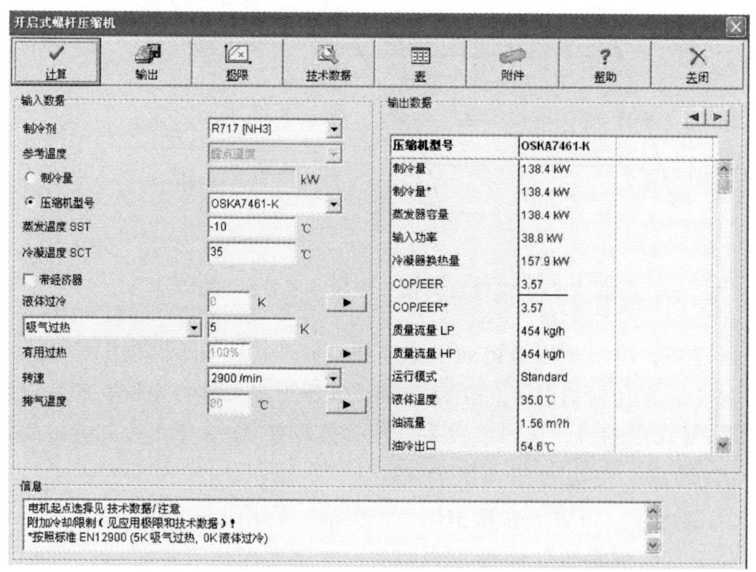

图 2-29　氨制冷剂的计算界面（能效比见下划线）

由图 2-29 和图 2-30 可得，以上条件下使用氨为制冷剂比用 R507 的能效比提高 12.62%。

众所周知，在制冷循环中所需的压缩功率与各种制冷剂的物理特性相关。在相同的蒸发温度下 R507 的密度要比氨大很多，图 2-12 中-10℃卤代烃 R507 去除闪发气体比氨要节约不到 9%的能量，在这里反而多耗能 12.62%。因此在合理的范围内控制压缩机的过热度是系统节能的一个重要部分。

同样，压缩机吸气和排气压力损失的设置，各个生产厂家也有自身的规定。如图 2-17 所示的数据是根据氨制冷剂设置的吸气压力损失是 0.02~0.03bar，排气压力损失也是 0.02~0.03bar，

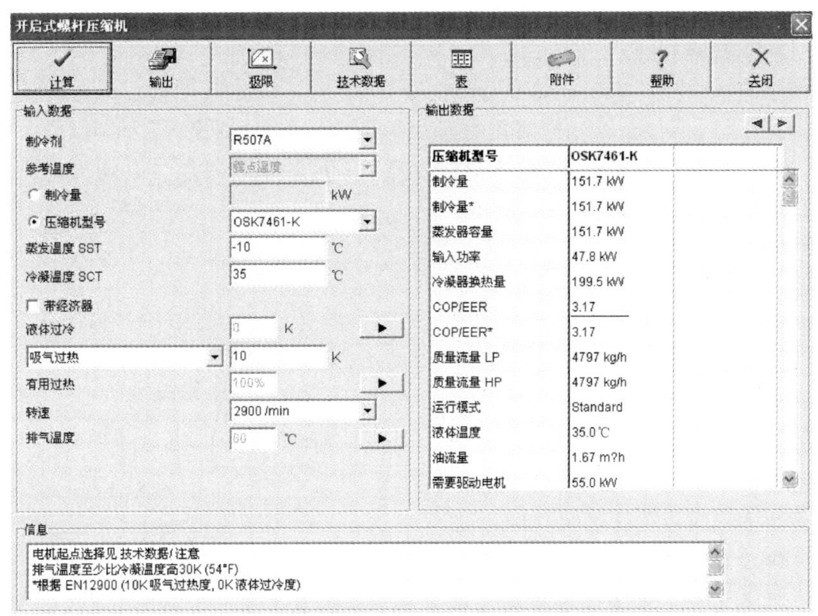

图 2-30　R507 制冷剂的计算界面（能效比见下划线）

回气管的过热度一般取 2~3℃而得出的。

2.5.4　影响压缩机过热度的因素

如何控制压缩机的过热度？在直接膨胀系统，是通过感温包检测的回气过热度来控制膨胀阀的开启大小；而在满液式供液系统，则是通过控制分离容器的气体速度在允许范围内来实现。前者由于负荷和温度的变化很难把过热度控制在理想的范围内，而后者只要分离容器选型合理就能把过热度控制住。另外，前面提及的闪发气体去除也是提高制冷效率的有利方法，而直接膨胀系统没有这种优势。这就是在工业制冷系统中比较少采用直接膨胀供液方式的原因。

是否注意到，在相同的压缩机运行中，不同的制冷剂有不同的过热度。在所有的制冷剂中，氨在压缩机运行需要的过热度是最小的；而二氧化碳制冷剂的过热度是最大的。虽然不同品牌的压缩机对于过热度的要求有一些变化，但是基本概念是不变的。

这种制冷剂过热度大小是由什么因素确定的？这里要介绍制冷剂的其中一个特性——制冷剂的气液密度比（the ratio of liquid to vapor densities），它表示相同温度与压力下制冷剂本身的液体密度与气体密度之比。在工业制冷的应用范围内：气液密度比最大的是氨；其次是卤代烃；最小的是二氧化碳。这个比值小意味着较低的空隙率（在气体与液体的混合物中，气体占据的容积较小）。这个特性不仅影响制冷剂在压缩机回气的过热度大小，而且对于满液式供液的循环倍率以及分离容器的液滴大小直径的选择（在后面的章节中分别进行介绍）都起到关键的因素。甚至制冷剂的蒸发器管径大小也与这个特性有关。

2.5.5　双级制冷压缩的选型计算

1. 基本步骤

1）确定系统的蒸发温度/压力。

2）确定系统的冷凝温度/压力。

3）确定系统的制冷负荷，是否有中冷负荷。

4）是否需要能量调节。

5）选择制冷剂。

6）确定中间压力 $p_{zj}=\sqrt{p_e p_c}$（绝对压力）。

其中：p_{zj} 表示中间冷却器压力；p_e 表示蒸发压力；p_c 表示冷凝压力（均为绝对压力）。

7）确定系统形式：

① 直接喷液冷却系统。

② 换热器式中冷系统。

③ 闪发式经济器中冷系统。

2. 选择低压级压缩机

1）低压级蒸发压力。

2）低压级冷凝压力（中间压力）。

3）低压级制冷负荷。

4）考虑低压级压缩机液体温度补偿。

3. 再选择高压级压缩机

1）高压级蒸发压力（中间压力）。

2）高压级冷凝压力。

3）高压级制冷负荷。高压级制冷负荷等于低压级压缩机制冷负荷加上低压级压缩机（图2-31）电动机功率。

4）吸气过热度。

4. 中冷器负荷计算

1）中冷器蒸发压力。

2）中冷器液体质量流量。

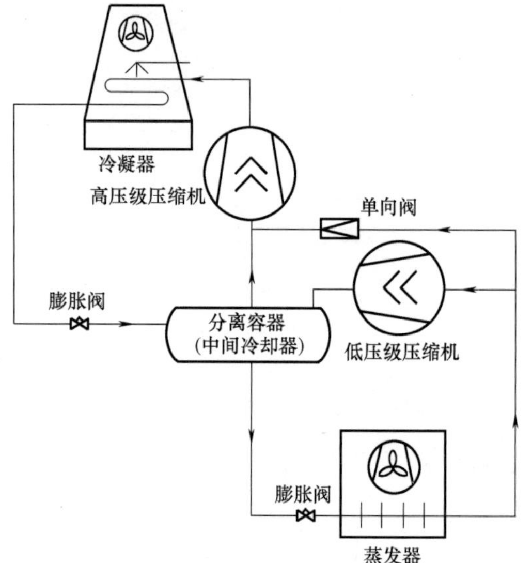

图2-31　增加单向阀后改进的完全冷却双级压缩制冷循环的布置

【例2-3】　蒸发温度-45℃，冷凝温度40℃，速冻负荷115kW，采用R22制冷剂，没有中温负荷，如何设计速冻制冷系统？

解：有三种制冷循环可以选择：带经济器的单级压缩制冷系统、不完全中间冷却双级压缩制冷系统以及完全中间冷却双级压缩制冷系统。

（1）采用某外资品牌的压缩机带经济器的单级压缩制冷系统　根据图2-32这种品牌压缩机选型软件可以得出选取的压缩机是：

$$三台\ HSN7471\text{-}75, Q=115.3kW, P=131.7kW; COP=0.88$$

（2）双级配打压缩机　制冷系统图按图2-21不完全中间冷却双级压缩制冷循环布置。

1）首先确定中间压力。$p_e=0.83bar$，$p_c=15.27bar$，$p_{zj}=3.56bar$。

R22绝对压力对应温度是-9.9℃。

为方便选型，中间压力按-10℃计算。

2）选择低压级压缩机。

-45℃/-10℃，115kW，液体温度-2℃（考虑中冷器8K换热温差）。

一台HSKB8551-80，$Q=57.5kW$，$P=16.3kW$。

外加一台HSKB8561-80，$Q=65.5kW$，$P=18.6kW$。

低压级总制冷量 $Q_总$ 为

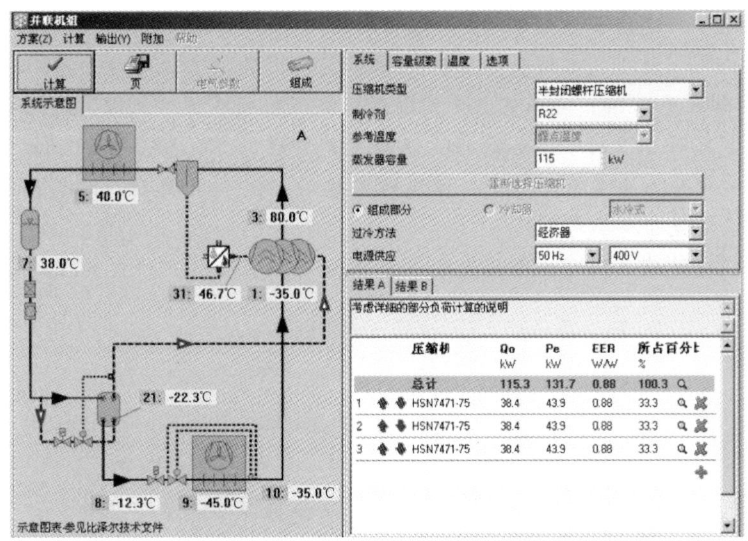

图 2-32 压缩机带经济器的单级压缩制冷系统以及选型数据

$$Q_{总}=(57.5+65.5)\text{kW}=123\text{kW}$$

低压级总功率 $P_{总}$ 为

$$P_{总}=(16.3+18.6)\text{kW}=34.9\text{kW}$$

3) 选择高压级压缩机。

高压级压缩机负荷：

$$低压级总制冷量+低压级总功率=(123+34.9)\text{kW}=157.9\text{kW}$$

-10℃/40℃，158kW，10K 过热。

使用压缩机选型软件，选型结果为一台 HSK8551-110，$Q=181.7\text{kW}$，$P=67.6\text{kW}$。

4) 双级配打系统总冷量为 123kW，总输入功率为 (67.6+34.9)kW=102.5kW，能效比 COP 为 123/102.5=1.2。

(3) 采用某外资品牌的双级配打压缩机 制冷系统按图 2-23 所示完全冷却双级压缩制冷循环的设备布置。

由于缺乏这种品牌的压缩机计算软件，只能通过理论计算。根据生产厂家提供的数据：压缩机 HSK8551-110，在蒸发温度-10℃，冷凝温度 40℃时，其质量流量为 4230kg/h，也就是 $m_0=1.2\text{kg/s}$。

由于用于制冷的液体质量流量 $m_0=m+m_2$，这里需要先求一次节流的 m，也就是 R22 从 40℃节流到-10℃后的液体流量。

查附录一 R22 热力性质表，$h_3=249.67\text{kJ/kg}$（40℃饱和液体焓值），$h_5=188.42\text{kJ/kg}$（-10℃饱和液体焓值），$h_1=401.56\text{kJ/kg}$（-10℃饱和气体焓值），代入式 (2-1) 得出：闪发气体比例=28.7%，那么液体比例是 71.3%。

$$m=1.2\text{kg/s}\times71.3\%=0.8556\text{kg/s}$$

根据质量流量的计算：制冷量 $Q=m(h_1-h_5)$。

由于（为了计算方便有 10K 过热度不考虑参与制冷）$h_1=385.55\text{kJ/kg}$（-10℃饱和气体焓值），制冷量 $Q=0.8556\times(385.55-188.42)\text{kW}=168.66\text{kW}$。

假定上面的配置总输入功率 (67.6+34.9)kW=102.5kW 不变，能效比 COP 为

$$168.66/102.5=1.645$$

对比不完全冷却制冷循环，也可以使用这种理论计算。

根据比泽尔公司《速冻技术解决方案》的内容，采用带经济器的螺杆压缩机的速冻制冷循环，计算 COP 的结果是 0.88，与不完全中间冷却双级压缩制冷循环比较，能耗要增加 36%。如果与完全中间冷却双级压缩制冷循环比较，能耗更是要增加 53.8%。当然，由于低压级压缩机的制冷量增大，会使输入功率有所增加，但同时考虑过热度参与制冷，制冷量也随之增大。因此，上述理论计算还是值得参考的。

以上的制冷循环是建立在理论循环上的压焓图分析，实际运行性能与理论循环比较有一定的差别。

2.6 复杂的混合制冷系统

现代的冷藏加工业中的制冷系统，通常是一个综合混合型的制冷系统。一个系统同时会包含冷藏物冷藏间（俗称高温库）、冻结物冷藏间（俗称低温库）、速冻间或速冻生产线、制冰及冰水系统等。最近几年，许多系统还增加了热回收系统。通常，设备的综合利用是节能减排、提高制冷效率、降低工程造价的一种最佳的方式。对于复杂的制冷系统，其设计计算缺乏现成的模板，因此在集成优化提高效率方面有更大的空间。

2.6.1 同时具有冷藏物冷藏间和冻结物冷藏间的制冷系统设计

例如，在一个蒸发温度-30℃冻结物冷藏间的冷库中设置一个 5℃中温穿堂，这是目前国内最常见的冷库配置模式。按国内目前常规的设计模式，基本上都是按图 2-33 所示的制冷系统进

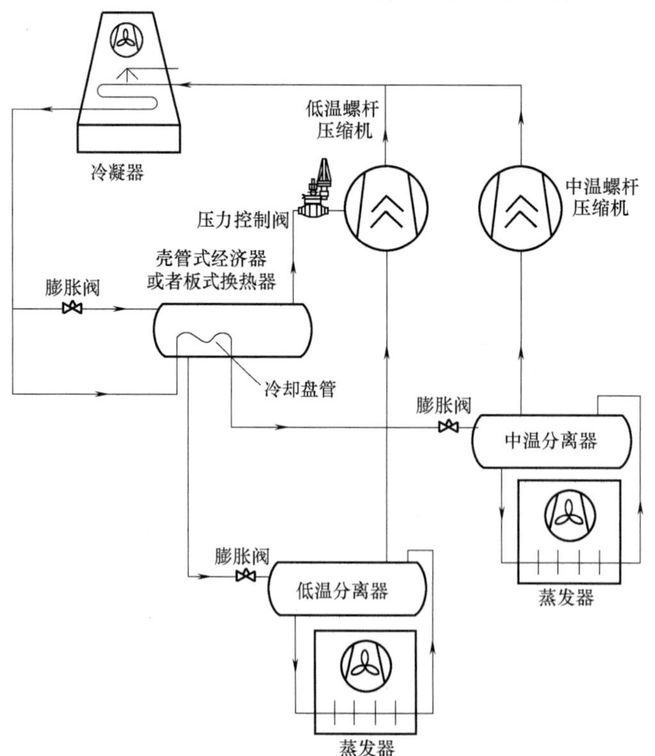

图 2-33 -30℃冻结物冷藏间的冷库兼一个 5℃中温穿堂设备示意图

行设计。这种配置与前面提到的采用二次节流同时使用闪发式经济器的方式比较，能耗还是偏大了，设备还可以减少。而在欧美国家近期采用的工业制冷系统，大部分会采用如图 2-34 所示的方式进行设计。

同样的制冷要求，如果采用二次节流同时使用闪发式经济器的方式，那么设备布置可以变为图 2-34 所示的形式。这种系统的特点是：系统的能耗更低一些，设备（容器）也少一些。另外，如果系统的低温蒸发器需要热气融霜，那么融霜后的排液可以排到闪发式经济器中，这样这些排液不会影响低温系统其他的蒸发器运行，这种方式是一种比较节能的方式（第 4 章中有详细的介绍）。经过这种改造，系统变得更加简单。

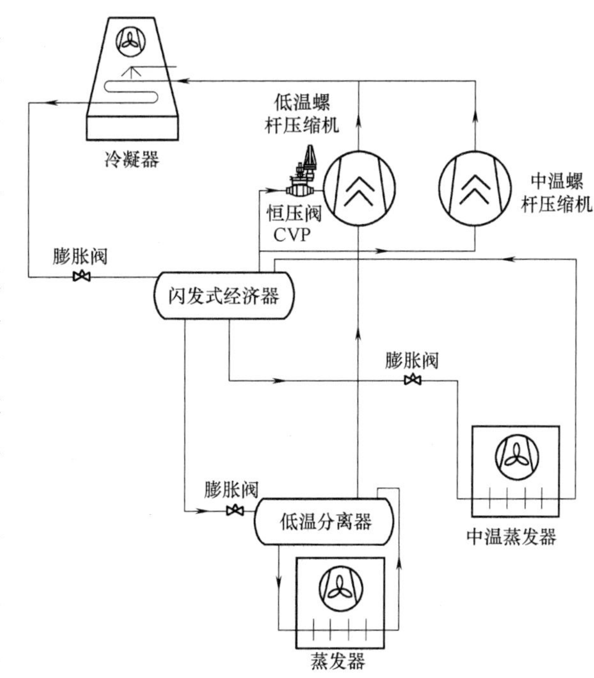

图 2-34　用二次节流改进后的制冷系统示意图

2.6.2　同时具有冷藏物冷藏间和冻结物冷藏间、速冻系统的制冷系统设计

如果该系统需要增加一套速冻系统，那么可以在图 2-34 的基础上通过优化成为图 2-35 所示的制冷系统。

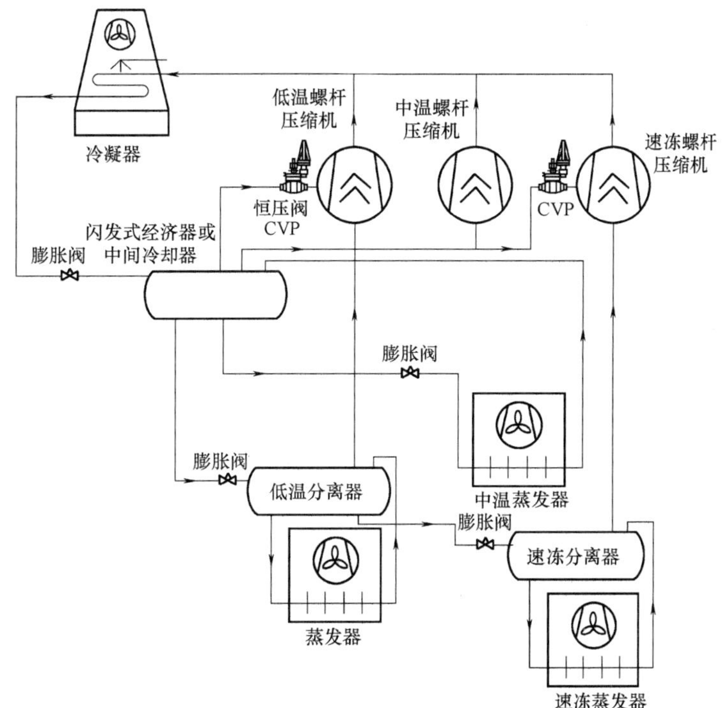

图 2-35　用三次节流改进后的制冷系统示意图（含中温、低温及速冻的系统）

这是一个三次节流系统。为什么要采用三次节流呢？因为如果速冻系统直接从经济器供液，由于速冻系统的蒸发压力低于冻结物系统的蒸发压力，同时由于压差会导致冻结物系统供液不足。欧美国家的制冷系统会经常使用三次节流系统，而在国内，这种系统会通过增加更多的容器来实现，这样除了增加初投资外，也降低了制冷循环的效率（注：系统中的速冻螺杆压缩机可以是带经济器的单级螺杆压缩机，也可以是双级配打的螺杆压缩机，这里表示的只是简化系统）。

2.6.3　高层冻结物冷藏间的制冷系统设计优化

对于高层冷库，如果这些冷间的温度都相同，那么图2-34所示的系统可以扩展成为图2-36所示的系统。在这种系统中，只需要一台低压循环桶，因为蒸发温度是一样的。注意这种系统应该选用不同扬程的制冷剂泵分别为不同层的蒸发器供液，这样可以明显降低初投资及运行费用。

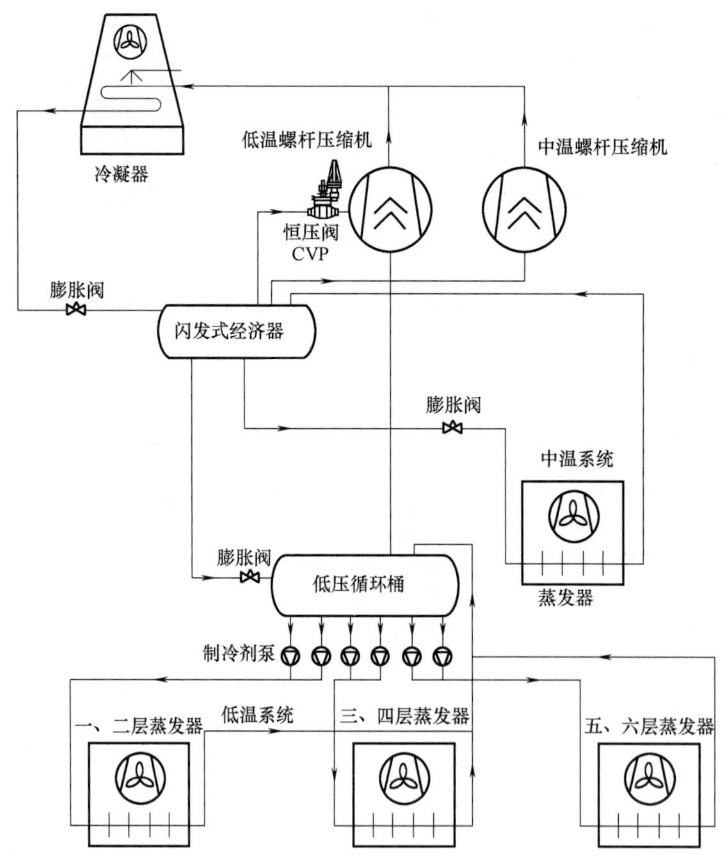

图2-36　用二次节流改进后的多层冷库制冷系统示意图

这种共用低压循环桶的设计方法尚未引起国内行业的注意，其选型的计算似乎还不能很好地解决，但外资公司的系统经常会采用。例如，雀巢公司在广州（2007年投产）的项目，一台低压循环桶同时供三条速冻螺旋生产线的蒸发器使用。同压缩机和冷风机选型的道理一样，在不同的蒸发温度和给蒸发器提供不同的供液温度下，蒸发器同样具有不同的制冷量。

图2-37所示一桶多泵的应用是笔者近年参与的一个二氧化碳复叠制冷与载冷的冷库与速冻项目。该项目的冷藏库供液就是采用了这种低压循环桶的一桶多泵技术。这台低压循环桶给两座冷库（蒸发温度-30℃）供液。一座是采用冷风机作为蒸发器；而另一座则是采用光滑排管作

为蒸发器。每座冷库都是两台 CO_2 供液泵，共用一组备用泵。因此这台低压循环桶有五台供液泵。由于计算合理，在整个使用过程中，不管是冷风机供液还是排管供液，都能达到根据设定的要求自动上载而不需要人为操作。

这种配套的设计方式不仅极大地降低了造价成本，也使操作更加方便，同时也减少了系统的制冷剂充注量和运行过程中的故障率。这种一桶多泵的计算究竟是如何实现的？在计算低压循环桶的各种参数是如何定义的？在本书的第 8 章会进行介绍。

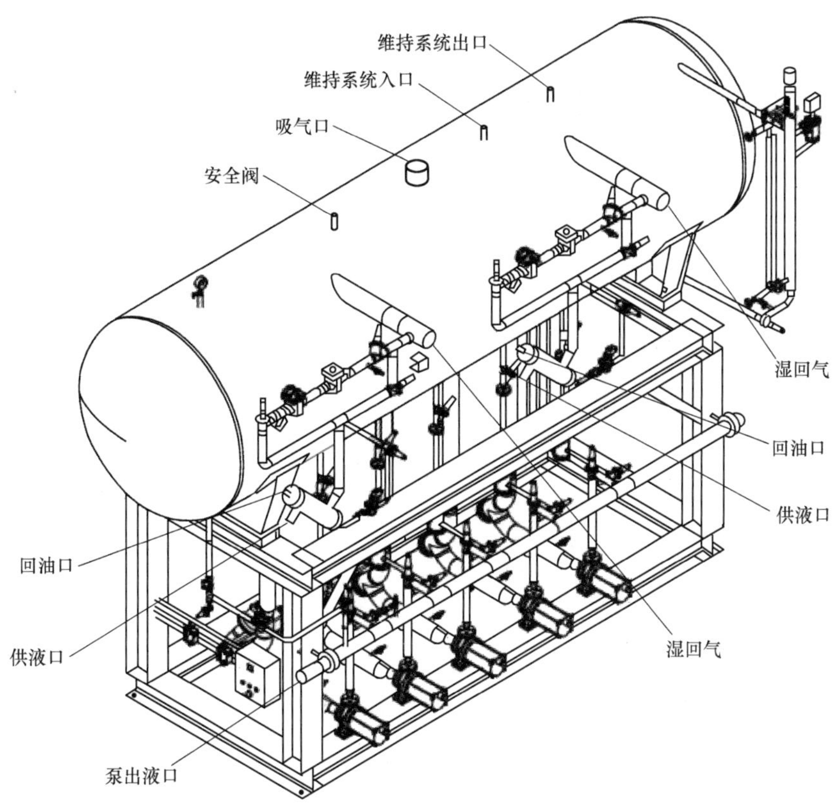

图 2-37　低压循环桶的一桶多泵的应用

2.6.4　没有贮液器的制冷系统

图 2-33～图 2-36 所示的系统都没有高压贮液器，这表示两种含义：①高压贮液器在这种循环中没有特别需要的功能，省略了；②在实际工程应用上，是可以把贮液器与闪发式经济器的功能加以合并，变成中温贮液器与闪发功能并用的一台容器（是因为高压贮液器与闪发式经济器都具有贮液功能，功能重叠）。由于闪发式经济器所需要的分离能量一般都不是特别大，控制的报警液面高度可以达到 70%甚至还可以高一些，而贮液器的最高液面一般不超过 85%。供液过冷是制冷剂供液节能的一种基本要求。因此这种设计只要容器的实际容积比原来需要选择的高压贮液器容积略微大一些就能满足系统的要求。选择这种设计的前提是需要有良好的理论计算知识。此外，该系统的使用场合有一定的要求。例如冷凝器的出液需要液封（如高压浮球出液控制），低压系统的蒸发器需要保持恒温状态（如冷藏库），在蒸发器中保留一部分制冷剂液体（本书的第 7 章与第 10 章将会介绍）。

没贮液器的制冷系统的做法并不复杂。一般情况下，如果系统没有虹吸油冷却的要求，直接采用高压浮球供液给闪发式经济器即可，如图 2-38 所示。

图 2-38　冷凝器的高压浮球供液

图 2-39 和图 2-40 所示是一种采用中温经济器代替高压贮液器的最新做法。在这个例子中，冷凝的制冷剂液体通过高压浮球阀进入经济器，高压浮球阀节流后的气体给螺杆压缩机补气，经过一次节流的液体在经济器中通过另外一个浮球阀再次节流（二次节流）进入低压循环桶或者气液分离器，给蒸发器供液。

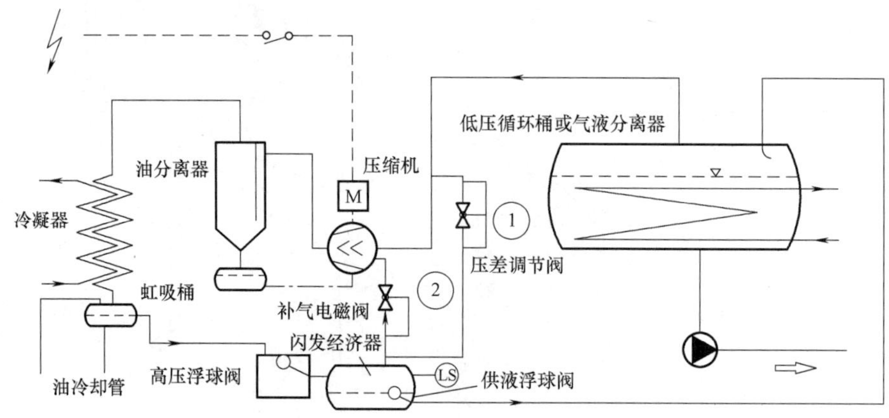

图 2-39　高压浮球阀供液的另外一种方式

经济器的补气原理见下一节。螺杆压缩机在启动时或者部分负荷时，补气电磁阀没有开启，经济器内由于节流产生的闪发气体可以通过压差调节阀①（图 2-39）进入压缩机的回气管道内以避免经济器的压力过高。

这种做法的另外一个优点是减少了低压循环桶或者气液分离器的液位控制阀的设置，即在某种程度上减少了工程的造价。

图 2-40　带高压浮球阀的闪发式经济器

同理，中间冷却器也可以具有中温贮液器的功能。这种做法已经有一些成功的案例，在本书的第 15 章图 15-37 所示的系统就是采用这种方式实现的。

但是这种采用闪发式经济器取代贮液器的制冷系统对于蒸发负荷变化比较大的系统，在系统运行的设置方面需要有比较丰富的经验。贮液器在系统运行中的功能是作为一种系统供液的缓冲调节容器。当系统负荷比较大时，液体主要集中在低温的蒸发器中，因此贮液器中的液体就不多；当系统负荷比较小时，蒸发器中的液体由于压缩机的运行，逐渐回到贮液器中，此时贮液器中的液体就比较多。这种情况一般发生在一些季节性的速冻加工设备或者冷库。如果系统取消了贮液器，这种调节系统液体容积的功能就会落到低压循环桶上，因此造成低压循环桶的液面变化非常大，容易使循环桶的液面过高，压缩机发生湿冲程；或者液面过低，使制冷剂泵的上液困难。

解决的办法是：在系统调试阶段，逐渐增加系统的贮液量，直至既能满足系统最大负荷，又能使低压循环桶的液面在一个中间偏低位置；在系统负荷比较小的情况下，打开没有负荷的蒸发器电磁阀，让系统中一部分液体进入这些蒸发器而不开风扇（即不运行），分担在低压部分的液体。这样基本上可以解决这种循环桶的液面波动大的被动局面。

这种没有贮液器设备的制冷系统并非能适应所有的制冷系统。蒸发器温度变化比较大、季节性使用的速冻系统或者冷藏间，就不合适使用。因为蒸发器放置在温度比较高的场合，蒸发器内的制冷剂受到环境温度的影响，会自然蒸发。这些蒸发的气体或液体由于系统没有更多富裕的容器空间可以接纳，这样就会影响其他容器和蒸发器的运行。

2.7　多级节流技术

国内冷链物流冷库采用多级节流的技术不多。但是，国外的食品冷冻加工系统中非常普遍。笔者 2002 年在一个外资食品加工企业的设计图上，接触过这种技术。由于当时这种技术不是很成熟，设计图存在一些问题，而笔者当时对这方面也不熟悉，在按图施工的情况下，工程并没有达到预期的效果。工程最后采用了其他一些措施使项目能够投入使用，但还是不尽如人意。从这以后，笔者便开始对这种技术产生了很大的兴趣，其实这本书的起源也是从这里开始的。

该项目是一条融合速冻生产线（-42℃系统）、低温冷库（放置速冻产品，-30℃系统）和中温冷库（放置速冻产品的原材料，如水果、蔬菜等，-10℃系统）以及中温穿堂（-5℃系统）的一个混合的氨制冷系统（图 2-41），与国内许多食品加工厂的制冷系统相似。原始的

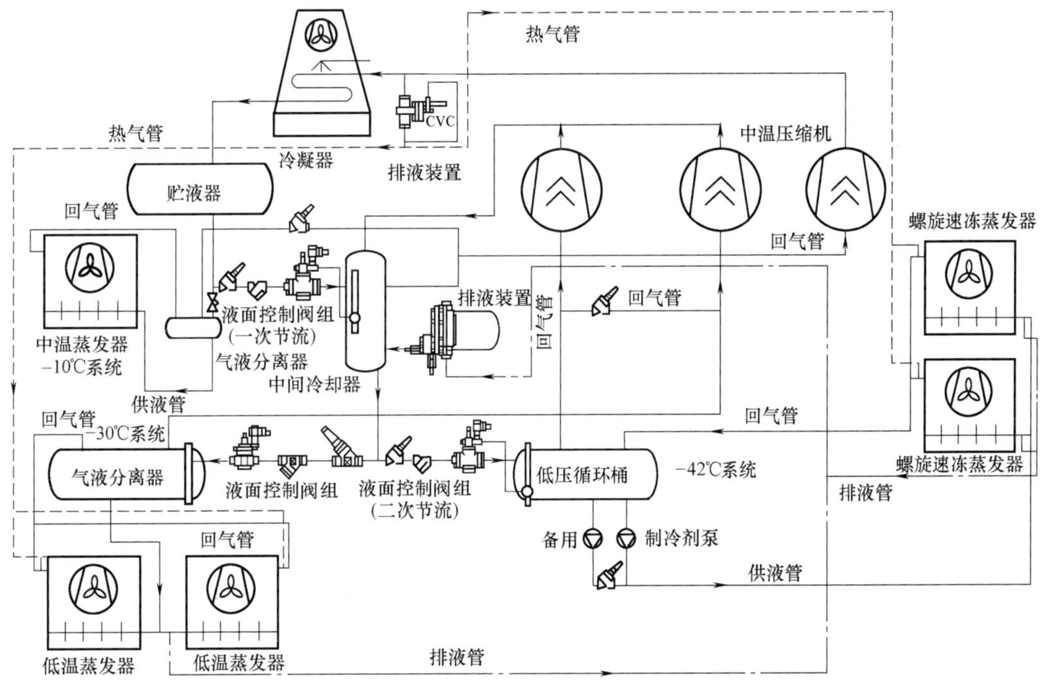

图 2-41　速冻生产线、低温冷库和中温冷库制冷系统原始方案示意图

设计方案，与国内比较，不同的只是采用二次节流。其中速冻系统为桶泵供液，其余的是重力供液。

这个制冷系统原始设计方案的问题主要是：在二次节流后，由于-42℃的系统蒸发压力比-30℃的系统低0.055MPa，因此液体只向压力低的容器流入，导致-30℃的系统没有足够的液体而无法继续降温；第二个问题是中间冷却器的设计，高压贮液器的液体除了向中温系统供液外，还要向中间冷却器供液。这台中间冷却器的液体冷却有三种负荷需要负担：一是给两台压缩机的排气冷却降温；二是给-30℃的气液分离器供液；三是在气液分离器节流后的液体还要给低压循环桶供液。换言之，二次节流的液体要同时满足气液分离器和再次节流后给低压循环桶供液的要求。由于工程存在以上问题，通过改造，最终按图2-42所示的修改方案建造，才达到了预期的效果。

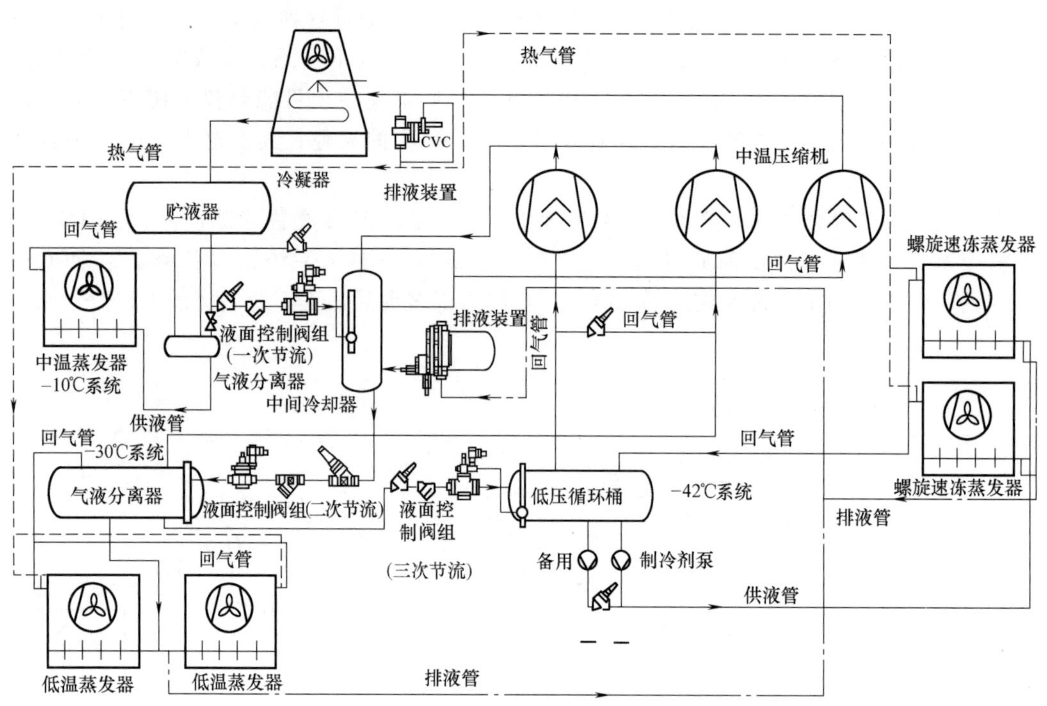

图2-42　速冻生产线、低温冷库和中温冷库制冷系统的修改方案示意图

多级节流方式在欧美制冷系统是经常使用的方式，其优点是在分离容器供液时，尽可能低的供液温度可以减少闪发气体的产生，同时也提高了分离容器的分离能力（制冷量），还减少了分离容器的数量（这也意味着降低了工程造价）和减少了控制阀的选用。

图2-43是一篇国外文献（参考文献［2］）介绍的氨冷库四级节流系统压焓图，该系统从常温节流到20.6℃，再次节流到-2.8℃，直至最后节流到-28.9℃完成整个制冷系统的流程。

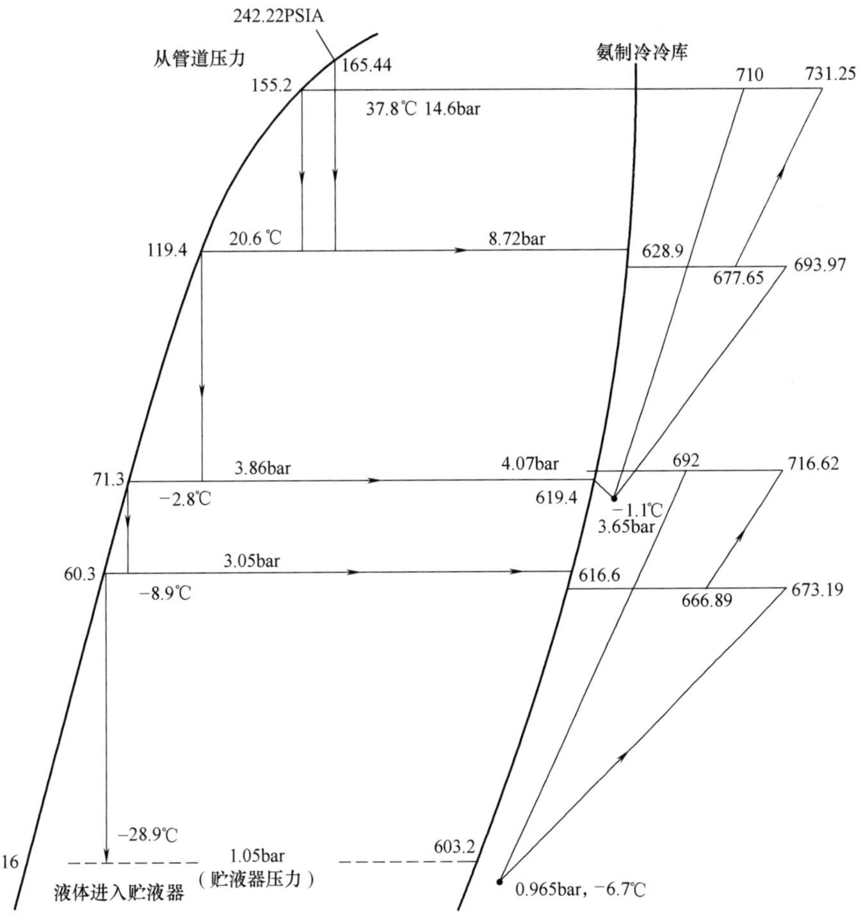

图 2-43　氨制冷的四级节流系统（温度参数是公制，其余是英制单位）

本章小结

制冷循环从 20 世纪 80 年代的由压缩机单独配置的经济器或者闭合式中间冷却器使供液过冷，过渡到 90 年代末采用二次节流，同时使用闪发式经济器或开放式中间冷却器使供液有更低的过冷。这种改变导致：

1）前者由于热交换存在温差传热，后者的供液温度已经接近螺杆压缩机的补气温度对应的饱和温度，因此后者比前者具有更低的供液温度（至少低 5~7℃），也就是更加节能。虽然这种方式对于压缩机而言，只是比国内的流程节约了 2%~3%（原因是补气温度更低），但由于系统年运行时间长，节能效益十分可观。同时也体现了供液过冷的重要性。

2）由于在冷链物流冷库采用热气融霜（欧美国家的冷库大部分采用这种方式融霜），融霜时产生排气及排液，如果这些排气及排液排到低压回气管，就会增加无效的过热度，也就是增加了压缩机的压缩功率，同时也干扰了其他正在运行的冷藏间的降温。如果采用集中闪发式经济器或开放式中间冷却器，这些容器恰好是排气及排液理想的地方（本书第 4 章会有更详细的论述）。

3）螺杆压缩机单独配置的经济器使制冷剂液体过冷是以牺牲一部分供液的制冷剂的节流蒸发为代价的。而二次节流供液是根据系统的降压要求，自然分级把压力降到所需的压力。

4）与独立配置的经济器过冷供液温度比较，二次节流的供液温度通常要低3~5℃。在满液式供液的分离容器中，分离容器的分离能力（制冷量）与供液温度是密切相关的。这3~5℃对于氨制冷系统，也能提高分离容器2%~3%的制冷量；而对于卤代烃系统，提高的效率更多，这与制冷剂的物理性质有关。将氨与卤代烃在系统的节能方面进行对比，在压缩机上，氨有优势（指压缩机运行压力高于表压0bar以上），这是因为氨气体比卤代烃气体密度小一些。而在分离容器中这两种制冷剂相比，卤代烃更有优势，这是由于节流后，卤代烃气体的比例更大，二次节流的目的是减少闪发气体进入分离容器，因此分离效率要比氨大得多。这一点在第8章会有详细的计算。

本章介绍的制冷系统不仅仅在氨系统应用，在卤代烃系统应用的实例也非常多，只是在设计时应注意它们采用的参数不同。使用二次节流供液和集中闪发式经济器的唯一不足之处，是由于节流后供液压力下降，需要加大管道及阀门的尺寸，也就是说这部分的投资有所增加。

参考文献

[1] STOECKER W F. Industrial refrigeration handbook [M]. New York：McGraw-Hill Companies Inc., 1998.

[2] WAN T T S. Engineered industrial refrigeration systems application [M]. [S.l.]：[s. n.], 2008.

[3] 丹佛斯公司选型软件 [CP]. 2014.

[4] Johnson Controls公司经济器的设计与选型 [Z]. 2011.

[5] Johnson Controls（Frick） Coolware 8 [Z]. 2014.

[6] Johnson Controls公司国外某啤酒厂制冷站设计方案 [Z]. 2000.

[7] 比泽尔公司选型软件 [CP]. 2012.

[8] Johnson Controls公司深圳正中置业公司设备选型截图 [Z]. 2015.

[9] 赵李曼，比泽尔公司. 速冻技术解决方案 [Z]. 2016.

[10] Johnson Controls（Frick）公司压缩机选型 [Z]. 2015.

[11] IIAR. Refrigeration piping handbook [M]. [S.l.]：[s.n.], 2019.

第 3 章 压缩机与制冷工艺相关的技术

工业制冷系统常用的压缩机主要有两种类型：活塞压缩机和螺杆压缩机。本书主要介绍与制冷工艺有关的技术，而不是专门讨论压缩机的设计与制作。因此本章主要介绍压缩机与制冷工艺有关的技术，其中包括与螺杆压缩机密切相关的油冷却负荷计算、热虹吸油冷却系统、螺杆压缩机的补气压力。

螺杆压缩机近年来发展迅速，其结构简单、制冷量大、维护方便（零件少、易损件少），因此在冷链物流冷库的使用率很高。活塞压缩机制冷量相对螺杆压缩机要小许多，而且维护也比较复杂（零件多、易损件多），近几年来使用率日渐萎缩。在欧美发达国家，除了商业制冷和二氧化碳制冷还在使用活塞压缩机，其余的基本上是螺杆压缩机的天下了。活塞压缩机在与系统连接时没有特殊要求。二氧化碳活塞压缩机将在第 10 章介绍。本章主要介绍螺杆压缩机与制冷系统衔接的相关要求、配套的一些设备，以及工业制冷和商业制冷比较流行使用的并联压缩机组。

3.1 螺杆压缩机及油冷却

3.1.1 螺杆压缩机的产生与发展

螺杆压缩机产生于 20 世纪 30 年代的瑞典。

螺杆压缩机主要包括双螺杆式和单螺杆式两种。双螺杆压缩机（以下简称螺杆压缩机）被广泛使用。在美国有一家生产商专门生产单螺杆压缩机，而且还发展得相当不错，笔者也安装和使用过这种压缩机，很有特色。

螺杆压缩机的转子有不同的圆弧形线，有对称圆弧形线，但更多的是非对称双转子圆弧形线。这方面的研究近几年发展得很快，有专门的文献介绍，这里不做深入讨论。

螺杆压缩机近年来在冷链物流冷库大量应用，因此围绕这种用途研发出不少新型螺杆压缩机。为了提高在部分负荷下螺杆压缩机的效率，出现了变频螺杆压缩机。这里介绍其中的一种新型压缩机。图 3-1 所示的压缩机虽然是半封闭螺杆压缩机，但是与普通半封闭螺杆压缩机不同。其不同之处在于：电动机独立用制冷剂冷却，冷却后制冷剂送入压缩室，不影响压缩机吸气状态；无容量调节，减少大压比状态下压缩机内部的泄漏量；分绕组起动，并且吸气设置进气控制阀，做到减载起动。既有半封闭螺杆压缩机不容易泄漏制冷剂的特点，也具备开式螺杆压缩机电动机独立冷却的特点，特别适用于低温冷藏的制冷系统。

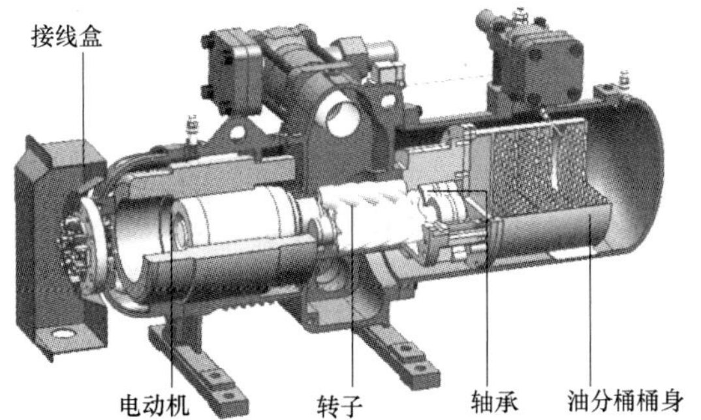

图 3-1 新型半封闭螺杆压缩机

有两种经济器为螺杆压缩机服务，一种是闪发式经济器（flash economizer），另一种是液体过冷经济器（liquid subcooling economizer）。前者在容器设计部分做详细讨论，后者在国内广泛使用，这里不做深入讨论。

能量控制滑阀是螺杆压缩机用于能量调节的重要控制装置，分为有级调节和无级调节两种，它能够控制螺杆压缩机的容量从100%下降到10%。根据不同的蒸发温度调整螺杆压缩机的内容积比（internal volume ratio），使螺杆压缩机有更合理的压缩比可选择，以获得最佳的排出压力和保持最大效率。这种内容积比也分为两种模式：可变内容积比和固定内容积比，它们之间的区别是前者可以根据蒸发温度自动调节内容积比，而后者的内容积比已经在生产时固定了。

3.1.2　螺杆压缩机的油冷却

螺杆压缩机需要润滑油来润滑螺杆转子的运行和密封转子的间隙，还需要利用油压来达到压缩机的上载和卸载。在转子工作容积内，润滑油受热温度升高，需要冷却后过滤再次使用。润滑油的冷却对螺杆压缩机的运行很重要。

螺杆压缩机润滑油的冷却基本流程如图3-2所示。

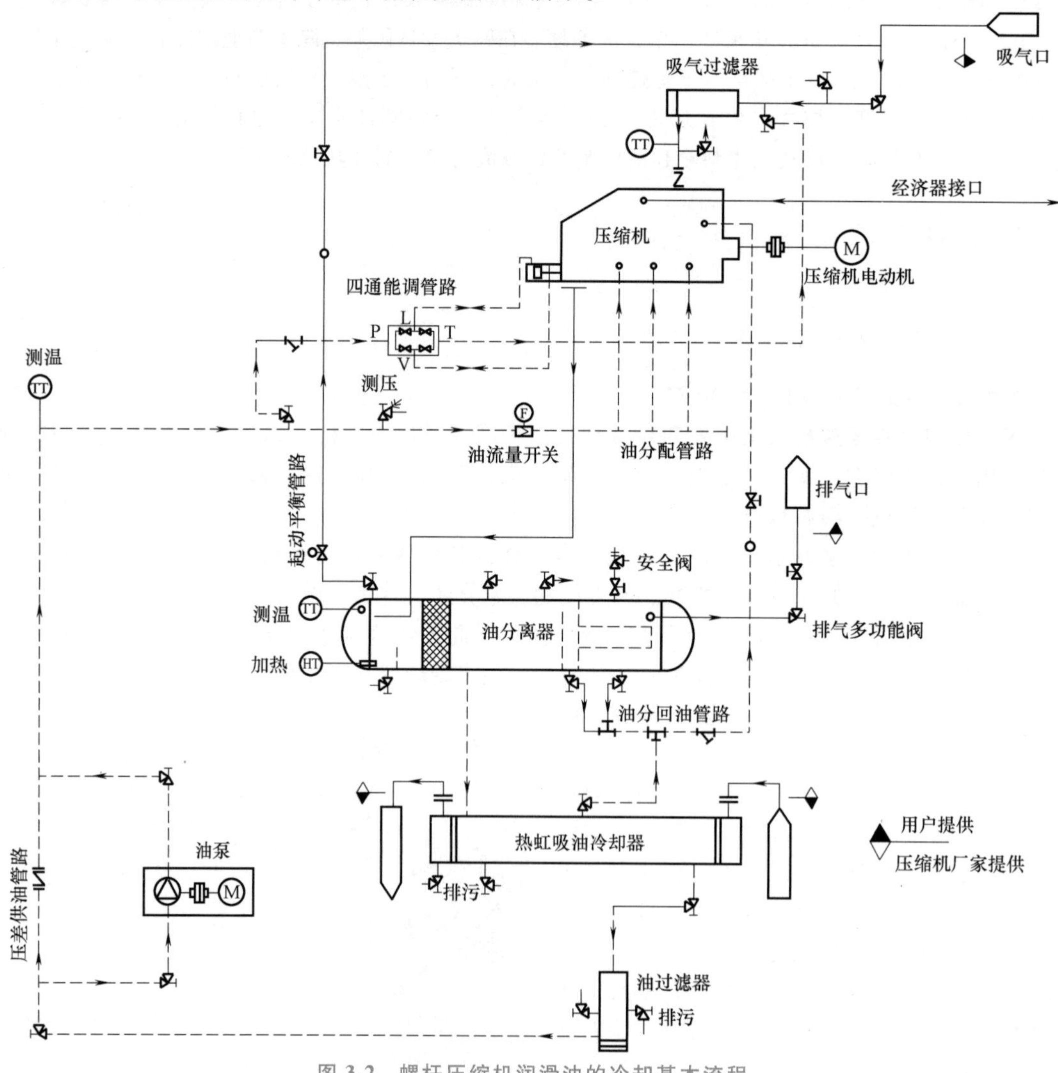

图3-2　螺杆压缩机润滑油的冷却基本流程

使用油泵的场合：

1）部分压缩机的设计需要油泵全时间为压缩机运转。

2）一些压缩机只在起动时需要油泵。这类油泵是辅助油泵，压缩机起动后，油泵停止运转。

3）在我国北方一些地区的冬季，会出现压缩机起动时的压差太小的情况。如果系统的压差太小或把压缩机应用于低压级或者速冻工况，那么在蒸发温度不低于-40℃的情况下，在油分离器的气体排出管上设置压差单向阀。当压缩机起动时，压差单向阀关闭，在压力达到压差单向阀的压力时单向阀开启，这时在螺杆压缩机的排气与回气之间已经建立了压差，利用这种压差可以把油分离器的油供到换热器中进行冷却，然后进入循环。然而在北方地区的冬天，冷凝温度低于某个温度时（例如某个外资品牌的螺杆压缩机，在冷凝温度低于10℃时），压差单向阀无法建立足够的压差，需要在排气管上增设一个单向恒压止回阀（图 3-3），同时利用油温三通阀调节供油的温度。如果蒸发温度低于-40℃，就要配置专门的油泵来满足压缩机各个运动部件的润滑。

润滑油的冷却一般有以下几种方式：

1）用换热器的外部冷却，这种冷却方式也有两种方法：①主要是利用冷凝器冷却后的常温制冷剂，采用虹吸冷却形式冷却润滑油（图 3-2）；②用冷却水或防冻液外部冷却（图 3-3）。

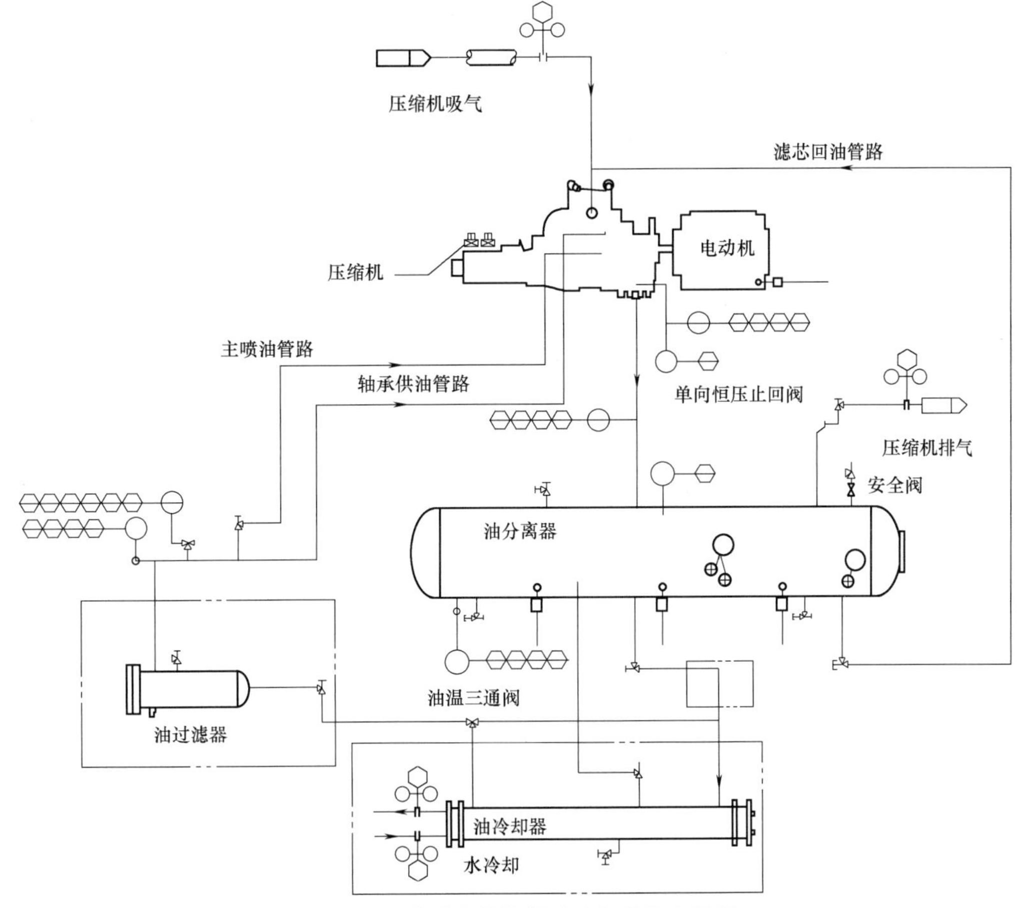

图 3-3　没有油泵的润滑油冷却的基本原理

注：油温三通阀用于调节润滑油温度。它把冷却的润滑油和未冷却的润滑油混合到 45~50℃，然后再输送到压缩机各个需要润滑的位置。

2）制冷剂液体直接喷射冷却（图 3-4）。

3）当压缩气体与润滑油的混合物离开压缩机时，用变速泵将液体制冷剂与混合物混合再进入油分离器（图 3-5）。

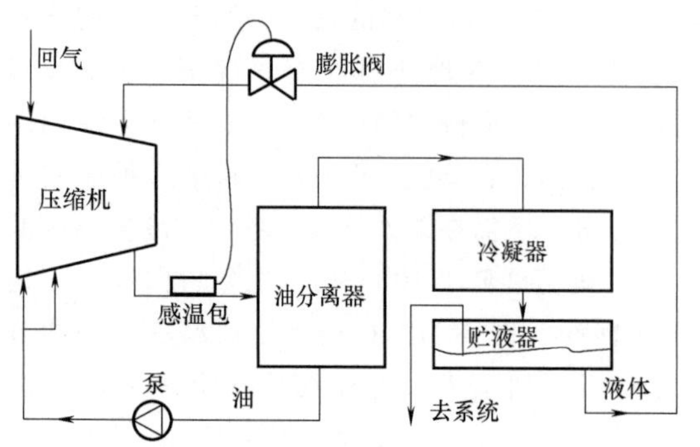

图 3-4　制冷剂液体直接喷射冷却

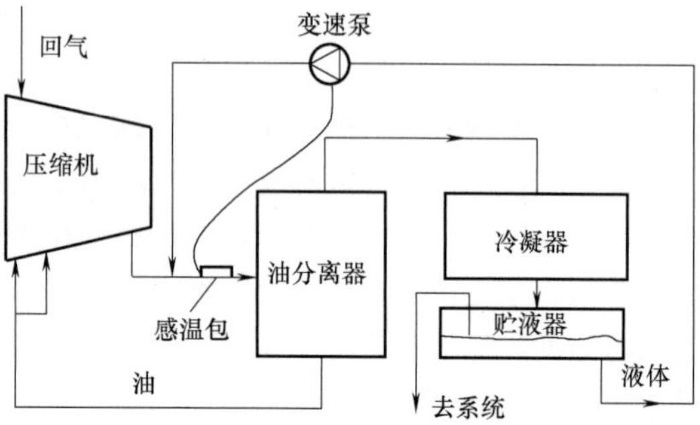

图 3-5　用变速泵送液体制冷剂与混合物混合冷却

在用换热器的外部冷却方式中，第一种方法是最流行的，将在下一节（3.2）详细讨论。

现在常用的换热器有三种：管壳式换热器、板式换热器和板壳式换热器。

用换热器的外部冷却的第二种冷却方法——冷却水外部冷却，是用冷却水通过管壳式换热器来冷却。图 3-3 显示了螺杆压缩机油冷却器与油路之间的相对位置。

使用水冷式油冷却器的主要缺点是由于水的问题，容易结垢。最大的优点是，压缩机的部分排热量通过油冷却器的冷却水从冷却塔中排走。因此，冷凝器的排热负荷较小。这种冷却模式在我国早期的螺杆压缩机中使用比较广泛，但随着热虹吸系统的出现和成熟，该种冷却模式已经退出市场。

制冷剂液体直接喷射冷却，和用变速泵将液体制冷剂与混合物混合冷却的原理基本相同。

制冷剂液体喷入油冷却是在压缩机的排出口之前，在螺杆压缩机中注入少量的制冷剂。液态制冷剂蒸发，油和制冷剂的压缩气体混合物被冷却到一个可以接受的温度。被喷射液体的量由恒温膨胀阀（或感温包）控制。

使用液体喷射油冷却的优点是低成本和维护的工作不多，缺点是能量损失和功耗大。一般压缩机制冷量会减少约 7%~9%，也导致功率消耗增加。有时会由于压头低或过高的吸入温度，无法应用制冷剂液体喷入法。

油分离器是螺杆压缩机的重要组成部分，目前国产螺杆压缩机一般仅装备一级油分离器和二级油分离器。一些发达国家生产的螺杆压缩机，有些甚至装备了四级油分离器，特别是应用在卤代烃制冷系统时，以最大限度地减少润滑油进入制冷系统。

油过滤器也是压缩机的重要组成部分，一般采用装备粗过滤器和细过滤器两级过滤的模式。

3.2　油冷却负荷的计算及虹吸冷却系统

3.2.1　螺杆压缩机的油冷却负荷计算

螺杆压缩机的油冷却负荷在一般设备说明或者选型软件中都有详细介绍，不同的蒸发温度有不同的油冷却负荷。在大多数情况下，这种油冷却负荷不需要设计人员计算。但对于一些旧系统的改造或者原有设备的资料遗失、不全时，也可以借助图 3-6 进行计算。

在油冷却器所排出的热量（$q_{油排出}$）可以用式（3-1）计算：

$$q_{油排出} = q_{tot} \times 从图 3\text{-}6 查出的百分比 \tag{3-1}$$

式中，q_{tot} = 制冷量+压缩机功率当量热。

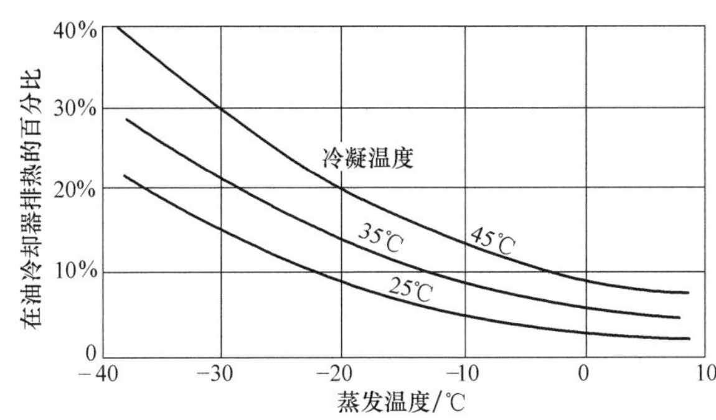

图 3-6　螺杆压缩机喷入润滑油吸收的热量与总的制冷负荷和压缩机功率之和的百分比

【例 3-1】　设计的热虹吸冷却油系统用于氨螺杆压缩机，运行工况：蒸发温度−30℃，冷凝温度 35℃。在该条件下的全负荷制冷能力和电动机功率分别要求是 105kW 和 90kW，求油冷却器所排出的热量 $q_{油排出}$。

解：制冷量和电动机功率合计是

$$q_{tot} = 105\text{kW} + 90\text{kW} = 195\text{kW}$$

查得：在本例工况下压缩机输入总能量的 21.5%被油吸收了，代入式（3-1），得

$$q_{油排出} = 195\text{kW} \times 21.5\% = 41.9\text{kW}$$

在选型软件中（图 3-7）可以查出油的热负荷是 42.4kW（计算结果与软件选型参数大致相同）。

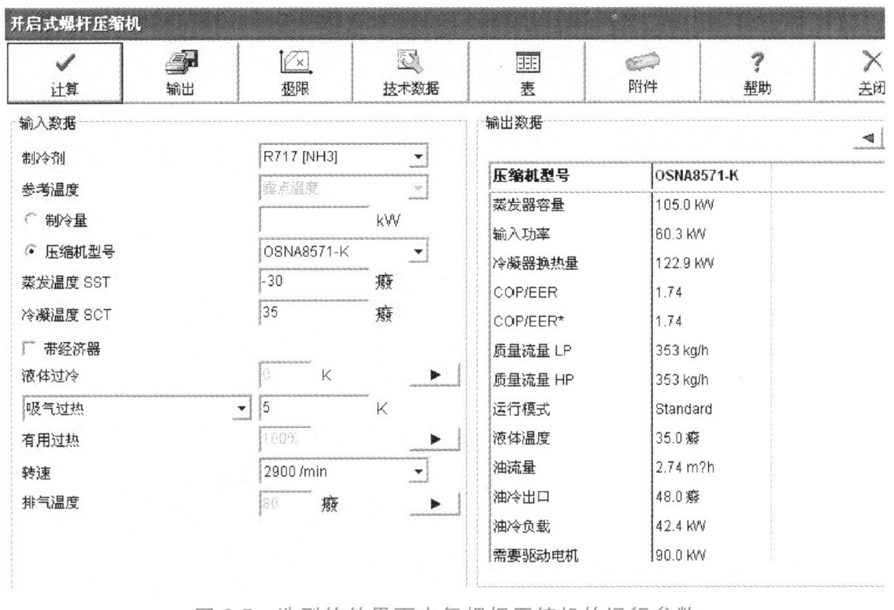

图 3-7　选型软件界面中氨螺杆压缩机的运行参数

3.2.2　螺杆压缩机的热虹吸冷却及计算

热虹吸原理是指流体循环流动不是依靠机械功（即通过泵），而是利用重力和液柱流体密度的差异。在热虹吸冷却油系统，流体的循环流动是利用循环冷却液（制冷剂），通过油冷却器所产生的流体密度差而产生的。可以理解为，油的热传到制冷剂，使制冷剂产生流动的密度差。

热虹吸冷却油系统（图3-8）主要由热虹吸桶与油冷却器构成。

热虹吸油冷却的冷却方法是，利用饱和冷凝温度下液态制冷剂的蒸发，使油冷却降温。这种方法得到了广泛的应用，其优点包括：

1）这种冷却方式系统没有增加压缩机的功率。

2）油/制冷剂充注的冷却器不会因水或乙二醇泄漏而造成污染。

3）冷却介质是制冷剂，不会发生结垢，故传热率高、油冷却器寿命长。

4）油的热量通过制冷剂转移到冷凝器，无须增加散热设备（或独立的闭路循环水或乙二醇冷却器）。

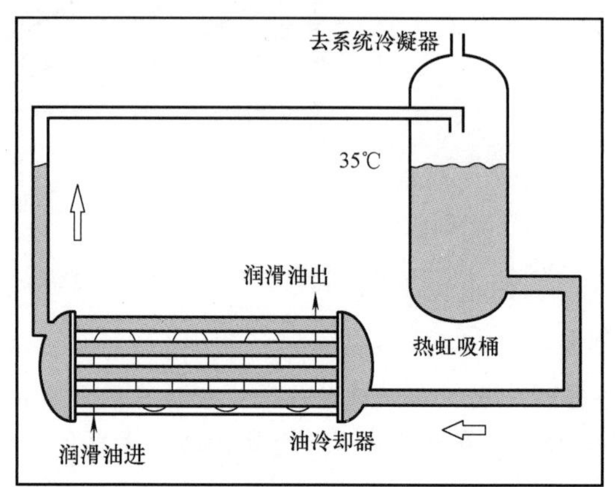

图3-8　热虹吸冷却油系统

需要注意的是热虹吸桶的液面高度。对氨制冷系统，该液面高度必须保持高于油冷却器中心线1.8m以上（卤代烃系统在中心线1.5m以上），这个高度通常称为可用液柱高度。实际系统设计所需的最小液柱高度可能会更高一些。

当压缩机组运行时，热油（高于制冷剂温度）流经油冷却器壳侧。热量会从较高温度的油流向较低温度的制冷剂，使油被冷却。在管侧的制冷剂吸收了油的汽化热，在管内蒸发。注意油冷却器所产生的制冷剂气体很容易回流到虹吸容器中。从油冷却器返回的液体/气体混合物在虹吸容器中分离，气体进入冷凝器冷凝。

在油冷却器中的制冷剂汽化率，可以由油排出的热量除以制冷剂的汽化热及运行温度确定。为了确保制冷剂能够湿润全部传热表面，热虹吸油冷却系统在设计时，一般使通过油冷却器的制冷剂流量比蒸发量多。通常情况下，制冷剂的设计流量为4倍的蒸发速率（用 m_e 表示），即通常称为4∶1循环倍率。

$$m_e = q_0 / E_v \tag{3-2}$$

式中　m_e——蒸发速率（kg/s）；

q_0——油冷却器所排出的热量（kW）；

E_v——制冷剂的蒸发焓值（kJ/kg）。

较早的参考文献［1］提出：计算油冷却器流过R22的流量循环倍率是2∶1，氨是3∶1，可以满足要求。

如果冷凝器的供液中断5min，压缩机不会因为油温升高而中断运行。因此，热虹吸桶应保证提供制冷剂5min蒸发量的质量。即虹吸桶的有效容积可按式（3-3）计算。

$$V_x = m_e \frac{V_{5m}}{D} \tag{3-3}$$

式中　V_x——虹吸桶的有效容积（m^3）；

m_e——制冷剂的蒸发速率（kg/s）；

V_{5m}——5min 蒸发量的质量（kg）；

D——制冷剂在该冷凝温度下的单位密度（kg/m^3）。

【例 3-2】 冷凝温度为 35℃时一台氨螺杆压缩机油冷却器所排出的热量 q_0 为 100kW，那么热虹吸器的有效存液量 V_x 是多大才能满足要求？

解：冷凝温度为 35℃时氨的蒸发热是 1125.07kJ/kg，密度是 587.44kg/m^3。

先求出蒸发速率：

$$m_e = \frac{100\text{kW}}{1125.07\text{kJ/kg}} = 0.08888\text{kg/s}$$

由式（3-3）

$$V_x = \frac{5\text{min}\times 60\text{s/min}\times 0.08888\text{kg/s}}{587.44\text{kg/m}^3} = 0.0454\text{m}^3 = 45.4\text{L}$$

换言之，氨制冷剂在油冷却器（换热器）排出的 1kW 热量所需要的虹吸桶容积是 0.454L，同样可以推算其他制冷剂 1kW 所需要的虹吸桶容积，见表 3-1。

表 3-1　按 5min 计算的各种制冷剂在油冷却器（换热器）排出 1kW 热量所需要的虹吸桶的液体容积（冷凝温度 35℃）

制冷剂	氨(R717)	R507	R404	R22	R134	R449A(XP40)
L/kW	0.454	2.33	2.51	1.51	1.02	1.796

注：这里计算的体积容量是对大型制冷系统而言的，而且冷凝温度是 35℃。如果冷凝温度低，这个体积容量的计算量是减少的。有些制冷剂在高温的工况下不需要油冷却，可以参考压缩机厂家的选型软件来确定油冷却负荷。根据系统管道的规模大小，对于一些中小制冷系统，可以按 1~3min 循环 1 次计算。

【例 3-3】 以国产某压力容器厂生产的虹吸桶 FZA 90A 为例（图 3-9，容器直径为 500mm，长 2100mm），该容器的有效存液量指容器的中心线至供液给油冷却器出口之间的容积，即图中灰色部分。该容器分别使用氨、R507，它的各自排热量是多少？

解：先计算这台虹吸桶的有效容积，然后利用表 3-1 数据计算。计算有效存液量（不考虑两边封头）：

$$\text{液体体积} = \pi r^2 L F_{\text{体积}} \tag{3-4}$$

式中　r——虹吸桶半径（m）；

L——虹吸桶减去两边封头的长度（m）；

$F_{\text{体积}}$——圆柱水平高度与该圆柱体积的系数。

注：式（3-4）在第 8 章详细介绍。

查表 8-2，$F_{\text{体积}}=0.5$，代入式（3-4），得

$$V_{\text{热虹吸}} = [3.14\times 0.25^2\times 2.1\times(0.5-0.052)]\text{m}^3 = 0.185\text{m}^3 = 185\text{L}$$

其中

$$F_{\text{体积}} = F_{\text{高度50\%}}(50\%,\text{一半的液体}) - F_{\text{高度10\%}}(10\%,\text{出液管高出桶底 50mm})$$

采用氨作为制冷剂：

$$(185\div 0.454)\text{kW} = 407\text{kW}$$

采用 R507 作为制冷剂：

$$(185\div 2.33)\text{kW} = 79\text{kW}$$

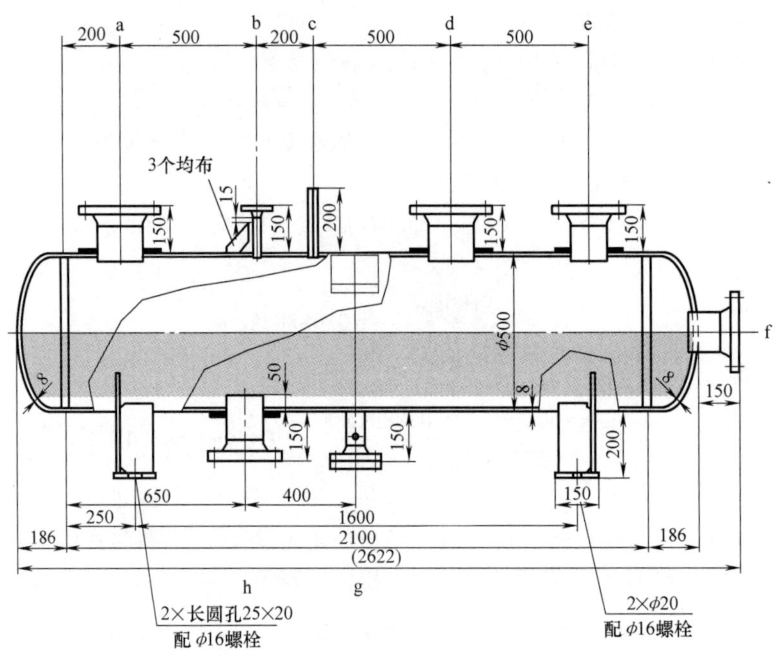

图 3-9　虹吸桶 FZA 90A 设备图（灰色部分为有效容积）

由于国产压力容器厂在生产这类容器时，没有注明容器的有效存液量（这是设备选型的基本参数），给设计人员以及用户在选型时带来许多不便。希望以后的产品能够提供更加完整的参数。

虹吸桶与油冷却器及其管道布置如图 3-10 所示，注意管道需要保证一定的坡度。常用的坡度是 1∶300。

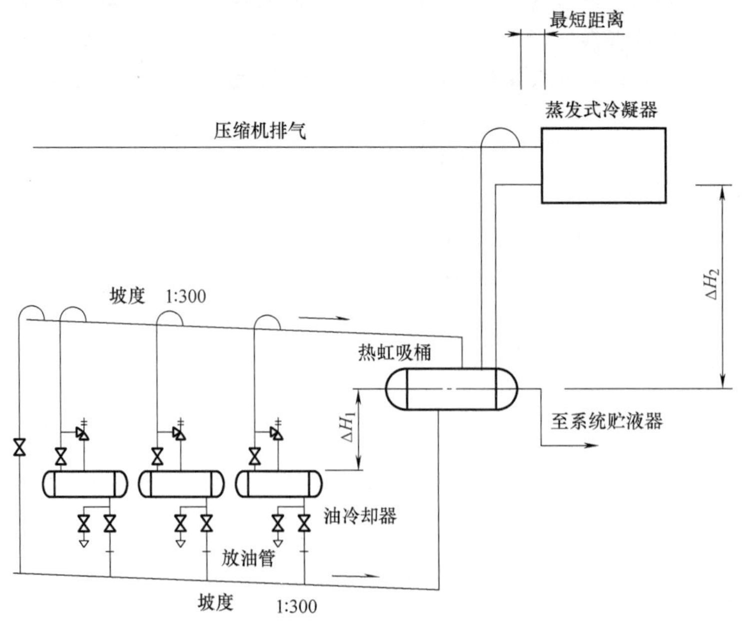

图 3-10　虹吸桶与蒸发式冷凝器以及油冷却器的布置

在图 3-10 中，蒸发式冷凝器出液管与热虹吸桶的中心线之间的高差，以及热虹吸桶的中心线与油冷却器之间的高差，它们之间的关系如下：

$$\rho g\Delta H_1 > \Delta p_1$$

$$\rho g\Delta H_2 > \Delta p_2$$

式中　ΔH_1——热虹吸桶的中心线与油冷却器之间的高差；

ΔH_2——蒸发式冷凝器与热虹吸桶的中心线之间的高差；

ρ——制冷剂密度；

g——重力加速度；

Δp_1——虹吸桶与油冷却器的压差；

Δp_2——蒸发式冷凝器出液管与虹吸桶中心线的压差。

虹吸桶和油冷却器供液与回气选型也有两种方法：公式计算法和图表选型法。

采用公式计算法的根据是流过油冷却器的氨流量的循环倍率是 4∶1。

对于制冷剂的供液管直径，参考文献［1］推荐的压力梯度（pressure gradients，此处是指制冷剂在给定管道直径流动时产生的压力降），氨管是 22.6Pa/m，R22 是 113Pa/m。假设冷凝温度为 35℃，氨在该温度时蒸发焓值为 1125kJ/kg，R22 是 172.6kJ/kg，按压力梯度和循环比，式（3-5）和式（3-6）可用于计算所需的管道直径 D(mm)。

对于氨：

$$D = 2.88\times(m_0)^{0.37}\times 25.4 \tag{3-5}$$

对于 R22：

$$D = 2.13\times(m_0)^{0.37}\times 25.4 \tag{3-6}$$

式中　D——管道直径（mm）；

m_0——制冷剂经过油冷却器的质量流量（kg/s）。

对于回气管直径，推荐压力梯度，氨是 9.04Pa/m，R22 是 45.2Pa/m。按照这些压力梯度，所需的管道尺寸 D(mm) 由式（3-7）和式（3-8）给出。

对于氨：

$$D = 3.49\times(m_0)^{0.37}\times 25.4 \tag{3-7}$$

对于 R22：

$$D = 2.58\times(m_0)^{0.37}\times 25.4 \tag{3-8}$$

【例 3-4】　例 3-2 中，从热虹吸桶到油冷却器供液与回气管选择的管径各是多少？

解：供液管直径按式（3-5）计算。

$$m_0 = 4m_e = 4\times 0.08888\text{kg/s} = 0.35552\text{kg/s}$$

$$D = 2.88\times m_0^{0.37}\times 25.4 = (2.88\times 0.35552^{0.37}\times 25.4)\text{mm} = 49.9\text{mm}$$

选用 DN50 管。

回气管直径按式（3-7）计算。

$$D = (3.49\times 0.35552^{0.37}\times 25.4)\text{mm} = 60.46\text{mm}$$

选用 DN65 管。

图表选型法是另一种计算方式，这种方式是采用压力降曲线图中对应管道直径找出排热量的关系。具体数据见表 3-2。

表 3-2　按管道压力降选择对应油冷却器的各种管径最大排热量　　（单位：kW）

管道类型＼管径	DN40	DN50	DN65	DN80	DN100	DN125	DN150
R717 油冷却供液管	66	142	256	416	891	>1760	—
R717 油冷却回气管	39.5	88	153.8	249	535	974.4	>1465
R22 油冷却供液管	35	73	134.8	216.8	468.9	875	1377
R22 油冷却回气管	22	43.9	80.6	131.9	281.3	512.8	838

注：表中数据是基于冷凝温度 35℃，循环比 4∶1。氨供液管道的压力降为 22.6Pa/m；回气管道 9.05Pa/m。R22 供液管道的压力降为 113Pa/m；回气管道 45.2Pa/m。其他卤代烃制冷剂的选择可以参考 R22。如果冷凝温度低于或者高于 35℃，排热量会适当增加或者减少。由于上述数据是根据图表中的曲线读出，在准确度方面可能存在误差。

3.2.3　螺杆压缩机的热虹吸桶布置

热虹吸桶与相连的管道安装有一定的要求，特别是各种管道的坡向。如果不注意，往往会引起连接管道的“气堵”或者“液堵”，这样造成油冷却器的热量无法通过管道中的制冷剂带回到热虹吸桶，因为这些热量需要最后排到冷凝器。特别是在比较炎热地区的制冷系统，这种现象比较多，容易造成压缩机的润滑油温升过高而最终导致压缩机停机。

热虹吸系统的安装要求如图 3-11 所示。

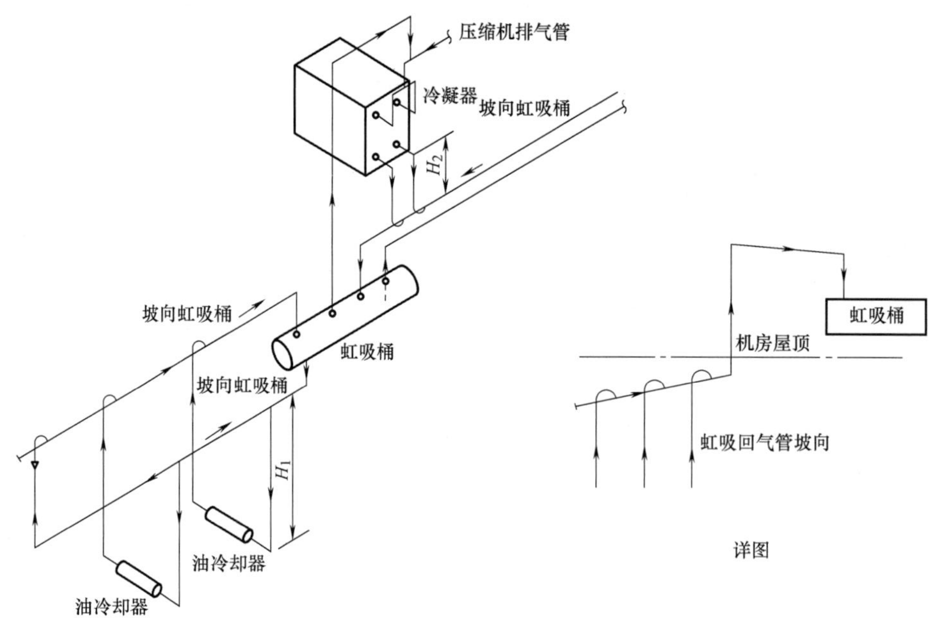

图 3-11　热虹吸系统的安装基本要求

在热虹吸系统的安装过程中，有几个坡向的地方需要注意：

1）虹吸桶与油冷却器的进液总管坡向虹吸桶。因为在进液过程中由于液体流动而与管道内壁产生摩擦或者机房的高温使液体汽化，产生的气体由于坡向的原因聚集到进液总管的末端，然后通过末端的平衡管与回气总管连接，回到虹吸桶。

2）虹吸桶与油冷却器的回气总管坡向虹吸桶。因为回气是气液两相的混合物，坡向虹吸桶使液体尽快流入虹吸桶而不会产生液堵。

3）如果虹吸系统的回气总管不能直接坡向虹吸桶（图 3-11 的小图），这根管应先往上，目的是使气体尽快往上先走，然后进入垂直管段，到达管的顶部然后坡向虹吸桶，防止产生气堵现象。

4）由于油冷却器进液管的位置是虹吸系统的最低位，运行时间长了容易产生积油。需要在这根进液管的底部连接一根放油管（图 3-10），定期放油。或者这根放油管直接接入压缩机的回气管，定期手动打开放油管的阀门，把油吸入压缩机内。注意在吸入时，阀门不能开启太大，防止造成压缩机液击（又称液锤）。

3.2.4　热虹吸与系统贮液器的合并

近年来把虹吸桶与系统贮液器合二为一，使这种容器的发展又进了一步。这种容器把虹吸功能放在容器的上半部，而贮液功能放在下半部。这样既可以节省虹吸桶的安装支架，也可以减少阀门、液面计、控制元件及相关配件的费用（图 3-12）。

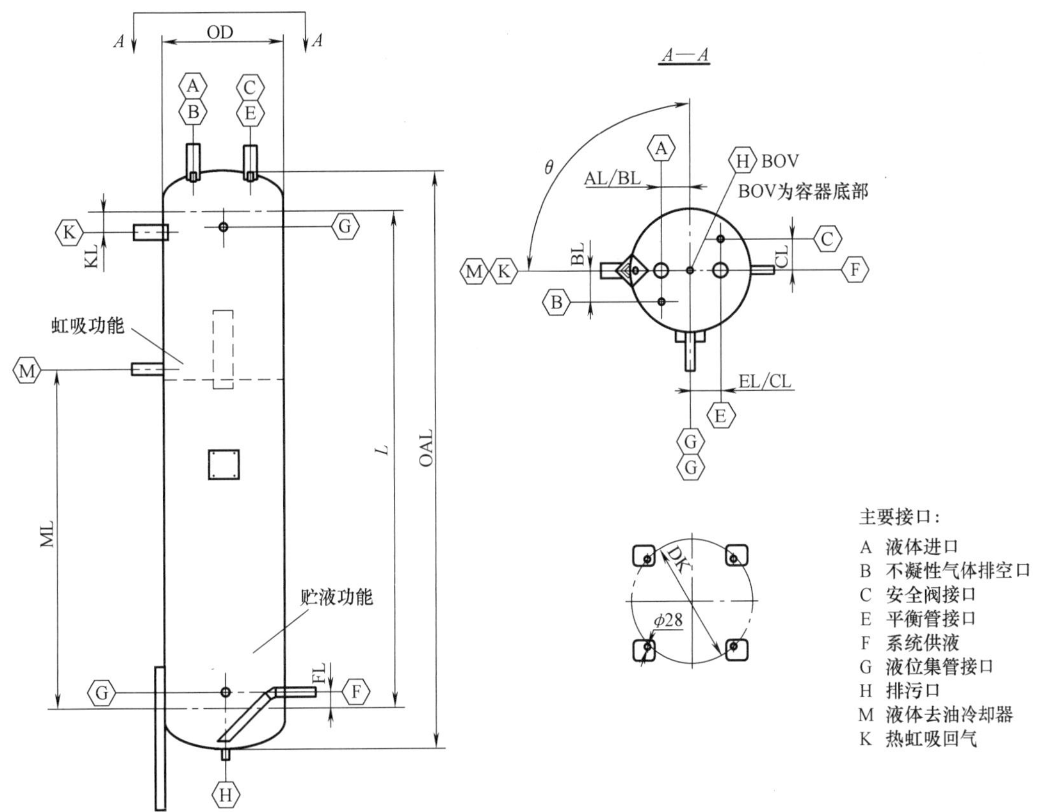

图 3-12　立式高压热虹吸贮液器

这种容器的特点是："虹吸功能" 所指图 3-12 中的虚线是一块内隔板，从内隔板到虚线管的顶部之间的容积能满足油冷却器的排热用液要求（用表 3-1 可以计算）。从冷凝器进入这台容器的液体升高到虚线管的顶部后溢流到容器的下面作为贮液。液体去油冷却器的出口 M 到油冷却器的进液口高度距离要大于或等于 1.8m（氨制冷剂，图 3-10）。

3.3　螺杆压缩机的补气原理与中间压力

3.3.1　螺杆压缩机的补气

在压缩过程中，在压缩机吸气腔提供一个开孔进入工作容积是可行的。例如，在吸气口与排气口的压缩腔某个位置开孔（提供一个中间压力吸入口），使压缩机吸入中间压力的制冷剂气体，然后继续压缩。此功能实现使用经济器的可能性，如图3-13所示。这一开口通常称为侧端补气口，实现了在一台单级压缩机得到近似两级压缩的功能。

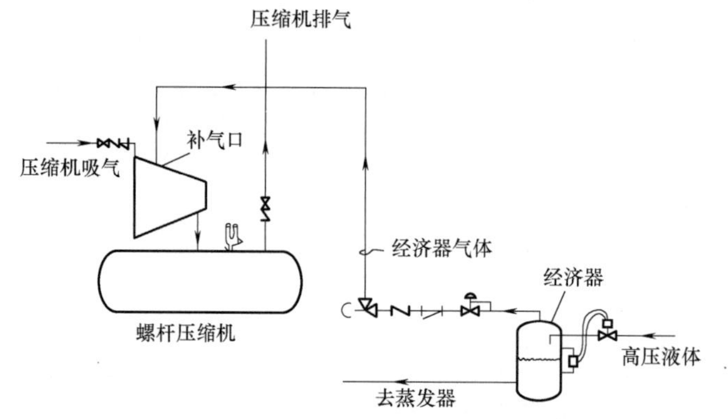

图3-13　螺杆压缩机使用补气回路原理图

螺杆压缩机的生产商通常能够选择侧端补气口位置，从而可以提供所需的中间压力。该位置一旦确定，中间压力也确定了，当压缩机吸气和排气压力发生变化时，其中间压力也随着变化。工作在有利条件下的经济器循环，运行效率比单级压缩明显提高，且增加投资很少。当侧端口旁路负荷投入使用时，压缩机吸气的体积流量不受影响。因为在该侧端口开启到关闭过程中，压缩机再一次吸入经济器已经节流的气体（二次吸气/补气），使经济器中的液体冷却，从而提供了额外的制冷能力，这就是旁路负荷的补气原理。压缩机的功率额外增加是因为从侧口进入的气体需要被压缩到冷凝压力。

参考文献［1］分析比较了双级压缩系统和补气经济器系统的差别。

这种经济器补气系统与双级压缩系统比较，效率没有比双级压缩更高的一个原因如图3-14所示。在压缩机腔内补气口的位置压力会发生变化（由于补气口引入补气原因，使压缩腔开启），这部分的压缩气体突然膨胀，这种膨胀造成热力损失。

由于液体进入经济器时膨胀阀节流，节流产生的气体通过压缩机侧端口进入压缩腔内，可以推断压缩机压缩的气量会增加，这种增加需要增加压缩功率。这些影响如图3-15所示。从获得的能量系数来看，制冷量的增加超过了功率的增加，显示使用经济器循环比没有使用经济器循环更加有效。

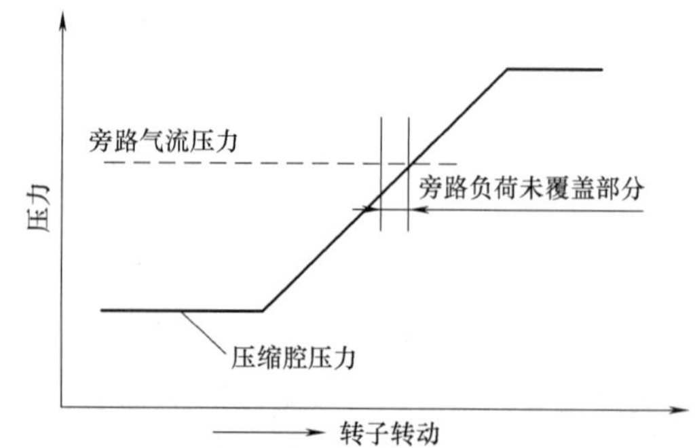

图3-14　侧端口的气体进入压缩机时无节制地膨胀

使用经济器的旁路负荷的性能优势是，只需增加有限额外成本（电动机功率有所增加）运行效率就能提高。但也存在一定的局限性。当压缩机在全制冷负荷运行时经济器循环是最有效的。随着压缩机的能量调节，压缩机侧口能量调节阀的开启压力变化。如图 3-16 所示，当移动滑块处于部分负荷时，压缩腔内气体向右侧移动。由于压缩机的起动是延迟的，这时侧端口没有被覆盖，压缩腔中的压力变低，因此能量调节阀打开时，旁路的压力逐渐下降。这种压力变化的结果是，不再保持最佳的中间压力，闪发气体去除的减少使液体过冷也减少了。能量调节阀甚至可以移动到（旁路）压缩腔侧端口，在这个位置上，旁路压力下降至吸气压力，使经济器补气冷却的效果完全失效。

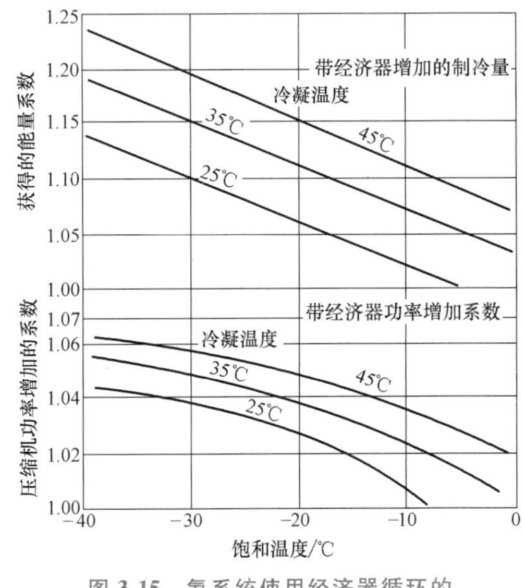

图 3-15　氨系统使用经济器循环的制冷量和功率变化关系

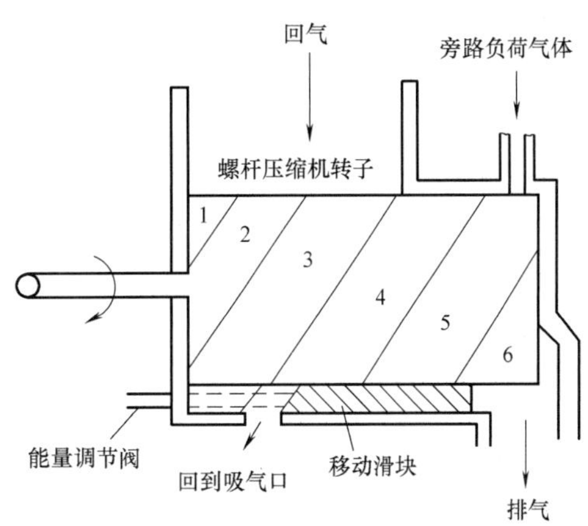

图 3-16　由于能量调节阀开启旁路压力下降

结论：带补气的经济器循环与单级压缩循环比较，运行效率提高，能耗减少，且投资增加不多。但它与双级压缩比较，性能不一定提高，需要对具体工况深入分析。

3.3.2　螺杆压缩机补气旁路的吸气压力与中间压力

从第 2 章的分析可以知道，二次节流的闪发式经济器中间压力是依靠螺杆压缩机的旁路侧口吸气建立起来的。在一定的蒸发温度下这个旁路侧口吸气压力越低，制冷的效果也就越好。在第 2 章中也提及旁路吸气压力≠闪发式经济器的中间压力，那么它们之间是如何联系起来的？应用软件分析，不妨把这个旁路侧口吸气作为与这台压缩机同步运行的一台小型压缩机的吸气口看待。这里还是以第 2 章中两种不同型号的压缩机的选型为例（图 2-16、图 2-17）。

压缩机（某品牌）OSNA8571 工况：蒸发温度−30℃，冷凝温度 35℃，制冷量 126.6kW，旁路吸气压力 2.66bar，旁路吸气温度−12.25℃，旁路吸气负荷 21.6kW。

压缩机在蒸发温度−12.25℃运行，使用选型软件（图 3-17），这时的质量流量是 70.2kg/h（下划线部分）。

而这台压缩机的主负荷是 126.6kW，假定制冷系统的制冷量也是 126.6kW，用第 2 章提供的方法在冷凝温度 35℃节流到−12.25℃时，产生的闪发气体的质量流量是 71.0kg/h，约等于旁路吸气质量流量 70.2kg/h。换言之，制冷系统的制冷剂流量在−12.25℃节流时产生的闪发气体与压缩机的旁路负荷基本匹配。但是在实际应用过程中，由于压缩机的选型软件给出的数据往往

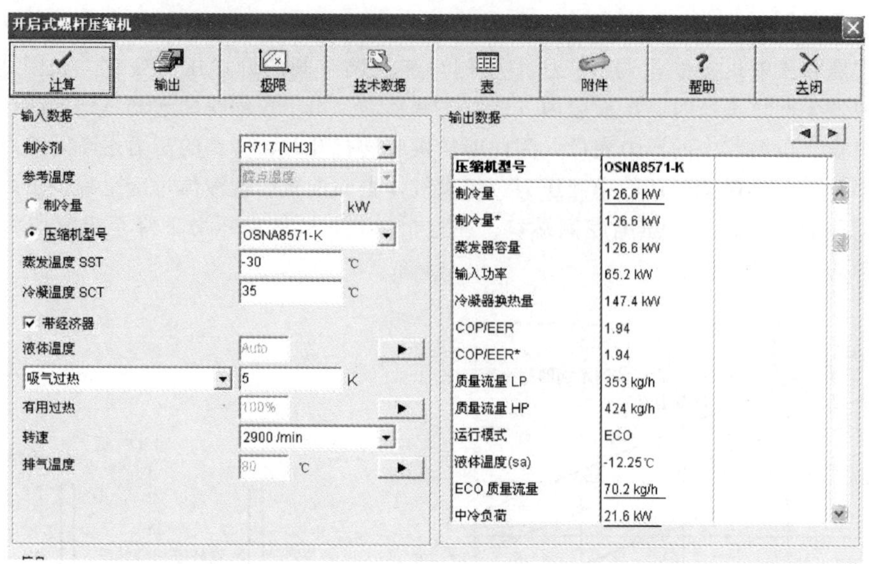

图 3-17　压缩机（某品牌）OSNA8571 运行的一些参数

是小于压缩机实际产生的数据（在许多欧美国家的生产厂家，在做软件数据时比原来的实测数据要小一些，一般要小 5%~10%），会出现压缩机主负荷在供液（供液管）节流时（在对应的旁路负荷压力下），产生的闪发气体质量流量小于这台压缩机的旁路吸气质量流量。

笔者在工程实践中发现，如果螺杆压缩机补气口配置的压力控制阀不合适，结果是通过补气口抽取的闪发气体会逐渐把闪发式经济器的压力拉低。这是因为供液节流产生的闪发气体的质量流量小于压缩机旁路吸气质量流量。在实际运行时，闪发式经济器的压力会随着运行时间的延长慢慢下降，甚至出现负压的情况。这种现象使二次节流供液出现问题。这样需要在连接闪发式经济器与螺杆压缩机补气管的管道之间设置阀前压力控制器，以保证二次节流供液压力。这是补气旁路的吸气压力与中间压力的第一种情况。

例如压缩机（某品牌）RWF Ⅱ 222 工况：蒸发温度 -30℃，冷凝温度 35℃，制冷量 565.8kW，旁路吸气压力 1.53bar，旁路吸气温度 -13.4℃，旁路吸气负荷 90.7kW（图 3-18）。

RWFII 222
R717 Ammonia

RWFII222 #1
Johnson Controls-China-Fred Hao
Version **8.3.5**

Date **2014/9/23**
Atmospheric **1.00 bar**
Elevation **95 m**

系统性能
Evap Capacity **565.8 kW**
Shaft Power **260.1 kW**
Coeff of Perf **2.175**

全负荷/部分负荷
Evap Capacity **100.0 %**
Slide Valve Pos **100.0 %**
Speed **100.0 %**
Speed **2950 rpm**

压缩机
Model **SGC 2317**
Vi Control **Variable Vi**
Disc Port **Standard**
Rotors **Standard**

条件
Comp Ratio **11.77**
Ideal Vi **6.83**
Actual Vi **5.00**
Discharge Temp **82.2 °C**

蒸发器
Capacity **565.8 kW**
Temperature **-30.0 °C**
Pressure **0.19 barg**
Superheat **0.0 °C**
Liquid Feed **-8.4 °C**
Line Superheat **1.0 °C**

冷凝器
Heat Rejected **827.1 kW**
Temperature **35.0 °C**
Pressure **12.49 barg**
Subcooling **0.0 °C**
Extern Subcool **0.0 °C**
Line Superheat **0.0 °C**

经济器
Capacity **90.7 kW**
Temperature **-13.4 °C**
Pressure **1.53 barg**
Superheat **5.0 °C**
Approach **5.0 °C**
Line Superheat **0.0 °C**

图 3-18　压缩机 RWF Ⅱ 222 运行的一些参数（详见图 2-17）

如果压缩机选型没有给出旁路吸气质量流量，需要假设旁路吸气相当于小型压缩机的吸气口，使用计算软件可以得出结果（图 3-19）。

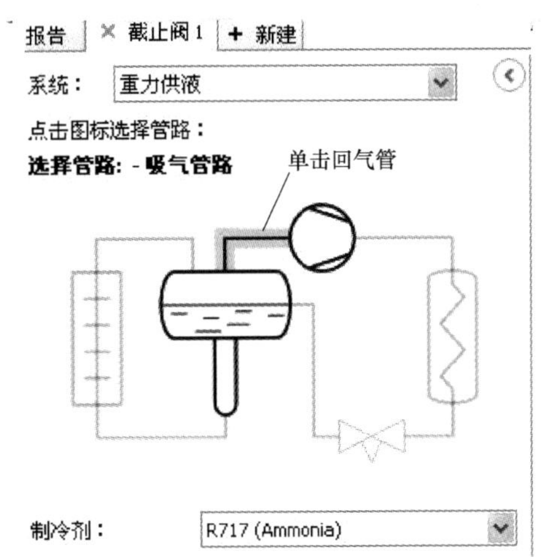

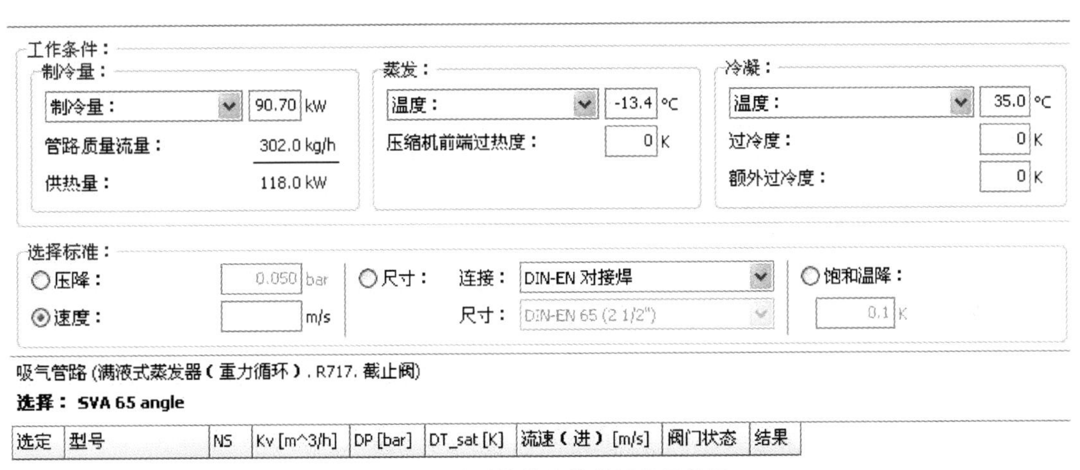

图 3-19　选型软件计算结果界面数据

用上述方法得出压缩机旁路吸气质量流量是 302kg/h（图 3-19 中下划线处）。

而这台压缩机的主负荷是 565.8kW，在冷凝温度 35℃节流到-13.4℃时，产生的闪发气体的质量流量是 325kg/h，大于压缩机旁路吸气质量流量 302kg/h。

比较两种压缩机的旁路吸气可以发现，当压缩机主负荷在供液（供液管）节流时（在对应的旁路负荷压力下），产生的闪发气体质量流量大于旁路吸气质量流量。这是补气旁路的吸气压力与中间压力的第二种情况。这种情况下系统运行时，闪发式经济器的压力比压缩机选型时设定的补气旁路吸气压力会高一些。

由此可见，不同的压缩机生产厂家有不同的旁路侧口吸气压力，而这些变化随着蒸发温度不同而改变。在第一种情况下，闪发式经济器的压力会下降。反之闪发式经济器的压力会上升，这些是国内制冷系统一次节流供液设计时没有遇到的问题。

上面提到压缩机旁路侧口的阀前压力，那么阀后压力是否需要考虑？早些年这种设计是没有考虑的（图 3-20），但最近几年由于阀门功能的改善，这些因素也考虑了。笔者 2014 年在美国参观了两个由美国最大的氨系统安装公司安装的冷库，这两个系统安装的时间相差 7 年，系统还是有区别的（图2-14与图3-20比较）。在一些细节上的差异，就包括考虑阀前压力和阀后压力的设计变化。

图3-20　2007年完工的氨压缩机的补气管连接（阀前压力控制，美国）

那么，阀后压力对压缩机的运行有多大影响？根据笔者的了解，阀后压力增加会使压缩机的功率增大，因此对于无级上载的螺杆压缩机，一般是要求在上载到压缩机全负荷的85%~90%才允许打开经济器的补气。而对于一些小型压缩机，由于是分级上载，也就是需要在达到全负荷的75%以上才能打开经济器的补气，否则压缩机的电动机是无法承受这种额外负荷的。显然图2-14的连接是阀后压力控制，而图3-20是阀前压力控制。至于什么时候采用这两种控制形式，还是要根据供液管节流时闪发气体的质量流量是大于还是小于旁路吸气质量流量来确定。如果是大于，则采用阀后压力控制，反之则采用阀前压力控制。这取决于压缩机补气负荷的大小。如果不清楚压缩机的这个参数，一般采用阀前压力控制，特别是制冷系统安装在气候比较寒冷的地方。笔者在实际工程项目中这两种方式都采用过。

通常对于阀前供液压力的控制是持续控制，而对于阀后压力的控制是瞬间控制。因为这个经济器的补气打开是在全负荷的85%~90%时发生，这时经济器的压力已经基本上降下来了，对压缩机的冲击影响不大了。由于某种原因造成阀后压力的瞬间增加，该阀门会部分关闭这个通道，使阀后压力降低不会造成压缩机瞬间负荷增大而停机。

压缩机的旁路侧口对于闪发式经济器既是吸气口，也可能是排气口（由于压力的变化）。因此在连接旁路侧口与闪发式经济器的通道上需要增加单向阀，以防止压缩机内的油进入闪发式经济器。同时这个单向阀的阻力系数也相当重要，这是由于压缩机的旁路侧口的吸气压力并不是很高，阻力大会造成吸气压降增大，也就是降低了经济器的效率。

关于压缩机的旁路侧口与闪发式经济器之间的连接和选型计算，将在系统综合计算中详细介绍。

3.3.3　旁路负荷的应用概念

旁路负荷（side load）是螺杆压缩机运行时的旁路侧口吸入闪发气体的一种能力。从前面的分析可以发现，在正常运行时，如果螺杆压缩机的选型属于第二种情况（即压缩机在指定的运行工况下吸气量小于进入闪发式经济器的制冷剂因节流产生的闪发量）同时没有特殊设置要求，这种能力甚至连压缩机供液主负荷在闪发经济器一次节流后产生的闪发气体都无法完全消化。在这种情况下，无法再额外负担与闪发式经济器连接的其他蒸发器所产生的负荷。换言之，要保持补气压力不变，旁路负荷的应用无法成立（除非提高补气的压力，但是这样做会影响闪发式经济器的过冷温度）。相当一部分螺杆压缩机是这种情况。但是如果属于第一种情况，其实这种旁路负荷的能力不大，在实际工程的应用很少。这是因为只要主压缩机停止运行，这种旁路负荷也会同时消失。而对于一些螺杆压缩机需要连续运行的情况，实际应用时也有这种需求。

例如连续制冰的贮冰间前面的穿堂，由于制冰生产是连续的，因此主压缩机的运行也是连续的。如果贮冰间前面的穿堂负荷也不大，可以在选择压缩机时对生产厂家提出要求。而压缩机厂家会根据要求，适当增加压缩机配置的电动机功率，同时还需要调整在压缩机上旁路侧口的位置，这样旁路负荷的应用才能成立。

3.3.4　螺杆压缩机补气系统单向阀的设置

从前面的补气系统图中，可以发现补气系统管中除了设置用于保证阀前压力的压力调节阀以外，还设置有一个单向阀，这种设置与排气管中的单向阀设置是类似的。如前所述，螺杆压缩机的补气口是一个没有给压缩腔覆盖的出入口。这个补气口在运行时作为吸气口，把闪发式集中经济器的中温气体吸入到压缩腔内，这时这根管是吸气管。

在这种系统中一般会有一台以上的压缩机在运行，当其中一台停止运行，而其他的压缩机仍然在工作时，因为这些压缩机共用闪发式经济器，那么这台停止运行的压缩机的补气管在这个时候变成了排气管（原因是停止运行的压缩机与运行的压缩机相比，由于压缩腔内残留的一些制冷剂蒸发，压力会高一些）。如果没有设置单向阀，这台停止运行的压缩机的润滑油就会通过补气管进入集中闪发式经济器，造成这台压缩机缺油，润滑油进入制冷系统也不利于系统的运行。由于吸气口的吸气能力不大，单向阀的阻力系数应该尽可能地小，以免影响补气负荷的不必要降低，这种单向阀最小的压差可以达到 0.03bar。

3.3.5　新型变频控制螺杆压缩机

将变频控制应用于螺杆式压缩机，可以节省能源、减少二氧化碳的排放量。在获得最大制冷能力的冷却过程中，全速运转提高冷冻速度；在达到预定温度过程中，通过变频控制实现负载与电动机输入功率等比变化，降低能耗。而传统的螺杆压缩机始终保持恒定速度运行，部分负荷采用滑动阀调节方式，冷量降低而电动机功耗不能等比变化。变频控制螺杆压缩机的工业化，在节约能源和增强能力方面是有效的，并得到了广泛应用。其中一种名为 iZ 型的变频螺杆压缩机是变频压缩机中的先进一代（图 3-21）。

所谓新型，也就是在原来的变频的基础上再次增大压缩机的运行速度（图 3-22）。由于转速加大，对压缩机的制作工艺要求更高，使用的材料更加耐压、耐磨。

图 3-21　日本最新研发的 iZ 型变频螺杆压缩机

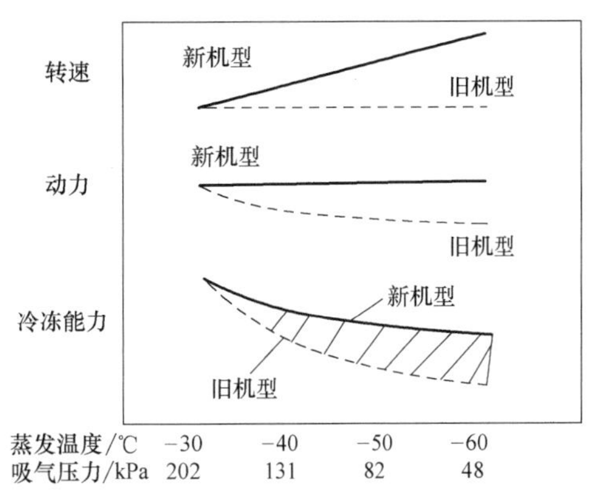

图 3-22　新、旧变频螺杆压缩机的性能比较

从图 3-22 所示的各种性能数据比较可以发现：新型的变频螺杆压缩机具有更高的转速，动力性能不随蒸发温度的降低而下降，制冷能力比旧的机型随蒸发温度的下降减少的幅度小。这些改进目的是：随着蒸发温度的降低，电动机出现冗余容量，新型的变频螺杆压缩机通过增加压缩机电动机转速，发挥电动机最大利用率，从而实现同功率压缩机在低温工况下获得最大的冷冻能力。

这种名为iZ型的变频螺杆压缩机与原有的50Hz以及60Hz变频螺杆压缩机相比较，制冷量有更大提高。例如在蒸发温度为-30℃时，设置控制器，使压缩机的转速随着蒸发温度的降低而增加。在实际运行中，以高转速快速达到设定温度，之后根据负载变化控制电动机转速，减少无功损耗。压缩机的最高转速可根据蒸发温度-30~-60℃范围而大幅变化，这点在冷却温度区域与常见控制器采用狭窄的变频电动机比较有明显不同（图3-23）。

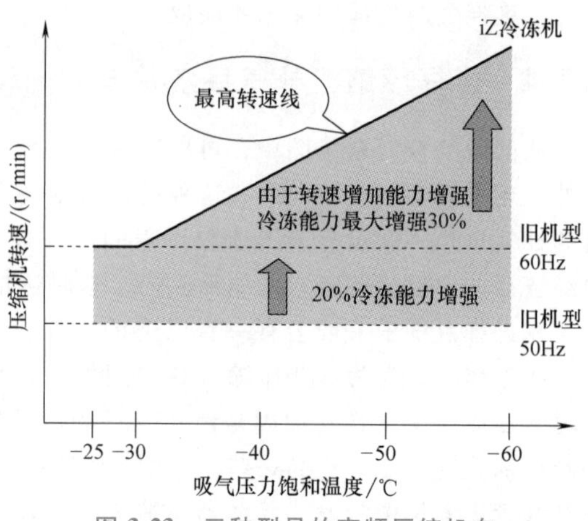

图3-23　三种型号的变频压缩机在蒸发温度变化时的转速比较

iZ型变频螺杆压缩机能够在一定范围内将压缩机控制为恒定功率调节，这在没有过载的情况下大大提高了制冷能力。

为了防止吸入气体的过热度对效率产生影响，电动机被设计成半密封结构，能带动1级阳转子，2级转子与1级转子采用花键连接，将功率从1级转子传递到2级转子，电动机通过定子的外套进行冷却。这样在温度-30~-60℃的条件下，防止了电动机产生的热量进入一级吸气，避免了有害过热导致比体积（比容）增大、制冷效率降低。

压缩机的齿数组合为1段5~6齿和2段4~6齿，这种组合可实现7000r/min的高速运行。通过将一级外转子的齿数设置为5，可以增大齿底直径，增大电动机悬臂的轴直径，降低了压缩机排出口处的脉动引起的噪声，从而避免了共振，实现了低噪声。

新开发的机型通过改变1段和2段的齿数组合，可以错开排气脉动的频率，噪声比旧机型降低了3~6dB。由于通过驱动变频器来控制转速，因此可省略传统机器的容量控制滑阀。由于起动压缩机时螺杆转子的内部压力增加，因此有必要减小起动负荷。生产厂家设计了一种方法，通过简单的结构来有效地减少起动负荷，解决此问题。

腔室设计如图3-24所示。压缩机的电磁阀V1和低压侧相连通，V2和高压侧相连通。开机时，V1打开，V2关闭，随着一段的排气压力上升后，平衡活塞向右移动打开，气体泄压到吸气侧。正常运行时（设定时间S后），V1关闭，V2打开，高压导入，平衡活塞向左移动呈关闭状

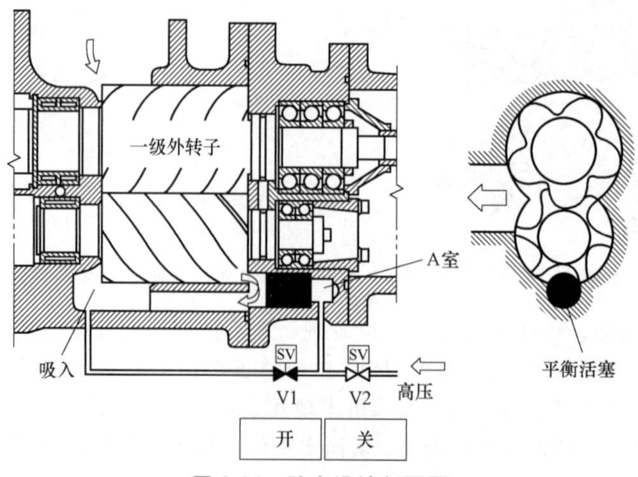

图3-24　腔室设计剖面图

态。该机构与以前设计相比，非常简单地解决了低载荷开机降低电动机起动转矩的问题，从而让变频器 0 负载起动成为可能。

此时，当压缩机内部压力上升时，提升阀自动向右移动，提升阀打开，内部压力降低。正常情况可以防止气体泄漏到吸入侧并增加内压。压缩机运行时，V1 闭合，V2 打开，压力调节器的排出压力被引导到腔室 A。该机构利用其自身的压缩机吸气压力和排出压力，因此，可以通过非常简单的结构来减少起动负荷。因此起动时会很平稳、产生的冲击力也很小。

图 3-25 显示了已开发的新机型和旧机型之间在部分负荷运行期间的制冷能力比和功耗比，与旧机型相比，新机型在 50%负荷下节能 35%，在 70%负荷下节能 17%。

这是因为旧机型的容量调节机构仅加载在低级侧，在部分负载操作期间中间压力下降太多，并且高压侧的效率降低。而新机型是通过转速来进行控制，高低压侧容积比不变，即使在部分负荷时，中间压力也不会变化。

变频双级机低压级和高压级的压缩比始终保持最佳状态，可以在最佳制冷循环效率下进行部分负荷运转。

图 3-26 显示了实现这种节能运行的制冷循环。新机型即使在部分负荷下，因为采用经济器，也表现出很好的节能效果。

图 3-26 表示新机型通过经济器增加了制冷能力（其值为 h_3-h_4），而旧机型的制冷能力仅为h_1-h_3。

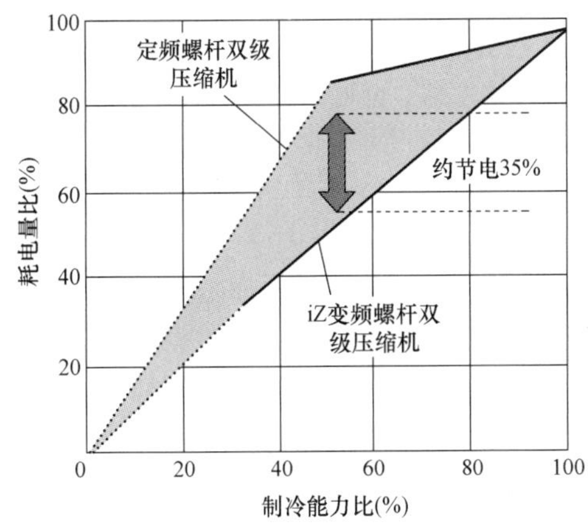

图 3-25　新、旧型压缩机的耗电量比与制冷能力比

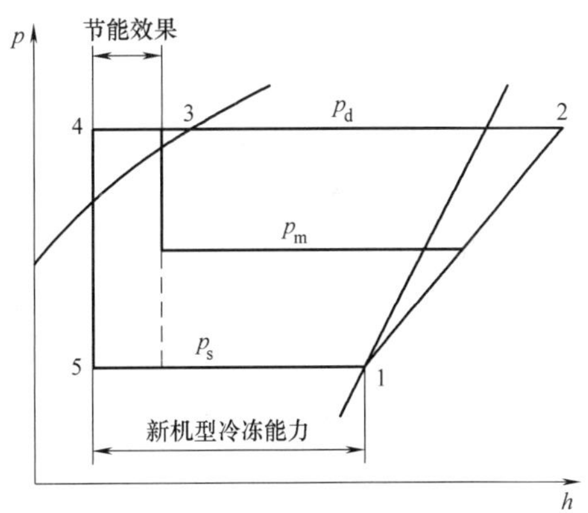

图 3-26　新的与原有旧机型节能效果利用比较（其中，p_s 表示压缩机的吸入压力；p_m 表示中间压力；p_d 表示排出压力。另外，数值 1~5 表示制冷循环时的状态：1—压缩机吸入；2—压缩机排出；3—冷凝器出口；4—经济器出口；5—蒸发器入口）

除部分负荷时的节能效果外，在制冷能力方面，50Hz 和 60Hz 工况分别实现了 49%和 23%的能力提高。这是因为随着压缩机蒸发温度的降低，通过变频提高了最高转速。

iZ 变频螺杆压缩机配备耐氨电动机。

虽然氨制冷剂具有 ODP（对臭氧层的破坏）和 GWP（温室气体）均为零的特征，但是，也不希望压缩机在运行时产生氨泄漏。因此日本厂家开发出内置式结构的半封闭变频螺杆压缩机，传统的氨制冷机是带有机械密封的开启式结构，其结构避免不了氨的泄漏。为了防止氨制冷剂泄漏到压缩机外部，压缩机主体必须采用内置电动机的半密封结构。

在对压缩机主体进行半密封时，传统的电动机使用铜线绕制，而铜线很容易被氨腐蚀，因此该厂家开发了一种全新的电动机，可在氨系统中使用，并且完全不被腐蚀。

NH3 螺杆压缩机新机型采用半密封化、无机械密封的结构，因此不会有氨制冷剂的泄漏，而且不需要机械密封的定期维修，是一种安全性高、省维护的压缩机（图 3-27）。

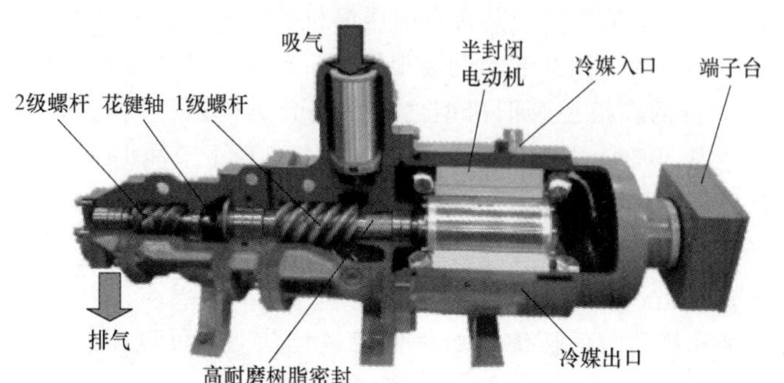

图 3-27　变频半封闭螺杆压缩机剖面（微信扫描二维码可看彩图）

这种压缩机还配置了专用监视器，可根据应用和输入信号选择连续控制和步进控制两种模式。在连续控制模式下，将设定的吸入压力和内部温度设定为目标值，并且转速自动无级调节。也可以通过温度控制器等发出的 4～20mA 的电流信号进行控制。还可以通过常规的 ON/OFF 和卸载信号在 50%、75%和 100%之间进行有阶控制。

星三角起动中，起动时会产生较大的浪涌电流，并且在重新起动时需要大约 10min 的间隔。而变频起动过程不需要停止间隔，这样可以实现快速重起或增载，也可以瞬间停机，从而有助于节能与末端温度恒定。同时可以大幅度减小供变电设备的规格与尺寸，降低蒸发冷容量。

3.4　并联压缩机组

并联压缩机组早期是从国外引进的。并联压缩机组，顾名思义，是由两台以上甚至更多的压缩机并联组成。并联压缩机组还需要一块控制面板及安装在公共基础框架上的贮液器等。一个并联压缩机组上有压缩机公共排气管和吸气管，可以用一台油分离器、气液分离器、回气换热器同时为所有压缩机和冷风机的运行服务。

这些并联的压缩机可以是螺杆压缩机、活塞压缩机，也可以是涡旋压缩机。它们的优点是：根据系统的负荷自动进行能量调节，可以实现压缩机的均匀磨损，多能量控制级数，有效减轻对用户电网的冲击；节能，尤其是在部分负荷下优势更加明显，既有大型压缩机组制冷量大的优势，也有小型机组的灵活机动。这种机组进入我国市场开始时以商业制冷、使用卤代烃制冷剂为主。由于它们具有以上特点与优势，特别适合我国发展速度很快的制冷市场。现在这种机组进入了我国的工业制冷市场，几万吨的冷库使用这种机组的比比皆是。制冷剂除了使用卤代烃外，也有使用氨制冷剂的并联机组。由于最近几年二氧化碳制冷在我国的崛起，于是又有了 CO_2 的活塞并联压缩机组。

3.4.1　并联压缩机组的基本构成与特点

目前在我国的工业制冷系统，应用最广泛的是螺杆压缩机并联机组。螺杆压缩机又分为开启式、半封闭以及全封闭三种形式。在这三种压缩机中，其中应用最多的是半封闭螺杆压缩机，原因是这种并联压缩机组在我国最早使用在卤代烃制冷系统中。由于半封闭压缩机的特点是在设备运行时不容易产生泄漏，通常它所配置的功率一般比全封闭压缩机的功率要大，是中小型的制冷系统比较合适的配置。

这种半封闭压缩机的缺点是：由于压缩机的构造是半封闭形式，压缩机的电动机是与压缩机运行的部件是封闭在相同的密闭空间内，因此在压缩机运行时由于电动机运动部件之间的摩擦所产生的热量需要消耗一部分冷量。通常是通过从贮液器引一根供液管到压缩机的密闭空间进行喷液冷却。

近些年我国工业制冷以及冷链冷藏的快速发展，制冷系统的规模越做越大，而并联压缩机组具有经济性与灵活性等优势，因此开启式压缩机并联机组也同时加入了制冷系统的配置，与半封闭压缩机并联机组一起共同分享国内快速发展的冷链市场。

这种开启式压缩机与半封闭压缩机比较，其最大优势在于：压缩机所需的电动机是外置的，这样电动机在运行时产生的热量就不会消耗冷量。根据压缩机生产厂家的软件计算：通常如果半封闭与开启式压缩机配置相同质量性能的电动机，制冷系统采用 R507A，蒸发温度-40～0℃/冷凝温度 35℃的情况下，前者的 COP 会有一些提高（提高的百分比与选择的制冷剂以及蒸发温度有关）。由于现代的产品质量以及生产品质的提高，制冷剂通过压缩机轴封的泄漏值通常只有 5～10ppm[⊖]。每年系统由于这个原因需要补充的制冷剂与节能所产生的效益相比，优势是很明显的。笔者在 2009 年就开始使用这种并联开启式螺杆压缩机，获得不少的经验与收益。目前国内这种并联开启式机组应用的例子很少，但这是以后并联机组开发与发展的一个方向。

图 3-28 所示是一组开启式低温螺杆压缩机并联机组的原理示意图，并联机组主要是由制冷剂气体的吸入、压缩和排出的管道与阀门的组合，以及压缩机之间的润滑油的分离、冷却和过滤、混合以及油路构成的。并联机组制冷气体的吸入、压缩和排出的构成与单独机组的构成没有很大的区别；而油路构成是并联机组的一个重要特色。

润滑油在并联机组的走向：螺杆压缩机内的润滑油在压缩转子运行时润滑运动部件，少量的润滑油会随着压缩气体进入油分离器（图 3-28），经过分离器的分离，润滑油基本上留下而压缩气体排出再进入冷凝器。由于并联机组的每台压缩机上都设置了油位开关，当压缩机上的润

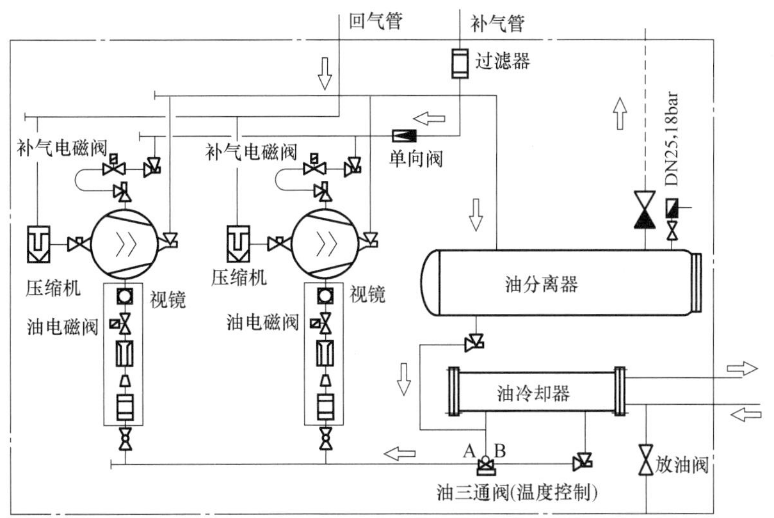

图 3-28　开启式螺杆压缩机并联机组原理图

⊖ ppm 表示百万分之（几），$1ppm = 1mg/kg = 1cm^3/m^3 = 10^{-6}$，常用于气体的体积浓度、液体质量浓度的表示。

滑油不足时，油位开关发出信号，油电磁阀开启，通过油路吸入油分离器内的润滑油。一般吸入的润滑油油温要求是40~59℃。如果冷凝温度比较高，油温往往会超过这个范围。这时一部分来自油分离器的油需要与原来储存在油冷却器经过冷却的油在油三通阀内混合，达到使用的温度再进入压缩机内。如果冷凝温度比较低，油温能够满足使用要求，那么油分离器中的润滑油就直接通过三通阀被压缩机吸入。在一些有要求的卤代烃制冷工程项目中，有时还会在卧式油分离器的排气管后再连接一台立式油分离器，这样只有极少的润滑油能进入低压部分的蒸发器。这种是多级油分离器的设置模式，也是解决卤代烃制冷系统回油的最佳方式。

半封闭螺杆压缩机并联机组的油路工作原理与开启式并联机组的原理相似。不同的是需要增加一路给压缩机冷却的喷液管道（用于压缩机润滑油冷却）（图3-29）。

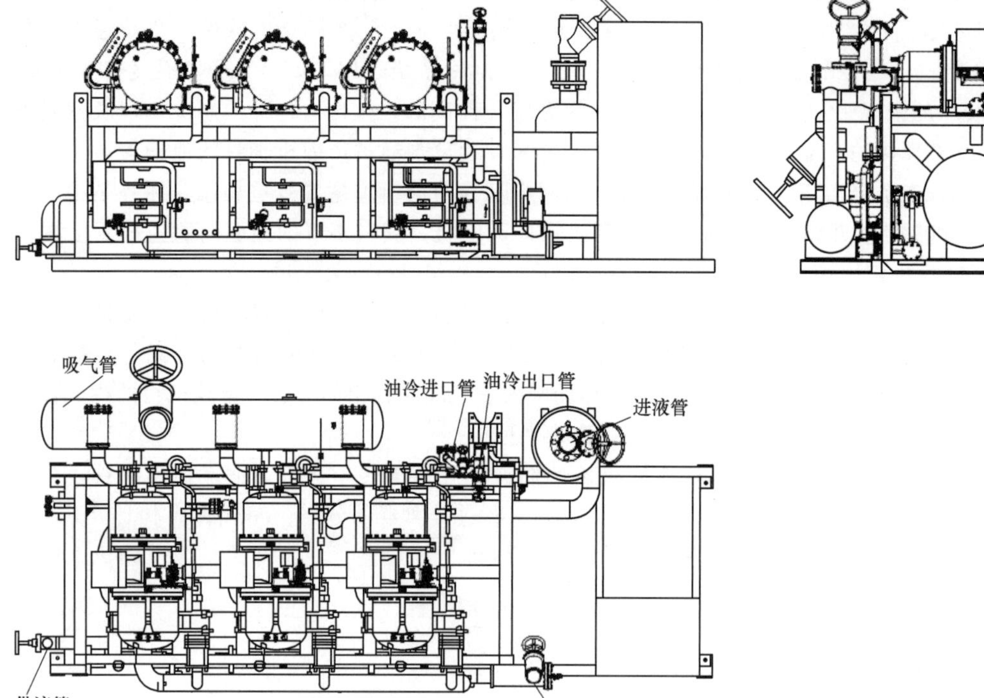

图3-29　半封闭螺杆压缩机并联机组外形图

3.4.2　氨系统的压缩机并联机组

提到并联机组，就会自然联想到卤代烃系统。因为国内最早出现的并联机组使用的就是卤代烃系统。其实氨系统也可以采用这种既灵活又经济的并联机组。氨制冷剂的并联机组在工业制冷方面的应用，既有不同蒸发温度共用高压系统的综合使用功能，也有卤代烃系统灵活多变的特点。图3-30所示是一座在北方建造的既有低温冷藏（蒸发温度-30℃），又有高温穿堂（蒸发温度-5℃）的两万吨自动立体冷库机房局部图，这里使用的就是氨制冷剂并联机组。冷库已经在2013年投入使用，实现了机房无人操作、热气融霜、无泵、采用二次节流压差的自动供液，运行情况良好。这是工业制冷向氨系统小型化迈出的第一步。

由于这种并联压缩机组方便灵活，原来的构思是氨系统小型模块化，原理同现在的小型中央空调机组相似，只要这台机组与各个蒸发器的管道连接，连接电源就可以使用。由于机组是在

图 3-30　一座两万吨自动立体库机房使用的氨压缩并联机组

工厂生产的，安全问题可以得到保证。但相信在全球变暖的环境下，利用天然工质制冷剂是发展趋势。在考虑安全生产同时兼顾环境保护的情况下，只要能在氨系统推出贮液量分级制［例如在美国，制冷单个系统的氨贮液量少于 5 万磅（约 2.3t），在政府相关管理部门不需要登记，交由扮演市场管理角色的相关保险公司负责检查和为其购买保险］，氨系统小型化应该是必然的选择，而并联压缩机组会在这种小型化中扮演着重要角色。

并联压缩机组还有一些优点，它因负荷变化而上载、卸载方便，在全自动运行的冷库制冷系统中，可以替代变频压缩机的角色。因为并联选用的压缩机一般功率比较小，需要的电动机也不大，即使频繁起动也不会造成对供电系统的影响。而且并联压缩机组的整体价格比较低（包括起动柜），特别适合在发展中国家应用。另外，工业制冷系统通常的特点是共用高压系统，因此，在具有高、低温共用高压系统的冷链物流冷库中，把部分高温压缩机做成小型的并联压缩机，并且把开机时间设置在 16~18h/天（这是一种欧美国家的设计理念，在压缩机选型时，每天制冷系统的制冷总负荷÷24×压缩机每天所需的开机时间），目的是在蒸发器热气融霜时，利用系统的高温热源进行融霜，而不需要在低温系统提取热源。这是因为高温热源得到的效率可以达到 4 以上（比如高温蒸发温度在-5~0℃，而低温蒸发温度在-28℃），而低温热源得到的效率一般不会超过 1.5。从长远的运行成本考虑，即使在冷库的穿堂专门设置这种高温系统（热泵原理），利用这种热效率也是非常合算的。当然以上的考虑也是建立在采用冷风机作为蒸发器，并且需要热气融霜的基础上。

本章小结

各种制冷剂在螺杆压缩机制冷系统利用虹吸原理进行润滑油冷却的制冷剂消耗量计算，以及在该冷却系统中各种管径的选择、利用选型软件对螺杆压缩机的补气口的压力与中间压力的关系进行分析是本章的重点，同时提出并联压缩机组会在今后我国的冷链物流冷库发挥重要的作用。

参考文献

[1]　STOECKER W F. Industrial refrigeration handbook [M]. New York: McGraw-Hill Companies Inc., 1998.

[2]　上海汉钟精机股份有限公司. 冷冻冷藏用螺杆压缩机结构及特点［Z］. 2016.

[3]　福建雪人股份有限公司压缩机设计文件［Z］. 2014.

[4] WAN T T S. Engineered industrial refrigeration systems application [M]. [S. l.]: [s. n.], 2008.

[5] Thermosyphon oil cooling: E70 900E Frick [Z]. 2001.

[6] 大连冷冻设备股份有限公司产品手册 [Z]. 2014.

[7] Gea thermosyphon oil cooler installation calculation Support [Z]. 2001.

[8] Johnson Controls (YORK) 氨制冷系统压力容器选型手册 [Z]. 2012.

[9] STEGMANN R. Taking advantage of the screw compressor side port [C] //Proceedings of the 16th Annual Meeting of the International Institute of Ammonia Refrigeration. Washington, D. C.: IIAR, 1994.

[10] Johnson Controls 公司 2015 年深圳正中置业公司设备选型截图 [Z]. 2015.

[11] 比泽尔公司选型软件说明 [Z]. 2014.

[12] 欧菲特产品设计文件 [Z]. 2019.

[13] 日本冷冻空调学会. 冷藏仓库. [Z]. 2012.

第4章 蒸发器的现代技术

蒸发器在工业制冷系统所起的作用是换热，即制冷剂（或者载冷剂）在管内或容器的壳侧，从空气或传热介质吸取热量后蒸发变成气体（或者载冷剂温度上升），把热量带走。其换热特点是利用传热温差来实现这种功能。一些著名的蒸发器生产厂家经过多年（有些甚至几十年）的研究与试验，理论、技术与工艺都达到了相当高的水平（笔者曾经参观这些厂家在欧洲的实验室）。这些设备选型与计算，以及换热设备的传热系数 K 值，与其说是计算机的计算结果，不如说是在实验室通过不同的气候条件测试的数据，经过计算机综合的结果。本章着重讨论选型中的技术参数，以及蒸发器在系统中的连接和制冷工艺需要的计算。本章提到的许多参数与数据，主要来源于制造厂家在实验室对蒸发器的反复测试，再经过归纳整理，这些参数和数据被做成选型软件供设计人员和销售人员使用。

4.1 蒸发器

蒸发器的主要形式有三种：蒸发排管（盘管），带有蒸发盘管的冷风机（简称冷风机，还可以分为干式与湿式两种）和冷却液体的换热器。冷却液体的换热器又分为三种：①管壳式，此形式又分为制冷剂在壳内沸腾（图 4-1a）与制冷剂在管内沸腾两种形式；②板式换热器（图 4-1b）；③板壳式换热器（图 4-1c）。

蒸发排管（盘管）是目前我国冷库低温冻结物冷藏间使用最多的蒸发器。蒸发排管利用空气自然对流循环，管内的制冷剂蒸发把冻结物的热量带走。这种蒸发器的优点是：能耗低，干耗少。缺点是：传热慢，材料用量大，制冷剂充注量大；大部分需要现场制作，连接坡口多，容易造成泄漏；制作安装周期长；结霜需要专人定期打扫，增加了人工费；排管的结霜容易落在冻结

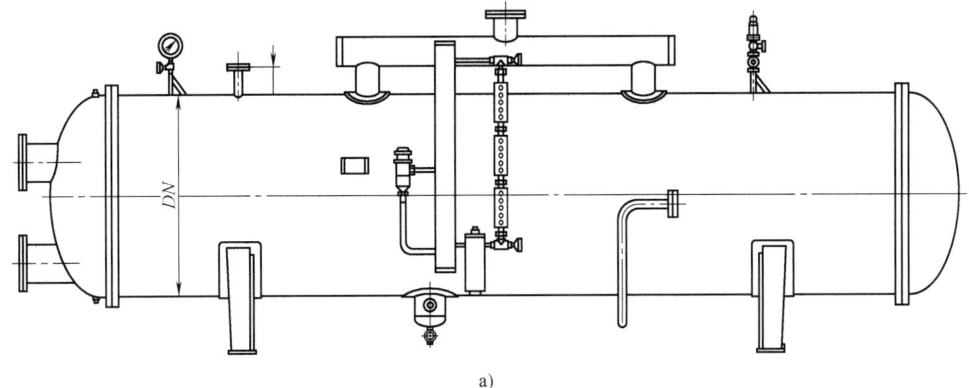

a)

图 4-1　冷却液体的蒸发器

a）管壳式（制冷剂在壳内沸腾）

b)

c)

图 4-1　冷却液体的蒸发器（续）
b）板式换热器　c）板壳式换热器

物的包装表面，使产品无法达到食品的卫生要求。因此，这种蒸发排管目前已经被国外的现代冷链物流冷库淘汰。目前冷链的发展趋势是追求货物的快速流通，贮存期短。相信这种蒸发器在我国10~15年内将在冷链物流冷库中逐步退出使用，因此本书不做讨论。

冷风机，特别是干式冷风机，是现代冷链物流行业应用的主要蒸发器，本章将详细讨论。

在冷链物流行业中，比较常用的冷却液换热器有管壳式换热器和板式换热器。板壳式换热器最近几年也开始投入使用。

4.2　冷风机的基本设计参数

4.2.1　冷风机

冷风机又称为空气冷却器。在冷风机中，制冷剂流经传热管，空气通过管的外表面。管外通常设置各种翅片，以加强传热，即翅片被固定在管的外表面，而空气在翅片之间流动。

冷风机的主要组成部分是传热管、管板、翅片、排水盘和风扇。

传热管内流动的是制冷剂。最常用的管材有碳钢、铜、铝、不锈钢。使用氨制冷剂时除铜管外其他三种材料均可用，大多数卤代烃系统采用铜盘管。

在每一根盘管的终端有块支撑板，这块支撑板称为管板，管通过孔板。这些孔在孔板及翅片上的分布分为同轴（又称正排管，英文称为 in-line）或交错（又称错排管，英文称为 staggered）。目前在管板上又增加了支撑孔，这些支撑孔均布穿入几根支撑杆将盘管和翅片整体支撑起来，而原来的用于支撑盘管的孔变成悬浮孔。这样的设计适用于热气融霜。在热气融霜时盘管由于内部受热而膨胀，原来的支撑孔如果不是悬浮孔，热胀冷缩会造成管材损坏从而影响使用寿命。

下面介绍冷风机是如何选型和设计的。

首先了解蒸发器/冷风机在冷库的工作状态在压焓图上的表现形式，图 4-2a 所示是采用冷风机的典型制冷系统（直接膨胀）流程，图 4-2b 所示是该流程在压焓图上的表示。

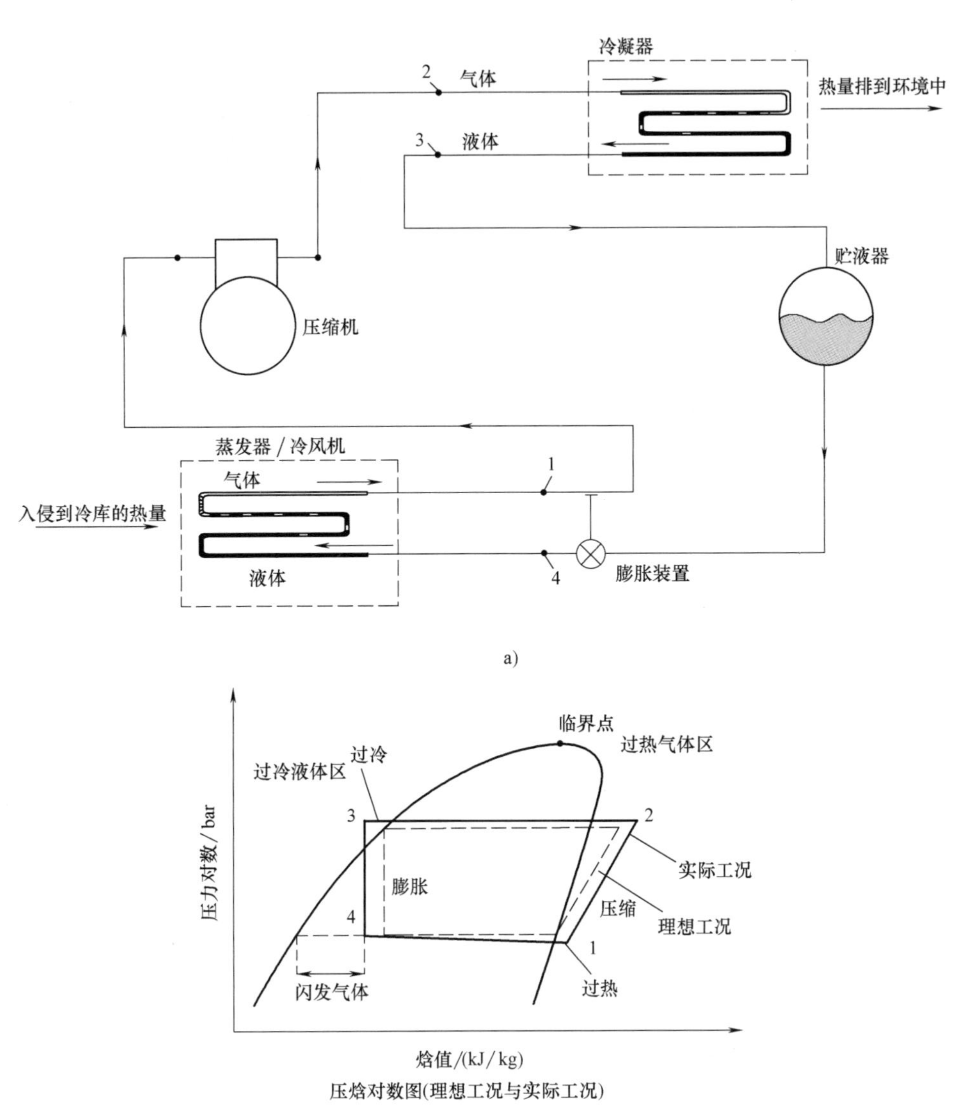

图 4-2　蒸发器/冷风机在冷库的工作状态在压焓图上的表现形式

a) 采用冷风机的典型制冷系统（直接膨胀）流程　b) 采用冷风机的典型制冷系统（直接膨胀）流程在压焓图上的理论和实际工作循环

图 4-3 所示是采用冷风机的典型制冷系统（泵循环）流程，图 4-4 所示是该流程的压焓图。

4.2.2　冷风机的基本计算

冷风机负荷一般由用户提出要求。下面用一个实际的选型实例来详细分析冷风机在设计和选型上的一些方法。

笔者在 2012 年主持某冷库项目设计，涉及冷风机设备选型。项目要求：冻结物冷藏间，库温要求是-20℃；使用制冷剂 R22，泵供液，要求使用热气融霜；在结霜厚度 0.2mm 的情况下，冷风机的制冷量不小于 55kW。

按照上述要求，制造厂家的技术人员会利用冷风机的选型软件进行多种选择，然后进行多

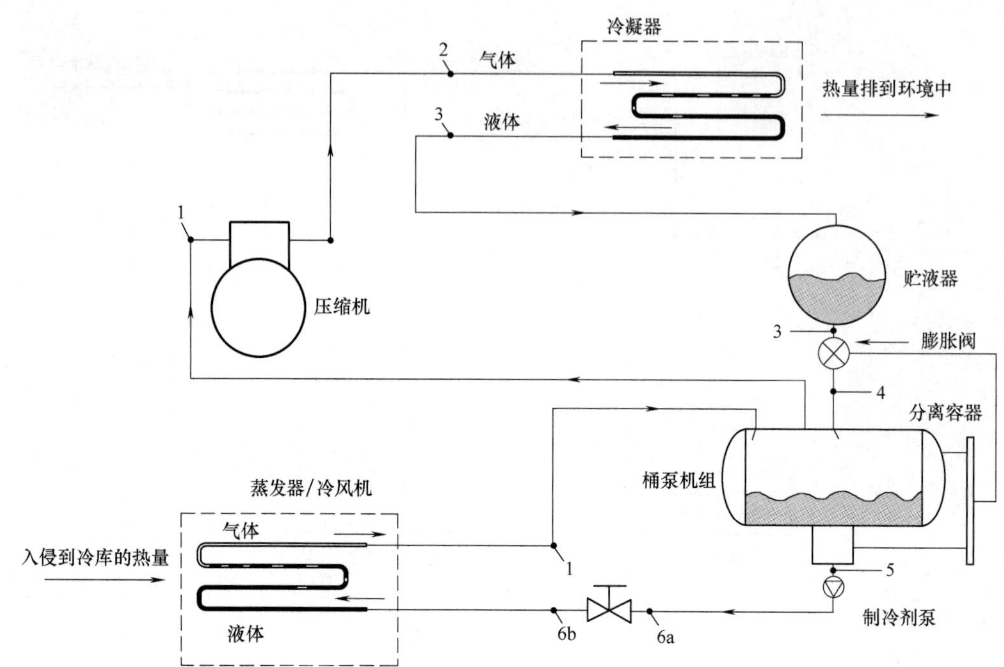

图 4-3　典型的冷风机在制冷系统中（泵循环）的流程

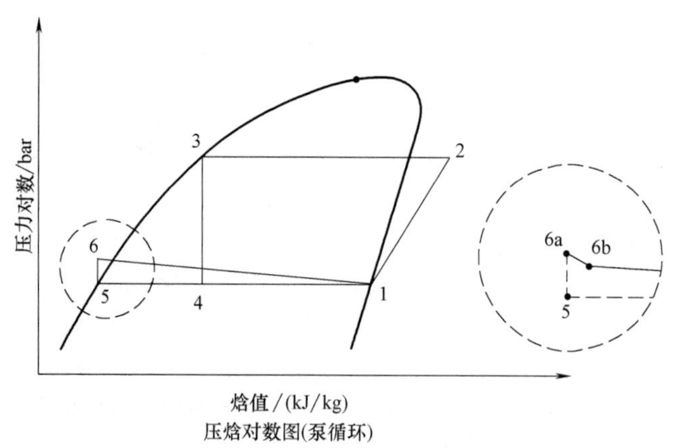

图 4-4　冷风机（泵循环）在压焓图上的理论和实际工作循环

种方案的对比和筛选，不同的布置和供液方式都会有接近的结果。

下面是一家冷风机厂商（Kelvion Refrigeration B. V，以下简称 K 厂家）根据要求选出的冷风机型号（图 4-5）。

从选型软件截图上可以选取所需要的参数，除了冷风机的制冷量以外，还有冷风机的风量、风压、表面积、气流速度、进风和出风的温度、盘管的回路、流程，以及需要知道的对数温差、内部传热系数、显热比、制冷剂压降和计算基础的霜层厚度、相对湿度等。它们之间的关系建立在什么基础上？生产厂家如何进行这些参数的研究和测试？下面对这些参数进行分析和讨论。

首先对这些参数进行具体说明。

冷风机的负荷的基本计算公式为

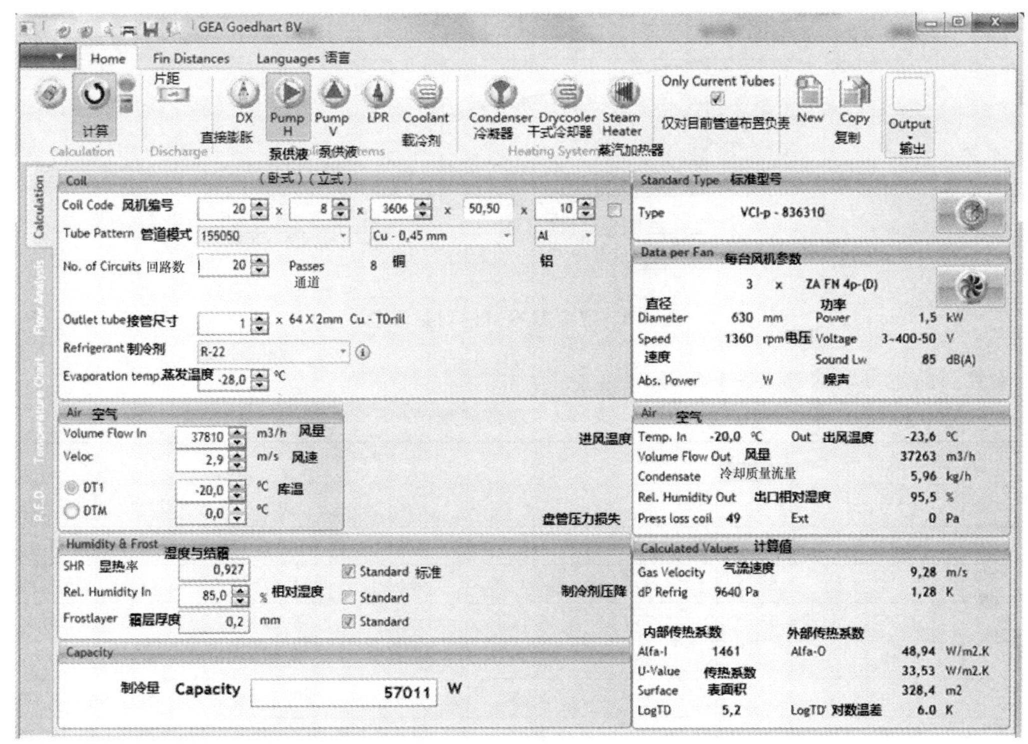

图 4-5　某厂商的冷风机选型软件计算界面

$$Q=A\lg\Delta tU \tag{4-1}$$

式中　Q——热负荷；

A——换热面积；

U——传热系数；

$\lg\Delta t$——对数平均温差（K）。

计算冷风机的负荷，首先需要知道如何计算传热系数 U 以及对数平均温差 $\lg\Delta t$(K)。

由于提供蒸发器测试参数的 K 厂家是欧洲国家（荷兰）的企业，他们的文献资料中 U 表示传热系数，而国内通常是用 K 表示传热系数，为了保持测试参数的完整性，以下仍然用 U 表示传热系数。

4.2.3　对数温差

这是压力损失之间的对数温差。过热仅适用于冷风机中的相关温度，即与进风温度、出风温度、蒸发温度有关，根据压力损失导致的盘管中制冷剂的温度下降进行校正。过热度只有在直接膨胀系统才会出现（这种过热称为有效过热）。

过热度不纳入对数温差 $\lg\Delta t$ 的计算中，变化的过热度修正系数会导致冷风机换热面积的增加。在确定蒸发温度和进风温度后，这个系数可以增加 5%～10%的换热面积。

因此，用于确定换热面积的对数温差 $\lg\Delta t$，不仅限于入口温度、出口温度以及蒸发温度的算术对数温差，还应使用制冷剂温度下降值进行校正。

当采用类似 R407A 的混合制冷剂时，有一个所谓的温度滑移（非等温蒸发/变温蒸发）。制冷剂本身特性能降低蒸发温度，导致增加了对数温差，使换热器可以采用相对较小的换热面积，如图 4-6 所示。

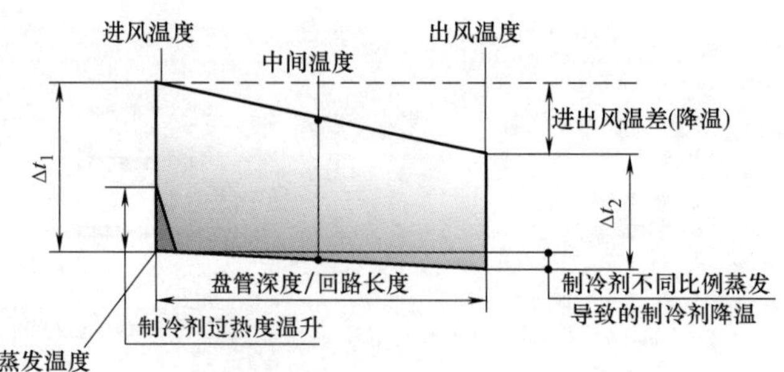

图 4-6 混合制冷剂的对数温差

对数温差也可以通过表 4-1 查询。

表 4-1 对数温差

Δt_1/K	Δt_2/K							
	5	6	7	8	9	10	11	12
1	2.48	2.79	3.08	3.37	3.64	3.91	4.17	4.43
2	3.28	3.64	3.99	4.33	4.65	4.97	5.28	5.88
3	3.95	4.33	4.73	5.11	5.40	5.82	6.17	6.49
4	4.48	4.93	5.36	5.77	6.17	6.55	6.92	7.28
5	5.00	5.49	5.94	6.38	6.81	7.21	7.61	8.00
6	5.49	6.00	6.37	7.01	7.40	7.85	8.27	8.70
7	5.94	6.37	7.00	7.63	7.86	8.39	8.87	9.32
8	6.38	7.01	7.63	8.00	8.49	8.96	9.42	9.86
9	6.81	7.40	7.86	8.49	9.00	9.58	10.06	10.52
10	7.21	7.85	8.39	8.96	9.58	10.00	10.49	10.97
11	7.61	8.27	8.87	9.42	10.06	10.49	11.00	11.49
12	8.00	8.70	9.32	9.86	10.52	10.97	11.49	12.00

注：Δt_1 与 Δt_2 的物理意义如图 4-6 所示。

4.2.4 制冷剂流动与进风对比的逆流与顺流

对于不同制冷剂在不同制冷系统中的应用，在参考文献［3］的计算软件中，采用表 4-2 所列的回路出口流速。从表 4-2 中可以发现，不同的制冷剂、不同的供液方式以及不同的供液距离，都有不同的流速。在这家外资的标准产品中，按照氨 0.2K，其他制冷剂 0.5K 的温升来计算冷风机的制冷量。

表 4-2 不同制冷剂在不同制冷系统回路出口流速

制冷剂	编号	系统	最大温差/K	单个回路推荐的最长距离/m	制冷剂流速/(m/s)
混合工质	R134A/R404A R507C	直接膨胀	2	50/60	10
氨	R717	直接膨胀	3~4	80/90	>20
氨	R717	重力	0.3	30	<6
氨	R717	泵供液	0.5	50/70	<15
二氧化碳	R744	直接膨胀	0.5	80/90	<5
二氧化碳	R744	泵供液	0.5	80/90	<5

这里提到的对数温差 lgΔt 是基于逆流的基础上，冷风机也可以设计成顺流，也可以是两者的结合。

图 4-7 所示是三种不同的流动方式。

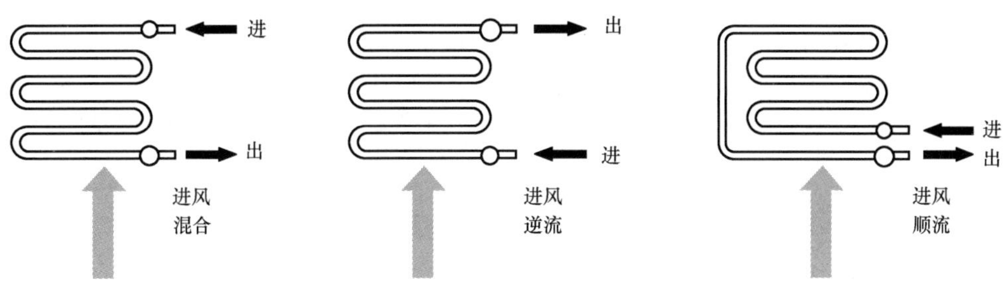

图 4-7　制冷剂流动与进风流动的三种不同方式（大箭头是风的方向，小箭头是制冷剂的方向）

4.2.5　传热系数

传热系数 U 值［W/(m^2·K)］由以下因素决定：

换热管的直径、材料以及布置，管间距/位置，翅片厚度及材料，翅片形状，翅片与换热管的贴合，翅片间距，外部传热效率/空气流速，内部传热效率，显热比，外部污垢系数，内部污垢系数。

4.2.6　换热管的直径以及布置

在工业制冷领域，换热管的形状通常是圆形的。在同等管间距情况下，采用大直径的换热管可以增加 U 值（图 4-8）。图中的测试数据表明，在一定范围内，管径越大，制冷量越大。

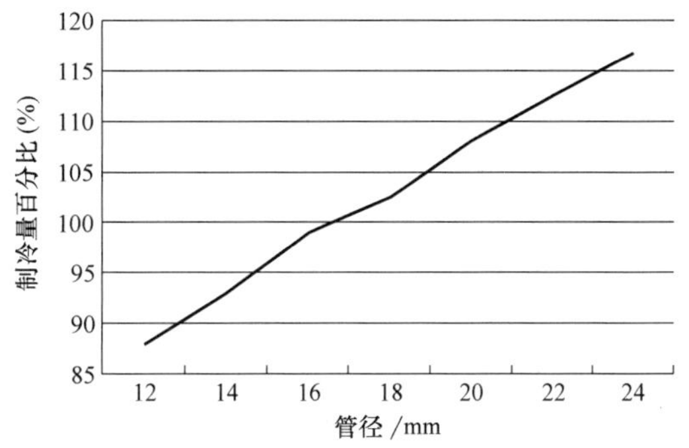

图 4-8　管径与制冷量的关系

翅片面积和换热管表面积的比例越小（间接/直接的比例），U 值越大。换热管的厚度和材料影响将热量通过翅片传递到管内的热阻（最高达 3%的损失）。

4.2.7　管的排列形式（顺排与叉排）

顺排（又称正排），这种布管方式主要出现在工业型冷风机上，盘管的布置呈直线形，经过盘管的空气流通的通道也呈直线形。其优点是：风阻小，不易霜堵，除霜次数少，食品质量干耗较小，风机的射程要远一些。其缺点是：与盘管的另一种布置（叉排）相比，体积要大一些，除湿量小一些，制造的材料也要多一些。

叉排（叉排盘管的布置是相邻的盘管成 45°角等距离错位布置）能提高翅片外表面的传热效率，但是这仅对盘管进风口的第一组管排有效，通常应用于出风口流速要求不高的场合（流速 2m/s）。

叉排能提高大约 8%的传热效率，但是这个提高幅度仅针对最大为 4 排管的冷风机。当冷风机的管排数增加时，提高的幅度会降低。

叉排也增加了冷风机的出风口压力降，所以叉排通常应用于空调工况的冷风机以及冷凝器产品（通常也称为商业型冷风机），或者出风口流速低以及管排数少的冷风机。

4.2.8　管间距与位置

冷风机蒸发盘管之间的距离究竟能对冷风机制冷量产生多大影响？图4-9中的数据显示了管间距对冷风机制冷量的影响：管间距越大，制冷量越小。但管间距小，制冷量虽然增大，风通过的阻力也增大，意味着容易结霜。经综合考虑，K生产厂家选择的管间距是50mm×50mm。

4.2.9　翅片材料和厚度对冷风机制冷量的影响

热量从翅片传递到换热管的外表面，热负荷越大，温差越大。显然翅片的厚度和材料（导热系数）对 U 值有重大的影响。这个影响连同温度在翅片上的分布具体用“翅片效率”（N_f）表示。

K厂家的试验显示了翅片材料以及厚度对冷风机制冷量的影响（图4-10）。

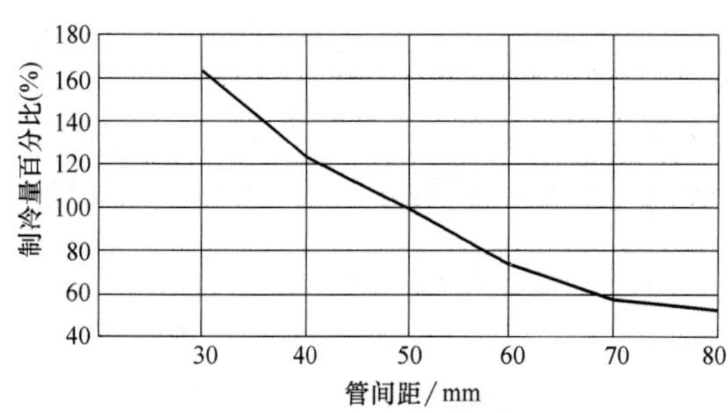

图4-9　冷风机管间距对制冷量的影响

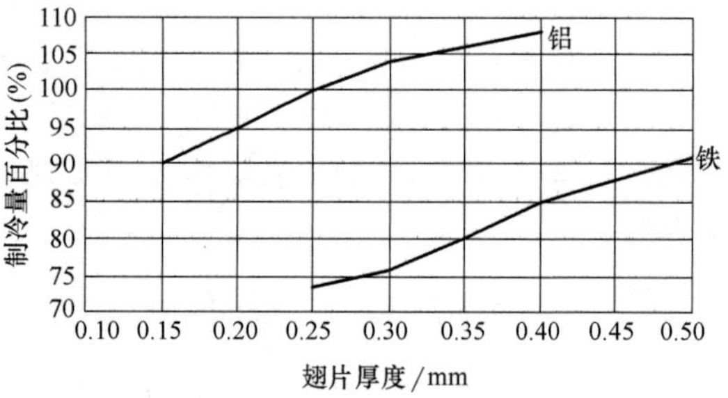

图4-10　翅片材料以及厚度对冷风机制冷量的影响

4.2.10　翅片形状的影响

当冷风机进风的传热效率得到提高时，波纹和气流扰动能提高 U 值（制冷量百分比，最高可以达到30%）。

通常认为翅片形状的优势只有不容易结霜的场合才能得到充分的发挥。例如，应用在比较舒适的环境（0℃以上）。

冷风机表面结霜将迅速降低波纹翅片和气流扰动带的优势，并使融霜困难，同时也不卫生。波纹翅片和气流扰动也会降低出风口的风压，使表面温度更低，与同样制冷量但更大换热面积的冷风机比较，容易形成冷库中产品更大的干耗。因此，应用于低温场合的冷风机，通常不采用波纹翅片。

4.2.11　翅片与换热管的接触

通过设置翅片可以大大扩展传热管表面的传热面积。传统的应用是用一条金属薄片以螺旋方式缠绕并焊接到管上，然后通过点焊固定。翅片与换热管的接触是否紧密对传热系数影响极大。这种方式翅片与管道的接触没有实现整体接触，大大降低了传热的效率。不同材料的翅片与换热管常用的连接方式见表4-3。

表 4-3　不同材料的翅片与换热管常用的连接方式

换热管/翅片类型	连接方式
铜管/铝翅片	机械胀管
铝管/铝翅片	机械胀管
钢管/钢翅片 整体热镀锌	采用电镀工艺填充锌
钢管/铝翅片	机械胀管
不锈钢管/铝翅片	机械胀管(特殊胀头及润滑油)
不锈钢管/铝翅片	液压胀管(胀管液压可以达到 300bar)

4.2.12　片距

如图 4-11 所示，与管间距、管径一样，翅片间距也是一个重要的参数（直接和间接面积的比例）。同样的管径以及管间距，翅片间距越大，制冷量越大。这是 K 厂家经试验得出的结果。

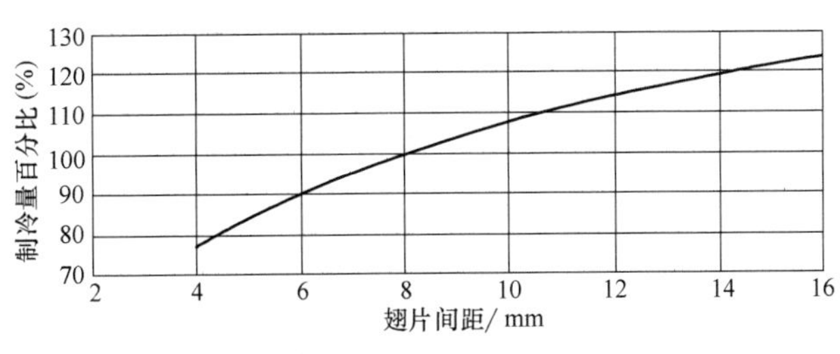

图 4-11　片距与制冷量的关系

4.2.13　冷风机迎风面的流速

通过翅片的空气流速与外部传热效率直接相关。为了计算方便，通常在计算时采用冷风机迎风面的流速。

迎风面流速的计算公式如下：

$$v_{迎风面}=\frac{风量}{迎风面积}=\frac{风量}{翅片高度\times翅片长度} \tag{4-2}$$

4.2.14　外部传热效率（制冷量的百分比）与迎风面速度

外部传热效率（制冷量百分比），除了与翅片间距、翅片形状、管间距、管径有关外，还直接和经过翅片的空气流速（迎风面流速）相关，如图 4-12 所示。

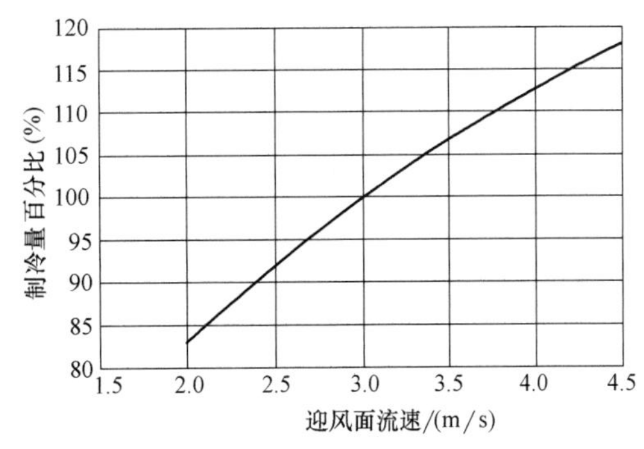

图 4-12　迎风面流速与制冷量百分比的关系

4.2.15　内部传热效率

内部传热效率由管径、管长、换热管内部结构（肋化或光管）决定。制冷剂的热流量和流速决定了流动状态，通过尽可能高的流速可以获得最佳的流动状态，通常是在管内呈湍流流动。但是高流速时管内的压降又抑制了高流速所带来的优势，所以必须在流速和压降之间找到最佳点。

在计算中，内部传热效率是由热流和制冷剂流动状态结合而得到的。

4.2.16　显热率

选择冷风机的总负荷需要同时考虑显热负荷和潜热负荷，总负荷为两者之和。

显热是指进出风之间空气的温差带来的热量。潜热是指空气中水分凝结时所消耗的热量。显热率（SHR）是显热负荷与总负荷的比值，即

$$\text{SHR(显热率)}=\frac{\text{显热负荷}}{\text{总负荷}}=\frac{x_1}{x_1+x_2} \qquad (4\text{-}3)$$

SHR 等同于$\frac{\Delta t}{\Delta h}$。

从理论上来说，冷风机的换热面积只能通过确定传热系数（alfa u：由于风速引起的显热负荷-外部传热系数）的显热来计算。当在换热器翅片表面出现水分凝结现象时，传热系数 alfa u 将变大，这个冷凝现象优化了外部传热系数。

$$\text{外部传热系数}=\frac{\text{显热传热效率}}{\text{SHR}} \qquad (4\text{-}4)$$

当通过翅片传递的热量越多时，翅片表面的热量损失越少（温度上升越小）。在4.2.9中描述了翅片的厚度和使用的材料对热量传递到换热管的影响程度。这个能力用 E 来表示（图4-13）。

$$E=f(\text{SHR},N_f)$$

式中　N_f——翅片效率。

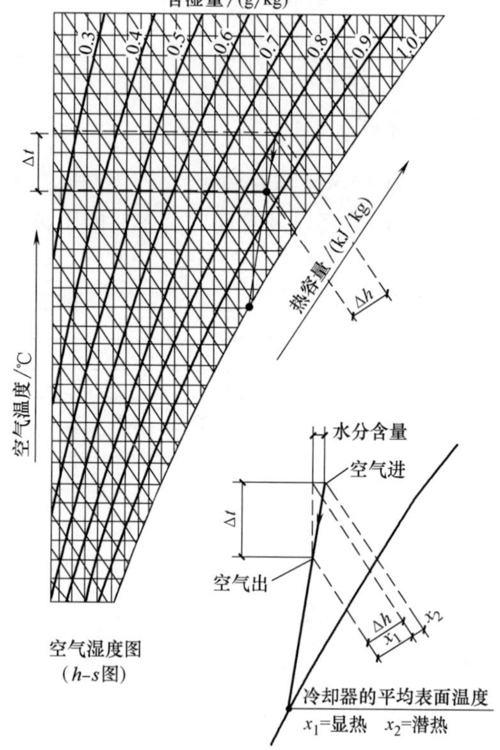

图 4-13　显热和潜热在冷风机中的表现形式

4.2.17　外部污垢系数和内部污垢系数

当库温低于0℃时，空气中的水分会冷凝并形成霜。图4-14所示为在计算公式中 r_u（霜厚度引起的外部污垢系数）的数据。

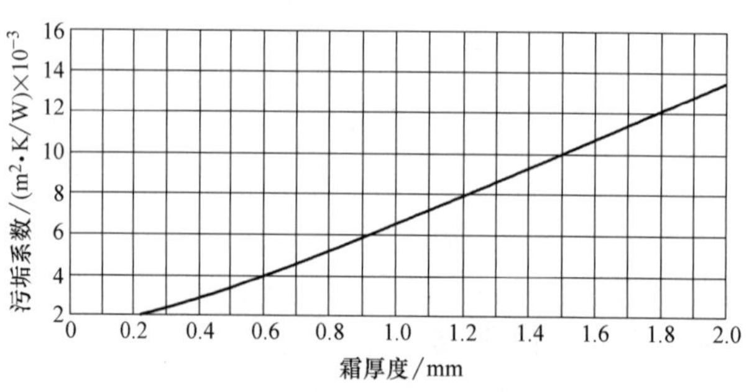

图 4-14　霜厚度引起的外部污垢系数

图 4-15 所示为制冷量和霜厚度的关系。可以发现在开始阶段，制冷量会变大，然后会逐渐降低。当清洁的盘管表面刚形成一层很薄的浮霜时，传热系数 alfa *u* 逐渐增加，制冷量也逐渐增加。

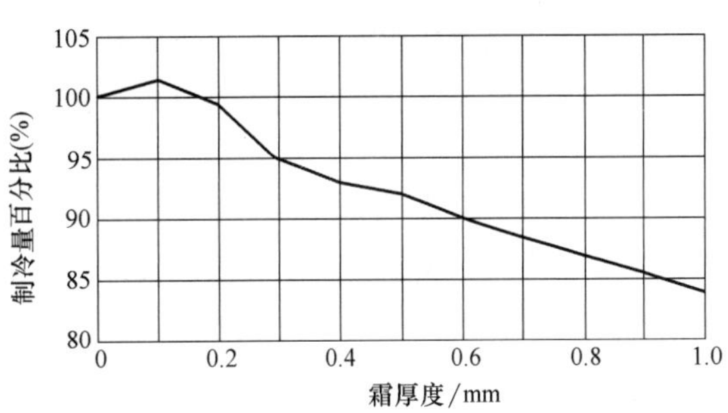

图 4-15　冷风机制冷量和霜厚度的关系

在 K 厂家提供的计算软件中，通常采用的由冷冻油或其他杂质引起的内部污垢系数（r_i）数值 $r_i=0.0002\mathrm{m^2\cdot K/W}$。虽然在恶劣环境下这个数值可能会显得偏低，但是还是有许多制造厂家会根本忽略这个因素。$r_i=0.0002\mathrm{m^2\cdot K/W}$ 相当于制冷量损失大约 1%。

通过对上述因素的分析，可以参考以下传热系数 U 的公式［式（4-5）和式（4-6）］。

alfa *u*——外部介质显热负荷的传热系数，由空气流速决定；

E——由翅片效率（N_f）引起的 alfa *u* 的补偿修正系数；

r_u——翅片结霜引起的外部污垢系数；

f_u——总外表面积（$\mathrm{m^2}$）；

f_i——管内壁总面积（$\mathrm{m^2}$）；

f_o——管外壁总面积（$\mathrm{m^2}$）；

delta *w*——换热管壁厚（m）；

lambda *w*——换热管材料的导热系数［W/(m·K)］；

r_i——管内壁污垢系数；

alfa *i*——内部介质传热效率。

以上符号均是 K 厂家自行选择的代号。

传热系数 U 值用于计算换热面积：

$$A=\frac{负荷}{\lg\Delta tU} \tag{4-5}$$

式中　A——换热面积（$\mathrm{m^2}$）。

它们之间的关系如下：

$$\frac{1}{U}=\frac{1}{E\times \text{alfa } u}+r_u+\frac{2f_u}{f_i+f_o}\cdot\frac{\text{delta } w}{\text{lambda } w}+\frac{f_u}{f_i}r_i+\frac{\frac{f_u}{f_i}}{\text{alfa } i} \tag{4-6}$$

4.2.18　相对湿度对冷风机的影响

由于相对湿度对传热系数有直接影响，所以这个数据也需要在选型时确定。

一些厂商在技术资料上标注了相对湿度为 80%~90%，这是不合理的，必须确定一个明确的数据。

在进风温度为 0℃，Δt_1 为 8K 的情况下，不同相对湿度对制冷量的影响见表 4-4。

表 4-4　不同相对湿度对制冷量的影响

相对湿度(%)	100	95	90	85	80	75	70	65
制冷量百分比(%)	114	109	105	100	96	93	88	85

另外需要考虑的是相对湿度也取决于蒸发温度和进风温度的温差（Δt_1）。

当冷风机需要保持90%的相对湿度时，最大温差不能超过6K。

当冷风机需要保持80%的相对湿度时，温差大约为8K。

当冷风机需要保持70%的相对湿度时，温差可以在10K或以上。

包装过的产品以及操作间可以选择更大的温差，甚至超过14K。

如果没有明确相对湿度，通常采用默认的85%。

下面通过一台冷风机在两种相对湿度工况下的制冷量比较，了解相对湿度对冷风机制冷量的影响。

这台冷风机的基本参数是：不锈钢管铝翅片，片距7mm，蒸发面积411.1m^2；风量37421m^3/h；采用氨制冷剂，蒸发温度-8℃；库温0℃；在相对湿度分别为85%和75%的库内，这台冷风机的换热量分别是87.418kW和81.948kW。两者相差：

$$[(87.418-81.948)/81.948]\times100\%=6.67\%$$

这说明在库温比较高的情况下，库内的水分含量比较多，有利于传热（见图4-16与图4-17比较），影响冷风机的换热量。

当库温下降到低温的情况下，相对湿度对冷风机的影响就比较小了，这说明库内的水分已经不多了。这里还是用一台低温冷风机为例，该冷风机采用不锈钢管铝翅片，片距10mm，蒸发面积295.8m^2，风量38487m^3/h，采用氨制冷剂，蒸发温度-32℃，库温-25℃；在相对湿度分别为85%和75%的库内，这台冷风机的换热量分别是50.199kW和49.705kW。两者相差：

$$[(50.199-49.705)\div49.705]\times100\%=0.99\%$$

不到1%的差距，见图4-18与图4-19的比较。

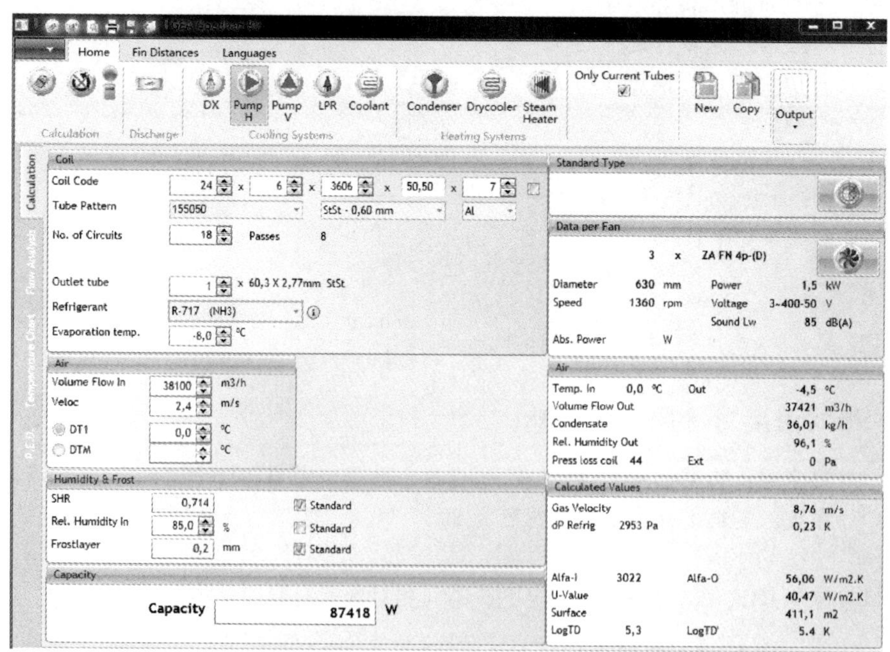

图4-16　库温为0℃、相对湿度为85%冷风机的换热量软件计算界面

（图中的英文翻译参考图4-5）

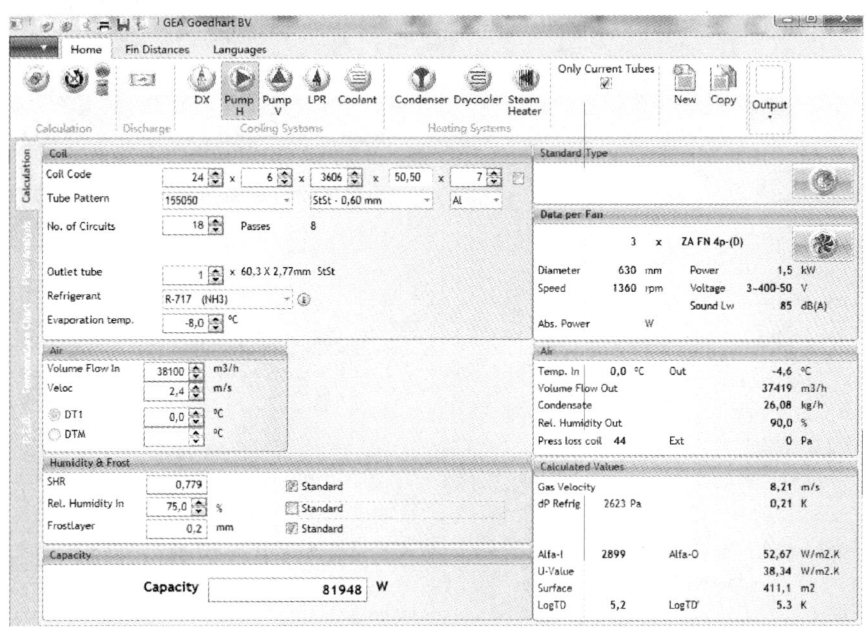

图 4-17　库温为 0℃、相对湿度为 75%冷风机的换热量软件计算界面

（图中的英文翻译参考图 4-5）

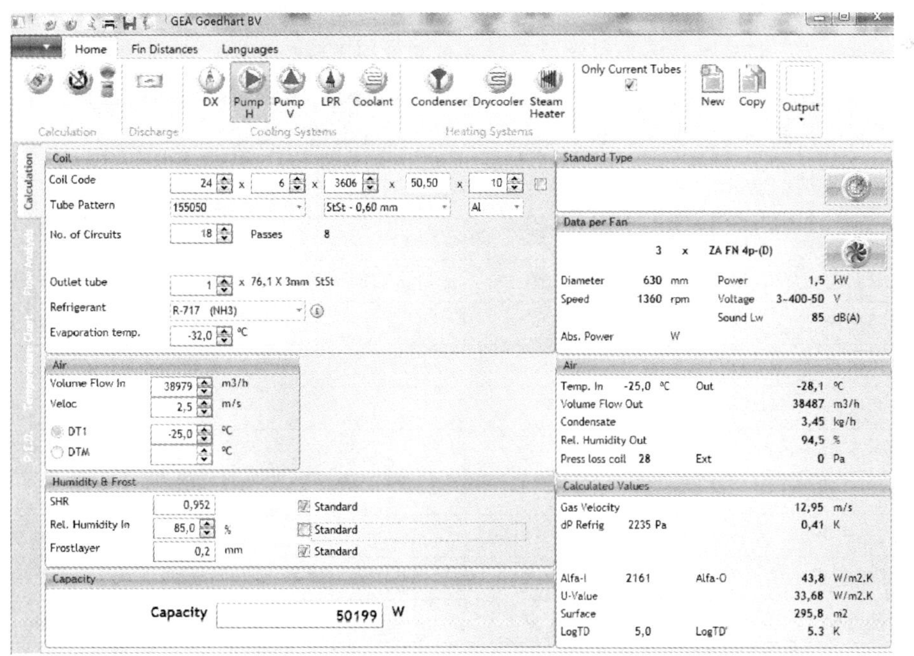

图 4-18　库温为 -25℃、相对湿度为 85%冷风机的换热量软件计算界面

（图中的英文翻译参考图 4-5）

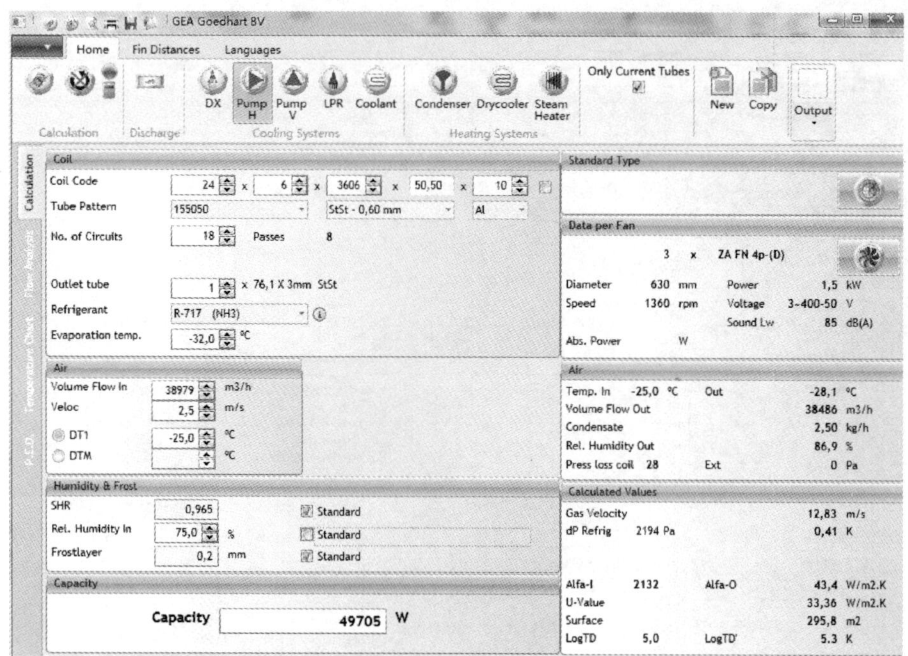

图 4-19 库温为-25℃、相对湿度为75%冷风机的换热量软件计算界面

（图中的英文翻译参考图 4-5）

4.2.19 供液过冷对直接膨胀的冷风机换热量的影响

在第2章提到供液过冷可以减少闪发气体，提高制冷系统的效率。但由于制冷剂的过冷大也造成了流动性变差，流速变慢，形成湍流，导致分液效率下降，膨胀阀前的供液温度决定了有多少闪发气体（见第2章2.1节）。这些气体通过对供液分配的影响，对回路的选择产生重要的影响，从而影响冷风机的传热效率。从表4-5的对比可以看出这种变化。

表 4-5 供液过冷对直接膨胀的冷风机换热量的影响（R404a）

回路数		9	
盘管结构	每排管数×排数	12×6×3006，管间距 50mm×50mm，片距 8mm	
换热面积	m^2	151	
风量	m^3/h	24500	
入口流速	m/s	3.8	
相对湿度	%	85	
DT1 温度（进风）	℃	-18	
SHR（显热率）		0.91	
霜厚度	mm	0.5	
供液温度	℃	+30	-10
蒸发温度	℃	-25	
出风温度	℃	-19.9	-19.4
冷却质量流量	kg/h	2.8	2.0

（续）

盘管压降	Pa	59	
毛细管管径	mm	6	6
分液效率	%	140	37
制冷剂流速	m/s	8.13	3.93
制冷剂压降	Pa	10566	3405
压降造成的温度损失	K	1.1	0.3
传热系数 U	$W/(m^2 \cdot K)$	23.02	14.96
$lg\Delta t'$	K	6	6.3
制冷量	W	19262	14246

结论：在直接膨胀系统，过冷的供液温度可能会导致冷风机的换热量下降，对于采用分流头供液的冷风机而言，供液过冷度尽可能小（过冷度大会很快形成湍流）。如果把这台冷风机改为一个 6 回路的冷风机，毛细管管径由原来的 6mm 改为 5mm，这台冷风机在供液温度-10℃时制冷量已经提高到 18.7kW，分液效率（the efficiency of the distributor）达到 144%。如果把供液温度再提高到 10℃，还是采用 5mm 毛细管时，该冷风机会产生很高的压力降，盘管压降达到 13733Pa，而总的压降达 4.84bar，分液效率达到 464%，制冷量反而下降到 18.47kW。

由于压降太高，所以需要用户重新选择膨胀阀和节流阀芯。压降高导致允许经过冷风机的液态制冷剂流量减少，从而减少了制冷量。而对于满液式或泵供液，过冷的供液温度对冷风机的换热量是没有影响的。在直接膨胀系统中如果知道过冷的温度，可以通过调整回路设计、毛细管的管径来适当提高管内流速，减小制冷量的衰减。

在直接膨胀制冷系统，采用过冷供液是一个很普遍的现象。特别是采用螺杆压缩机的制冷系统，过冷的其中一个目的是给螺杆压缩机补气，从而提高压缩机的效率；另一个目的是提高系统的效率。对于满液式或泵供液，后者的目的是提高冷风机效率。但是对于直接膨胀系统，冷风机的效率反而降下来了。因此，在直接膨胀系统需要综合考虑，采用适度的过冷供液可能比较合适。

但是从昆腾和德莫菲两家公司的选型结果来看，直接膨胀过冷供液对于冷风机效率是有一些影响，但是没有预期的那么大。过冷供液的主要优点在于减少供液时的闪发气体产生。关键是冷风机管程通道的设计，用户订购时需要向厂家提供相关的参数。

4.2.20　霜层厚度对冷风机换热量的影响

冷风机在制冷蒸发过程中，吸收热量使环境温度下降，同时也使得环境空气的水析出并且在蒸发器的表面形成霜层。这些霜层随着制冷过程的时间进程而逐渐在蒸发器的表面加厚，结果使冷风机的传热效率逐渐下降，最终可能导致降温受到严重的影响。这些霜层是如何影响冷风机的制冷效率的？

这里以一台 R404A 直接膨胀系统，制冷量 29kW，风量 20000m³/h，蒸发温度-5℃，对数温差 $\Delta t=6K$，7mm 片距的冷风机为例，图 4-20 所示是这台冷风机在不同霜层体积的情况下制冷量的变化。

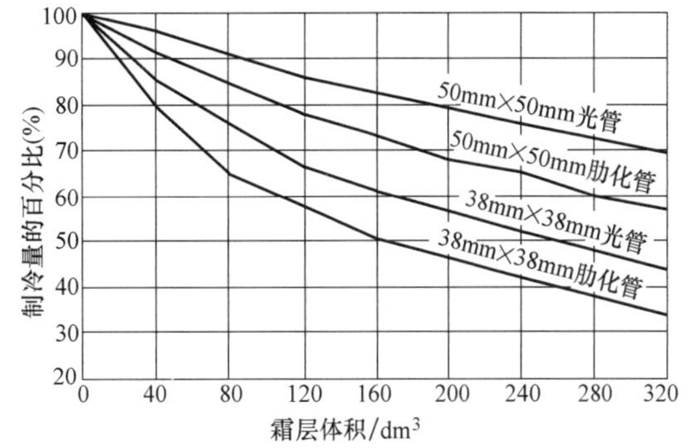

图 4-20　冷风机在不同霜层体积的情况下制冷量的变化

4.2.21　射程的定义

射程的定义：出冷风机的风速降到一定程度（最低0.3m/s）时，离开出风口的距离（也有资料定义为最低0.5m/s）。

可以采用式（4-7）来确定射程：

$$射程=\frac{1.2Tv^2}{\gamma} \tag{4-7}$$

式中　T——湍流系数（取决于吹风方式）；

v——出风口的流速（离开盘管或风机）；

γ——房间温度的空气重度。

湍流系数T取决于出风口的湍流情况，受康达（Coanda）效应的影响。

康达效应由Coanda先生（罗马尼亚发明家）发现，是指在气流束上形成背压的趋势。在这种情况下，气流会向上集中在顶部，有利于增加射程。

4.2.22　计算冷风机的换热面积

冷风机的换热面积由以下因素决定：

1）每米换热管上的翅片数。

2）每米换热管上翅片的表面积（两侧）。

3）减去每米换热管上翅片打孔的截面面积。

4）加上每米换热管扩展后的表面积（胀管以及翅片翻边厚度导致管径增加）。

5）增加波纹翅片系数。

6）标准的计算过程不扣除除霜电加热丝孔的截面面积。

【例4-1】　以冷风机的具体参数为例，管间距60mm×60mm，换热管数量为10×10个=100个，换热管外径22mm，片距8mm，1m换热管上有125片翅片，盘管长度2.406m，冷风机的蒸发面积是多少？

解：翅片面积：

$$(125\times2\times0.06\times0.06)\,\mathrm{m}^2=0.900\mathrm{m}^2$$

翅片打孔截面面积：

$$(125\times2\times0.0225^2\times1/4\times\pi)\,\mathrm{m}^2=0.099\mathrm{m}^2$$

有效翅片面积：

$$(0.90-0.099)\,\mathrm{m}^2=0.801\mathrm{m}^2$$

波纹翅片系数为6%，则由于波纹所增加的面积：

$$6\%\times0.801\mathrm{m}^2=0.046\mathrm{m}^2$$

扩展换热管面积：

$$1\mathrm{m}\times0.0233\mathrm{m}\times\pi=0.073\mathrm{m}^2$$

每根换热管上的每米换热面积：

$$(0.801+0.046+0.073)\,\mathrm{m}^2/\mathrm{m}=0.920\mathrm{m}^2/\mathrm{m}$$

冷风机换热面积=换热管数量×盘管长度，即

$$10\times10\times2.406\mathrm{m}\times0.92\mathrm{m}^2/\mathrm{m}=222\mathrm{m}^2$$

4.3　不同类型的冷风机设计

4.3.1　冷风机的最佳蒸发回路

优化回路设计对确定干式直接膨胀冷风机的换热面积尤其重要。在最高的内部传热系数（因制冷剂在蒸发管内的流速而产生的）与内部压力降引起的制冷剂温升之间选取，制定最佳蒸发回路。

例如：设计一台 40kW 的干式直接膨胀冷风机，数据如下：

20 排管高：风量 2500m³/h、供液温度+20℃、蒸发温度-35℃、制冷剂 R404a。

12 排管深：管距 50mm×50mm、片距 8mm、翅片长度 2000mm。

根据上述数据，通过测试得出表 4-6 以及图 4-21。通过各种参数的变化曲线，在制冷量的曲线最高点，对应得出最佳的蒸发回路、制冷剂压降以及温升。

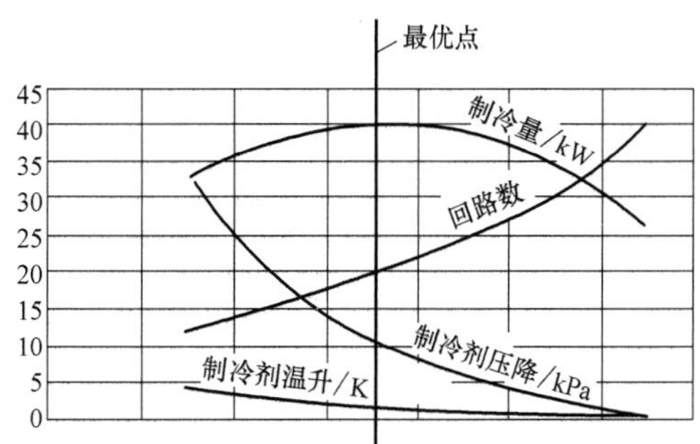

图 4-21　制冷量、回路数、制冷剂压降与制冷剂温升的最优点选择

从表 4-6 中，可以看到 20 个回路的设计可以使制冷量最大达到 40kW。反过来，如果需要选择一台 40kW 的冷风机，不同的回路数设计会形成不同的冷风机换热面积，见表 4-7。

表 4-6　相同尺寸和换热面积冷风机在不同回路数下的参数变化情况

制冷量/kW	32	38	40	39	34.5	25.8
回路数	12	16	20	24	30	40
R404a 流速(回路出口)/(m/s)	12.6	11.3	9.5	7.7	5.4	3
内部传热系数/[W/(m²·K)]	1952	1660	1310	970	600	310
制冷剂压力降/kPa	33	18.9	10	6.5	3.1	0.2
制冷剂温升/K	4.2	2.4	1.3	0.8	0.4	0.2
总传热系数 U/[W/(m²·K)]	24.75	23.8	22.3	20.2	16.5	11.3
有效对数温差/K	4	4.9	5.5	5.9	6.4	6.8

表 4-7　不同回路数设计形成不同的冷风机换热面积

制冷量/kW	40	40	40	40	40
换热面积/m²	435	326	350	365	435
回路数	16	20	24	30	40

上述图表明确表示了仅比较不同产品的换热面积是不正确的，管间距、翅片间距、风量、翅片厚度以及换热管管径同样是非常重要的。

在选择泵供液系统的冷风机时，上述表中的数据变化会更小。

在直接膨胀系统中，只有正确选择分液器以及分液管，才能实现最高的制冷量。只有当分液器以及分液管道的压力降略微超过蒸发盘管内压力降时，才能实现优化的分液。

按照这种选择方式，制冷剂分液系统没有换热管内热负荷本身的变化来得重要。

按K厂家的设计，通常按照1bar的压力降来选择分液器以及分液管道，以达到预想中的100%效率。如果分液器以及分液管路的压力降小于50%，液态制冷剂将无法均匀分配到各个回路，导致制冷量约有30%的损失。当压力降超过2bar（200%）时，盘管也会由于总体压力降过大而造成制冷量损失。

通常按照制冷量的60%~180%的效率来选择分液器和分液管道。当制冷量百分比可能小于60%时，有时一组盘管需要配置两个分液器。

盘管选型时可以根据换热管数量，针对同侧进出口集管，选择不同的回路数设计。可以参考表4-8。

表4-8　可以选择的回路数对应的每个回路的换热管数量

盘管 12×4 排管/48 根换热管	盘管 16×6 排管/96 根换热管
2—24 根换热管/回路	2—48 根换热管/回路
3—16 根换热管/回路	3—32 根换热管/回路
4—12 根换热管/回路	4—24 根换热管/回路
6—8 根换热管/回路	6—16 根换热管/回路
8—6 根换热管/回路	8—12 根换热管/回路
12—4 根换热管/回路	12—8 根换热管/回路
16—3 根换热管/回路①	16—6 根换热管/回路
24—2 根换热管/回路	24—4 根换热管/回路

① 进出口集管在不同侧。

直接膨胀供液双出风冷风机回路的设计：

通过改变冷风机内部风的流向，冷风机迎风面的风速会产生非常大的变化。这会引起平均回路的冷风机上部的回路承担更大的负荷。双出风冷风机中回路按照深度方向排列（图4-22），这样可以使每个回路的负荷相对恒定，但是由于经过各个回路的空气温度会有所不同，还是会对负荷带来一些差异。由于这个原因，深度方向排列的回路采用交叉的形式，理论上的结霜点为0℃。

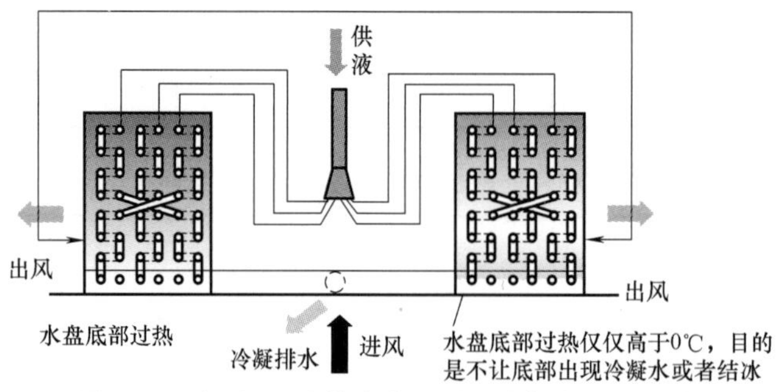

图4-22　在0℃以上的冷库，采用空气自然除霜时，建议制冷过程中在水盘底部出现轻度过热

4.3.2　泵供液盘管

泵供液盘管通常采用下进上出供液或上进下出供液。当采用泵循环系统时，制冷剂通常采

用下供液集管来分配。泵供液系统需要液态制冷剂的循环量大于制冷量对应的质量流量，从冷风机的角度考虑，循环倍率参考表 4-9。

表 4-9　泵供液的循环倍率参考

供液形式	供液循环倍率 N		
	常规盘管	多管排盘管	带分液器盘管
NH_3 泵供液(下供液)	3~4	4~6	1.5~2
NH_3 泵供液(上供液)	4~6	2~4	1.5~2
CO_2 泵供液(下供液)	1.5~2	—	1.1~2
其他制冷剂(下供液)	2~3	—	1.5~2

注：循环倍率这里指的是冷风机蒸发盘管的循环倍率（更详细的解析见第 6 章），其他蒸发器的循环倍率根据传热系数大小不同而变化，传热系数大的蒸发器可以具有更高的循环倍率，这在后面的章节中还会介绍。

对于目前使用的蒸发器供液方式，大部分是采用下进上出的方式。但是也有采用上进下出的供液方式，在上部的集管上进入每个回路的位置开节流孔。节流孔是一个固定尺寸的小孔（图 4-23），当采用氨作为制冷剂时，这个孔可能会非常小，以至于可能会被杂质堵塞，所以这个孔通常会开得大一些。当采用小的节流孔时，泵的循环倍率应该在 2~3 倍或更小，可以参照表 4-9 中的循环倍率。

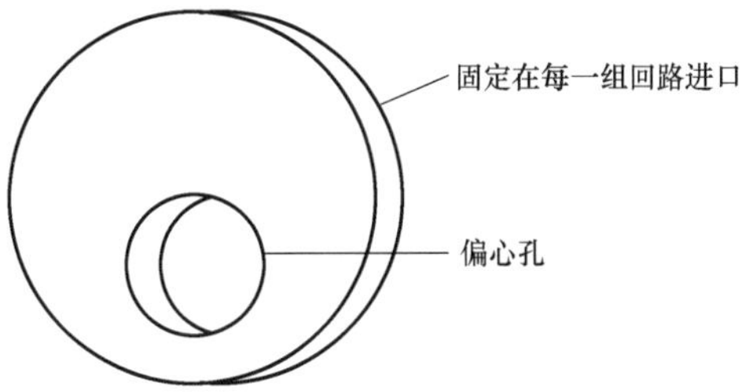

图 4-23　上进下出供液各个回路的节流孔

过量的液态制冷剂保证了制冷剂能在常规的供液集管内很好地得到分配。

最佳的供液方式是采用下进上出的方式。这是因为盘管内液态制冷剂的净高，能给下部的集管提供一个压力，来很好地分配各个回路的制冷剂流量，防止每个回路出现制冷量不均匀的现象。

也可以像直接膨胀的应用一样，采用分液器来分配制冷剂，这样可以减少泵的循环量。但是，钢和不锈钢的分液器价格是非常昂贵的。

4.3.3　垂直供液盘管

在设计泵供液的冷风机时，美国的制造商和欧洲的制造商采用不同的方式。欧洲通常采用水平集管分配制冷剂（图 4-24），美国的制造商采用垂直集管（图 4-25）。在垂直集管的每个回

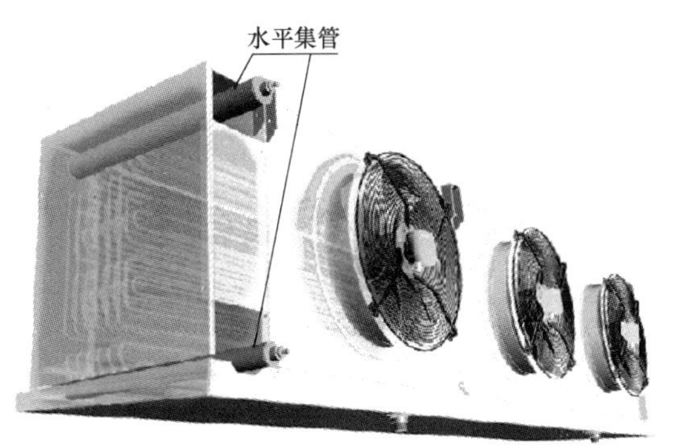

图 4-24　冷风机的水平集管示意图

图 4-25　冷风机的垂直集管示意图

路接口开节流孔，节流孔尺寸根据集管高度的不同而不同。

垂直集管通常用于速冻隧道中，它可以使进风口的翅片表面结霜更均匀。

4.3.4 重力供液盘管

重力供液盘管的设计类同于泵供液盘管。保持低的压力降是非常重要的，因为制冷剂的循环动力仅仅依靠液态制冷剂的静压，因此每个回路出口端的制冷剂流速应该保持在 6m/s 以下。蒸发盘管的制冷剂液体大约占盘管高度的 80%，如图 4-26 所示。

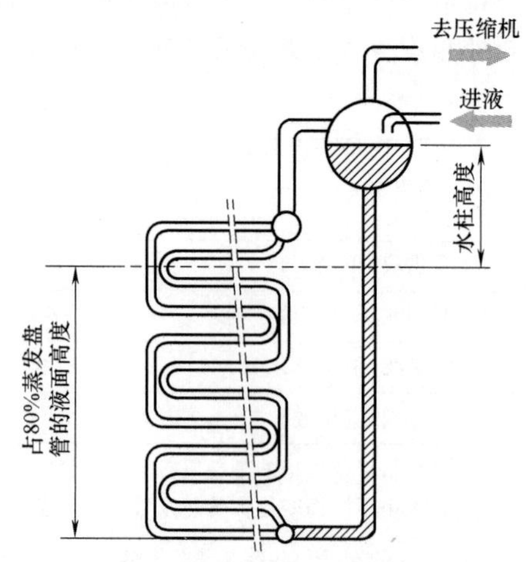

图 4-26 重力供液的液态制冷剂的高度

蒸发盘管的设置低压降是此类蒸发器的设计关键。为了降低盘管的流动压降，除了减少盘管垂直高度的管程以外，还需要把盘管的管径增大。桶泵供液的冷风机蒸发器通常采用的是直径 15~16mm 的不锈钢管（外资品牌），但是为了降低盘管的压力降，采用了直径 22mm 的不锈钢管，因此这种冷风机的外形比普通的冷风机变得扁一些和宽一些。

4.3.5 乙二醇盘管设计

1. 乙二醇盘管设计采用垂直集管设计

传统的乙二醇冷风机采用垂直集管，并且采用下进上出的供液方式，这是由于乙二醇冷风机需要在盘管顶部安装放空气口。

为了防止 0℃以下使用时发生结霜情况，采用上进下出的供液方式。

与制冷剂降温的冷风机不同，乙二醇盘管可以采用不同长度回路的设计。每个回路设有单独的排污和放空点（放空气），这是 K 厂家标准的配置。铜的集管配有截止阀，不锈钢和铝的集管配有封头和快速接头。

2. 乙二醇盘管采用乙二醇流速限制设计

乙二醇冷风机的流速限制见表 4-10。

表 4-10 乙二醇冷风机的流速限制

盘管类型	最高流速/(m/s)
铜管	1.8
不锈钢管	2.8
铁管	2.5
铝管	1.8

盘管的总压降不超过 100kPa（1bar）。

3. 乙二醇盘管可能采用的回路设计

例如，12×6 的盘管可以设计成如下的不同回路：

1）顺排 4 个回路（2 个回路 12 管，2 个回路 24 管）。

2）叉排 6 个回路（每个回路 12 管）。

3）顺排 6 个回路（3 个回路 8 管，3 个回路 16 管）。

4）顺排 12 个回路（每个回路 6 管）。

4. 乙二醇盘管采用上进下出的设计

由于采用下进上出的冷风机，下进的液体温度低易于形成凝结水，沿翅片流动到下部的霜上面，形成更厚的霜，而上进下出的供液方式在下部形成的冷凝水直接进入集水盘，因此乙二醇盘管采用上进下出的设计。

上进下出的供液方式可以避免形成过多的霜，尤其是在乙二醇温度低于 0℃ 的时候。这种供液方式使放空气比较困难，但是结霜较少，同时缩短了除霜时间。

4.3.6　冷风机的片距选择与设计

不同的蒸发温度采用不同的片距，即使相同的蒸发温度如果使用的环境不同片距也会有变化。表 4-11 是根据不同蒸发温度或者不同环境作为选择的参考依据。

表 4-11　不同蒸发温度或者不同环境下片距的选择依据

蒸发温度	片距	使用环境
+10～-2℃	4mm	正常使用
+10～-2℃	7mm	有油脂或者有尘埃
-2～-12℃	7mm	正常使用
-2～-12℃	10mm/12mm	热食或屠宰预冷
-12～-32℃	10mm	正常使用
-32～-40℃	10mm/12mm	正常使用
-32～-40℃	12mm 或者以上，变片距	速冻

速冻/快速冷却冷风机采用变片距是一个很好的选择，这样可以减小冷风机的尺寸（主要是厚度），同时性价比更好。

一般在进风的前面管组盘管上片距比较宽，后面的管组片距可以减小。因为前面管组吸收的热量较多，空气在这里析出水分多，结霜较多而且厚，当这里的片距设计比较宽时，霜层就不容易堵塞空气流通的通道，可以减少融霜的次数。这种变片距的冷风机大部分用于速冻间或速冻设备，因此需要根据不同的冻结产品来确定这种变片距的蒸发盘管。有些变片距的冷风机，片距变化达到 3～4 种，甚至更多。

显然，翅片间距越大，需要的材料越多，冷风机价格越高。缩小翅片间距能降低冷风机 1kW 制冷量的价格。变片距冷风机可以采用多种不同的布局方式。图 4-27 所示为三种不同的变片距布局方式。在下订单之前需要和冷风机制造厂家确认采用哪种布局方式，同时对照不同的报价，了解如何生产这种产品。

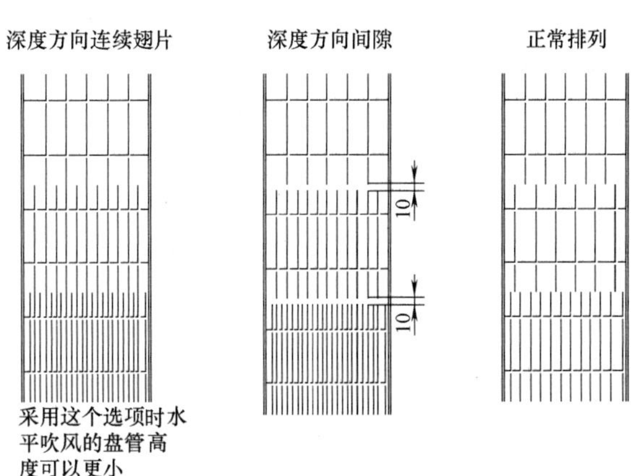

图 4-27　三种不同的变片距布局方式

4.3.7　蒸发器盘管及翅片的涂层设置

由于腐蚀或结垢（使用高硬度水除霜或清洁）会增加蒸发器盘管表面粗糙度并且增加霜的形成，增加的表面粗糙度也会增加蒸发器表面清洁和消毒的难度。

由于蒸发器表面粗糙度的增加，会导致生物膜粘附和结霜的速度加快。为了防止腐蚀导致表面粗糙度和微孔率增加，通常的做法是为蒸发器盘管提供保护性浸渍或喷涂涂层。除了用光滑坚硬的表面覆盖蒸发器盘管以提高耐腐蚀性外，涂层通常还可以减少污垢的积聚、微生物的粘附和生物膜的形成。

涂层必须由食品级材料［不含六价铬（free of hexavalent Cr（VI）］制成，并且必须是永久性的。它们必须具有耐化学性、惰性（不吸收水分）、物理耐久性、保持薄膜完整性，并且在食品冷冻设施中遇到的恶劣条件下使用时不会磨损，例如：

- 高温波动，可能导致“热冲击”。
- 制冷过程中（非常）低温，结霜。
- 清洁和/或消毒期间的中高温（例如，使用蒸汽）。
- 通过输入高热能进行除霜（例如，温度高达 150℃ 的电除霜，温度高达 95℃ 的热气除霜）。
- 膨胀（高温）和收缩（低温）的连续循环。
- 广泛 pH 范围内的腐蚀性清洁和消毒化学品。
- 腐蚀性酸性和咸味食品/成分。

涂层不易出现表面分层、剥落、膨胀、起泡和变形，从而避免形成孔隙和裂缝，并最终剥离可能造成危害食品安全的颗粒。涂层损坏也会加速霜形成和生长。如果它们具有高弹性和柔韧性，那么在连续的膨胀和收缩循环中，或者当翅片容易弯曲时，它们不会开裂。但是，由于紫外线辐射、空气微粒通过散热片引起的磨损或侵蚀、清洁化学品等的影响，涂层也会在一段时间内退化。因此，需要定期维护和清洁，以延长涂层和盘管的寿命。

常用的涂层主要有以下几种：热固化浸渍酚醛涂层、水基柔性阳离子环氧聚合物（15~25μm）涂层、嵌入不锈钢颜料的水基合成聚合物涂层、浸有铝基材的聚氨酯涂层、环氧改性酚醛浸渍涂层、环氧涂层。

绝缘涂层可能会阻止结霜，但会以牺牲制冷能力为代价。如上所述，涂层用于防腐蚀保护，这也会随着时间的推移损害传热，从而使传热损失超过 5%。因此，对蒸发器盘管喷涂涂层并不是为了通过发挥隔热作用来防止结霜。相反，为了不影响传热速率，最好采用最大厚度为 75μm 的导热涂层（通常传热损失小于 5%）。更重要的是，从参与蒸发器盘管涂层的公司的角度来看，薄涂层（通常在 15~25μm 的厚度范围内）是好的盘管涂层与劣质涂层的区别。如果将涂层用作必须阻止结霜的绝缘层，则应优先选择较厚的涂层。

多项研究表明，表面张力对结霜速率和蒸发器盘管表面结霜特性有很大影响。涂层可分为两大类：新型亲水性（novel hydrophilic）涂层和疏水性（hydrophobic coatings）涂层。许多研究人员对此做了大量试验工作，以改变裸露蒸发器金属的表面张力特性，最终目的是影响结霜在盘管的过程。改变裸露蒸发器金属表面的表面张力也被认为是一种潜在的更有效的除霜方法。

亲水涂层对水滴具有高度亲和力，通过扁平水滴降低表面张力，因此润湿具有小接触角的大面积。然后，如研究人员 Jhee（2002 年）和 Kim&Lee（2011 年）等人的观察所证实的，在结霜的早期，大液滴合并成一个连续且均匀的液膜。由于灵敏的接触角，水滴与表面之间的接触面积很大，这意味着冷表面与水滴之间的热传递很高，因此水滴会迅速冻结成霜晶。霜生长在广阔的区域，在连续的冰层中，进一步增加了传热面积，促进了霜的进一步积累。与裸露金属蒸发器表面的霜相比，亲水蒸发器表面的霜厚度较低，但密度较高。总的来说，亲水蒸发器表面的霜质量高于疏水表面。

在具有疏水涂层的蒸发器表面，由于表面亲和力较低，在结霜的早期阶段，会形成无数具有较大接触角的单个小光散射水滴，但分布不多。由于霜的空隙率变大，因此霜的密度比在裸露的蒸发器金属表面生长的霜要小。研究人员 Kim& Lee（2011）观察到，随着密度的降低，疏水表面的霜层厚度也更高，导致疏水表面蒸发器的平均堵塞率值较大，增加了翅片之间的局部空气速度，同时促进了霜层的形成。

改变蒸发器金属表面的表面张力最重要的影响不是结霜率或结霜量的变化，而是结霜特性的变化。在初始阶段，疏水表面形成的霜层比亲水表面形成的霜层要弱得多，也更疏松，这使得从疏水表面去除霜层比从亲水表面去除霜层更容易。因此，具有疏水表面涂层的蒸发器的除霜效率要高得多。然而，从结霜的角度来看，由于结霜密度较高，尤其是结霜厚度较低，因此表面的亲水性处理是首选的，它使得结霜率较低。高密度霜的热阻也较低，因此具有亲水表面涂层的蒸发器的霜表面温度较低，热交换率较高。最后，带有亲水涂层的翅片剩余水最少，这确保了在重复的结霜/除霜运行中蒸发器的最佳性能。

因此，现代的蒸发器最多选用的是新型亲水性涂层。

4.3.8　分液器的设计

分液器（distributor）主要用于直接膨胀供液，它的作用是把经过膨胀阀节流后的制冷剂，均匀地分配到蒸发盘管的各个回路中。分液器由弹簧卡环、节流孔板、分液器壳体以及分流管组成，如图 4-28 所示。

分液器（图 4-29）的分液原理：

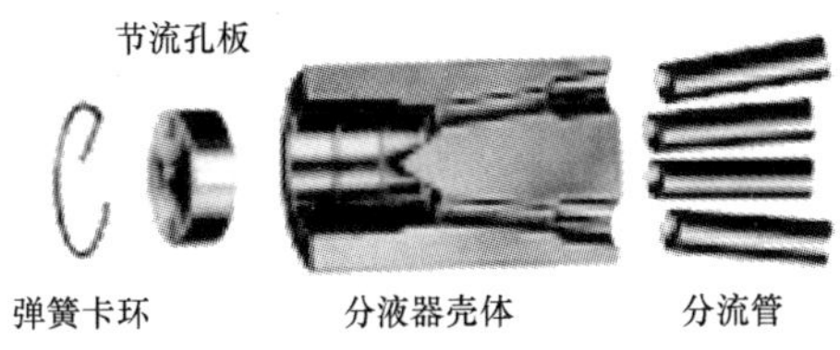

图 4-28　分液器的基本结构

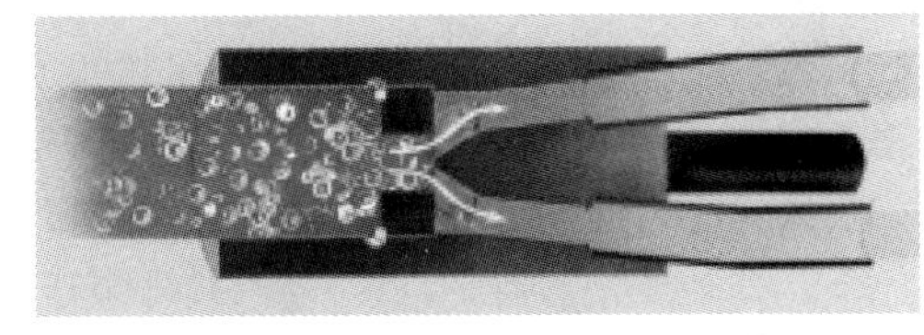
图 4-29　制冷剂混合物经过分液器的节流孔板

1）制冷剂的气液混合物的流速在经过节流孔后速度增加了。

2）通过孔而产生的湍流压降使得制冷剂混合物均匀混合。

3）制冷剂混合物以锥形分液，同时仍然保持高速度。

4）制冷剂混合物均匀地分配到各个回路中。

分液器对直接膨胀的冷风机供液非常重要。不同的制冷剂以及不同的制冷量、不同的用途（热气融霜、热气旁路融霜、热泵、热回收等）有不同形式的分液器，如图 4-30 所示。

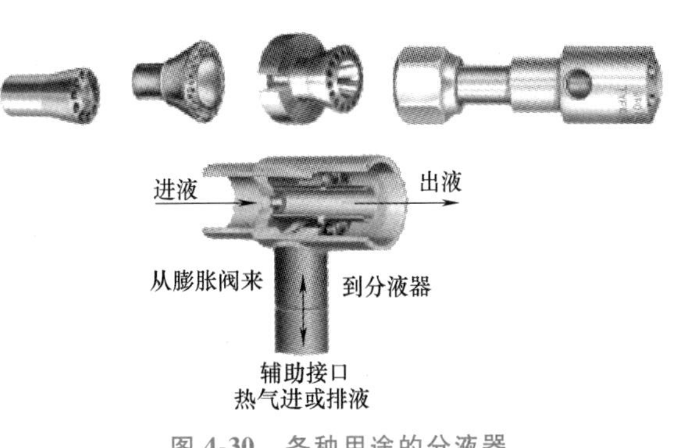

图 4-30　各种用途的分液器
（下方的图为热气融霜的分液器）

分液头合理压降范围：0.5~3.5bar。如果供液压力降太小，制冷剂进入蒸发器后几乎没有蒸发，也就是几乎没有产生制冷。这是在直接膨胀系统设计时需要注意的问题。

4.4 冷风机的类型与特点

冷库不同，使用的冷风机也不同。由于技术进步，目前冷风机有许多类型，不同类型各有其特点。

4.4.1 冷风机两种典型送风形式

冷风机有吹风式和吸风式两种典型的送风形式。

1. 吹风式（blow through）

如图4-31所示，迎风面的不同部位风速不同。这个变化对总传热效率没有影响。虽然部分位置的低风速会导致传热效率降低，但是高风速部位的迎风面积会补偿传热效率。在直接膨胀系统中，冷风机可能会由于制冷负荷变化，导致最佳的回路数不同而损失部分效率。空气融霜时，电动机把进入盘管的空气加热，除霜更快，湿气重新被带回冷库。

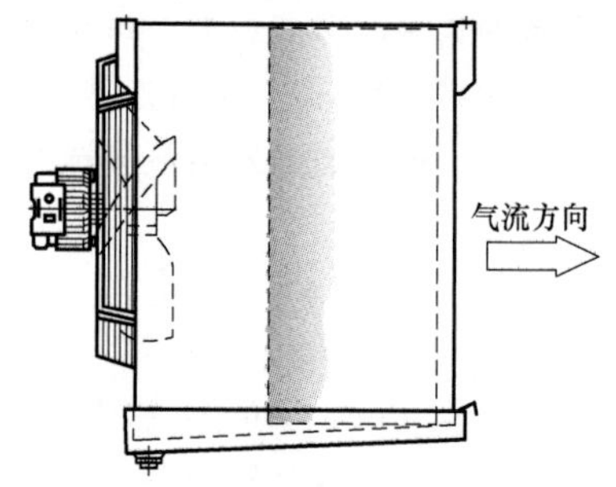

图4-31　吹风式冷风机

应该选择迎风面风速相比吸风式更低的冷风机。迎风面不同，产生风速变化，这样更容易将冷凝水吹入冷库。通常风扇需要离开盘管足够的距离。平均迎风面风速为≤2.2m/s。

前面在讨论射程时提及的相关内容，需要补充的是：吹风式冷风机采用出风口空气扩散器时，可以引导风射向顶部方向，使射程最大化。

出风口空气扩散器由于增加了迎风面的流速，从而能增加射程，但这需要增加风扇的功率。

吹风式冷风机采用出风口空气扩散器时，出风口压力可以通过以下公式计算：

$$\text{机外余压} = p_{\text{动态出口}} - p_{\text{动态入口}}$$

即

$$p = \frac{1}{2}\gamma v_{\text{出口}}^2 - \frac{1}{2}\gamma v_{\text{入口}}^2 \tag{4-8}$$

计算采用空气扩散器出口的动态压力（风的流速高）和空气扩散器入口的动态压力（风的流速低，与出盘管的流速相同），这些数据需要相减，然后加上额外的风扇出口的静态压力。

2. 吸风式（draw through）

如图4-32所示，在迎风面的各点风速均匀分布。由于这个原因，热负荷将更均匀地分布在不同的回路上。这样有效地防止了由于迎风面不同部位风速不同导致的效率降低，从而影响膨胀阀的效率。

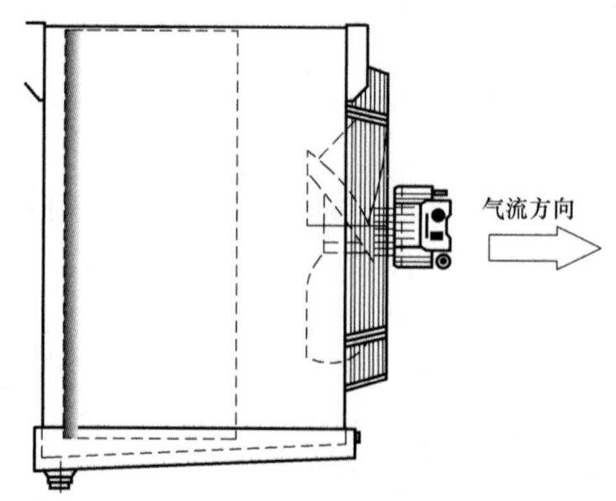

图4-32　吸风式冷风机

空气融霜时，电动机把出盘管的空气加热，并对货物加热。空气中带出的水容易凝结在风扇外壳、扇叶、支架以及防护罩上，所以强烈推荐在风扇外围安装加热丝。

需要补充的是：通常吸风式冷风机射程比吹风式的短，尤其是在采用传统的离心式风机时。采用轴流风机时，电动机支架会使出口的空气呈流线型，这样可以比离心式风机提高射程。平均迎风面风速为≤2.8m/s。

在吸风式冷风机中，湍流系数 T 采用离心风扇时为 0.2~0.3，采用轴流风扇时为 0.4~0.7。

如果采用外部导流装置，可以将射程提高到与吹风式冷风机一样。

4.4.2　两种送风形式的制冷量比较

这两种送风形式的冷风机制冷量在相同的配置（即蒸发面积、风量、片距、流程等），相同的工况下，它们所产生的制冷量有差异，下面用测试结果说明。

例如：蒸发温度为-8℃，房间温度为0℃时，通过风扇的实际温差是 0.3℃，图 4-33 所示是 K 厂家做出的测试数据。

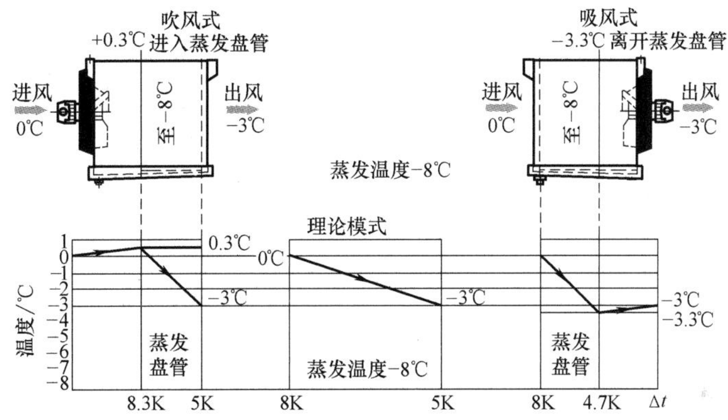

空气进入盘管	空气离开盘管
+0.3℃	-3℃
T_0=-8℃	
Δt_1=8.3K	Δt_2=5K
lgΔt=6.52	

空气进入盘管	空气离开盘管
0℃	-3℃
T_0=-8℃	
Δt_1=8K	Δt_2=5K
lgΔt=6.38	

空气进入盘管	空气离开盘管
0℃	-3.3℃
T_0=-8℃	
Δt_1=8K	Δt_2=4.7K
lgΔt=6.18	

图 4-33　两种送风形式比较

试验结果表明：吹风式冷风机对数平均温差比吸风式冷风机对数平均温差大，其差值率为

$$\lg\Delta t\text{ 的差值率}=(6.52-6.18)\div 6.18\times 100\%=5.5\%$$

从式（4-1）可以得出结论：吹风式冷风机的制冷量比吸风式冷风机大 5%左右。

4.4.3　两种送风形式的相对湿度比较

经过这两种吹风形式的冷风机处理后的空气相对湿度又如何？图 4-34 是 K 厂家对这两种冷风机测试的数据比较。

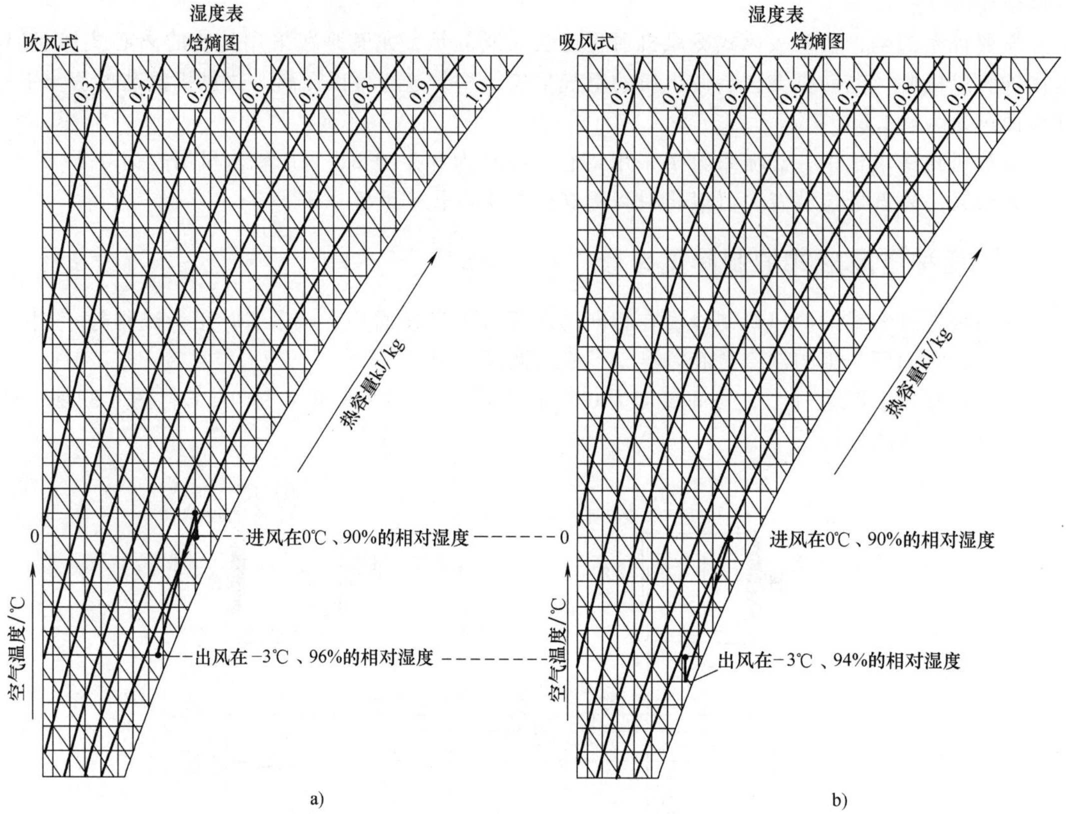

湿度表
吹风式　焓熵图
0.3 0.4 0.5 0.6 0.7 0.8 0.9 1.0
热容量kJ/kg
0
进风在0℃、90%的相对湿度
空气温度/℃
出风在−3℃、96%的相对湿度
a)

湿度表
吸风式　焓熵图
0.3 0.4 0.5 0.6 0.7 0.8 0.9 1.0
热容量kJ/kg
0
进风在0℃、90%的相对湿度
空气温度/℃
出风在−3℃、94%的相对湿度
b)

图 4-34　两种送风形式处理后的空气相对湿度比较

a）吹风式　b）吸风式

结论：吹风式的相对湿度为 96%，比吸风式的 94%大。

4.4.4　风机的选择

应用于冷风机的风机主要有两种形式：风罩型轴流风机和风筒型轴流风机（图 4-35）。离心风机在国内的冷风机中应用较少。欧美国家将离心风机应用在比较大型的双出风冷风机上。

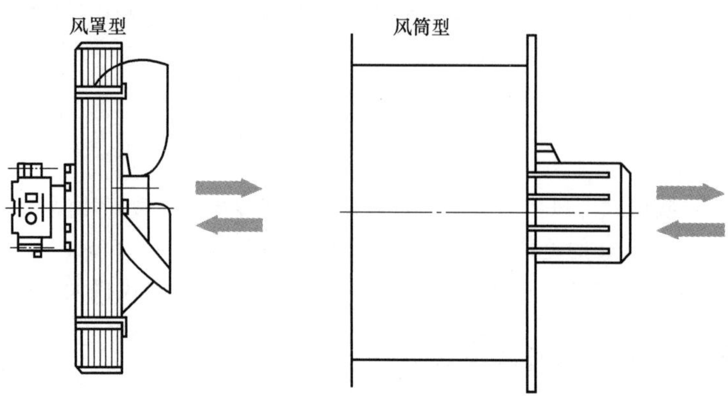

图 4-35　风罩型轴流风机与风筒型轴流风机

1. 风罩型轴流风机的特点

空气以漩涡的形式吹出，风量中等，机外余压小，风压一般在 30~150Pa（使用四极电动机时），价格适中。主要应用于吹风式冷风机（图 4-36）。

2. 风筒型轴流风机的特点

空气以风束的形式吹出（压入），风量大，机外余压大，风压一般在 80~400Pa（使用四极电动机时），价格中上。主要应用于吸风式冷风机（如速冻蒸发器）。风筒型轴流风机的运行参数如图 4-37 所示。

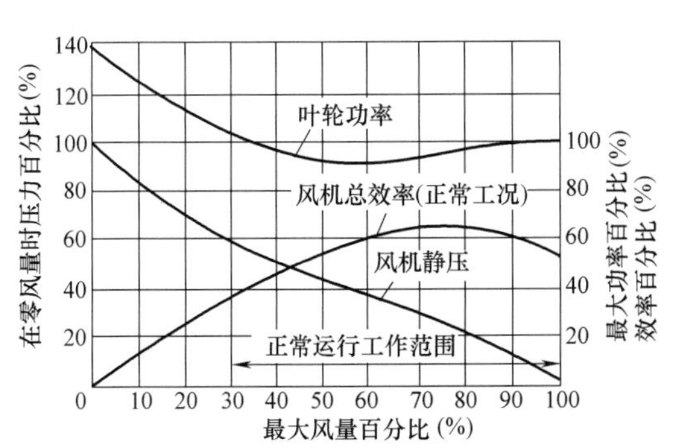

图 4-36 风罩型轴流风机的运行参数

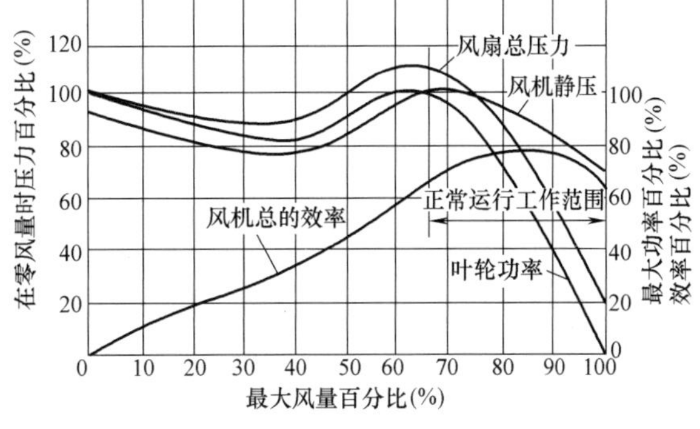

图 4-37 风筒型轴流风机的运行参数

根据安装位置，冷风机还有以下形式。

4.4.5 吊顶式冷风机

吊顶式冷风机是在物流冷库中最常用的冷风机，以上介绍的许多参数是这种冷风机的基本设计参数。吊顶式冷风机分为风道型和无风道型。

（1）无风道型（图 4-31） 一般适用于库内高度在 15m 以下的不同类型的冷库。冷风机射程内的顶棚下方不得有梁、柱、灯具等设施阻碍气流分布，要求最高堆货架与顶棚之间保留相应空间。

（2）风道型 需要布置风道，风扇和电动机要考虑 150Pa 机外余压要求。布置大冷量吊顶冷风机，通过风道系统，达到库内布风均匀。但现在也有一些短风道的布置形式，这些风道的制作采用专用的化纤材料（布袋式）。

4.4.6 落地式冷风机

一般这种冷风机是带风道的，国内比较传统的冷库使用的比较多，适用于 4~7m 高度的冷库。其他的要求与上面提及的风道型吊顶式冷风机差不多。

4.4.7 屋顶式冷风机

屋顶式冷风机（penthouse cooler）如图 4-38 所示。其优点：冷风机设置于冷藏区域之外，最大利用冷藏容积；便于维护和检修，减少被叉车碰撞损害的危险；要求：选用风扇需有一定的余压，克服短风道阻力。其缺点：用于放置冷风机的屋顶保温房间的造价比较高。

10~15m 单层装配冷库适合采用此类冷风机。

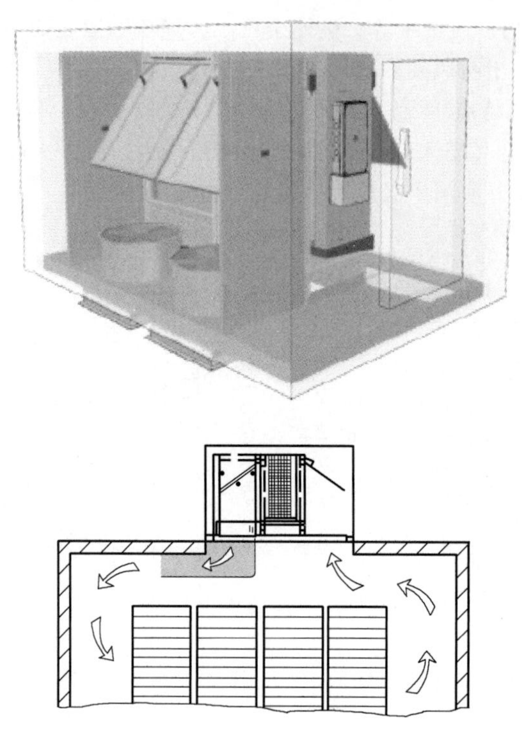

图 4-38　屋顶式冷风机的布置

4.4.8　货仓式冷风机

货仓式冷风机（abbatoir units）如图 4-39 所示。其优点：无风道系统，初始投资成本低；风扇无须考虑外静压，运行成本低，无须考虑射程；低速风扇；空间利用率高，可设计较高的货架；靠自然对流来实现气流的分布和循环，是移动式货架系统最适宜的空气循环方式。25～40m 立体单层装配冷库适合此类冷风机。其缺点：冷库间的长与高的比例有要求，最大约为 3∶1。

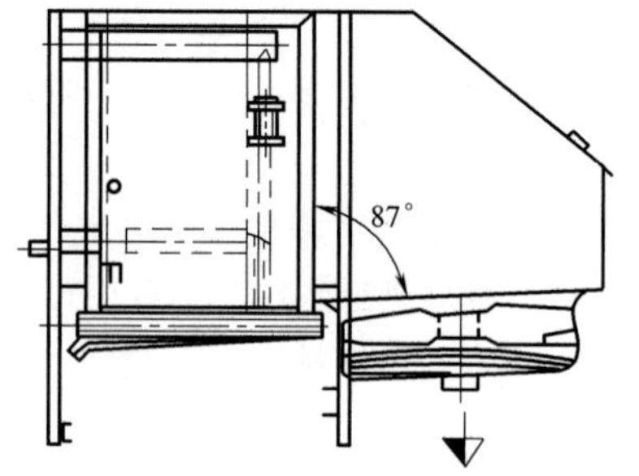

图 4-39　货仓式冷风机

4.4.9　绝热型冷风机

绝热型冷风机（insulated cooler）无风道型如图 4-40 所示。其优点：无风道系统，投资成本低；风扇无须考虑外静压，运行成本低；空间利用率高，可以设计较高的货架；自然对流实现气流循环，是移动式货架系统最适宜的空气循环系统；除霜特性非常好，易维护，冷风机布置于冷藏区域之外。其缺点：冷库间的长与高的比例也有要求，最大约为 3∶1；冷风机进风与出风需要留有相应的空间保证冷空气的流动。

4.4.10　带风管的冷风机

为了使库内的气流组织更加均匀以及温度的波动更小，最近几年国内的冷库出现了冷风机配套一种用特殊编织材料制作的、根据现场需要可以制成不同形状的布套式风管。这些风管采

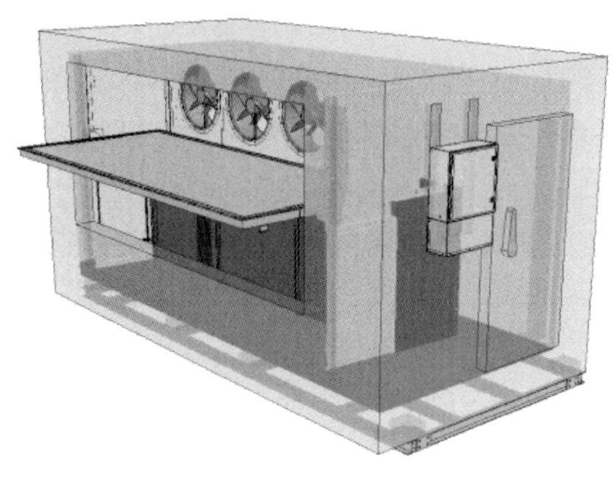

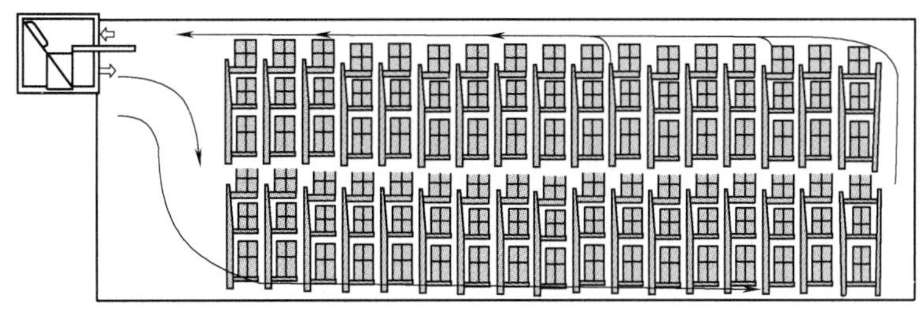

图 4-40　绝热型冷风机及其安装位置和示意图

用永久阻燃纤维织物制成，其特点是：采用专业均速控制送风技术，风管外形呈非线性的锥形，使得风管内流速保持均衡稳定（图 4-41）。它是一种能实现空间气流组织佳、美观性佳的均衡性送风产品。

图 4-41　布套式风管与冷风机

这种库内布套式风管的布置方式优点是：气流组织均匀、温度波动小，也可以减少冷风机的布置数量。一般适用于高温库或者对干耗有要求的低温冷藏库。缺点是：风管造价比较高，并且需要定期清洗。

使用这种风管的风机风速要求小于或等于 2.2m/s。

4.5　冷风机的循环风量和气流组织

4.5.1　贮存冷库风量的选择

虽然风量是冷库的一个重要因素，但通常用户不会给冷风机生产厂家明确的数据。

空气的流动由房间尺寸、冷库货物的码放以及冷库的用途决定。选择冷风机前如果风量没有明确，可以通过表 4-12 来选择适当的风量，或者用制冷量（kW）乘以 0.6~0.8 来确定常规货物冷库的风量（m^3/h），乘以 0.4~0.6 来确定操作间的风量。

如果给出了冷库的尺寸，K 厂家采用表 4-12 的循环次数来确定风量。

$$冷库容积\ V(m^3)\times N(给出的循环次数) = 风量$$

表 4-12　贮存冷库用途与风量的循环次数的关系

循环次数		N①②		
冷库类型		小型	中型	大型
低温库	存储	15~20	10~15	5~10
	部分用于冻结货物	20~30	15~20	10~20
储存库	新鲜包装货物	15~20	10~15	10~15
储存库	产品未包装　不存活的	60~80	50~70	50~60
储存库	水果/蔬菜　存活的	20~30	20~25	15~25

① 常用的循环量，最高用到 500 次（循环次数越高，库温的波动越小），但是必须采取有效措施防止短循环的现象发生。

② 在有些情况下，受冷风机出风形成的二次送风（即从冷风机吹出的风，由于库内货物或者设备布置、冷间形状等原因，没有回流到冷风机的回风口，而是由于风的动能产生继续循环的空气流动）所产生的流通效率的影响，实际循环次数 N 会更高。

4.5.2　速冻产品的风量以及风速的选择

如果选择过高的循环次数，会由于出风过于集中，导致房间的循环反而变得非常少甚至没有循环。

基于这个原因，在速冻隧道和快速冷却隧道中，大多数会在货物上方采用一个夹层来引导风从夹层到货物然后返回冷风机。风扇在隧道内建立了风压，如果不设置夹层来引导风，出风直接短路（图 4-41）。

经过货物的风速是非常重要的，风速越高，货物与风的传热效果越好。有一点必须注意，选择吹过货物的风速大小要合适，要防止货物被吹走（例如在网带冻结的颗粒货物）。传热效率也取决于出风温度和货物表面的温差（Δt）。

货物速冻/快速冷却的时间可以由货物本身的传热来估计。在普通的速冻间，衡量速冻/快速冻结的时间实用数据（即从常温 26℃ 的食品速冻到食品的中心温度-18℃）：含水量高（80%）的货物 12~15mm/h；非常干的货物 7~10mm/h。

例如，200mm 厚度的货物，风的循环次数非常合理，降温时间为

$$200mm\div 2(两侧)\div 12mm/h = 100mm\div 12mm/h = 8.5h$$

经过上述时间的冷却，保证货物中心达到了需要的温度。

为了保证合理的传热效果，风速应该保持在 5~7m/s。

经过货物的风速和冻结时间的最佳点，取决于把风吹过隧道和冷风机的风扇的功率。风扇功率占总制冷量的 30%也是常见的现象。

根据产品的不同以及货物之间的距离不同，在空的隧道内迎风面的风速为 1.5~2m/s 时，经过隧道内货物的风速通常是可接受的。冷风机可以沿隧道的长度或宽度方向摆放。两种摆放方式的风扇功率几乎相同。

图 4-42 所示为 12m×6m×5m 的速冻隧道两种冷风机的布置方案。

在方案一中进出风的温差比方案二要高一倍。当方案一的进出风温差为 6K 时，方案二的温差为 3K。即在保证同样出风口温度的情况下，可以提高 3℃ 的系统蒸发温度，这样就能减少能

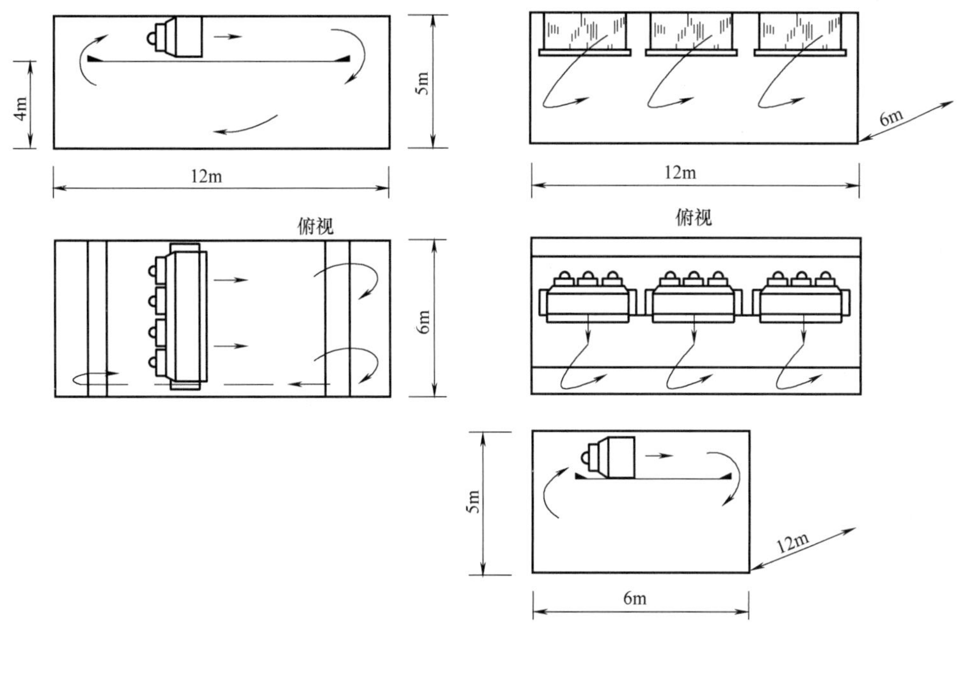

图 4-42　两种方案的比较

耗，降低运行成本。

在方案二中虽然吹过冷风机以及货物的压力降只有方案一的 30%，但是需要更多的循环风量。方案一和方案二的风扇功率几乎相同。

4.5.3　冷风机风机参数之间的关系

冷风机转速与风量、风压、叶轮直径以及能耗的关系是如何变化的？其基本的参数可以用下面的关系表述。

1）当转速变化、风机尺寸不变、气流密度不变时：

风量与转速成正比，即

$$V \propto \mathrm{Rev}$$

压力（静态、动态及总计）与转速的二次方成正比，即

$$p \propto (\mathrm{Rev})^2$$

能耗与转速的三次方成正比，即

$$N \propto (\mathrm{Rev})^3$$

2）当风机尺寸变化、转速不变、气流密度不变（几何结构相同的风机）时：

风量与叶轮直径的三次方成正比，即

$$V \propto D^3$$

压力（静态、动态及总计）与叶轮直径成正比，即

$$p_{总} \propto D$$

能耗与叶轮直径的五次方成正比，即

$$N \propto D^5$$

3）当气流密度变化、转速不变、风机尺寸不变时：

风量没有变化。

压力（静态、动态及总计）与密度成正比，即

$$p_{总} \propto \rho$$

能耗与密度成正比，即

$$N \propto \rho$$

4.5.4　冷风机在冷库中的气流组织

1. 冷库高度对气流组织的影响

冷库高度越低，内部摩擦损耗越大；在冷库后端有形成高压区域的风险（形成增压，由冷风机吹出的气流对冷库角落的空气形成挤压造成的），如图 4-43 所示。

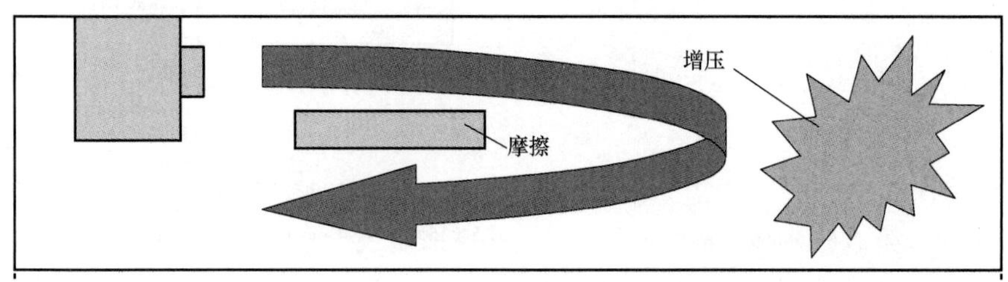

图 4-43　冷库高度对气流组织的影响

空气循环倍率过高，在冷库角落的空气形成高压区域，上述情况都会形成压力损失，也就是风量损失。

2. 冷库的顶部障碍物对气流组织的影响

冷库的顶部有障碍物（如横梁、钢梁等），影响冷风机吹出的气流改变方向，导致冷库的温度分布不均衡，如图 4-44 所示。

改善的方法：适当降低冷风机的安装高度，使出风口不受顶部障碍物的阻挡，并且这些顶部障碍物用镀锌钢板铺平，如图 4-45 所示。

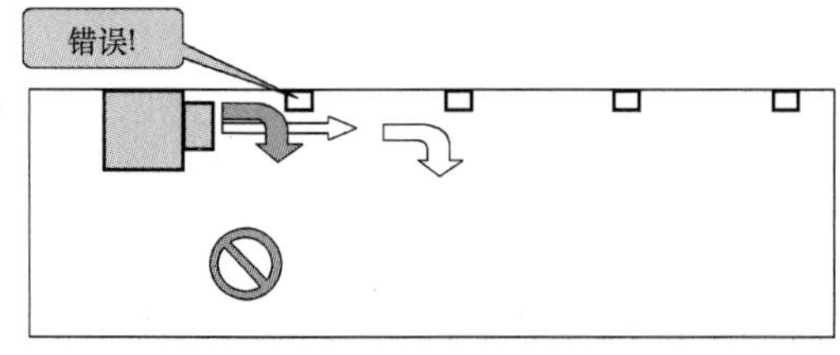

图 4-44　冷库的顶部障碍物对气流组织的影响

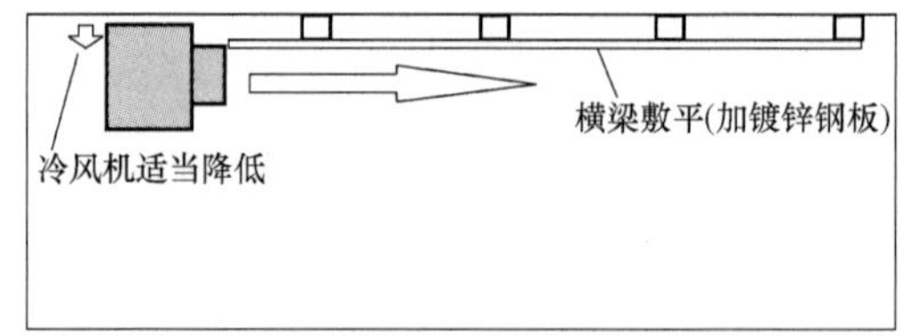

图 4-45　冷库顶部障碍物对气流组织影响的解决方法

采用以下措施改善冷库冷风机的气流组织：

1）如果冷库的房间空间比较大，需要冷风机有更长的射程时，可以在安装风机的出口增设风圈（图 4-46）。出口增设风圈安装在风扇出口，能使出口的风呈束状，防止出口的风形成短路。

2）安装出风矫正器（图 4-47），可以安装在内部或增设风圈的外面来去除湍流，使出风呈束状，防止短路。配置矫正器的冷风机在选择风扇时也需要考虑额外的压力。

图 4-46　风机的出口增设风圈

图 4-47　出风矫正器

3）安装送风布袋接口，当冷风机采用布袋送风时，需要配用接口。与出风口增设风圈的原理相同，为了得到额外的强度和去除湍流，这个接口采用十字交叉的结构（图 4-48）。

4）利用康达（Coanda）效应。采用吊顶式冷风机必须使冷空气沿着库顶利用康达（Coanda）效应吹到冷库的另外一侧，风离开冷风机贴着库顶前进可以获得更好的空气分布以及射程（图 4-49）；利用回风冷却货物。

图 4-48　送风布袋冷风机在库房的应用

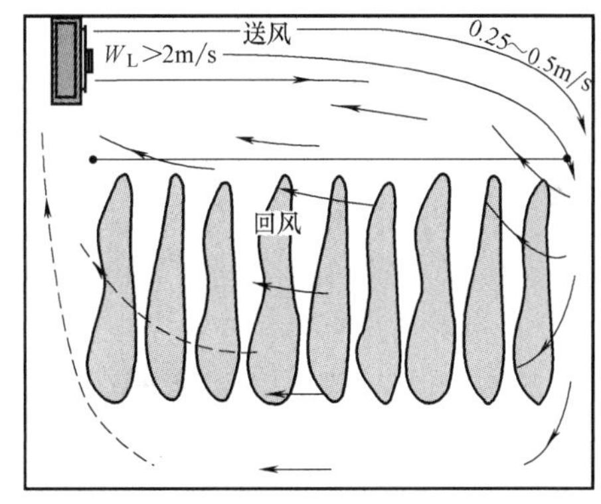

图 4-49　冷库中康达（Coanda）效应示意图

5）在净空较高（25~40m）的库房采用垂直送风。垂直出风冷风机（即货仓式冷风机）比水平出风冷风机有更好的温度场。垂直出风冷风机的安装在长度和宽度上有非常大的差异。如果冷库高度非常高，货架之间的宽度越宽越好。

一间长 100m 的冷间，其高度最好控制在 30~35m，靠自然对流来实现气流的分布以及循环，出口风速不能太高，以保证更好的风速分布，同时也降低了能耗。吹风式冷风机由于能够更好地控制风的流动，所以比吸风式冷风机有更好的效果（图 4-50）。由于这种送风是利用冷空气下沉、热空气上升的原理，因此，不需要考虑风机机外余压，也不需要考虑射程，是一种净空较高的库房最节能的送风方式之一。笔者曾经主持的一座单层 44m 高的自动立体冷库设计也是采用这种送风方式。

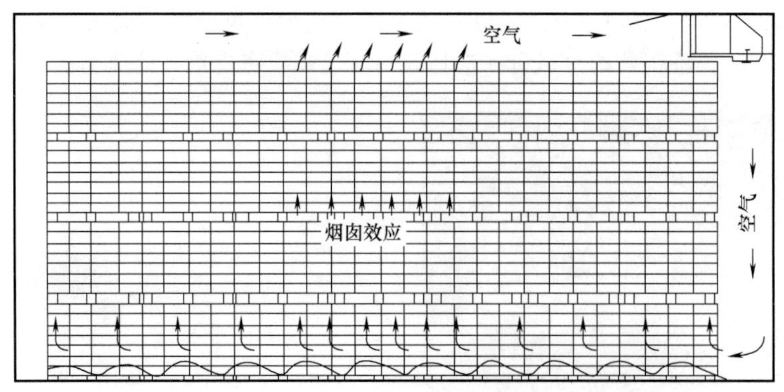

图 4-50 较高的库房采用垂直送风示意图

4.5.5 冷风机选择的基本原则

以上讨论了冷风机的型号以及参数的选择，实际选择冷风机时还需要考虑以下因素：

1）用户的库房布置。包括货架与通道的尺寸、库顶的横梁布置、网柱的分布和柱子的尺寸，以及合理风量的循环次数（表 4-12）。一旦风量的循环倍数确定，冷风机生产厂家就能提供冷风机合理的制冷量，这是因为这些厂家的冷风机选型计算软件能自动生成几种可供选择的蒸发器蒸发面积。

2）合理的冷风机送风角度与送风距离。冷风机合理的送风角度，确定了库房的温度场是否均匀，也就是选择冷风机的数量。当然也可以采用特殊的送风布袋进行送风，这样能适当减少冷风机的数量。对于长距离送风，如果风机的射程满足不了，除了可以采用送风布袋送风外，还可以采用短风管送风。

3）风量与蒸发面积的配比。风量与蒸发面积的配比有一个合理的范围。例如一台蒸发温度为-28℃，冷凝温度为 35℃，要求片距为 10mm，制冷量为 100kW 的冷风机，选择的风量在 50000~60000m^3/h 之间是合理的。风量大，蒸发面积可以减少一些，冷风机的造价也低一些，因为盘管价格约占产品价格的 70%。但是干耗也相应会增加，融霜次数也会增加；反之亦然。

4）蒸发面积与管容积的关系。这主要与蒸发管的直径有关，同样的蒸发面积和片距，22mm 直径的管子比 15mm 直径的管子管容积要大一些。

4.5.6 制冷剂对蒸发器传热的影响

同一制冷量使用不同的制冷剂时需要的蒸发面积，产生的制冷效果主要取决于各种制冷剂的热力性质。表 4-13 和表 4-14 是两个不同生产厂家提供的数据，这些数据比较客观地反映了不同的制冷剂在同一制冷量时蒸发面积的差异，为今后的选择与应用提供参考。

表 4-13 不同制冷剂在相同制冷量不同工况时的（泵供液）蒸发面积比较（生产厂一）

制冷量/库温/蒸发温度	风量/(m^3/s)	片距/mm	盘管/翅片材料	R717 蒸发面积/m^2	R507 蒸发面积/m^2	R22 蒸发面积/m^2	R744 蒸发面积/m^2
100kW/-20℃/-30℃	50000	10	不锈钢/铝片	383.4 管容积 192L	492.9 管容积 152L	460.1 管容积 143L	492.9 管容积 240L
100kW/-35℃/-42℃	70000	12	不锈钢/铝片	522.7 管容积 192L	696.9 管容积 257L	683 管容积 252L	669.1 管容积 240L

注：冷风机蒸发器采用的管径统一为 15mm。

表 4-14　不同制冷剂在相同制冷量不同工况时的（泵供液）蒸发面积比较（生产厂二）

制冷量/库温/蒸发温度	风量/(m^3/s)	片距/mm	盘管/翅片材料	R717 蒸发面积/m^2	R507 蒸发面积/m^2	R22 蒸发面积/m^2	R744 蒸发面积/m^2
100kW/0℃/-8℃	60000	7	不锈钢/铝片	455.7 管容积 124.4L	486 管容积 137.4L	540 管容积 152L	671.2 管容积 98.4L
100kW/-20℃/-28℃	50000	10	不锈钢/铝片	779.1 管容积 292L	730.5 管容积 283.9L	730.5 管容积 283.9L	926.5 管容积 189L
100kW/-34℃/-42℃	70000	12	不锈钢/铝片	414.1 管容积 184L	496.9 管容积 227.8L	517.6 管容积 237.2L	625.4 管容积 151.1L

注：冷风机蒸发器采用的管径统一为 15.88mm。

结论：从这两张表的数据可以看到，虽然数据的结果有所差别，但是，氨制冷剂的传热效果是最好的，而卤代烃和二氧化碳与氨比较，效率普遍下降 20%~30%。

表 4-13 和表 4-14 中冷风机盘管容积的数据是用于设计一些速冻装置时，可以根据蒸发器制冷量估计总的管容积之和，从而可以选择低压循环桶所需要的体积（选择的方式见本书的第 8 章）。

对于满液式冷风机，还有一个重要指标需要注意，即盘管内部的阻力损失不能太大。这是因为制冷剂的传热需要依靠液体流动形成，如果管内阻力损失大，意味着压降增大，盘管的出口温度升高，制冷量下降。这种情况表示盘管内部一般不能使用内螺纹或者内翅片管。原本使用内螺纹或者内翅片是希望增强传热效率，这样一来，反而适得其反，需要增加盘管的面积去弥补这种压力损失。使用内螺纹或者内翅片的冷风机主要采用直接膨胀的盘管，制冷剂直接膨胀后进入这种盘管的液体不多，管内的流动大部分是闪发气体，这样需要内螺纹或者内翅片增强传热效率。

对于重力供液的冷风机选型，需要生产厂家提供冷风机盘管的压降。笔者在北京的一个项目设计选型中，采用的就是重力供液方式。由生产厂家提供冷风机盘管的压降，见表 4-15，盘管的压降数据在表的右下角，压降越大，蒸发温度也随之下降。

表 4-15　重力供液氨用冷风机选型

蒸发器盘管	GCO N/10/36/10.0/4200/AVV/035050(S-AGHN 080.2J/310-HND/6P.E)			
换热量:	110.0kW		结构:	外壳
表面积:	770.0m^2		连接管:	右边
储备蒸发面积:	10.9%		管排形式:	顺排
冷凝量:	10.18kg/h		结霜厚度:	0.0mm
空气	进口	出口	制冷剂:	氨(R717)
体积流量:	79685m^3/h	78626m^3h	蒸发温度:	-32.0℃
温度:	-25.0℃	-28.2℃	泵送比(重力供液):	1.5
相对湿度:	95%	100%		
流速:	2.9m/s		体积流量(气体):	306.34m^3/h
压降:	99Pa		单位温度损失压降:	0.013bar/0.23K

不同的制冷剂要求的压降不同，在泵供液系统，氨压降最小，一般控制在 2kPa 以内；二氧化碳压降最大，卤代烃在这两者之间。

4.6　冷风机的融霜

目前使用最广泛的融霜方法，是利用空气、水、电、热气、乙二醇除霜（采用独立换热管，主要应用于二氧化碳制冷系统）。

在低于0℃的冷库中，不管采用乙二醇冷却还是制冷剂冷却，都能明显地看到由于冷凝水的冻结而形成的霜。表面形成的霜可以看作外部的污垢系数，降低了传热效率（见4.2.17节）。如果有明确的霜层厚度，可以根据这个厚度来选择冷风机，否则生产厂家会按照非常薄的厚度0.2mm来计算。

霜不会均匀地分布在盘管的表面。但是为了方便计算，通常按照平均厚度来定义。确定片距，必须了解库房中货物析出的水量，以及从库内空气中析出的水量，这些水分会在冷风机的表面经过冷凝形成霜。表4-16是K厂家给出的用于计算霜的质量的数据，它等同于冷凝水的质量。

表4-16　霜的厚度与霜的温度的关系　（单位：kg/m^3）

霜的温度	霜层厚度/mm					
	0.5	1	1.5	2	2.5	3
-1℃	230	210	210	210	210	210
-5℃	160	140	250	160	160	160
<-10℃	110	110	120	130	130	130

如果确定了霜的质量，假设75%的霜位于前面几排换热管，大约为冷风机管组深度的1/3。按此计算，K厂家的计算方式是：剩余25%中的75%会在第二个1/3厚度上结霜；剩余的总量的大约10%会在最后1/3厚度上结霜。这样考虑可以确定翅片的间距，以及是否可以采用波纹翅片。

假设霜层平均厚度为1mm，前1/3排换热管的霜层平均厚度将会达到2.5mm，也就是霜层最大厚度大约为平均厚度的2.5倍。经验数值是允许的霜层厚度为片距的1/16。

吹风式冷风机和吸风式冷风机霜的形成是不同的。在计算任何霜层厚度时，最厚的霜不能占翅片间距的75%，以防止出风压降过大导致制冷量损失。

K厂家通常在0℃库采用7~8mm片距的冷风机。

工程上通常会要求比0℃左右的冷库更大的翅片间距。这是不符合逻辑的，因为0℃左右的冷库比低温库的房间空气中含有更多的水分。实际上，进风温度与蒸发温度的差异（Δt_1）越大，更多的水分会冷凝或结冰，这时才需要更大的翅片间距和更多的除霜循环。

4.6.1　计算融霜所需的热量

在融霜过程中需要的热量，各个冷风机生产厂家有不同的计算方法。这里介绍K厂家的计算方法，该方法需要考虑以下因素：霜的负荷、冷风机质量、损失到房间的热量、房间温度、融霜过程中空气的流动。

融霜中需要的热量计算大概要经过以下几个过程：

1）通过查表4-16，计算冷间温度下霜的总质量。

2）计算到达设置融霜温度时总的霜热负荷。

3）计算冷风机在融霜过程产生温升的热负荷。

4）设定融霜时间，然后计算融霜时间所需要的热量。

下面通过实例说明这个问题。

例：一台 $200m^2$ 的冷风机，10mm 翅片间距，2mm 霜层厚度，总计霜的体积为 $400dm^3$。查表 4-16 可以找到 $0.4m^3$ 的霜在-20℃时总的质量

$$m=(130kg/m^3)\times0.4m^3=52kg$$

霜的负荷：

1）52kg 冰从-20℃升高到 0℃：52kg×20K×2.093kJ/(kg·K)(冰的比热容)= 2177kJ

2）融化这些冰：52kg×334kJ/kg(化冰热)= 17368kJ

3）52kg 水从 0℃升高到 10℃：52kg×10K×4.212kJ/(kg·K)(水的比热容)= 2190kJ

总计霜的热负荷：

$$(2177+17368+2190)kJ=21735kJ$$

冷风机的质量：

$200m^2$ 冷风机：100kg 铜+70kg 铝+180kg 外壳(铁/锌)= 350kg(估计值)

铜从-20℃升高到 10℃：100kg×30K×0.386kJ/(kg·K)(铜的比热容)= 1158kJ

铝从-20℃升高到 10℃：70kg×30K×0.982kJ/(kg·K)(铝的比热容)= 2062kJ

只有一半的外壳质量有温升。

外壳从-20℃升高到 10℃：

90kg×30K×0.470kJ/(kg·K)(铁的比热容)= 1269kJ

总计冷风机材料升温时的热负荷，即

$$(1158+2062+1269)kJ=4489kJ$$

总计升温时的热负荷：

$$21735kJ+4489kJ=26224kJ$$

融霜效率取：70%。

总计融霜热负荷：

$$26224kJ\div0.7=37463kJ$$

可以得到一个有参考价值的数据：

冷风机每平方米的融霜热负荷 = $37463kJ\div200m^2=187kJ/m^2$

假定融霜时间为：20min = 1200s

总计融霜功率 = 37463kJ÷1200s = 31.2kJ/s = 31.2kW

如果认为 20min 是一个比较常用的融霜时间，那么，可以得到另一个有用的参考数据：冷风机每平方米每一次的融霜热负荷：

$$Q=31.2kW\div200=0.156kW=156W$$

也有资料认为这个数据在 63~126W 之间。

冷风机在融霜时间散发到房间的热量是如何计算的？表 4-17 给出了参考数据。

表 4-17　冷风机散发到房间的热量的估算

融霜方式	没有防护措施						有防护措施[①]			
	估计的效率/融霜时间						估计的效率/融霜时间			
	库温 0℃		库温-18℃		库温-25℃		库温-18℃		库温-25℃	
	效率	时间/min	效率	时间/min	效率	时间/min	效率	时间/min	效率	时间/min
热气	70%~90%	15	60%~80%	15~30	60%~70%	20~30	80%~90%	10~20	70%~80%	10~20

（续）

融霜方式	没有防护措施						有防护措施①			
	估计的效率/融霜时间						估计的效率/融霜时间			
	库温0℃		库温-18℃		库温-25℃		库温-18℃		库温-25℃	
	效率	时间/min	效率	时间/min	效率	时间/min	效率	时间/min	效率	时间/min
电	50%~80%	15~30	50%~70%	20~40	50%~60%	20~40	70%~80%	15~30	60%~80%	20~30
水	80%~90%	10~25	—	—	—	—	—	—	—	—
乙二醇②	80%~90%	10~20	70%~90%	10~25	60%~80%	10~25	80%~90%	10~20	80%~90%	10~20

① 防护措施指融霜挡板、融霜布袋、进风网罩等。当盘管霜层厚度比较集中时，融霜时间会适当延长。

② 两种可能性：一是乙二醇冷风机融霜时热乙二醇从低温乙二醇的换热管内通过；二是其他制冷剂冷却（例如 CO_2），采用在盘管中增加独立的热乙二醇换热管（与电加热丝穿管位置相同）。

4.6.2　空气融霜

空气融霜可以采取几种不同的形式。在温度高于3℃的冷藏空间，首先停止给冷风机供液，并允许空间的热量去融化。这需要一个非常长的融霜时间。一般采用风扇继续运转，迫使空气通过蒸发盘管。即使如此，这个过程也可能是缓慢的，所以必须确保运行蒸发盘管的容量是足够的，以满足制冷负荷。

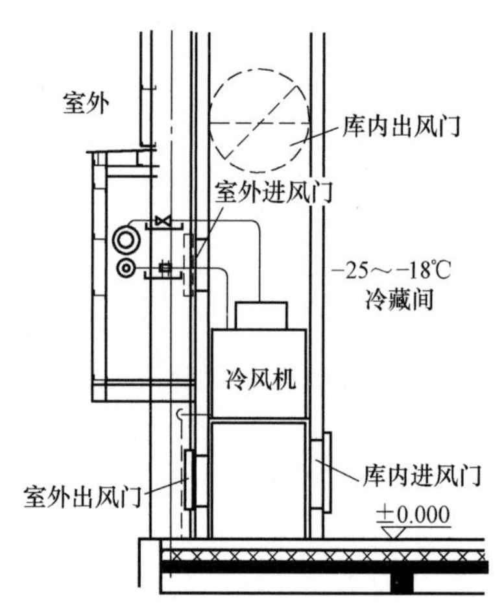

图4-51　空气融霜在低温库的应用

空气融霜的另一种形式，是用隔离的方式使蒸发盘管与库内临时隔断（图4-51），并从外部提供暖风吹进蒸发盘管融霜。这种融霜方式可以应用于低于0℃的低温冷藏库。采用这种融霜方式的必要条件是：当地的冬季气温不能低于2℃。这种技术由国外开发，目前国内已经有采用这种融霜形式的冷库。这种融霜方式除了气候条件以外，对库内临时隔断以及从外部提供暖风的保温门的密封性要求比较高，否则，外面的热空气会因为负压的原因，不断地进入冷库而增大制冷设备的负荷。注意：采用这种融霜方式的制冷系统，需要设置定期对蒸发器进行热气排油，否则，运行时间长，蒸发器盘管会大量积油导致换热效果下降。

4.6.3　电热融霜

电热融霜又称电热除霜，电阻加热器安装在蒸发盘管的孔板上。蒸发盘管用于融霜，是通过在盘管孔板中插入加热电热管实现的。所有融霜方法中，电热除霜投资成本是最低的，但运行成本是最高的。

在较小型的商业制冷冷风机中，电热除霜是最常见的。电热除霜的程序是先关闭冷风机的供液电磁阀，风机延时继续运转，为蒸发器提供热量、蒸发，或抽空盘管。当大部分的制冷剂液体被抽空时，加热器接通给蒸发盘管除霜。当除霜温度达到设定的温度时（由蒸发盘管处的感测探头感应），或者融霜时间继电器到达设定时间时，停止电加热，打开供液电磁阀，使蒸发盘管降温，冻结盘管表面残留的水。这样，风扇恢复运行时水滴不会吹出盘管。当风机起动时，制冷过程恢复运行。由于这种融霜形式在工业制冷范围内的应用比较少，不做详细讨论。

4.6.4　热气融霜

在欧美国家的冷链物流冷库中，制冷系统采用热气融霜方式是最为普遍的。笔者在美国以及欧洲参观的 20 多个冷库中，除了一间冷库使用卤代烃制冷系统采用电热除霜外，其余都是采用热气融霜。根据接待方的介绍，大中型冷库的制冷系统几乎无一例外地采用热气融霜方式。其原因是热气是系统运行的副产品，使用方便，更重要的是节能。热气融霜的节能效果已经得到公认。国内的物流冷库，很少应用热气融霜方式，就算使用，效果也不尽理想。除了一些冷库由于采用排管蒸发器效果较差外，主要原因是没有充分理解热气融霜的数据计算，而是盲目套用国外的做法，其结果可想而知。

当冷风机使用热气融霜时，基本过程是中断蒸发器的供液，蒸发盘管的回气口关闭，然后提供高压气体。蒸发盘管内的压力使饱和温度足够高，使盘管表面的霜层融化。在融霜期间，蒸发器临时变成冷凝器。目前，在工业制冷系统热气融霜采用的方式主要有两种：压力控制融霜方式与排液控制融霜方式（此方式又称浮球控制融霜方式）。

图 4-52 所示为典型的压力控制热气融霜示意图，冷风机采用的是下进上出的供液方式。除霜循环开始后，组合阀 ICF①将会关闭。风扇会持续运转一段时间（取决于蒸发器大小），以抽空蒸发器中的液体。随后风扇停止，回气主阀 GPLX 关闭。GPLX 阀③由于阀体中热气的存在将

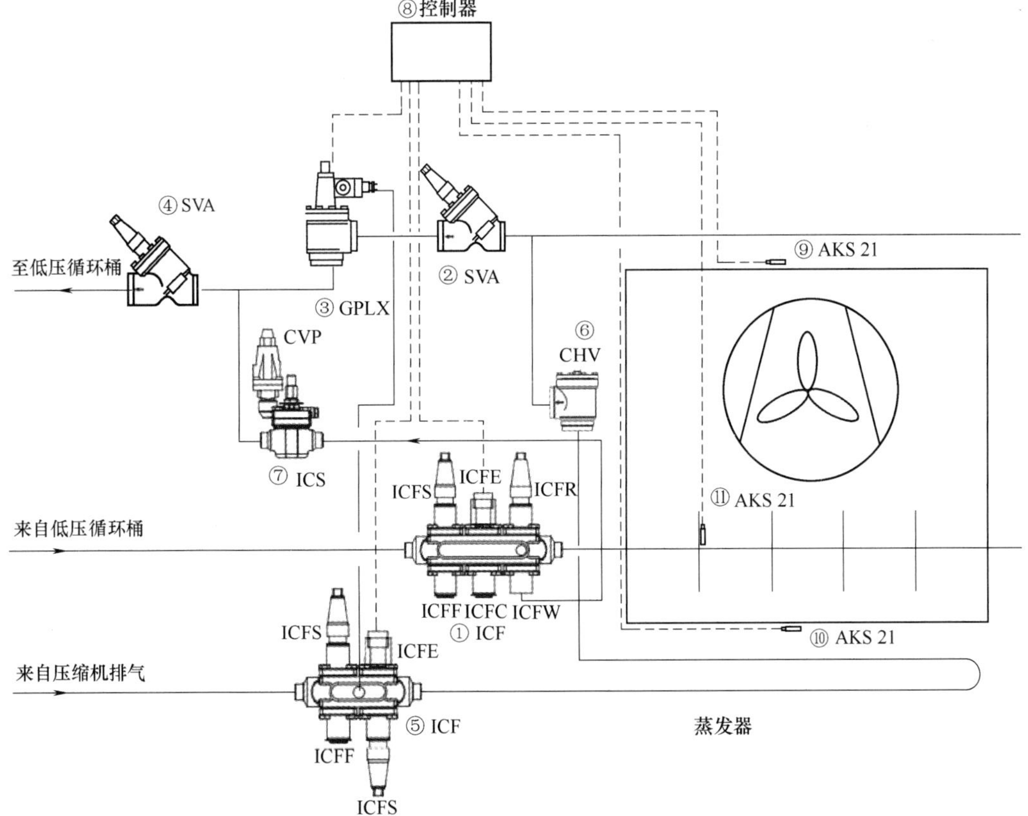

图 4-52　热气融霜示意图

①、⑤—组合阀　③—回气电磁阀　⑥—单向阀　⑦—压力调节阀　⑧—控制器　⑨、⑩—温度探头，其余为手动阀

暂时继续保持在打开的位置。当电磁导阀关闭 GPLX 阀③时，热气逐渐在该阀内冷凝，并在伺服活塞的顶部形成液体，此时活塞上的压力逐渐与吸气压力平衡。由于阀内存在冷凝液体，这一平衡过程需要一定的时间。GPLX 主阀的完全关闭所需要的确切时间取决于温度、压力、制冷剂和阀的尺寸。因此不可能为各个阀直接规定一个准确的关闭时间。越低的压力通常会导致关闭时间越长。

在蒸发器内使用热气除霜时，考虑 GPLX 主阀的关闭时间是非常重要的。PMLX 阀具有与 GPLX 同样的功能（两步开启式电磁阀）。GPLX/PMLX 在大压差条件下仅有 10%的容量，这样可以使压力在阀完全打开前被平衡，以确保平稳操作，并避免在吸气管中发生液击现象。另外，需要额外延长 10~20s，以便让蒸发器中的液体下沉到底部，同时不出现气体沸腾现象。随后，组合阀 ICF①打开，并向蒸发器供应热气。在除霜过程中，当压差足够大时，压力调节阀 ICS⑦将自动打开，使蒸发器排出的冷凝的热气释放到湿回气管中。

当蒸发器中的温度（通过 AKS 21 测得）达到设定值时，除霜操作终止，组合阀 ICF⑤关闭，而两步开启式电磁阀 GPLX③打开。完全打开 GPLX 之后，组合阀 ICF①打开并起动制冷循环。风扇在延迟一段时间之后也将起动，以便冷却蒸发器表面残留的液滴。

在排液控制融霜方式中，高压浮球阀 SV 专用于排液。只要在浮球阀内的液面达到一定的位置，浮球自动打开，只允许液体排走，而气体仍然留在冷风机的盘管内继续融霜。这种方法比起压力控制阀的排液方法要合理一些。但为了防止浮球阀出现故障，这种浮球阀还配置了一根很细的旁通管，只允许很少量的气体排走，以防止浮球阀卡住。

下面介绍一家著名的阀门生产厂家所选用的工作方式。根据笔者的了解，其他一些阀门生产厂家所选用的工作方式也大同小异，但个别厂家采用大流量的浮球排液阀产品（图 4-53），浮球排液能力用于氨的排液能达到 147kW，而用于 R22 的排液能达到 39kW。众所周知，蒸发器内的积液对于融霜速度有很大的影响。如果蒸发器内的积液在短时间内排放干净，就没有积液吸收制冷剂热气的热量，蒸发盘管内部的温升就很快得以实现（图 4-54），从而加快了融霜的速度。

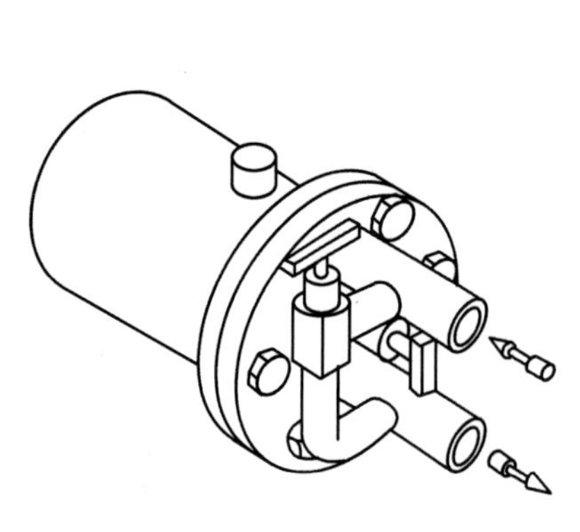

图 4-53　大流量的浮球排液阀

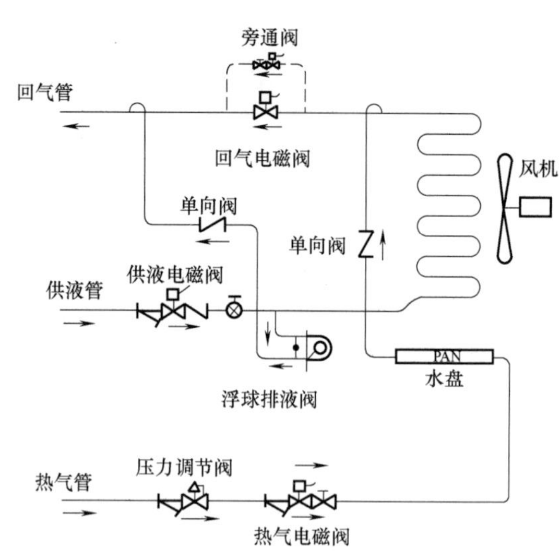

图 4-54　浮球排液融霜原理

另一个问题是在融霜过程中，压力调节阀的液体直接排放到哪里？从简单的角度来看，最好是排放到低压回气管。这种方法功能可靠，但结果是损失一些效率。在热气融霜早期阶段，制冷剂通过压力控制阀时可能是液态；在融霜后期，当制冷剂冷凝率下降，气体也可能通过压力控制阀。图 4-55 所示是一个压焓图显示节流过程的液体和气体。

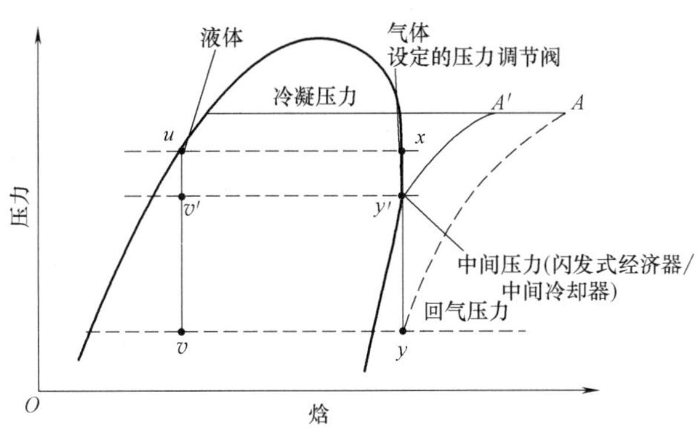

图 4-55　液体膨胀和气体节流通过压力控制阀的压焓图

饱和液体在 u 点压力等焓下降到 v 点，主要是液体还含有一些闪发气体。气体在 x 点节流到 y 点，这个过程是浪费。因为气体在 y 点没有制冷可以实现，y 点压缩到冷凝压力需要产生能源成本（即增加压缩机的压缩功率）。

如果把融霜的液体或气体排放到中间压力容器（闪发式经济器或者中间冷却器），即在图 4-55 中的 v' 和 y' 点的位置，y' 点压缩到冷凝压力所需要产生的能源成本比 y 点要低一些。即 y'—A' 与 y—A 的压缩过程比较，压缩的能耗会小一些。

在第 2 章提及的采用闪发式经济器就恰好能提供这种便利，中间压力低于压力控制阀的设定值。安装一根单独的管将融霜盘管排出的融霜时冷凝的制冷剂，排到闪发式经济器或者中间冷却器而不是低压回气管，如图 4-56 所示。这一安排在几方面提高了效率。图 4-55 显示气体在 x 点节流到中间压力，所以避免从 y 点加压。u 点的液体比在图 4-55 所示的分离容器中的液体要热得多，而且会取消一些潜在的制冷。相反，融霜液体进入闪发式经济器或者中间冷却器，这里的液体温度是中间压力对应的饱和温度，所以不需要制冷了。

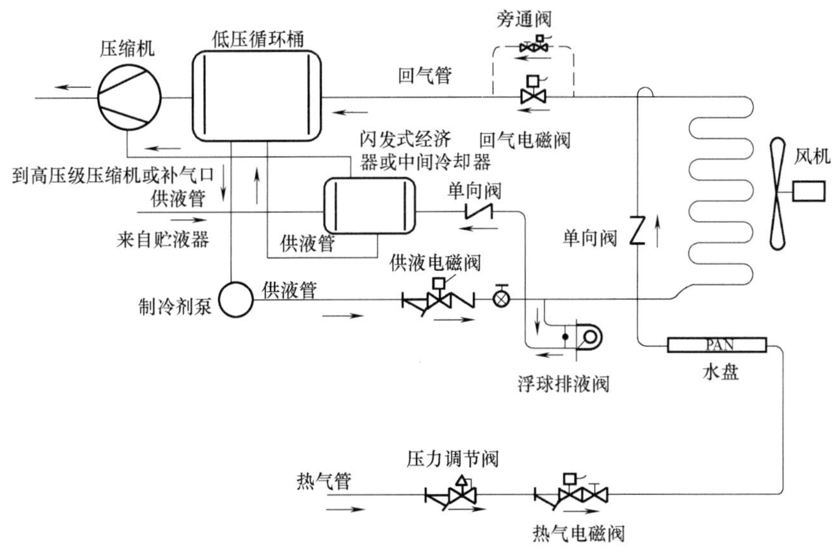

图 4-56　融霜排出的液体和气体进入中间压力系统流程图（局部）

如果把融霜时冷凝的制冷剂排放到低压回气管，这种排放的压力肯定是大大高于蒸发（回气）压力。这样会很大程度地干扰其他正在进行降温的冷风机运行，而且增加了低压回气管的无效过热度，这种无效过热度在第3章中提及会增加压缩机的压缩功率。这就是欧美国家的制冷系统热衷于使用闪发式经济器的原因，除了节能考虑以外，还有系统的综合利用问题。

综合以上几种融霜方式的优、缺点，笔者重新设计了一套渐进式排液装置，如图4-57所示。该渐进式排液装置的排液能力在 $\Delta p=8\text{bar}$ 的情况下，按20min融霜时间用于氨的排液能力超过150kW，而R22的排液能力超过40kW。而且这种热气融霜排液是以排放液体为主，只有很少量的气体排走。这样排放到中间压力的容器的无效过热度也会很少，基本上不影响补气口的能耗。这种改进极大地提高了融霜的速度，那么图4-56的布置就变成图4-57的布置。

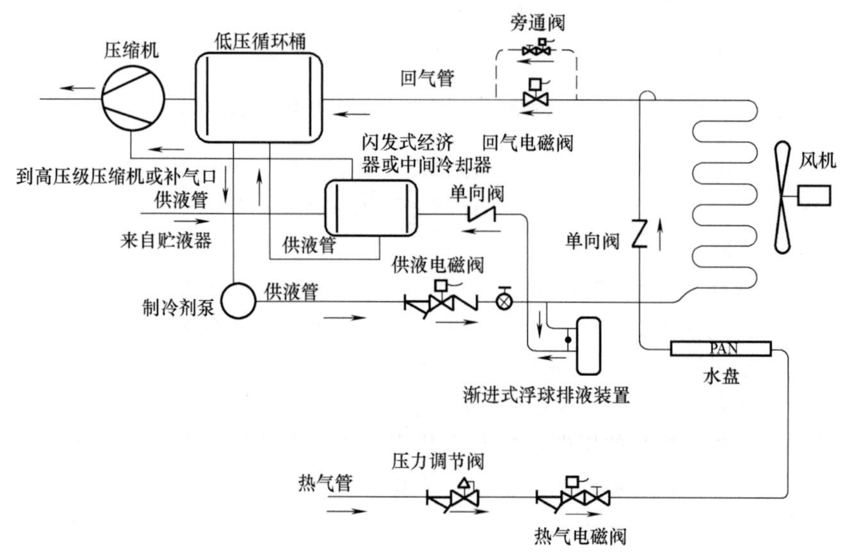

图4-57　改进后的融霜盘管所排出的液体和气体进入中间压力系统（局部）

为什么在这里需要专门设置单独的排液管？笔者做了专门的对比发现：如果采用共用的回气管同时兼做排液管，回气管运行时有比较多的润滑油沉淀在管的底部，造成比较大的阻力，因此排液速度比单独设置的排液管方式要慢许多。另外，排液的液体温度通常比回气温度高，会造成管底沉淀的部分润滑油融化并带回到循环桶中，使循环桶的液面突然升高，容易造成液击现象。单独设置的排液管除了造价高一些以外，综合考虑还是值得投资的。

关于压力控制和排液控制两种融霜方式的对比，有阀门生产厂家与研究院所进行过试验，试验结果表明（图4-58）：在假定30min的融霜时间内，在融霜开始的前10min，两种融霜方式的压缩机能耗几乎是相等的，之后，排液控制方式的能耗会大幅减少，直至到融霜结束；而采用压力控制方式的能耗在10min以后能耗仍然没有减少，直至融霜时间结束。实验室的测试数据表明，采用排液控制方式的冷风机具有相当高的节能潜力。

对于制冷系统不大的直接膨胀供液冷风机融霜形式，可以采用如图4-59a所示的方式进行。当其中一台冷风机融霜时，把融霜的冷风机液体排出到其他正在制冷的冷风机供液管。为了保证融霜的压力，在融霜开始时，排气压力调节阀ICS①的电磁阀关闭，让排气压力恒定在设置压力范围内工作（这是因为融霜开始后，如果制冷的冷风机数量不足会导致排气压力下降，影响排液压力；但排气压力调节阀电磁阀关闭对冷凝压力有局部影响）。当融霜结束后，压力调节阀ICS①的电磁阀开启，这样不会影响正常运行时的压缩机冷凝压力。图4-59b是另外一种融霜方式，两种的模式有异曲同工之处。这种融霜的关键点是：排气与冷凝有足够的压力差。

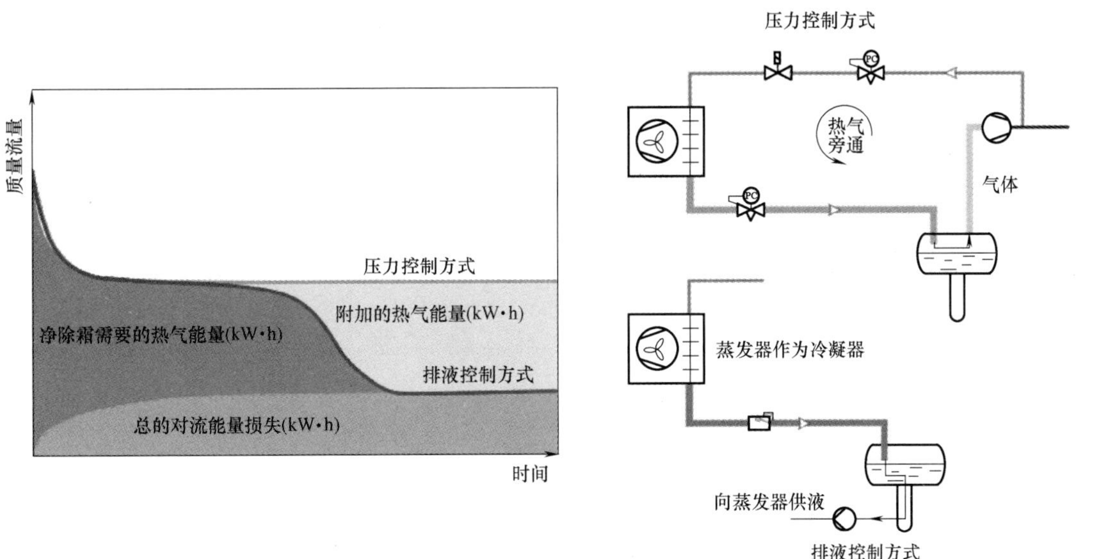

图 4-58　两种融霜方式的能耗比较

渐进式浮球排液装置的排液基本原理是：融霜开始时，蒸发器内的液体在高压气体的作用下排放到装置中，在浮球排液的作用下，液体排走而气体仍然留下。由于开始阶段，需要排走的液体太多，浮球由于排液容量的限制不能马上排走，因此在装置上设置一根集管来收集一些仍然没有排走的液体。当液体累积到集管的一定高度，在集管上设置的液位控制器在设定的位置上打开另外一条通道上的电磁阀，这样集管上贮存的液体很快就排走了大部分，当液位达到集

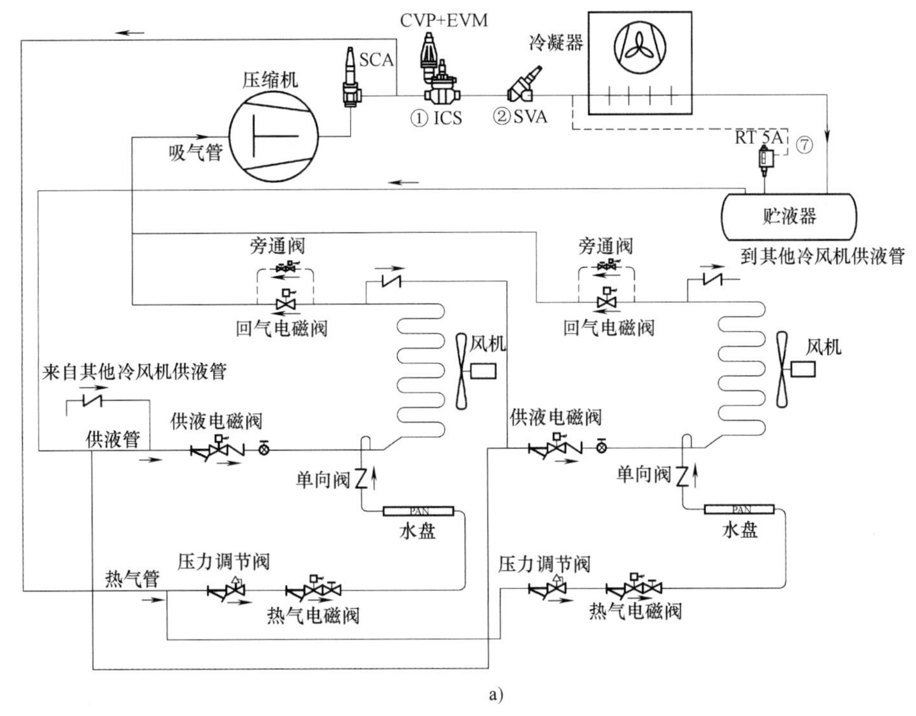

a)

图 4-59　直接膨胀系统热气融霜方式（局部）

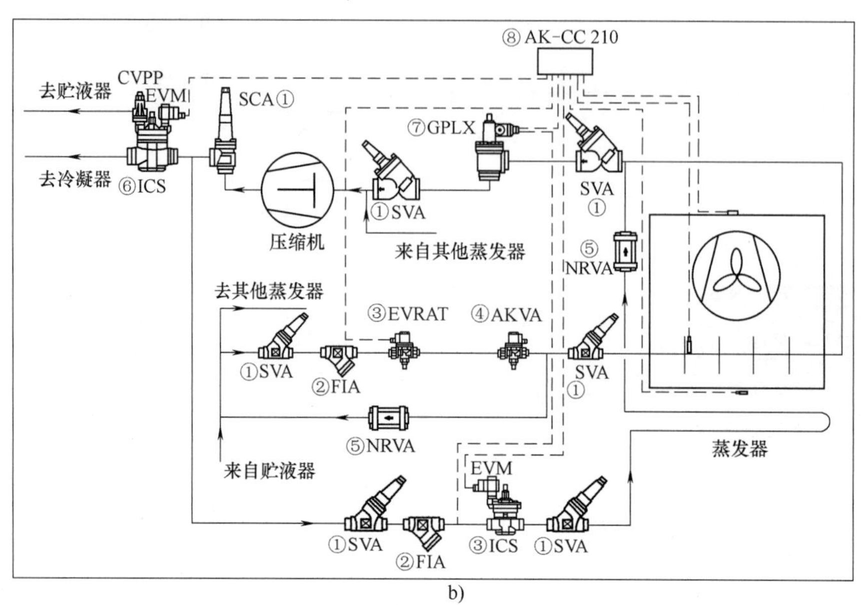

图 4-59　直接膨胀系统热气融霜方式（局部）（续）

①—截止阀　②—过滤器　③—电磁阀　④—膨胀阀　⑤—单向阀
⑥—压差调节阀　⑦—两步开启电磁阀　⑧—控制器

管上设置的下液位线，电磁阀关闭（目的是在液位控制范围内保证电磁阀排走的全部是液体）。余下的液体仍然可以由设置在下面的浮球陆续排走。这样既解决了浮球排液量不足，也解决了电磁阀排气的可能。

为什么不可以采用电磁阀直接排液呢？有两个原因：首先是气体与液体同时排走的量太大，容易产生事故或发生液爆的可能；其次如果电磁阀线圈烧坏了，不容易发现，融霜时的热气直接加热蒸发器的液体，造成液体直接膨胀，由此产生液爆。

以上介绍的几种融霜方式已经在实践中有不少的应用实例。特别是图 4-57 所示的方式，笔者自 2013 年发明这种方式并投入使用以后，不管是氨系统还是卤代烃系统，有需要采用热气融霜的制冷系统都采用了这种方式。这种方式除了融霜速度快，每次融霜时间一般不会超过 20min。即使是频繁运行的城市配送冷库，每天融霜次数也就是两次。而且这种融霜方式比较安全，不会产生“液爆”的问题。

用于热气融霜的热气可以从压缩机排出管中采集，即从油分离器出来的过热气体（图 4-60 中的 A），或从贮液器的顶部出来的过热气体，这里的气体是饱和的（图 4-60 中的 B）。因为使用的螺杆压缩机均采用喷油冷却，所以压缩机的排气温度比较低。

融霜方案必须为蒸发器提供足够的融霜热气。如果几台蒸发器制冷运行而只有一台融霜，则可以保证热气供应充足。常用的经验法则是，两台蒸发器制冷运行可以满足一台融霜。融霜期间热气流测量表明该法则是安全的，甚至冷凝温度较低的时候也是安全的。

但对于低温冷藏库，还有新的问题。正常运行的低温冷藏库，库温在-23～-18℃，从热泵的角度考虑，从低温侧取得热源的运行成本还是比较高。这时压缩机在低温下运行能排出的热量仅为高温工况（蒸发温度-5～0℃）的 1/3～1/2，甚至更少，而在冬季取得热源就更困难了。由于在工业制冷系统，高低温是共用高压系统的，如果这时从高温侧取得热源，运行成本就可以明显降低。

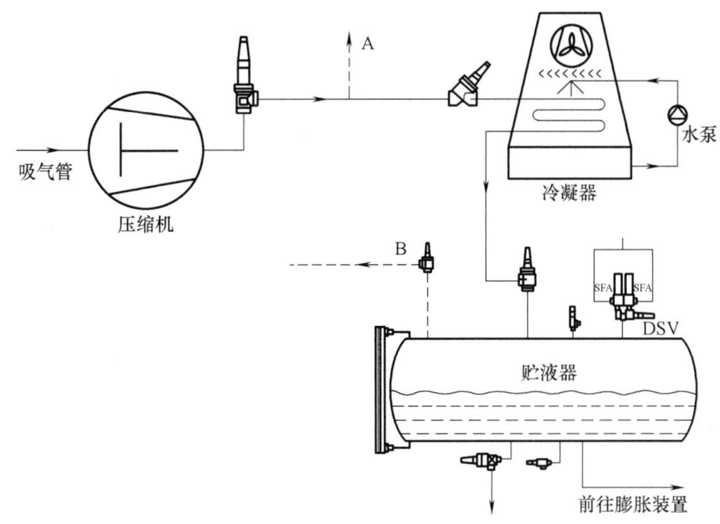

图 4-60　融霜热气

A—从压缩机排气管取出　B—从高压贮液器取出

在规范的冷链物流冷库，往往会设置中温或低温穿堂以满足冷链的要求，这些穿堂的温度一般在 5~10℃，只要压缩机的运行时间设置在 18~22h/天，就能满足融霜需求。换句话说，使用小型的并联机组在这种情况下是最合适的。根据笔者的测算，一台配置 35~50kW 电动机的螺杆压缩机在高温工况运行，就基本上能满足一座万吨冷库的冷风机蒸发器的分时段融霜的热量。另外，这种设计还使冷风机融霜排序的自动控制编程变得简单，只要有一台小型压缩机在高温工况运行，那么冷风机的融霜随时都可以进行。这为冷库实现全自动运行（无人值机）扫除了一个很大的障碍。

使用热气融霜时，如果没有采用高、低温合并共用高压系统，特别是在低温冷库，很多时候没有足够的冷风机运行来提供融霜热量，那么为了实现热气融霜，往往采用在已经达到库温的情况下重新启动冷风机的方法，以达到在温度更低的环境下取出热量来满足融霜的需要目的。根据最新的云平台数据统计，这种融霜方式的能耗不比电热融霜的方式低。因此，合理利用系统排出的热源，是融霜节能的一项关键技术。

关于融霜压力的确定的问题，存在许多争论。按传统的融霜方式，直接采用冷凝压力融霜时，由于冷风机蒸发盘管的存液或者回气管的存液，融霜压力过高确实存在液爆的可能。但上述经过改善的融霜系统通过冷风机蒸发盘管排液，同时通过单独设置的排液管将过量排液排到中间压力容器，使得蒸发盘管和回气管几乎没有存液，融霜的高压热气也就不会对存液产生冲击。

在这种情况下，限制融霜压力的意义就不大了，毕竟限制融霜压力需要对融霜热气进行节流，这种节流又产生对融霜不利的液体并进入蒸发器。因此许多的融霜压力调节阀的阀后还需要增设排液浮球阀，以便使这些液体排到中间压力容器（图 4-61）。参考文献［5］报道，国外融霜压力有高于 100kPa 的测试和应用，安全性没有问题。因此笔者在保证安全的前提下，在卤代烃的融霜系统中采用不限制融霜压力的方式，这些系统经过几年的运行，没有出现任何异常情况。

4.6.5　水融霜

工业制冷盘管组融霜的第二种最流行的方法，是将水喷洒在蒸发盘管上。虽然该方法在发

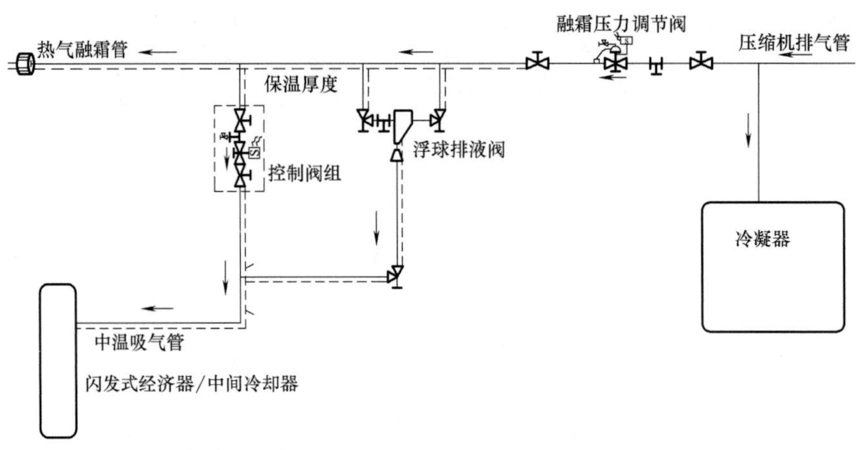

图 4-61　增设排液浮球阀的热气融霜管

达国家远不及热气融霜普及，但在我国的冷库中使用相当广泛。将水喷在盘管组上，水和融化的霜混合由排水盘收集，并通过排水管排出冷藏空间。在某些情况下，水融霜是有利的，但低于-1℃的冷库不推荐使用。水喷洒在盘管，与冷藏时从货物表面除去水的目的恰好相反，但融霜的目标是盘管外表面的霜层，水融霜符合这一目的。

与热气融霜比较，水融霜有以下优点：①融霜介质价廉；②融霜时间相对较短；③为蒸发盘管提供了清洁的可能（前提是融霜使用的水是经过过滤和消毒的）。水融霜解决了制冷系统无法提供足够的热气用于融霜，以及蒸发器的管容积太大而无法排液到低压或中压容器的问题。例如，螺旋速冻机的生产线以及超大型的速冻装置，需要加湿的水果冷库也适合采用水融霜。

根据资料介绍：融霜水流量应该是 1~1.36L/($s \cdot m^2$)（蒸发盘管组面积）。

水温越高，融霜就会越快，但水温高也导致在盘管附近产生过量的雾气。水蒸气的蒸发速率由水蒸气压力控制，而水蒸气压力又是水温度的函数。30℃时的水蒸气压力是 10℃时的 3.5 倍。

水的排放量是融化的霜+融霜的水的量，所以冷风机排水盘和排水管道的尺寸，必须比热气融霜的排水盘和排水管道的尺寸大得多。

控制融霜水的电磁阀应设置在常温的环境中，使融霜水不会因此而冻结。同时，从该阀的位置开始，融霜管道应是向常温的方向倾斜，阀门和蒸发盘管的喷液头之间的管道不能有积水。一般在控制融霜水的电磁阀后进入融霜设备的这段管道（在常温的位置）上，接一根小管径的排空管，以便积水的排放。

在水融霜开始之前，同样需要对冷风机的蒸发盘管进行抽空。

比起热气融霜，水融霜还有一个缺点：冷风机的蒸发盘管每次进行热气融霜后，会把蒸发器内的油带走，而水融霜则不能。因此长期采用水融霜的蒸发器需要定期进行热气排油，否则蒸发器的积油将导致效率下降。

4.6.6　乙二醇融霜

乙二醇融霜（采用制冷换热管，即与蒸发盘管结构一样）主要应用于大型制冷系统，即采用冷风机作为蒸发器的二氧化碳制冷系统，或者卤代烃制冷系统的融霜系统中。

乙二醇融霜（采用独立换热管，即与蒸发盘管结构一样）主要应用于二氧化碳制冷系统；卤代烃系统也有应用的例子。

优点是：采用制冷系统加热乙二醇，除霜效率相对高，除霜时间短，也没有液锤现象。

缺点是：比采用制冷蒸发盘管冷风机价格贵，投资成本高，需要乙二醇泵，比热气融霜能耗稍大，出风压降大（增加额外的管子）。相对传统热气融霜的温度较低（管内容积小），盘管非常复杂（重叠的弯头），融霜结束后残留冰的风险更大。

乙二醇融霜的蒸发器盘管中增加了几组加热管，如图 4-62 所示。这些加热管首先进入集水盘，加热集水盘，然后通过交错管回路将除霜加热管引入盘管，通过自身散热以及翅片传热给蒸发器盘管。

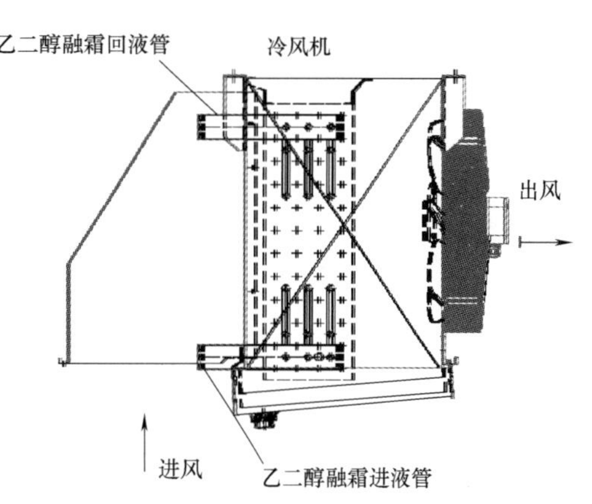

图 4-62　乙二醇融霜盘管在冷风机上的位置

乙二醇融霜应用于二氧化碳制冷系统时，冷风机采用附加的回路进行融霜是比较适合的。优点是和二氧化碳直接采用热气融霜相比，融霜效率更高些，融霜周期也短些，而且也不需要配置专用压缩机，因为用二氧化碳融霜的管道压力比采用乙二醇融霜系统的二氧化碳管道压力高许多。但是也有不利的地方，主要体现在：在制冷换热盘管内插入一组专门用于融霜的盘管会增加成本，并且风侧的阻力会提高，能耗略有提高。

笔者在沈阳的某个冷库观察过这种融霜系统。这种融霜系统融霜速度比氨系统直接融霜速度慢一些，次数也稍微多一些，每天融霜四次，每次 30min。与二氧化碳直接采用热气融霜相比，时间要快许多，后者一般要 1h 或者更多，而且次数也不少。

做附加融霜回路的蒸发器，通常把热乙二醇的进口温度控制在 15~20℃（过低的温度融霜效果不好，过高的温度会导致二氧化碳部分压力升高，同时使蒸发器周围容易出现蒸汽雾）。乙二醇浓度需要按照所处环境的最低温度对应的冰点选择。特别是低温库，乙二醇系统适合用于 -18℃及以上的库温（有资料显示也可以使用低于-18℃以下的冷库）。因为库温越低，乙二醇的浓度越大，浓度增加意味着黏度也增加，乙二醇泵的功率也同时增加。

在正常运行中，必须注意调节和保持足够高的乙二醇溶液百分比，以避免盘管的冻结和爆裂，即乙二醇溶液的冰点必须低于制冷剂在盘管中的蒸发温度。

乙二醇融霜系统与普通采暖管道系统相似，如图 4-63 所示。热量取自压缩机的排气管道，取一根支路连接板式换热器，板式换热器的另一侧通入乙二醇溶液并且加热。再用泵把溶液注入乙二醇贮罐，贮罐的另一侧连接融霜泵。在需要融霜时，融霜泵起动，把热乙二醇送到需要融霜的蒸发器附加融霜回路。在附加融霜回路的入口安装有一个电动二通阀，出口处安装一个单向阀。为了防止融霜回路的压力过高，还需要在进液总管安装一个旁通电磁阀，当乙二醇溶液系统压力过高时，把部分乙二醇溶液旁通到回液管流回贮罐中。

4.6.7　融霜起始时间与结束时间

蒸发器在运行过程中吸收贮存产品的水分，由于水分的蒸发在翅片上逐渐形成一定的霜层厚度而最终影响蒸发器的传热效果。翅片上的霜层从 0 到形成一定的厚度这个过程在制冷控制程序上称为蒸发器的运行时间；通过加热方式把这些霜层除掉的控制程序称为融霜时间。

如何确定融霜的起始与结束时间？目前国内主要是通过计算时间的方式确定每天制冷系统的运行间隔与融霜时间。而这种计算时间的方式可以通过在实际应用时观察蒸发器的结霜情况，根据贮存产品品种、是否有包装、进货时货物的温度是否过高（主要指低温冻结物冷藏）来确

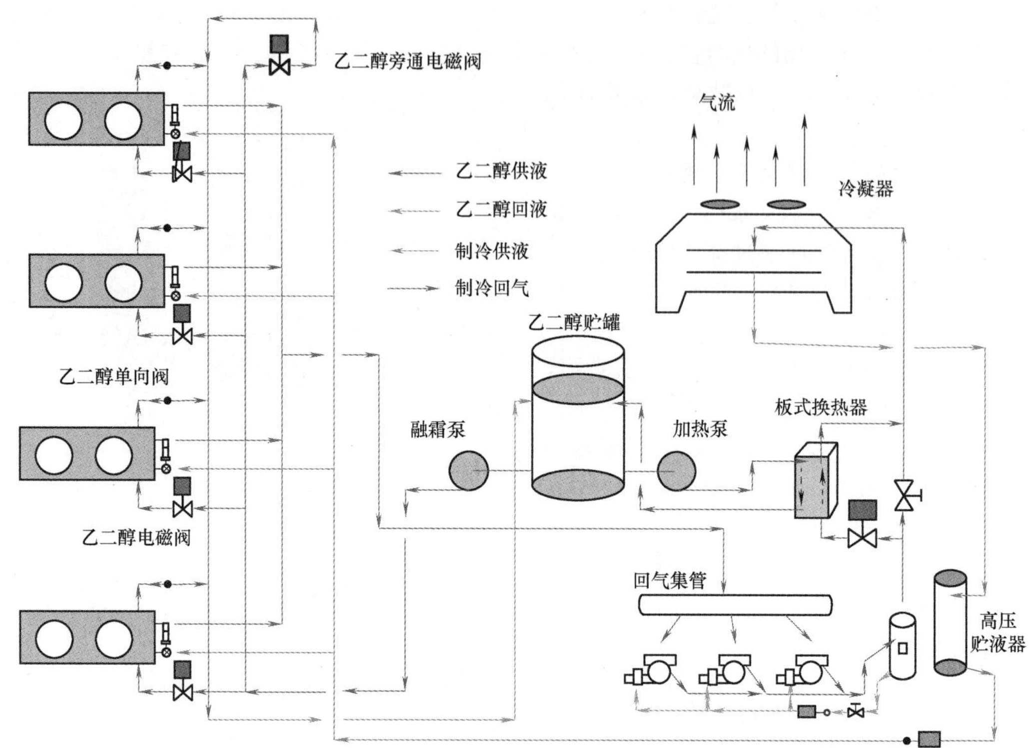

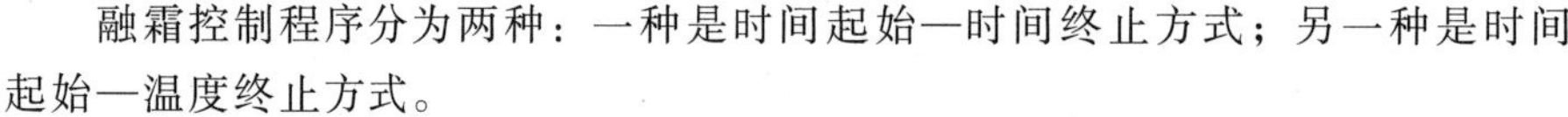
图 4-63　多台蒸发器采用的乙二醇融霜系统（微信扫描二维码可看彩图）

定融霜的起始时间与结束时间。

融霜控制程序分为两种：一种是时间起始—时间终止方式；另一种是时间起始—温度终止方式。

时间起始—时间终止方式主要是在时间控制器上设定每天的融霜次数及每次的融霜时间。在制冷系统运行过程中，当到达设定的融霜时间时，时间控制器输出信号，压缩机及冷风机停止运行，开始融霜；当到达预定的融霜结束时间，时间控制器输出信号，制冷系统恢复正常的运行。这种控制方式主要用于水融霜与空气融霜。融霜时间的长短，需要根据现场的进出货的频繁程度与蒸发器的结霜情况而定。

另外一种是时间起始—温度终止方式。融霜开始与前面一种方式相同，当融霜的温度达到蒸发器翅片上的融霜温度探头设置的融霜终止温度时（这种程序的设置一般是先按时间程序走），时间程序提前结束。例如，时间程序设置的时间是30min，而融霜温度结束的温度是5~8℃，这时如果融霜的时间只有20min，那么融霜时间缩短了10min，制冷系统提前进入恢复制冷运行。如果需要进一步细化，这种方式还可以在恢复制冷压缩机运行后，不立即恢复冷风机风扇的动作。原因是刚刚融霜结束时蒸发器内部的温度还比较高，如果马上启动风扇，会把蒸发器内的热空气吹入库内的冷空气中搅动，使库内的空气受热而膨胀，内压增大。情况不严重的话，会破坏冷库门；如果情况严重，冷库顶都会掀起。这种融霜时间控制方式主要是应用在电热融霜、热气融霜、载冷剂融霜等场合。

以上的时间信号输出可以是机械式时间继电器、固化的模块编程器、PLC程序控制器等。但是以上两种时间控制方式并不能真正解决按蒸发器实际结霜的霜层厚度随机发出融霜信号。有时进货量大、霜层结得厚需要融霜，但是融霜时间没有到，霜层不能及时除掉；当融霜时间到了，霜层已经变得很厚，可能造成融霜不彻底，给下次融霜带来麻烦。而有时进出货不多，霜层很薄，但是融霜时间到了，只能开始融霜，浪费了一些不该浪费的能源。

现在有一种智能除霜控制器，如图 4-64 所示。智能除霜控制系统由两部件组成：控制器和两个独立的霜层探头。探头直接测量霜层厚度和翅片温度，并将数据传输给控制器。控制器处理来自探头的霜厚数据，并确定何时启动除霜程序。一旦控制器启动除霜程序，它将监测翅片温升，以确定何时终止除霜程序。当除霜程序终止时，控制器监测翅片温度以确定翅片何时低于冰点，以确定蒸发器上的风扇何时重新启动。

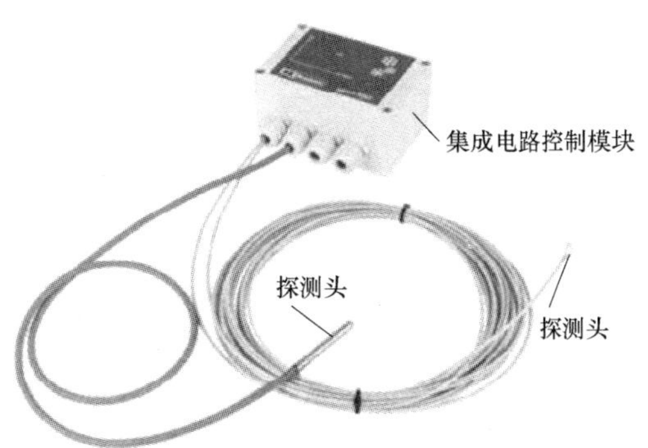

图 4-64　智能除霜模块的构成

智能除霜探头安装在蒸发器翅片上。探头包含一个与插入金属翅片接触的金属板。探头的金属板和相邻的金属翅片形成一个具有电容功能的组合（电容的概念：两个相互靠近的导体，中间夹一层不导电的绝缘介质，构成电容器），其电场受结霜的影响。随着探头和相邻翅片之间结霜量的增加，其电容值也随之增加。在霜层探头中嵌入了一个非常灵敏的电容探测器。该电容检测器将探头/翅片电容值转换成数字信号，发送给控制器进行处理。智能除霜探头还包含一个嵌入式数字温度传感器，该传感器测得的翅片温度信息也被发送到控制器进行处理。翅片温度不是用来感知结霜量的，而是用于确定蒸发器是否正在冷却、除霜或已终止除霜程序（重新制冷）。

在制冷运行期间，当霜冻探测器检测到制冷时，智能除霜运行模式将为“正常”，其除霜继电器触点是断开的。在“正常”运行模式下，当任一霜层探头指示霜已累积到设定的霜层厚度时，智能除霜运行模式变为“除霜请求”，继电器触点闭合。“除霜请求”状态将保持到两个翅片温度都超过 1.7℃，表明蒸发器已完全除霜。一旦翅片温度超过 1.7℃，智能模块继电器触点断开，其工作模式变为“除霜终止”。此时，蒸发器除霜控制系统/控制器应结束除霜程序并使蒸发器恢复正常制冷运行，但蒸发器的风扇仍然没有工作。待翅片温度冷却至-3.9℃以下后，智能模块运行模式恢复“正常”，蒸发器的风扇运行，智能模块又继续下一次的工作，监测蒸发器新的结霜情况。

除霜智能模块检测探头安装在冷风机蒸发器的位置如图 4-65 所示。这种除霜智能模块只要能将造价成本降下来，相信很快会得到广泛的使用。

最近也出现了一种利用视像对比的方式来确定融霜的起始时间，即用人工的方式确定。当蒸发器的翅片达到一定的霜层厚度（比如 1mm），现场拍摄翅片霜层的图像，以这张图像为对比基础，以监控定时地扫描正在运行的冷风机蒸发器背面的结霜情况，用基础图片进行对比。一旦发现图片对比的相似度达到比较高的百分数，融霜时间就可以开始。

4.6.8　有利于融霜的附件

为了使除霜的效果更好，冷风机生产厂家在介绍冷风机产品的同时，也会提供一些有利于融霜的附件供用户选择。其目的是缩短除霜的时间，同时使除霜时渗透到库房的热量最小化。但使用这些附件需要 40~60Pa 额外的压力。

1）融霜护套：除霜时保持盘管内部的除霜能量，提高冷风机的射程，降低噪声（图 4-66）。

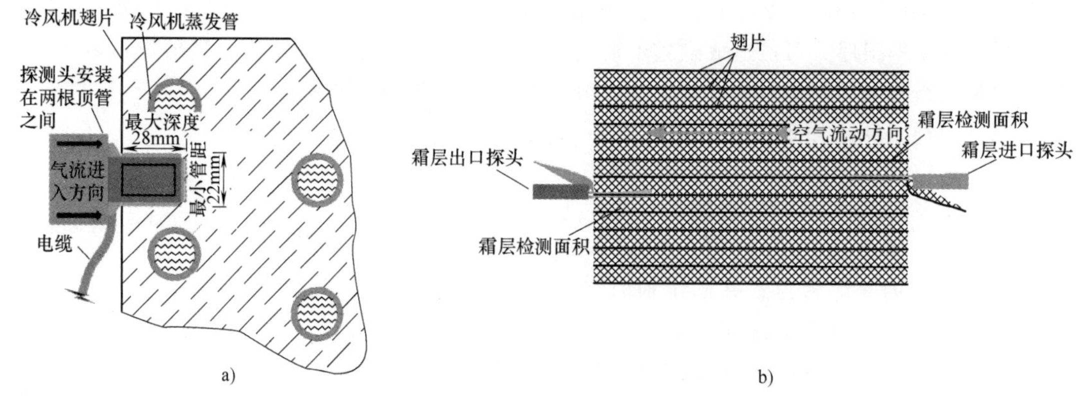

图 4-65 除霜智能模块检测探头安装在冷风机蒸发器上的位置

a）冷风机剖面图 b）冷风机俯视图

优点：与百叶挡板比较相对便宜，可以后续安装。

缺点：使用寿命短，可靠性差。

2）空气扩散器及百叶挡板：融霜时保持盘管内部的除霜能量；提高射程（图 4-67）。

图 4-66 融霜护套

图 4-67 空气扩散器及百叶挡板

优点：可靠性高，使用寿命长。

缺点：价格相对贵，会降低一些出口压力。

3）倾斜安装的风机。采用轴流风扇的冷风机可以将风扇安装成一个小的倾斜角度。这个角度可以使出口的风稍微向顶部方向倾斜地吹，从而提高射程（图 4-68）。

在带风扇加热圈的结构中，由于风机倾斜，可以更容易地将冷凝水排到集水盘中。

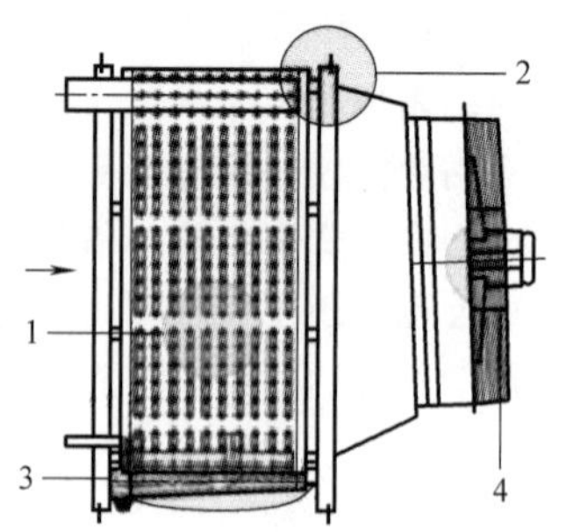

图 4-68 倾斜安装的风扇

1—盘管 2—冷风机吊点

3—集水盘 4—风罩与电动机

4）为了缩短冷风机融霜时间，使进入库内的热量更少，同时形成水汽减少，可以增设冷风机的进出口风罩（图 4-69）。这种设置不需要机械的驱动。

5）缩短冷风机融霜时间还有另外一种方式，那就是设置融霜挡板（图 4-70）。这种融霜挡板的优点同样是融霜时间短，水汽减少。其缺点也就是在融霜时，融霜挡板的开启与关闭需要电动机的驱动，并要增加一些测温探头。图 4-70 的右图显示了采用融霜挡板时，除霜时间几乎可以缩短 50%。

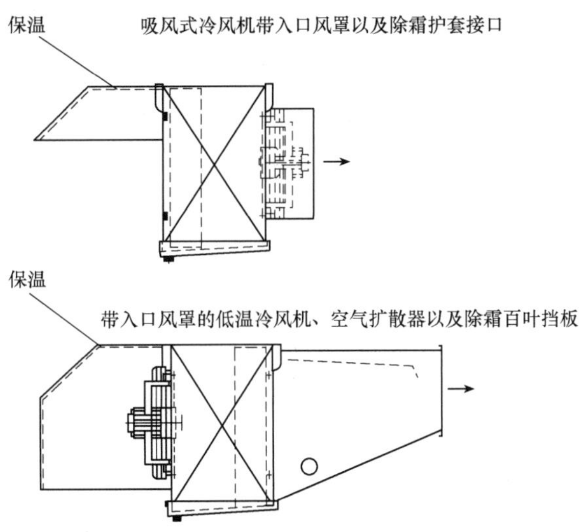

图 4-69　增设风罩的不同方式

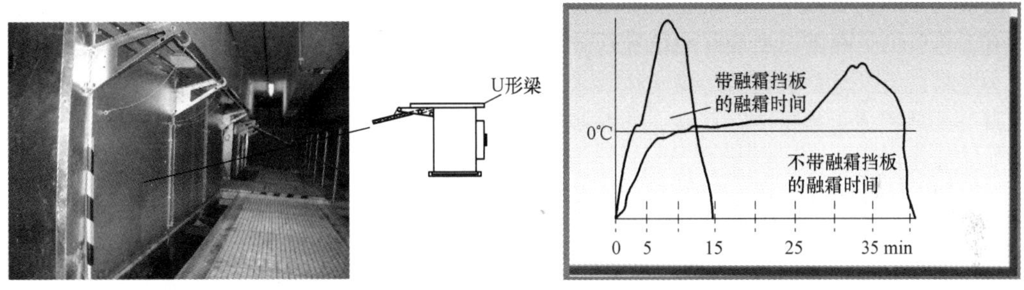

图 4-70　融霜挡板的设置

4.6.9　融霜温度探头在蒸发盘管的位置

融霜温度探头在冷风机蒸发盘管的位置很重要，它关系到融霜在什么时候结束最合适。融霜过早结束，蒸发盘管的霜层没有完全融化，如果这种情况持续下去，霜层的累积会导致最后在蒸发盘管的翅片上形成大片的冰块，最终蒸发器无法降温。如果融霜太迟结束，会造成能源的浪费，而且库温上升。因此，这个融霜温度探头应该放置在这台蒸发器融霜最差的位置，那么什么地方是蒸发器融霜最差的位置呢？不同的融霜方式其位置是不同的，一般有以下几种情况（参见图 4-71）：

1）热气融霜。由图 4-71 可知，融霜的热气首先进入冷风机的积水盘。蒸发盘管的霜层如果融化会落到这个积水盘上，因此这里需要的热量是最大的。从积水盘出来的热气进入蒸发器上部的回气管，最后从供液管排出。因此可以判断，靠近蒸发盘管下面供液管的位置融霜最差（还有蒸发盘管的积液原因），一般融霜温度探头应该放置在此比较合适（融霜结束温度一般设置为 3~8℃）。

2）空气融霜。与热气融霜相似，主要考虑蒸发盘管的积液，也是放置在蒸发盘管下面，如图 4-71 所示。

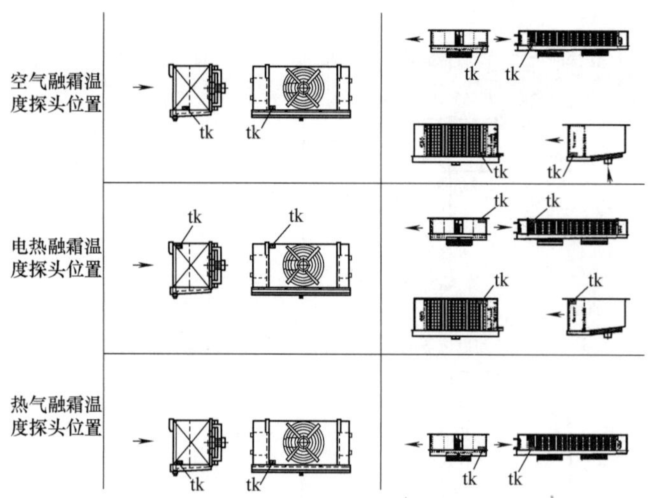

图 4-71　融霜温度探头位置[4]（tk 表示探头的位置）

3）电热融霜。一般是根据冷风机使用的环境（速冻、低温冷藏、中温水果蔬菜贮存等）、片距等因素，配置融霜发热丝的功率。发热丝的融霜原理是利用热空气上升，把蒸发盘管及翅片的霜层融化。因此发热丝一般布置蒸发盘管的下部及中部，除了很特殊的情况，蒸发盘管的上部是没有发热丝的。融霜温度最差的位置是蒸发盘管的上部，融霜温度探头一般应该放置在这里。但也有资料认为，电热融霜温度探头应该放置在蒸发器的下半部，原因是融霜时的霜层会落到积水盘上，需要等这些霜层完全融化才算融霜结束。具体合适的位置需要调试人员在冷库现场对比，才能找到，如图 4-71 所示。

4.6.10　平衡窗的选择

在冷库使用中，平衡窗与冷风机的关系非常密切。采用冷风机为蒸发器，而冷风机采用电热融霜或者热气融霜的组合冷库（使用金属面绝热夹芯板为冷库保温）中，几乎都需要配置平衡窗。甚至一些用土建建筑做的中、小型速冻间，由于融霜结束时热空气产生的巨大内压，这些压力如果没有平衡窗的泄压排放，就会使冷库的库门打开，甚至库顶的建筑结构挤裂。这种现象在冷库的运行中比较常见。

冷库平衡窗的作用是：平衡冷库内外压力，确保库门开关自如。当库房从高温降到低温时库内压力因空气冷却而降低，会导致冷库保温层因室外压力高而内陷变形。除了保温层会变形之外，内外压力不平衡还会导致冷房门打开困难。另外，当蒸发器融霜结束时，蒸发盘管的温度比冷库内的空气温度高，特别是低温的速冻间，如果这时开启冷风机的风扇，把盘管附近的暖空气吹出去，会造成库内空气受热膨胀，使得库内压力增大。安装平衡窗可以有效调节冷库内外的压力。

平衡窗（图 4-72）一般有两种形式：圆形（直径 110mm）、方形（尺寸 142mm×142mm）。

平衡窗的选型计算是以冷库的库容大小为基础：从 0℃冷库开始计算，以每 800m^3 设置一个平衡窗；温度每降 6℃增加 10%。

例如 10000m^3 冷库，-18℃库温，增加 30%，即 800m^3/1.3=615m^3，10000m^3/615m^3=16.25。选 16 个。

同样库温-30℃，增加 50%，800m^3/1.5=533，10000m^3/533m^3=18.76，选 19 个。

压力平衡窗的工作原理是：冷库内外压力差达到一定数值时，平衡窗自动通电，风扇转动

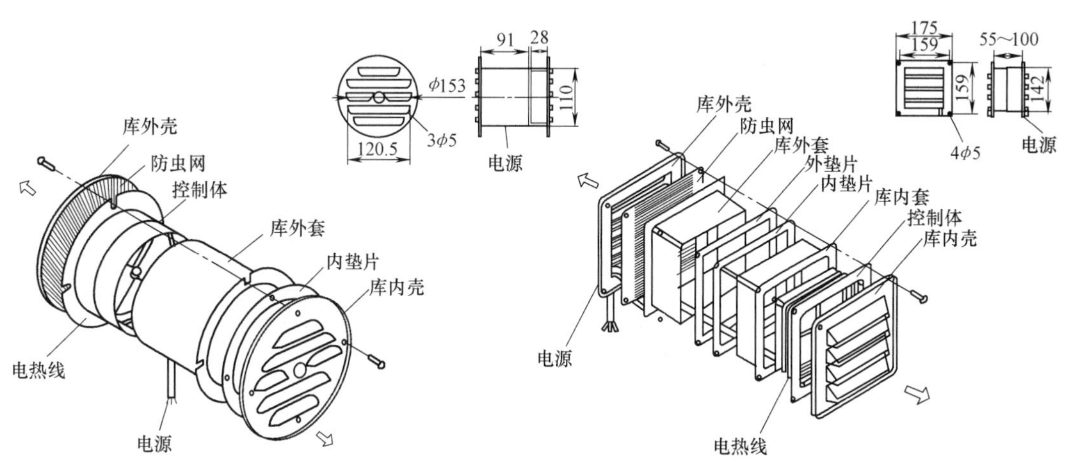

图 4-72　冷库用平衡窗的两种形式

（在图 4-72 中的控制体内），使库内外压力平衡，避免压力差引起的库板变形或者库门打开困难。压力平衡窗和冷库 220V 照明电路连接，无须另外设置控制系统。

由于现代的冷库规模越来越大，一个 5 万 m^3 的低温冷库就需要安装近百个这样的平衡窗，显然会给冷库管理人员带来许多的维护工作。最近已经有厂家生产更大尺寸的平衡门（图 4-73）。这种门通常是一种快速的软性门。用于控制平衡门的压力感应器安装在库内门框的旁边（或者是采用定时开关信号），当压力感应器检测到库内外压力差发生比较大的变化时，迅速给平衡门发出开启信号，门在数秒钟内完全打开，直至库内外压力差达至平衡，此时门立即关闭。这种库内外压力不平衡情况通常发生冷风机融霜结束后，风机重新启动的时候；或者冷库有较大负荷变化时，如冷间大量进货等。

一个几万立方米的低温冷库只需要安装数个这样的平衡门就可以满足要求了。

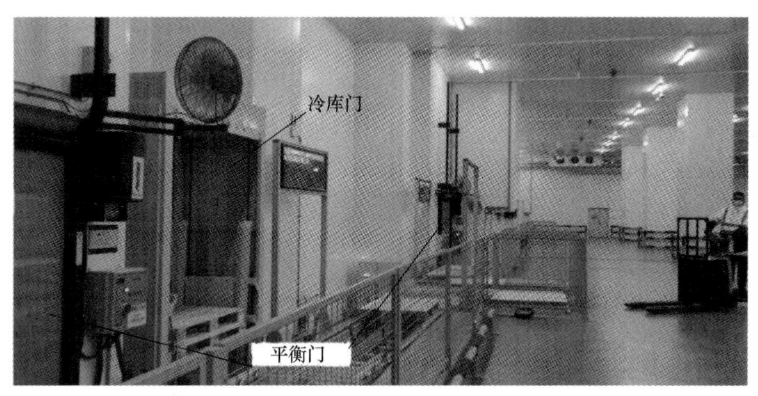

图 4-73　冷库用平衡门安装位置

4.7　管壳式、板式及板壳式换热器

4.7.1　管壳式换热器

管壳式换热器：制冷剂蒸发使水（或盐水）、防冻剂等液体冷却。它的主要结构形式包括：

①制冷剂在管内沸腾蒸发，冷却在壳体内沿管束方向流动的因挡板反复转向的液体；②制冷剂在壳内管外沸腾蒸发，冷却周围管内通过的液体。这种换热器在冷链物流冷库主要应用在油冷却器上。

这种换热器（图4-74）已经有悠久的历史。一些著名的生产厂家在选型计算上有专门的选型软件，只要输入相关需要的参数和要求，就能自动选出符合要求的设备。这种设备的优点是：制冷量大，用于传热的介质的清洁度要求不高。缺点是：体积大，传热系数较低，制造用的材料多。

图4-74　管壳式换热器的内部结构

管壳式换热器在工业制冷领域主要是作为蒸发器使用，其主要形式有两种：干式蒸发器和满液式蒸发器。

（1）干式蒸发器（图4-75）　制冷剂在换热管内通过，冷水在高效换热管外运行，这样的换热器换热效率相对较低，其换热系数仅为光管换热系数的2倍左右，但是其优点是便于回油，控制较为简便，而制冷剂的充注量大约是满液式机组充注量的1/3~1/2。

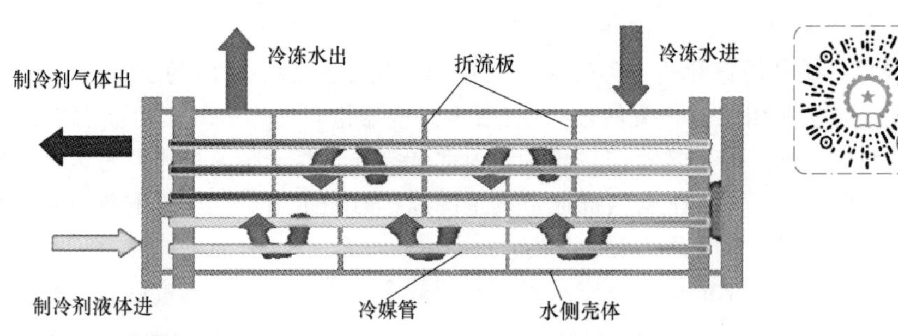

图4-75　干式蒸发器的工作原理（微信扫描二维码可看彩图）

特点：干式蒸发器的制冷剂在管内流动，水在管簇外流动。制冷剂流动通常有几个流程，由于制冷剂液体的逐渐汽化，通常越向上，其流程管数越多。为了增加水侧换热，在筒体传热管的外侧设有若干个折流板，使水多次横掠管簇流动。

优点：①润滑油随制冷剂进入压缩机，一般不存在积油问题；②充灌的制冷剂少，一般只有满液式的1/3左右；③制冷剂蒸发温度在0℃附近时，水不会冻结。

（2）满液式蒸发器（图4-76）　与干式蒸发器的运行方式恰好相反，冷水在换热管内通过，制冷剂完全将换热管浸没，吸热后在换热管外蒸发。满液式蒸发器的传热管表面上有许多针形小孔，管内表面上还有螺旋形凸起强化冷水侧的换热。这种同时强化管外沸腾和管内传热的高效传热管，使其传热系数较光管提高了5倍左右。

“满液式”是指机组的“壳程”内走制冷剂循环，“管程”内走冷冻水循环，从剖面上看，就好像是筒体里有大半筒制冷剂，

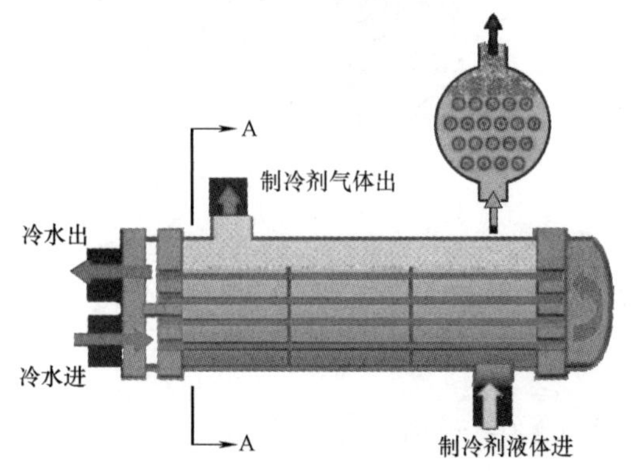

图4-76　满液式蒸发器的工作原理

而走水的管束浸泡在制冷剂里。它和干式蒸发器刚好相反，干式的是“管程”走制冷剂，“壳程”走水，好比制冷剂管束浸泡在水里。

满液式蒸发器在管内走水，制冷剂在管簇外面蒸发，所以传热面基本上都与液体制冷剂接触。一般壳体内充注的制冷剂量约为筒体有效容积的 55%~65%（有一种新的供液方式，理论上可以达到筒体有效容积接近 100%，将在第 13 章有详细介绍）。制冷剂液体吸热汽化后经筒体顶部的液体分离器，回入压缩机。操作管理方便，传热系数较高。

满液式蒸发器的特点：

1）制冷系统蒸发温度低于 0℃时，管内水易冻结，破坏蒸发盘管。

2）制冷剂充灌量大。

3）受制冷剂液柱高度影响，筒体底部的蒸发温度偏高，会减小传热温差。

4）蒸发器容器筒体会积油（根据不同的制冷剂，氨系统在下部；卤代烃在上部；二氧化碳与润滑油则是混溶，所有位置都可能存在），必须有可靠的回油措施，否则影响系统的安全运行。

还有一种称为降膜式蒸发器，也称为喷淋式蒸发器（图 4-77），这种蒸发器与满液式蒸发器相似，但是它又与满液式蒸发器有区别。这种蒸发器的制冷剂是从换热器的上部喷淋到换热管上，制冷剂只是在换热管上形成一层薄薄的制冷剂液膜，这样制冷剂在沸腾蒸发时便减少了静液位压力，从而提高了换热效率，其换热效率较满液式机组提高了 5%左右。

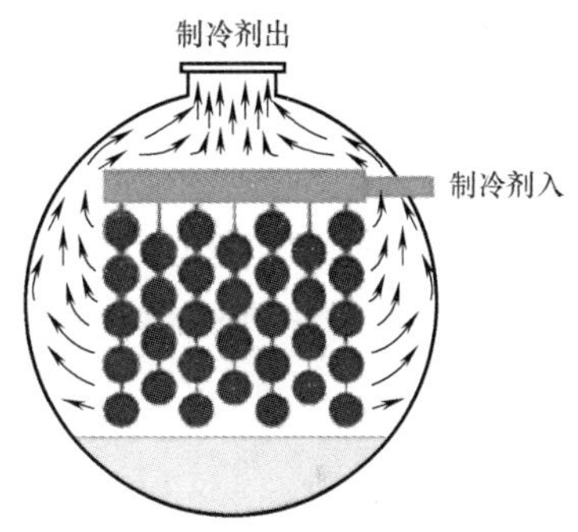

图 4-77　降膜式蒸发器的工作原理

降膜蒸发是流动沸腾，由于管外表面的液膜层厚度小，没有静压产生的沸点升高，传热系数高。而满液式蒸发（也就是沉浸式蒸发）产生的气泡易于集聚在换热管的表面，导致换热效率下降，其换热效果不如降膜蒸发。总的来说降膜蒸发适用于小温差情况，但要防止结垢，以免影响传热效率。

特点：

1）降膜式蒸发器与满液式蒸发器是同一种换热形式，只是液位不同。

2）重力+二次拉膜作用，使管式降膜蒸发器具有较高的传热系数。

3）先进的布膜设计，确保制冷剂能够均匀地分布到所有的换热管，形成均匀一致的液膜。

4）特殊设计的雾沫分离器，将二次蒸汽的雾沫夹带降到最低。气室结构的精心设计，能够获得二次蒸汽穿过雾沫分离器时的最佳气流。

4.7.2　板式换热器

板式换热器的用途很广泛，一般用于压缩机的油冷却器、压缩机的中间冷却器（经济器）、地源热泵、高温气体的换热器、清洁水的冷却器、腐蚀液体的热分配系统、饮料分配装置、冰蓄冷系统、热回收系统等。这种换热器在 20 世纪 30 年代初就已经发明并投入使用，图 4-78 所示是这种产品的发展历程。

板式换热器是由一系列具有一定波纹形状的金属片叠装而成的一种高效换热器。各种板片之间形成薄矩形通道，通过板片进行热量交换。

板式换热器的换热形式有：液—液热交换、液—气热交换。它具有换热效率高、热损失小、结构紧凑轻巧、占地面积小、安装清洗方便、应用广泛、使用寿命长等特点。在相同压力损失情

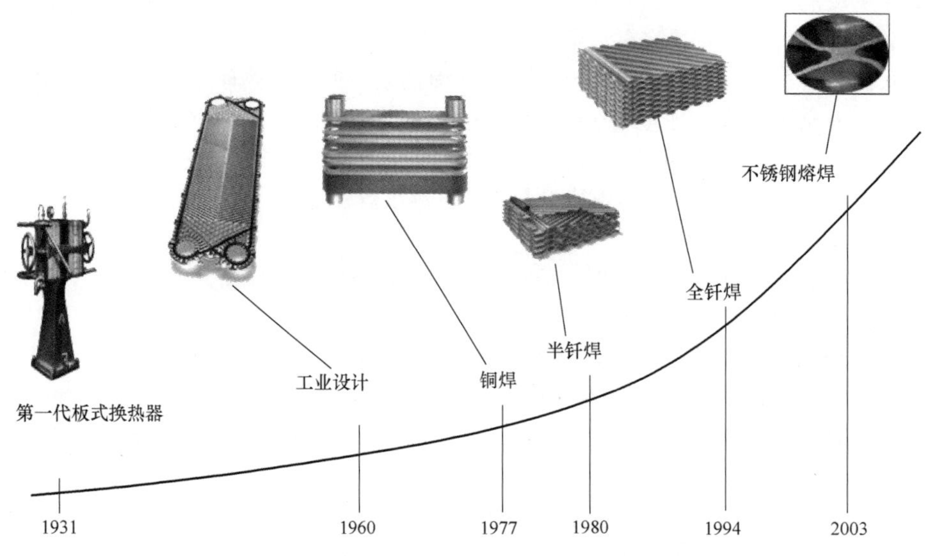

图 4-78　板式换热器的发展历程

况下，其传热系数比管壳式换热器高好几倍，如图 4-79（浅色箭头表示其中一种换热工质的运行方向，而深色箭头表示另一种换热工质的运行方向）及图 4-80 所示。

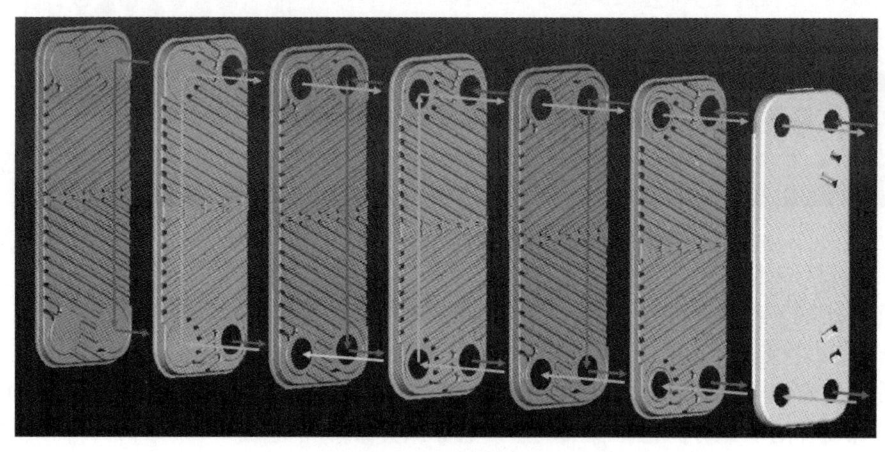

图 4-79　板式换热器的换热原理

缺点是对传热介质的清洁要求比较高，容易堵塞。

在冷链物流冷库制冷系统中，板式换热器在螺杆压缩机运行时常作为补气装置的经济器。应根据螺杆压缩机设定工况下的中间负荷（图 4-81 及图 4-82），选择合适的板式换热器。

在冷链物流冷库制冷系统，板式换热器在二氧化碳复叠制冷系统中常作为冷凝蒸发器使用，如图 4-83 所示。

在冷链物流冷库，板式换热器还经常应用于螺杆压缩机的油冷却器以及冷库地坪的加热、余热回收，这些余热可以应用于配送车间的空调。螺杆压缩机的油冷却器由原来的管壳式换热器更新为板式换热器，体积以及冷却用的润滑油用量大大减少，效率也得以大大地提高。

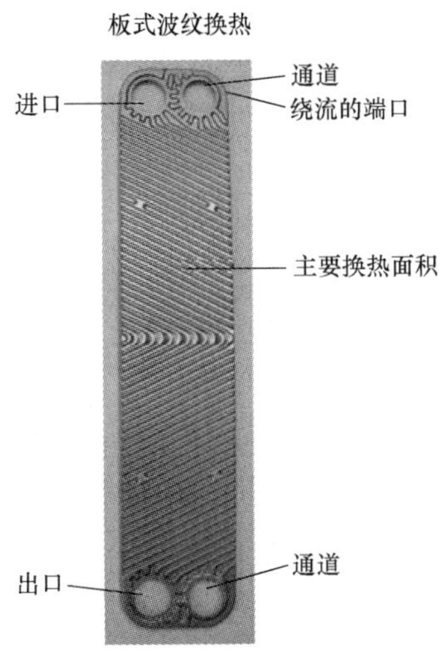

图 4-80　换热板的运行通道

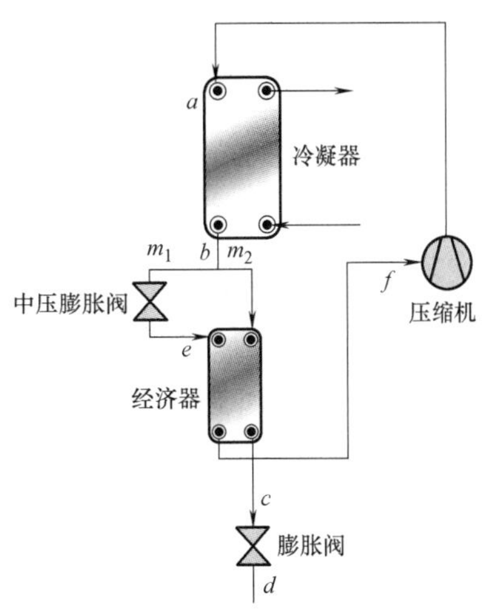

图 4-81　板式换热器用于螺杆压缩机经济器的工作示意图

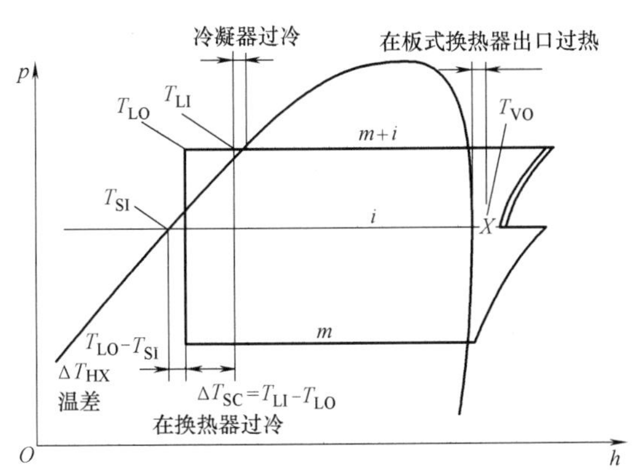

图 4-82　板式换热器用于螺杆压缩机经济器的压焓图

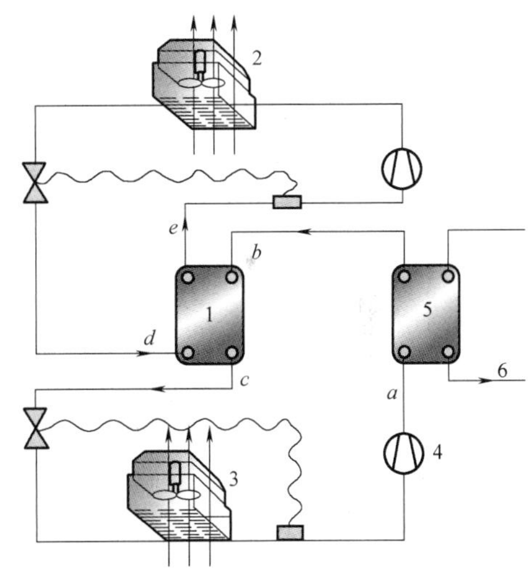

图 4-83　板式换热器在二氧化碳复叠制冷系统的应用

1—冷凝蒸发器　2—环境空气冷凝器

3—低温空气蒸发器　4—低温压缩机

5—CBE 过热降温器　6—热自来水

板式换热器不管是应用于蒸发器、冷凝器还是作其他用途，一旦设计人员确定了相关参数，生产厂家就可以根据不同的要求，在计算软件上提供多个方案供选择，如图 4-84 和图 4-85 所示。选型截图中还提供了多种产品和价格的选择。

4.7.3　板壳式换热器

板壳式换热器是一种综合了管壳式与板式换热器优点的新型高效换热器，如图 4-86 所示。

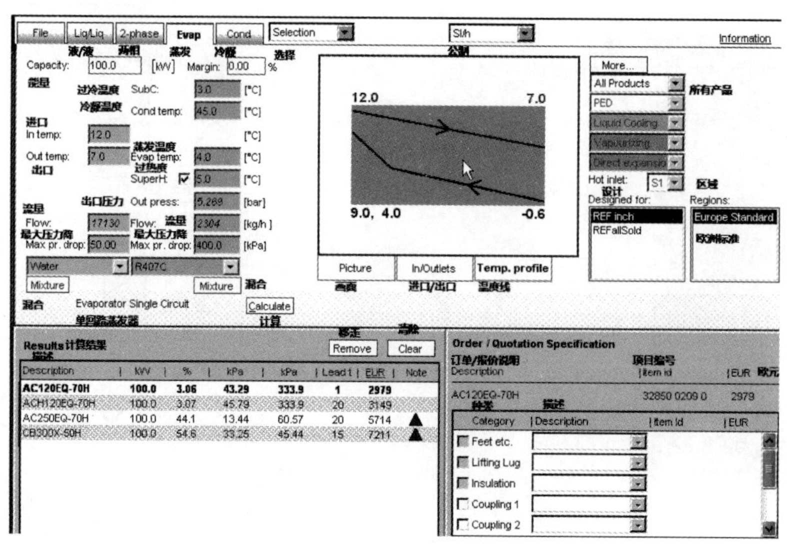

图 4-84　板式换热器作为蒸发器的软件选型截图

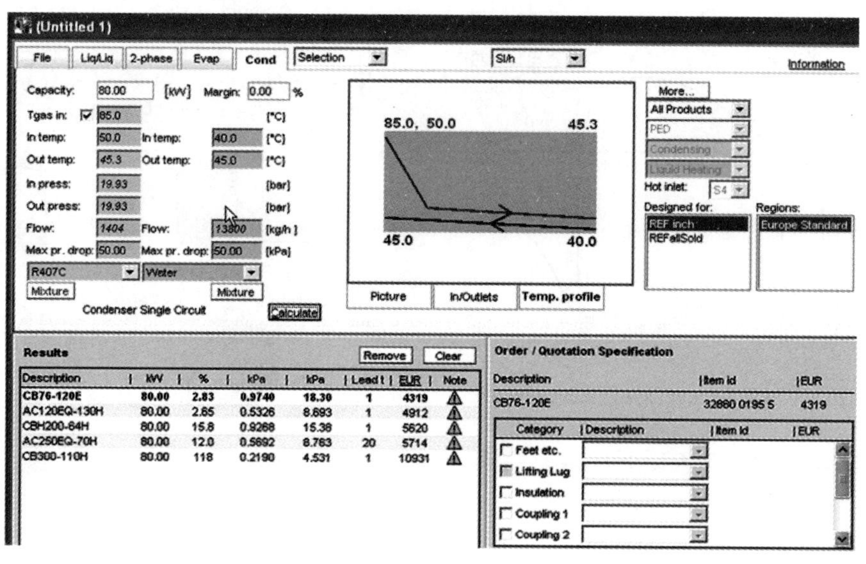

图 4-85　板式换热器作为冷凝器的软件选型截图（翻译参考图 4-84）

板壳式换热器除了具有高效的换热性能外，表面的壳体还可以提供制冷剂的分离功能，做成更加紧凑的气液分离装置。

板壳式换热器由于结构特殊，其耐高温与耐高压的性能比板式换热器更强（耐高温可以达到900℃，耐高压可以达到200bar）。在冷链物流冷库制冷系统，主要是用于二氧化碳复叠制冷相关的热交换容器，以及螺杆压缩机的油冷却器和制冷系统的分离容器。

关于这些设备的选型，只要设计人员提出需要的参数（这些参数在设备允许工作的范围内），生产厂家均可以提供多种方案供用户选择。

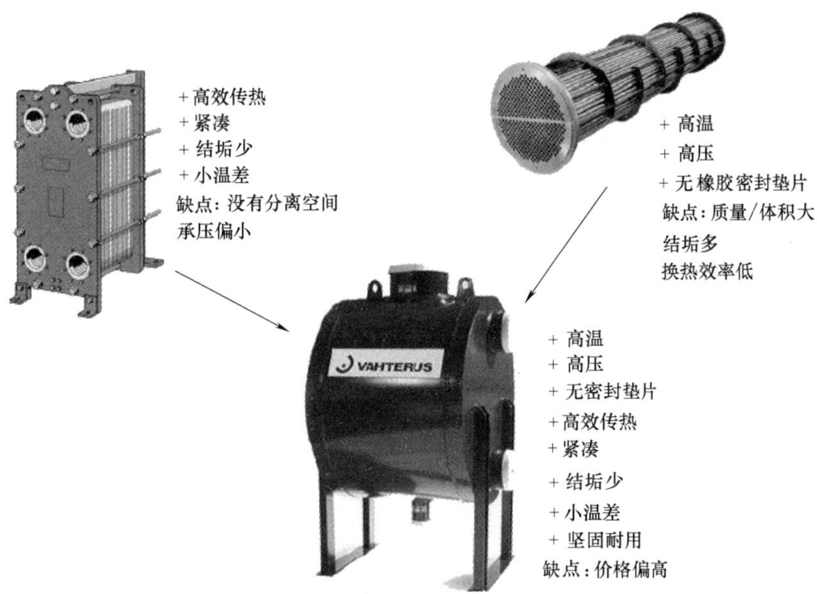

图 4-86　板壳式换热器的构成

本章小结

本章之所以选取了国外专业实验室对换热器（蒸发器）测试时做出的许多数据以及截图，目的是让读者知道，一个成熟的产品需要大量的研究和试验，才能经受得起市场的检验和受到用户的青睐。选型软件中每一个数据的变更，都会产生不同的结果。需要重视研究各种换热器在不同工况下的参数变化。冷风机这种在冷链物流冷库使用量最大的换热设备，国内冷风机厂家在产品设计时应注意蒸发盘管的排列与布置的合理性，蒸发面积与风量的变化关系，提高蒸发器的效率与节能效果。

国内厂商需要建立相应的实验室和配备专业的研究人员和设备，吸收先进的技术理念，才能缩小这种距离。产品的创新只有建立在对产品的全面了解和深入的研究基础上，才能发现产品可以开拓的空间，简单的模仿只能是陷入低价的竞争行列。国内生产的冷风机，产品的测试由于缺乏实验室的实验数据，即使对产品做了大量的改进，也没有途径证实产品已经达到期待值。如何解决这个问题？建议暂时通过购买第三方软件的方法去弥补这方面的短板。这些软件的数据还是可以使生产厂家按用户的要求生产的产品，达到使用的要求，且这些产品与国外著名品牌产品的性能数据相差不大。第三方软件的开发商还会定期升级产品数据。但是从长远的看，有条件的应该学习这方面的专业基础知识，读一些国外在这方面的专业书籍，如 *VDI Heat Atlas*（Second Edition），并且建立自己的实验室。

另外，在冷链物流冷库使用的蒸发器主流是冷风机，国外的冷库使用冷风机的比例几乎达到 98% 以上，相信我国在未来十年内，冷库使用冷风机也能成为主流。由于城市化的进程不可逆转，而城市化需要配送型冷库，因此冷库使用冷风机也是必然的趋势。

参考文献

[1]　Kelvion Refrigeration B. V SS canjunyao 13010511190. pdf [Z]. 2006.
[2]　Kelvion Refrigeration B. V（原 Goedhard 公司）选型截图 [Z]. 2012.
[3]　Kelvion Refrigeration B. V（原 Goedhard 公司）冷风机原理-设计-应用 R2 [Z]. 2009.

[4]　Kelvion Refrigeration B. V（原 Goedhard 公司）冷风机培训资料［Z］. 2009.

[5]　STOECKER W F. Industrial refrigeration handbook［M］. New York：McGraw-Hill Companies Inc.，1998.

[6]　Sporlan Product CD 6.0（Z）［Z］. 2000.

[7]　昆腾集团冷风机 Jack mann Part-ch1［Z］. 2008.

[8]　Thermofin Heat Exchangers-Insulated Cooler-Penthouse Cooler［Z］. 2012.

[9]　国内贸易工程设计研究院. 广州太古冷库设计图［Z］. 2009.

[10]　Danfoss 工业制冷系统氨和二氧化碳应用［Z］. 2016.

[11]　Collection of Instruction（Hansen）［Z］. 2002.

[12]　STOECKER W F，LUX J J，KOOY R J. Energy considerations in hot-gas defrosting of industrial refrigeration coils［J］. ASHRAE transactions，1983，89：549-573.

[13]　阿法拉伐公司培训资料［Z］. 2000.

[14]　伐德鲁斯公司-产品介绍［Z］. 2012.

[15]　连全斌 冷风机选型应用概述 PPT［Z］. 2019.

[16]　郭玮 冷风机选型应用重难点 PPT［Z］. 2019.

[17]　Durkeesox ®杜肯索斯公司-产品介绍［Z］. 2018.

[18]　STEPHAN P. VDI Heat Atlas［M］. 2nd ed.［S. l.］：［s. n.］，2010.

[19]　Parker Intelligent Demand Defrost［Z］. 2017.

[20]　Danfoss IRF China. “安全与效率”丹佛斯工业制冷子系统新型解决方案［Z］. 2019.

[21]　冷库平衡窗工作原理［Z］. 2020.

[22]　干式蒸发器、满液式蒸发器以及降膜式蒸发器的区别与差异［EB/OL］.（2020-10-23）［2022-4-17］. https://bbs.co118.com/thread-10122388-1-1.html.

[23]　GASPAR P D. DA SILVA P D. Handbook of research on advances and applications in refrigeration systems and technologies［M］. Hershey：Engineering Science Reference，2015.

第 5 章

5

冷凝器

5.1 冷凝器概述

冷凝器主要有三种：风冷式、水冷式、蒸发式。

（1）风冷式冷凝器（图 5-1）　通过风机把空气吹在冷凝器盘管翅片上，把制冷剂气体的凝结热排到大气中。这种冷凝器的最新发展，是在冷凝器盘管翅片的旁边加装用于喷水的水管。在制冷系统夏季气温高导致冷凝压力过高的情况下，水管喷嘴便会向冷凝器盘管翅片喷水。换热盘管的湿润增加了冷凝器的换热效率，同时水汽蒸发把盘管内的制冷剂热量带走，从而使冷凝压力明显降低。

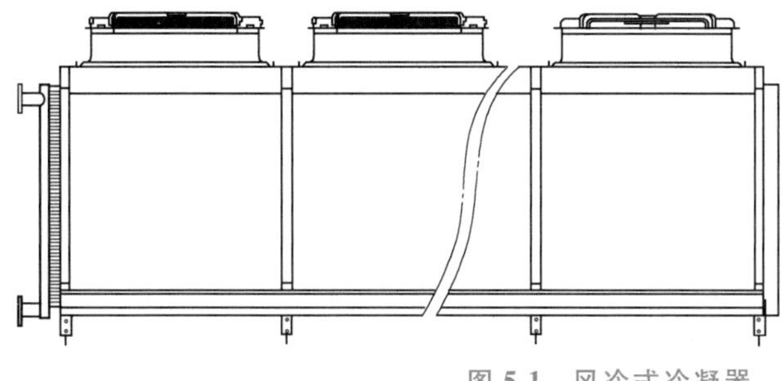

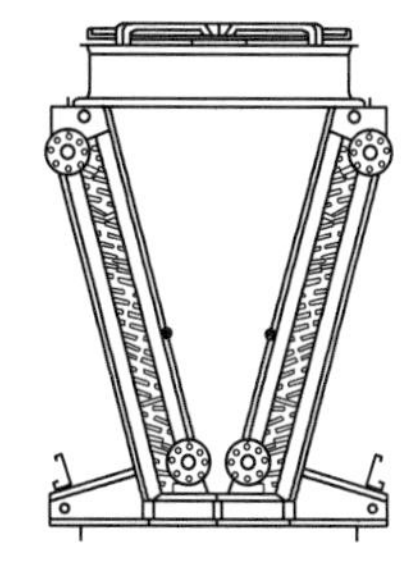

图 5-1　风冷式冷凝器

（2）水冷式冷凝器　制冷剂在壳内管外冷凝，而水经过换热管的内部带走热量。冷凝器的冷却水通过冷凝器被加热，这些温度升高的水在冷却塔冷却，再循环使用。由于这种冷凝器循环水量很大（增加了水泵功耗），容易结垢，而冷却塔通常会增加水泵的扬程（相比蒸发式冷凝器），因此这种形式的冷凝器已经开始退出使用。

（3）蒸发式冷凝器（图 5-2）　蒸发式冷凝器是靠水蒸发带走热量。喷淋下来的水一部分蒸发带走热量，未蒸发的水，被冷凝器中流动的空气冷却，因此，蒸发式冷凝器同时起冷却塔的功能。制冷剂在管内凝结，空气流过时这些管向空气喷洒水。部分水在空气中的蒸发是热量排向大气中的主要过程。

蒸发式冷凝器在工业制冷中的应用很广泛，因为它提供了相对较低的冷凝温度，使运行能耗降低。更重要的是压缩机排出温度可控制在中等温度以下，对氨制冷系统的应用特别有利。维护要求一般不太高。另一方面，蒸发式冷凝器的循环水量大约仅为水冷式的 10%，水泵的能耗可以明显减少。

参考文献［1］曾经把蒸发式冷凝器，与壳管式冷凝器和冷却塔相结合的冷却系统进行对比。结果显示用相同工况下蒸发式冷凝器实现冷凝温度 35℃，而水冷式冷凝器冷凝温度是 40.6℃，即采用蒸发式冷凝器冷凝温度降低了 5.6℃。蒸发式冷凝器的性能优越性在于避免中间

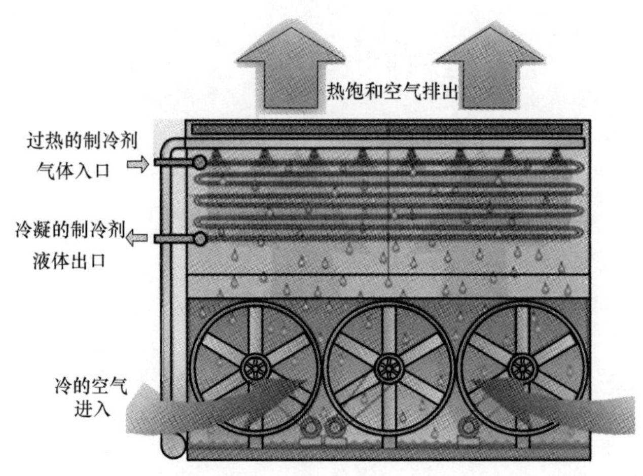

图 5-2　蒸发式冷凝器

介质（冷却塔水）传热过程。使用冷却塔时出水的温度是 28.9℃，而进水的温度只能接近环境湿球温度，即进水温度 35.8℃（图 5-3a 与图 5-3b）。蒸发式冷凝器的传热效果可以使冷凝温度更接近空气的湿球温度。从资金成本来说，蒸发式冷凝器的成本可能小于水冷式冷凝器、冷却塔的造价总和。

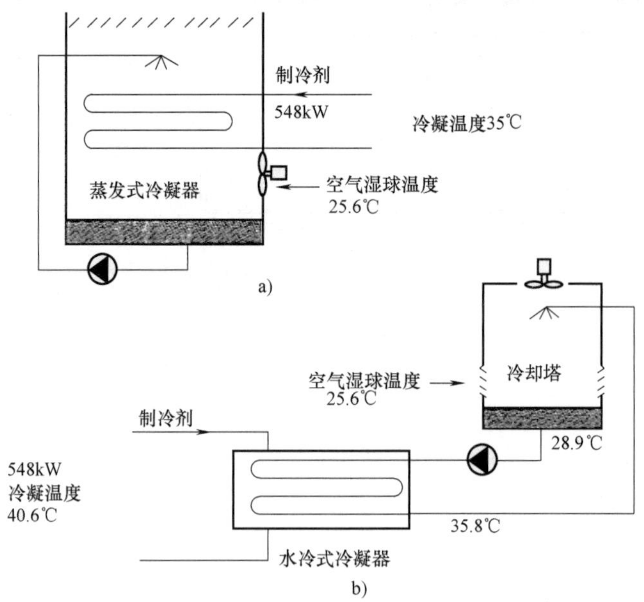

图 5-3　蒸发式冷凝器与水冷式冷凝器和冷却塔的组合冷凝效果比较

因此，本章主要讨论蒸发式冷凝器以及产品的发展，同时还讨论与蒸发式冷凝器相关的自动放空气器设计原理。

5.2　蒸发式冷凝器

蒸发在第 4 章中已经有比较详细的介绍，那么冷凝又是怎么一回事呢？

5.2.1　冷凝过程

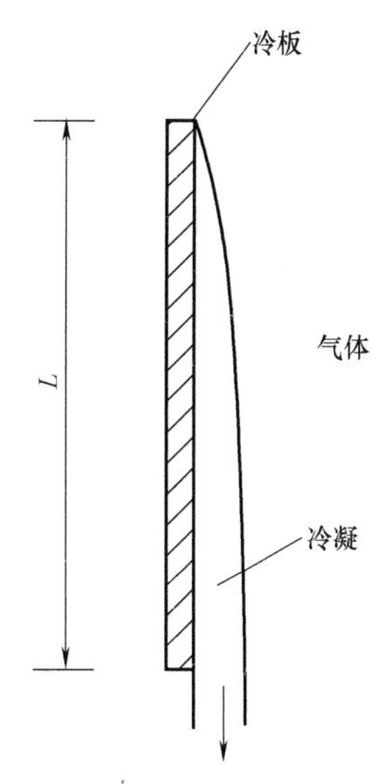

图 5-4　在垂直冷板表面气体冷凝

近一个世纪前，传热学先驱德国物理学家威廉·努塞尔（Wilhelm Nusselt）提出一个数学模型来计算冷凝传热系数。努塞尔设想蒸气凝结在冷的垂直板上，如图 5-4 所示，蒸气凝结在板表面，冷凝液膜逐渐变厚并向下流动。冷凝传热系数考虑了冷凝液膜厚度对导热的影响。努塞尔提出的平均冷凝传热系数表达式为

$$h_c = 0.943\left(\frac{g\rho^2 h_{fg} k^3}{\mu \Delta t L}\right)^{\frac{1}{4}} \tag{5-1}$$

式中　h_c——平均冷凝传热系数［W/(m²·℃)］；

g——重力加速度，数值为 9.81m/s²；

ρ——冷凝液密度（kg/m³）；

h_{fg}——制冷剂的蒸发潜热（kJ/kg）；

k——冷凝液导热系数［W/(m·℃)］；

μ——冷凝液黏度（Pa·s）；

Δt——气体与平板的温差（℃）；

L——垂直平板的长度（m）。

在工业实践中，是否所有的冷凝都发生在垂直板上？事实上，一种非常古老的冷凝器设计就是采用垂直管。在垂直管中水在重力作用下向下流动，这样便于清洗换热表面。制冷剂在垂直管的外表面冷凝。

式（5-1）稍微修改后广泛应用于卧式壳管式冷凝器。垂直列中的管数与管直径的乘积代替平板的垂直长度 L，White 先生试验测试表明平均冷凝传热系数是 0.63W/(m²·℃)，Goto 先生测试是 0.65W/(m²·℃)，因此，直径为 d 的 N 组卧式（原文写的是立式，因为立式已经有表达式，笔者认为可能有误）管的平均冷凝传热系数方程是

$$h_c = 0.64\left(\frac{g\rho^2 h_{fg} k^3}{\mu \Delta t N d}\right)^{1/4} \tag{5-2}$$

式中符号含义同式（5-1）。

用这种冷凝方程，可以对各种制冷剂的冷凝传热系数进行比较。参考文献［5］对冷凝温度 30℃，6 根直径为 25mm 的垂直管束进行试验，得到的冷凝传热系数见表 5-1。氨在管外的冷凝传热系数远远高于卤代烃，大约是卤代烃制冷剂的 5 倍。

表 5-1　几种制冷剂在管外的冷凝传热系数

制冷剂	冷凝传热系数/［W/(m²·℃)］
R22	1142
R134a	1048
氨	5096

5.2.2　排热比

排热比（the heat-rejection ratio，HRR）的定义是：冷凝器所排出的热与蒸发器所吸收的热之比。

可以通过冷凝器与蒸发器的排热比（HRR）计算冷凝负荷（冷凝热）。排热比是蒸发温度与

冷凝温度的函数（图5-5），但也会受到压缩机的类型和其他附加的冷却装置的影响。冷凝器的排热量由两个来源组成：制冷量和提供给压缩机的电力热当量。它在实际使用中的表达形式如下：

$$\mathrm{HRR}=(\text{制冷量}+\text{压缩机功率})\div\text{制冷量} \tag{5-3}$$

蒸发温度和冷凝温度的变化既影响压缩机的制冷量，又影响压缩机对功率的要求。

由逆卡诺循环的知识了解到，理想的HRR等于其冷凝线下的面积，与代表制冷线下的面积之比。即

$$\mathrm{HRR}=T_{\text{冷凝}}\div T_{\text{制冷}} \tag{5-4}$$

式中，温度T是热力学温度（K）。

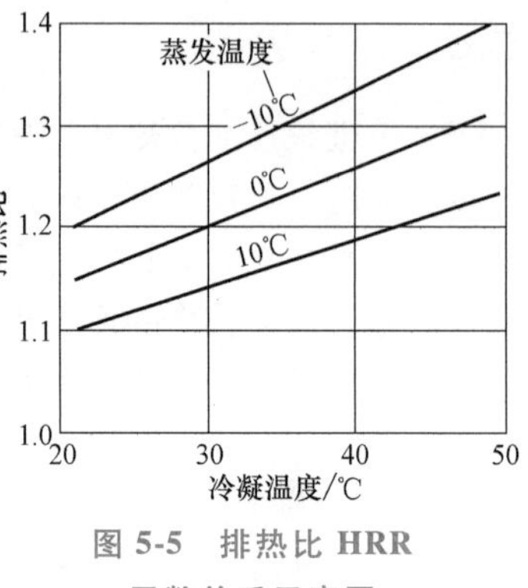

图5-5 排热比HRR函数关系示意图

式（5-4）假定这种循环是100%的效率，式（5-5）为改进的表达方式，在压缩机选型目录中不容易查找的方程式，具体用数据的表示形式如下：

$$\mathrm{HRR}=(T_{\text{冷凝}}\div T_{\text{制冷}})^{1.7} \tag{5-5}$$

【例5-1】 估计冷凝温度是35℃，蒸发温度是0℃这种工况下的排热比HRR。

解：在蒸发温度是273.1K和冷凝温度是308.1K时，估计排热比HRR是

$$\mathrm{HRR}=(308.1\div273.1)^{1.7}=1.23$$

5.2.3 管内冷凝

在空气冷却和蒸发式冷凝器中，制冷剂在管内冷凝。冷凝的机理是复杂的，当制冷剂通过冷凝管时，流动状态连续改变。即制冷剂以过热蒸气的状态进入管内后，冷凝立即开始，制冷剂蒸气被冷凝成雾状，随后，在流动中转换为环状，然后液体分层沿管的底部流动。在冷凝管的末端附近，流动状态的特点是堵塞状。图5-6显示了整条管的传热系数相对值。在管的入口处，其过热气体的传热系数是低的，这是与气体对流换热的结果。一旦表面凝结开始，传热系数就开始增大，通常在环流的时候达到最高值。然后，随着越来越多的冷凝液体与气体一起流动，可用于冷凝的表面减少。在冷凝管的末端附近，传热系数下降至相当低的水平，因为对流换热使气体变为液体的过程已经接近尾声。

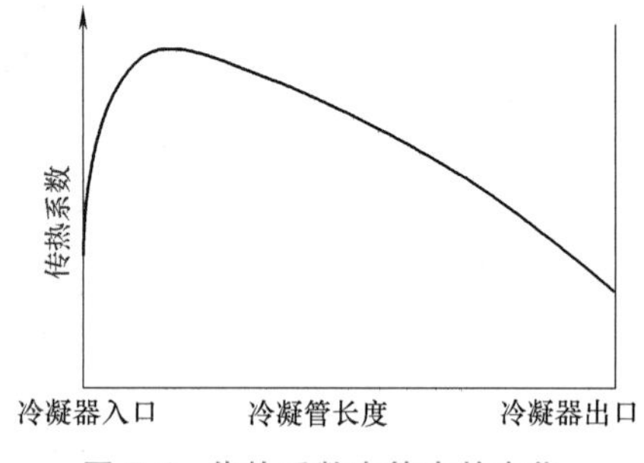

图5-6 传热系数在管内的变化

接近冷凝管末端时，所有或大部分的气体已经凝结，导致传热系数降低，这与冷凝器生产厂家设计的模式有关。这种设计的目的是，由于进入蒸发式冷凝器的液体占用了传热面积，使液体进入过冷的模式，因此传热系数较低。

5.2.4 湿球温度对蒸发式冷凝器排热能力的影响

湿球温度对蒸发式冷凝器的排热能力的影响起主导作用。图5-7所示是在冷凝温度和湿球温度发生变化时，一台氨蒸发式冷凝器排热能力的变化。这种能力是相对于一台冷凝温度为35℃和湿球温度为25℃的冷凝器运行时的变化。趋势是在给定的湿球温度时，随着冷凝温度升高，

排热能力增加。此外，在给定的冷凝温度时其排热能力增加，湿球温度会降低。

图 5-8 表示制冷剂的冷凝温度与进入空气的湿球温度之间的温差，会影响蒸发式冷凝器的排热能力。但排热能力与温度差成正比这样的假设是不成立的。风冷式冷凝器的传热率与制冷剂的冷凝温度和进入空气的干球温度之间的温度差成比例。水冷式冷凝器的排热能力也与制冷剂冷凝温度和入水之间的温度差成正比。而对于蒸发式冷凝器，如图 5-8 所示，是温度等级和温度差影响这种排热能力。图 5-8 中数据变化表明，蒸发式冷凝器在制冷剂的冷凝温度和环境湿球温度之间存在一定的排热能力，例如，制冷剂的冷凝温度 40℃ 而环境湿球温度 25℃ 的冷凝器排热能力，会大于相同温度差在冷凝温度 30℃ 和环境湿球温度 15℃ 冷凝器的排热能力。

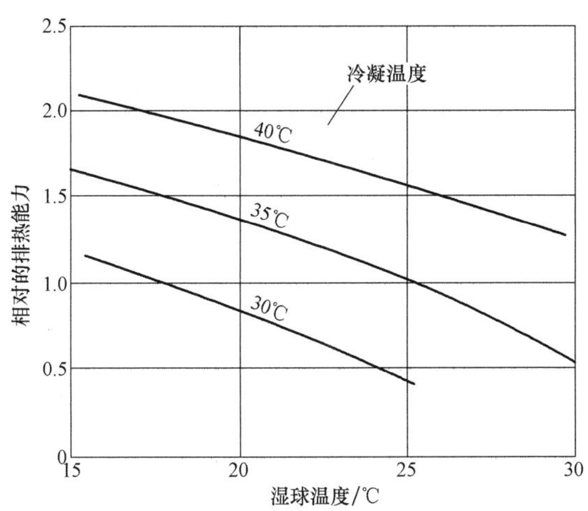

图 5-7　不同冷凝温度和湿球温度下氨蒸发式冷凝器相对排热能力
（参考点是 35℃ 冷凝温度和 25℃ 湿球温度）

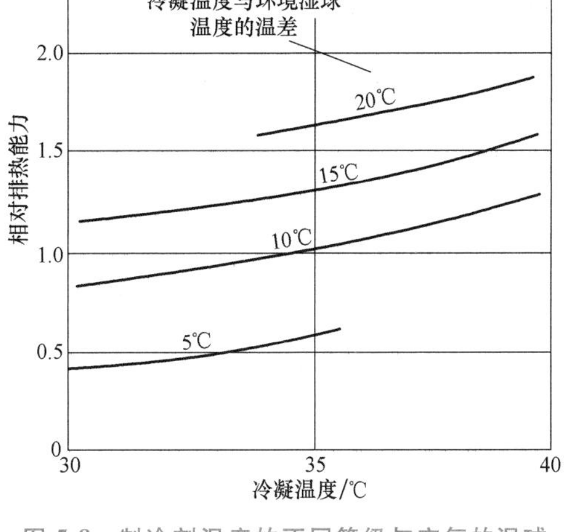

图 5-8　制冷剂温度的不同等级与空气的湿球温度之间的温差对排热能力的影响

蒸发式冷凝器中的主要传热机理是利用冷凝管上的水蒸发带走制冷剂冷凝过程放出的热量。而水的蒸发速率与管上液态水的水蒸气压力和环绕冷凝管的饱和空气中的水蒸气压力成正比。

大多数蒸发式冷凝器的排热风扇采用轴流风机优先于离心式风机。顶部的挡水板避免水滴从冷凝器中吹走。所有的冷凝器都配有排污装置，因为喷淋水中的矿物质浓度不应过高，所以当冷凝器不运行时，需要定期排放矿物质浓度高的污水。

5.2.5　蒸发式冷凝器的选型方法

大部分蒸发式冷凝器的选型是通过选型目录进行的。

一台高效的蒸发式冷凝器的设计，需要优化许多参数，包括管尺寸、管长度、管间距、制冷剂循环、空气流量、冷凝器的箱体尺寸、喷淋水流量。制冷剂的传热原理、湿表面传热原理是蒸发式冷凝器的设计需要掌握的基本知识，同时设计还需要理解影响蒸发式冷凝器排热能力的三个变量——湿球温度、空气流量、喷淋水流量的变化规律。

一些蒸发式冷凝器的早期设计数据如下（供参考）：

1） $1m^2$ 蒸发式冷凝器的传热面积排热量：4kW。

2） 1kW 排热量需要的喷雾水循环流量：0.018L/s。

3） 1kW 排热量需要的循环风量：$0.03m^3/s$。

4） 通过冷凝器的风压降：250~375Pa。

5）1kW 排热量需要的蒸发水量：1.5L/h。

以上数据是蒸发式冷凝器在20世纪80年代的设计数据。随着产品开发的速度和技术的进步，生产厂家利用产品的测试平台，制定出更加合理的换热管的布置，以及喷雾水循环流量和循环风量。

一般情况下，制造厂家根据自己的产品特点，每个产品系列对应不同的制冷剂、不同的冷凝温度以及不同的湿球温度，制定出不同的标准排热能力。用户或设计人员可以根据制造厂家提供的产品选型目录，选择出适合系统的蒸发式冷凝器型号和数量。通常的选型步骤如下：

1）确定设计条件、冷凝温度和湿球温度。

2）确定系统所需的总排热量，总排热量=压缩机制冷量+电动机耗功。

3）根据排热系数图表（由冷凝温度和湿球温度确定）查出负荷修正系数。

4）系统的总排热量乘以排热系数，确定修正后的排热负荷，选择合适的型号。

如何确定压缩机的制冷量似乎不是一个问题，问题是压缩机的制冷量由哪一个蒸发温度确定。因为压缩机的每一个蒸发温度，对应的制冷量是不同的，这对于肉类的速冻加工确实是一个不容易回答的问题。对于普通的冻结物冷藏间或者冷藏物冷藏间，一般把压缩机设置的最低蒸发温度对应的制冷量作为压缩机的制冷量，这是因为在这些冷藏间中设定的温度波动范围不大，通常也就是±(2~3)℃，要知道压缩机的这个制冷量是指平均制冷量，因此在温度波动范围不大的情况下，这种选择是可以的。

例如以一台螺杆压缩机 OSNA8591-K 为例，使用的是氨制冷剂。在冷凝温度35℃，蒸发温度-28℃±2℃时，直接从这台压缩机的选型软件（采用中间补气方式）可知，它的冷凝负荷在蒸发温度-28℃时是182.5kW，最大和最小的冷凝负荷在165.7~200kW之间。以182.5kW为基础，它的变化范围为±9.5%左右。根据笔者了解，这种工业产品的实际测定数据与产品额定数据一般有5%~10%的余量，以压缩机的蒸发温度-28℃选取的冷凝负荷是可以接受的范围。

如果压缩机用于冻结食品，需要冻结的猪肉从25℃开始降温。假定降温的蒸发温度是从25℃开始计算，采用冷风机吹风冻结，当猪肉完成冻结时的中心温度达-15℃，温度每变化5℃，每公斤猪肉所消耗的能量变化曲线大致如图5-9所示。

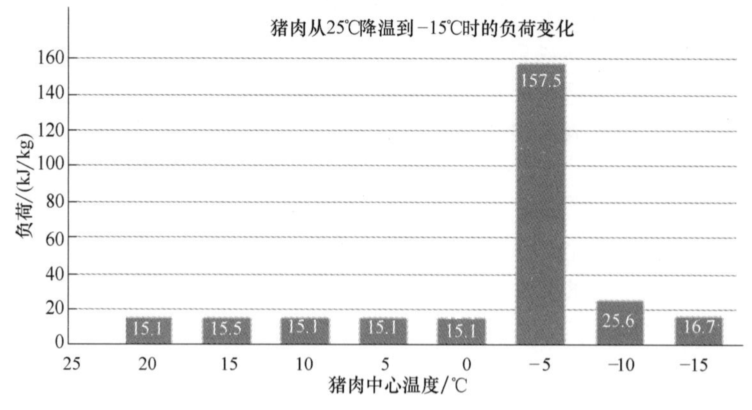

图5-9　冻结过程中的耗能量变化

猪肉的冰冻点在-2.2~-1.7℃之间，从参考文献［1］中可以查出，1kg猪肉从25℃到0℃每冷却5℃时，所需要冷却的焓值在15.1~15.5kJ之间，而从0℃冻结到-5℃所需要冷却的焓值是157.5kJ。通过猪肉的冰点后需要冷却的焓值下降，-5℃到-10℃冷却的焓值是25.6kJ，-10℃到-15℃焓值是16.7kJ。显然通过食品的冰冻点的负荷是最大的。这是由于在这个温度区间，是食品的显热与潜热的共同叠加。在工程选型上，通常把冻结食品通过冰冻点的蒸发温度范围，定义为压缩机冷凝负荷的选择范围。不同的冻结方法有不同的蒸发温度，例如将采用螺旋速冻机和采用平板冻结比较，这个过冰冻点的蒸发温度会相差 20~25℃。应该说，食品冻结初期的冷凝负荷是最大的，但是，这段时间不长。如果这种负荷实在太大而影响压缩机的运行（冷凝压力太高），可以控制压缩机上载百分比；如果是采用直接膨胀供液，可以采用限制蒸发器的最大工作压力（maximum operating pressure）的 MOP 膨胀阀。这些都是解决速冻冷凝负荷初期过大的办法。

在工程实际过程中，确定压缩机的这个过冰冻点的蒸发温度一般有两种方法：

1）蒸发温度倒推法。以速冻饺子为例，采用螺旋速冻机进行冻结。饺子的主要成分是猪肉，在完成冻结时，压缩机的蒸发温度为-42℃，而饺子的中心温度是-15℃，两者相差 27℃。假如饺子经过冰冻点的温度是-3℃（因为饺子除了猪肉外，还有面粉和水及调味料等），那么压缩机选取的经过冰冻点的蒸发温度是-(27+3)℃=-30℃。如果采用螺杆压缩机 OSNA8591-K 进行冻结，压缩机（带经济器）在冷凝温度 35℃、蒸发温度-30℃的冷凝负荷是 192.8kW。

2）冻结温度曲线推算法（图 5-10）。如果采用立式平板速冻机冻结分割猪肉（这种冻结方法在欧美一些国家非常流行，见图 5-11），在被冻结的猪肉中放入测量温度的探头。在冻结阶段的初期，温度下降很快，但到达某个温度范围，这条曲线几乎是一条直线，这条直线的时间段占了整个冻结时间的 1/3 以上。设计时要找到在这段时间内压缩机运行的蒸发温度对应的冷凝负荷，比如该段时间运行的蒸发温度是-10℃，如果采用上述压缩机（带经济器）在冷凝温度 35℃下对应的冷凝负荷是 444kW。

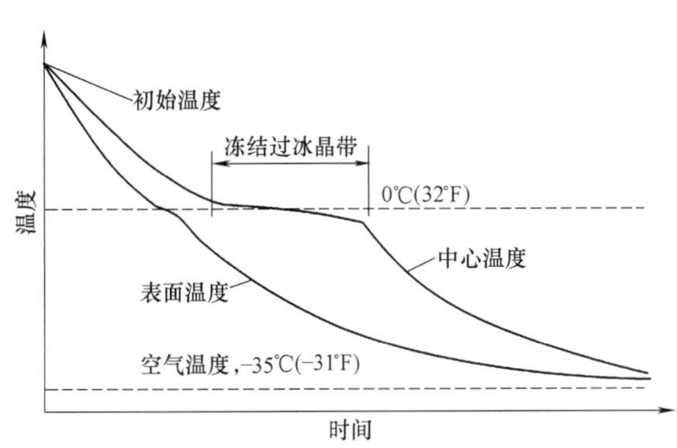

图 5-10　在冻结过程中产品的表面温度与中心温度

图 5-11　用于速冻分割猪肉的立式平板速冻机

以上两种计算法代表了现有的一些冻结模式。前一种方法用于螺旋速冻机、速冻隧道等速冻温度比较稳定的速冻工况。笔者按冻结的最终蒸发温度（比如按-42~-40℃），选择对应的压缩机型号能满足的情况下，一般采用的蒸发温度为-33~-30℃来进行计算，即按已经选择的压缩机在-33~-30℃的工况下对应的负荷，来确定低压循环桶的负荷以及冷凝负荷。而后一种方法（冻结模式）代表采用直接接触速冻工具，如平板速冻机、浸泡冻结等，其压缩机的选择是按前面一种方法，但是蒸发温度和冷凝负荷计算，是按冻结产品过冰冻点的温度进行的。而传统的速冻间冻结，所选择的冷凝负荷是在前面提到的这两者之间，根据蒸发器的形式和布置方式再确定冷凝负荷的。这是笔者在实践中采用的方法。

压缩机冷凝负荷的选择，还与制冷系统的压缩机数量选择有关，系统越大，选取压缩机的数量越多。在统计了系统的总冷凝负荷后，还要乘以系统同时使用系数。因为在系统设计时，一般是根据系统的最大使用负荷进行设计，而系统实际上大部分时间都不是在最大使用负荷下运行。系统同时使用系数根据不同的条件一般在0.8~0.98之间，这个参数需要设计人员与用户充分沟通，才能合理地确定。

5.2.6 蒸发式冷凝器的循环水参数

由于蒸发式冷凝器使用的是循环水，这些水含有一定的矿物质，水在蒸发式冷凝器的运行中不断蒸发，因此这些循环水中的矿物质浓度会随着运行时间的增加而增加。需要定期排放循环水，补充新鲜水。对于高质量的补给水，排放速率可以低至蒸发率的50%，因此总的蒸发速率和排放速率可达每千瓦排热2.2L/h。早期喷淋水流动量很低，约为0.68L/(s·m^2)，但这个数值逐渐攀升，最高每平方米可达4.1L/(s·m^2)，以实现良好的喷淋效果。如果喷雾水流量过高，超过实际的限制，就会限制空气循环流量。

5.2.7 排热量的控制

1. 排热量控制的原因

控制排热量意味着减少冷凝器的排热量。为什么应该降低冷凝器的排热量？当冷凝器全速运转时，冷凝温度会随湿球温度的下降而降低，因此压缩机功率也会降低。冷凝器运行模式一般推荐的是满负荷运行，直到冷凝温度下降到出现下列一个或多个现象：

1）冷凝压力太低，不能满足膨胀阀的供液。如果供液的压力太低，膨胀阀将无法通过足够的制冷剂，使蒸发盘管的能力下降。

2）融霜压力太低，不能满足融霜效果。为了融霜，盘管的融霜气体的饱和温度必须高于0℃。对氨的蒸发盘管的测试表明，融霜气体的饱和温度应达到15℃以上，使产生在蒸发盘管内的饱和温度约为10℃。欧美国家的冷库无人操作时，工厂操作人员会设定最低冷凝温度为15℃。

3）如果冷冻厂使用的是螺杆压缩机，当冷凝温度高于设定值时，可通过直接喷入制冷剂来冷却润滑油，此时制冷剂液体的压力必须足够高，才能将足够的液体喷入压缩机。当冷凝温度低于设定值时，不会喷液。这种压缩机在国内的应用不多。

4）进一步降低冷凝温度导致压缩机所节约的功率，可能小于泵与冷凝器风扇电动机所节约的功率之和。

5）如果使用的是不带油泵（利用压差上载）的螺杆压缩机，冷凝压力太低会导致无法建立足够的压差，而使压缩机无法正常开机。

2. 提高冷凝压力的办法

上述冷凝压力过低的情况一般出现在冬季，特别是在我国的北方和西北地区。在这种情况下，需要适当提高冷凝压力，对此，不同品牌的螺杆压缩机和不同的制冷工质都会有不同的要求。对于氨制冷系统，笔者参考了国外的一些设计图样和要求，冷凝压力一般设置在8~10bar（表压），而卤代烃系统根据不同的制冷剂一般控制在冷凝温度22~25℃所对应的冷凝压力。对于要求具有热气融霜功能的系统，需要设置较高的冷凝压力。笔者在北京、山东和上海地区设计建造的制冷系统都是按这种方式设置的。

适当提高冷凝压力的方法有以下几种：

1）在制冷系统的排气总管设置压力调节阀（保证阀前压力）。当冬季来临时，当地气温下降到某个温度，压力调节阀的电磁导阀关闭，让排气系统进入排气压力恒定的范围。这种方法用于解决不带油泵的螺杆压缩机压差上载问题和热气融霜压力过低问题。

2）在制冷系统的高压系统设置压力控制器（即在高压贮液器安装压力表的位置并联压力控

制器），同时蒸发式冷凝器的风机电动机使用变频电动机（通常蒸发式冷凝器的风机电动机功率大于水泵电动机功率）。在气温高于 0℃时，降低风机转速甚至只是开水泵淋水，风机停止运行；当气温低于 0℃时，停止水泵运行，只开风机。这种方法能够解决供液压力过低的问题，而且还很节能，如图 5-12 所示。

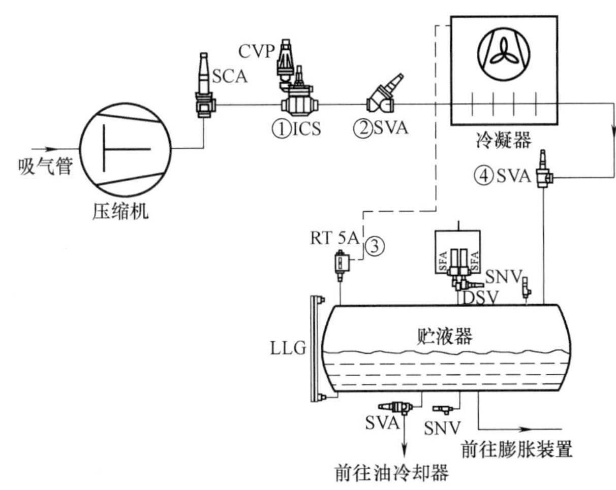

图 5-12　制冷系统的排气总管设置压力调节阀以及设置压力控制

①—压力调节阀　②、④—截止阀　③—压力控制器

3）减少蒸发式冷凝器的运行数量。

3. 减少冷凝器排热量的方法

减少冷凝器排热量的两种主要方法是减少循环喷淋水流量或风机循环气流的流量。

（1）减少循环喷淋水流量　通过调节阀减少喷淋水流量，或减少泵电动机的速度将降低冷凝器的传热能力。测试表明，它的正常运行点附近的冷凝能力，随着喷淋水流量的 0.22 次方变化，即

$$冷凝器排热量=(常数)(喷淋水流量)^{0.22} \tag{5-6}$$

因此，如果喷淋水流量减少 20%，冷凝器的排热量将降至原始值的 95%。在较低流速，排热量的下降更为急剧，直到完全中断喷淋水流量，干燥运行的冷凝器的排热量显著下降。

通常不推荐减少喷淋水流量。如果流量下降远低于设计值，管道表面可能会交替干燥和潮湿，结果造成管的金属表面过度收缩与膨胀。避免过度收缩与膨胀可以避免循环泵的反复开停循环。水泵频繁停机和起动会加速电动机的磨损。

（2）排热量控制与风量变化　冷凝器排热量与循环风量的关系式与式（5-6）相似，即

$$冷凝器排热量=(常数)(循环风量)^{0.48} \tag{5-7}$$

湿球温度下循环风量对蒸发式冷凝器排热量的影响如图 5-13 所示。例如，循环风量减少了 50%，在给定的冷凝温度和湿球温度的基础上，冷凝器的排热能力是原来值的 72%。另一方面，某冷凝器制造商提供的数据表明，气流速度的减小将导致排热量只有额定排热量的 58%。可以调节气流速度

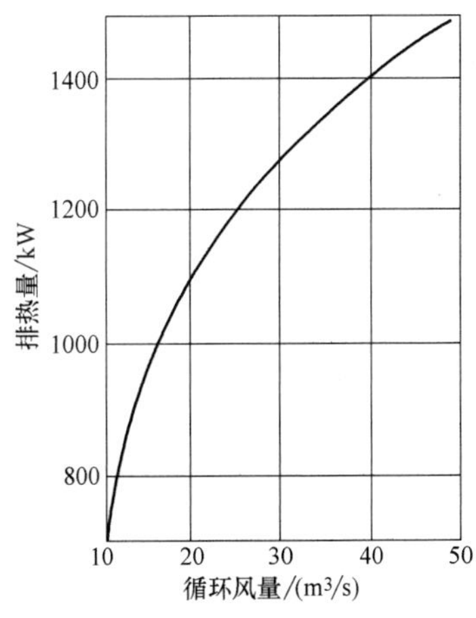

图 5-13　湿球温度下循环风量对蒸发式冷凝器排热量的影响

的设备和方法有：

1）变频驱动的风机电动机。

2）双速风机电动机。

3）伺服电动机。

4）风机调速器。

5）单级风机循环。

6）有多台风机的蒸发式冷凝器，关闭其中一台风机。

最新研究的带翅片的蒸发式冷凝器采用部分喷淋、部分风冷的形式，甚至完全风冷的形式，解决在缺水地区蒸发式冷凝器的使用问题。

5.2.8　蒸发式冷凝器的发展

蒸发式冷凝器的传热模式相对于蒸发器没有大的变化。一般情况下，蒸发式冷凝器的换热盘管模式确定后，设备的循环风量和喷淋水流量都相对固定了。只要确定冷凝温度和空气中的相对湿度，其排热能力也就可以确定了。但经过科研人员的努力和测试，还是研制出不少蒸发式冷凝器新产品。

业内普遍认知的传热盘管由圆管演变成椭圆管。椭圆形的管子可以排列得更加紧凑，从而在同等空间内获得比圆管更大的盘管表面积；也同时具有更小的空气阻力，允许有更大的循环水量（图5-14）。这种椭圆盘管构成的蒸发式冷凝器型号通常称为ATC-E型。这种蒸发式冷凝器在国内大量使用。

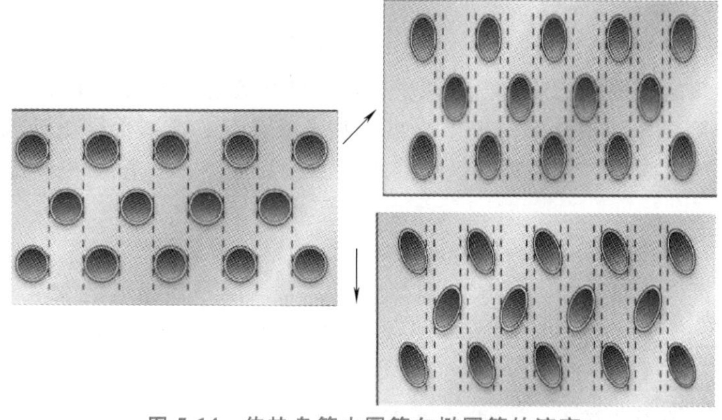

图5-14　传热盘管由圆管向椭圆管的演变

这家公司为了进一步提高蒸发冷却能力和干冷能力，又研发了一种名为Ellipti-fin™的独特的螺旋翅片管（带内螺纹）盘管技术。螺旋翅片管比普通翅片圆管具有更小的空气阻力，从而节省用水和减少能耗（图5-15）。这种盘管构成了新型的eco-ATC蒸发式冷凝器。

图5-15　Ellipti-fin™ 螺旋翅片管蒸发盘管

在 eco-ATC 蒸发式冷凝器的基础上，为了节约用水，在螺旋翅片管（带内螺纹）盘管和挡水板的上方，又增加了一组带铝翅片的不锈钢盘管（图 5-16），使这种蒸发式冷凝器能完全在干式状态下运行，这种蒸发式冷凝器的系列号为 ATC-DC-EF 型（图 5-17）。这种设备在美国 Wichita KS（堪萨斯州威奇托市）附近的一家肉制品加工厂进行每天 24h 运行测试，用三种不同系列的蒸发式冷凝器比较，冷凝温度 35℃，湿球温度 25.6℃，得出的运行比较结果见表 5-2～表 5-4。目前，这家公司在国内的生产线已经开始生产这种产品，并接受用户的订货。

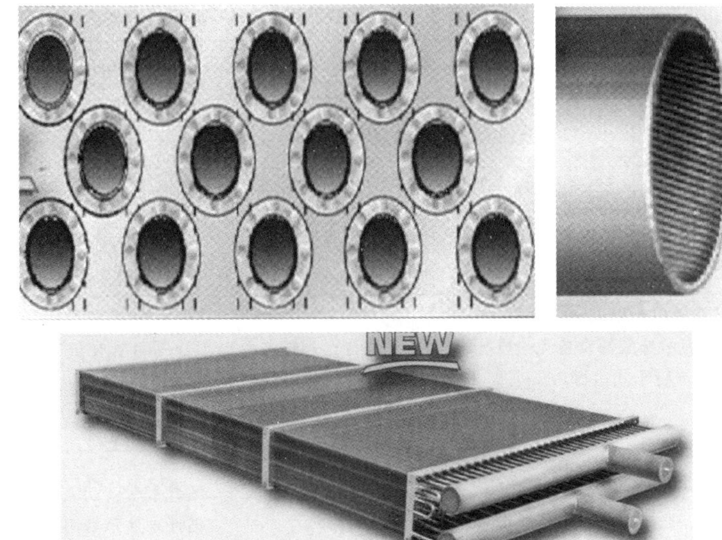

图 5-16　**ARID fin Pak™** 新型蒸发盘管示意图

（安装在 Ellipti-fin™ 椭圆管蒸发盘管和挡水板的上方）

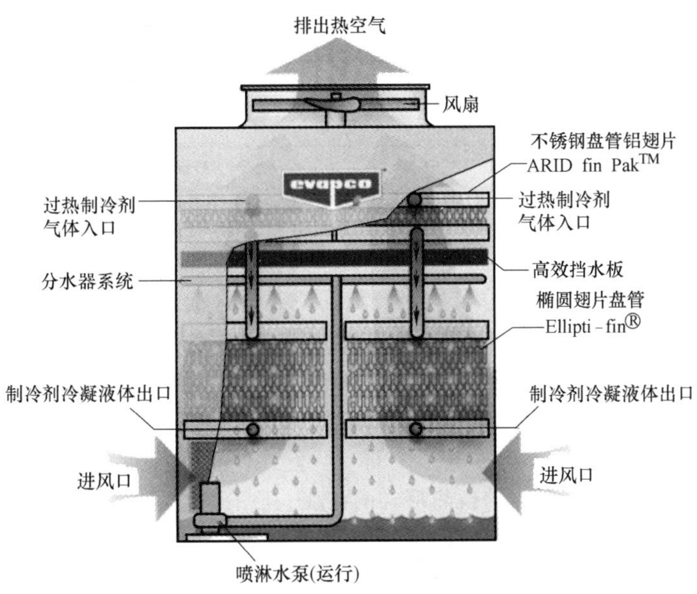

图 5-17　**ATC-DC-EF** 型蒸发式冷凝器（湿式）运行

（喷淋水泵停止时为干式运行）

表 5-2　不同系列的蒸发式冷凝器的参数比较

型号	ATC-559E	eco-ATC-562A	ATC-DC-1218M-35-2EF
设备尺寸	12ft×12ft	12ft×18ft	12ft×18ft
风扇电动机	225kW	225kW	225kW
水泵电动机	37.5kW	56.25kW	56.25kW

注：原文献的设置单位采用英制。1ft=30.48cm。

表 5-3　干式运行比较

型号	设计冷吨/TR (R717)	干球温度开关点/℉		
		100%	75%	50%
		409TR	307TR	205TR
ATC-559E	397	-29.3	1.2	32.3
eco-ATC-562A	399	-1.7	21.2	46.6
ATC-DC-1218M-35-2EF	409	45	57	70

注：1. 原文献的设置单位采用英制。
2. 表中的100%表示选取的设备完全在干式状态下运行；75%表示有75%的盘管在进行干式运行；50%表示有50%的盘管在进行干式运行。

表 5-4　运行费用比较

地址:威奇托市
冷凝温度:96.2℉
湿球温度:78℉
制冷剂:氨

计划使用项目:牛肉
工作日:5天
周末:2天
水循环浓度:4天/次

预计水费:0.0028美元/加仑
预计水处理费用:0.0031美元/加仑
电费:0.0637美元/(kW·h)

使用冷凝器型号 数量 干球温度开关点/℉	ATC-559E 1台 -28.42	eco-ATC-562A 1台 1.22	ATC-DC-1218M-35-2EF 1台 45
每年总水量/加仑	3598010	3245607	733372
每年总的水费/美元	23271	20992	4710
每年能源消耗/kW·h	51777	59433	52064
每年总的能源费用/美元	3298	3786	3316
总的预计运行费用/美元	26569	24778	8026

注：表中为美制加仑，1加仑（gal）=3.785升（L）

从上述的数据分析看出，在湿球温度比较低的地区，这种新型的蒸发式冷凝器比传统的蒸发式冷凝器在运行费用上要节省75%以上。适合在我国北方、西北地区使用，特别是缺水的地区，以及工程的制冷量比较大，完全干式运行解决不了的制冷项目。使用这种设备的前提是：环境污染比较轻，配套有水处理设备。否则环境和水中的污垢很容易把换热盘管上的翅片堵死，使换热效果急速下降。

当然，由于新型蒸发式冷凝器的换热形式的改变，原有的换热计算公式有些已经不再适用，需要完整的理论数据的支持和试验平台的反复测试，才能推向市场。

5.2.9　蒸发式冷凝器的安装位置

蒸发式冷凝器的安装位置，一般在生产厂家的选型手册中会有详细说明。在这些冷凝器选址时，有两个主要问题需要注意：一是气流的流动不应受限制；二是防止相同或其他冷凝器部分循环风量短路重新进入冷凝器。再循环（短路）的风量进入冷凝器，带来的结果就是进入的空气湿球温度高于环境湿球温度。

5.2.10 冷凝器的放空气

制冷系统在安装和维修期间未能把空气彻底抽尽；在添加制冷剂和润滑油时操作不严格，有空气进入系统；在蒸发压力接近甚至低于于 0MPa（表压）的低温冷库（-26℃库温的制冷系统）和几乎所有的冻结物速冻系统，空气会从低压系统设备的轴封或阀门填料的间隙渗入；制冷剂和润滑油的分解都会产生不能冷凝的气体。这些不凝性气体对制冷系统产生的危害相当大，除了使冷凝压力升高和排气温度升高外，还会对系统的设备和管道造成腐蚀。如果系统中这些不凝性气体达到一定程度，还会使制冷系统降温困难，甚至无法达到设计温度，同时也造成能耗增大。

冷凝器中不凝性气体的存在提高了冷凝压力，使系统冷凝性能降低。不凝性气体增加了制冷剂气体的分压，从而提高了压缩机的工作压力。另一方面，由于不凝性气体占据了冷凝管表面面积，增加了热阻，从而降低了制冷剂传热系数。

那么制冷系统排放不凝性气体的最佳位置在什么地方？答案是很明显的，也就是在制冷系统高压部分的最高管段，基本上也就是在冷凝器的进气管的水平管段（图 5-18）。在系统正常工作工况下不能直接在这段管排放空气，原因是制冷系统运行时这段管的气体流速在 13～16m/s，不管是通过放空气器还是直接排放，都有相当的危险性。而在系统停止运行时由于放空气器没有压缩机的吸气作用，也不能从这段管有效分离排出的气体。实际上，从这段管直接引到自动放空气器来放空气是没有意义的。

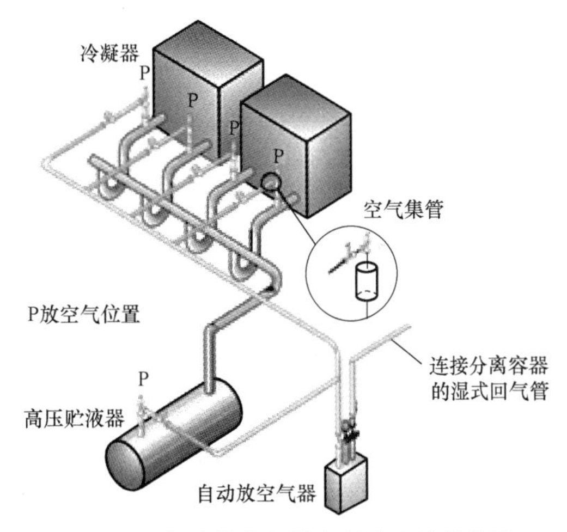

图 5-18 自动放空气器在制冷系统的连接

因此，比较有效的办法是在系统高压部分停止运行十多分钟后，高压部分的空气一般会聚集在冷凝器进气管的水平管段。这时将这段管顶部所设的放气阀，接上高压软管并把软管放入水中，再把放气管的截止阀慢慢松开三四圈，把系统的空气直接放到水中，直到闻到有氨气味再关闭阀门为止。但这种操作模式不太方便，操作的阀门位置高，而且每次放空气要等到高压系统停止运行才能进行，也有一定的危险性；还有手动阀门开的次数多了也容易产生泄漏。在蒸发式冷凝器的进气管进行放空气是不提倡的危险办法，只有在制冷系统空气量实在是非常多，使用自动放空气器排气后，制冷系统还不能正常开机降温的情况下，才需要由两名以上熟练的操作人员来进行这种放空气的工作。制冷系统出现这种情况多数是因为系统刚刚投产，系统的抽真空程序没有认真执行，或者是在大规模的速冻系统中，系统的老化或系统中有许多的泄漏点（如阀门、设备维修等原因）。

制冷系统排放不凝性气体的第二个位置，是在蒸发式冷凝器的出液水平管段。该管段以液体流动为主，流速一般在 1m/s，不凝性气体是以气泡的形式混入液体制冷剂中，因此这里的放空气可以在系统运行时利用放空气器连续排放。通常的做法是在冷凝器的出液水平管段顶部，接一垂直管再接放气阀，再连接到放空气器排放（图 5-18）。这种连接方法还是有需要改进的地方，原因是这里的空气以气泡的形式出现，需要有一个收集的过程才容易排放。由于用于放气的垂直管的容积小，收集的量太少，以致出现放气难的现象。因此可以在这段垂直管再接一个集气包，如图 5-19 所示，其实是用一段 40~50cm 的直径 108mm 无缝钢管两端接上封头，封头中间开孔而成。由于放空气是轮换进行的，因此在轮候期间集气包不断地把液体制冷剂中的气泡收集起来，以便在放空气时可以顺利地排放。

图 5-19　蒸发式冷凝器的出液水平管段的集气包

排放不凝性气体的第三个位置是在高压贮液器。一般的制冷系统往往都会设置两台或两台以上的蒸发式冷凝器，而两台或两台以上的蒸发式冷凝器的出液到高压贮液器之前都会经过存液弯，因此能到达高压贮液器的空气并不多。但仍然需要在这里设置放空气点（图 5-20），这里就不详细讨论了。

上述的三个位置是排放不凝性气体最常见的地方。由于系统空气最多的位置不能经常排放，特别是对于长期运行在负压系统的速冻加工厂，空气随着速冻生产的运行不停地渗入。设置好排放不凝性气体的装备，认真执行放空气措施，可使运行能耗明显降低。

国内生产的放空气器除了手动型外，在 20 世纪 80 年代初还生产了第一代自动型放空气器（图 5-21）。从这以后 30 多年，再也没有生产出新一代的放空气器（虽然有生产厂家也在自动控制编程上做过一些改进，但放空气器的内部结构没有发生变化，不能算是新一代）。因此需要在这方面做出新的改进，以提高放空气的质量。

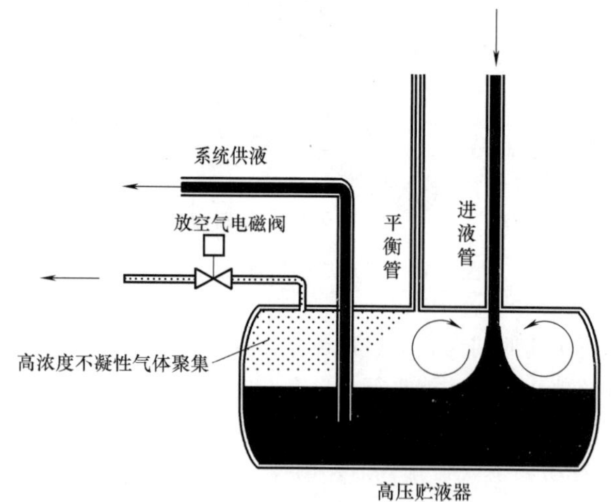

图 5-20　高压贮液器的放空气点位置

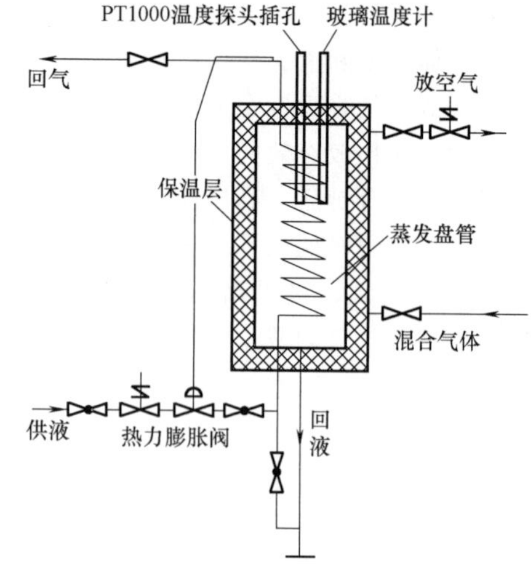

图 5-21　国产自动放空气器示意图

国产放空气器存在的主要问题：首先，混合气体进入放空气器没有经过充分的洗涤，因此空气很可能没有从混合气体中分离出来；其次，用于冷却供液的膨胀阀是手动的，没有过热度的控制，即控制不准确，经常带液运行；最后，只是依靠放空气侧的温度来确定打开放空气电磁阀，只要放空气侧的温度达到设定的温度值就开始放空气。

放空气的位置不合适，有可能该处没有空气，因此有时放出来的可能只是氨气。由于这种放空气器没有达到预期的效果，很多情况下就成了一种摆设。笔者到许多冷冻厂了解过，除非系统确实存有很多的空气，用这种设备才能放出一些空气，在全年运行过程里，这种设备大部分时间都起不到应有的作用。我国目前使用的冷链物流冷库，这种情况非常普遍。

系统中的空气过多，造成冷凝压力运行偏高，全年累计造成能源的浪费很大，这是国内业内急需解决的问题。如果使用进口的自动型放空气器，效果确实很明显，但使用的用户不多，原因是价格太高。如果冷库的经营者知道，购买这种自动型放空气器，投资能在两三年内从节省的电费回收，相信他会投资这种设备。笔者这里选取了一家比较著名的厂家公开的资料，对其空气分离原理进行详细分析（不同厂商的设备原理大同小异）。

放空气的原理关键是

制冷系统的冷凝压力=制冷剂分压力+不凝性气体分压力

例如在氨制冷系统，冷凝温度 35℃时，如果压力表显示的压力是 14bar（表压），那么这些不凝性气体分压力=(14−12.5)bar=1.5bar（12.5bar 是氨在 35℃时对应的饱和表压力）。把制冷剂气体放进自动型放空气器内，如果制冷剂气体中没有不凝性气体，那么放空气器内的压力与要放空气设备的饱和蒸发压力是基本一致的。如果进入放空气器内的气体含有部分不凝性气体，那么这些不凝性气体有对应的分压力，空气的分压力不会因为放空气器内的蒸发器冷却而明显下降，但混合气体中的制冷剂气体会因为冷却而变为液体。

随着这些不凝性气体积累越多，放空气器内不凝性气体的分压力越大。当这种压力达到压力传感器的设定值 p_1 时，打开放空气的电磁阀，开始放空气。当放空气器内的不凝性气体减少时，压力也就减小。当压力减小到压力传感器的设定值 p_2（接近对应的饱和蒸发压力，因为存在传热温差，不能使用对应的饱和蒸发压力）时，关闭放空气的电磁阀，完成整个放空气过程。放空气器就是利用这个原理实现不凝性气体的排放。

整个放空气过程如下：图 5-22 所示混合气体进入自动放空气器时，首先经过排液集管，如果这些混合气体含有液体，会自动落下到排液集管中，形成液封。混合气体不会通过这个通道进入分离容器，从而保证进入换热器的是完全不带液的气体。这一点很重要，因为在设计这台放空气器时，用于洗涤气体的换热器的冷却面积，与供液给换热器的节流孔相配套。如果没有经过排液集管，就会使大量的高压液体进入换热器（请记住不凝性气体一般不会在高压液体中存在，这些气体只存在混合气体中），从而超过了换热器的洗涤和分离能力，造成恶性循环，很容易把制冷剂的液体放出来。进入换热器的混合气体，由于冷却器的冷却，制冷剂气体冷凝为液体，而不凝性气体会进入换热器上方的由浮球控制的集气腔。

在分析自动放空气器的工作原理时，把制冷剂在冷凝器实际运行的冷凝压力值设定为 p_1；压力传感器的设定值 p_2；而制冷剂理想的冷凝（温度）压力值为 p_3。这些不凝性气体越来越多，压力增加，当压力达到压力传感器的设定值 p_2 时，开始放空气（图 5-23）。排放的不凝性气体进入放空气器的水槽，水槽内的水保持一定高度，这些不凝性气体和水一起被排走。当放空气器内的不凝性气体减少时，压力就减小，当压力减小到压力传感器的设定值 p_2 时，关闭放空气的电磁阀，完成整个放空气过程。它们之间的关系是：$p_1>p_2>p_3$。这个关系是自动放空气器设计的第二个关键点，整个放空气过程，与温度的设定没有直接的关系，而是与连接回气管的分离容器的蒸发压力有关，这个蒸发压力确定了不凝性气体分离过程中的冷却温度。这里请读者注意，几个不同品牌的外资产品，都没有温度控制器的设置，这说明放空气过程与温度没有直接关系。不同的制冷剂有不同的蒸发压力，放空气器有不同的设置参数。这种放空气器不仅在氨制冷系统需要使用，在大型的卤代烃制冷系统（特别是在有速冻系统配置）也需要使用，它可使系统的运行能耗得到有效的降低。

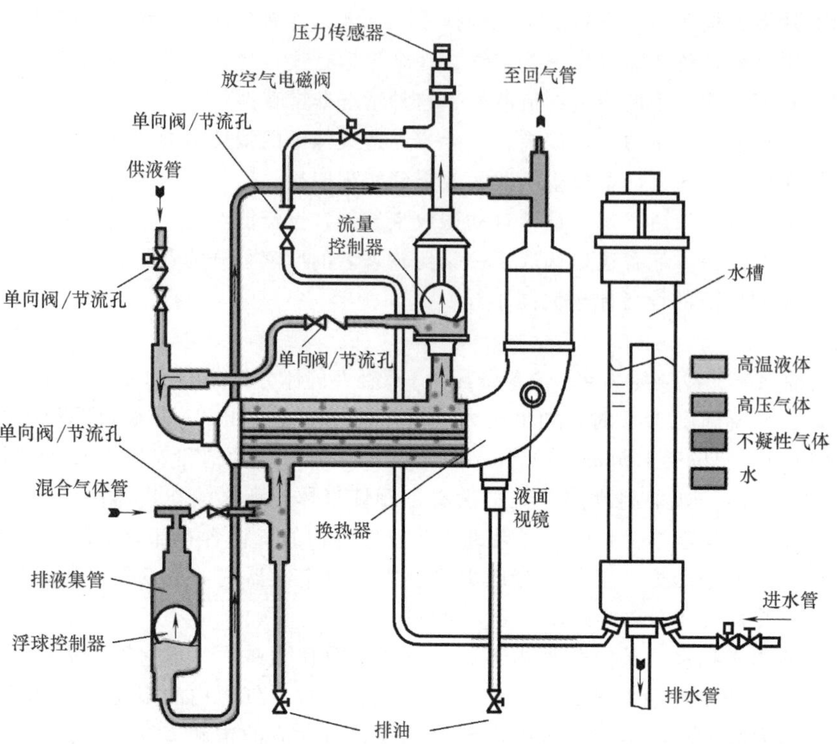

图 5-22　混合气体进入自动放空气器时的状态（微信扫描二维码可看彩图）

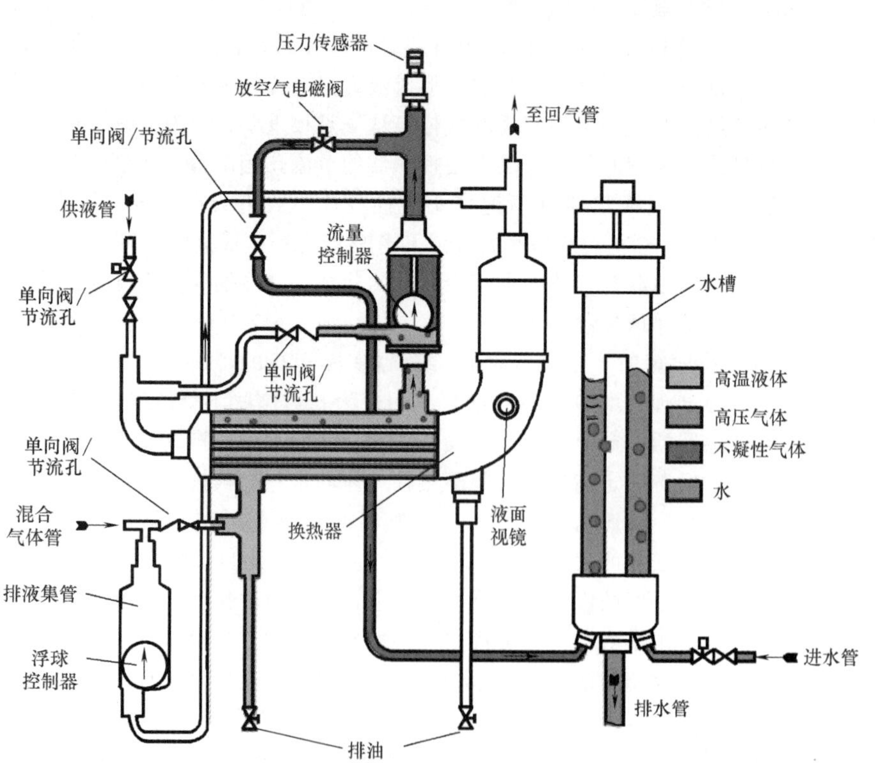

图 5-23　自动放空气器放出空气时的状态（微信扫描二维码可看彩图）

需要补充的细节是：集气腔中的浮球用于控制腔中的液面，制冷剂气体在这里不断地冷凝变成液体，使腔中的液面上升。当液体高于需要控制的液面时，停止给换热器供液，用自身的存液继续冷却。冷却过程液体减少到浮球控制的低液位，再打开供液电磁阀供液。一般制冷系统会设置多点轮流放空气。如果系统的空气放得差不多，放空气电磁阀经过几次轮换仍然没有开启，这时可以把放空气系统设置在休眠状态。制冷系统经过一段时间的运行，再重新自动开启新的一轮放空气工作。

笔者正是利用这种原理，结合不同品牌的放空气器特点，设计出具有自己特色的放空气器。其实外资厂家生产的自动放空气器也有几种型号，供不同规模的制冷系统使用。例如，AP 型的自动放空气器在蒸发压力高于标准大气压时，可用于制冷量为 5300kW 及以下的系统；而蒸发压力在负压范围时，AP 型只能用于 2600kW 及以下的系统。也有一种不需要使用电的非电气型自动放空气器，只能用于名义制冷量不超过 350kW 的小型制冷系统。

这种放空气器还有可以改进的地方。由于不同的制冷剂在不同的冷凝温度下有不同的饱和压力值，而现代的测温仪可以根据即时的气温输出对应制冷剂即时饱和压力值，从而更加准确地输出放空气器排出空气的压力值，提高了放空气的灵敏度。

国外某生产自动放空气器的厂家最近又研发了一款既能放空气也同时能把氨系统中混入的水分离出来，并且进行排放的新型放空气器（图 5-24）。

例如，假定氨制冷系统中混入 10% 的水分（氨与水是完全溶解的），如果系统要保持在 -20℃ 的蒸发温度工况下运行，吸入压力必须比氨系统完全没有水的情况下低（12.9-10.2）psi = 2.7psi（0.18bar）。也就是说，会增大系统的能耗。

那么这种设备是如何工作的？这种 APPlus 自动装置是在放空气的同时，少量导入系统中低压循环桶泵的供液，因为进入系统的水分最终会停留在系统压力最低的地方（虽然氨液与水是互溶的，但是在氨系统的管道最低部分确实会析出一些水）。这种设备放空气的原理与前面介绍的原理基本相同，而导入的含水分的混合液体在进入蒸发器腔时，受到混合气体（从冷凝器导入）的加热，氨液蒸发通过浮球排气，进入回气管。随着时间的推移，水的含量（氨液中水的含量）逐渐增加，只有氨气离开。

从低压供液管流出的补充液通常含有少量溶解在液氨中的水，这就是自动分离器要从制冷系统中排出的水。液氨和水被带入分离器的蒸发器腔体，在那里氨被蒸发，水保留下来。随着时间的推移，蒸发器腔体内的水含量逐渐增加。当蒸发器腔体的水含量连续 10min 达到约 25% 时（由水含量传感器检测），增强型自动分离器将切换到浓缩水模式。分离器停止收集空气，分离水和氨的混合物，并给两个电加热器通电。

浓缩水模式所需的能量约有一半来自两个电加热器，另一半来自继续流经净化装置的混合气体。为形成正吸气压力，将氨/水溶液加热至 85℃。这相当于约 10%～20% 的氨和约 80%～90% 的水的溶液。在真空中，水会在较低温度下沸腾，因此，根据低压侧压力转换器检测到的吸气压力，将氨/水溶液加热到的温度设定值降低到适当较低的温度。

增强型自动分离器将水浓缩后进行排水，在操作员按下按钮启动排水之后，系统才允许排水。分离器完成水加热且水浓缩后，吸气管电磁阀（E）关闭，触控屏指示准备排水；打开排水管截止阀，然后按下“OK”按钮。在操作员打开排水管截止阀并按下触控屏上的“OK”按钮之前，系统将保持准备排水状态。

排水后，Auto Purger Plus 恢复正常运行，继续收集空气和水。如果没有空气或水存在，就不会向大气中排放。

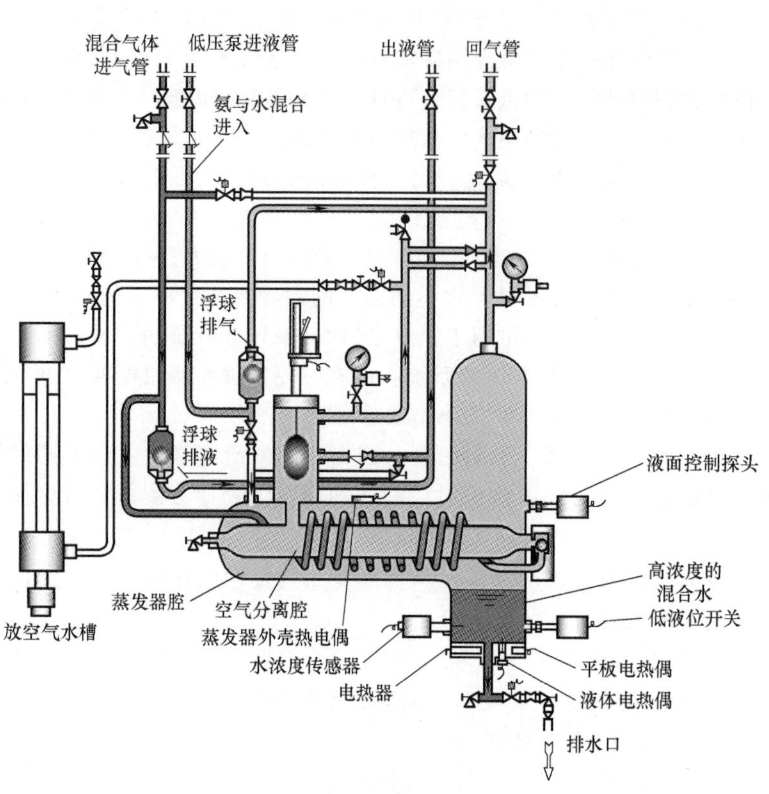

图 5-24　一种既放空气也排水的 APPlus 自动装置
（微信扫描二维码可看彩图）

5.2.11　蒸发式冷凝器管道的连接要求

冷凝器出液管的连接要求，目的是减少出液管的整体阻力，以便于冷凝后的液体能顺畅地流走，不让这些液体占用有限的冷凝面积。推荐的连接方式如下：

方法 1：水平管段不加水平阀门或者变径，在连接弯头后可以加变径，水平管段与维护阀门的垂直距离应该大于 300mm，如图 5-25 所示。

方法 2：水平管段连接变径，然后连接角阀（阻力小），如图 5-26 所示。

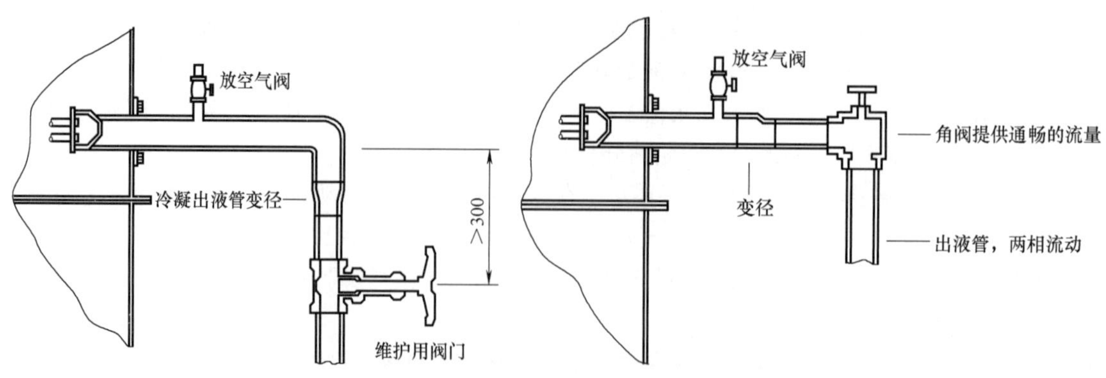

图 5-25　蒸发式冷凝器出液管安装要求方法 1　　图 5-26　蒸发式冷凝器出液管安装要求方法 2

5.2.12　蒸发式冷凝器并联运行时管道的连接要求

大部分蒸发式冷凝器采用的是蛇形盘管设计，热的制冷剂气体进入顶部盘管，通过几个回路来回把过热气体冷凝为饱和液体。这种较长的冷却回路通常会产生一定的压力降，但不会明显影响制冷系统的运行。

蒸发式冷凝器的设计通常会允许每 30m 等效对应 0.5℃ 的压力损失。ASHRAE（美国采暖、制冷与空调工程师学会）手册基础篇采用这个标准，作为排气管的能量表的基础，见表 5-5。

表 5-5　钢管和铜管用于压缩机排气管的排热量　（单位：kW）

名义尺寸/mm		R134a		R22		R407c		R410a		R507		R717
钢管	铜管	钢管	铜管	钢管	铜管	钢管	铜管	钢管	铜管	钢管	铜管	钢管
25	29/26	17	26	30	37	25	38	36	57	21	34	64
32	35/32	44	45	62	64	52	66	76	99	46	59	168
40	41/38	65	71	93	101	79	105	116	156	69	93	252
50	54/50	126	146	178	209	184	217	270	321	161	191	487
64	67/63	201	258	284	368	294	382	430	565	256	337	776
80	79/75	355	411	501	587	519	608	760	900	453	536	1370
100	105/99	723	862	1021	1225	1056	1271	1545	1878	921	1119	2792

注：1. 排热量基于以下条件：

回气管：R22、R134a、R407c、R410a、R507 为 4.4℃；冷凝温度 40.6℃。

回气管：氨-6.7℃；冷凝温度 35.7℃。

2. 名义尺寸：钢管是公称尺寸；铜管是外径/内径。

排热量基于排气管摩擦压力降每 30m 的等效管长度相当于 0.5℃ 的饱和温度变化。排气管各种制冷剂每 30m 的摩擦压力降见表 5-6。

表 5-6　各种制冷剂每 30m 的摩擦压力降

制冷剂	R22	R407c	R507	R134a	R410a	R717
压力降	21.0kPa	24.1kPa	25.2kPa	15.2kPa	32.8kPa	21.4kPa

在冷链物流冷库，工业制冷技术的特点是常采用冷凝器和压缩机并联，特别是氨系统。在过去的卤代烃系统却不一定，因为在并联机组中润滑油的分布可能是一个问题。但现在的情况已经有了很大的变化，即使在中等规模的冷库，通常设计蒸发式冷凝器并联，以适应大范围的负荷变化。在冷凝器并联连接时，应该遵守以下原则：

1）并联的冷凝器各自的出液管，在接入公共的出液总管前必须设置存液弯。

2）出液管到出液总管之间有足够的垂直高度。

3）在贮液器与蒸发式冷凝器的出口安装平衡管。

图 5-27 中显示了两个并联的 NH_3 冷凝器 A 和 B，其中液体冷凝管没有存液弯，但可自由排放至贮液器。在此示例中，冷凝器 A 处于运行状态，冷凝器 B 处于没有运行状态（即冷凝器的水泵与风扇没有运行，这种情况通常发生在天气开始转凉的时候，为了省电）。没有运行的冷凝器没有冷却，即没有流量通过，因此没有压降，1276kPa 的冷凝管压力与贮液器相等。满负荷运行的冷凝器的总压降为 7kPa，它包括通过入口检修阀的 2kPa 和通过盘管 3/4 面积的 5kPa。但这种情况造成了制冷剂无法流动。液体不能从 1269kPa 的低压流入 1276kPa 的高压（这是由于冷凝

器 B 与冷凝器 A 有共同连接的出液管道所致）。如果这些冷凝液体需要流入贮液器，必须要有能克服这种阻力的液柱高度才能实现。

由于冷凝器 A 在继续运行，剩下的 1/4 盘管会产生新的冷凝液体，打破这种平衡。因此在冷凝器 A 的液体开始慢慢流入贮液器。这时由于有 3/4 的冷凝面积由于压力降的问题液体无法排空，浪费了冷凝器的冷凝面积，也就是在所运行冷凝器中形成液体压头。在这种情况下，压力差为 1276kPa 减去 1269kPa，即 7kPa。7kPa 相当于 1.2m 的液体压头。为了把这些液体从冷凝盘管中引出来，直到压力差或损失被抵消。需要在冷凝器的出液管建立≥1.2m 的立管。

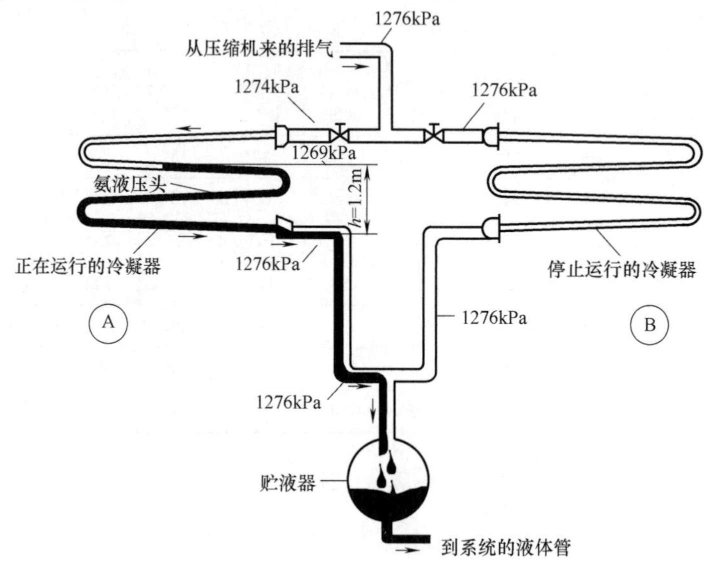

图 5-27　两组冷凝器盘管并联，不设存液弯

为了避免液体回流其中一组冷凝器盘管，两组冷凝器盘管的出液管应该做存液弯，管道的布置如图 5-28 所示。再一次重申，两组蒸发式冷凝器有共同进气口和出液口，因此通过压降也是相同的，但由于出液管有存液弯，因此出液管是满液的，在垂直出液管道不同液面压降会有不同。因此，在左边冷凝器出液管道建立了液体压头，而不会对没有建立液体压头的右侧冷凝器性

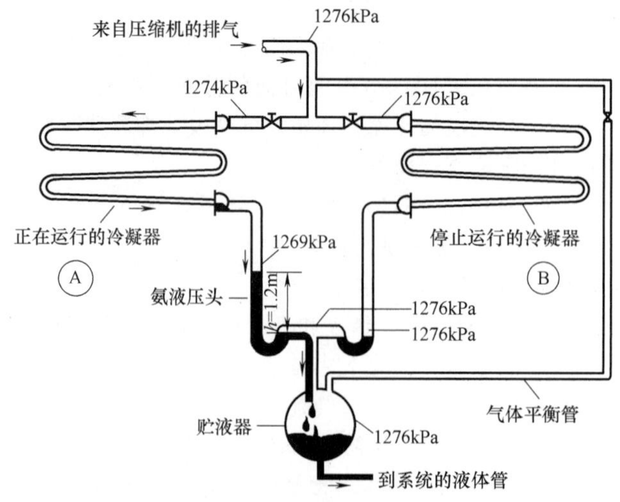

图 5-28　存液弯及液柱垂直管等的连接示意图

能产生不利影响。

如图 5-28 所示，正确的管道布置需要设立一根足够高的垂直管段。所需的液柱高度可以估计出来，氨蒸发式冷凝器在运行时最大理论压降通常约为 3.4kPa，这是没有运行和运行的蒸发式冷凝器之间的最大压力差。对于氨制冷剂，0.6m 的液柱将弥补这一压力差，但大多数国外产品生产厂家的说明书建议，冷凝器出液管的垂直管段应有 1.2m 的氨液柱高度（在我国这个高度通常建议在 1.5~1.8m）。R22 液体的密度是液氨的两倍，即对于 R22 只需要一半的液柱长度，但 R22 在冷凝器中的压降约是氨在冷凝器的四倍。R22 压差高的原因是其潜热低，对于已经确定排热能力的冷凝器，R22 的存液要产生流动需要设立的液柱高度是氨的六倍。使用并联的 R22 蒸发式冷凝器，安装垂直管段推荐液柱高度为 2.4m。但是蒸发式冷凝器的国外厂家同时考虑管道、阀门阻力等因素后的建议是：氨的液柱高度是 1.5m，卤代烃制冷剂的液注高度是 3.7m。

换言之，在制冷的冷凝系统中，如果需要两组以上的蒸发式冷凝器并联使用，当系统只有一组冷凝器盘管运行时，为了避免其他蒸发式冷凝器的盘管出现液体回流，需要在冷凝器的出液管到达集管前各自设置存液弯。而与冷凝器出液管连接的贮液器（或者虹吸桶），在气相管上设置有平衡管。这样，可以保证它们之间的运行压力是基本平衡的。由于出液管存液弯的存在，可以建立足够高的液柱压力，来推动这些液体流动，这个液柱高度由不同制冷剂的物理特性来确定。

卤代烃系统的冷凝器并联需要高液柱。在实际工程设计时，冷凝器的出液口离安装的平台一般很少能够做到 3.7m。在这种情况下，可以把贮液器或者虹吸桶的进液口做成如图 5-29 所示的方式（下进液）。这种做法称为 P 形弯做法，只要高度 $h \geqslant 3.7\text{m}$ 就可以了。当然把出液集管安装在贮液器或者虹吸桶的附近稍高的上方也是可以的。

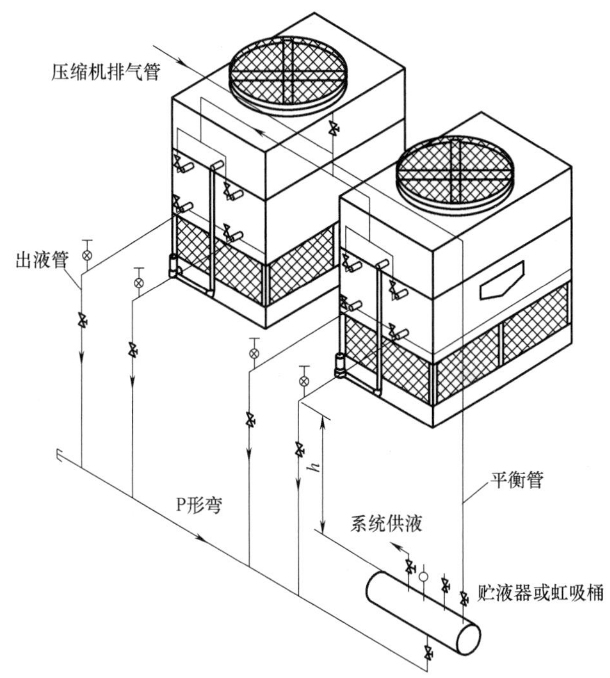

图 5-29 解决两台（或者两组）以上冷凝器并联卤代烃系统需要高液柱的方案

上述的建立垂直管液柱，只是在蒸发式冷凝器并联运行时需要考虑的问题。如果蒸发式冷凝器并没有并联运行（仅单台运行），特别是出液管只有单一出口，就连存液弯都不需要做了。

5.2.13 蒸发式冷凝器的水处理

喷淋水蒸发是蒸发式冷凝器散热的主要过程。总传热量取决于冷凝管之间的干球温度不同的温差，而空气是次要的。因为补充水含有一些矿物质和其他化学物质，并且水蒸发离开冷凝器时没有带走杂质，所以喷淋水中的杂质浓度往往会增加。蒸发式冷凝器的制造厂家通常建议，排污率约等于蒸发率（蒸发率：单位时间内冷却循环水在蒸发冷凝器消耗的百分比），补充水量是排水率的两倍。

所有的补充水必须进行处理，以避免冷凝器与水接触的表面出现问题。这些问题包括蒸发盘管表面的收缩与膨胀、污垢和腐蚀。结垢是一层坚硬的矿物沉积，在管表面通常是碳酸钙($CaCO_3$)。管壁表面一层0.8mm厚的结垢，大约减少冷凝器30%的散热能力。结垢的产生通常是因为补充水的矿物质含量高，如果碳酸钙沉淀，它可以使管结垢。一般的碳酸钙含量小于170ppm是比较满意的结果。然而，过度软化的水（例如约30ppm的矿物质含量）也是不可取的。软化水可能会导致过度腐蚀。

污染通常是指不起结垢层的干物质的积累，如灰尘、沙子、淤泥、藻类、真菌和细菌。

镀锌钢板的腐蚀也与水处理有关，通常它的表现形式是镀锌层恶化，使钢发生氧化反应。腐蚀是一种电化学过程：两种不同金属之间产生电势，当电流在电解质溶液中由于电压差而产生流动时，其中一种金属将被溶解。控制喷水的pH值特别有助于缓蚀。pH值是溶液的碱性或酸性的指标值，pH值为7，被定义为中性。冷凝器厂家通常建议维持水的pH值在6~8之间。添加缓蚀剂通常是防止镀锌钢板腐蚀的措施。

最近，一家著名的蒸发式冷凝器的生产厂家专门根据蒸发式冷却设备的特点和材质，设计了一种Smart Shield®的固体化学水处理系统。这种水处理系统通过利用固体缓蚀阻垢剂和杀菌剂，能有效地控制循环水系统的结垢、腐蚀和微生物的增长，提高了蒸发式冷却设备的换热效率和使用水的效率，延长了设备的使用寿命（图5-30）。

图5-30 Smart Shield®的固体化学水处理系统

除了水质化学处理系统以外，还有水质非化学处理系统。因为用氧化性杀生剂来控制微生物对金属的腐蚀时，频繁的监控和调整酸和杀菌剂比例意味着增加处理化学品人员的危险性。

这种非化学处理系统，其实就是在我国许多蒸发式冷凝器生产厂家配套的电子水处理器，电磁场“激活”中小悬浮颗粒子，然后作为“种子”溶解矿物质沉淀。溶解碳酸钙矿物（石灰石）会黏附在被激活的悬浮粒子的表面，这些颗粒由于黏附的作用在尺寸上不断地变大，直至沉淀出来，如图 5-31 所示。该沉淀可以很容易地从系统中除去，即通过人工手段或者通过使用离心分离器周期性地从冷凝器除去。

图 5-31　水质非化学处理系统在蒸发式冷凝器的应用

下面介绍国内某企业引进的蒸发式冷凝器循环冷却水电化学处理设备。

循环冷却水电化学处理技术起源于以色列，以电解方式免药剂控制结垢和菌藻问题，其中，以 Elgressy 公司的 ECT（Electrolysis Cooling Tower Treatment System）技术为代表。自 2000 年投入使用，至今已有二十多年，获得多个权威机构的资质认证，在全球安装运行 3000 套，处理效果显著。某企业在 2007 年将这项技术引入中国。现在使用这种产品的用户在不断增加。

ECT 电解水处理装置如图 5-32 所示。取一定比例的循环冷却水（约 5%）流过 ECT 反应室，反应室中维持一定的工作电流，在阴极（反应室内壁）易结垢的矿物质预先从水中析出，维系冷却水中的碳酸钙呈溶解状态而不析出，在阳极附近产生氧化杀菌物质，起到杀菌灭藻作用。

在反应室内壁（阴极）附近发生的主要化学反应如下：

$$2H_2O+2e^- \longrightarrow H_2\uparrow +2OH^-$$

$$CO_2+OH^- \longrightarrow HCO_3^-$$

$$HCO_3^-+OH^- \longrightarrow CO_3^{2-}+H_2O$$

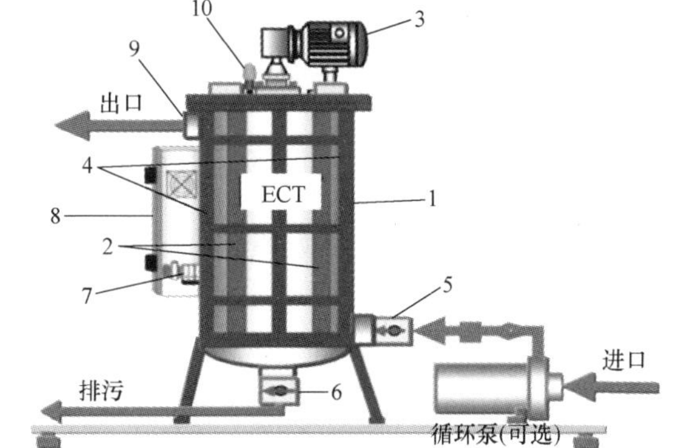

图 5-32　ECT 电解水处理装置

1—反应室　2—阳极　3—驱动电动机　4—刮刀　5—进口阀门　6—排污阀门　7—电源主开关　8—电源控制箱　9—出口　10—排气阀

Ca^{2+}可能形成 $Ca(OH)_2$、$CaCO_3$。由于电化学反应都是成对进行的，阳极附近会发生相应的氧化反应，主要有：

生成氧气：$4OH^- \longrightarrow O_2\uparrow +2H_2O+4e^-$

游离氯：$Cl^- \longrightarrow Cl^0+e^-$

氯气：$2Cl^- \longrightarrow Cl_2\uparrow +2e^-$

臭氧：$O_2+2OH^- \longrightarrow O_3\uparrow +H_2O+2e^-$

自由基：$OH^- \longrightarrow OH^0+e^-$

过氧化氢：$2H_2O \longrightarrow H_2O_2+2H^++2e^-$

ECT 能给水消毒，并预防生物污染和微生物滋生。阳极附近同时产生氧化剂自由基、臭氧以及过氧化氢（俗称双氧水），给水提供很好的消毒作用。产生氯气的量与进水中的氯离子含量有关，可以通过 ECT 电解水处理系统的工作电流来控制。经过 ECT 处理后，水系统中藻类明显减少，充分体现了 ECT 在微生物控制方面的效果。

作为一项创新性技术，该技术拥有如下优势：

1）除垢彻底。通过电解反应，水中容易结垢的物质会在设备内壁上预先结垢，然后由刮刀把析出的水垢刮下来，排出循环水系统之外，从而维持系统的结垢物质处于溶解状态而不再结垢。排出的垢呈固体形态，看得见摸得着。

2）严控菌藻。电解产生臭氧、过氧化氢和氯气等氧化性物质，能有效杀灭细菌和藻类，预防细菌和藻类代谢产生的黏泥形成污垢，从而降低污垢热阻，并预防垢下穿孔腐蚀，提高换热效率和降低制冷剂泄漏风险。

3）大大节省运行费用。由于不用投加化学药剂，而且把溶解态的结垢物质变成了固体去除，系统可以在更高的浓缩倍数下运行而不结垢。因此，可以减少40%~60%的新鲜水用量，节能12%以上。

4）简化循环水管理。电解水处理器一机多能，自动化操作程度高，调试正常运行后几乎不需要操作人员手动干预。减少操作事故的发生，设备维护方便简单，操作人员更安全。

5）无污染物排放，无环保压力。电解水处理器是清洁水处理技术，不含化学品，不会给冷却水带来二次污染。循环水系统的排污水经过简单沉淀后，上清液可用于洗涤、绿化浇灌等。

另需强调的是，安装电解水处理器之后，可大大降低系统停机、检修成本，设备使用寿命可大大延长。单台电解水处理设备的平均使用寿命至少15年，电能消耗低于800W（处理能力25m^3/h）。

5.3　风冷式冷凝器

风冷式冷凝器（空冷式冷凝器、干式冷却器同属一种类型的冷凝器）的传热介质是空气，而蒸发式冷凝器是水和空气同时作用，因此在传热效果方面，风冷式的效率明显较差。风冷冷凝器大部分用于商业制冷，对于一些缺水的地区，例如我国西北地区，这种产品有它的发展空间。这种产品的最新发展是吸收了蒸发式冷凝器的一些传热的优点，直接用喷嘴向带翅片的冷凝盘管喷洒雾化的水。

这种带喷水的风冷式冷凝器（图5-33和图5-34）的工作原理是：在正常工作环境，这种冷凝器按干式冷凝器的运行模式工作；在环境温度升高、冷凝压力超出系统设定值时，环绕在冷凝器四周均匀分布的水管上的喷嘴，开始向冷凝器上的翅片喷洒雾化的水，这时水的蒸发带走大量热量，使冷凝效率明显提高（接近湿球温度）。这种喷洒的雾化的水经过水处理系统的软化，不会使冷凝器上的翅片结垢。而且这种喷水是一次性用水，没有设置排水盘在该装置下方收集和再循环喷水，因此也不会产生被污染的细菌（军团菌）。

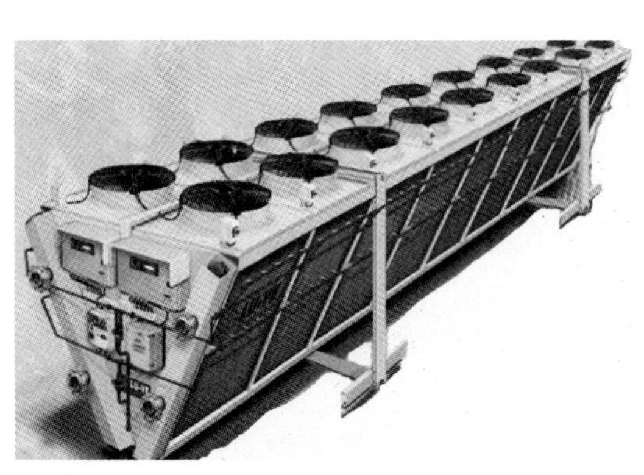

图5-33　带喷水的风冷式冷凝器

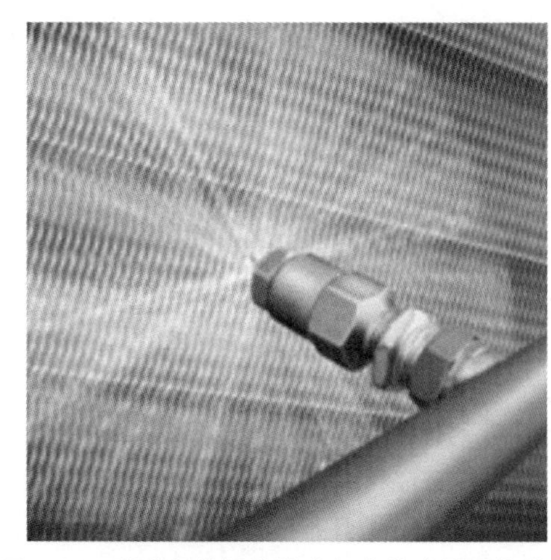

图5-34　喷嘴向带翅片的冷凝盘管喷洒雾化的水

图 5-35 是这种冷凝器的一个运行实例。在环境温度高于 20℃时，冷凝器喷水运行；当气温下降到低于 20℃时，冷凝器的运行模式是干式运行。从运行的时间分布来看，冷凝器在喷水运行所占的比例不到 15%。在昼夜温差比较大，湿球温度比较低而且水源比较缺乏的地区，是一种比较节水节电的理想冷凝器。

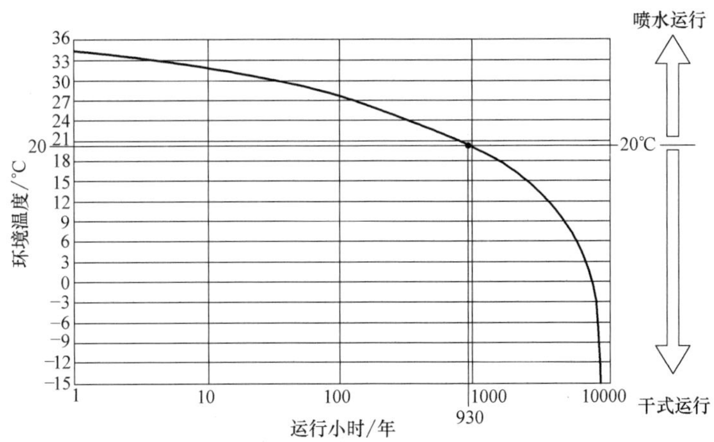

图 5-35 某喷水冷凝器运行设定实例

这种设备的另一个特点是：喷水压力越高、干球的温差越大，排热效果越好。如图 5-36 所示，根据不同的运行条件，2. 5~16bar 的喷水压力比较合适。

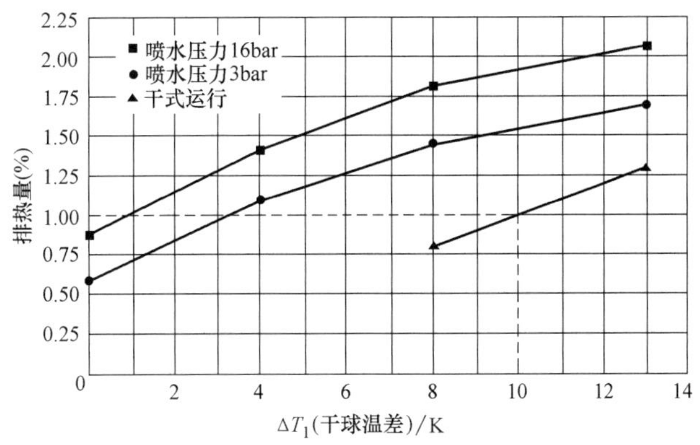

图 5-36 不同的运行条件下排热量与干球温差的关系

至于喷水喷嘴的安装，主要是向盘管的翅片上喷洒，这样可以有效地提高传热效率。但是也有向相反方向喷洒的情况，其目的是降低环境空气的温度。

5.4 闭式冷却塔

闭式冷却塔是一种既具有蒸发式冷凝器的功能，同时也具有冷却塔性质的综合冷却设备。这种设备原来是应用在有特殊要求的空调工程中的，例如载冷剂的换热、一些不是以水作为冷却剂的液体冷却。而最近几年，工业制冷开始更多地使用这种冷却设备，例如，在对系统充注量有要求的氨与二氧化碳结合的载冷系统中作为高温段的氨冷凝器。由于核心冷却部分采用盘管表冷器，也可以采用板式换热器，除了有比较好的传热效率外，其充注量也是很少的。

闭式冷却塔（图 5-37，图 5-38）的冷却原理简单来说是两个循环：一个内循环、一个外循环。没有填料，主核心部分为盘管表冷器。

1）内循环：与对象设备对接，构成一个封闭式的循环系统（循环介质为软水），为对象设备进行冷却，将对象设备中的热量带到冷却机组。

2）外循环：在冷却塔中，为冷却塔本身进行降温。不与内循环水相接触，只是通过冷却塔内的盘管表冷器进行换热散热。在此种冷却方式下，如果系统循环的是液体，通过自动控制，根据液体温度设置外循环泵的电机运行。如果系统循环的是气体（如制冷系统），那么，这种外循环泵也就变成压缩机的运行了。

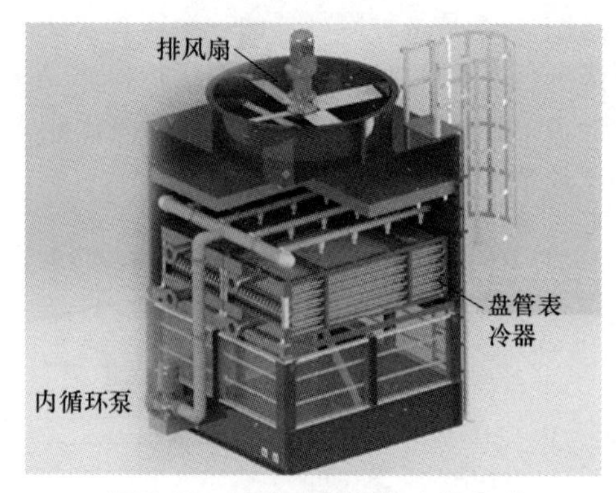

图 5-37　闭式冷却塔的内部构成

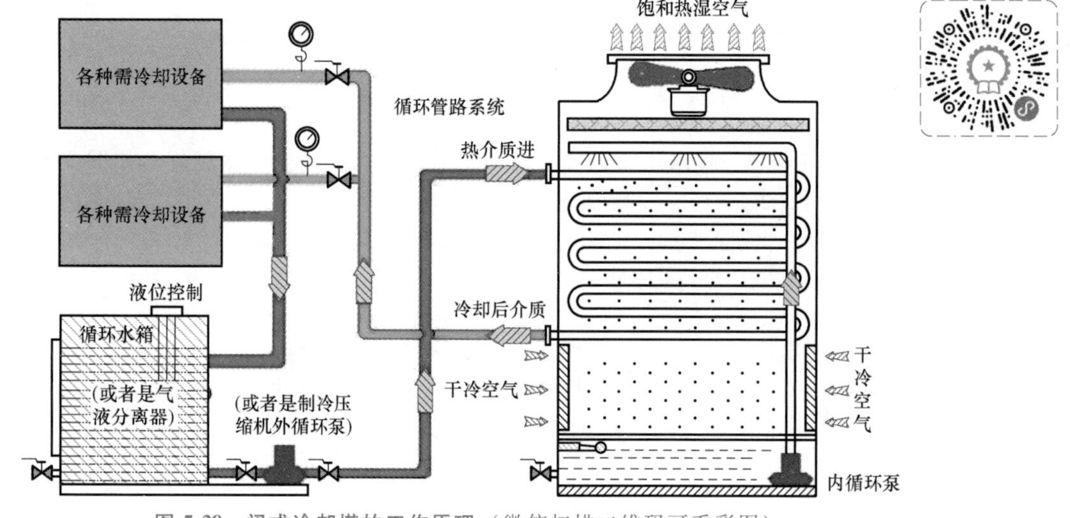

图 5-38　闭式冷却塔的工作原理（微信扫描二维码可看彩图）

两个循环（图 5-38），在春夏两季环境温度高的情况下，需要两个循环同时运行。秋冬两季环境温度不高，大部分情况只需一个内循环。

闭式冷却塔的特点是：被冷却介质在密闭的管道内流动不与外界空气相接触，热量通过换热器管壁与外部的空气、喷淋水等进行热质换热，最终实现冷却介质降温。因此被冷却介质不会被污染、蒸发、浓缩，无须补水加药，从而保障了相连设备的使用性能和寿命，日常管理也很方便。

被冷却介质可以是除了水以外的各种液体，也可以是气体。

本章小结

本章主要介绍了蒸发式冷凝器的工作原理和它在国外的一些发展模式；介绍了需要配套的自动型放空气器的工作原理，蒸发式冷凝器在并联使用时，存液弯的设立原理和垂直立管的高度要求，冷凝器循环水处理发展动态；同时也介绍了风冷式冷凝器、闭式冷却塔的运行特点和最新发展。

参考文献

[1] STOECKER W F. Industrial refrigeration handbook [M]. New York: McGraw-Hill Companies Inc., 1998.

[2] NUSSELT W Z. The Oberflaechenkondensation des wasserdamples [J]. Ver. Deutsch. Ing, 1916 (60): 541-549.

[3] WHITE R E. Condensation of refrigerant vapors: apparatus and film coefficients for R-12 [J]. Refrig. Eng., 1948, 55 (5): 375.

[4] GOTO M, HOTTA H, TEZUKA S. Film condensation of refrigerant vapors on a horizontal tube [J]. International journal of refrigeration, 1980, 3 (3): 161-166.

[5] MURPHY R W, MICHEL J W. Enhancement of refrigerant condensation [J]. ASHRAE transactions, 1984 (90): 72-79.

[6] TANDON T N, VARMA H K, GUPTA C P. An experimental study of flow patterns during condensation inside a horizontal tube [J]. ASHRAE transactions, 1983 (89): 471-482.

[7] STOECKER W F, KORNOTA E. Condensing coefficients when using refrigerant mixtures [J]. ASHRAE transactions, 1985 (91): 1351-1367.

[8] 比泽尔设备选型软件 [CP]. 2012.

[9] STOECKER W F, LUX J J, KOOY R J. Energy considerations in hot-gas defrosting of industrial refrigeration coils [J]. ASHRAE transactions, 1983 (89): 549-573.

[10] 约克（中国）公司设计（广州益海工程）[Z]. 2006.

[11] TEZUKA S, TAKADA T, KASAI S. Performance of evaporative cooler, XIII [C] //Proceeding International Congress of Refrigeration. [S. l.]: International Institute of Refrigeration, 1971.

[12] BREBNER R, FREE K. Design of ammonia condensers for freezing plants [C] //Proceedings of Commission Meetings in Palmerston North (New Zealand). Paris: Internation Institute of Refrigeration, 1993.

[13] Evaporative condenser engineering manual [R]. Baltimore, Maryland: Baltimore Aircoil Company, Inc., 1984.

[14] EVAPCO Inc. USA eco-PMC evaporative condenser: Bulletin 161A [R]. 2014.

[15] Park 自动放空气器原理 [Z]. 2011.

[16] 宁波自动控制元件厂. 自动放空气器产品介绍 [Z]. 1996.

[17] Jt26208 Park Hannifin Refrigerating Specialties Div. 工业产品介绍 [Z]. 2011.

[18] Hansen Techoloiges Corporation. 自动放空气器 [R]. 2002.

[19] EVAPCO Inc. Piping evaporative condenser: bulletin 131A [R/OL]. [2023-04-20]. https: www. evapco. com/si tes/evapco. com/files/2017-05/131A. condensers. piping. pdf.

[20] EVAPCO Inc. Maintenance instricution for evaporative condensers, closed circuit evaporative coolers, and cooling towers [R]. Tanneytwon, Maryland: EVAPCO Inc., 1995.

[21] EVAPCO Inc. USA innovative solid chemistry water treatment system [R]. 2014.

[22] 郭洪飞，章明歎. 制冷系统蒸发式冷凝器循环冷却水电化学处理研究及应用 [C] //中国工程建设标准化协会商贸分会第一届第二次理事会暨第一届全国商贸行业工程建设标准年会论文集 [出版地不详]: [出版者不详], 2016.

[23] LU-VE S. p. A. DRY and SPRAY. [R]. 2015.

[24] FICKER R. Water contamination and water removal in industrial ammonia refrigeration systems [R]. 2017.

第 6 章 供液方式与液体循环

在制冷循环过程中，一般有两种供液方式：直接膨胀供液、满液式供液（重力供液和泵供液）。下面讨论这些供液方式是如何供液的。

6.1 供液方式

6.1.1 直接膨胀供液

所谓的直接膨胀供液（简称 DX），就是制冷剂液体通过膨胀阀节流后直接进入蒸发器，液体在蒸发器中全部蒸发，只有制冷剂气体离开蒸发器，如图 6-1 所示。膨胀阀最常用的一种形式是热力膨胀阀，这种阀门是一种过热控制的节流阀，英文缩写为 TXV。

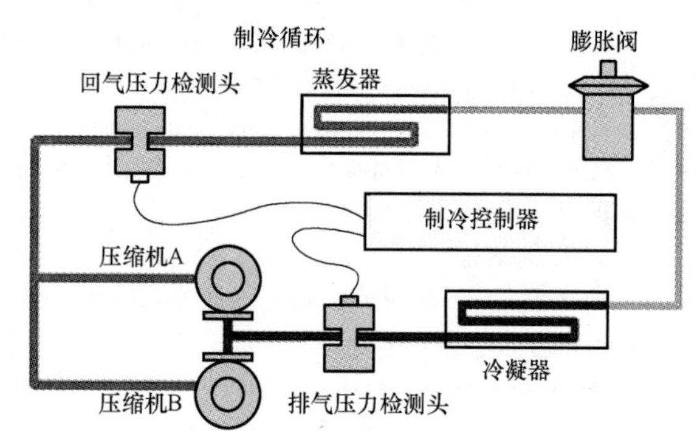

图 6-1　直接膨胀供液制冷系统

用膨胀阀过热度控制蒸发器供液，是上述两种供液方法初投资最低的一种。它在中温制冷温度的卤代烃制冷系统中广泛使用，但在氨的低温系统中使用受到限制。

国外一些资深工业制冷设计人员认为，不应使用氨直接膨胀。这种结论，使直接膨胀氨蒸发盘管的应用受到挑战。在第 4 章中提到，通过适当改善蒸发盘管的设计，可以预防一些问题的发生。

为什么一般情况下不将氨制冷剂直接膨胀用于低温工况？直接膨胀一般使用过热度控制膨胀阀。这种类型的膨胀阀需要 7K 过热度才能完全开启。对于低温蒸发盘管，进入蒸发盘管的进风温度（即与库房相同的温度）与制冷剂的温度差最大值通常是 5.5℃。因此，没有足够的温度差可以完全打开阀门。这种情况与高于冷冻温度的空间不同，当然对于温度高于 0℃ 的库房，库温与制冷剂温度有足够大的温度差。按以前的一些制冷专家建议，氨直接膨胀不建议用于低温蒸发盘管。

由于新研究技术的出现，氨的直接膨胀供液在最近几年开始应用在低温甚至速冻方面，其蒸发温度最低可以达到-50℃，使用范围大为拓展。这种供液方式最大的优势在于氨液在制冷系统的灌注量大大减少，最小灌注量只等于传统满液式的 10%～20%。而能耗与传统的满液式供液比较没有太多的增加。由于这种技术灌注量少、安全、环保，效率比较高，近年来，在研究与应用方面均得到快速发展。

6.1.2 氨的直接膨胀供液

基于环保、节能以及节约使用材料的考虑，降低制冷系统制冷剂的充注量，正在引起相关部门和科研人员越来越多的关注，并成为重要的课题。在欧美工业发达国家，许多大型制冷设备企业已经投入大量的科研人员进行研究，并且投入资金研发和试验。到目前为止，已取得了比较理想的结果，并且正在申请甚至已经获得了许多的专利。从发展趋势来看，从制冷系统安全可靠性、节能、安装维护以及制造成本等方面考虑，机组化、工厂化和低充注量会成为这个行业的发展主流。

DX（氨）系统即氨的直接膨胀系统的电子膨胀阀有两种基本类型：脉冲宽度调制（PWM）阀和电动阀（通常称为电子膨胀阀）。对于蒸发盘管，两种类型都是合适的，尽管PWM阀所需的最小压差有一定的限制。在选择膨胀阀之前，最重要的是评估它能否像控制器那样快速地控制其动作。

在比较DX（氨）系统和满液式泵送系统时，会发现它们有许多差异之处。这两个系统的主要区别在于：DX系统中的高压液体通过蒸发器入口处的膨胀装置直接供给每台蒸发器，用于传热的制冷剂在离开蒸发器之前全部蒸发；而满液式制冷剂液体通过泵输送到蒸发器后只是部分蒸发，而没有蒸发的制冷剂还是回到低压循环桶后进行再次分离。

目前用于ADX（氨直接膨胀供液）中的膨胀阀主要有3种：①热力膨胀阀，适用于小冷量蒸发器，调节能力差，一般用于高温系统；②脉冲式电子膨胀阀，制冷量约在5~212kW，比较适用于食品饮料行业中的各种制冷；③供液电动阀，采用电容控制传感器代替传统的感温包。后面两种都可以解决氨低温系统蒸发器的过热度不足使普通膨胀阀无法打开的问题。由于脉冲式电子膨胀阀具有非常好的性价比，随着ADX在国内逐渐被重视，脉冲式电子膨胀阀将得到大规模应用。

另外，这种DX（氨）系统还有两种特殊的要求——除水。在任何类型的氨制冷系统中，水的存在对蒸发器的性能都是有害的，在DX系统中尤其麻烦。因为它不仅提高了氨的沸点，而且从控制系统的角度来看，还造成了实际的过热。为了防止系统中出现与水有关的问题，在系统中需要安装一台除水装置。

另一种特殊的要求——过冷，这是应用DX（氨）系统的重要要求。过冷减少了液体管中闪发气体的形成，这种闪发气体对膨胀阀装置的性能是非常不利的。通常将液体过冷到足够低的温度，以消除闪发气体出现的可能性，确保膨胀阀装置和蒸发盘管达到预期的效果。

通常用于直接膨胀供液系统的阀门采用带感温包的机械或者电子膨胀阀。而在氨直接膨胀供液系统中应用的脉冲宽度调制（PWM）阀门是没有感温包的。那么它是如何通过检测元件来实现回气管的过热度控制呢？另外，这种氨直接膨胀供液系统与传统的满液式泵供液系统的制冷剂充注量又有多大区别？下面通过表6-1中的数据进行比较。

表6-1　氨制冷剂在直接膨胀供液系统中充注量比较数据表

项目	JSC(地名)双级压缩系统	Liberty(地名)带经济器压缩系统	比较的其他项目
冻结间温度/℃	-23.3	-23.3	-23.3
冻结间面积/m^2	27907	13712	8390
可变温间温度/℃	-23.3/1.7	-23.3/-2.2	-23.3/1.7
可变温间面积/m^2	3512	1459	4209
月台温度/℃	4.4	4.4	4.4
月台冷却面积/m^2	5908	8222	3340
制冷中央系统	直接膨胀供液	直接膨胀供液	泵供液

（续）

项目	JSC(地名)双级压缩系统	Liberty(地名)带经济器压缩系统	比较的其他项目
制冷量/kW	3710	2265	1173
氨充注量/kg	3855	3401	10884
制冷量充注量/(kg/kW)	1.039	1.5	9.28

按厂家提供的数据：这种直接膨胀系统每冷吨制冷量需要的氨液6.5~7lb。1冷吨约为3.5kW，1lb约为0.4539kg，按国内冷库容积计算，一座45000m^3容积的冷库约为10000t，每立方米的制冷量按10~12W计算，可以计算出10000t冷库的充注量一般在900~1000kg。以上面的实际工程应用，可以看到这种供液方式只有泵供液的1/9~1/6。由于在欧美国家冷库的保险费是与制冷剂的充注量挂钩的，这样低的充注量会使客户每年的管理费显著降低。

这种供液方式与其他制冷剂相比所产生的效率有哪些优势？表6-2是各种制冷剂在应用中的能效比。

表6-2 制冷剂能效比的比较（蒸发温度-31.7℃/冷凝温度29.2℃）

制冷剂	制冷剂循环比/(kg/min)	能耗/kW	能效比(COP)
R744	1.6	2.073	1.698
R507a	2.08	1.37	2.573
R404a	2.01	1.36	2.595
R22	1.36	1.19	2.967
R717	0.195	1.17	3.007

比较表6-2中的数据可以看到，这种供液方式氨（R717）的效率是最高的，使用的制冷剂也是最少的。而这种供液方式的制冷系统又有什么特点呢？图6-2是这种供液方式的典型的制冷系统图。

表面看，这种系统图与一般的直接供液制冷系统图的区别并不是很大，但是仔细分析，这其中还是有一些很特别、有特殊要求的地方。下面逐一分析和探讨它们的特殊设计与技术参数。

1. 氨用电子膨胀阀配套的传感器

在图6-2所示的制冷系统中，包括高温冷藏间与低温冷藏间两部分。从进入冷风机蒸发器供液开始，采用的是氨用电子膨胀阀，以及与这种电子膨胀阀配套的HBDX传感器（HBDX-SENSOR & REGULATOR）（图6-2①的位置）。这种传感器的主要作用是采集用于调节电子膨胀阀、调节电动机所需的所有参数。该传感器通过电缆传送，直接提供数据给控制系统。在图6-2中用SH表示过热传感器，而这种过热传感器的作用其实就是起到直接供液膨胀阀所配置的感温包的功能。

这种HB-WDX控制传感器（一种电容信号的控制信息，Horizontal Bridgeman Crystal-Wavelength-dispersive X-ray），比一般电子膨胀阀配套的（压力及温度）传感器有很大的改善，它是一个带有内置微处理器的智能传感器，用来调节直接膨胀系统工业制冷系统的气体质量（过热度）。它发送一个4~20mA信号，传感测量区域的信号比例。内置的控制器可以设置调节电子膨胀阀电动机所需的所有参数，使直接膨胀供液的蒸发器蒸发过程，按照图6-3所示的比较理想的

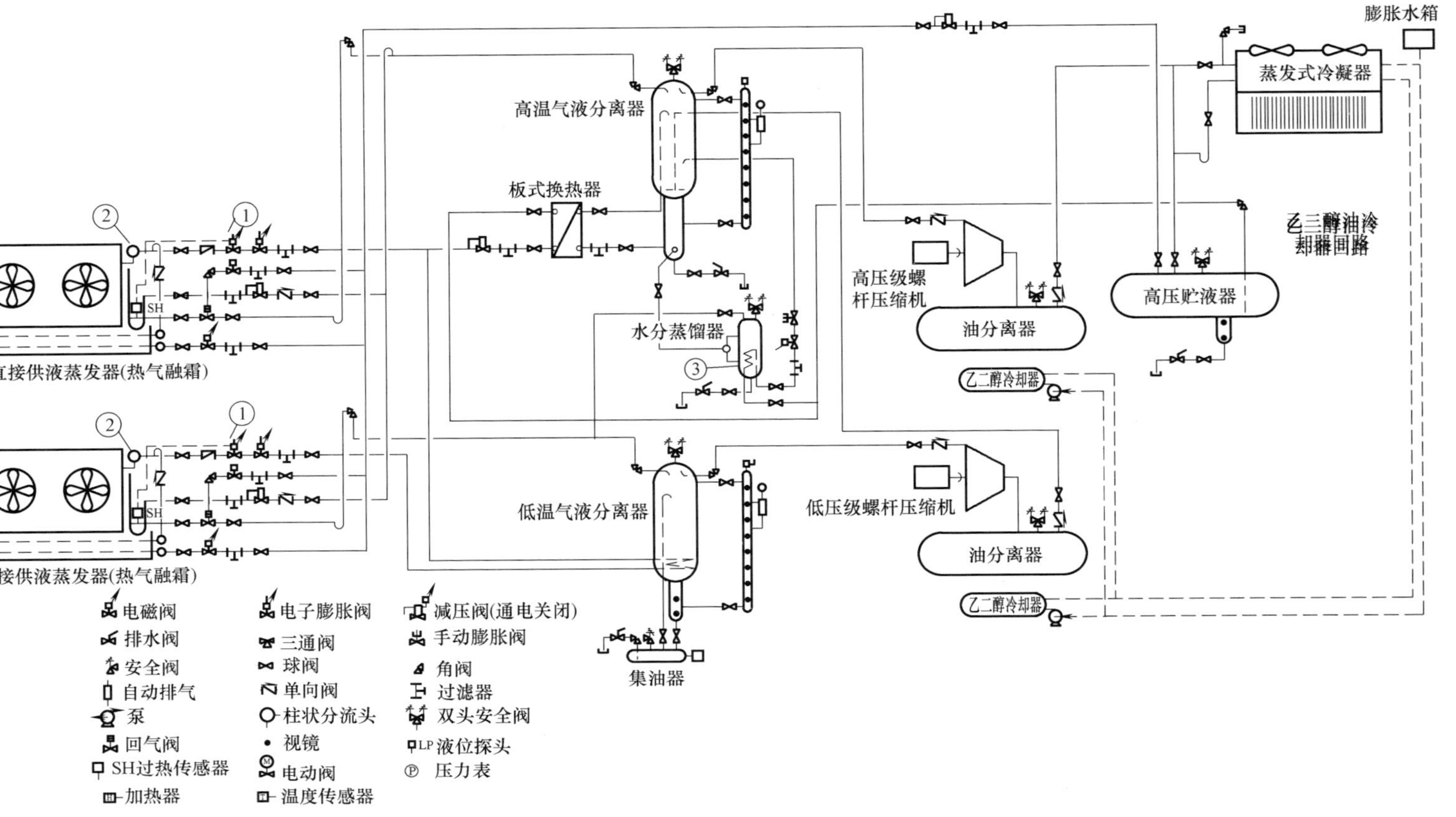

图 6-2　氨直接膨胀供液的一种典型的制冷系统图

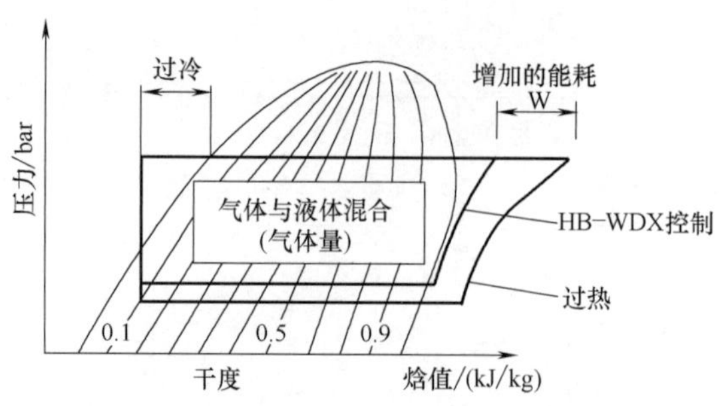

图 6-3　电子膨胀阀采用 HB-WDX 控制传感器信号供液在冷风机蒸发过程中的制冷压焓图

制冷过程进行。通过控制制冷过程中比较理想的过热度，这种带有 HB-WDX 控制传感器的电子膨胀阀与普通的直接膨胀蒸发器比较，效率有很大的提高。

HB-WDX 控制传感器是一个电容传感器。电容器由两块板组成。当对一块板施加电荷时，另一块板将以相反的极性充电，并保持电荷，直到其接地。电容器可以产生的电荷的大小（电容）取决于板之间的电荷容量。

在制冷系统中，油和液体二氧化碳是导电流体，而制冷剂（如氨、氢氟碳化合物）和盐水也是导电流体。

如图 6-4 所示，HB-WDX 控制传感器有两种形式，一种是杆式传感器，安装在蒸发器回气管有弯头的地方；另一种是内置式传感器，安装在蒸发器回气管的直管段（管内）。两种传感器的安装位置，如图 6-5 所示。

HB-WDX 控制传感器与电子膨胀阀的连接也有两种方式：一种是传感器把信号输送给用户的 PLC 控制器，然后在 PLC 控制器处理信号后，再把要求的信号输入电子膨胀阀的电动机执行；另一种是传感器直接与电子膨胀阀的电动机连接进行控制，如图 6-6 所示。现场安装的形式如图 6-7 所示。

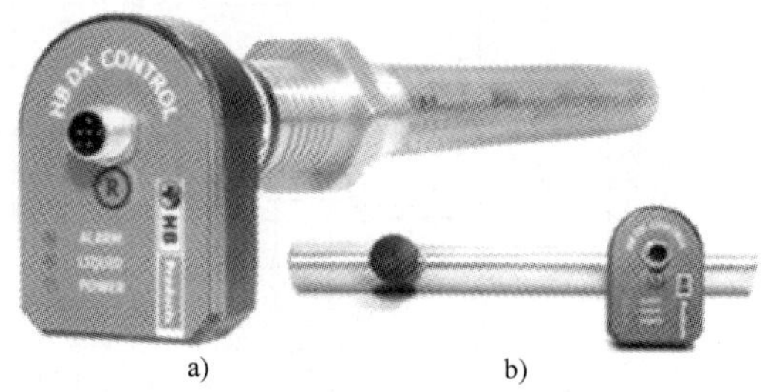

a)　　b)

图 6-4　HB-WDX 控制传感器的两种形式

a）杆式（Rod-Style）　b）管道内置式（In-line Style）

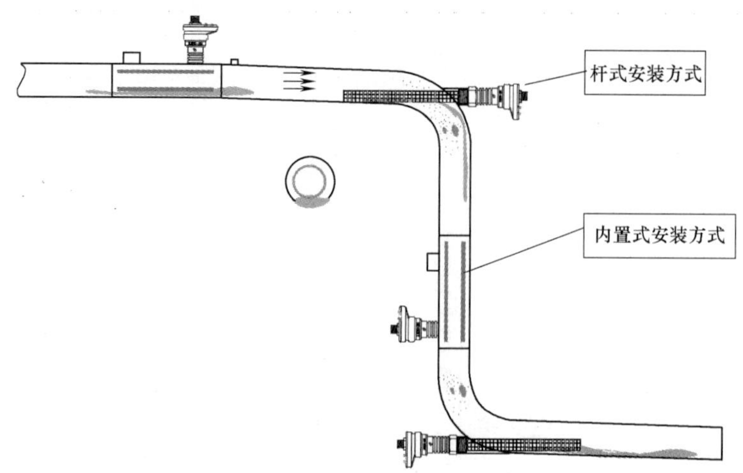

图 6-5　不同形式的传感器的安装位置

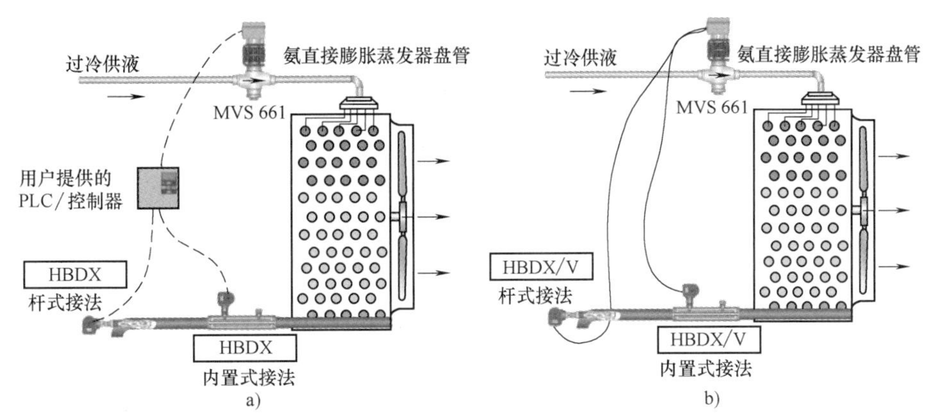

图 6-6　传感器与电子膨胀阀的连接方式

a）传感器通过 PLC 后与电子膨胀阀连接　b）传感器直接与电子膨胀阀连接

a)

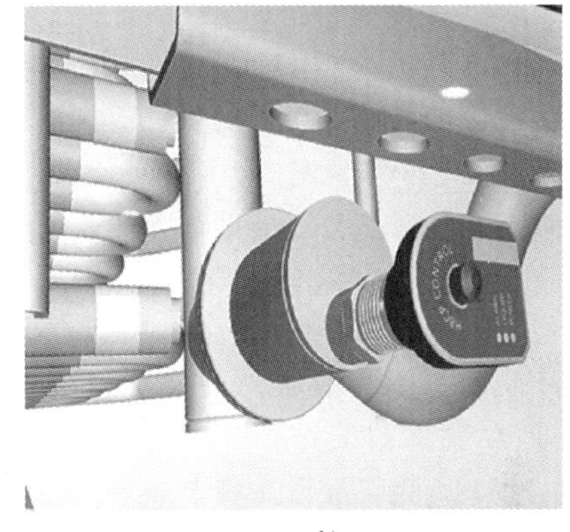

b)

图 6-7　传感器杆式安装方式

a）传感器在弯头上的杆式安装　b）传感器在回气管的杆式安装

2. 柱型分流器

这种传感器还可以在压缩机回气管靠近压缩机吸气口的位置安装（图 6-8），目的是感应回气是否带液以及过热度是否满足使用要求。

图 6-8　传感器杆式在压缩机回气管上的安装

该系统采用特殊的柱型分流器设计。这种特殊的分流器用不锈钢管制作，如图 6-9 与图 6-10（图 6-2②的位置）所示。为什么要采用这种特殊分流器？这种特殊分流器能解决什么问题？这主要与氨在低温下的一些特殊性质有关。

在制冷剂分配技术上，传统的分流器使用固定孔板，将膨胀制冷剂分配到多个并联的蒸发器回路。这种设计依靠一个比较大的压降（约 2.76～3.1bar）穿过均匀分布的固定孔，使液相和气相彻底混合才进入分流器和蒸发器回路。进入分流器的这种相对较高的压降降低了膨胀阀可用的压降作用，因此限制了在低环境温度降温期间可以允许

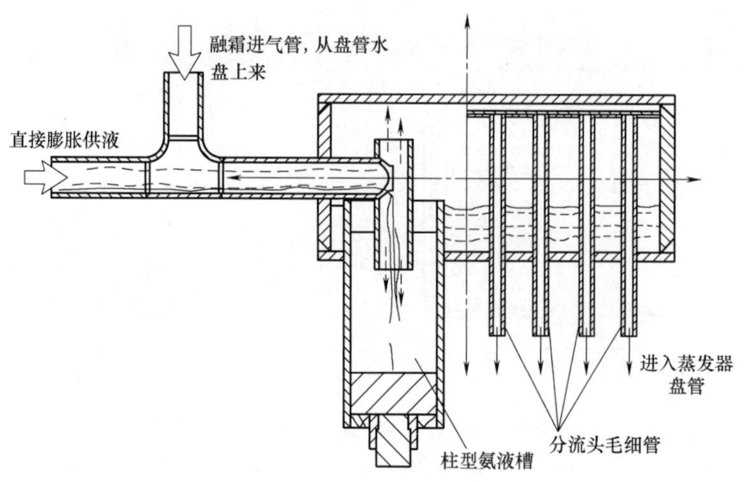

图 6-9　柱型分流器的剖视图

冷凝压力下降的可能性。另外，氨的非常高的蒸发潜热导致制冷剂具有低质量流量。毛细管的管径是根据质量流量的大小来确定的，对于一个给定的冷却负荷，非常高的蒸发潜热会造成毛细管的管径非常小（在某些情况下，管径可以小到 1/16in，即 1.59mm），而小的管径容易被污垢、碎片堵塞，并且会带来不良效果。这些不良效果有：膨胀阀的性能对液体温度（过冷度）非常敏感；工作范围小，最多是额定容量的 50%～125%；热气融霜循环中如果采用分流器分配热气，毛细管可能会限制热气的流动（管径太小）；单个分流器提供的并联蒸发器回路的最大数量仅限于 15 路。

图 6-10　柱型分流器在蒸发器的安装位置

图 6-9 所示的柱型分流器，正是为了解决上述问题而设计的，其具有以下特点：

1）在直接膨胀供液运行过程中，整个柱型分流器的制冷剂压降非常低，只有 0.138～0.276bar。

2）进入柱型分流器的任何油或碎屑在进入蒸发器盘管之前，在柱型氨液槽中沉淀下来。

3）在每个分流器的孔允许等量的制冷剂分布到所有回路，额定容量的工作范围非常宽（0～700%）。

4）在热气除霜期间，大直径孔柱型分流器提供全流量的热气（不设限制）。

5）单个的柱型分流器并联的蒸发器回路数量，可以高达 48 路。

3. 水分蒸馏器

使用过氨直接膨胀制冷系统的技术人员都有这样的感受，使用一段时间后，制冷系统的能耗变得越来越大。可见氨系统的水分含量逐渐增多对系统的影响。那么含水分的氨液究竟对直接膨胀供液造成多大的影响？参考文献［20］给出图 6-11，氨液中每增加 1%的水分，制冷效果会相应下降接近 8%。

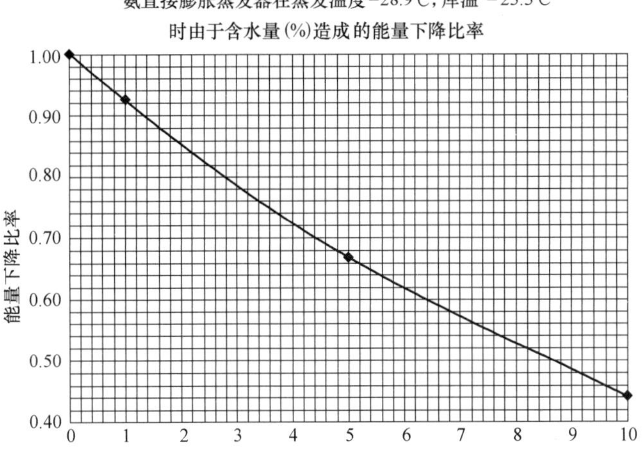

图 6-11　氨液的水分含量造成的能量下降比率

由于氨液水分含量对系统效率影响很大，因此有必要使用一种专用设备，对系统的氨液进行定期除水。这种氨与水的溶液，称为氢氧化铵（ammonium hydroxide），需要将溶液中的氨浓度降至实际最小值，然后再除去。

因此这种制冷系统就出现了专门用于蒸馏氢氧化铵的设备——水分蒸馏器（water still）（图 6-2③的位置）。这种容器是放置在气液分离器的下面（图 6-2），定期把气液分离器中没有分离的氨液进行蒸馏去水，其基本原理与一台内置了一组加热盘管的集油器相似（图 6-12）。

图 6-12　氨直接膨胀制冷系统的辅助设备布置图

那么这种水分蒸馏器与集油器的功能有什么区别？笔者的理解是：由于现在应用在冷库的工业制冷系统的压缩机通常采用螺杆压缩机，为了减少润滑油对低压系统的影响，许多压缩机都采用了多级油分离器（最多的达到四级）。高压排气的带油量已经控制在 5ppm 的范围内，因此低压容器的放油可能在一年内只有一两次。而根据全球冷链联盟相关资料的介绍，这种水分蒸馏几乎每次融霜排液后都需要进行排油。如果这个系统设计比较合理，在正常供液制冷过程中，低压回气管几乎不带什么液体。只有在融霜时才会有冷凝液排入容器，而这些排液通常会带有一些水分，因此需要每天进行水分蒸馏。此外，在容器中，排放的位置有区别，排污口在容器的最低位置，而排油的位置可能会高一些，氨液蒸馏的排液口位置可以与排油的位置类似。

4. 制冷系统设备选型

全球冷链联盟的相关资料还提及这种氨直接膨胀制冷系统在设计时的注意事项：制冷系统的设备运行需要稳定，相对应的不稳定情况包括：

① 排出压力的快速变化可能会导致系统的不稳定性。液体压力突然降低，会导致液体管路中液体制冷剂出现许多的闪发气体，这些闪发气体不利于系统的运行，因此，需要将冷凝温度变化限制在5℃/min以内。

② 吸入压力的快速变化也会导致系统不稳定和性能差。吸入压力突然增加，会导致直接蒸发器的液体回液。这种吸入压力的突然提高，提高了蒸发器的温度，减少了制冷剂进入蒸发器的流动。

为了确保制冷系统的稳定，在选择各种制冷设备时应考虑以下因素：

1）压缩机的能量控制。能量控制是通过控制压力实现的，压力的变化要控制在适当范围内。限制能量上载/卸载的变化（ON/OFF），不超过总系统能量的10%；限制吸气温度变化速度（螺杆压缩机滑阀运动速度），不大于1.1℃/min。因此，选用压缩机时最好选用无级上载/卸载的螺杆压缩机，而且上载/卸载需要平稳，或者选用并联的小型螺杆压缩机组。

2）蒸发式冷凝器。冷凝器的风机建议采用压力控制的方式变频控制风扇转速；冷凝器水泵建议水泵连续运行，而不是频繁开启或者关闭。

3）蒸发器融霜。在同一时间融霜蒸发器数量最少。采用两步带压力泄放功能的阀，在融霜端缓慢地平衡压力。

4）蒸发器冷风机。风扇转速和冷却能力可由变频器控制，但是风机转速的变化必须是渐进的，并限制吸入温度的变化不超过1.1℃/min；必须设置最低风扇速度不低于全速的25%。如果风扇要进行开启/关闭的能量控制，在同一时间开启或关闭的蒸发器风扇数量不超过总数的10%。

5）供液电磁阀。避免所有供液电磁阀在同一时间同时开启，即供液电磁阀应按顺序开启。

5. 系统需要的氨的灌注量计算

如果制冷系统采用这种直接膨胀供液，系统需要的氨灌注量应该是多少？下面以例6-1进行说明。

【例6-1】 某厂家提供的氨直接蒸发器灌注量数据见表6-3，该厂家对于泵供液建议的灌注量是管容积的80%。如果在一个制冷系统中，使用蒸发温度-20℉（-28.9℃）的有两台蒸发器（管容积是12ft^3），使用蒸发温度+20℉（-6.7℃）的有三台蒸发器（管容积是10ft^3），采用直接膨胀供液需要多少氨液？如果改用泵供液，那么灌注量又是多少？

表6-3 氨直接蒸发器灌注量

吸气压力/饱和温度	氨直接蒸发器每立方英尺(ft^3)蒸发器管容积的灌注量/lb
48.2psia(3.32bar)/+20℉(-6.7℃)	1.01
30.4psia(2.95bar)/0℉(-17.8℃)	0.83
18.3psia(1.26bar)/-20℉(-28.9℃)	0.63
10.4psia(0.717bar)/-40℉(-40℃)	0.52

注：1. 这是Colmac厂家提供的蒸发器需要的灌注量。

2. 1ft^3=0.028m^3；1lb=0.45kg；1bar=10^5Pa。

解：应用表 6-3 中的数据：

采用直接膨胀灌注量＝(2×12×0.63+3×10×1.01)lb＝45.42lb＝20.6kg

改用泵供液的灌注量＝2×12×0.8×42.2lb+3×10×0.8×40.4lb＝1779.84lb＝807kg

注：42.2lb/ft^3 与 40.4lb/ft^3 分别是氨液在-20℉（-28.9℃）和+20℉（-6.7℃）时的密度（英制）。

那么这种系统的其他设备灌注量又如何？还是以图 6-2 所示的系统为例，高温系统的气液分离器，其实是一台开式中间冷却器，同时兼有气液分离器的功能。不负担系统制冷供液的功能，只是冷却从低压级压缩机排气的同时，分离高温回气。供液的冷却板式换热器的回气也是回到这个容器中，因此这台容器的灌注量一般不会超过设备总容积的 15%；而低温系统的气液分离器，只是带盘管的单纯气液分离器，如果回气不带液体，容器内就几乎没有多少液体。其他设备（如蒸发式冷凝器、虹吸桶兼贮液器）的灌注量按正常制冷系统的要求计算。这样计算下来，这种系统是泵供液或者重力供液系统的灌注量的 1/10~1/6 就不足为奇了。

从前面的阀门选型可以看到，解决氨在低温工况下温差过小普通机械式膨胀阀无法打开的问题，是选择脉冲宽度调制（PWM）阀门代替，而机械式膨胀阀上的感温包则是用 HB-WDX 控制传感器来代替，于是就构成了今天的氨直接膨胀低温制冷系统。

这种氨直接膨胀供液制冷系统由于制冷效率比较高，系统比较简单而灌注量又很少，安全系数会大大提高。这种供液系统的最低蒸发温度可以达到-50℉（-45.6℃），也就是可以应用在速冻方面。这将是我国今后氨制冷系统的发展方向，剩下的问题是我们如何对蒸发器与柱型分流器进行研究与开发。

与大多数卤代烃直接膨胀系统一样，这种氨直接膨胀系统对于管道的内壁洁净度要求比较高。由于氨系统不能采用铜管，因此有条件最好采用不锈钢管（或者至少供液管道采用不锈钢管）。同样容器的内壁也要求相应的洁净度。其实，柱型分流器的设计也是为了减少碎屑在融霜时进入毛细管，造成堵塞。这些碎屑在供液管中也容易堵塞电子膨胀阀前的过滤器，这一点与普通氨的满液式系统安装要求不同。

6.1.3　满液式供液

满液式供液一般分为三种：重力供液和泵供液以及气泵供液。

1. 重力供液

重力供液蒸发器如图 6-13 所示，依靠制冷剂自身的质量，输送比蒸发器需要的蒸发量更多的循环制冷剂。因此，蒸发器内表面充满了制冷剂。蒸发器产生的气体在分离器分离后流进回气管。这种供液方式目前在我国的冷链物流冷库使用很少，原因是这种供液方式需要有比较好的计算基础（主要是需要计算管道以及阀门的阻力损失），而且对管道的布置与控制阀的要求比较高。

随着现代技术的发展，原来一些影响重力供液的主要难题已经基本解决。如重力供液的蒸发器容易积油，由于热气融霜技术的完善以及二次节流供液，这些已经不是问题。还有供液电磁阀要求低压差开启，现在已经出现了大口径的无压差电磁阀和低压差开启的单向阀（最小开启压差只有 0.03bar，即 3kPa）。最近又出现了电动球阀，这种阀的功能相当于电磁阀+单向阀，完全满足重力供液的低压降要求。这些都为以后使用制冷系统重力供液打下了良好基础。因为重力供液容易控制，满液式供液方式，需要的液体比泵循环供液少许多。只是由于制冷剂液柱高度的问题，同样的冷库温度重力供液的蒸发压力比泵循环供液略微低一些。

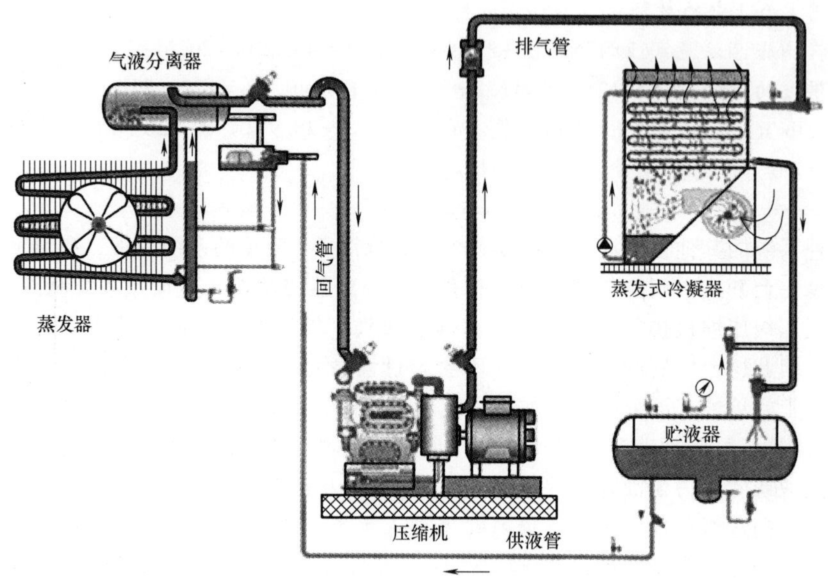

图 6-13 满液式重力供液蒸发器

满液式重力供液蒸发盘管布置如图 6-14 所示，这里的管道回路是立式平面布置。例如，冰的贮存工程采用立式平面布置，多排并列的回路从分离器进液，然后回气到分离器或集管。立式回路适合中温蒸发温度。低温蒸发器要更多考虑液柱高度，因为液柱的静压头使集管的底部有较高的压力，在蒸发器较低的位置蒸发温度会高一些，从而降低了传热率。表 6-4 列出了 R22 和氨在两种不同的蒸发温度下，每米液柱升高的蒸发温度（压力损失）。因为 R22 比氨的密度大许多，因此 R22 液柱影响造成蒸发温度的升高幅度要大一些。

通常蒸发温度在-40～0℃时垂直高度距离 A：如果蒸发器不是特别设计用于重力系统，氨系统与卤代烃系统的垂直高度通常需要比理论值要大许多（指分离器的液面至蒸发器最顶层的蒸

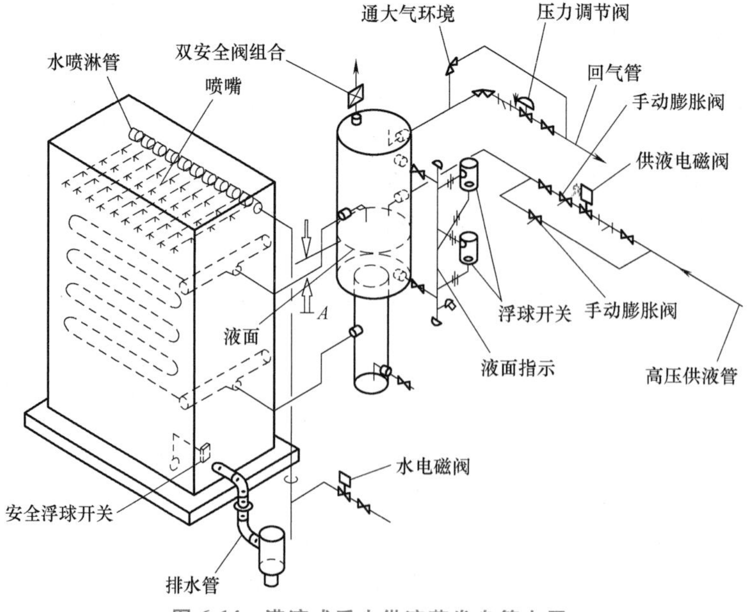

图 6-14 满液式重力供液蒸发盘管布置

发盘管的垂直距离）才能满足实际使用要求（图 6-14）。另外，垂直高度距离 A 通常要根据使用的温度范围确定。如果使用的场合是从常温开始，例如速冻或者盐水制冰，这个高度需要比较高，否则由于蒸发器的初始压力高，没有一定的液柱高度，分离器内的液体是无法进入蒸发器盘管的。如果是使用温度比较稳定，例如冷库，这个高度就可以低一些。重力供液要求气液分离器与蒸发器的供液管上不能安装阻力大的阀门，而且供液管道也不能太长。此外，必须对选择的管道进行压力降的计算（计算方式见第 7 章），否则蒸发器的蒸发效果会大打折扣。

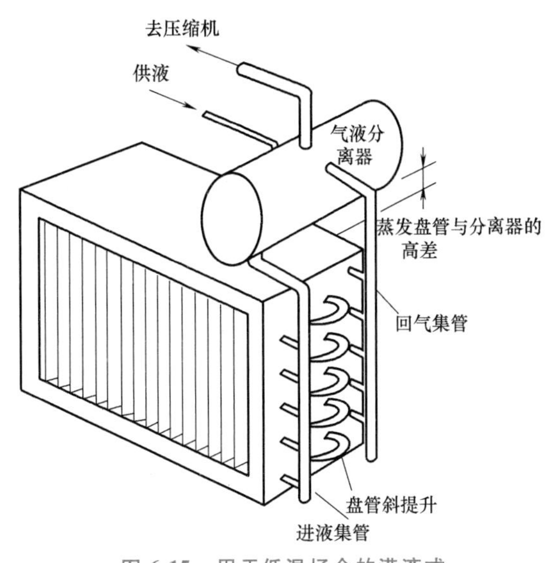

图 6-15　用于低温场合的满液式冷风机与分离器高差

对于低温蒸发器，保持静压头尽可能小至关重要，因此，冷风机蒸发盘管通常做成如图 6-15 所示的结构。图中蒸发截面的回路向上倾斜，这样压差 Δp 促使分离器中的液体流动，且管子的底部与分离器液体之间的高差与 Δp 是成比例的。

表 6-4　每米液柱升高的蒸发温度（压力损失）

蒸发温度/℃	每米液柱升高的蒸发温度/℃	
	R22	氨
0	0.774	0.392
-40	2.81	1.77

分离器与冷风机中盘管的高差是多少？通常蒸发盘管安装在库顶底下，在分离器与蒸发盘管之间的净空，有一个垂直距离问题。某些冷风机制造商进行过调查，从分离器的底部到冷风机盘管的特定距离在 0.15~0.25m 之间。如果环境条件限制需要改变布置方式，为了节省制冷空间的净空，把分离器放置在冷库房间的顶部上方，这种情况应该与风机制造商沟通。例如，某蒸发盘管的制造商，把蒸发器设计成循环液体的蒸发量是实际蒸发量的两倍，盘管压力降约为 1.4kPa，使得从分离器的工作液面到蒸发盘管的顶部垂直距离大约为 0.46m（这种情况是冷风机的盘管布置有特殊要求）。

笔者的理解是：分离器液面与冷风机中盘管的最高一层蒸发盘管的高差为在指定运行工况下，采用的制冷剂自身重量在重力加速度的作用下能够克服蒸发器的阻力损失所需要的最小理论高度（当量高度）乘以安全系数（通常安全系数为 1.5）。而分离器的供液量不能大于指定运行工况下制冷量的 1.5 倍。

而重力供液的另外一种做法是采用直接供液方式，重力方式分离（见第 14 章图 14-22）。这种方法的优点在于重力系统需要的压力降几乎接近理论值，不会因为蒸发器蒸发初期产生大量的蒸发气体造成压力过高而需要更高的液柱高度来克服这种阻力损失。

在我国，满液式重力供液主要应用在生产条冰的制冰制冷系统。由于条冰生产过程中温度变化比较大，通常是把用常温的自来水降温到-10~-8℃形成冰块，该过程温度变化超过 30℃。

重力供液的特点是，系统需要多少液体就按照要求供应多少，因此系统运行比泵供液要稳定。除了制冰和盐水冷却系统以外，其他制冷系统应用就比较少，造成这种情况的原因是多方面的。通常这种系统需要专业人员进行设计，这些设计通常需要实践检验，因此需要施工人员的配合。施工与设计不是一个整体概念，但制冷系统工程是一个理论和实践需要密切配合和互补的学科。

与泵供液相比，重力供液的供液方式优势会少一些。这是因为重力供液的液柱高度影响蒸发温度。为了尽量减小液柱高度，设计重力供液系统时，在控制管道和阀门的阻力损失时要非常注意，选择电磁阀和单向阀都有特殊要求。近几年开发了无压差的大口径电磁阀。单向阀需要开启的压差小，这种小压差的单向阀在第7章中会有详细的介绍。这样使得重力供液的供液方式变得相对简单而且也容易实现。因为这种供液方式的优势在于根据系统的需求供液，系统的自动运行更加容易实现。另外，重力供液系统制冷剂的灌注量比泵供液可以少许多。

笔者曾经在一个两万吨低温冷藏库的设计中采用重力供液，使用冷风机作为蒸发器，其最终使用的制冷剂灌注量只有4t多。这为对制冷系统灌注量有严格要求的冷链物流冷库，开辟了一条新的选择路径。根据参考文献［4］的介绍，在英国，一个相同规模和运行工况接近的冷库，其氨制冷剂的灌注量还不到3t。

笔者还把这种技术应用在一些中型的卤代烃制冷剂冷链物流冷库中（3000~8000t），还有一些制冷量不是很大的速冻系统中。例如，在一个8000t的低温冻结物冷藏立体库，由于受到制冷剂灌注量的限制，采用了这种重力供液系统。这种供液比直接膨胀供液在理论上要节约用电30%，而实际上几乎可以节约50%的用电量。这样的系统设计主要是控制简单，与直接膨胀供液系统比较，这种系统的优势在于既容易实现全自动运行，又在运行上节约用电。

2. 泵供液

泵供液也就是蒸发器的过量供液（图6-16），是目前我国在冷链物流冷库使用最为广泛的供液方式，一般是用泵给多台蒸发器提供超量的液体制冷剂。在蒸发器的出口处，是液体和气体的混合物，然后气液混合物进入低压循环桶。分离后的气体进入压缩机，通过添加更多的液体来补充进入低压循环桶，液体循环系统包括容纳蒸发盘管的过量供液的附加设备（如低压循环桶），以及这些附加设备的液面控制。

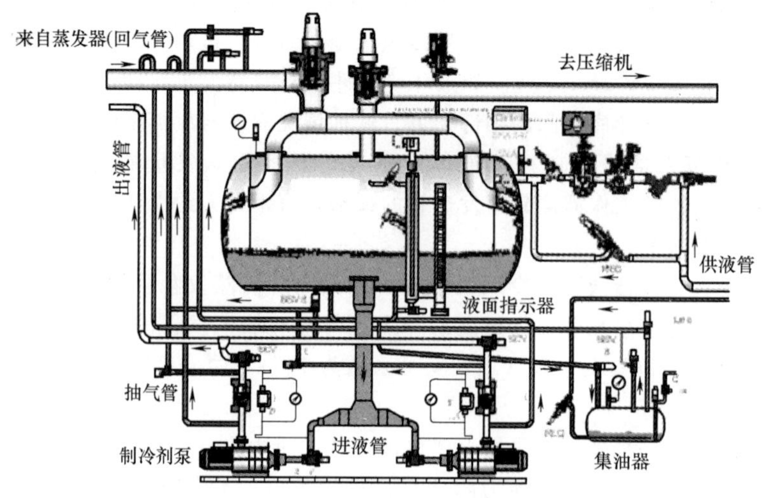

图6-16　泵供液基本布置图

在泵供液的应用中，最常用的一个名词是：倍率供液（overfeed）。它在国际氨制冷学会（IIAR）的《制冷管道手册》中是这样描述的：供液蒸发器出口处制冷剂液体与气体的质量比

(the mass ratio of liquid to vapor refrigerant at the outlet of a liquid overfeed evaporator)。

3. 气泵供液

液体制冷剂采用气泵的形式进行制冷循环替代了机械泵循环。在工业制冷中液体制冷剂循环常采用的一种供液工具是低压泵送容器。液体从低压贮液器中排出，然后用高压气体把这些液体输送出去。

J. E. Watkins 和 H. A. Phillips 在开发气泵供液系统方面做出了贡献，具有广泛的影响力。首先是在实践中解释了两种不同的气泵的工作原理：双泵桶系统（two-pumper drum system）和受控压力贮液器系统（the controller-pressure receiver system）。其中后者最受欢迎，前者也有一定的市场。

气泵供液比较流行的气体泵送装置使用可调压力贮液器（controlled-pressure receiver，CPR），如图 6-17 所示。其关键概念是，贮液器不再在冷凝压力下工作，而是保持在较低的压力（可调压力）下工作，饱和温度约为 15℃。来自冷凝器的液体流过一个浮阀，该浮阀只允许液体通过，同时也将冷凝压力降至 CPR 的压力。CPR 中所需的压力由压力调节阀维持，该阀向低压贮液器排气。由于基本饱和的液体进入浮阀，一些液体因为闪发原因形成气体，气体通过压力调节阀进入低压贮液器。

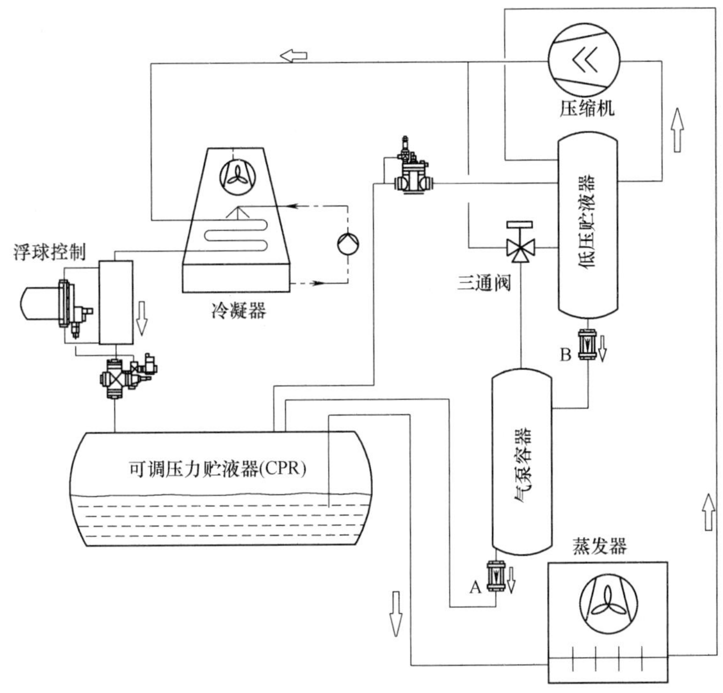

图 6-17　通过使用可调压力贮液器的气体泵送进行液体再循环

来自可调压力贮液器（CPR）的液体以倍率供液的量流入蒸发器，这些来自蒸发器的液体/气体返回低压贮液器。气体由压缩机抽出，液体排入气泵容器。在排液过程中，三通阀将气泵容器连接至低压贮液器，允许气体从气泵容器排出。止回阀 A 防止 CPR 中的高压气体在排放液体时流入气泵容器（图 6-17）。

在气泵容器积聚一些液体后，三通阀改变其状态，允许高压排放气体进入气泵容器，迫使液体通过止回阀 A 进入 CPR。止回阀 B 防止气泵容器的压力进入低压贮液器。当泵送和排放之间的转换由时间控制器控制，通过蒸发器的制冷量和制冷剂流速通常会比较低，在排放过程中气泵容器中积聚的液体较少。如果转换由气泵容器中的液位控制，则在液体传输速率较高时，循环时间缩短。

CPR 概念也适用于两级压缩制冷系统，典型流程图如图 6-18 所示，主要容器包括 CPR、闪发式经济器/中冷器、低压贮液器和两个气泵容器。CPR 供给高温蒸发器，中冷器供给低温蒸发器。该系统包括三个压力调节器，调节阀 A 在压力下降时向 CPR 输送高压气体，调节阀 C 在 CPR 压力上升过高时向中冷器输送压力气体。调节阀 B 向高压气泵容器提供足够高的压力，迫使液体进入 CPR。由于图 6-18 中右边的气泵容器液体不受限制地进入中冷器，因此可以通过从高压级压缩机吸气方式以使得中冷器液体过冷。

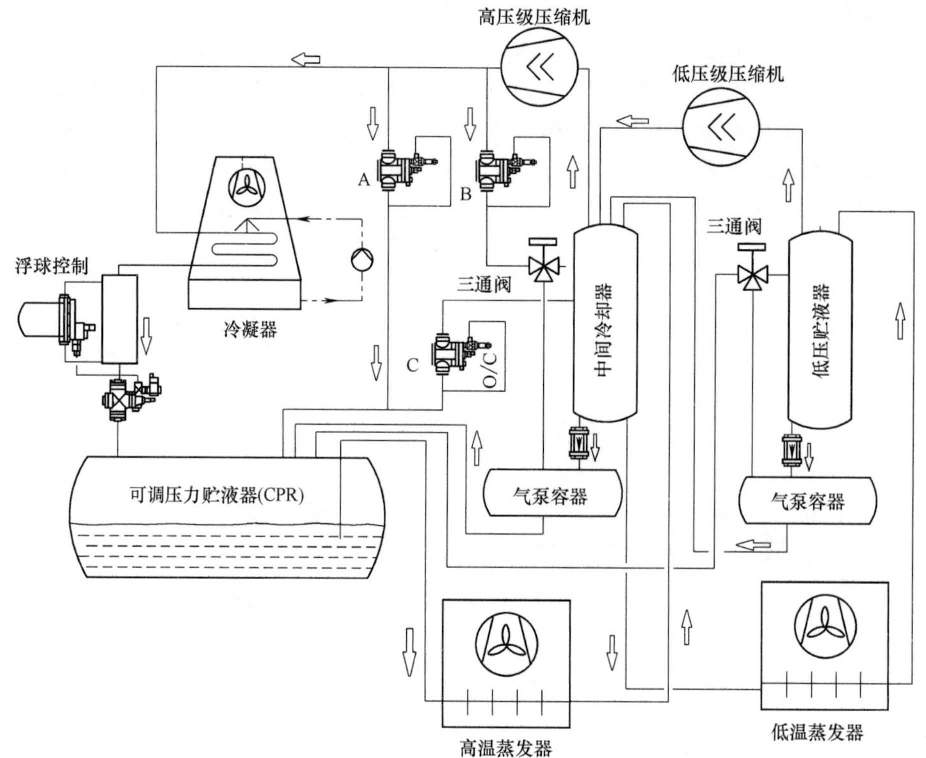

图 6-18　使用可调压力贮液器运行的两级压缩制冷系统

在机械泵供液与气泵供液之间，哪一种方式在能耗与使用方面更加有优势？参考文献［1］通过一个氨制冷系统同时用两种供液的例子与能量分析（压缩等熵功，the isentropic work of compression）来论证这个问题。这里不再举例。得出的结论大致如下：

1）机械泵的泵送功率与所送的液体体积 V_B 成正比。

2）气体泵的泵送功率与（需要的气体体积 V_A+所送的液体体积 V_B）成正比。

3）如果存在中压气体且其压力足够高，则气泵的效率基本上与机械泵送相同。机械泵送旁通液体所需的额外功率和 V_A 的附带效应在某种程度上相互抵消。但气泵还需要考虑 V_A 的负荷。

4）如果高压气体是气泵气体的唯一来源，那么气泵送所需的能量将远远超过机械泵送所需的能量。

5）由于这种气泵的加压气体还会加热气泵容器内表面的部分供液的液体，这样也造成了能耗的增加。

6）如果低压气泵送的气体可用且压力足够高，足以向蒸发器提供所需的液体压力，则可以通过估算，气泵泵送的成本可能是机械泵送的成本的 1.5~2 倍。

国内某设备公司把这种气泵技术应用在氨与卤代烃的制冷系统上，如图 6-19 所示。其优点是：供液方式比较自如，设备体积小、控制灵活，制冷剂的充注量也少一些。缺点是：这种应用可能比泵供液能耗要大一些。原因是卤代烃体积 V_A 更大一些，而对供液部分液体温度的上升会在节流后产生多一些的闪发气体。

a）

b）

图 6-19　气泵供液在制冷系统中的应用
a）机组整体　b）局部

气泵供液作为满液式供液的其中一种，在美国 20 世纪 90 年代还是一种比较流行的供液方式。随着现代制冷技术的日渐成熟，这种供液方式已经不多了。笔者在 2014 年到美国参观考察，在参观考察的二十多个冷库中，除了一个的直接膨胀供液冷库以外，其余的都是机械泵供液。在当今的国外互联网上去搜索气泵供液方式，由于桶泵技术日渐成熟，该技术使用得相对少了。

4. 满液式蒸发器的优缺点

（1）优点　与直接膨胀蒸发器相比，满液式蒸发器有以下优点：

1）使用的蒸发面积更加有效，因为它们完全充满液态制冷剂。

2）对并联回路的蒸发器，制冷剂的分配更均衡。

3）饱和气体（而不是过热气体）进入回气管，因此从回气管进入压缩机的气体温度要低一些，这样也会降低压缩机的排气温度。

4）无论冷凝压力如何变化，阀门控制对蒸发器有一个稳定的压力供液。而膨胀阀直接供液受冷凝器运行压力的影响，夏天冷凝压力高，冬天冷凝压力低。在液体再循环系统中，泵提供全年相同的压力。

（2）缺点　与直接膨胀蒸发器相比，满液式蒸发器有如下缺点：

1）初投资成本高。

2）蒸发器需要注入更多的制冷剂和增加分离器。

3）冷冻油可能贮存在分离器和蒸发器中，必须定期排油或连续排油。

4）供液到蒸发器的管道处于低温，因此必须保温。

5）增加机械泵设备，增加泵的运行费用。

对于在蒸发器中制冷剂的充注度而言，通常在正常运行的制冷系统中，蒸发器的制冷剂充注度占蒸发器总容积的60%~80%之间（除了刚刚完成了热气融霜的蒸发器以外）。如果在运行过程中制冷剂把蒸发器的容积几乎充满，那么，蒸发器就会因为没有蒸发空间而使降温速度大大减慢，甚至几乎停止降温。这种情况往往出现在速冻过程接近完成，或者系统的低压部分蒸发压力低于0bar（表压）的时候。此时系统负荷迅速减少，而供液量仍然没有变化，供液量>蒸发量，这样蒸发器中的液体越来越多，最后导致蒸发器的盘管内充满液体而使传热效果变差。

有的蒸发器位于桶泵机组下面，而且它们之间的垂直距离比较大。正常情况下如果蒸发器是位于桶泵机组上面，湿回气管在运行时是气液两相的流体回到低压循环桶的。现在蒸发器的位置变了，由于制冷剂自身的重力，只有在蒸发盘管内几乎充满了制冷剂以后，湿回气管内的液体才会依靠泵的推动力把液体挤压回来，这样蒸发器的盘管内几乎都是液体。这种情况也会使传热效果变差。解决的办法是：系统设计时，尽量把蒸发器布置在桶泵机组的上方；如果是系统原有的安排，无法改变，尽快把部分制冷剂从蒸发器排走后，再调整供液速度；或者采用上进下出的供液方式。

6.2 循环倍率

6.2.1 循环倍率的定义

在满液式蒸发器中，通常通过机械泵供应的液体制冷剂的供液量大于蒸发量（质量流量），因此在蒸发器出口流出的是液体和气体的两相混合物。

液体再循环供液的一个基本好处是改善蒸发器制冷剂侧的传热系数。它主要改进了制冷剂侧表面的润湿性和增加了制冷剂的蒸发速度。过量供液的衡量指标，称为循环量或循环倍率 n，即

$$n = \text{供液给蒸发器的制冷剂流量} \div \text{制冷剂的蒸发量}$$

对于过量供液的 n 值必须超过1.0。由此产生的直接问题是 n 的最佳值是多少？n 值在哪些方面影响蒸发器的性能？首先 n 值的增加提高了传热系数，但 n 值增加的同时也带来负面因素：泵送液体的成本增加，并通过蒸发器增加了压降。对于一个给定蒸发压力的制冷系统，压力降的增加会导致蒸发温度更低。

n 值的影响如图6-20所示。比较各种 n 值的基础应该是在给定的制冷负荷下，压缩机和液体泵的组合功率。制冷负荷是指在特定温度下流体或产品冷却时的传热速度。在图6-20中，进入蒸发器的空气和制冷剂的温度分布是不等边弧线形的。进入蒸发器的空气的分布和制冷剂的温度显示为两个不同的 n 值。

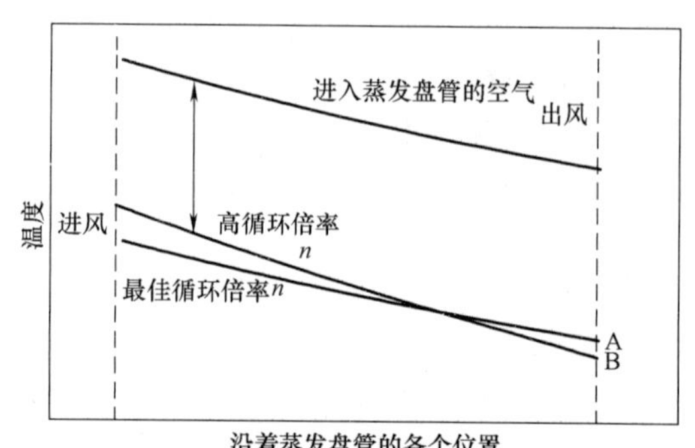

图6-20　进入蒸发器的空气和制冷剂的两个温度 n 值分布图

最佳的 n 值是通过某种方式找到的，其他 n 值可以高于最佳 n 值（高的 n 值不等于能耗小）。空气和制冷剂之间的平均温度差是由空气和制冷剂温度之间的温差曲线表示的。高 n 值的平均温差小于最佳 n 的平均温差，因为高 n 时传热系数更高。但是，随着 n 值的增大，压力梯度越大，蒸发温度曲线的斜率就越陡峭，在这种情况下，蒸发器的出口温度和压力会随

着 n 值的升高而降低。其结果是，给定制冷量情况下必须使压缩机回气压力降低，从而需要更大的压缩机功率。图 6-20 中没有显示的是，循环倍率 n 的提高使液体泵的功率增大，这种增大会抵消循环倍率 n 再增大的意义，从蒸发器到低压贮液器的气/液两相回气管的压降也将更高。液体泵的功率增大和气/液两相回气管的压降升高是高 n 值的代价。

实验室测试和现场试验验证了上述的变化曲线。Wile 在实验室中用钢管铝翅片的氨蒸发空气冷却器（钢盘管的外径是 16mm）测试了不同循环倍率的影响，结果如图 6-21 所示。在控制膨胀阀维持轻微过热时的试验运行中，循环倍率的变化会改变整体的传热系数。图 6-21 表明，循环倍率是 3 或者更高时，比循环倍率为 1 时有增加 25% 的传热能力。当 n 增加到超过 4 或 5，传热能力改善很少或没有改善。

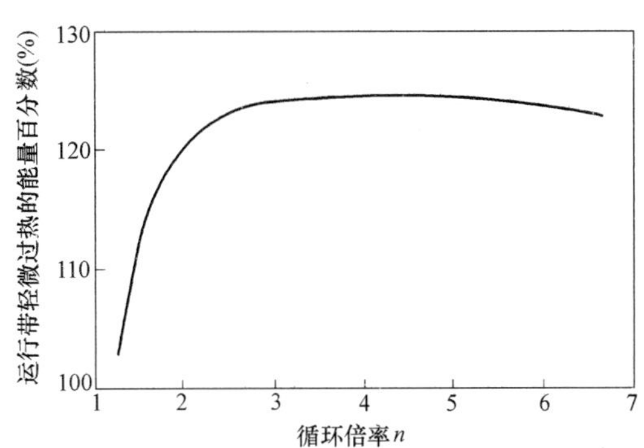

图 6-21　空气冷却蒸发盘管的循环倍率 n 对整个传热系数的影响

Wile 先生测试盘管时，在循环倍率 $n=7$ 和蒸发温度为 -29℃ 时采用了 10kPa 的压降。与此压降相关的是蒸发器入口处的沸点比出口处高 1.7℃。Wile 先生观察到，虽然典型的做法是在选择盘管时指定循环倍率，但通过盘管的制冷剂流速能更精确地表示其最佳性能。根据空气与制冷剂的温差，可以为不同的容量选择相同的盘管，在给定循环倍率 n 值的情况下，导致制冷剂流速差异很大。

Lorentzen 先生进行了一些类似 Wile 先生的实验，但增加了热流密度这个附加参数。随着热流密度（每单位面积的传热率）增加，盘管的 U 值（传热系数）也增加，如图 6-22 所示。在沸腾传热过程中，热流密度持续增加，直到蒸发气体可以覆盖蒸发器的内表面。Lorentzen 先生的研究表明，随着循环倍率 n 值增加，U 值也逐步增加，与此对比，在达到 Wile 先生的实验最佳的传热系数时，图 6-22 显示蒸发盘管的过量供液确实会使 U 值突然增加。事实上，n 值的增加可以改善 U 值。但需要注意的是直接膨胀供液的蒸发盘管循环倍率 n 值只是略大于 1.0 的时候传热系数有明显的提高，随后传热系数的增加变得平缓。

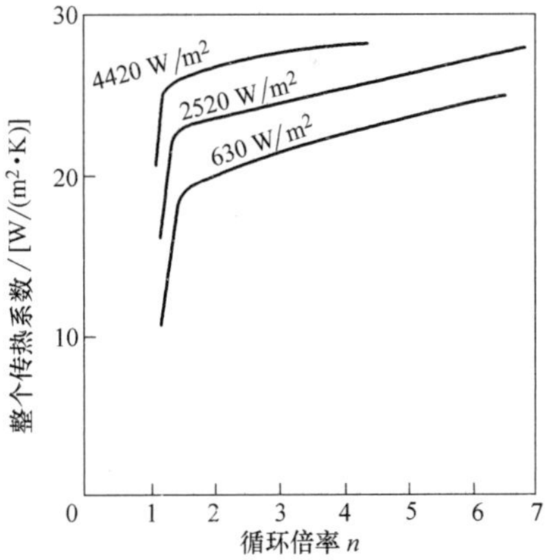

图 6-22　使用卤代烃制冷剂的空气冷却器时循环倍率 n 和热流密度对整个传热系数的影响

Richards 先生分析了几位学者包括 Van Maale 和 Cosijn 先生的实验数据，如图 6-23 所示，并得出结论：要达到良好的传热系数，需计算弗劳德数（Fr）。弗劳德数 Fr 是一个与众不同的特征数，它的特点是量纲为一（无量纲），其简单的表示形式为

$$Fr=\frac{v^2}{gD} \tag{6-1}$$

式中　v——速度（m/s）；

g——重力加速度（m/s^2）；

D——直径（m）。

液体的弗劳德数 $Fr_{液体}$，是式（6-1）的修正，即

169

$$Fr_{液体}=\frac{\rho_L v_L^2}{(\rho_L-\rho_V)gD_i} \tag{6-2}$$

式中　ρ_L——液体密度（kg/m^3）；

ρ_V——气体密度（kg/m^3）；

v_L——液体速度（m/s）；

D_i——管径（m）；

g——重力加速度（m/s^2）。

实现有利的传热系数的 $Fr_{液体}$ 值为 0.04，这与实现管中的环状流相关，如图 6-23 所示。

下面介绍对循环倍率的一些其他建议。某冷风机生产厂家建议：氨的循环倍率 $n=4$，R22 的循环倍率 $n=3$。Geltz 先生建议，当制冷剂在盘管的顶部进液时 n 值会更高，蒸发表面得到良好润湿。ASHRAE 手册中也是这种建议，见表 6-5。反映在表 6-5 的另一项建议，是卤代烃 n 值可以小于氨。卤代烃 n 值较低可避免泵的功率过大。与氨比较，卤代烃制冷工质相变潜热低，但液体密度较高，因此需要降低 n 值。但总的来说，对于一个给定的制冷能力，氨系统液体泵所需的功率约为卤代烃系统功率的 1/3。

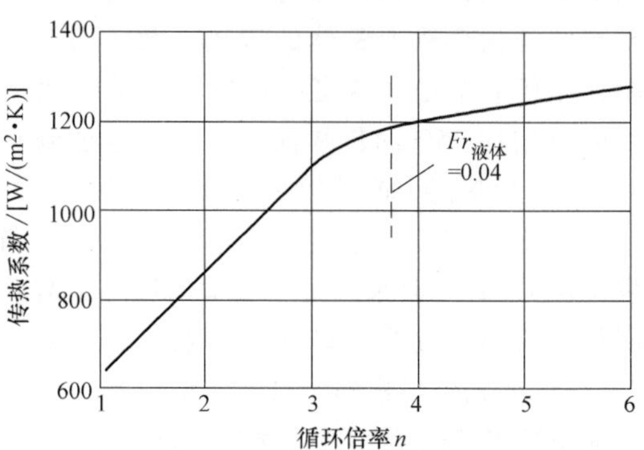

图 6-23　管径为 22mm 运行在-20℃，热流密度为 2825W/m² 时氨蒸发的传热系数

表 6-5　选择循环倍率参考

设备	循环倍率 n			
	冷风机	平板速冻	排管（钢管）	排管（铝合金）
氨泵供液（下进供液）	3~3.5	5~10	2~2.5	
氨泵供液（上进供液）	6~7			
卤代烃泵供液（下进供液）	2.5~3	3~3.5	1.5~2	2~2.5
重力供液（上进供液）	1.5		1.5	1.5
二氧化碳	1.5~2	2	1.5	

注：本表数据是笔者综合了冷风机以及本章的内容和容器选型等因素所得出的。循环倍率的大小取决于蒸发器的传热效率。

在第 4 章蒸发器中，根据不同的制冷剂和不同的进液方式，冷风机有不同的循环倍率。不要认为只有泵供液才有循环倍率，重力供液也有循环倍率。两者相比，相同的蒸发器重力供液比泵供液的循环倍率要小一些。选择循环倍率时，要综合考虑工程的实际情况，并且考虑低压循环桶的选型。因为循环倍率的大小与泵的选型密切相关，循环倍率大，泵的流量增大，循环桶需要容纳的液量也随之加大，也就是提高了循环桶的正常液面高度。正常液面高度越高，循环桶安全分离的余量就越小（这部分在容器功能设计时会具体讨论），特别是卤代烃系统。例如在蒸发温度为-30℃时，不同的卤代烃制冷剂系统所需要的循环液体质量分别是氨的 4~10 倍。笔者认为从供液循环的角度考虑，表 6-5 所示的循环倍率符合实际应用情况。

6.2.2 气液密度比与循环倍率的关系

这种循环倍率与不同的制冷剂的自身特性有关。这种制冷剂特性称为“制冷剂的气液密度比”。从数值来看，氨制冷剂的值最大，R744 的值最小。

在常用的制冷剂中，比值越大循环倍率越大：氨的循环倍率最大，循环倍率在 3~12 次；卤代烃其次，2.5~6 次；二氧化碳最小，1.5~2 次。压缩机允许的回气过热度与这个比值也有密切的关系：比值越小，要求的过热度越大。使用 R744 压缩机的回气过热度是 6~15K；卤代烃压缩机是 3~5K；氨压缩机是 2~3K。用于计算分离容器的制冷剂液滴直径大小与这个比值也有关系，比值越小越不容易分离，因此选择分离液滴的直径就越小（这些内容将在后面的章节中分别进行论述）。

6.3 制冷剂泵

6.3.1 制冷剂泵的种类

用于输送制冷剂液体的泵常用的主要有三种：开启式离心泵、屏蔽式离心泵和齿轮泵。目前应用最广泛的是屏蔽式离心泵，齿轮泵由于流量和扬程的原因与离心泵相比有一定的差距，已经很少用于输送制冷剂液体，更多的是用于输送冷冻油。因此，下面主要介绍最常用的屏蔽式离心泵。

6.3.2 净正吸入压头

制冷剂泵的汽蚀是指输送液体时在泵的叶轮处产生大量的气泡，使叶轮振动、断液或者达不到规定的扬程，甚至造成设备损坏的情况。其原因是制冷剂泵与供给液体的容器内的液面之间的高差（即系统的净正吸入压头，简称 NPSH），小于制冷剂泵需要的净正吸入压头。

离心泵在运行时防止汽蚀最有效的方法，是输送接近饱和状态下的制冷剂，提供足够的净正吸入压头（NPSH）。液体柱的功能是提供静压头，使所增加的压力高于饱和压力，以防止液体在泵的输送通道中蒸发。

系统的净正吸入压头的计算见下式：

$$\mathrm{NPSH}_{系统}=\frac{10^4(p'-p_t)}{\gamma}+l-h_w \tag{6-3}$$

式中 p'——低压循环桶液面上的气体压力（bar）；

p_t——低压循环桶内饱和液体的蒸发压力（bar）；

γ——低压循环桶内制冷剂液体的密度（kg/cm^3）；

l——低压循环桶液面至制冷剂泵中心的垂直高度（m）；

h_w——制冷剂泵吸入管内压力（压头）损失，包括吸入管的摩擦阻力损失与局部阻力损失（m）。

$\mathrm{NPSH}_{泵}$ 的数值一般由制造泵的生产厂家提供，而 $\mathrm{NPSH}_{系统}=\mathrm{NPSH}_{泵}+$汽蚀余量，才能保证不会产生汽蚀。汽蚀余量也是由生产厂家提供。

$\mathrm{NPSH}_{泵}$ 随流量的增加而增大，在泵的工作曲线上可以找到泵的净正吸入压头（NPSH），那么如何给生产厂家提供泵的选型参数呢？

6.3.3　制冷剂泵的主要参数

（1）泵的流量 Q　这个参数由需要供液的蒸发器蒸发量（液体的质量流量），与蒸发器的循环倍率相乘所得。

这种计算采用选型软件的方法比较简单。

【例 6-2】　在一个蒸发温度为−30℃的低温冷藏间，冷凝温度为35℃，供液没有过冷度。需要的冷风机蒸发器制冷量是100kW，采用的制冷剂是R507，用泵供液循环，循环倍率 $n=2.5$，求泵的流量。

解：传统的方法是采用第7章的式（7-16），计算出R507在100kW时的质量流量，再乘以2.5，就是所需要的质量流量。

$$\text{质量流量}=(\text{制冷量}/\text{R507 在}-30℃\text{的蒸发热})\times\text{循环倍率}$$
$$=[(3.6\times100\times1000/187.45)\times2.5]\text{kg/h}=4801.3\text{kg/h}$$

另外一种方法是使用选型软件（这是比较简单的选型方法，后面的例子中如果选型没有特别要求，都采用这种选型方法），在泵循环的图例中输入制冷量100kW，选用的制冷剂是R507，输入循环倍率 $n=2.5$，单击泵至蒸发器管段，可以查出泵的质量流量为4868kg/h。

如图6-24所示，由于R507在−30℃的液体比体积是0.7919dm³/kg，则流量为

$$4868\text{kg/h}\times0.7919\text{dm}^3/\text{kg}=3854.9\text{dm}^3/\text{h}=3.855\text{m}^3/\text{h}$$

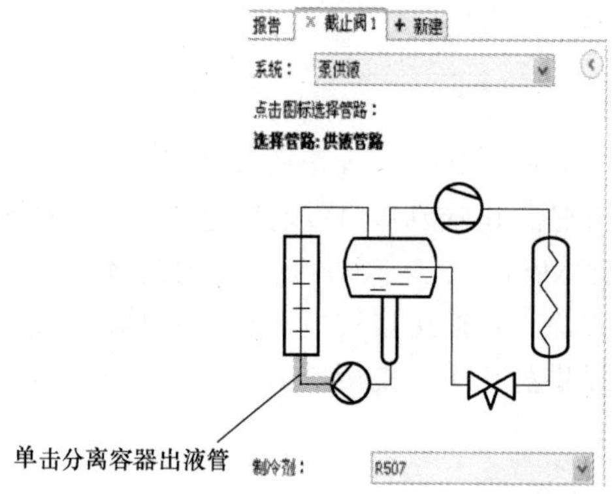

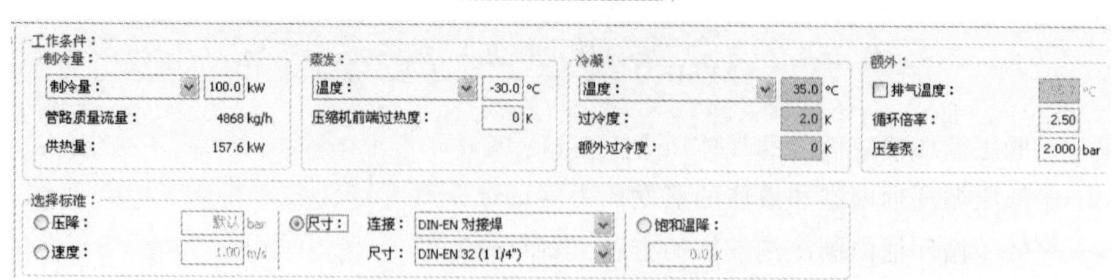

图 6-24　制冷剂 R507 的流量选型

（2）扬程 H　又称压头。单位质量液体流经泵后获得的有效能量，可表示为流体的压力能头、动能头和位能头的增加。扬程是泵的重要工作性能参数，单位通常用米（m）来表示。

离心泵扬程不是一个常数，当泵的转速不变时，扬程会随泵流量的增加而减小（图6-25）。

（3）制冷剂密度 ρ（kg/m^3）　不同的制冷剂有不同的密度。

上述参数一旦确定，就可以提供给生产厂家进行选型了。

选型的基本原则：根据泵的流量（Q）和扬程（H）来选择合适的性能曲线，需要注意两方面的事项：

1）工作点尽量选在性能曲线的最佳效率区。

2）选择汽蚀曲线相对比较平坦的区域。

这两种区域每种型号的泵都有相关的曲线图，一般厂家会在选型时提供给用户选择。

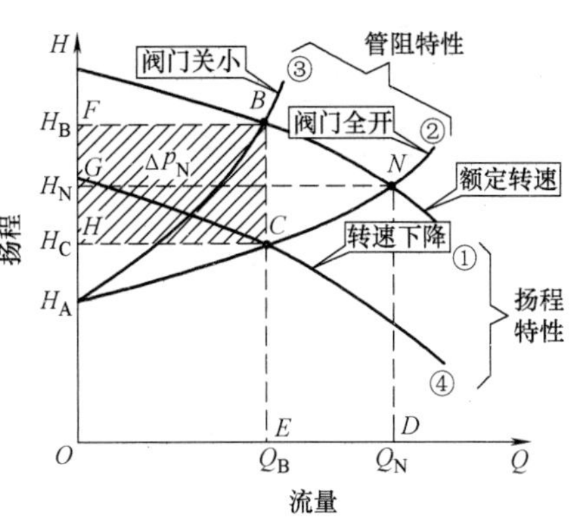

图 6-25　扬程与流量的相互关系

6.3.4　最大流量孔板和最小流量孔板的设置

最大流量孔板的作用是：保证电动机转子腔的压力差不低于最低压力差标准。这个最低压力差可以保证转子轴向力自动平衡，这是保证内循环液体正常循环的重要前提。当吸入压头较低时，最大流量孔板可以保证泵不发生汽蚀现象。另外，最大流量孔板还可以避免电动机发生过载现象。

最小流量孔板的作用是：当制冷系统发生故障时，泵出口管路阻力大于泵的扬程，或者人为误操作把泵的出液口阀门关闭，此时通过最小流量孔板的流量，把泵的电动机产生的热量及时带走，这样可以防止泵内液体汽化和滑动轴承的干摩擦（图 6-26）。

并不是所有的制冷剂泵都需要这种设置。有些生产厂家使用变频器来控制最小流量，变频的频率不能低于 40Hz，在制冷剂泵起动时能迅速打开出液管的单向阀。而且这种泵还设计了内部压力平衡装置，使泵在停止运行时迅速减压。

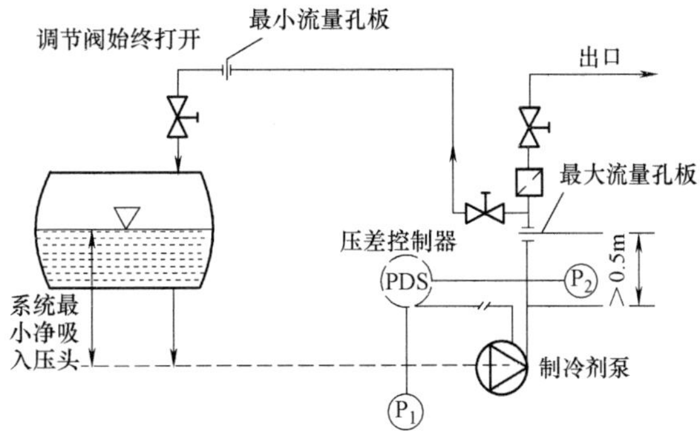

调节阀始终打开
最小流量孔板
出口
最大流量孔板
压差控制器
PDS
P_2
>0.5m
系统最小净吸入压头
制冷剂泵
P_1

图 6-26　最大流量孔板和最小流量孔板的设置图

6.3.5　制冷剂泵的布置

在使用氨作为制冷剂时，为什么国内采用泵供液很容易出现汽蚀现象？以至于到目前为止，氨的制冷系统仍然没有实现全自动运行。笔者的理解是：泵供液容易出现汽蚀现象是其中一个难题，另一个难题是自动热气融霜（这个问题在第 4 章已经提出了解决方案）。这两个难题解决了，其他的问题就不再是大问题。

（1）造成汽蚀的原因

1）与制冷剂泵连接的进液管（即低压循环桶的出液管）与桶的连接阻力偏大。

低压循环桶的出液管一般垂直向下（图 6-27b），这样的阻力是最小的。我国一些生产厂家出厂的低压循环桶产品的出液管是侧出（图 6-27a），侧出唯一的好处是出液来不会产生涡旋。而垂直出液管的阻力最小，但是垂直出液会产生涡旋现象，因此出液口的上面设置防涡板。如果液体带有涡旋，涡旋会把气体带入制冷剂泵中，因此产生汽蚀现象。防涡板的作用是防止出液时出现涡旋现象。防涡板的样子就像一个戴帽的多边分隔板，它把进入出液管之前的液体分隔成好几路以防止涡旋的产生（图 6-28）。防涡板戴帽的作用是避免桶内的液体垂直进入出液管，使之从侧面进入。

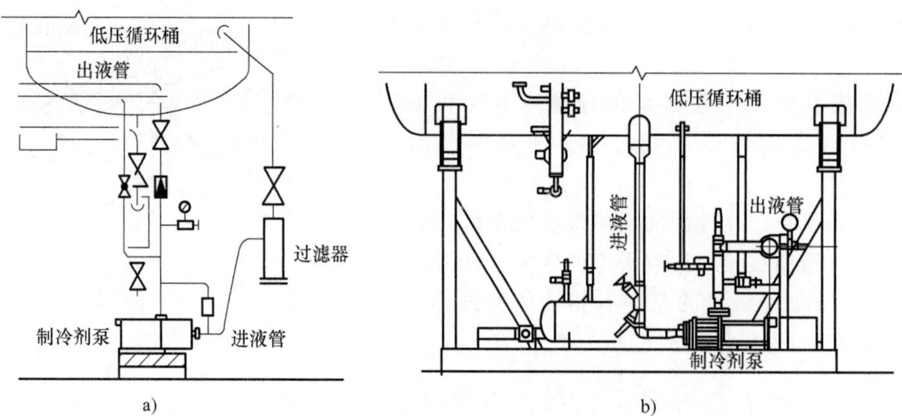

图 6-27　低压循环桶两种不同的进液管比较

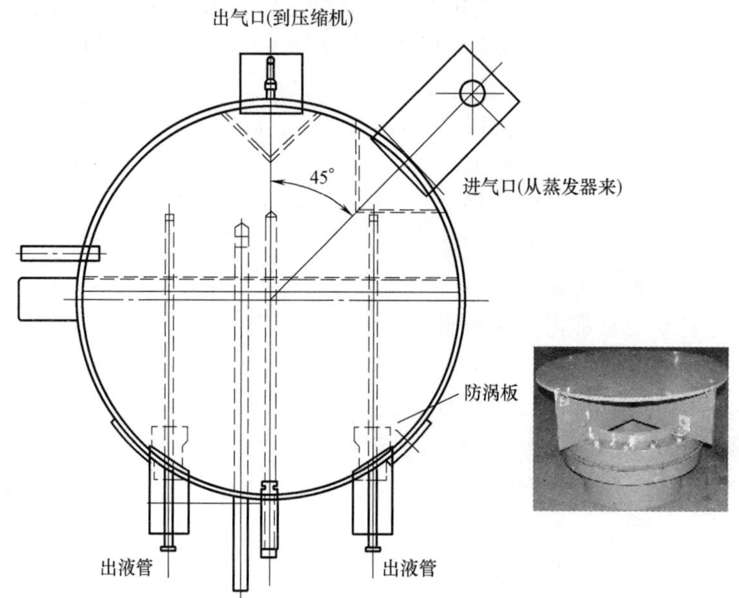

图 6-28　防涡板在低压循环桶的位置

2）制冷剂泵连接的进液管流速不当。

从选型软件得知，制冷剂泵连接的出液管的流速一般控制在 1m/s，但泵的进液管流速侧没有提供。从理论上讲，这个流速低一些比较好，但如果这个流速太小会导致成本升高。究竟多少合适？笔者从一家著名的制冷剂泵生产厂家提供的数据中发现，氨制冷剂这个速度一般控制在 0. 3m/s×(±20%)；卤代烃制冷剂控制在 0. 35m/s×(±20%)；二氧化碳制冷剂的速度控制 0. 3m/s 以下（这些数据与制冷剂压头产生的过冷度有关，在这三种制冷剂压头产生的过冷度中，卤代烃最大，CO_2 最小）。由于氨制冷剂容易蒸发（根据压缩机每天的开启时间而定，停机时间越长，所需的速度越低），一般取中到下限；卤代烃可以取中到上限。

（2）改进的办法

1）泵连接管道保温不足，需要在产生气体的地方进行特殊的连接。

在整套制冷剂泵连接的位置什么地方最容易产生气体？一般来说是保温最薄弱的地方，很明显是在进液过滤器的位置。由于过滤器需要定期清洗，这里的保温层需要做成活动型，随时可以拆卸。如果保温做得不好，很多地方就会暴露在环境温度下，或者经过多次的检修，保温效果也会明显变差。因此，在过滤器至制冷剂泵连接的地方，通常也是产生闪发气体最多的地方，实际上有时候也很难避免。另一方面，制冷剂泵停止运行的时间越长，这里所产生的气体就越多。国外冷库运行时间通常为 16~18h/天，而国内大部分的冷库为了利用低谷电价，通常在白天用电高峰期基本上很少开机，只有在晚上用电低谷时才连续开机，通常开机的时间在 8~12h/天。经过白天的长时间停机，这里积累了大量的气体。因此，在开机的时候很容易出现汽蚀现象。

2）采用卧式与立式桶的差异。为了使制冷剂泵运行更加平稳，欧洲的制冷剂泵生产厂家建议与泵连接的低压循环桶采用卧式而不是立式，原因是卧式低压循环桶能够提供给泵更加稳定的吸入压头。笔者在欧洲参观的冷库中，运行的低温分离容器（包括低压循环桶、集中经济器、气液分离器等）基本上都是卧式容器。

解决这个问题的办法是将在停机时产生的闪发气体直接通过过滤器上方的直管回到低压循环桶，只要过滤器和直管的尺寸足够大，连接泵入口的平顶偏心进液管就不容易产生气泡（图 6-29）。笔者在欧洲参观冷库的制冷系统时（图 6-30），发现在氨泵连接上没有设置抽气管，氨泵上液时根本不会出现汽蚀现象。制冷剂泵的接管方式如图 6-31 所示。

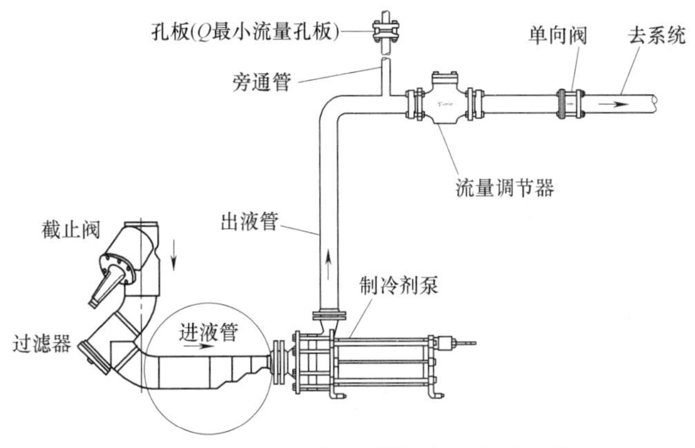

图 6-29　制冷剂泵与过滤器的连接（局部）

图 6-30　没有设置抽气管的氨泵的现场照片

图 6-31　制冷剂泵的接管方式（局部）

图 6-29 所示的泵出液管上还安装了一个流量调节器（图 6-32），该流量调节器本质上是一个可变孔板，其流通面积随其上的压降（Δp）变化而变化。调节器有一个可变孔和一个固定孔。当液体开始流动时（Δp<控制范围），调节器全开，液体自由流过两个孔板区域。当压降增加到

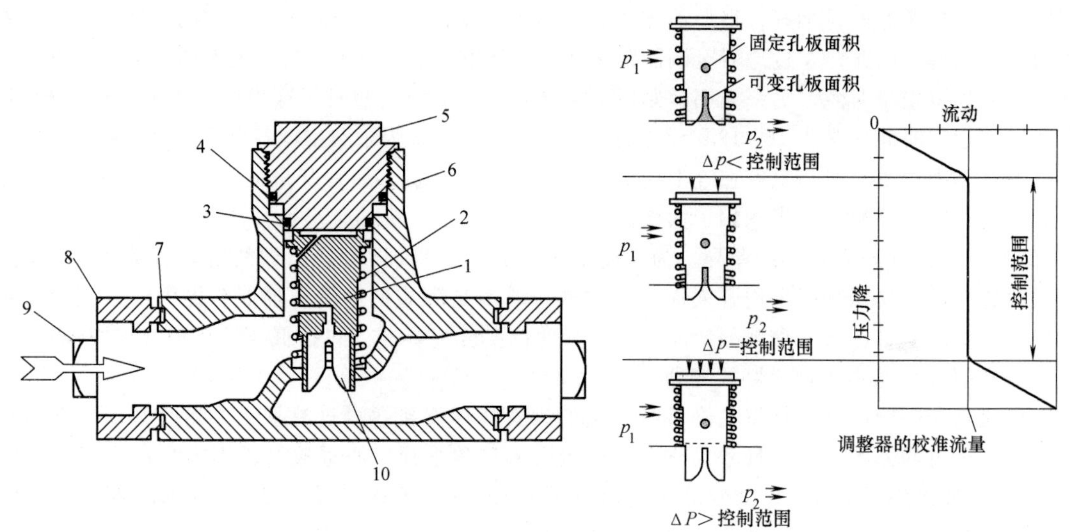

图 6-32　流量调节器以及可变孔板

1—活塞　2—弹簧　3—下盖O形圈　4—上盖O形圈　5—盖板　6—阀体　7—法兰垫片　8—法兰　9—法兰螺栓　10—可变孔板

调节器的控制范围（Δp=控制范围）时，活塞顶着弹簧开始移动可变孔口区域，使其更加封闭。活塞将继续调节并将给定的标定流量保持在控制范围内。一旦超出控制范围（Δp>控制范围），可变孔口区域将完全关闭，而固定孔口区域将提供一条流道，从而不会完全关闭调节器。

因此在实际应用中，这种流量调节器是用来代替最大流量孔板。而且在相同的工况下流量调节器比最大流量孔板具有更高的压头和更大的流量，同时仍能防止汽蚀和电动机过载。

还有一种方法是制冷剂泵本身设置过滤器装置（图 6-33）和进液角阀，这种设计使得桶与泵的连接更加简单，用一根管、一个弯头和一个偏心大小头就完成了连接（图 6-34）。

观察这种泵与低压循环桶之间的连接，可以发现，从桶的出液口到泵的进液口，没有设置任何阀门和过滤器，只有一个弯头和一个大小头，泵的进液口（顶部）设置了一个角阀和过滤器。选择角阀是因为角阀的阻力损失只有直通阀的 1/3 甚至更少（在第 7 章会进行讨论）。这种设计已经是最佳的方式，没有任何可以改动的余地，可以说没有比这种方式更好的了。这种解决方案的思路是：制冷剂泵产生的闪发气体主要在泵的进液入口。把泵的入口设计在顶部位置，只要把进液管的尺寸适度加大，尽量减少进液管的阻力损失，这些由于停止运行时产生的闪发气体自然会通过进液管上升回到循环桶中。国内的制冷剂泵生产厂家是否可以在这些方面做些文章呢？笔者正是从产品的这种设计得到启发，从而解决氨泵起动时产生的汽蚀问题。

6.3.6　循环桶的控制液面至制冷剂泵的进液管中心线的高度要求

根据许多图样资料数据统计，循环桶的控制液面至制冷剂泵的进液管中心线的高度要求（即系统最小净吸入压头高度，见图 6-26），经笔者统计整理见表 6-6，供设计时参考。

制冷剂的密度与最小净吸入压头高度有关；但是不同的制冷剂在相同的高度产生的过冷度确定落液管的流速。过冷度小意味着制冷剂在进入泵时容易气化，使制冷剂泵容易产生汽蚀。控制液面的高度增加可以适度增大制冷剂的过冷度，但关键还是尽量降低制冷剂在进液管的流动速度。在第 11 章有详细介绍。

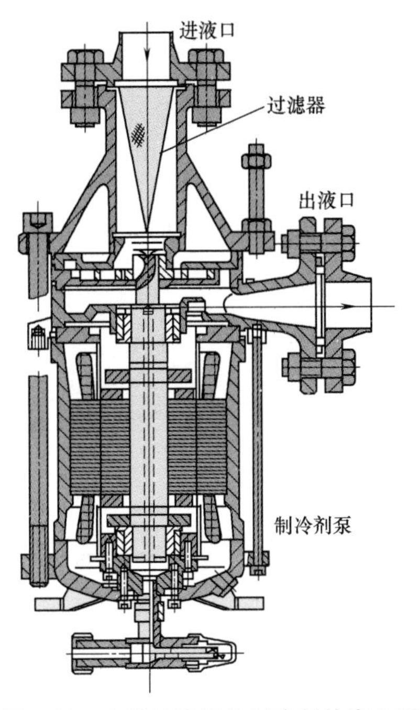

图 6-33　内置过滤器的制冷剂的离心泵

图 6-34　内置过滤器的制冷剂离心泵与低压循环桶系统的连接

表 6-6　立式或卧式低压循环桶的控制液面至制冷剂泵的进液管中心线的高度建议

制冷剂	蒸发温度	
	-35℃以上	-45~-35℃
氨	≥2m	≥2.5m
卤代烃	≥1.8m	≥2.2m
二氧化碳	≥2~2.7m	≥2~2.8m

6.3.7　低压循环桶在应用时的其他要求

低压循环桶在术语上的一些误区：

假如循环倍率是 4 意味着进入蒸发器的液体的量是 4kg，在蒸发器中只有 1kg 液体蒸发，剩下的 3kg 液体连同 1kg 的蒸发气体返回到低压循环桶。如果所有进入蒸发器的液体都被蒸发，则过量供液速率为零，再循环速率为 1，正常满液式系统中失去了泵的作用。国内一些企业在设计与选择设备时为了减少制冷剂的充注量以及减少循环桶的尺寸，采用循环倍率为 1。这种做法对使用单位来说是不合适的。

蒸发器的进口压力应该是多少？

一些设计师和用户认为，泵送液体进入蒸发器压力越高越好而且有更好的性能。这种想法是错误的。入口压力应足以克服蒸发器内的压力降，让湿润的制冷剂从湿回气管回到低压循环桶。例如，在氨冷冻设备设计用于蒸发温度-32℃，对应-32℃的饱和压力 1bar（绝对压力）。如果在入口压力高于 2bar（绝对压力）（笔者认为，如果管道的保温在合理的范围内，在蒸发器入口产生这种高的压力主要原因是泵的扬程选择不当），相应的饱和蒸发温度是-18℃。这意味着尽管供液温度是-32℃，它到蒸发器内压力直至下降至 1bar 才会蒸发，这样的传热仅仅是过冷的补偿。这意味着使用蒸发器的制冷在前面管程是显热冷却一部分，而不是蒸发冷却，从而失去宝贵的表面积有效冷却。简单地说，使用部分蒸发器面积进行过冷换热（过冷度只有 12℃），而不是蒸发，因此失去了有效的蒸发面积（因为不会沸腾，只是温度升高）。当制冷剂温度上升时，它会降低压力，减少过冷。这在蒸发器的出口会产生两个影响——增加温度和降低压力，意味着制冷剂在运行一段时间后才达到沸点和开始沸腾（潜热换热）。具体分析如图 6-35 所示。

在大多数装置中，如果蒸发器入口没有阀门对流量进行适当的调整，则需要较长的冷却时间。由于较高的流速和压力，通过蒸发器内的液体不是蒸发而是冷却，加压的液体没有蒸发发生。在异常情况下，如果循环倍率太高，制冷剂可能在湿回气管发生蒸发，甚至在低压循环桶蒸发。

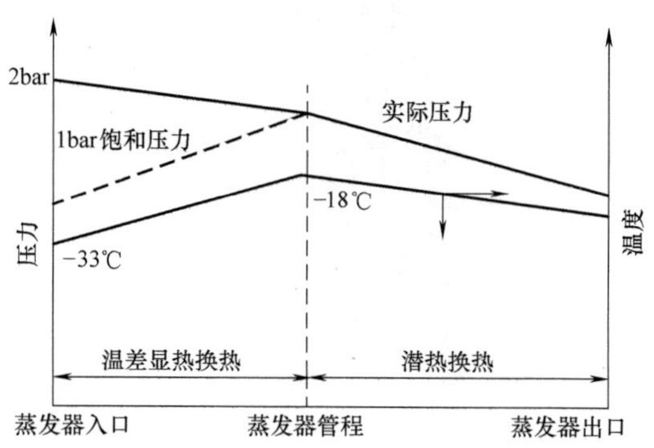

图 6-35　泵的扬程选择不当造成制冷剂在蒸发器管程中换热效率下降的结果

当循环倍率为 3~4 时，在蒸发器的进出口之间的温差最终稳定在小于 1℃。

我国大部分都是多层冷库（在国外基本上是单层冷库），许多设计人员为了简化系统，通常采用一台泵（高扬程，能满足所有蒸发器的扬程）供液给多层的蒸发器使用。这种设计就会出现上述的情况。因此，建议每层的蒸发器设置独立的供液泵；如果情况不允许，最多不超过两层。为了达到最佳的蒸发效果，在每台蒸发器前面设置流量调节阀（节流阀），并在阀后安装压力表，用于调节与观察蒸发器的入口压力。通常这个进入蒸发器的压力只需要高于循环桶运行的蒸发压力就可以了（以恰好能克服蒸发器的阻力损失为佳），以减少制冷剂在蒸发器中的过冷换热管程。

国内循环桶的设置还有一种情况是：容器底部的出液管被设置成一根共用的吸入管，然后其他的泵进液管从这根共用的吸入管中分流。如果可能的话，向每台泵提供独立的吸入管，而不是使用共用的吸入管，以避免从备用泵产生的热造成的蒸发气泡传递到共用的吸入管中，被运行泵吸入。

本章小结

本章讨论了两种供液方式：直接膨胀供液和满液式供液，以及满液式供液的节能优势，重点介绍了氨制冷系统的直接膨胀供液系统。这种系统在我国今后的制冷系统创新和应用方面会是一种主流方向。这是笔者的观点。另外，建议在一些中型卤代烃制冷系统以及低温穿堂中的供液可以考虑采用重力供液；建议了一些合适的循环倍率；同时建议制冷剂泵的进液速度；为了避免汽蚀，提供了两种泵安装的合理方案，解决了泵的自动上液问题。

参考文献

[1]　STOECKER W F. Industrial refrigeration handbook [M]. New York: McGraw-Hill Companies Inc., 1998.

[2]　AMES E. Personal communication [G]. [S. l.]: [s. n.], 1996.

[3]　广州市粤联水产制冷工程有限公司. 京津港冷链物流公司冷库设计 [Z]. 2012.

[4]　张建一. 英国冷库设计中的若干新技术剖析 [J]. 低温与超导, 2011, 39 (1): 63-66.

[5] WILE D D. Evaporator performance with liquid refrigerant recirculation [C] //Proceedings of Meeting: Annex 1962-1. Washington D. C.: [s. n.], 1962.

[6] LORENTZEN G. How to design piping for refrigerant recirculation [J]. Heating/piping/air conditioning, 1965, 37 (6): 139-152.

[7] RICHARDS W V. Circuiting and circulating numbers for ammonia evaporators [C] //Seminar Presentation at Annual Meeting of the American Society of Heating, Refrigerating, and Air-Conditioning Engineers. San Diego: ASHRAE 1995.

[8] VAN MAALE J, COSIJN E A. Cooler output as a function of the recirculation number of the refrigerant [C] //Proceedings of the 12th Congress of Refrigeration. Paris: International Institute of Refrigeration, 1967.

[9] NIEDERER D H. Liquid recirculation, top or bottom feed, what rate of feed [J]. Air conditioning and refrigeration business, 1963, 12; 1964, 7.

[10] GELTZ R W. Pump overfeed evaporator refrigeration systems [N]. Air conditioning, heating and refrigeration news, 1967-03-13 (42).

[11] ASHRAE. Liquid overfeed systems [G]. //Refrigeration Systems and Applications, Atlanta, Georgia: ASHRAE, 1994.

[12] 厦门水产学院制冷教研室. 制冷技术问答 [M]. 北京：农业出版社，1981.

[13] Danfoss 公司选型软件 [CP]. 2014.

[14] 中德合资大连海密梯克泵业有限公司. 海密梯克制冷屏蔽电泵 [Z]. 大连，2006.

[15] GEA Diepop’s-Hertogenbosch B. V. 的冷库机房照片 [Z]. 2012.

[16] 张黎明. 氨直接膨胀系统在冷库中的实例介绍 [J]. 冷链，2020.

[17] PARANJPEY R. Ammonia refrigeration plant piping practices [R]. [S. l]: [s. n.], 2020.

[18] IIAR. Refrigeration piping handbook [M]. [S. l.]: [s. n.], 2019.

[19] 武汉鑫江车冷机系统成套设备有限公司工程照片 [Z]. 2022.

[20] BRUCE I NELSON. Ammonia piping handbook [M]. 4th ed. 2016.

第 7 章

7

管道与阀门的选择

制冷系统的设计包括选择系统中的各种管道及阀门的大小，并设计管道材料、布置、坡度和管道支架。通常需要注意的是确保管道尺寸足够大，但有几种情况需要在管道中保持最小的制冷剂流动速度，以确定最大管道尺寸。

本章从流体力学方程介绍如何计算管道的压力降。大多数管道既可以在水平方向上，也可以在垂直方向上输送液体或气体。液体和气体的混合物在管道中流动的情况除外。有时气体负责提升垂直立管中的液体。而在某些情况下，管道必须倾斜，以便液体的流动。

选择管道和阀门的传统方法是用公式计算或者查阅图表。近十年由于管道和阀门的选型计算软件的出现，这种选型计算变得比较简单了。但是制冷系统的这些选型计算软件，大部分是国外的阀门生产厂家提供的，有时有些管道仍然需要进行特别的计算。例如在垂直立管中气体提升液体，气体的速度多大才能满足液体的提升？国外的专业文献如何论述这方面的理论？下面通过两种计算方式的对比来加深了解这方面的知识。

7.1 管道的选型

7.1.1 管道的种类

管道不同的应用有不同的选择要求，主要取决于管道在系统中的位置和用途。表 7-1 列出了在工业系统中各种管道的种类、制冷剂的状态、压力降允许范围，以及是否需要坡度或 U 形弯。表 7-1 除了有几种是应用液体循环系统输送气液混合物以外，所列的管道既有用于液体的，也有用于气体的，选择管道大小的依据是压力降允许的范围。

表 7-1 管道的种类

流动方向	制冷剂的状态	压力降允许范围	管道形态要求
压缩机排气	气体	中度	无
来自高压贮液器	液体	中度	限制提升高度
在液体循环系统			
从泵的蒸发器	液体	中度	向下倾斜
蒸发器到低压贮液器	液体/气体	低	
垂直提升管	液体/气体	低	
至压缩机的回气管	气体	低,除了回油	在直接膨胀系统设置回油弯
用于融霜的热气管	气体	中度	设置排液的存液弯

7.1.2　循环管道内流体的压力降

制冷系统的设计人员利用专用压降图选择管道尺寸。每种制冷剂使用一个单独的专用压降图表。例如，国际氨制冷学会就为氨制冷剂专门设置了一系列的专用压降图表。国外一些著名的制冷剂生产厂家也会为自己的产品制作特性图表。对于气体管道，压力降取决于饱和温度对应的压力水平。有些情况可能不在标准图表中，例如新制冷剂或二次冷却剂。在这种情况下，可以根据达西-威斯巴赫（Darcy-Weisbach）等基本的压降方程进行计算。该方程还定性地表明流体性质和管道几何形状如何影响压力降。压力降方程以国际单位形式表示，即

$$\Delta p = f\frac{L}{D}\frac{v^2}{2}\rho \tag{7-1}$$

式中　Δp——压力降（Pa）；

f——阻力系数；

L——管道长度（m）；

D——管道直径（m）；

v——速度（m/s）；

ρ——密度（kg/m^3）。

速度等于流量除以管道流过的截面面积，即

$$v = \frac{Q}{\pi D^2/4} \tag{7-2}$$

雷诺数 Re 是摩擦系数和管道粗糙度的函数，并且可以从一张莫迪图（Moody Chart）读取，如图 7-1 所示。雷诺数 Re 是一个量纲为一（无量纲）的量，它的表达形式是

$$Re = \frac{vD\rho}{\mu} \tag{7-3}$$

式中　μ——黏度（Pa・s）。

雷诺数的大小表明流动的模式：$Re<2100$ 是层流，$Re>3000$ 是湍流。与层流相比，湍流计算方程中的传热系数不同。在制冷实践中，层流是罕见的，唯一发生的地方是黏性油流动的地方。

方程式（7-3）中的要求如下：

D 已知；v 从方程式（7-2）可以求出；ρ 既可以从制冷剂特性表中读出，也可以查比体积的倒数计算出；μ 从表 7-3 中查出。

摩擦阻力系数是通过两个基本参数得出的：相对粗糙度和雷诺数。

流体的密度和速度等流动特性对制冷剂管路的压降有很大的影响。压降反过来会导致相关的温度损失，这通常会限制制冷剂的设计质量流量。在所有其他条件相同的情况下，管道（即管道）中的气体和液体制冷剂流量将分别经历最小和最大的压降。因此，两相制冷剂流量通常（但并非总是）介于这两个极端之间，并且会根据气体质量而变化。

图 7-1 所示为确定摩擦系数的莫迪图，表 7-2 所示为制冷剂的两种不同管材表面的粗糙度 ε。

为了方便各种制冷剂的特性计算，表 7-3 列举了几种常用制冷剂在饱和液体和饱和气体状况下的黏度，这些参数对于制冷剂在分离容器的分离公式是不可缺少的，在第 8 章中有详细的介绍。

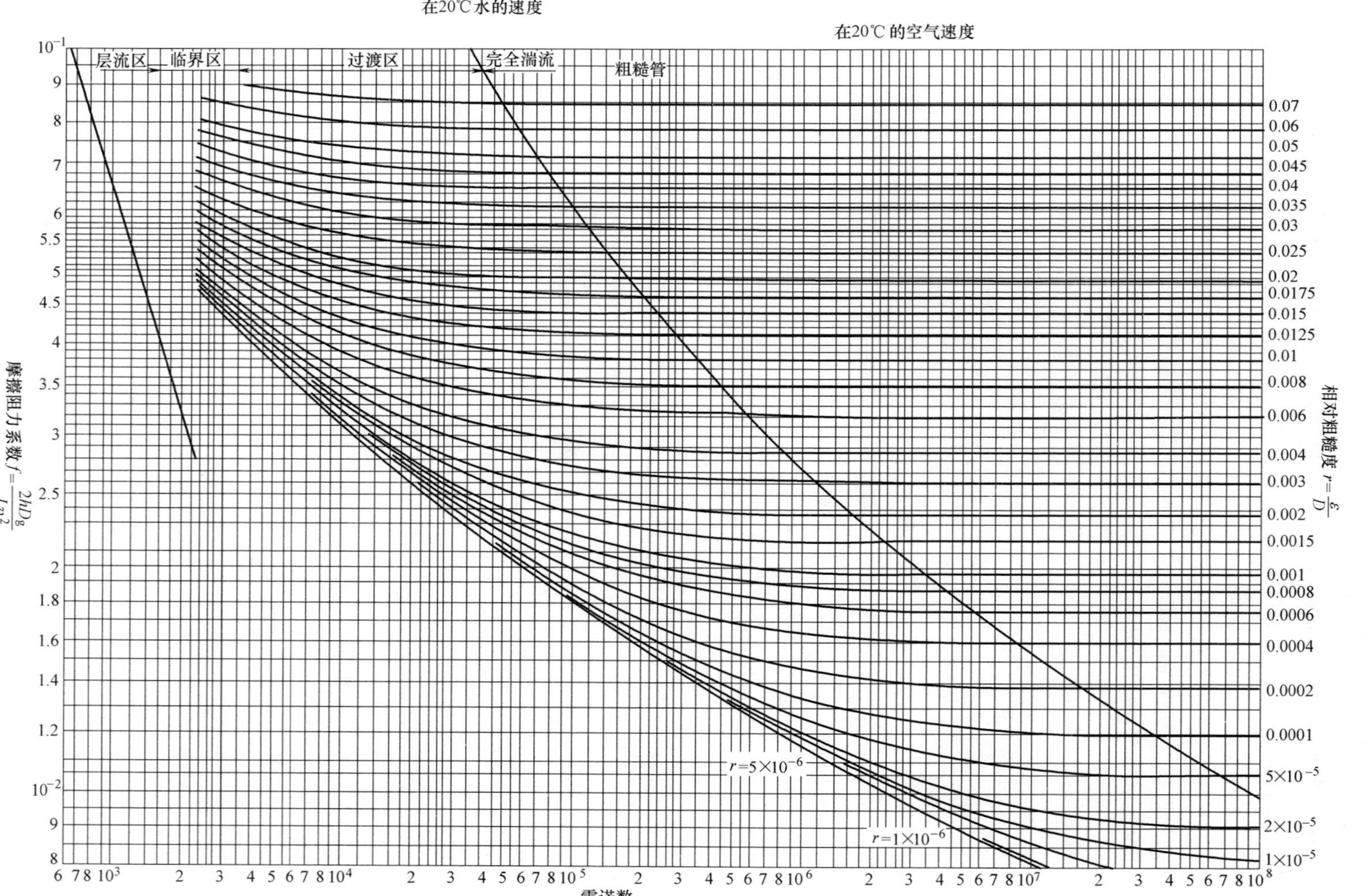

图 7-1　确定摩擦系数的莫迪图（Moody Chart）

表 7-2 两种不同管材表面的粗糙度 ε

材料	粗糙度 ε
铜管	0.0000015m
钢管	0.000046m

表 7-3 几种常用制冷剂在饱和液体和饱和气体状况下的黏度 μ

制冷剂	黏度 μ/Pa·s		
	温度/℃	液体	气体
氨	-20	0.000236	0.0000097
	0	0.000190	0.0000104
	20	0.000152	0.0000112
	40	0.000122	0.0000120
	60	0.000098	0.0000129
R22	-40	0.000330	0.0000101
	-20	0.000275	0.0000110
	0	0.000237	0.0000120
	20	0.000206	0.0000130
	40	0.000182	0.0000140
	60	0.000162	0.0000160
R507	-40	0.000273	0.0000093
	-20	0.000220	0.0000101
	0	0.000178	0.0000110
	20	0.000142	0.0000121
	40	0.000108	0.0000139

【例 7-1】 当流量为 0.223kg/s 的 R717 气体，在-10℃的温度下流经直径为 100mm 的钢管时，求每米的压力降。

解：R717 在-10℃的温度下查附录七得知，气体比体积是 $0.417\text{m}^3/\text{kg}$（$\rho=2.39\text{kg/m}^3$），流量是 $(0.223\times0.417)\text{m}^3/\text{s}=0.093\text{m}^3/\text{s}$。

通过管的截面面积 0.007854m^2 时速度 v 是 $(0.093\div0.007854)\text{m/s}=11.84\text{m/s}$。在-10℃温度下 $\mu=0.0000101\text{Pa}\cdot\text{s}$（该值是表 7-3 中-20℃与 0℃之间的中间值）。雷诺数是

$$Re=\frac{11.84\text{m/s}\times0.1\text{m}\times2.39\text{kg/m}^3}{0.0000101\text{Pa}\cdot\text{s}}=2.8\times10^4$$

钢管的粗糙度 ε 是 0.000046m，所以

$$\frac{\varepsilon}{D}=\frac{0.000046}{0.1}=0.00046$$

由上述 Re 和 ε/D 查莫迪图（图 7-1）可知，摩擦系数应该是 0.00265。将式（7-1）代入计算出压力降为

$$\Delta p=0.00265\times\frac{1\text{m}}{0.1\text{m}}\times\frac{(11.84\text{m/s})^2}{2}\times2.39\text{kg/m}^3=4.439\text{Pa/m}$$

式（7-1）和式（7-2）显示出长度、密度和直径以及速度对压力降的影响。压力降与长度、流体的密度成正比，这意味着在一个给定的速度下，高压排气管比同一管径的回气管的压力降

更大。换言之，不能简单地认为排气管的尺寸会大于吸气管。正好相反，给定的质量流量下高密度的排气会导致排气速度低。

管道的大小对速度和压降产生了巨大的影响。式（7-2）可以修正为

$$\frac{v_2}{v_1}=\left(\frac{D_1}{D_2}\right)^2 \tag{7-4}$$

因此，体积流量给定的情况下，如果直径减小了50%，速度增加到原有值的四倍。当速度效应被代入式（7-4），并把$f\frac{L}{D}$组关系的D代入，压力下降的比例变化成直径反比的五次方。

$$\frac{\Delta p_2}{\Delta p_1}=\frac{D_1}{D_2}\left(\frac{D_1}{D_2}\right)^4=\left(\frac{D_1}{D_2}\right)^5 \tag{7-5}$$

直径减小了50%会引起压力降增大32倍，这表明压力降对于管道尺寸大小是非常敏感的。

7.1.3　压力降的测定以及各种管道压力降的要求

传统的设计计算中，采用图表的方法进行管道的压力降计算，例如ASHRAE和Danfoss公司提供了计算R12、R22、R502和氨压力降的图表。每种制冷剂有三个图表：液体、在吸入条件下的气体和在压缩机排出条件下的气体。

由于计算软件的出现，压力降的计算已经变得非常简单。在制冷阀门及管道的选型软件上，根据不同的制冷剂、气体或者液体的质量流量、使用的温度、使用的管道材料、制冷剂流经的管道（回气管、供液管、排气管等）以及管道的长度，就得到不同的压力降。

下面采用传统的图表法进行管道的压力降计算，也按照计算软件的方法输入相关数据得出结果。

【例7-2】　计算R22在20℉（-6.7℃）75ft（22.86m）长度、名义直径$3\frac{1}{8}$in（80mm）的L形铜管通过200lb/min（90.7kg/min=5442kg/h）气体的流动压力降（已知每100ft长的铜管压力降为2.3psi）。

解：75ft长铜管的压力降是

$$\Delta p=2.3\times\frac{75}{100}\text{psi}=1.7\text{psi}=0.117\text{bar}$$

采用管道阀门选型软件时，把有关条件输入软件中，可以马上计算出相关压力降，减少工程计算的查表与计算过程，根据这些数据可以选择管道和阀门的大小。显然，采用选型软件方便快捷。

氨制冷系统各种管道的压力降要求如下：

1）吸气管：压力降相当于蒸发饱和温度变化不超过2.8℃（5℉）。

2）排气或热气管：压力降相当于冷凝饱和温度变化不超过2.2℃（4℉）。

3）高压供液管：压力降等于可用压差的三分之一。可用的压差定义为：扬程压力减去吸气压力，再减去冷凝器、蒸发器和吸气管中的相关压力降，再减去供液管的提升管道高度（或升程）所产生的压力降，再减去运行膨胀阀所需的压力降。

4）再循环液体管路（泵的出液管）：压力降等于循环泵（或输送容器）产生的压头减去液体管路提升管道高度（或升程）所产生的压力降，再减去通过计量阀的压力降，再减去与蒸发

器液体制冷剂分配装置（如孔板、分配喷嘴等）相关的压力降。

7.1.4　管道配件的压力降

此外，直管道中的配件，如弯头和三通等也会造成压力降。管道系统的应用要求确定弯头和支管三通的位置。此外，通过阀门还有明显的压力降，即使它们是完全开启的。必须判断在哪里安装阀门和选择什么类型的阀门。

管件或阀门开启的压力降大小与流体流动的密度和速度的平方成正比。压力降系数用 PDC 表示，则压力降表示为

$$\Delta p = \text{PDC}\left(\frac{v^2\rho}{2}\right) \tag{7-6}$$

式中　Δp——压力降（Pa）；

v——速度（m/s）；

ρ——密度（kg/m^3）。

PDC 值列于表 7-4。

表 7-4　式（7-6）中常用阀门与配件的压力降系数 PDC

管道直径/mm	弯头 90°	三通	截止阀	闸阀	角阀	单向阀
25	1.5	1.8	9	0.24	4.6	3
50	1.0	1.4	7	0.17	2.1	2.3
67	0.85	1.3	6.5	0.16	1.6	2.2
100	0.7	1.1	5.7	0.12	1.0	2.0

利用表 7-4 可以比较截止阀和角阀压力降的差别。一个角阀压力降系数 PDC 只有截止阀压力降系数的 1/6~1/2（根据阀门和管道大小有所不同），如果管道设计布置许可，应尽量采用角阀。因为直观方便，通常用直管当量长度表达配件和阀门开启的压力降。这种当量长度用 L_{eq} 来表示，可以简单地并入直管道的实际长度来确定总压力降。用式（7-6）和表 7-4 中的数据来计算当量长度 L_{eq}，在式（7-1）中，用压力降系数 PDC 代替 fL/D。应用在制冷系统的典型摩擦系数 f 值大约是 0.02，因此当量长度表示为

$$L_{eq} = \frac{\text{PDC}(D)}{0.02} \tag{7-7}$$

把表 7-4 的数据应用到式（7-7）中，可以得到表 7-5 的当量长度。例如，以管道直径 25mm 的弯头 90°为例，查表 7-4，它的 PDC = 1.5。

$$当量长度\ L_{eq} = \frac{\text{PDC}(D)}{0.02} = \frac{1.5\times0.025}{0.02}\text{m} = 1.9\text{m}$$

当管道直径增加时，其当量长度随管道直径的增大而稍微增大，这是由于直管和管件的压力降比变化而造成的。从表 7-5 的数据可以发现两个规律：①选用不同配件，压力降差别很大，即配件的压力降明显影响总压力降；②相同直径直通截止阀所引起的压力降，是角阀的 2~6 倍（取决于阀门和管道的大小）。如果现场布置排列允许时，选择阀门时应尽量选择角阀。

在选型软件中，上述的管道阀门在不同的工况下压力降计算结果是不同的。因此，现在的设计计算比以前方便了许多，只要在选型软件上输入制冷剂和相关参数（运行的回路的温度、管径和管道的长度等），马上就可以得到需要的参数。

表 7-5　相同压力降时不同配件的当量长度　　　　（单位：m）

管道直径/mm	弯头 90°	三通	截止阀	闸阀	角阀	单向阀
25	1.9	2.3	11.2	0.3	5.8	3.8
50	2.5	3.5	17.5	0.4	5.2	5.8
67	2.8	4.3	22	0.5	5.4	7.4
100	3.5	5.5	29	0.6	5	10

7.1.5　管道尺寸的几种常用选型计算方式

除了前面介绍的管道采用压力降确定管径以外，还有几种常用选型计算方式。在使用管道阀门选型软件时，通常首先选择系统的循环方式（直接供液、泵循环，重力供液等）；然后选择系统使用的制冷剂种类；最后根据要选择的管道或者阀门在系统的位置（压缩机→冷凝器，冷凝器→循环桶，或者循环桶→蒸发器等），再输入所需要的制冷量，就可以得出管道或者阀门的尺寸。下面介绍管道的制冷量的计算方法。

1. 管道在不同位置的角色和名称

要计算管道的制冷量，首先要划分制冷系统的各种管道在不同位置的角色和名称，查询国际氨制冷学会文件所提供的氨制冷系统图表（图 7-2 和表 7-6）可以得到相关的信息。这些图表也提供了这些管道的中英文名称，方便以后的计算与查找。

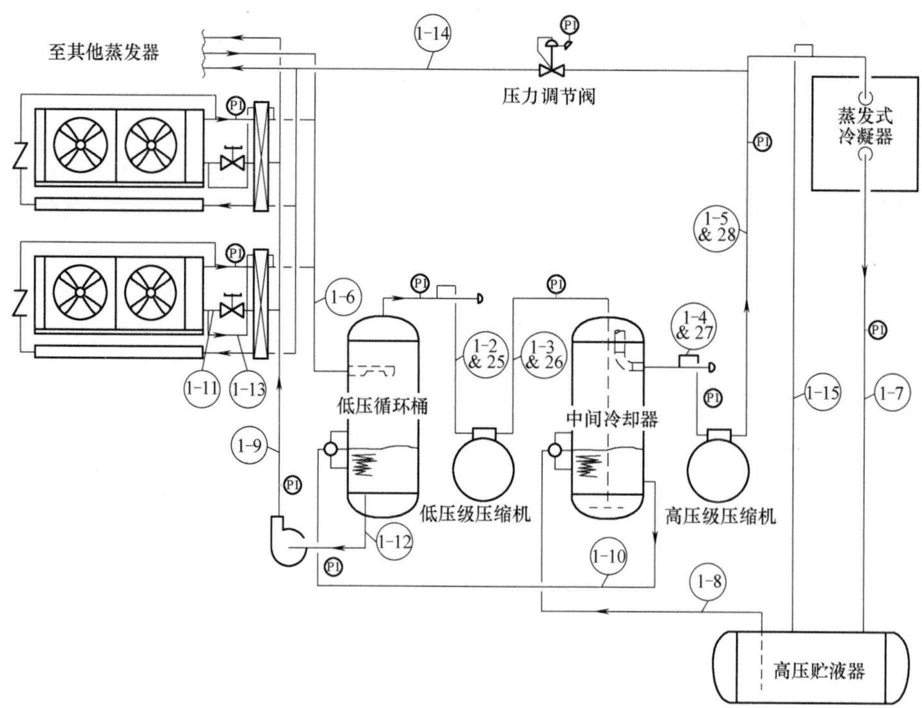

图 7-2　氨制冷系统循环示意图

管道尺寸的计算有如下几种方法：第一种是基于经济使用成本的分析计算方法；第二种是压力损失的计算方法，即根据每 100ft 的管道的压力损失或温度损失确定管道尺寸；第三种是根据管道的流速确定管道的尺寸。

表 7-6　图 7-2 所示的典型双级系统中的管道标识

管道编号	流动状态	温度	标识
1-2	Cold Vapor(气体管)	-35℃	Booster Suction(LSS)低压级回气
1-3	Hot Gas(热气管)	50~85℃	Booster Discharge(BD)低压级排气
1-4	Cold Vapor(回气管)	-5℃	High Stage Suction(HSS)高压级吸气
1-5	Hot Gas(热气管)	70~120℃	High Stage Discharge(HSD)高压级排气
1-6	Liquid & Vapor(气液两相)	-35℃	Overfeed Return(LTRS)湿回气
1-7A	Open Channel Flow(落液管)	30℃	Condenser Drain(CD)冷凝出液
1-7B	Liquid(液体管)	30℃	Condenser Drain(CD)冷凝出液
1-8	Liquid(液体管)	30℃	Liquid Main(HPL)贮液器出液
1-9	Liquid(液体管)	-35℃	Pump Discharge(LTRI)泵出液
1-10	Liquid(液体管)	-5℃	Liquid Feed(HPL)高压供液管
1-11	Liquid(液体管)	-35℃	Pump Liquid Feed(LTRL)泵供液管
1-12	Liquid(液体管)	-35℃	Pump Suction(LTRL)泵落液管
1-13	Liquid(液体管)	17.8℃	Hot Gas Defrost Relief(LTRS)排液管
1-14	Hot Gas(热气管)	17.8℃	Hot Gas Defrost(HGD)融霜热气管
1-15	Vapor(气体管)	30℃	Equalizer(EQ)平衡管

2. 基于经济使用成本的计算

第一种计算方法是由 Renwick（1961 年）、Richards（1983 年、1984 年）、Stoecker（1988 年）提出的，他们通过把初成本与运行成本对比，在两种成本等值的条件下进行计算，确定最佳经济管道尺寸，并制作出不同流动状态的管道的气体流量能量表。

气体流量能量表显示了以冷吨（TR）为单位的能量，以及以磅/分钟（lb/min）为单位的能量，相应的每 100 当量英尺的压力降（以℉为单位）。满液式管道表以冷吨（TR）和磅/分钟（lb/min）为单位显示了在与气体流量相同的压力降下，循环流量为四份（1 份气体加 3 份液体满液供液）的容量。表中所列数字基于使用寿命（15 年）、运行时间（3500h/年满载）、电力成本［0.05 美元/(kW · h)］、管道安装成本（裸管为 7.50 美元/in，管径美制），保温管为 13.00 美元/in（管径美制）、管道等效长度（100ft）、循环倍率设定值为 4，并假设压缩机的基本效率。

如果要调整其他成本、使用或运行时间的气体流量表值，可以使用下面的公式：

可调整的制冷量

$$TR=(\text{查表数据})\left[\left(\frac{IPC}{13}\right)\left(\frac{0.05}{PC}\right)\left(\frac{3500}{FH}\right)\left(\frac{11.3}{C}\right)\right]^{1/2.8} \tag{7-8}$$

式中　TR——制冷量（RT，冷吨），1RT=3516.9W；

查表数据——查表中对应的制冷量数值（RT）；

IPC(insulated piping cost)——保温管造价，每公称英寸直径造价（美元/ft 或美元/in）；

PC(power cost)——能耗费用（美元/kW · h）；

FH——每年全负荷的时间（h）；

C——修正值，基于使用寿命和货币成本，高于通货膨胀率 5%，查表 7-7 可得。

表7-7　C的修正值

使用寿命(年)	3	5	10	15	20
C	2.8	4.5	8.2	11.3	13.9

从表7-7中数据可以发现，管道的制冷量数值是根据系统使用的年限而改变的。同时与管道的造价、保温管道的成本以及系统的能耗都有直接的关系。

3. 基于压力降的计算

第二种方法是用每100ft当量管道长度的温度（℉）或者压力损失计算出管道的制冷量和质量流量（RT和lb/min）。并提供调整其他管路长度的温度或压力损失的注意事项，最后确定管径，该法通常用于供液管道的计算。这种方法是美国目前计算管道制冷量最常用的方法。

这种压力损失最基础的计算方法如下：

计算的制冷剂管道符合IIAR-2（美国国家标准）标准时，需要符合ASME B31.5（制冷管道和传热部件，美国国家标准）以及给定管径和材料的最小管壁厚度要求。

碳钢材料：

管道尺寸：• 1-1/2英寸和更小的尺寸——(称为) schedule 80

• 2~10英寸——(称为) schedule 40

• 12英寸及以上尺寸——(称为) standard weight（标准重量）

不锈钢材料：

管道尺寸：• 1-1/2英寸和更小的尺寸——(称为) schedule 40

• 2~10英寸——(称为) schedule 10

• 10英寸及以上——(称为) standard weight（标准重量）

通过碳钢管和拉制管的相关试验，得出碳钢材料和不锈钢材料的绝对粗糙度分别是0.045mm和0.03mm。

摩擦系数是通过最初确定两个基本参数——相对粗糙度和雷诺数而得出的。

相对粗糙度由下式给出：

$$e_r = \frac{e}{D} \tag{7-9}$$

式中　e_r——相对粗糙度（无量纲）；

e——绝对粗糙度（mm）；

D——管道内径（mm）。

经典雷诺数方程式为

$$Re = \frac{Dv\rho}{\mu} \tag{7-10}$$

式中　Re——雷诺数（无量纲）；

v——液体速度（m/s）；

ρ——密度（气体或者液体，kg/m^3）；

μ——黏度（气体或者液体，Pa·s）。

将速度（v）和密度（ρ）结合起来，用G_L（液体）、G_G（气体）或G_{total}（总体）表示质量通量，以便使用单相工质的雷诺方程式。单相液体和蒸汽（气体）制冷剂的质量通量方程为

$$G_L = v\rho_L \tag{7-11}$$

$$G_G = v\rho_G \tag{7-12}$$

式中　ρ_L——制冷剂液体密度（kg/m^3）；

ρ_G——制冷剂气体密度（kg/m^3）。

单相液体和蒸汽（气体）制冷剂的雷诺数分别为

$$Re_L = \frac{DG_L}{\mu_L} \tag{7-13}$$

$$Re_G = \frac{DG_G}{\mu_G} \tag{7-14}$$

式中　μ_L——制冷剂液体黏度（Pa · s）；

μ_G——制冷剂气体黏度（Pa · s）。

一旦确定了相对粗糙度和适当的雷诺数，用下式可以得到非常接近的管道摩擦系数值：

$$f = 1.613\{\ln[0.234e_r^{1.1007} - (60.525/Re^{1.1105}) + (56.291/Re^{10712})]\}^{-2} \tag{7-15}$$

式中　f——Darcy（Moody）管道的摩擦系数（无量纲）；

Re——式（7-13）或式（7-14）中提供的适当的 Re_L 或者 Re_G 值。

有了以上计算公式，利用式（7-1），即可确定管径，下面说明如何正确使用表格和图表来确定典型工业氨制冷系统中各种类型管路的尺寸。按不同的管径对应的流量、冷凝温度（-5~40℃）、蒸发温度（-45~0℃）、每一种尺寸的管道限定的压力降（排气为 40~4000Pa/m，吸气为 20~2000Pa/m，设计人员可以根据压力降范围确定管道所需要的压力降值）计算氨制冷系统中排气管、高压过冷供液管、干回气管、湿回气管、桶泵循环管的压力损失，并做成了如图 7-3 所示（其中一种）的管道压力损失图。

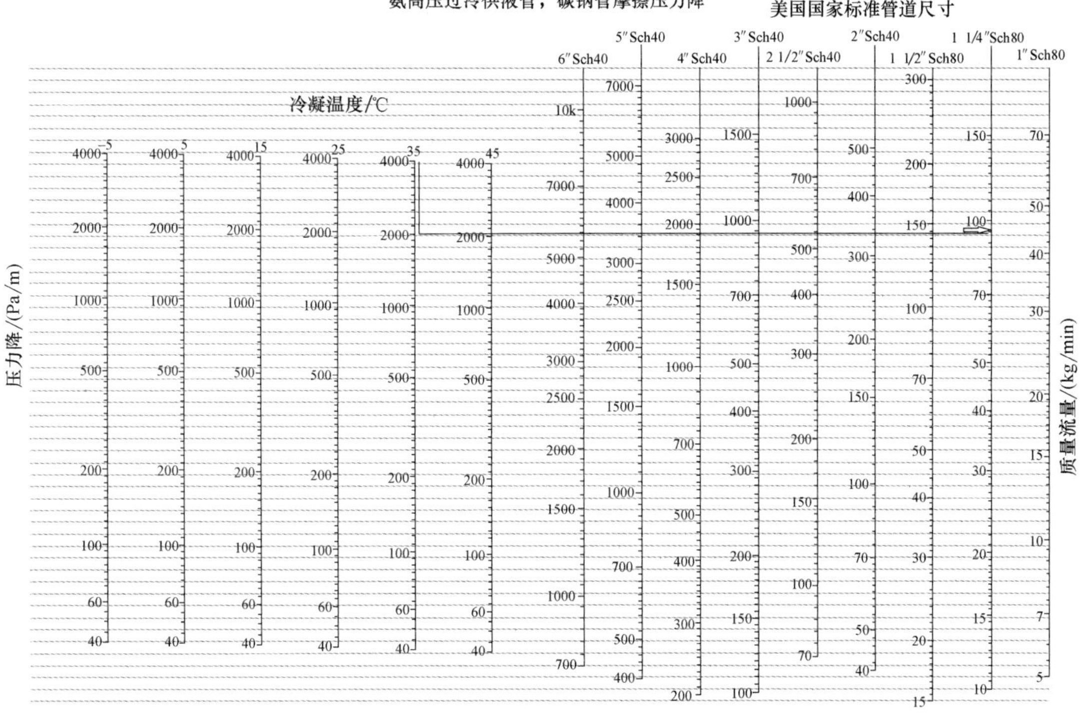

图 7-3　氨高压过冷供液管压力损失图

【例 7-3】 单级压缩机在 35℃冷凝温度下运行。压缩机使用的蒸发器在-29℃蒸发温度下运行，总制冷能力为 1231kW。在设定管道的压力降下，排气中的最大允许温降 2.2K，管路的等效长度为 38m，试确定适当的管路尺寸。

解：首先设定管道的压力降为 76 kPa。

查表附录七，氨的蒸发热是：1354.81kJ/kg。

氨的质量流量：(1231/1354.81)kg/s=0.909kg/s=54.5kg/min。

在 35℃冷凝温度下允许的压力降与最大允许温降之比：$dp/dT=(76/2.2)$kPa/K=34.54kPa/K

每 1m 允许的压力降：(76/38)kPa/m=2.0kPa/m=2000Pa/m。

从图 7-3 中，在 35℃冷凝温度按垂直比例尺上找到 2000，并沿着图表右侧的相交水平线，找到质量流量大于或等于所需 54.5kg/min 的管道尺寸。选择 $1\frac{1}{4}$″Sch 80 管道（相当于 DN38 管道）。

管道压力降还有一种确定的方法：通过不同的制冷剂在不同直径的管道内规定的等效温度损失所产生的压力降值，得到在该压力降下的最大负荷值。

对于氨吸气管道，数据是基于 100ft/RT 总管当量长度的 0.25℉和 0.50℉等效温度损失（公制只列出每米当量长度的压力降为 0.02K 的温度损失）；而排气管数据是基于 100ft/RT 总管当量长度的 1℉等效温度损失，供液管是 0.70℉等效温度损失（公制也只列出每米当量长度的压力降为 0.02K 的温度损失）。

对于卤代烃系统，压力降对于吸入管比供液管和排气管更重要。正常尺寸的吸入管摩擦产生的压力降不大于饱和温度变化约 2℉；而供液管与排气管不大于饱和温度变化约 1℉（公制相当于每米当量长度的压力降分别为 0.04K 与 0.02K 的温度损失）。制冷剂 R50TA 吸气、排气以及供液管制冷量见表 7-8。

4. 基于管道流速的计算

第三种根据管道流速选择管径，对于许多国内的设计人员并不是一件困难的事情。这种选型适用于制冷系统规模不是特别大、管道回路特别长的情况。目前我国的冷链物流冷库系统大部分都可以按这种方式进行计算。在规定的管道系统中，一般有允许的供液、排气及回气速度。如果计算的速度小于或等于甚至稍微超过规定速度，所选择的管径和阀门都是可以使用的。这种方法对于供液管道与气体管道都可以采用。总体的选型数据见表 7-9。

速度流量选型的计算基础源于制冷剂的质量流量计算方式，表示在指定的制冷剂供应和蒸发温度下的“每千克制冷剂每小时的蒸发量”，即

$$M_{\text{dot}}=n\frac{\text{HXHTC}}{H_{\text{fg}}\left(1-\dfrac{h_4-h_5}{h_1-h_5}\right)} \tag{7-16a}$$

式中　M_{dot}——制冷剂的质量流量（kg/h）；

h_1、h_4、h_5——见式（2-1）；

n——循环倍率，高压供液管、干式回气管、排气管和热气管以 $n=1.0$ 为基础的质量流量进行计算；湿回气管以及泵供液管再循环比范围，不同制冷剂有不同的循环倍率，如氨为 1.2~12，卤代烃为 2~5，二氧化碳为 1.5~2；

HXHTC——换热器传热能力（heat exchanger heat transfer capability）（kJ/h），又称制冷量；

H_{fg}——汽化热（latent heat of vaporization）（kJ/kg），又称蒸发热。

表 7-8　制冷剂 R507A 吸气、排气以及供液管制冷量（单级、高压级应用）　　（单位：kW）

管道尺寸			吸气管（$\Delta t=0.04$K/m）						排气管（$\Delta t=0.02$K/m，$\Delta p=74.90$Pa/m）						供液管（40℃）		
			饱和吸气温度/℃						饱和吸气温度/℃						详见说明[①]		
			-50	-40	-30	-20	-5	5	-50	-40	-30	-20	-5	5	速度＝0.5m/s	$\Delta t=$0.02K/m	$\Delta t=$0.05K/m
			对应 Δp/(Pa/m)						对应 Δp/(Pa/m)							压力降	压力降
			173.7	251.7	350.3	471.6	700.5	882.5	896.3	896.3	896.3	896.3	896.3	896.3		$\Delta p=896.3$ Pa/m	$\Delta p=2240.8$ Pa/m
L 型铜管直径/mm	12		0.16	0.28	0.44	0.68	1.21	1.70	1.72	1.86	2.00	2.13	2.32	2.43	4.0	7.9	13.0
	15		0.31	0.53	0.85	1.30	2.31	3.24	3.27	3.54	3.80	4.05	4.41	4.63	6.5	15.0	24.7
	18		0.55	0.92	1.47	2.26	4.00	5.61	5.66	6.12	6.57	7.01	7.63	8.01	9.8	26.1	42.8
	22		0.97	1.63	2.60	3.98	7.02	9.85	9.93	10.73	11.52	12.29	13.37	14.04	15.0	45.9	75.1
	28		1.91	3.22	5.14	7.85	13.83	19.38	19.53	21.12	22.67	24.18	26.31	27.63	25.1	90.5	147.8
	35		3.52	5.91	9.42	14.37	25.28	35.40	35.68	38.58	41.42	44.17	48.07	50.47	39.7	165.6	270.0
	42		5.86	9.82	15.65	23.83	41.86	58.55	59.03	63.82	68.52	73.07	79.52	83.50	58.2	274.8	447.1
	54		11.68	19.55	31.07	47.24	82.83	115.76	116.74	126.22	135.51	144.51	157.26	165.12	98.0	544.0	883.9
	67		20.86	34.83	55.25	84.08	147.12	205.36	206.75	223.53	239.99	255.92	278.52	292.43	151.9	967.0	1567.7
	79		32.31	54.01	85.61	129.94	227.12	317.17	319.34	345.26	370.68	395.29	430.19	451.67	211.9	1497.3	2420.9
	105		69.31	115.54	182.78	277.24	484.29	675.47	678.77	733.87	787.90	840.21	914.39	960.06	378.2	3189.5	5154.4
	130		123.41	205.61	325.01	492.45	857.55	1194.03	1202.46	1300.07	1395.78	1488.45	1619.87	1700.76	586.7	5666.6	9129.4
	156		200.86	333.77	526.96	797.36	1389.26	1935.01	1946.66	2104.68	2259.62	2409.65	2622.39	2753.36	849.9	9175.8	14793.3
	206		412.07	683.01	1078.30	1631.18	2832.25	3937.64	3966.22	4288.18	4603.88	4909.55	5343.00	5609.84	1470.7	18734.6	30099.9
	257		733.42	1216.78	1916.48	2891.11	5022.65	6984.91	7027.87	7598.35	8157.74	8699.37	9467.42	9940.23	2286.7	33285.5	53389.2
钢管	mm	SCH															
	10	80	0.16	0.26	0.41	0.62	1.06	1.47	1.48	1.60	1.72	1.83	1.99	2.09	4.4	7.1	11.3
	15	80	0.31	0.52	0.81	1.21	2.09	2.90	2.91	3.15	3.38	3.60	3.92	4.12	7.4	13.9	22.2
	20	80	0.71	1.17	1.83	2.74	4.71	6.52	6.55	7.09	7.61	8.11	8.83	9.27	13.6	31.4	49.9
	25	80	1.40	2.29	3.58	5.36	9.23	12.77	12.83	13.87	14.89	15.88	17.28	18.15	22.6	61.6	97.7
	32	80	3.01	4.93	7.68	11.50	19.76	27.33	27.47	29.70	31.88	34.00	37.00	38.85	40.3	132.0	209.4
	40	80	4.59	7.52	11.72	17.54	30.09	41.63	41.83	45.23	48.56	51.78	56.35	59.17	55.6	201.0	319.0

（续）

管道尺寸			吸气管（$\Delta t=0.04K/m$）						排气管（$\Delta t=0.02K/m$，$\Delta p=74.90Pa/m$）						供液管（40℃）		
			饱和吸气温度/℃						饱和吸气温度/℃						详见说明①		
			-50	-40	-30	-20	-5	5	-50	-40	-30	-20	-5	5	速度 = 0.5m/s	$\Delta t=$ 0.02K/m	$\Delta t=$ 0.05K/m
			对应 Δp/(Pa/m)						对应 Δp/(Pa/m)							压力降 $\Delta p=896.3$ Pa/m	压力降 $\Delta p=2240.8$ Pa/m
			173.7	251.7	350.3	471.6	700.5	882.5	896.3	896.3	896.3	896.3	896.3	896.3			
	mm	SCH															
钢管	50	40	10.69	17.50	27.25	40.71	69.87	96.67	97.14	105.02	112.76	120.24	130.86	137.39	105.5	466.6	740.7
	65	40	17.06	27.88	43.32	64.81	111.37	153.76	154.51	167.05	179.35	191.26	208.14	218.54	150.4	743.5	1178.1
	80	40	30.20	49.26	76.63	114.52	196.37	271.72	273.05	295.22	316.95	338.00	367.84	386.21	232.3	1313.9	2082.0
	100	40	61.60	100.39	156.20	233.20	400.40	552.81	555.50	600.59	644.81	687.62	748.33	785.70	400.3	2675.6	4235.5
	125	40	111.17	181.20	281.64	421.03	721.18	998.16	1003.06	1084.49	1164.33	1241.63	1351.25	1418.74	628.6	4825.1	7638.5
	150	40	179.98	292.99	455.44	680.92	1166.35	1612.43	1620.28	1751.80	1880.77	2005.64	2182.72	2291.73	908.5	7803.5	12338.1
	200	40	368.55	600.02	931.61	1393.04	2386.16	3294.46	3310.49	3579.22	3842.72	4097.86	4459.65	4682.37	1573.2	15964.7	25241.5
	250	40	666.52	1085.29	1685.18	2516.51	4316.82	5960.02	5989.03	6475.19	6951.89	7413.46	8067.98	8470.90	2479.7	28840.0	45664.6
	300	ID②	1067.53	1736.16	2695.93	4020.13	6896.51	9535.99	9582.41	10360.26	11122.98	11861.49	12908.71	13553.39	3556.5	46140.3	72953.4
	350	30	1380.23	2247.80	3485.20	5205.04	8929.47	12328.49	12388.50	13394.13	14380.20	15334.97	16688.86	17522.33	4336.1	59651.3	94458.7
	400	30	1991.54	3239.15	5030.17	7500.91	12848.49	17767.21	17853.70	19302.97	20724.05	22100.02	24051.18	25252.33	5743.9	85963.1	136129.3

注：1. Δt 为饱和温度的相应变化（K/m）。

2. 制冷量（kW）基于40℃液体和饱和蒸发器出口温度的标准制冷剂循环。供液制冷量（kW）基于-5℃蒸发器温度。

3. 热物理性质和黏度基于制冷剂运算软件（NIST REFPROP 程序版本 6.01 版）计算。

4. 表中数值基于40℃的冷凝温度，其他冷凝温度通过乘以下表修正系数得出：

冷凝温度/℃	吸气管	排气管
20	1.357	0.765
30	1.184	0.908
40	1	1
50	0.801	1.021

① 若贮液器中产生的任何气体必须返回冷凝管至冷凝器，且不限制冷凝流量，则建议采用所示尺寸。水冷式冷凝器属于这一类，其贮液器环境温度可能高于制冷剂冷凝温度。

② 管道内径与标称管道尺寸相同。

表 7-9　在压力降允许的范围内各种管道的流速（以设定速度为默认值）

（单位：m/s）

方式	回气管		排气管	供液管
	湿回气管	干回气管		
直接膨胀		12	15	1
泵供液	12	12	15	1
重力供液	12	12	15	1

注：湿回气管是指蒸发器至低压循环桶（或者气液分离器）的回气管；干回气管，对于直接膨胀系统是指蒸发器至压缩机管段，对于泵供液和重力供液是指分离容器至压缩机管段；排气管是指压缩机至冷凝器管段；供液管，对于直接膨胀系统是指冷凝器至蒸发器管段，对于泵供液和重力供液是指冷凝器至分离容器管段。

当$\left(1-\dfrac{h_4-h_5}{h_1-h_5}\right)<1$ 时，$n=1$。

当$\left(1-\dfrac{h_4-h_5}{h_1-h_5}\right)=1$ 时，式（7-16a）变为

$$M_{dot}=n\frac{HXHTC}{H_{fg}} \tag{7-16b}$$

【例 7-4】　在一个氨的制冷循环中，已知在蒸发温度-28℃的工况下系统的制冷量为 300kW，系统的供液温度为 35℃，求系统供液管需要的质量流量？

解：查附录七，氨在-28℃时的蒸发热是 1351.80kJ/kg；由于是供液管道，$n=1$

$$300\text{kW}=(3.6\times300\times1000)\text{kJ/h}=1080000\text{kJ/h}$$

代入式（7-16a），即

$$M_{dot}=n\frac{HXHTC}{H_{fg}\left(1-\dfrac{h_4-h_5}{h_1-h_5}\right)}=1\times\frac{1080000}{1351.8\times0.786}\text{kg/h}=1016.46\text{kg/h}$$

可以求出所需的循环量，即供液过冷的温度越低，所需的循环量越小。

用这种方法知道了每千瓦的制冷质量流量以及运行温度下制冷剂的密度，在规定的流速下，可以计算出管道的直径。当然，有了选型软件，根据要求输入相关数据，也可以得出相同的结果。上述计算可以更好地了解软件的计算过程。

从这个例子可以看出，在相同的制冷量与蒸发温度下，降低供液温度（包括降低冷凝温度或者供液过冷度），都可以减少系统需要的制冷剂质量流量；换句话说，提高了制冷系统的运行效率。

相同的制冷量（在指定的蒸发温度下），降低供液的质量流量的另外一种方法见本书的第 2 章。该章介绍了过冷液体能够提高制冷循环的效率，也就是说进入蒸发器的制冷剂的温度越低，在相同的每千瓦制冷量下需要的制冷剂的质量流量越小（图 7-4）。这种计算方式与蒸发温度、冷凝温度以及制冷剂的过冷度有关。

图 7-4 是基于 R22 的饱和蒸发器温度，表明，当吸入气体过热超过上述条件时，制冷剂流量略高于实际情况。蒸发器过热度每增加 1K，制冷剂流量可降低约 0.5%。

但是，这种根据速度来确定选择管径的大小也有一定的限制范围，如果压力降、温度损失超过规定的范围（主要是针对容易产生较大的压力降的回气管而言），那么选择的管径就要进行调整了。从 Danfoss 公司选型软件的数据设置可以看到这种设置的范围：

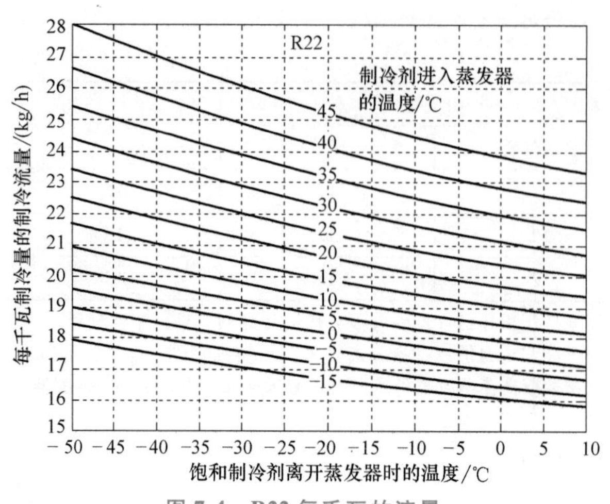

图7-4　R22每千瓦的流量

IIAR的《制冷管道手册》（*The refrigeration piping handbook*）介绍了如何计算氨系统中不同管径、不同温度下的低压级回气管、低压级排气管、高压级回气管、高压级排气管以及气液两相湿回气管的各种制冷量［以冷吨（RT）和磅/分钟（lb/min）为单位］。如果循环倍率改变，管道的制冷量也会改变；管道长度不同，制冷量也不同。如何用公式调整表中的数据，这里不一一列举，感兴趣的读者可以找这本手册详细阅读。

7.1.6　最佳管道尺寸

计算管道中制冷剂的压力降，仅是选择管道尺寸过程的一个步骤，最终确定管径需要综合考虑各种因素。确定制冷剂管路中的压力降是至关重要的，需要确定可以接受的压力降（或饱和温度下降）。在允许的压力降范围内，选择较小的管径可以节约工程成本。我国的设计手册中，规定了氨制冷剂在吸气管、回气管和排气管各种工作温度下允许的压力降，以及允许的流速。卤代烃制冷系统给出的是以直接膨胀供液为主的管道尺寸。至于满液式供液的一些特殊要求，这方面的数据还欠缺。

《工业制冷手册》（*Industrial refrigeration handbook*，Stoecker，1998）提出了以饱和温度下降作为选择管道的准则，下面是不同管段的考虑：

1）到压缩机回气管。压力下降引起的饱和温度总的下降量通常选择0.5~2℃，但垂直立管在卤代烃直接膨胀和在氨液的过量供液的应用除外。卤代烃直接膨胀系统的制冷剂气体的速度必须足够高，以便把油带回到压缩机。氨液过量供液的盘管在立管中的气体速度必须足够高，使液体不能在提升立管中停留。

2）从压缩机到冷凝器的排气管。饱和温度总的下降量通常是1~3℃。在给定的饱和温度下降范围，压缩机功率在排气管比下降相同温度的回气管的损失略少。

3）高压液体管。高压液体在管道中产生的部分压力降不会对系统性能产生影响，但更大压力降会发生在膨胀装置或液位控制阀中。对于双级压缩系统膨胀装置，最终把压力降到中间压力；对于单级压缩系统，把压力降到所需要的低压。但高压液体在高压管道中产生的压力降不能太大，应确保压力不低于当时制冷剂温度对应的饱和压力。如果压力低于饱和压力，液体会瞬间变成气体，加大压力梯度，并可能明显影响通过膨胀装置的流量。制冷剂高压液体管道的速度选择范围为1~2.5m/s。而现在的制冷系统选型软件在这部分管道的速度为1m/s。

4）从蒸发器到低压分离容器的气/液回气管。在这段管中的是气液混合物的流动，气液混合物流动的压力降计算，是比较复杂的。为了避免烦琐的计算，仍需考虑液体的存在。一些设计师选择管道的尺寸，首先考虑管道只是携带气体，然后考虑液体流动，并适当增大管径。

5）热气除霜管。为了合理地选择管道尺寸，蒸发器所需热气的流量函数应该是已知的。粗略估计热气流量是在制冷过程中使用的制冷剂流量的两倍。汉森科技公司在《氨阀容量和尺寸》（*Ammonia valve capacities and sizing*）中提出以速度为 15m/s 的 21℃氨热气支管作为基础，在蒸发器群组中同一时间为单个蒸发器除霜，这个速度适合。假设不到一半的蒸发器在除霜，连接的热气总管道应该能够携带总量 50%的热气。

目前使用的管道阀门的选型软件中，选择管径和阀门时有两种方式：

1）按压力降允许的范围选择管径（在选择压力降时，出现速度的默认值是表 7-4 中相应管道的流速值）。

2）按速度要求选择管径（在选择速度时，出现压力降的默认值是 0.5bar）。

由于现在的大部分工业制冷系统使用的是一次节流的泵循环系统，因此在管径选择方面一般都采用后一种方式（即根据速度选择）。对于有压力降要求的二次节流供液或者是重力供液系统（特别是气液分离器至蒸发器的供液管道），许多情况下是根据第一种选择方式选择，即按压力降允许的范围选择。

IIAR 的《氨制冷管道手册》（*The refrigeration piping handbook*）按经验数据给出了氨系统管道的制冷剂的流速，见表 7-10 和表 7-11。

表 7-10　气体管道流速

饱和温度	-23.3～-45.6℃
低压级回气管	21.84～40.64m/s
饱和温度	4.4～-17.8℃
高压级回气管	15.748～26.924m/s
饱和温度	4.4～-45.6℃
水平满液式气相管	7.6～22.86m/s
立式满液气相提升管	15.24～45.7m/s
饱和温度	50～85℃
低压级排气管	15.24～21.34m/s
饱和温度	4.4～-17.8℃
高压级排气管	11.68～16.25m/s

表 7-11　液体管道流速

管径	DN25～DN300
冷凝器出液管至高压贮液器	0.228～0.79m/s
冷凝器出液管至气液分离器	0.325～1.12m/s
来自高压贮液器的供液管	1.02～1.37m/s
泵的供液总管	1.65～2.286m/s
液体支管至单一设备	0.95～1.22m/s
泵的进液管	0.915～1.27m/s
融霜排液管	1.27m/s

从两个表的数据可以得出以下结论：气体管道流速的范围比较大（密度相对比较小，因此阻力也小），7.6~45.7m/s；液体流速范围比较小（密度相对比较大，阻力也大），0.228~2.286m/s。液体管道还有另外一个特点：管径小速度低而管径大速度可以比较高。

卤代烃制冷系统对管道流速也有一些要求：从冷凝器到贮液器的液体管道流速不能大于0.5m/s；贮液器到蒸发器的供液管道流速不能高于1.5m/s。目的是减少电磁阀或其他电动阀产生液锤现象。还有回气管流速4.5~20m/s，排气管流速10~18m/s。

按压力降允许的范围选择管径和阀门，目前国内现有的制冷系统运用的不多。原因是目前的制冷系统大部分采用一次节流供液，对于允许的压力降要求不高。但是，对于二次节流系统的阀门及管道，或者重力供液中（特别是氨制冷剂）气液分离器至蒸发器的供液管，由于要考虑液柱高度会使蒸发温度升高，因此选用的阀门及管道的压力降相对要小。如果这时根据速度来选择阀门和管道，或者根据压力降允许的范围选择，其结果差别可能比较大。这是应该注意的。

7.1.7　液体提升管

前面提到，有两种情况是需要液体在立管中进行提升的。第一是在卤代烃的回气立管由于回油的原因需要提升立管；第二是避免造成蒸发器的回气集管立管中存液比例高。

国内制冷设计手册中虽然提及如何选择立管的提升，但是没有具体的计算方式。这里引用国外文献的一些计算方式，举例说明，对于以后使用的一些新的制冷剂，也可以采用该种方式进行推导。

1. 卤代烃的回气立管的计算

下面介绍卤代烃系统用于直接膨胀（不是液体再循环）吸气立管的选择。如果蒸发器出口需要垂直立管，影响立管尺寸的主导因素是回油。通常在卤代烃系统中，油与蒸发器中的制冷剂是互溶的。在氨系统中，油和氨是分离的。卤代烃制冷剂在流经蒸发器的管道时逐步蒸发，流体中油浓度增加，直到气体制冷剂含较高浓度油，回到压缩机。立管中要保持足够高的制冷剂气体速度，目的是通过回气管把油带回到压缩机。

垂直立管回油所需的气体速度是与制冷剂的密度（蒸发温度和过热量）、油的黏度和管径相关。随着蒸发温度下降和气体的密度下降，必须提高气体速度。随着直径的增加，也需要更高的气体速度。图7-5所示为某参考文献推荐的L形铜管回气垂直立管回油气体速度的取值。气体速度计算式为

$$速度=0.723\left[g\left(\frac{\rho_L}{\rho_V}-1\right)\right]^{\frac{1}{2}} \qquad (7\text{-}17)$$

式中　g——重力加速度，$g=9.807\text{m/s}^2$；

ρ_L——油与制冷剂混合物的密度（kg/m^3）；

ρ_V——制冷剂气体的密度（kg/m^3）。

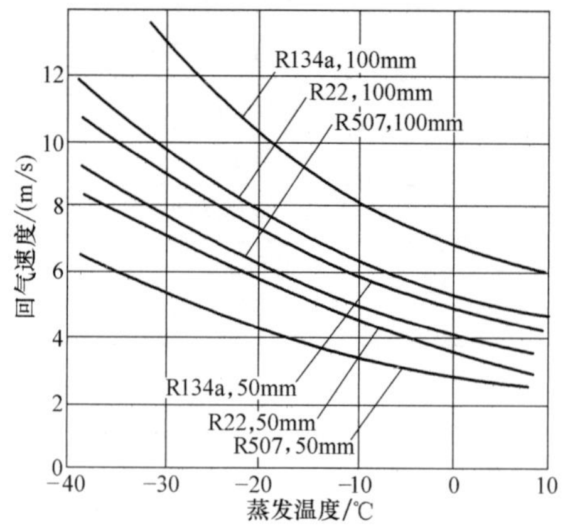

图7-5　推荐的L形铜管回气垂直立管回油气体速度

回气管的垂直立管尺寸，非满负荷运行时可能会太大，即部分负载无法回油。立管需要满足最小流量的流速（尺寸），当然，采用更高的流速可以解决该问题，但会明显增加压力降损失。另一种方法是使用双立回气管，如图7-6所示。当制冷剂流量下降时，油将无法提升进入回气管，贮存在存油弯内。油把制冷剂封在右边的立管，左边立管的尺寸适合在低流量情况下提升油。当恢复高

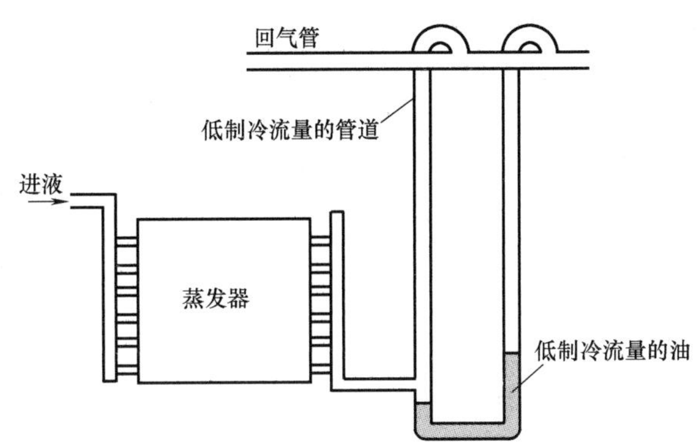

图 7-6　保证回油的双立回气管（在低负荷运行时所有制冷剂走左边立管）

流量时，存油弯内的油就可以带到回气管内。这个油量对压缩机来说是用来处理瞬间情况的，所以建议在回气管设立存油弯。

2. 液体/气体回气管的坡向计算

在液体循环系统中液体和气体流经冷凝器及蒸发器的管，气液混合物从蒸发器的回气管流到低压循环桶。蒸发器和冷凝器中管道尺寸是按照生产厂家定的压力降设置的，但系统集成设计人员负责液体/气体回气管的设计。水平或近水平的液体/气体回气管，如图 7-7 所示，压力降受管道坡度的影响。高速的气体会以雾状形式带着液体流动（图 7-7a）。在气体速度较低的情况下，或如果该管具有足够的空间，液体和气体可以分开，液体沿管壁底部向下流动（图 7-7b）。

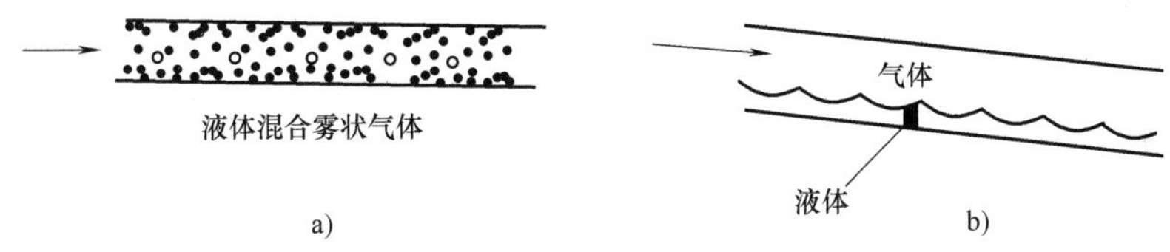

图 7-7　气液混合回气管流动状态

a）水平　b）倾斜

从满液蒸发器回气管回来的液体，如图 7-8 所示。例如，在一个螺旋速冻间的制冷系统中，离开蒸发器的液体必须用气液混合回气管提升。通常几组蒸发器垂直堆叠，它们合起来的高度可能是 3m，然后扩展再提升 3m（或以上）到回气管。液体积聚在立管，液柱对蒸发器造成静压，提高了蒸发压力和蒸发温度。现场测量表明，蒸发器在 $-40 \sim -30$℃ 运行时，因为液柱的原因可能会损失 15%～20%的制冷量。

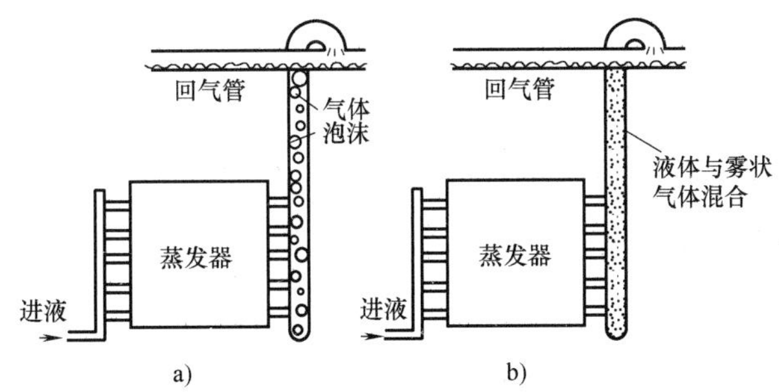

图 7-8　液体在气/液提升立管的流动状态

a）如果气流太低，将造成存液比例高　b）足够高的气流速度可以把大部分的液体带出提升立管如何定义提升管的最佳提升速度？

如图 7-9 所示，由于摩擦大造成管径非常小的提升，立管压力降明显增加。丹佛斯应用手册提供了立管最小压力降的建议尺寸，见表 7-12。出现部分负荷时由于较低的速度，气体将无法从立管充分把液体带出。为了解决这个问题，建议采用图 7-6 所示的回油双立回气管。

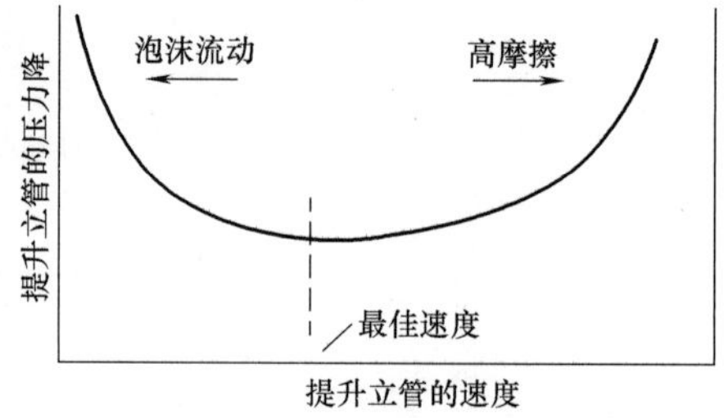

图 7-9　采用提升立管的最佳气流速度

在管道尺寸确定后的下一个任务是计算在提升管中的压力降。当氨为-40℃、提升液体在 3m、循环倍率为 5 时，《工业制冷手册》（*Industrial refrigeration handbook*，Stoecker，1998）估计运行在最小压力降的气体速度时，饱和温度大约下降 1.6℃。

表 7-12　制冷剂氨在-40℃时，不同管道尺寸和提升立管循环倍率的蒸发器能力

（单位：kW）

循环倍率	提升管管径/mm						
	37	50	63	75	100	125	150
2.5	18.6	34.8	53.4	90.0	184.2	324	513
3.5①	17.6	32.7	50.3	87.9	173	305	482
4.0	16.9	31.3	48.5	84.4	167	293	464
5.0	16.2	30.2	46.8	81.2	160	282	447

① 原文的标注是 3.15，按计算应该是 3.5。

7.1.8　压力降与过冷供液

制冷管道上由于管道、阀门和管件的阻力产生的压力降使系统的运行效率下降。因此管道和阀门的尺寸选型的原则是保证在这些部件以尽可能低的成本产生最高的效率。

一般的情况下，制冷系统的供液管、回气管以及排气管的尺寸选择要保证在设计时每米管道的压力降控制在 1K 或者以下的温度损失。比如氨的回气管，每米当量长度 0.005~0.01K；排气管和供液管，每米当量长度 0.02K。卤代烃：回气管，每米当量长度 0.04K；排气管和供液管，每米当量长度 0.02K（如果是 R404 或者 R507 等的供液管可以是每米当量长度 0.05K）。如果卤代烃的管径选型采用与氨的选型相同的温度损失，那么卤代烃的管径会变得很大，从经济角度来考虑是不合算的。

同样，二氧化碳的管径选型也有类似的情况，其与氨系统的比较见表 7-13~表 7-15。

表 7-13　氨在不同蒸发温度下 DN100 的制冷量、流量以及流速（气体管道）

蒸发温度/℃	制冷量/kW	压力降/(kPa/m)	温度损失/(K/m)	流量/(kg/s)	流速/(m/s)
-1.1	696	0.113	0.0073	0.55	20.2
-9.4	591	0.113	0.093	0.47	23.4
-17.8	496	0.113	0.0127	0.40	27.6
-26.1	411	0.113	0.017	0.33	32.9
-34.4	334	0.113	0.023	0.27	39.4
-42.8	267	0.113	0.0337	0.22	48.1

表 7-14　CO_2 在不同蒸发温度下 DN100 的制冷量、流量以及速度
（气体管道，与表 7-13 中的第四栏温度损失数据相同）

蒸发温度/℃	制冷量/kW	压力降/(kPa/m)	温度损失/(K/m)	流量/(kg/s)	流速/(m/s)
-1.1	1477	0.657	0.0073	6.30	9.0
-9.4	1372	0.723	0.093	5.77	10.7
-17.8	1284	0.813	0.0127	5.36	13.0
-26.1	1182	0.883	0.017	4.93	15.7
-34.4	1076	0.973	0.023	4.50	19.1
-42.8	985	1.13	0.0337	4.15	23.7

表 7-14 与表 7-12 比较的结果是：在每米的温度损失相同的情况下，CO_2 与氨在相同的管径下，制冷量增大了很多。这是平时选型时软件给出的结果。

表 7-15　CO_2 在不同蒸发温度下 DN100 的制冷量、流量以及速度
（气体管道，与表 7-13 中的第三栏压力降数据相同）

蒸发温度/℃	制冷量/kW	压力降/(kPa/m)	温度损失/(K/m)	流量/(kg/s)	流速/(m/s)
-1.1	608	0.113	0.0013	2.6	3.7
-9.4	542	0.113	0.0013	2.28	4.2
-17.8	478	0.113	0.00167	2.00	4.8
-26.1	415	0.113	0.0023	1.74	5.5
-34.4	359	0.113	0.00267	1.50	6.4
-42.8	306	0.113	0.0033	1.30	7.4

表 7-15 与表 7-13 比较的结果是：在每米的压力降相同的情况下，CO_2 与氨在相同的管径下，制冷量并没有增大很多，但是管道的流速非常低。

将这种压力降控制指定温度损失的方法制作成不同管径对应的制冷量表格，这就是管道选型计算软件的原型。

这些都是根据制冷剂的物理特性去确定每米当量长度的温度损失。由于卤代烃的密度比氨大，因此在实际应用过程中，制冷剂在经过相同长度的管道的卤代烃液体温度损失要比氨大许多。也就是说，如果供液过程没有过冷处理，卤代烃液体在流动过程中会产生许多的闪发气体，使系统效率降低。而工业制冷系统通常是采用无缝钢管供液，由于钢管的阻力损失比铜管大，如果管道比较长，需要的过冷度还是比较大的。

如何计算这种供液过冷度？下面介绍两个公式：

第一个公式为

$$T_e = (L_{eq} \times \text{每单位管道设定的温度损失})\left(\frac{TR}{TR_1}\right)^{1.8} \tag{7-18}$$

式中　T_e——实际温度降（K）；

L_{eq}——管道当量长度（m）；

TR——实际制冷量（kW）；

TR_1——选择管道设定温度损失的名义制冷量（kW）。

第二个公式为

$$卤代烃供液立管的压力损失(估算,铜管) = 11.3\times 实际高度 \tag{7-19}$$

式中，立管的压力损失的单位为 kPa；实际高度的单位为 m；压力降为 11.3kPa/m。

【例 7-5】 R507A 制冷系统在 −28℃ 的蒸发温度下和 40℃ 的冷凝条件下运行。制冷量为 300kW。供液管道当量长度为 60m（含管道长以及弯头），立管高度为 8m；采用直径 42mm 的铜管供液（该直径的管在冷凝温度 40℃ 时，0.05K/m 设定温度损失的名义制冷量是 447.1kW，阻力损失为 2240.8Pa/m）。估算需要多少供液过冷度。

解：应用式（7-18）：

$$实际温度降 = (60\times 0.05)\times\left(\frac{300}{447.1}\right)^{1.8}\text{K} = 1.463\text{K}。$$

预计的管道阻力损失 = 1.463×(60×2.2408)kPa = 196.7kPa。

供液立管的阻力损失 = 11.3×8kPa = 90.4kPa。

总的阻力损失 = (196.7+90.4)kPa = 287.1kPa。

查本书的附录五，R507 在 40℃ 的冷凝温度下的饱和压力（转换为 kPa）为 1879.47kPa，即冷凝器的起始压力是 1879.47kPa。

管道末端的压力 = 起始压力 − 总的阻力损失 = (1879.47−287.1)kPa = 1592.37kPa。

1592.37kPa 对应的制冷剂饱和温度（查附录五，转换为 bar）为 33.3℃，即可能需要的过冷度 = (40−33.3)K = 6.7K。

如果改为钢管供液，其过冷度可能接近或者超过 10K。这种情况要减少过冷度，通过增加管径来减少阻力损失，也就是采用更小温度损失的管道来减少这种过热度。因为 R507 的供液的另一种是采用 0.02K/m 设定温度损失来选择。根据 ASHRAE 2014 年制冷手册给出的数据，管径 54mm 在冷凝温度 40℃ 时，0.02K/m 设定温度损失的名义制冷量是 554kW，阻力损失为 896.3Pa/m。代入上述公式，供液需要的过冷度为 2.5K（计算过程略）。

即使降低了过冷度，还需要其他措施（例如采用板式换热器把供液过冷）才能解决供液系统的效率问题。供液过冷是卤代烃制冷系统提高效率的一个重要手段。这种情况也可以通过阀门管道选型软件来验证。在管道和管件表中选择一栏结果，如果出现警告标志，则表示液体管道有闪发现象。以上的数据可以在 ASHRAE 2014 年制冷手册中查阅。

读者是否发现，在选型软件中，不管是采用哪种制冷剂，供液管道选型时，选择冷凝温度时系统都会自动预留 2K 的过冷度。这是因为对于按速度优先选型时 2K 的过冷度是必须的条件。如果在实际运行中，当地的气温超过设计的冷凝温度（在全球气温变暖的今天，这种情况是正常的），那么 2K 的过冷度就不能满足了，供液的效率会有相当的损失。这就是为什么强调供液过冷的必要性。在第 2 章介绍的闪发式经济器，它最重要的作用也就是使系统供液有更低的过冷温度。

7.1.9 管道选型方式的比较

管道选型方式归纳起来常用的有下述方法：

1）按推荐的设定速度为默认值选择管径（包括供液、回气与排气）。这种选择方式的优点是计算过程比较方便，适合中小型系统以及制冷剂质量流量比较小的系统。缺点：对于制冷剂质量流量比较大（如卤代烃和 CO_2）同时管道比较长、蒸发温度低（如速冻）的大型系统，阻力损失大，容易造成能耗增大。

2）按推荐，在规定的长度下压力降值为默认值选择管径（不同的制冷剂以及不同类型的功能管道其供液、回气与排气有不同的默认值）。如规定采用每 5m 的压力降。优点：有效地控制管道的阻力损失；能耗比较低。缺点：计算比较复杂（一般通过查表的方法选择）。选择回气管的初投资比较大，但长期的运行费用更加合理。

3）在规定的长度下规定的饱和温度损失为默认值选择管径。如表 7-14 以及 IIAR 相关手册中的各种表格。优点：与第二种方法相似，可有效控制温度损失以及控制供液的过冷度。缺点与第二种方法相似。

最常用的方式是第一种和第二种方法。

最佳的选择方法是什么？笔者认为不同的制冷剂以及不同的使用场合、不同的工况选择不同的方法。

对于氨制冷剂，采用第三种方法是最方便简单的，几乎所有的循环系统都可以采用。只是重力供液系统从气液分离器到蒸发器的管道需要选择规定压力降的方法。

而卤代烃系统，一般中小型系统（包括直接膨胀、泵供液，以及除了重力供液系统从气液分离器到蒸发器的管道以外的其他管道）选择第三种。但是对于比较大型的低温速冻系统、距离比较长的湿回气管就需要进行对比才能做出决定。这是因为在低温工况下气体管道的压力降卤代烃比氨大许多。如果是速冻系统的回气管，采用第二种最节能。

同样，对于二氧化碳制冷剂，也按速度优先或者压力降优先的条件（冷凝温度改为-5℃），则结果是按速度优先选择管径产生的压力降更大。有兴趣的读者可以研究这个课题。

这些管道阀门的计算软件，给在设计和选型方面带来了极大的方便。它们减少了许多的计算环节，准确性也提高了，而且所有的选型过程更加直观和清晰，修改更加方便。但是这些计算软件是建立在上述一系列管道与阀门的阻力计算和压力降损失的计算公式基础上，如果没有这些计算数据作为基础，这些软件和选型过程就无法建立起来。建立完整的管道与阀门（还有系统容器）数据库，是整个制冷工艺循环系统设计必不可少的工作，也是一项迫切的工作。完整的制冷系统数据库是我国与一些发达国家在制冷行业存在较大差距的原因。没有这些数据库作为基础，就不能建立起制冷循环系统的运行模型，至于如何进入制冷系统智能化时代，则是更加遥远的事情。

现在国内的选型基本上是采用发达国家的相关软件。前面介绍的管道选型计算公式，其构成包括能耗与投资成本。与发达国家相比，我国的能耗成本要高许多，融资成本也高很多。笔者认为只要相比结果能耗相差 5%以上就应该选择能耗低一些的管径。因为这部分管道的直径增大一级在中大型工程上所占的初投资总费用不到千分之一，而增大的这部分投资能获得 5%的收益，试想这是多么高的投资回报。

如果有机会编制我国的管道与阀门的数据库，应该考虑国内的实际情况，而不是盲目的套用国外的数据。我国的冷冻系统与美国的情况相似，他们的管道选型是以管道的压力降作为依据，这一点值得我们在选型计算时充分考虑。

7.1.10　在供液与融霜环节液锤的产生原因

什么是液锤？流动的单相液体突然减速，在管道中产生足够的动能，从而引起噪声或明显的管道运动。如果管道中的液体是水，则此现象通常称为液锤。对于管道中的两相饱和流体，称为液压冲击（CIHS，冷凝引起的液压冲击）。

管道系统的安全主要考虑的是预防或减轻液压冲击。当流动的液体突然停止时（在任何类型的管道系统中），会产生液压冲击力。冲击力的强度取决于液体的可压缩性和停止流动前的流速。

最常见的液压冲击类型是液锤。当控制阀（如电磁阀）关闭时，连接管道中的液体流动突然停止，由于液体（水、氨等）具有轻微的可压缩性，因此在阀门和管道前端之间有一段非常小的延迟时间。在此期间，突然停止流动的液体贴附在阀门上，对阀体和管道施加力。

在制冷循环过程中，由于设计系统考虑不周，管道与阀门相对位置不合理，或液体或气体（热气）的流速有问题所产生的液锤现象，对系统安全运行产生会比较大的影响。液锤产生的原因主要有以下几种：

在氨制冷系统中，液体在停止流动的瞬间，在0.305m/s的速度下压力峰值可能在2.07~2.76bar，具体取决于液体的温度和管道的尺寸。例如，当液体在关闭的电磁阀处停止流动时，以3.05m/s的速度流动的低温氨液在阀门前将压力突然升高至约27.56bar。该压力将在DN50的电磁阀上施加约567kgf的力。冲击力使管道移动。管道移动以及冲击力会损坏管道和接头。严重的可能会发生中间管道或阀门故障。

制冷系统管道中会发生的另一种液压冲击（简称液击），即冷凝引起的冲击。这种液击通常发生在低温蒸发器的融霜开始或结束时。当融霜开始时，热气进入蒸发器，如果这时蒸发器盘管内存贮的液体比较多，大量热气进入盘管中的液体中，由于气体压力高于液体压力，温差又很大，进入的气体会很快冷凝。气泡会在蒸发器盘管的每一段液体之间产生很大的压力差，使它们在流动中碰撞在一起。尽管原因不同，但产生的压力峰值类似于撞击电磁阀上的液锤效果。冲击力最大有可能达到4500kgf以上，其结果是容易造成重大的生产事故。国内最近几年发生的融霜事故主要是这种原因造成的。这种事故在国外也比较多。

要避免这种情况的出现，主要的措施是在蒸发器融霜前，尽量减少蒸发器盘管中的存液量。方法是融霜开始先停止供液，尽量用压缩机降压把蒸发器的存液蒸发得尽可能少遗存。然后热气才进入到蒸发盘管，这些气体不会在残留的液体中形成气泡。另外，采用排液融霜方式比恒压融霜方式更合适一些。这是笔者通过实践得出的结论（在冷风机融霜一节也有论述）。

还有一种液锤是发生在寒冷地区的制冷系统，即气体推动的冲击。通常发生在热气管中。在制冷系统停止运行后，一些室外的热气管中的气体由于外面的温度很低会冷凝成液体。当系统重新运行时，压缩机的排气推动这些液体撞击阀门、过滤器或其他障碍物时，会导致液锤。而这种冷凝还可能导致压缩机跑油。原因是：在压缩机再次启动时，在配套的油分离器单向阀如果垂直安装，前面的已经冷凝的液体由于重力的原因又落到油分离器内，造成跑油现象。为了解决这个问题，油分离器的排出管的单向阀应该水平安装，而不是垂直安装。

7.2 阀门及配套的控制元件

7.2.1 阀门的类型

工业制冷使用的阀门种类很多，有些是用于分隔系统的，如截止阀；有些具有多种功能，如单向截止阀，既有单向阀的作用，又可以关闭系统；也有起安全作用的安全阀和压力旁通阀、系统紧急关闭阀（king valves）等。

常用的阀门参见表7-16。

除了表7-16所示的阀门以外，还有一些特殊用途的阀门，如用于氨制冷系统出现重大事故时需要紧急切断系统的总供液的系统关闭阀（在国外称为king valve）。如果还要细分，每个供液的容器（如高压部分的贮液器出液管、中压部分的中间冷却器出液管、低压部分的低压循环桶氨泵的出液管，如图7-10所示）都会设置这种系统紧急关闭阀。这种系统紧急关闭阀一般采用的是气动阀，因为这种阀门的关闭速度比电动阀快许多。由于事故发生要求关闭这种阀门，因此关闭速度越快越好。口径在 100mm 的阀门，关闭的时间会小于 10s。

表 7-16　阀门的种类与用途

阀门名称	种类与用途
截止阀	直通阀与角阀
单向阀	直通型和角型止回阀、内置减振功能的直通型止回阀、内置减振止回功能的截止阀等
膨胀阀	手动节流阀、手动膨胀阀、热力膨胀阀、电子膨胀阀
电磁阀	直动式或伺服式电磁阀、外置导阀连接的伺服式电磁阀、两步式常闭型电磁阀
电动阀	直动式电动阀
压力调节阀	曲轴箱压力控制阀，蒸发压力控制阀，冷凝压力控制阀，控制阀前或者阀后压力的控制阀，用于控制系统压力的回气背压阀（分为外平衡和内平衡两种）。压力旁通阀：用于热气融霜的旁通阀和用于制冷剂泵控制流量的旁通阀，以及用于控制系统内部防止压力过高的压力旁通阀
浮球阀	分为高压浮球阀和低压浮球阀，同时也分为伺服浮球阀和直接供液浮球阀，还有用于排液的浮球阀
安全阀	单阀座安全阀和双阀座安全阀
三通阀	一般用于调节油温
压力表阀	用于安装压力表
多功能组合阀	这是某著名的阀门生产厂家近年推出的组合阀，这种组合阀上有几种阀座，根据不同的功能需要分别在阀座上安装功能模块。其优点是不但可以减少安装的焊接工作，还可以在相同阀座实现多种功能的控制方式

另外，还有工业制冷比较少用的电动球阀、电动蝶阀、气动球阀、气动蝶阀、步进电动阀等，这些阀主要应用于大型空调系统。

7.2.2　阀门的流量和阻力损失

阀门的流量和阻力损失与管道的计算相似，一般情况下，阀门生产厂家的选型软件都会给出详细的数据。在正常选型中，阀门与管道对应相同的公称尺寸。但对于一些口径比较大的电磁阀、电动阀，只要流量允许，可以选择口径低一级的阀门。这种情况通常在回气的阀门和补气阀，以及用于容器液面控制供液的阀门中出现。

图 7-10　在低压循环桶出液管上的紧急关闭阀（气动）

阀门的计算参数用流量系数表示。流量系数是表示控制阀液压流量的无量纲系数。根据定义，流量系数等于 1 表示在体积流量等于 1GPM（gal/min，美制，即 3.785L/min）时，用 60℉（15.6℃）的水产生 1psi（6.895kPa）的压降。

如果没有制造商的数据，可以参见参考文献［10］中的阀门和配件的等效长度（Wile，1977）。由于穆迪图表湍流区域的摩擦系数低于大多数流动发生的过渡区域的摩擦系数，因此等效长度略为偏大。这些等效长度有关文献给出了保守的数据。湍流的摩擦系数列于参考文献［10］的表 1-23“钢管数据”中。

在常用的公制单位中，流量系数（k_v）是指在1bar压降下，每小时的流量（单位为m^3）。转换时，$K_v = 0.865$或$C_v = 1.156k_v$。根据以下方程式，流量系数与阻力系数（k）和等效长度有关。

阻力系数（k）：

$$k = 890.737\left(\frac{d^4}{c_v^2}\right) \tag{7-20}$$

流量系数（c_v）：

$$c_v = 29.845\left(\frac{d^2}{k^{0.5}}\right) \tag{7-21}$$

基于阻力系数的当量长度（L_{eq}）：

$$L_{eq} = \frac{kD}{f} \tag{7-22}$$

基于流量系数的当量长度（L_{eq}）：

$$L_{eq} = 74.288\left(\frac{d^5}{fc_v^2}\right) \tag{7-23}$$

式中　k——阻力系数；

d——接管内径（in，1in = 2.54cm）；

c_v——流量系数；

f——无因次摩擦系数；

L_{eq}——管道当量长度（ft，1ft = 30.48cm）；

D——管道内径（ft）。

用制造商的建议和目录尺寸指南来指定阀门时，要注意各制造商的流量系数可能相差±25%。由于许多控制阀是由内部压力降驱动的，因此在确定所需流量的端口尺寸时要注意。为获得最佳性能而调整尺寸时，电磁阀和压力调节阀的端口尺寸通常小于管道的尺寸（通常是小一个等级，不仅仅是省钱的问题）。以上公式的数据查找，参见参考文献［10］的表。

7.2.3　同一种阀门不同的用途

1. 低压降单向阀

低压降的单向阀，主要用于螺杆压缩机的补气口、重力供液的气液分离器至冷风机的供液管上（图7-11）。

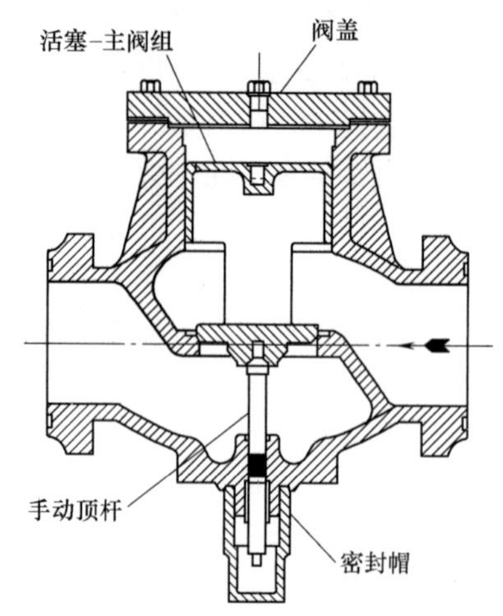

图7-11　低压降的单向阀

2. 普通压降单向阀

普通压降单向阀用于热气融霜冷风机底盘至回气管、压缩机的排气管、泵出液管、容器控制液面的液体供液总管和调节（阀）站等（图7-12）。需要特别强调的是这种正常压降的单向阀不能用于螺杆压缩机的补气口。

这种单向阀还有一个作用：设置在电磁阀的流向的后面，在电磁阀停止运行时，如果电磁阀的阀后压力发生变化，防止阀后的压力变化把电磁阀的阀芯顶起，造成阀座损坏。例如，在停止供液后开始融霜时，电磁阀的阀后压力高于阀前压力，如果电磁阀没有单向阀保护，就很容易损坏。在电磁阀后设置普通压降单向阀的情况通常是用于每个供液阀站或者是需要定期加压排油的低压容器（如低压循环桶和气液分离器）。

3. 浮球阀

现在常用在制冷系统的浮球阀一般有四种：

1）用于供液及液面控制的浮球阀（图 7-13），流量及制冷量比较小。例如，参考文献［8］中的产品最大的型号对于制冷工况：-30℃/35℃（蒸发温度/冷凝温度）在氨系统一般在 200kW 以下；卤代烃系统在 40kW 以下。

2）系统要求流量及制冷量比较大，采用伺服浮球阀（图 7-14）与液面控制电磁阀的配合。注意对于需要更大制冷量的系统，这种组合就可能不合适了，需要液位传感器与电动阀的配合才能满足要求。

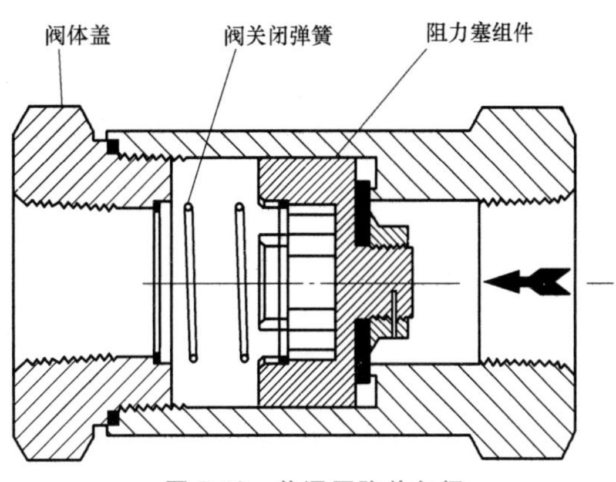

图 7-12 普通压降单向阀

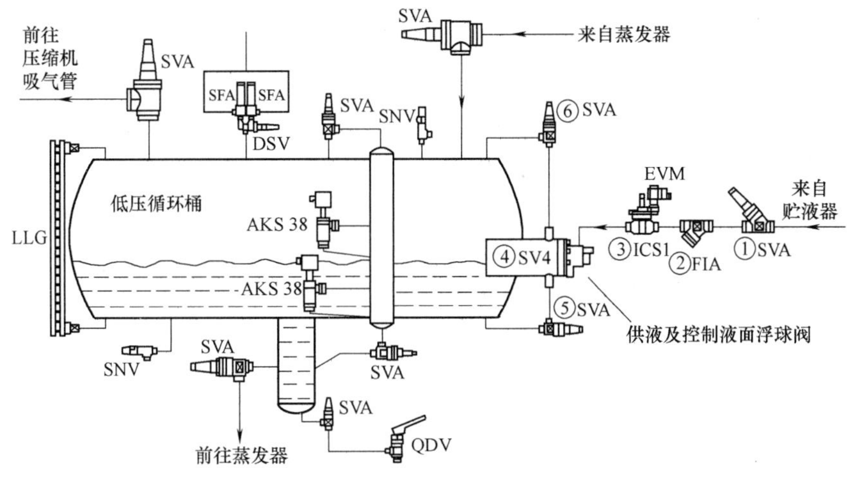

图 7-13 供液及液面控制的浮球阀

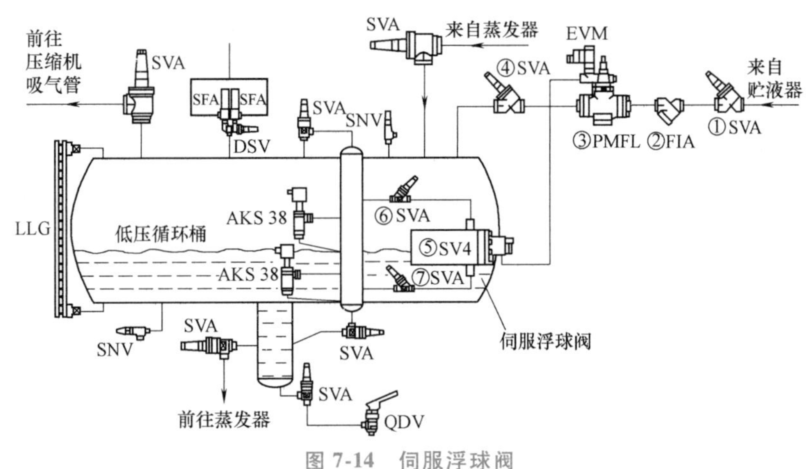

图 7-14 伺服浮球阀

3）用于排液的高压浮球阀（热回收）如图 7-15 所示。

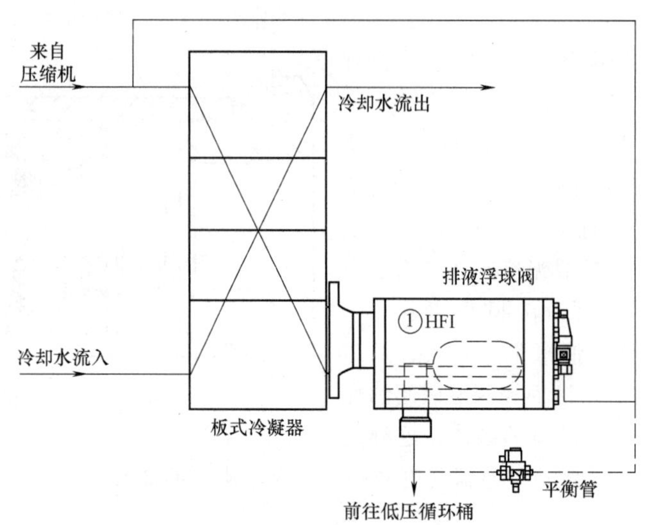

图 7-15　排液的高压浮球阀

4）用于热气融霜的浮球阀（排液）见第 4 章。

7.2.4　选择阀门的一些特殊要求

在第 2 章，笔者提到采用二次节流的供液方式，与常规选型比较，这种供液方式意味着其阀门及管道供液的过冷度大、压差小。换言之，由于供液温度和压力的变化，需要选择的阀门和管道都增大了。在选择自动控制的阀门时，甚至连内部的配置都发生变化。例如在丹佛斯的《工业制冷控制元件》中，电磁阀 PMFL 的弹簧选择需要按表 7-17 进行选型。

从表 7-17 可以发现，二次节流既降温过冷又降压，如果用这种阀门，需要更换弱弹簧组；但是，如果按常规只降温不降压的一次节流供液，并且过冷度比较大，可能需要采用的是强弹簧组。

表 7-17　电磁阀 PMFL 的弹簧选择要求

过冷度/K	过主阀压降/bar	
	4~15	1.2~4.0
0~8	标准弹簧组	弱弹簧组
8~40	强弹簧组	

另一种特殊的要求是：只要用于给低温容器供液的控制液面电磁阀、电动阀带有节流功能（或者需要有节流功能），在这些阀的前面就需要增加一组普通的电磁阀，以确保在这些阀停止供液周期内 100%关闭。这是因为具有节流功能的这些阀，其阀座关闭面一般会做成锥形，节流阀不具有完全隔断系统的功能，所以需要增加一个有隔断功能的电磁阀，以确保系统关闭。如图 7-16 中的③ICS 电磁阀和图 7-17 中的③EVRAT 电磁阀都是这种情况，在图 7-14 中的③PMFL 阀与②FIA 过滤器之间也需要增加一个 EVRAT 电磁阀。

另外，一般用于控制制冷供液或者排液的电磁阀在阀门安装配套上有一些特殊要求，例如在供液电磁阀的前面，需要配置相同管径的单向阀。其目的是防止供液方向后面的蒸发器或者容器需要融霜时，反向压力大于正向压力。这时如果没有前面单向阀的保护，反向压力会把电磁阀的阀芯顶起，次数多了会造成阀芯与阀座之间的密封性受损（图 7-18）。

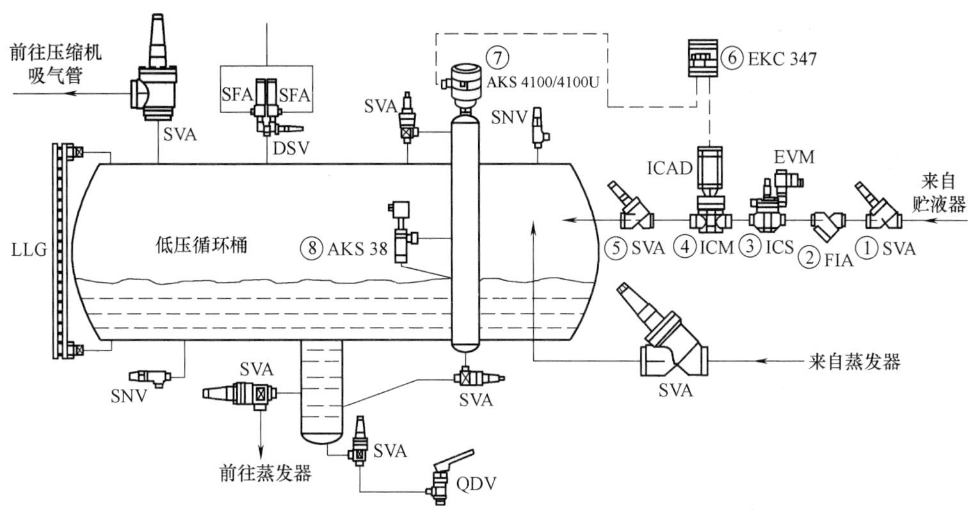

图 7-16　电动阀供液与电磁阀的配套

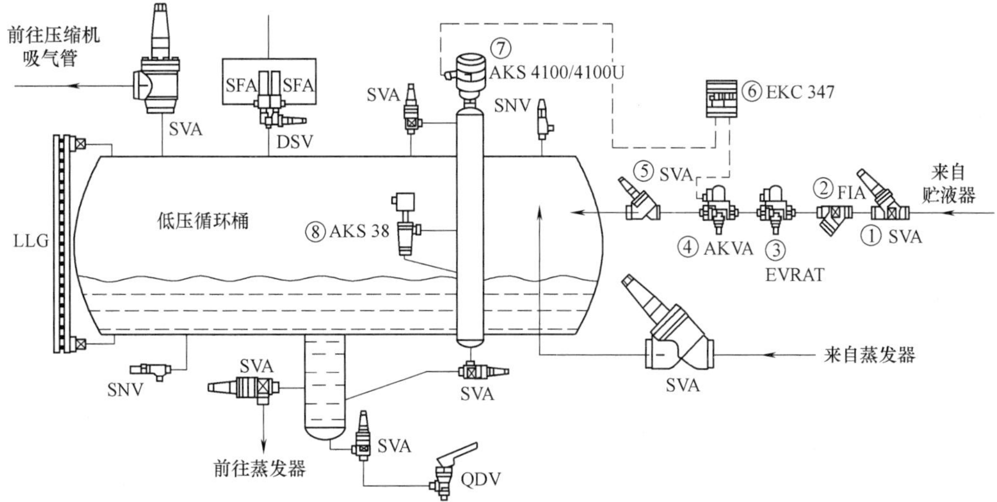

图 7-17　脉冲式电子膨胀阀 AKVA 与电磁阀的配套

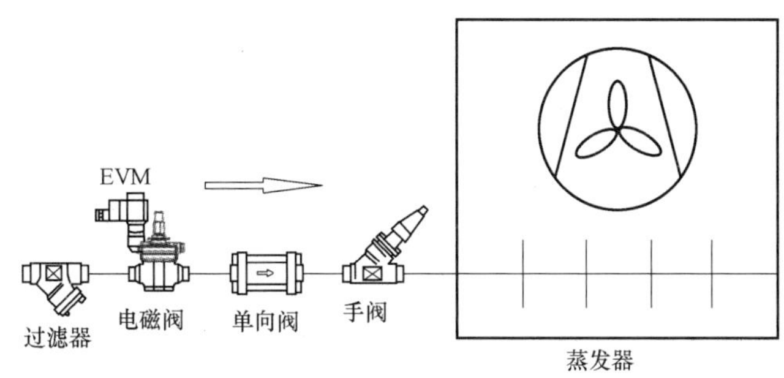

图 7-18　电磁阀与单向阀的配置（局部）

单向阀的另外一个作用是可以作为恒定压力排放气体的功能阀门，具体见第 14 章的图 14-22。

在直接膨胀制冷系统，对于一些口径比较大的供液电磁阀，比如直径大于 DN32，很多情况下为了防止出现液锤现象，会并联一个小口径的电磁阀（如 DN6 或者 DN10），在需要供液打开电磁阀时，首先开启小口径的电磁阀，经过短暂时间的延时，再开启大口径的电磁阀。这样做可以避免供液管道出现液锤现象。

7.2.5　减压阀的选型与计算

为了减少制冷系统的管道、容器以及设备在使用过程中出现运行压力过高，通常需要在这些管道、容器以及设备上安装减压装置，这些减压装置主要包括旁通阀、易熔塞和安全阀。

最广泛使用的减压装置是弹簧减载阀，即旁通阀。用于气体的旁通阀，通常阀门尺寸比较大；用于液体的旁通阀，如低压循环桶的泵出液旁通阀、二氧化碳蒸发器上的供液管道，通常很小，不需要特别说明其容量，因为即使释放一小部分液体也足以降低压力。还有用于气体与液体都可能存在的融霜排液管上的电磁阀。融霜时如果电磁阀上的线圈销毁了，电磁阀打不开，但热气仍然不断地进入蒸发器盘管，如果不能及时发现问题，情况是很危险的。因此需要在这个电磁阀上并联一组旁通阀，这个旁通阀的作用并不是用于排液，容量太小，而是用于安全旁通。这种旁通，既可以把液体或者气体旁通在系统内部，也可以旁通到大气中。只要受保护的设备或者管道内的压力低于旁通阀的设定值，旁通阀自行关闭；而安全阀则是排放到大气中，直至受保护的设备或者管道的压力下降到大气压力。

安全阀：在美国，ASHRAE 15（1994 年）在第 9.4 节中规定，安全阀应根据 ASME《锅炉和压力容器规范》第八节设计，并带有“UW”或“VR”标记或铭牌。减压装置所需最小排放量为

$$C = fDL \tag{7-24}$$

式中　C——减压装置所需的最小排放量，以空气质量流量表示（kg/s）；

f——可变因子，取决于制冷剂，范围从 0.041~0.20（对于 CO_2，是 0.082；对于氨，是 0.041；对于 R22，是 0.13；对于 R502，是 0.20）；

D——容器外径（m）；

L——容器长（m）。

安全阀的排气量与容器的体积有关，即体积的计算公式为

$$体积 = (\pi D^2/4)L$$

式中，D 是容器的直径，L 是容器的长度。

式（7-24）的依据是：在紧急的情况下，安全阀的泄放应能够控制压力，其中散发到容器的热量是容器的投影面积，因此是 D 和 L 的乘积。减压装置必须能以一定速率释放制冷剂，以使容器中液体的蒸发速率提供足够的冷却效果以限制饱和压力。作为规范基础（参考文献［16］）的热流密度为 10kW/m^2，式（7-24）计算基础是热流密度。对于每种制冷剂，f 都是唯一的，说明制冷剂潜热的差异。氨的 f 值比其他列出的制冷剂小，因为它具有较高的潜热，从而降低了冷却效果所需的流量。

式（7-24）中的 C 值是空气的流量，而不是制冷剂的流量。安全阀制造厂家目录中的数据还表明，额定值是指在各种额定压力下规定的空气流量。式（7-24）简化了选择安全阀的计算过程，同时也意味着通常无法计算安全阀能够通过的制冷剂的流量。但是，以氨为例，如果要知道在一定持续时间的排放过程中释放了多少氨制冷剂，则可以将空气的数据转换为制冷剂流量的数据。美国的 ASME《锅炉和压力容器规范 2》第Ⅷ节的附录 11 提供了这种转换的公式，即

$$\frac{\dot{m}_{amm}}{\dot{m}_{air}}=\frac{K_{amm}\sqrt{\dfrac{M_{amm}}{T_{amm}}}}{K_{air}\sqrt{\dfrac{M_{air}}{T_{air}}}} \tag{7-25}$$

式中　K——与比热容比有关的常数；

K_{amm}——350（英文下标 amm，氨的缩写）；

K_{air}——356（英文下标 air，空气的缩写）；

M——分子量（空气的值是 28.97，氨的值是 17.03，R22 是 86.48，二氧化碳是 44.01）；

T——绝对温度；

$\dot{m}$——流速。

温度为 289K 下任意选择的 T_{air}、T_{amm} 是额定压力下的饱和温度（绝对值）。对于两个常用压力额定值，式（7-25）解析为以下转换：对于绝对压力为 1825kPa 的阀门，其 $\dot{m}_{amm}=0.717\ \dot{m}_{air}$；而对于绝对压力为 1135kPa 的阀门，$\dot{m}_{amm}=0.733\ \dot{m}_{air}$。

$0.285m^3$ 或更大容积的压力容器需要在容器和两个相同的安全阀之间使用三通阀。这种三通阀的作用是：安全阀需要定期检查与校正，当拆卸其中一个安全阀时，把三通阀的另外一个通道打开，让打开通道上的安全阀投入使用。

【例 7-6】　在氨系统的高压贮液器中，容器的直径是 1.5m，长度是 5.5m，试选择合适型号的安全阀。

解：把相关参数代入式（7-24），得

$$C=fDL=(0.041\times1.5\times5.5)\,\text{kg/s}=0.33825\text{kg/s}=1217.7\text{kg/h}$$

选择最小排放量大于 1250kg/h 口径的安全阀。从参考文献［4］中可以选择 SFV20，其在设定压力 13bar（表压）时的排放量是 1614kg/h；而在设定压力 18bar（表压）的排放量是 1921kg/h。

注意：这里容器长度的计算需要包括两端封头的长度，因为式（7-24）计算时是考虑容器的体积，而不能把两端封头的容积排除在外。

使用其他制冷剂的安全阀选择，可以根据式（7-24）不同的制冷剂对应的可变因子进行计算与选择。

氨与卤代烃（二氧化碳系统见第 11 章）系统的安全阀管道连接与安装如图 7-19 所示，要求是：排放口向下，排放口应高于机房建筑物屋顶 4.5m；如果是蒸发式冷凝器，排放口高于冷凝

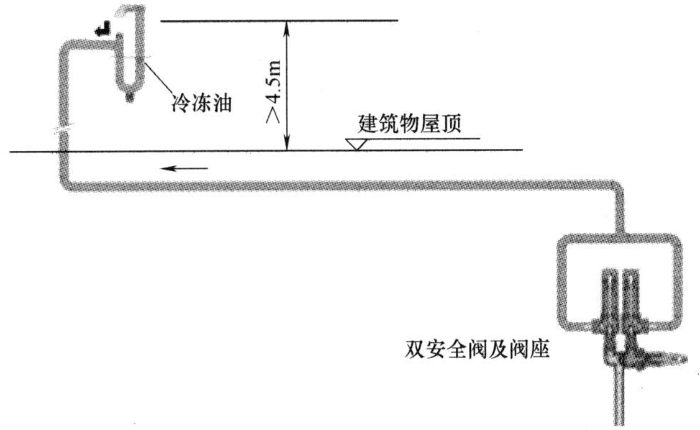

图 7-19　安全阀的管道连接与安装要求

器设备顶部2.2m。排放口前设置存油弯（存油弯内加入冷冻油）。

本章小结

本章介绍了关于管道阻力的一些基本计算方式以及管道和阀门的选型计算及应用，同时介绍了与管道、阀门相关的制冷量与压力降、温度损失以及它们之间的相互关系，系统管道液锤产生的原因与种类。从节能的角度分析：制冷系统管道尺寸的选择采用压力降的方法或经济分析的方法。传统教科书使用的管道阻力计算，很多情况下已经由选型软件计算替代。

一些技术人员喜欢在计算制冷系统效率时，采用压缩机选型软件参数中的COP作为系统的运行效率，其实这是两种概念，即压缩机的选型软件参数中的COP≠系统实际运行的COP。作为压缩机的选型软件参数中的COP，在实际运行中会有一些参数上的设置规定，例如，回气上的气体过热度（过热度的变化是受回气管上运行制冷剂的压力降、阀门与管道管径以及长度所造成的阻力损失、保温热量损失等的影响），这些损失会导致压缩机的运行蒸发温度降低，而这种降低会导致系统运行的COP降低。另外，供液温度的适度降低，会使压缩机运行时在数据上等同于对应的冷凝温度降低的效果（见管道按流速计算的过程，忽略压力损失的情况下），也就是提高了压缩机的运行COP。因此设立制冷系统每一段管道（如回气管段、热气管段等）的压力损失的限定值是很有必要。这就是本章所介绍内容的目的。

选型软件的计算基础和系统管道阀门的数据库，需要我们去收集和建立，这是我们今后要努力的方向。本章还介绍了相同功能的阀门不同场合的应用；同时提醒在二次节流供液时，阀门与自动控制阀门的选择特点和需要注意的地方，为整体制冷系统的实际计算选型打下了基础。同时，有四点需要强调：

1）在制冷系统中为了减少使用阀门时产生的阻力损失，如果能使用角阀，尽量使用角阀。

2）对于制冷系统的低压回气管段，以及重力供液系统的供液与回气管段，阀门与管道阻力损失的计算尤其重要。对于产生压力降比较大的制冷剂（卤代烃与二氧化碳），如果管道比较长、蒸发温度比较低（超过50m，低于-35℃），在选择管径时需要进行比较，必要时需采用压力降优先的选型办法。

3）制冷剂供液系统的过冷处理对于系统的节能非常关键，特别是采用卤代烃以及CO_2的系统。这种过冷有两种形式：一是没有发生压力变化的过冷，即带盘管的中间冷却器（或者是采用板式换热器）的供液过冷；二是发生压力变化的过冷，即采用闪发式经济器（或者不带盘管的中间冷却器）过冷供液。

4）供液管道的液锤出现以及产生的原因。特别是融霜排液管道的选择与处理是避免液锤产生的关键，同时也是安全生产的重要保证。在考虑如何节能选择管道直径时：重点是压降高于其他因素。

参考文献

[1] STOECKER W F. Industrial refrigeration handbook [M]. New York: McGraw-Hill Companies Inc., 1998.

[2] WILE D D. Refrigerant line sizing [J]. American society of heating, refrigerating, and air-conditioning engineers, 1977.

[3] WILE D D. Refrigerant line sizing [J]. ASHRAE transactions, 1982 (88): 117-126.

[4] Danfoss公司选型软件 [CP]. 2014.

[5] 商业部设计院. 冷库设计手册 [M]. 北京：中国农业出版社，1991.

[6] Hansen Technologies, Inc. Ammonia valve capacities and sizing [M]. Burr Ridge, Illinois: [s. n.], 1984.

[7] RICHARDS W V. Improved freezer operation using secondary circulating methods [C]//Proceedings of the 13th Annual Meeting of the International Institute of Ammonia Refrigeration. Washington, DC: IIAR, 1991.

[8] 丹佛斯应用手册 [Z]. 2015.

[9] LOYKO, L L, Condensation—induced hydraulic shock [C]//Proceedings of the 14th Annual Meeting of the International Institute of Ammonia Refrigeration. [S. l.]: IIAR 1992: 169-195.

[10] IIAR. Ammonia refrigeration piping handbook [M]. [S. l.]: [s. n.], 2014.

[11]　ASHRAE. 2014 Refrigeration handbook [M]. [S. l.]: [s. n.], 2014.
[12]　IIAR. The CO_2 handbook [M]. [S. l.]: [s. n.], 2018.
[13]　ASHRAE. Safety Code for Mechanical Refrigeration: ANSI/ASHRAE Standard 15-94 [M]. Atlanta, Georgia: ASHRAE, 1994.
[14]　Henry Valve Company. Safety relief devices for refrigerant pressure vessels [M]. Melrose Park, Illinois: [s. n.], 1975.
[15]　ASME. ANSI/ASME boiler and pressure vessel code [M]. New York: ASME, 1992.
[16]　PARANJPEY R. Ammonia refrigeration plant piping practices [R]. 2020.
[17]　IIAR. The refrigeration piping handbook [M]. [S. l.]: [s. n.], 2019.

第 8 章

容器的功能设计

8.1　我国容器的设计计算现状

工业制冷系统中使用的容器，特别在满液式供液系统中是非常重要的。由于目前新建的冷链物流冷库基本上选用螺杆压缩机，除了与这种压缩机配套的油分离器由生产厂家设计配套外，其余的容器一般是由设计人员根据系统的要求进行选型。

这些容器的内部功能看起来比较简单，容器内一般只有一些辅助的管件或者挡板，容器外部也只是配套一些阀门与安全阀。这看来似乎简单，但是它的理论根据是什么？系统设计时究竟需要配套多大的低压循环桶或者气液分离器？高压贮液器应该多大才合适？这些问题往往从厂家提供的选型手册上得不到准确的答案。

本书的第 3、4、7 章分别介绍了欧美国家的产品选型软件，在选型软件中每一个参数的变化都有对应的选型结果。即使在第 5 章的冷凝器，生产厂家也会根据不同的使用环境，不同的干球和湿球温度给出冷凝器不同的排热量。这是基础研究与实验数据相结合的结果。我国在压力容器方面一般不允许国外同类产品直接进入市场，而是需要经国内有相关资质的检验机构检验合格后，才允许使用。笔者发现这方面我国原来研究的计算方式已经明显落后于发达国家。因为这种制冷理论计算技术是不可以割裂的，不能只在设备选型时采用科学的选型软件，而在系统设计计算还采用陈旧的技术。

容器的科学计算：容器是否需要根据不同的制冷剂、制冷量、供液温度、蒸发温度、冷凝温度来设计计算和选择与系统相匹配的制冷量？答案是肯定的。表 8-1 列出了国外一家厂商生产的低压循环桶制冷量。氨系统不同容器的直径和不同的供液温度、蒸发温度、冷凝温度，产生不同的制冷量。国内一家著名的外资企业也有这种容器的选型软件，而且几乎囊括了我国目前使用的所有制冷剂。但是，他们提供的产品目录中，并没有标注这些容器的各种对应参数。

表 8-1　低压循环桶制冷量选型表

MRP 型立式低压循环桶制冷量(氨制冷)/RT										
型号	蒸发温度/℉									
	单级						双级			
	30	20	10	0	-10	-20	-20	-30	-40	-50
MRP-24V	147	135	120	107	93	82	96	82	70	59
MRP-30V	232	212	189	168	147	129	152	130	111	94
MRP-36V	333	305	271	242	211	185	218	187	159	135
MRP-42V	452	415	369	329	287	252	296	254	217	184

（续）

MRP 型立式低压循环桶制冷量(氨制冷)/RT										
型号	蒸发温度/°F									
	单级						双级			
	30	20	10	0	-10	-20	-20	-30	-40	-50
MRP-48V	590	541	481	429	374	326	387	331	283	240
MRP-54V	750	688	612	545	475	417	491	420	359	305
MRP-60V	925	848	754	672	586	514	606	519	443	376
MRP-72V	1339	1228	1092	974	848	745	877	751	642	544
MRP-84V	1819	1668	1484	1322	1115	1012	1191	1019	871	739
MRP-96V	2385	2187	1945	1734	1510	1326	1561	1336	1142	968
MRP-108V	3013	2764	2458	2190	1908	1675	1972	1688	1443	1223
MRP-120V	3715	3407	3030	2700	2350	2065	2431	2081	1779	1508
MRP-144V	5358	4914	4370	3894	3393	2978	3506	3002	2565	2174
MRP-24H	112	102	91	81	70	62	73	62	53	45
MRP-30H	187	171	152	136	118	104	122	104	89	75
MRP-36H	278	255	227	202	176	154	182	156	133	112
MRP-42H	386	354	315	281	245	215	253	217	185	157
MRP-48H	513	470	418	373	325	285	336	288	246	208
MRP-54H	693	636	565	504	439	386	454	389	332	282
MRP-60H	864	793	705	628	548	481	566	485	414	351
MRP-72H	1267	1162	1033	921	802	705	829	710	607	515
MRP-84H	1742	1598	1421	1266	1103	969	1140	976	834	707
MRP-96H	2297	2107	1874	1670	1455	1277	1503	1287	1100	933
MRP-108H	2924	2682	2385	2125	1852	1625	1914	1638	1400	1187
MRP-120H	3626	3326	2958	2636	2296	2016	2373	2032	1736	1472
MRP-144H	5264	4828	4293	3826	3334	2926	3445	2949	2520	2136

注：单级制冷量基于供液温度 96℉（35.6℃）；双级制冷量基于供液温度 25℉（-3.9℃）。

从表 8-1 可以看出，不同的制冷剂、制冷量、供液温度、蒸发温度、冷凝温度，具有不同的制冷参数。容器相同的直径（如 MRP-24V 或者 H，表示容器直径是 24in，V 代表立式、H 代表卧式）、相同的工况，立式与卧式的制冷量也有较大的差别。

根据笔者多年的设计应用体会，在冷链物流冷库使用的容器，可以简单地区分为两类：常温容器（如高压贮液器和热虹吸桶，也称为辅助贮液器）和分离容器（如低压循环桶、中间冷却器、气液分离器、集中闪发经济器）。这些分离容器其实是在不同温度下实现分离功能的同一类容器。由于排液桶主要用于融霜排液的贮液，而且只能手动操作，这种单一功能在国外已经由低压循环桶、闪发式集中经济器或者中间冷却器替代了。由于二次节流供液的出现以及板式换热器的使用，带盘管的中间冷却器的使用并不多。这是因为过冷液体不一定需要通过中间冷却器的盘管来获得，而是可以通过在中间冷却器直接节流或者使用板式换热器来获得，而且板式换热器的换热效果比盘管好。这种中间冷却器由于不需要冷却盘管，因此容器的贮液量较少。

低压循环桶与气液分离器的区别，只是前者的设备带有制冷剂泵，后者没有而已。对第一类常温容器的设计，现代的做法是把高压贮液器和热虹吸桶合二为一，这样既经济也节省了热虹吸桶的安装。分离容器则是根据蒸发工况从高温至低温的变化，把制冷剂液体分离的一种容器。在立式和卧式分离容器的设计中，两者的计算模式也有一些区别。

从以上分析可以发现，只要把立式和卧式分离容器的计算从高温到低温按顺序演算出来，整个分离容器的功能设计（所谓容器功能设计是指容器在系统中所扮演的分离原理设计，不包括容器的使用材料和厚度以及安全性的评估等）就可以全部完成。至于常温容器的热虹吸桶，本书的第3章已经介绍了它的原理和计算过程，因此可以说整个工业制冷系统所使用的主要容器的原理设计已经全部界定清楚。

8.2　容器体积的基本计算方法

容器体积的基本计算方法其实是数学计算在实际工程的一些具体应用。参考文献［1］《冷库制冷设计手册》中介绍了一种卧式贮罐内液体体积的计算方式。参考文献［3，4］介绍了一种更加简单的方法，下面介绍其基本计算过程。

首先把卧式容器液体体积系数用 $F_{\text{体积}}$ 表示，该液体体积在这个卧式容器内的高度系数（百分比）用 $F_{\text{高度}}$ 表示，它们之间的关系见表8-2。

表8-2　在卧式容器中液体体积系数 $F_{\text{体积}}$ 与对应的液体高度系数 $F_{\text{高度}}$ 的关系

$F_{\text{高度}}$	$F_{\text{体积}}$	$F_{\text{高度}}$	$F_{\text{体积}}$	$F_{\text{高度}}$	$F_{\text{体积}}$	$F_{\text{高度}}$	$F_{\text{体积}}$	$F_{\text{高度}}$	$F_{\text{体积}}$
0.01	0.0017	0.21	0.153	0.41	0.386	0.61	0.639	0.81	0.868
0.02	0.0048	0.22	0.163	0.42	0.399	0.62	0.651	0.82	0.878
0.03	0.0087	0.23	0.174	0.43	0.411	0.63	0.664	0.83	0.887
0.04	0.0134	0.24	0.184	0.44	0.424	0.64	0.676	0.84	0.897
0.05	0.0187	0.25	0.196	0.45	0.436	0.65	0.688	0.85	0.906
0.06	0.0245	0.26	0.207	0.46	0.449	0.66	0.700	0.86	0.915
0.07	0.0308	0.27	0.218	0.47	0.462	0.67	0.712	0.87	0.924
0.08	0.0375	0.28	0.229	0.48	0.474	0.68	0.724	0.88	0.932
0.09	0.0446	0.29	0.241	0.49	0.487	0.69	0.736	0.89	0.940
0.10	0.0520	0.30	0.252	0.50	0.500	0.70	0.748	0.90	0.948
0.11	0.0599	0.31	0.264	0.51	0.513	0.71	0.759	0.91	0.955
0.12	0.0680	0.32	0.276	0.52	0.525	0.72	0.771	0.92	0.963
0.13	0.0764	0.33	0.288	0.53	0.538	0.73	0.782	0.93	0.969
0.14	0.0851	0.34	0.300	0.54	0.551	0.74	0.793	0.94	0.976
0.15	0.0941	0.35	0.312	0.55	0.564	0.75	0.805	0.95	0.981
0.16	0.103	0.36	0.324	0.56	0.576	0.76	0.815	0.96	0.987
0.17	0.113	0.37	0.336	0.57	0.588	0.77	0.826	0.97	0.991
0.18	0.122	0.38	0.349	0.58	0.601	0.78	0.837	0.98	0.995
0.19	0.132	0.39	0.361	0.59	0.614	0.79	0.847	0.99	0.998
0.20	0.142	0.40	0.374	0.60	0.626	0.80	0.858	1.00	1.000

$F_{体积}$与$F_{高度}$的关系可以从图 8-1 所示的卧式容器的液体与气体体积开始分析。

一个半径为 r 的容器（图 8-1），容器的水平液面用 AC 表示。在图中液面上方的气体体积公式为

$$气体体积=\frac{r^2}{2}(\theta-\sin\theta)L \tag{8-1}$$

式中　θ——弧度（rad），θ 对应的弧度=(θ 度)÷57.3。

通常用$F_{体积}$表示液体的体积或者容器内液体体积所占的百分数。当用$F_{高度}$表示部分液体的高度系数时，$F_{高度}$与$F_{体积}$的关系是函数关系。$F_{体积}$是总体积减去气体体积再除以总的体积，那么

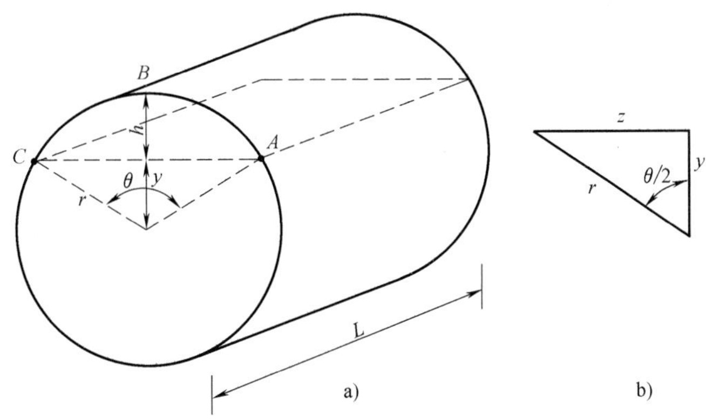

图 8-1　卧式容器中的部分液体容积

$$F_{体积}=\frac{\pi r^2-\frac{r^2}{2}(\theta-\sin\theta)}{\pi r^2}=1-\frac{1}{2\pi}(\theta-\sin\theta) \tag{8-2}$$

从图 8-1b 的三角形分析可以得出：

$$\frac{y}{r}=\cos\frac{\theta}{2}$$

因此

$$\theta=2\arccos\frac{y}{r} \tag{8-3}$$

由于

$$F_{高度}=\frac{y+r}{2r}=\frac{y}{2r}+\frac{1}{2}$$

则

$$\frac{y}{r}=2F_{高度}-1 \tag{8-4}$$

将式（8-4）代入式（8-3），计算出 θ，将 θ 代入式（8-2）计算出$F_{体积}$与$F_{高度}$的关系。

【例 8-1】　一个卧式圆柱容器直径 2m、长 5m，液体的高度系数为 60%，求液体占这个圆柱容器的容积为多少？

解：由于液体的高度系数为 60%，因此从式（8-4）可以得

$$\frac{y}{r}=2\times\frac{6}{10}-1=\frac{1}{5}$$

从式（8-3），可以计算出 θ 为

$$\theta=2\arccos\left(\frac{1}{5}\right)=156.9\div57.3\text{rad}=2.738\text{rad}$$

从式（8-2），最后计算出

$$F_{体积}=1-\frac{1}{2\pi}(2.738-\sin2.738)=0.626$$

这个数据与表8-2中的数据是一致的。

$$液体体积=(\pi r^2L)F_{体积}=9.833\text{m}^3$$

结论：表8-2的 $F_{体积}$ 数据全部是通过这种方式计算出来的。

另外，在容器计算时需要的是容器两边封头的部分容积计算，因为卧式容器在正常运行时，基本上是如图8-2所示的工作状况。

贮罐内液体在圆柱部分的体积可以用以下公式计算：

$$V_1=\frac{\pi d^2}{4}LF_{体积} \tag{8-5}$$

贮罐内液体在两端蝶形部分的体积可以用以下公式计算：

$$V_2=0.2155h^2(1.5d-h) \tag{8-6}$$

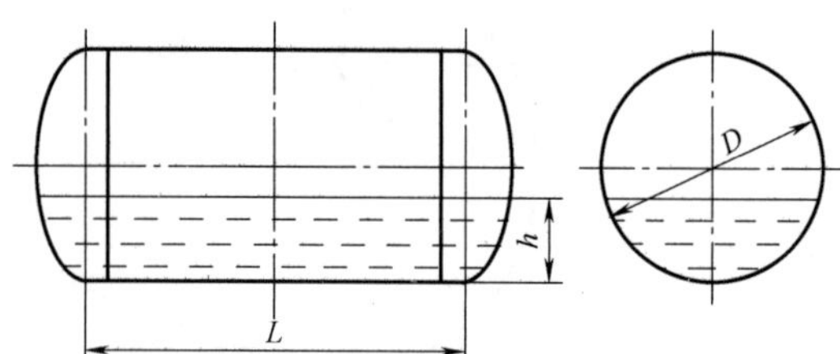

图8-2　卧式容器容积计算平、剖面图

贮罐内液体（短画线部分）总体积为

$$V=V_1+V_2 \tag{8-7}$$

式中　L——圆柱体长度；

d——圆柱体内径；

$F_{体积}$——体积系数，见表8-2；

h——贮罐内液体高度。

8.3　分离容器的分离计算原理

8.3.1　分离容器的分离概念

在制冷系统中，几乎所有的气液分离器都是依靠重力作用来沉淀液体或将液体从气体中分离出来（这就是所谓的重力分离器）。

制冷系统应用的气液分离原理，与化工系统应用的气液分离器的原理相似。但其内部结构比化工系统应用的简单一些，许多产品都没有带捕雾器（不锈钢网）、防冲击挡板或沉降内部构件（但是也有一些厂家会设置这些附件）。其计算方法与制冷剂的热力性能密切相关。另外，制冷系统容器中被笔者称为缓冲容积（surge volume）的计算参数，对应在化工系统中称为缓冲量；还有启动容积（ballast volumes），化工系统称为持液量，这些参数都有特定的计算方法。

在工业制冷满液式供液中，从蒸发器蒸发后的制冷剂是一种气液混合物。由于是过量供液，因此这些混合物既有已经蒸发的饱和气体，也有还没有蒸发的液体。通过湿回气管［为了区别不同的回气管，把回气管分成两种。从蒸发器到分离器之间的回气管把它称为湿回气管（wet return lines），分离器与压缩机之间的回气管称为干回气管（Dry suction line）］进入气液分离器，

分离器的作用主要是把还没有蒸发的液体分离出来。

如果回气管带液体严重，进入压缩机内，增加了压缩机损坏的风险。至少，带液会降低制冷系统的运行效率。为了保护压缩机，必须利用重力分离器的分离功能，去除大于本文所定义的临界直径的液滴。小于临界直径的液滴不一定会被重力分离器除去，但是，它们进入压缩机不会有任何不利影响。在制冷系统中，低压循环桶、中间冷却器、气液分离器、闪发式经济器都属于分离容器。

直到 20 世纪 90 年代初，制冷分离容器的理论还没有完全形成。通常以不同的蒸发温度对应气体流过分离容器的分离表面的速度作为分离速度。例如中间冷却器的分离速度（并没有规定是氨还是卤代烃）见表 8-3。

表 8-3　中间冷却器的分离速度

蒸发温度/℃	分离气体速度/(m/s)
-10	0.3
-20	0.4
-30	0.5
-40	0.7

油气分离原理最早是用于石油行业中的油气分离。气液分离容器（各种称为闪蒸器、分离器、压缩机吸入容器和压缩机入口容器）利用油气分离原理获得最大允许的气体分离速度。该原理涉及液滴的运动以及液滴在运动中的分离。

液滴运动规律在不同的雷诺数范围内可分为斯托克斯定律（Stokes 定律）、中间定律（Intermediate Law）和牛顿定律（Newton's Law）。各定律的沉降区域如图 8-3 所示。上述三大定律中，Stokes 定律是 1851 年由 George Gabriel Stokes 推导出的一个表达式，用于计算黏性流体中施加在雷诺数非常小的球形物体上的摩擦力（也称为阻力）。Stokes 定律是通过求解小雷诺数的 Navier-Stokes 方程的 Stokes 流动极限而导出的。

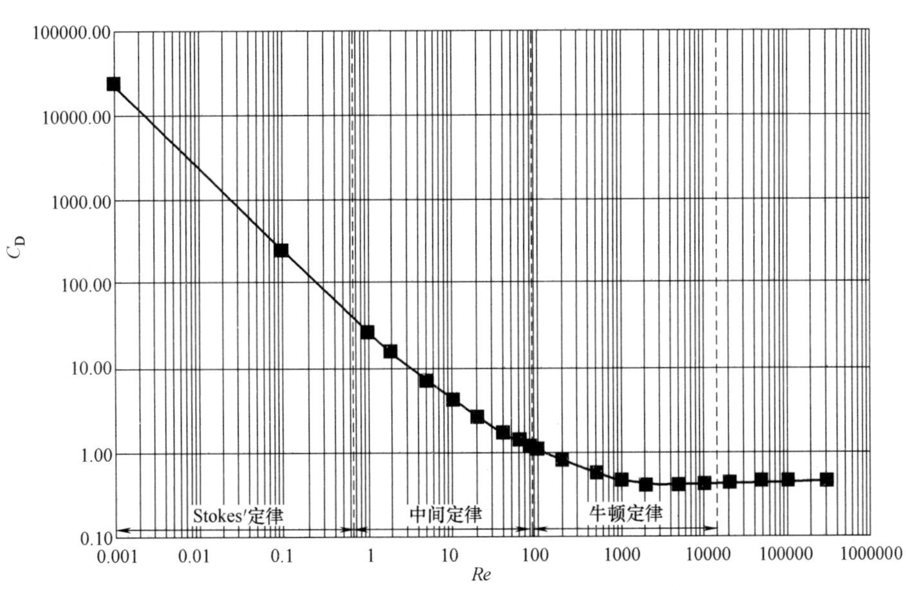

图 8-3　球形液滴的阻力系数 C_D 和雷诺数 Re 之间的关系

液滴三个沉降区的终端速度方程和三种分离定律使用范围见表8-4。

表8-4　液滴沉降规律区域的终端速度方程

液滴沉降定律	雷诺数 Re	终端速度方程
Stokes 定律	≤2	$v_t=\dfrac{gd^2(\rho_L-\rho_g)}{18\mu_g}$
中间定律	2~500	$v_t=\dfrac{0.1529g^{0.714}d^{1.142}(\rho_L-\rho_g)^{0.714}}{\rho_g^{0.286}\mu_g^{0.428}}$
牛顿定律	500~200000	$v_{max}=K_s\sqrt{\dfrac{\rho_L-\rho_g}{\rho_g}}$

注：1. 对于涉及气泡与液体分离的计算，方程式中的气体黏度（μ_g）替换为液体黏度。

2. 表中，v_t—液滴的终端速度（m/s）；g—重力加速度，9.81m/s²；d—液滴直径（m）；ρ_L—液体密度（kg/m³）；ρ_g—气体密度（kg/m³）；μ_g—气体黏度（μPa·s）；v_{max}—液滴的最大终端速度（m/s）；K_s—常数（所谓的尺寸参数）。

20世纪90年代末，美国的WilbertF. Stoecker教授在他的书中提出引用在石油提炼中的油气分离原理解释制冷系统中的分离理论，并将之应用在制冷系统的分离容器计算中。有关公式的分析，参数的计算，书中没有详细介绍。

在制冷过程中，制冷剂进入蒸发器制冷蒸发，还没有蒸发的液体进入分离器进行分离，通常分离计算是以什么形式和方法进行分析的？还没有蒸发的液体是通过湿回气管在容器内的出口（这个出口在国外资料上被称为喷嘴，英文为nozzle）进入容器的。从这个喷嘴出去的需要分离的液体，一般认为以液滴的形式出现。假设进入重力分离器的液体/气体混合物的液体部分完全分散，空隙率接近一致，且所关注的液滴都被认为是球形的。Grassmann（1982）和Prandtl等人（1990）认为，如果韦伯数（We）小于6（$We<6$），这个假设是合理的。韦伯数定义为

$$We=\rho_g u^2 d/\sigma \tag{8-8}$$

式中　We——韦伯数；

ρ_g——气体密度（kg/m³）；

u——相对速度（m/s）；

d——液滴直径（m）；

σ——表面张力（N/m）。

这些液滴一般分为两种，单一液滴（single droplet）与多个液滴（same-size droplets）。为了简化计算，在工业制冷计算中，只有单一液滴从气体分离的分析是有意义的。下面的计算基本上是围绕着单一液滴进行的。为了开发分离器的尺寸模型，必须做一些假设来简化问题。通过简化提供计算的基础和重力分离理论。

8.3.2　重力模型的基本原理和理论

根据参考文献［6］的介绍：在开发尺寸模型时，分析了单个液滴在气体中移动的轨迹。当球形物体（在这种情况下是液滴）在气体中自由下落时，有三个力作用其上（图8-4a）。

图8-2a中，F_D被定义为作用在液滴上垂直向上的力，是阻力（可以理解为压缩机在立式分离容器中的吸气作用力）。

$$F_D=1/2C_DA_{droplet}\rho_g v^2=1/2C_D(d^2\pi/4)\rho_g v^2 \tag{8-9}$$

式中　C_D——阻力系数；

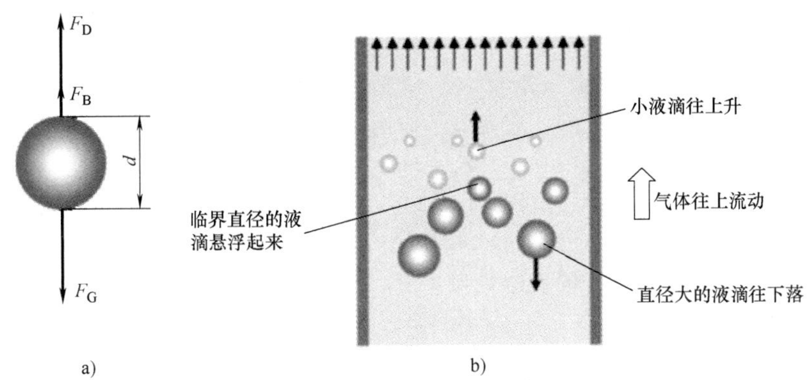

图 8-4　重力模型

a）作用在液滴上的力　b）在立式分离容器上液滴的分离过程

$A_{droplet}$——液滴的投影面积（m^2）；

ρ_g——蒸发气体密度（kg/m^3）；

v——相对速度（m/s）。

F_B 定义为浮力，即

$$F_B = m_{vapor}g = 1/6\pi d^3\rho_g g \tag{8-10}$$

式中　m_{vapor}——指定的气体空间内液滴质量用气体质量取代；

g——重力加速度 $g=9.81m/s^2$。

F_G 定义为在垂直向下的方向（正常运动的方向）作用的重力。

$$F_G = m_{drop}g = 1/6\pi d^3\rho_L g \tag{8-11}$$

式中　ρ_L——制冷剂液体密度（kg/m^3）。

当液滴不再加速时，它以稳定的速度下降，称为终端速度。在这个速度下，作用于液滴的所有力处于平衡状态，即阻力和浮力平衡重力，即

$$F_G = F_D + F_B \tag{8-12}$$

在式（8-9）中用 U_T 代替 v，把式（8-9）~式（8-11）代入到式（8-12）中，终端速度 U_T 可以定义为

$$U_T = \sqrt{\frac{4gd(\rho_L-\rho_g)}{3C_D\rho_g}} \tag{8-13}$$

式（8-13）是分离容器计算的主要方式。该公式的核心意义在于：分离液滴在分离容器中原来是自由落体运动，但是在压缩机吸气作用下，如果阻力和浮力平衡重力处于平衡状态，这种运动变成了匀速向下的运动。

在工业制冷范围内如何选择该公式中的各种参数？

首先讨论阻力系数 C_D 的确定。由黏性或摩擦阻力和压力形式构成的整体净阻力通常用阻力系数 C_D 表示，在式（8-9）和式（8-13）中体现了这种影响，液滴的阻力系数高度依赖于雷诺数，它的计算可用下式表示：

$$Re = \frac{vd\rho_g}{\mu_g} \tag{8-14}$$

式中　Re——雷诺数；

v——相对速度（m/s）；

μ_g——气体的黏度。

在非常低的气流速度和雷诺数（$Re<0.1$）情况下，流型是层流的，在液滴上的阻力主要是黏性。在这个区域，适用 Stoke 定律，它定义了作用在液滴球体上的阻力为

$$F_D = 3\pi\mu_g vd \tag{8-15}$$

将式（8-15）的 F_D 代入式（8-9），应用式（8-14）的雷诺数公式，定义层流的阻力系数为

$$C_D = 24/Re, 当\ Re<0.1 \tag{8-16}$$

在这个范围内的终端速度 U_T 的表达式为

$$U_T = \frac{gd^2(\rho_L-\rho_g)}{18\mu_g}, 当\ Re<0.1 \tag{8-17}$$

在 $2\leqslant Re\leqslant 500$ 状态下的阻力系数为

$$C_D = \frac{18.5}{Re^{0.6}} \tag{8-18}$$

当 $Re>500$ 时，Brown 和 Lawler 先生在 2003 年提出 $Re\leqslant 2\times10^5$ 状态下的阻力系数为

$$C_D = \frac{24}{Re}(1+0.150Re^{0.681}) + \frac{0.407}{1+\frac{8710}{Re}} \tag{8-19}$$

Gerhart 先生在 1985 年提出：

$$C_D = \frac{24}{Re} + \frac{6}{1+\sqrt{Re}} + 0.4, Re\leqslant 2\times10^5 \tag{8-20}$$

以上雷诺数与阻力系数的关系在图上又是如何表示的？根据不同的雷诺数范围，把数据输入以上的公式，得出图 8-5 所示的一条近似斜的圆弧曲线，其特点是雷诺数越大，阻力系数越小。

图 8-5 给出了 $1\leqslant Re\leqslant 30$ 范围的阻力系数计算，即

$$C_D = \frac{23.2}{Re^{0.792}} \tag{8-21}$$

而在 $Re<2$ 时

$$C_D = \frac{24}{Re} = \frac{24\mu_g}{dV_t\rho_g} \tag{8-22}$$

另外式（8-13）又可以变为

$$\sqrt{\frac{4gd(\rho_L-\rho_g)}{3C_D\rho_g}} = \sqrt{\left(\frac{4gd}{3C_D}\right)}\sqrt{\left(\frac{\rho_L-\rho_g}{\rho_g}\right)}$$

令

$$\sqrt{\left(\frac{4gd}{3C_D}\right)} = K_s$$

式（8-13）变成牛顿定律，可获得防止夹带液体的最大气体速度为

$$v_{max} = K_s\sqrt{\frac{\rho_L-\rho_g}{\rho_g}} \tag{8-23}$$

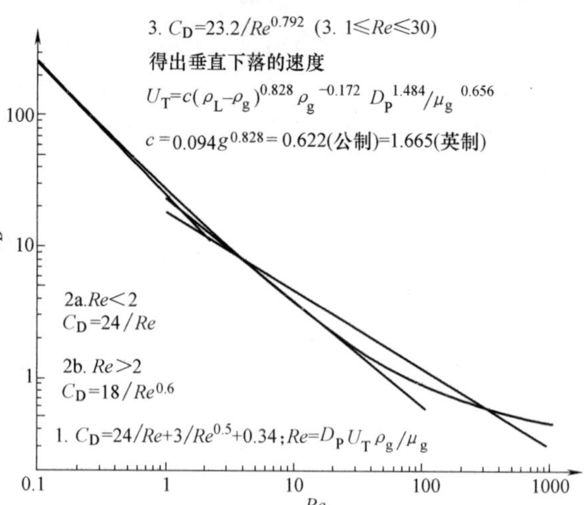

图 8-5　阻力系数与雷诺数的关系

（图中液滴直径 $D_P=152\times10^{-6}$m）

根据 API（American Petroleum Institute，美国石油协会）12 期介绍，建议立式和卧式气液分

离器的 K_S 值范围见表 8-5。

从表 8-5 可以看出，这种计算数据是建立于：立式容器高度 1.52m 以及 3.05m；卧式容器长度 3.05m。因此不难理解，美国厂家生产的卧式低压循环桶（不考虑直径）的有效长度都控制在 3m 左右。

由于制冷剂的一些特殊性，通常在计算时是采用式（8-13）进行计算。

为了计算方便，表 8-6 列举了几种主要的制冷剂在不同温度下的气体与液体的黏度。

表 8-5　API12J 推荐的垂直和水平分离器 K_S 值范围（部分数据）

分离容器形式	分离容器的高度或者长度/m	K_S/(m/s)
立式	1.52	0.037~0.073
	3.05	0.55~0.107
卧式	3.05	0.122~0.152

表 8-6　几种主要制冷剂对应蒸发温度下的黏度

蒸发温度/℃	氨液体黏度/μPa·s	氨气体黏度/μPa·s	R22 液体黏度/μPa·s	R22 液体黏度/μPa·s	CO_2 液体黏度/μPa·s	CO_2 气体黏度/μPa·s
-40	281.24	7.8588	341.97	9.7298	193.75	11.869
-35	265.31	7.9752	321.59	9.9321	178.33	12.161
-30	244.07	8.1516	302.89	10.134	164.22	12.464
-25	228.45	8.3000	285.66	10.336	151.26	12.781
-20	214.41	8.4495	269.71	10.538	139.33	13.115
-15	201.73	8.5999	254.89	10.741	128.29	13.474
-10	190.22	8.7511	241.06	10.946	118.02	13.863
-5	179.72	8.9031	228.13	11.153	108.42	14.295
0	170.09	9.0558	215.98	11.363	99.394	14.786
5	161.23	9.2094	204.53	11.578	90.816	15.361
10	153.03	9.3638	193.71	11.798	82.557	16.059

注：R507、R404 在工程计算中可以参考 R22 的对应黏度值；C_D 值与液滴的运行速度有关。

为什么制冷系统的容器分离要采用式（8-13）进行计算？在式（8-13）中，有两个参数能体现每种制冷剂的特性。

由于式（8-13）是属于一种引入式理论公式（由石油的分离公式引入），因此参数的定义通常由生产设备厂家根据他们产品的特点与测试参数来确定。

首先是制冷剂液滴直径 d 的选择。

在制冷剂液滴的临界直径究竟是多少才合理的讨论中，参考文献［9］Lorentzen 先生的观点为欧洲采用，其主要使用的终端速度和分离速度在 0.5~1m/s 之间。在-40℃的氨制冷系统，对应于 0.25mm 的液滴直径可以使用更高的速度推荐值。在 0℃液滴直径为 0.25mm 时，推荐的速度是 0.3m/s。参考文献［10］支持参考文献［11］的建议，氨和氟氯碳化合物（卤代烃）的液滴直径不应超过 0.2mm。图 8-6 显示了氨和 R22、R134a、R507 的几种液滴尺寸的分离速度。在氨采用较高的分离速度时，设计人员需要考虑设备内部结构的特性以减轻带液的问题。但是这些数据都是这种理论早期的结论，而从最新的设备选型数据来分析，已经有了比较大的改变。本章的后部分会进一步讨论。

图 8-6 所示数据曲线引发了一个问题：为什么下降液滴的直径，氨比 R22 大得多？真正需要解决的问题是液滴直径小于某个值时，容器中的液滴是否被带走。液滴在干回气管的蒸发能力，以及在压缩机吸气口部分的蒸发能力是决定性因素。那么，氨比 R22 更容易蒸发吗？答案是肯定的。氨的液体密度是 R22 的一半，因此在直径相同时，液氨质量只有 R22 的一半。液氨的导热系数是液体 R22 的 5 倍，所以热量在液氨表面更容易流动。但另一方面，氨的潜热是 R22 的 5 倍，所有这些额外的热量必须通过液滴表面的对流传热系数进行流动，氨和 R22 对流传热系数应该大致相同。其他的卤代烃工质，如 R507、R404a、R134 在热力性能方面与 R22 接近，因此在选择临界液滴直径时可以参考 R22 的数据。

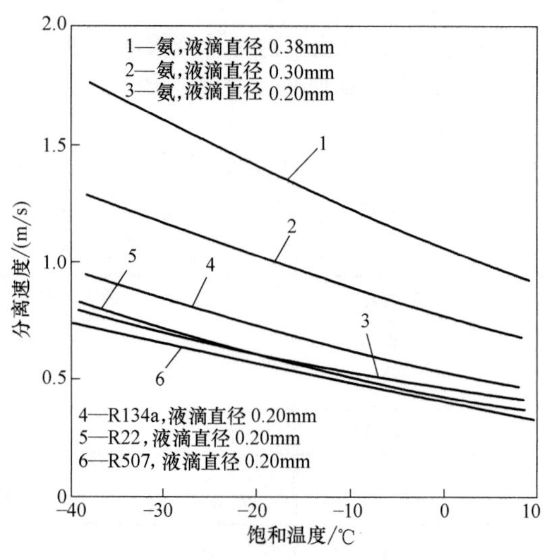

图 8-6　不同制冷剂液体/气体最大分离速度的液滴分离直径

以上关于分离液滴直径的选择，国外学者们是从 20 世纪 60 年代开始讨论和研究的，经过三十多年的测试与实践评估，又有了新的结论。笔者从 21 世纪初开始研究国外在这方面研究的软件数据以及软件的升级时间，升级过程中的数据变化等。通过几次的升级与数据修改，参考表 8-1 低压循环桶的制冷量，笔者的计算结果介绍如下。

需要分离的液滴直径 d，是根据以上介绍各种制冷剂的热力性质来确定的笔者根据表 8-1 以及相关的数据研究，得出的结果是：氨的分离液滴直径 $d=0.003$m，卤代烃 $d=0.002$m，二氧化碳 $d=0.001$mm。在这些制冷剂中还有一种特性是：气液密度比（相同温度下制冷剂液体密度与气体密度的比值），比值越大表示制冷剂的液滴越容易分离。在这三种制冷剂中，氨的比值最大，二氧化碳最小，卤代烃在中间，因此这样划分液滴的直径更符合制冷系统的特点。

当然，分离的液滴直径 d 的大小也有其他选择，例如参考文献［7］，把液滴的直径全部选择为 0.00152mm。

另外一个参数若是按制冷剂的气体与液体的密度进行计算，这意味着蒸发温度越低，气体与液体的密度越大，气体分离的速度可以更高。

式（8-13）还有一个参数需要在实际工程上选择，即阻力系数 C_D。

首先分析制冷剂的液滴计算雷诺数 Re 处于哪一个区间。以氨制冷剂为例，蒸发温度为 −30℃时，附录七查得氨的比体积，换算可知氨的气体密度 1.039kg/m^3，液体密度 677kg/m^3。查表 8-5，氨的气体黏度 $\mu_g=0.000081516$Pa · s，按表 8-3 的蒸发温度 −30℃时的允许速度 0.5m/s（注：允许速度 0.5m/s 只是用于分析雷诺数 Re 处于哪一个区间），代入式（8-14），即

$$Re=\frac{vd\rho_g}{\mu_g}=\frac{0.5\times0.003\times1.039}{0.000081516}=19.119$$

$2\leqslant Re\leqslant500$，此状态下的阻力系数采用式（8-18）进行计算，即

$$C_D\approx\frac{18.5}{Re^{0.6}}=\frac{18.5}{19.119^{0.6}}\approx3.150$$

阻力系数 C_D 的选择，一般有两种方式：

1）按实际发生的蒸发温度对应的阻力系数代入。在式（8-13）中，气流速度 U_t 与阻力系数 C_D 之间是一个相互变化的关系。参考文献［7］的计算应该就是这种选择应用。由于理论与现场实际采用的不同制冷剂、不同工况而出现的结果可能会有相当大的差距，因此在工程上更多采取下面的计算方式。

2）工程选型计算。因为分离过程蒸发温度也在发生变化，那么既可以取蒸发温度对应的阻力系数，也可以取一个代表值。这个代表值如何取？

笔者分析了表 8-1 的数据以及国外一些著名的工程应用软件，并对软件的数据进行了推算。其实在应用式（8-13）以前，欧美国家在这个行业中已经有了一些基本的分离速度要求，根据运行数据以及对数据的分析，得出的大致结果如下：

按参考文献［3］的设备选型数据，首先以氨为例，在实际使用时蒸发温度一般在-45~10℃之间，阻力系数选择数值约为 28.8~29 之间；卤代烃以 R22 为参考，一般取数值约为 19.2~19.3 之间；二氧化碳，一般取数值约为 31.9~32.2 之间（注：笔者曾经在北京、福建等工程中采用参考文献［3］类似结构的气液分离器分别用氨和卤代烃做过一些测试，蒸发温度从-40~-5℃范围，结果发现这些数据有相当的准确性，略有余量）。不管是氨、卤代烃或者二氧化碳，这样选取的阻力系数代表值的优点在于不需要对每个温度对应的阻力系数值都进行修正。以上是通过数据分析得出的结论。虽然这个阻力系数 C_D 与理论计算有一定的差别，但是工程数据的应用是一种理论与实践相结合的产物，而且这种计算结果也是经过多年实践、不断修正所得出的结果（笔者经过多年的软件数据跟踪与实践，这些数据也是经过多次的修正）。不同的容器的内部结构可以得出不同的阻力系数，生产厂家应该按自己生产的产品通过测试平台做出相应的数据库，从而能协助用户在计算选型时选择合适的产品。在以下的计算选型计算中，笔者均以这种计算数据为计算基础。

式（8-13）的阻力系数计算只是限于分离容器内没有设置滤网、滤芯（这种设置目的是将小尺寸直径的液滴聚合成大尺寸直径的液滴，这样达到容易分离的目的）的分离速度计算。如果设置了有捕雾器等装置的，需要根据测试数据结果来定义阻力系数。

下面讨论分离单个液滴的尺寸。应用于立式分离容器中，临界尺寸的单个液滴将以等于 U_T 的气体速度停留在悬浮液中（图 8-4b）。尺寸大于临界液滴直径的液滴沉淀下来，较小的液滴被（压缩机吸气）气体气流夹带。如果从分离器设计得到的 U_T 值足够低，这些液滴通常在干回气管和压缩机的入口中蒸发；或者足够小到对压缩机没有损害，对压缩机的影响也可以忽略不计。

这种液滴的直径定义为某种制冷剂的计算分离的液滴临界直径。在制冷系统中随着温度的下降，同样直径的制冷剂液滴的质量会增大（温度越低，制冷剂的密度越大），液滴的上升速度也可以加大。也就是分离的速度可以提高，分离的能力也就增大了。这就是为什么分离的能力会随着蒸发温度的下降而发生变化。

上述模型是假定液滴落在相对停滞的气体中。假设观察者以与液滴相同的速度进行观察，可以看到液滴是静止的，并且气体将以终端速度的恒定速度移动。在分离器中，临界尺寸的单个液滴，将以 U_T 的气体速度停留在悬浮液中（图 8-4b）。尺寸大于临界直径的液滴落下来，直径较小的液滴被气体气流夹带而上升。

如何计算允许的最大蒸发气体速度？在立式分离容器中，蒸发气体速度 U_g 处于垂直向上的方向，液滴终端速度 U_T 在垂直向下的方向（图 8-4b）。相对速度 $U_{T,V}$ 是液滴的终端速度和蒸发气体速度 U_g 之差。即

$$U_{T,V}=U_T(d)-U_g \tag{8-24}$$

式中　$U_T(d)$——指定的临界液滴直径终端速度（m/s）。

当临界直径的液滴停留时（悬浮），相对速度变为零（$U_{T,V}=0$），即

$$U_g = U_T(d) \tag{8-25}$$

这时 $U_T(d)$ 的速度称为 $U_{g,max}$，是立式分离容器中允许的最大蒸发气体（吸气）速度。

以上的计算是基于单一液滴模型，是立式分离容器的理论与实验相结合的一种计算方式。还有另一种计算方式，这种计算不以液滴大小为基础，通常称为夹带方法（entrainment method）。这种方法源自化工行业的估计分馏塔效率（fractionating column efficiencies），后来用于确定釜式蒸发器（kettle-type evaporators）中的分离空间。与计算基于液滴直径的允许最大蒸发气体速度的方法类似，夹带方法来自纯理论分析，然后与经验拟合。这种计算方法的特点是：对于任何给定的蒸发温度，夹带值或允许进入的数据都是恒定的，且仅随分离距离254mm、610mm和914mm的变化而变化。ASHRAE制冷手册已经很少使用夹带方法中提出的表格和方法。表8-6就是这种方法的计算模式。

ASHRAE曾经提出制冷剂临界液滴大小和最大垂直分离距离。然而，表8-6的数据没有提供详细的分析或实验方法，参考文献［5，8］建议在使用该表的参数时，需要乘以安全系数0.75，这个安全系数涉及“荷载的波动和脉动流”。从表8-7中的数据可以发现，氨在-40℃蒸发温度时，临界液滴直径达到0.00044m，温度越低，液滴直径越大。这么大的液滴直径是不可以接受的，与行业实践和经验数据相矛盾。现在已经很少有生产厂家与设计人员会采用这种方法。

表8-7　氨制冷剂在立式分离容器中临界液滴直径大小和最大垂直分离距离的气体速度

垂直分离距离/mm	速度和直径	蒸发温度				
		10℃	-6.67℃	-23.33℃	-40℃	-56.67℃
254	速度/(m/s)	0.15	0.21	0.31	0.48	0.80
	液滴直径/μm	81	92	104	122	147
610	速度/(m/s)	0.64	0.87	1.3	2	3.3
	液滴直径/μm	296	317	355	405	472
914	速度/(m/s)	0.71	0.99	1.4	2.2	3.5
	液滴直径/μm	334	364	398	444	508

式（8-13）中的其他参数可以在制冷剂的热力性能数据表中查出的（见附录表），因此就可以进行立式或者卧式分离容器的分离速度计算了。

8.3.3　立式分离容器的实际工程计算

在设计立式容器时，容器内部结构设计做一些限制（包括分离距离、进气口与出气口和进液口的布置等），使在液滴分离状态下尽可能保持在公式应用范围内。如果立式分离容器在内部结构设置在公式应用范围内，那么该公式就是理论公式。不管分离容器的直径多大，蒸发温度是多少，都能找到它存在的理论根据。因此，研究分离容器内部的结构分布和设计，是建立分离容器计算数据模型的基础。模型建立了，软件就自然可以使用了。表8-1中的设计应该就是这种模式。每个规模比较大的公司，都有自己的计算模式。

为了工程选型方便，压缩机、冷风机（蒸发器）等生产厂家都会根据自己产品的特点、蒸发温度、冷凝温度等，制作出方便工程使用的选型软件。而这些分离容器，由于已知蒸发温度和供液温度，分离气体通过的面积，以及允许通过的最大分离速度，同样可以按压缩机、冷风机的方式，根据容器的直径、蒸发温度以及供液温度编制成工程所需的选型软件。那么这些软件是如

何编制的？

首先在选型计算上与系统对接，利用式（8-13），设定所计算的蒸发温度，也就是知道了这种制冷剂在该温度下的气体密度与液体密度。设计者根据容器的内部结构，定义在容器内产生分离时的气流状态，也就是制定阻力系数 C_D。根据不同的制冷剂性质（氨、卤代烃或者二氧化碳），定义允许分离的液滴直径，求出立式分离容器的最大分离速度（max velocity）。有了分离速度，同时知道分离容器的截面面积，也就可以求出质量流量。制冷剂在指定蒸发温度下的质量流量可以通过软件计算得出。这样该容器在指定蒸发温度、供液温度下的某种制冷剂的最大制冷量（max capacity）就可以计算出来。

在编制计算软件时，制冷剂的供液温度对分离容器的制冷量有相当大的影响，本书在第 2 章讨论过。原因是供液温度下降使焓差增大，制冷量自然也就增大了。

对于制冷剂液滴的分离速度的控制，即对式（8-13）的理解，每个工程商或者生产厂家都有自己不同的看法。因此在选择阻力系数以及分离液滴直径上也有不同的选择。以氨制冷系统为例，从数据上分析：在蒸发温度-40℃，冷凝温度 35℃的工况下的立式分离器上，欧洲某厂家所选择的分离速度是美国某厂家的 3 倍。这么高的分离速度，应该是容器内设置了专门的去除液滴的滤网与滤芯。

8.3.4　立式分离容器的产品数据设计

立式分离容器在工业制冷范围使用的产品主要有：气液分离器（立式）、闪发经济器、中间冷却器、立式低压循环桶。这些容器的相同点是在相同的制冷剂和蒸发温度下有相同的分离速度；不同的是使用立式低压循环桶需要同时具备系统的循环量计算，使用闪发经济器、中间冷却器需要对下游设备或容器的供液量进行计算。在收集这些生产厂家产品数据的基础上，笔者进行了不同工况和内部结构的比较，发现这些厂家的计算数据虽然各有不同，但是计算模式几乎是一致的。笔者根据这些特点，总结开发出适用于目前制冷工程的不同工况分离容器制冷量的选型软件。

这个选型软件的理论依据是：由于制冷剂热力性能不同，氨制冷剂与卤代烃制冷剂的临界分离液滴直径是不同的，设置分离容器内部结构阻力系数 C_D 有特定的值。这种内部结构设置需要保证容器分离过程中重力、浮力和阻力的相互作用没有其他的干扰源，例如分离容器的高压供液的进液位置设置不合理（这种理论计算是建立在三种合力平衡的基础上的，高压供液节流后产生的闪发气体会使分离空间的气体扰动，后面介绍的做法是解决这种干扰源的一种比较合理的方法）。制冷剂在不同温度下有不同的黏度，但由于在冷链物流冷库的温度范围内黏度的变化不大，故把氨和卤代烃以及 CO_2 的这个黏度设定为三种不同的常量，剩下的事情就是根据不同的蒸发温度和供液温度输入制冷剂的各种参数。整个分离容器的制冷量计算所需要的数据就满足了。

这种计算建立在以下公式的基础上：

容器分离的理论制冷量为

$$Q = W_m(\rho_g - \rho_L) \tag{8-26}$$

式中　W_m——蒸发温度下的分离气体质量流量；

ρ_g——蒸发温度下分离气体的焓值；

ρ_L——供液温度下液体的焓值。

这里笔者用自己的理解去计算参考文献［2，3］的分离容器的制冷量。

【例 8-2】 容器直径为 1.5m 的氨用立式气液分离器供液温度为+35℃，求蒸发温度为-28℃时的分离能力（制冷量）。如果改用经过二次节流，氨供液温度为-5℃，按工程选型计算制冷量又会增加多少？

解： 首先查附录七：氨在-28℃时的气体密度是 1.137kg/m³，液体密度是 675kg/m³，气体焓值是 1425.36kJ/kg，气体比体积为 0.879m³/kg，+35℃的液体焓值是 362.58kJ/kg，-5℃的液体焓值是 177.21kJ/kg。

假设需要分离氨的液滴直径为 0.003m，应用式（8-13），即

$$U_T=\sqrt{\frac{4gd(\rho_1-\rho_g)}{3C_D\rho_g}}$$

这里选取 $C_D=29$（按工程选型数据计算）进行计算，得

$$U_T=\sqrt{\frac{4\times9.81\times0.003\times(675-1.137)}{3\times1.137\times29}}\text{m/s}=0.896\text{m/s}$$

在直径 1.5m 的容器中，可以当作制冷剂气体在立式管道中流动，计算出

$$\text{气体流量}=\text{容器截面面积}\times\text{分离速度}=(0.785\times1.5^2\times0.896)\text{m}^3/\text{s}=1.582\text{m}^3/\text{s}$$

转化为质量流量是

$$(1.582\div0.879)\text{kg/s}=1.8\text{kg/s}$$

应用式（8-26），即

$$\begin{aligned}\text{制冷量 }Q&=\text{质量流量}\times(\text{制冷剂回气的气体焓值}-\text{供液的液体焓值})\\&=1.8\times(1425.36-362.58)\text{kW}=1913\text{kW}\end{aligned}$$

改为-5℃供液，制冷量为

$$Q=1.8\times(1425.36-177.21)\text{kW}=2246.7\text{kW}$$

较低供液温度与常温供液相比，这个立式循环桶提高了多少效率呢？答：比较的结果是

$$[(2246.7-1913)/1913]\times100\%=17.44\%$$

现在再进行另一种比较，同样直径的容器，如果采用卤代烃制冷剂，比如 R507，查附录五，在-28℃时的气体密度是 12.228kg/m³，液体密度是 1256.28kg/m³，气体焓值是 351.39kJ/kg，气体比体积是 0.08178m³/kg，+35℃的液体焓值是 244.81kJ/kg，-5℃的液体焓值是 193.88kJ/kg。

这里将 C_D 取为 19（按工程选型数据计算），代入式（8-13），即

$$U_T=\sqrt{\frac{4gd(\rho_1-\rho_g)}{3C_D\rho_g}}=\sqrt{\frac{4\times9.81\times0.002\times(1256.28-12.228)}{3\times12.228\times19}}\text{m/s}=0.3743\text{m/s}$$

$$\text{气体流量}=\text{容器截面面积}\times\text{分离速度}=0.785\times1.5^2\times0.3743\text{m}^3/\text{s}=0.661\text{m}^3/\text{s}$$

转化为质量流量：

$$0.661\div0.08178\text{kg/s}=8.083\text{kg/s}$$

应用式（8-26），即

$$\begin{aligned}\text{制冷量}\quad Q&=\text{质量流量}\times(\text{制冷剂回气的气体焓值}-\text{供液的液体焓值})\\&=8.083\times(351.39-244.81)\text{kW}=861.49\text{kW}\end{aligned}$$

改为-5℃供液，制冷量为

$$Q=8.083\times(351.39-193.88)\text{kW}=1273.15\text{kW}$$

R507 较低供液温度与常温供液相比，这个立式循环桶提高了多少效率？比较的结果是

$$[(1273.15-861.49)/861.49]\times100\%=48\%$$

比较这两种制冷剂的供液温度后可以得出以下结论：

分离容器的供液温度控制，是制冷系统节能的一个重要手段。供液温度越低，节能效率越高。如何达到供液温度低？二次节流供液是比其他供液方法更有优势的手段。而制冷剂在节能方面的比较，氨的优势在蒸发压力 0bar 以上（表压）压缩机的 COP 比较高，而卤代烃的优势在于二次节流（焓差大），图 2-12 所示节能百分比就是通过这种计算绘制出来的。图 8-7 是选用一个外资品牌压缩机（型号为 OSN8591-K，冷凝温度为 35℃，采用补气冷却）的选型软件数据做出的比较：蒸发温度从 −10℃ 至 −41℃，用氨与 R22 进行比较。从图 8-7 中的数据可以看出，当氨系统运行到接近 0bar（表压）时，其效率（COP）就开始低于 R22。用 R507 与氨相比，也有类似的结果。如果两种制冷剂在系统设计上都比较合理，运行效率相差不大，压缩机在正常范围的蒸发压力下（在 0bar 以上，表压），在相同的工况下制冷剂密度小的能耗会比密度大的少一些。

当然，每个品牌的压缩机根据不同制冷剂不同的工况得出的结果不完全相同。但是，选用压缩机软件做出的结果有类似的趋势，因此，以上的推算的结论是成立。

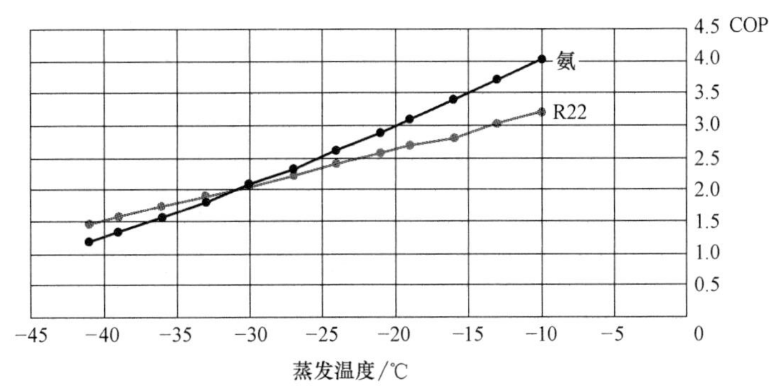

图 8-7　氨与 R22 在相同的压缩机上运行的 COP 值比较

（选用的压缩机型号为 OSN8591-K，冷凝温度为 35℃，采用补气冷却）

以上的计算基于容器内部没有任何管道与其他组件阻隔。各种立式分离容器，容器内不可能完全没有其他管道和组件截面的阻隔。例如，中间冷却器，进入容器的排气管的截面与挡板，就减少了气体流过容器的截面面积。不同的立式分离容器即使直径与蒸发温度相同，但是由于容器内部的布置不同，分离能力是有一些差别的，但是差别不是很大。

还是以上述例子为例，在直径 1.5m 的氨分离容器中，供液温度为 +35℃，蒸发温度为 −28℃时，如果容器内液面以上的横截面中管件、挡板等约占据了 0.075m^2（容器内与上升气流成 90°的截面积），那么这台容器的实际制冷量是多少？

答：制冷量 $Q_1=[(1.5^2\times0.785-0.075)/(1.5^2\times0.785)]\times1913\text{kW}=1831\text{kW}$

对于其他工质的制冷剂，如卤代烃、二氧化碳等，也可以用以上的方法计算，只不过需要分离的制冷剂液滴直径与阻力系数不同而已。

如果在实际使用中要采用类似例 8-2 的相关数据进行计算，前提是：使用容器的内部尺寸应该按参考文献［2］对应的容器尺寸的内部结构中分离高度以及分离距离的尺寸要求。如果容器的高度或者长度需要增加时，分离高度与距离尺寸只能大于或者等于对应容器的高度与距离，而不能小于。

8.3.5　立式低压循环桶的设计

立式低压循环桶构造比例在参考文献［6］中的表示如图 8-8 所示，但具体到各个容器厂家的产品则有所差别。它具有立式分离容器的功能，同时也有贮存一定容积的液体通过泵给蒸发器供液的作用。

要满足这两种功能，笔者认为有两个参数是选择这种容器的基本要求。第一是容器的理论分离指标，即选择的系统蒸发气体进入容器的实际分离速度要低于容器中的垂直最大分离速度，也就是式（8-13）。第二个指标是容器实际容积量的物理指标，即在满足分离空间后容器能容纳多少液体，而这些液体是否满足所选择的系统蒸发器实现循环。

那么这个物理指标由哪些内容构成？如图 8-8 所示，立式低压循环桶内部空间主要由以下部分构成（从容器上部到下部）：分离空间、缓冲容积、启动容积和泵压头容积（也称为最低液位容积）。

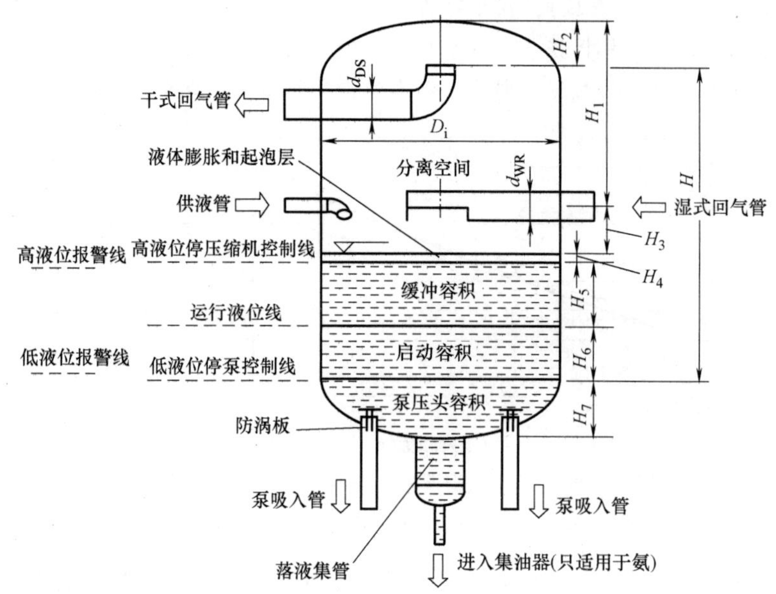

图 8-8　立式低压循环桶内部空间示意图

（各种代号尺寸在下面详细解析，供液管的设计也可以参考图 8-11 的做法）

1. 分离空间

分离空间，也就是报警液位线以上的用于分离蒸发气体的空间。对于立式低压循环桶有一个要求，即报警液位线至干回气管的出口位置垂直距离不能少于 350mm。在这个空间内还有干回气管与湿回气管以及供液管的布置，这些管的布置在设计上还有一些要求，具体将在后面介绍。另外有些还可能有利于分离液滴的挡板或者不锈钢网（含滤网，目的是把小的液滴经过滤网后聚合成直径比较大的液滴，容易分离），这些就不详细介绍了。

2. 启动容积

启动容积（ballast volume），在化工行业称为持液量。在图 8-8 所示容器中，用 H_6 表示启动容积的高度，即 OPL 线（运行液位线）以下与低液位容积以上的这部分容积。在不同的立式分离容器中，启动容积表现的形式不同。

低压循环桶中的启动容积，笔者的理解是：由于满液式供液是一种过量供液，比如循环倍率是 3，从低压循环桶供液到蒸发器所需要的供液量是 3 倍，而蒸发器只是需要 1 倍（以静态的眼光去分析，因为蒸发量是随着降温负荷的减少而逐渐减少）。在循环泵启动时，从循环桶抽走的

3 倍量的液体，而贮液桶补充到循环桶的液体只有 1 倍，这样在正常液面下的容器内液体会逐渐下降。这些超量液体把蒸发器的管内容积全部灌满，直到湿回气管内占一定百分比的液体回流到循环桶，形成真正的液体循环，而循环桶内的液面不至于到低液位报警线而使泵停止，满足上述运行要求的容积量就称为启动容积。因此，笔者在这里根据它的作用把它称为启动容积。即

$$V_{\text{Ballast}}=V_{\text{e}}a+V_{\text{w}}b \tag{8-27}$$

式中　V_{Ballast}——启动容积（L）；

V_{e}——对应供液的蒸发器管的内容积之和（L）；

V_{w}——湿回气管长度内容积之和（L）；

a、b——百分比（%）。

a 为 25%～50%之间；b 为 20%～30%之间。这些数据主要是以蒸发器的供液方式有关。因为国内的大部分满液式蒸发器是采用下进上出的模式。如果蒸发器是上进下出的模式，这个比例就不一样了。

式（8-27）应用的前提是知道系统具体的湿回气管长度。还有一个常见的方法是基于泵的流量来确定启动容积，假定间隔为 4～5min，即

$$V_{\text{Ballast}}=\dot{V}_{\text{Pump}}\times(4\sim5)\,\text{min} \tag{8-28}$$

通常认为间隔 4～5min 即可达到目的，所以低压循环桶的启动容积是泵的每分钟设计供液量乘以 4 或者 5。这个数据在欧美国家相关文章中经常出现。如果蒸发器和湿回气管的详细参数不清楚，可以使用这种方法。

4～5min 的时间是美国这个行业通常采用的数据。由于他们的冷库通常是单层冷库，制冷系统规模比较大才采用这个数据。而欧洲冷库的规模通常比较小，采用 1～3min，也是单层冷库为主。其实明白启动容积的实质内容设计师可以自行灵活处理。

我国多数是多层冷库，运用式（8-28）时还要区分是采用冷风机作为蒸发器还是排管作为蒸发器。如果是采用冷风机，有可能超过 5min。需注意：在循环桶的泵启动时不一定是全部蒸发器同时运行，还可以采用部分蒸发器先行启动（通过电磁阀的控制），等这部分的蒸发器进入稳定的自动循环模式，然后再把剩余部分的蒸发器分阶段投入运行。这种系统存在叠加效应（即利用相同的启动容积），因此选择的低压循环桶体积可以小一些。如何选择，设计师的经验很重要。如果有条件做试验，试验的数据就是最好的结果。

若蒸发器采用排管，如果完全参考以上的公式，计算选型出来的结果是令人吃惊的容积。若要系统能够进入自动循环的模式，笔者的思路是选择 1～3 排系统中最大的蒸发排管容积作为计算依据（即使这样容器的容积也不小）。同样等这部分的蒸发器进入稳定的自动循环模式后再逐级投入其他蒸发器的供液，每次投入的数量不超过三组。因为冷库制冷系统的操作无人值守（智能管理）是今后冷库管理的最终发展模式，采用系统的叠加效应是能够解决我国独有的制冷运行模式。

启动容积还有另一种表示形式，这种容积计算主要应用在二次节流技术的第一次节流供液中。这种启动容积通常用于高温低压循环桶。这台容器，既给高温冷库泵供液，也负责在一次节流后给低温低压循环桶供液（即起到闪发经济器的功能）。那么启动容积 A（这是笔者为了方便区分的一种表示形式）的容量负责前者，启动容积 B 的容量负责后者（现在的国外容器中也没有显示相关的数据）。这种具有综合功能的容器，在欧美国家冷链物流冷库中应用得非常广泛。它既充分利用了容器的潜在作用，也减少了容器的重复使用（设置），还降低了工程投资。

那么启动容积 B 应该如何设计的？笔者的做法是：

启动容积A由式（8-27）或者式（8-28）算出，在此容积基础上增加200~300mm的液柱高度（根据容器的直径确定，直径大的取下限，小的取上限）。这个在立式容器上200~300mm的液柱高度就是启动容积B。这个高度是在实践应用中测试出来的。

图8-9是笔者在美国一个冷库立式低压循环桶现场拍摄的照片，照片显示该循环桶启动容积的上限大约在桶内部高度的15%（调节的刻度指示），估计是泵每分钟设计流量乘以5。报警液位在70%左右。图中显示的30，表示当前液位是在液面指示高度的30%。

3. 缓冲容积

立式低压循环桶内部空间第三部分的容积是缓冲容积（surge volume）。运行液位线到高液位报警线之间的容积即为缓冲容积。在图8-7中其高度用H_5表示。为什么把这部分容积称为缓冲容积？在容器的实际运行中，这个区域其实是一个缓冲区，液体和气体会交替占用，另外英文surge有波动与浪涌的意思，笔者认为翻译为缓冲容积比较贴切。有三种情况会造成低压循环桶流入过量的液体：一是由于满液式蒸发器融霜的液体排入、制冷负荷突然增加造成的；二是由于是满液式供液，没有蒸发的液体随着时间的推移，蒸发负荷的减少，这部分的过量液体会逐渐增多而回流到分离容器；三是低压循环桶的泵因电源故障，造成坡向容器的湿回气管存液流入容器内。假设融霜气体推动蒸发盘管中的所有液体进入排液管。蒸发盘管中存液的百分比，取决于蒸发盘管从顶部供液或底部供液。Slipcevic推荐以下用于计算下进上出供液方式的蒸发器中液体滞留的简化方程：

图8-9　立式低压循环桶的液位控制显示器

（美国某冷库采用氨制冷剂的立式低压循环桶的液面高度显示）

$$V_{L,E}=\varphi_E V_{iE} \tag{8-29}$$

式中　$V_{L,E}$——蒸发器持液量（m^3）；

φ_E——蒸发器持液率；

V_{iE}——蒸发器的管容积（m^3）。

其中

$$\varphi_E=1-\frac{1}{1.2n^{0.2}} \tag{8-30}$$

式中　n——循环倍率。

如果是采用上进下出的供液方式，蒸发器容纳的液体可以估计为蒸发器管容积的30%。对于湿回气管道，Slipcevic建议如下：

$$V_{L,WR}=\varphi_{WR} V_{i,WR} \tag{8-31}$$

其中

$$\varphi_{WR}=1-\frac{1}{n^{0.2}} \tag{8-32}$$

式中　$V_{L,WR}$——湿回气管的持液量（m^3）；

φ_{WR}——湿回气管的持液率；

$V_{i,WR}$——湿回气管的管容积（m^3）。

当蒸发负荷接近零时，用式（8-29）和式（8-31）计算的液体持液量接近100%。然而，对于适当坡度的水平管道，该值是过大的，并且可以假设大约30%的持液量。

Lorentzen 建议，如果低压侧系统的具体数据细节未知，则可以采用蒸发器总的管容积和湿回气管至少 30%的容积进行计算。因此可以计算分离器所需的缓冲容积，即

$$V_{\text{Surge}} = V_{\text{L,E}} + V_{\text{L,WR}} \qquad \text{或者} \qquad \text{至少 } 0.3(V_{\text{iE}} + V_{\text{i,ER}}) \tag{8-33}$$

式中　V_{Surge}——缓冲容积（m^3）。

式（8-33）的意思是：蒸发器的管内总容积和湿回气管管容积之和的 30%是缓冲容积的最小的数据。

不同的生产厂家根据自己的产品设计，对缓冲容积的计算有不同的要求。表 8-8 所示是某生产厂家对于低压循环桶在缓冲容积计算时的要求。

表 8-8　低压循环桶缓冲容积的计算要求

用　　途	缓冲容积计算要求
采用泵循环的冷库冷风机	所有风机盘管 50%容积或者每次融霜风机总数的 100%盘管容积
吹风式螺旋速冻隧道	最大的一台(一组)风机盘管 100%容积
立式平板速冻器	所有平板 100%容积
卧式平板速冻器	所有平板 60%容积
板式换热器	制冷剂侧 100%容积
板壳式换热器	制冷剂侧 100%容积

式（8-30）可以理解为蒸发器过量供液回流的分离容器的系统缓冲容积系数，因为在国外的这种容器参数表中，同样列出不同规格容器所设置的缓冲容积，表 8-1 中容器的缓冲容积见表 8-9。

表 8-9　MRP 低压循环桶不同型号的缓冲容积数据

型号	立式缓冲容积/ft^3	型号	卧式缓冲容积/ft^3
MRP24V	13.1(370.7)	MRP24H	12.3(348.1)
MRP30V	20.9(591.5)	MRP30H	21.9(619.8)
MRP36V	31.8(900)	MRP36H	34.0(962.2)
MRP42V	57.6(1630)	MRP42H	46.5(1316)
MRP48V	77.7(2199)	MRP48H	63.7(1803)
MRP54V	97.4(2756)	MRP54H	86.4(2445)
MRP60V	122.7(3742)	MRP60H	102.8(2909)
MRP72V	157.8(4466)	MRP72H	149.5(4231)
MRP84V	224.4(6351)	MRP84H	217.0(6141)
MRP96V	284.5(8051)	MRP96H	299.6(8479)
MRP108V	318.0(8999)	MRP108H	395.1(11181)
MRP120V	411.8(11631)	MRP120H	506.7(14340)
MRP144V	553.9(15675)	MRP144H	805.7(22801)

注：括号中数字的单位是 L。

4. 泵压头容积

泵压头容积也称为最低液位容积，简称最低容积，根据循环桶的直径不同（直径在 600~2400mm），一般高度尺寸在 200~350mm 之间。如果容器内的液面低于这条控制线。供液泵就会自动停止，以防止泵汽蚀的产生。

5. 立式低压循环桶内部参数

立式低压循环桶内部参数由以下部分组成：

1）立式分离容器直径。根据公式中分离容器的体积流量和最大允许气体速度，计算容器最小内壳直径 D_i：

$$D_i=\sqrt{\frac{4V_V}{\pi U_V}+d_{DS}^2} \tag{8-34}$$

式中 V_V——分离容器中未被液滴占据的气体体积的空间（m^3）；

d_{DS}——干回气管道直径（m）；

U_V——理论垂直分离速度，可以根据式（8-13）计算。

也可以这样估算：

$$D_i=\left(\frac{4\dot{V}}{\pi v}\right)^{0.5} \tag{8-35}$$

式中 $\dot{V}$——制冷气体流量（m^3/s）；

v——采用的实际垂直分离速度（m/s）。

$$v=U_V\times(0.75\sim0.9) \tag{8-36}$$

2）由泵的静压头确定的高度 H_7。所需的静压头通常通过增加所需的净吸入压头（NPSHR）、摩擦损失和安全系数来计算。液面低于这个高度，出液管就容易把气体吸入制冷剂泵。H_7 高度由泵的静压头决定，或取最低液位与分离容器底部之间的距离，最小为100~150mm。

3）缓冲容积相应的高度 H_5：

$$H_5=\frac{V_{Surge}}{\frac{\pi}{4}D_i^2} \tag{8-37}$$

4）回气管突然降压会导致饱和液体膨胀，在液体内形成的气泡增加了在分离器内的液体体积，减少了分离空间。此外，在制冷剂和其他杂质中的油溶解会形成泡沫。这种泡沫层在图8-8中用 H_4 表示，其高度表示在分离容器中允许突然减压引起制冷剂的膨胀和起泡的最小垂直距离。H_4 按下式计算：

$$H_4\approx0.1\frac{V_{Surge}+V_{Ballast}+V_{Pump}}{\frac{\pi}{4}D_i^2}$$

或者

$$H_4\approx0.1(H_5+H_6+H_7) \tag{8-38}$$

5）湿回气管在容器内与运行液面之间的最小垂直距离，用 H_3 表示。在分离器内应避免飞溅和液体搅拌，入口喷嘴不应进入液体表面的下方或附近，因此应设计为减轻进入流体的喷射效应。Miller（1972）介绍了一种在行业内普遍接受的低速进口管道设计，如图8-10所示。这种设计允许流体在进入分离器时减慢流动速度，并帮助气体气流充分散发。供液管接到接近入口喷嘴的这种设计，可将液体喷射到靠近容器的湿回气管中，有助于将较小的液滴合并成较大的液滴，从而提高分离效率。

$H_3=0.25D_i$ 或者 $H_3=0.45$m，实际选择时取较大值。

6）干回气管（喷嘴）入口与分离器顶部之间的垂直距离，在图8-8中用 H_2 表示。$H_2=0.5d_{DS}$，或者 $H_2=0.05$m，实际选择时取较大值。式中，d_{DS} 为干回气（分离器出气）管直径（m）。

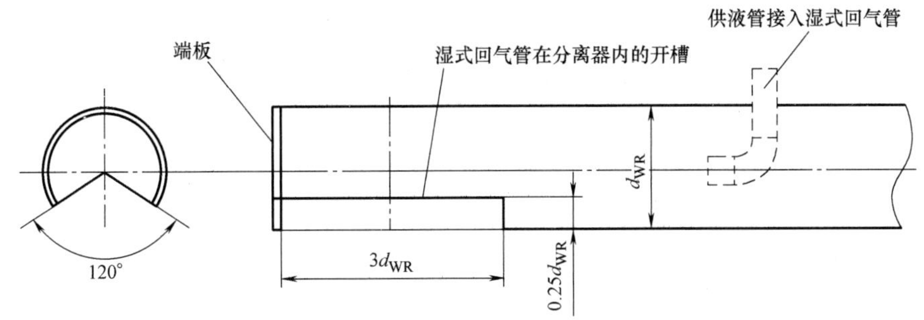

图 8-10　根据 Miller 设计的湿回气管道在分离器中的开槽详图（d_{WR} 为湿回气管直径）

7）分离器顶部与湿回气管最小垂直间隔距离，在图 8-8 中用 H_1 表示。$H_1=0.75D_i+H_2$ 或者 $H_1=0.9\text{m}$，实际选择时取较大值。

最新的设计是把低压循环桶的供液管从原来图 8-10 所示的循环桶内部连接改为桶外连接。

以上是根据工程项目提供的制冷量与工况设计立式分离容器，但是通常的选型计算是：已知制冷量与工况的相关数据，如何从生产厂家提供的各种分离容器中选择合适的型号。

8.3.6　其他立式分离容器

立式分离容器除了低压循环桶以外，还有其他一些立式的作为分离功能用的容器。例如中间冷却器、气液分离器以及闪发式经济器等。这些分离容器除了二氧化碳没有气液分离器以外，前面提及的三种制冷剂都有这些容器应用在系统中。下面对这些容器的设计与选型以及特点做出分析。

1. 带冷却盘管中间冷却器

带冷却盘管中间冷却器应用于氨和卤代烃系统的双级压缩机制冷系统，其作用是使低压级排出的过热气体进入该容器冷却到与中间压力相对应的饱和温度；另外一个功能是给供液系统提供过冷的液体。这些从系统高压贮液器出来的液体分成两路：一路液体进入中间冷却器前节流，节流后产生的闪发气体进入容器后被高压级压缩机吸走，容器内的液体就是与中间压力对应的饱和液体；另外一路进入中间冷却器的下面部分的冷却盘管。在中间冷却器中，前面一路节流产生蒸发为后一路冷却盘管中的液体提供过冷冷却，因此盘管内液体与中间压力相对应的饱和温度存在着传热温差，这种盘管过冷供液的温度比中间压力相对应的饱和温度一般高 3～5℃。带盘管的中间冷却器内部结构如图 8-11 所示。这些经过冷却的制冷剂可以提供给中间负荷的蒸发器制冷；也可以节流后进入低压循环桶，再通过泵给蒸发器供液。

这种中间冷却器的基本选型参数：

理论指标：分离速度，按式（8-13）计算。

参考指标：制冷量，按式（8-26）计算。

物理指标：正常控制液位，高于冷却盘管 100mm。

最高报警液面：≤出气管高度 350mm。

冷却盘管供液量：满足下一级的设备或者蒸发器的需求量。

2. 不带盘管中间冷却器

功能与上述带盘管中间冷却器相似，只是没有冷却盘管设置。系统的高压贮液器供液经过一次节流后进入这台容器中（在容器中的制冷剂液体温度就是中间压力相对应的饱和温度），然后进入低压循环桶再次节流，节流后进入循环桶，通过循环桶用制冷剂泵送至蒸发器，这种节流

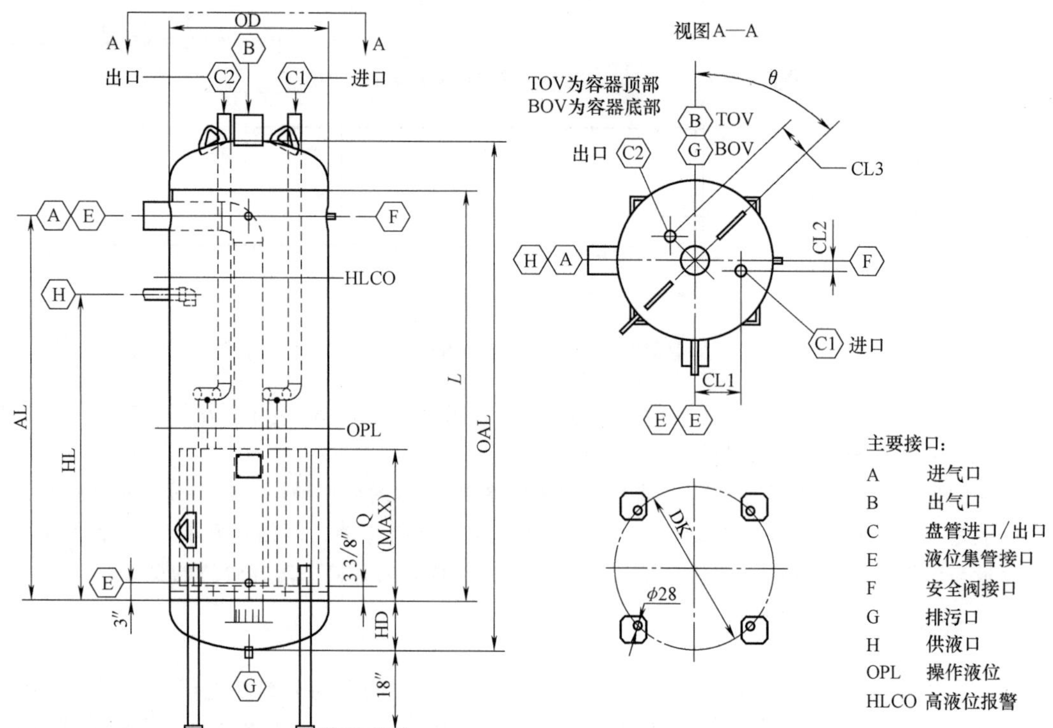

图 8-11　带盘管的中间冷却器（图中的各种代号尺寸详见参考文献［3］）

就称为二次节流。或者这些液体也可以送到蒸发器中制冷蒸发。这种（不带盘管）中间冷却器如图 8-12 所示。

这种中间冷却器的基本选型参数：

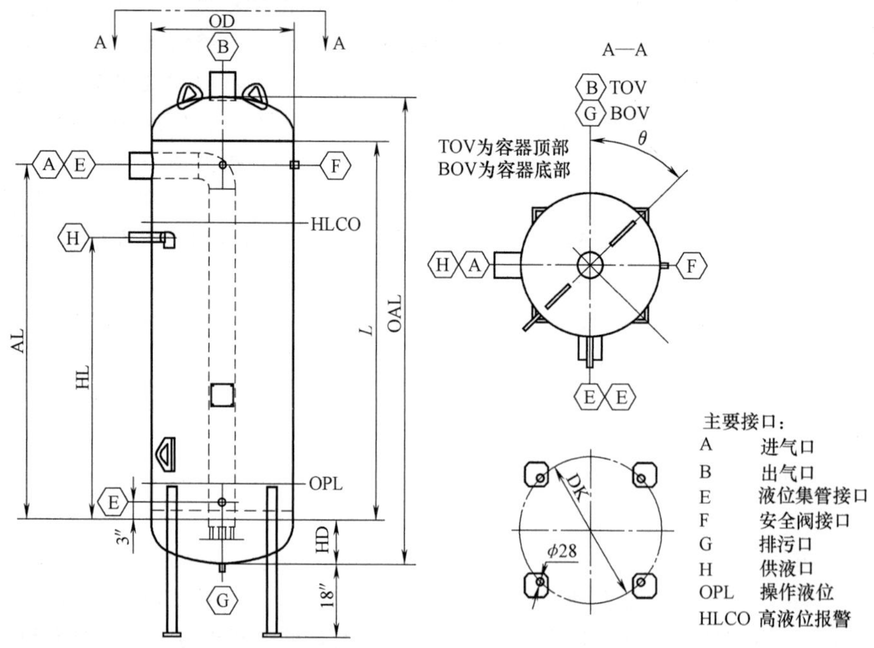

图 8-12　不带盘管的中间冷却器（图中的各种代号尺寸详见参考文献［3］）

理论指标：分离速度，按式（8-13）计算。

参考指标：制冷量，按式（8-26）计算。

物理指标：正常控制液位，高于低压级压缩机进入容器的排气管出口 100mm。

最高报警液面：≤出气管高度 350mm。

贮液量：满足下一级的设备或者蒸发器的需求量。

【例 8-3】 一台直径 1500mm 的开式中间冷却器（参考图 8-11），使用 R507 作为制冷剂，在 −15℃ 时的气体密度是 19.18kg/m³，液体密度是 1210.8kg/m³，求这台中间冷却器的实际分离速度？

解：如果卤代烃的分离液滴直径采用 0.002m，阻力系数采取工程计算值 19，那么采用式（8-13），得

$$U_{\mathrm{T}}=\sqrt{\frac{4gd(\rho_{1}-\rho_{g})}{3C_{\mathrm{D}}\rho_{g}}}=\sqrt{\frac{4\times9.81\times0.002\times(1210.8-19.18)}{3\times19\times19.18}}\mathrm{m/s}=0.2925\mathrm{m/s}$$

在计算出这个立式中间冷却器的最大的垂直分离速度后，再代入到式（8-26），就可以计算出这个容器的最大分离制冷量。

这两种中间冷却器的主要功能是相同的，但是也各有特点。这种不带盘管的中间冷却器的最大特点是：容器中的液体过冷温度就是中间压力相对应的饱和温度，比带盘管的中间冷却器供液温度要低 3～5℃。另外一个特点是：如果这台中间冷却器同时兼有排液器的功能，那么它的贮液量至少比带盘管的中间冷却器多 30%以上（相同的直径相比）。需要注意的是，这些经过一次节流的制冷剂，供液的压力就是中间压力。因此选择供液下游端的低压循环桶或者蒸发器的阀门时注意，压差变小了，需要选择低压差的自动控制阀配套，否则阀门打不开或者达不到使用要求。相反带盘管的中间冷却器唯一优点是：供液压力高，按正常工况选择供液下游端的自动控制阀。

---

3. 立式气液分离器

立式气液分离器一般应用在重力供液系统。它的作用是：蒸发器蒸发后的气体通过湿回气管回到分离器中，这些气体可能夹带一些液滴，通过分离器分离后再回到压缩机。另外，重力供液需要的液体在加热分离器前节流产生的闪发气体，也是通过分离器进行分离。其内部结构如图 8-13 所示。

这种气液分离器的基本选型参数：

理论指标：分离速度，按式（8-13）计算。

参考指标：制冷量，按式（8-26）计算。

物理指标：正常控制液位，高于出液管口 250～750mm 之间（根据容器直径不同，一般直径在 400～2400mm）。

最高报警液面：≤出气管高度 350mm。

4. 闪发式经济器

在氨制冷系统，闪发式经济器很少以独立的形式出现，通常情况下可以用高温低压循环桶或者高温气液分离器的共用的形式代替。原因是一般情况下低温螺杆压缩机的补气口的压力低于这两种容器的运行压力，容易实现共用。

而卤代烃系统不同，低温螺杆压缩机的补气口需要的压力一般会高于这两种容器的运行压

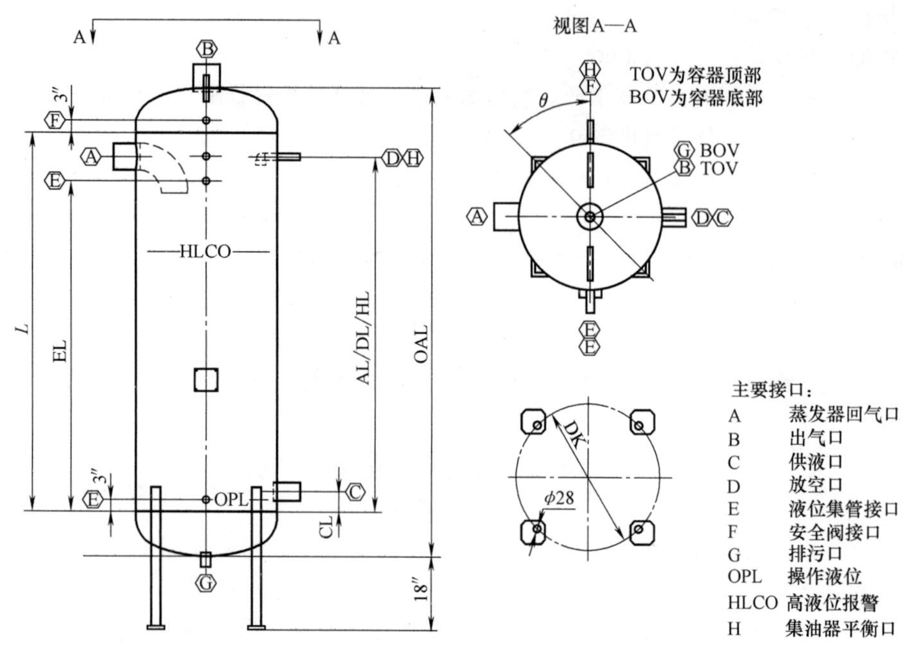

图 8-13　立式气液分离器（图中的各种代号尺寸详见参考文献［3］）

力，起不到补气的作用，一般需要闪发式经济器以独立的形式出现，因此会出现如图 2-34、图 2-35 以及图 2-36 所示的连接方式。直接用经济器代替贮液器，使得这种经济器既具有经济器的作用同时又有贮液器的功能，而且还有排液桶的功能。

理论指标：分离速度，按式（8-13）计算。

参考指标：制冷量（压缩机的补气负荷），按式（8-26）计算。

物理指标：正常控制液位，高于出液管口 250～750mm（根据容器直径不同，一般直径在 400～2400mm）；同时满足给下一级的供液负荷。

最高报警液面：≤出气管高度 350mm。

贮液量：满足下一级的设备或者蒸发器的需求量。

这种容器的指标与立式气液分离器几乎相同，因此在实际应用上把气液分离器的进气管封闭，同时检查供液与出液管是否满足下一级供液的要求（如果不能满足调整尺寸），就能达到使用的目的。由于容器内的制冷剂液体已经经过一次节流，这种中间压力的供液注意事项与不带盘管的中间冷却器的供液要求是相同的。

8.3.7　立式分离容器的制冷量含义

分离容器制冷量的增大代表什么？可以这样理解：在分离容器中的制冷剂气体的来源主要有三种：一是蒸发器在运行时制冷剂蒸发产生的气体通过回气管回到容器中；二是制冷剂供液进入分离容器前经过节流后产生的闪发气体进入容器；三是外界热量入侵，容器保温不足，使制冷剂少量蒸发，或者分离过程中由于气体之间的摩擦产生少量闪发气体。最后一种在计算过程中可以忽略不计。第二种产生的气体多少与供液温度有关，供液温度越低，产生的闪发气体越少。由于制冷过程中压缩机在指定的蒸发温度下从分离容器吸走的气体质量流量是不变的，所以在第二种产生的闪发气体减少的情况下，从蒸发器吸走的蒸发气体必然也就增大。换句话说，分离容器制冷量的增大，是蒸发器制冷量提高在分离容器上的体现。

近几年由于二次节流供液的使用，厂家提供的容器的启动容积，不一定能满足这种同时具有两种功能的供液任务，因此有必要重新对容器的启动容积进行计算。

8.4　卧式分离容器的分离计算原理

8.4.1　卧式分离容器的分离理论

卧式分离容器的分离原理计算与立式容器有相当大的区别。在立式分离容器中，主要有三种作用力——重力、浮力和阻力，这些力的方向是相反的（液滴在重力作用下向下，而浮力和阻力向上）。在确立了制冷剂的计算液滴临界直径，以及分离状态下雷诺数的阻力系数后，计算过程相对比较简单。而卧式分离容器制冷剂液滴的运行，除了前面提及的因素外，还增加了将气体中的液滴分离出来的一个水平拖曳力（可以理解为压缩机从分离容器中吸走制冷剂蒸发气体的一个过程），如图 8-14 和图 8-15 所示。也就是说需要分离的液滴在分离过程中，除了在自身的重力作用下下降以外，还要受到一个横向牵引力的作用，形成了一个斜向下的合力。为了解决这个问题，引入了一个液滴在卧式容器重力分离中的停留时间 τ_R。

根据参考文献［4］的计算，液滴在卧式容器重力分离中，停留时间起重要的作用。停留时间 τ_R 可用式（8-39）计算：

$$\tau_R = \frac{L}{U_{V,x}} \tag{8-39}$$

式中　L——容器进气口与出气口在 x 轴方向（水平方向）的长度；

$U_{V,x}$——在 x 轴方向的气体速度。

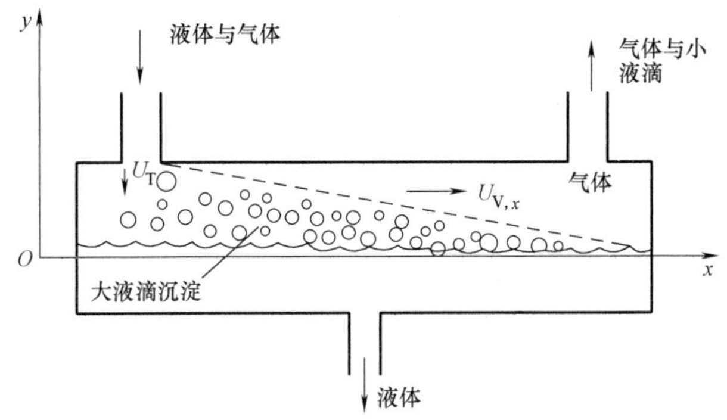

图 8-14　卧式容器中的气体从液体中分离

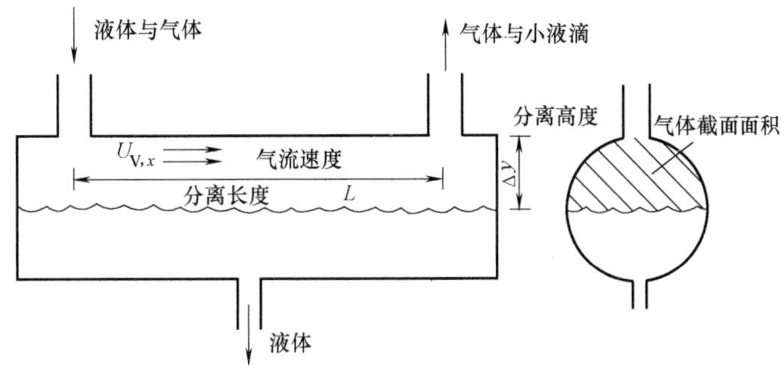

图 8-15　卧式容器中的水平速度和分离长度，产生水平停留时间的概念

在停留时间 τ_R 内液滴的下落距离 Δy 可以简化为

$$\Delta y=\tau_R U_T \tag{8-40}$$

式中　τ_R——停留时间；

Δy——下落距离；

U_T——气体在 y 轴方向作用力为零开始下落的速度。

参考文献［3］认为卧式容器的一半体积是启动容积、缓冲容积、最低液位容积三者之和。参考文献［12］对卧式容器的建议是：

1）气体空间的最小气体分离高度为0.38m（15in）。

2）不考虑两端封头空间体积。

3）进气口与出气口靠近容器的顶部。

参考文献［3］认为卧式分离容器从气体分离出液体的分离机制与立式分离容器有些不同，但一些原则是相通的。卧式容器中，携带液滴的气体由于重力的原因在横向流动的同时还在下降。液滴进入容器可以认为没有水平或垂直下降的初速度，在重力的作用下垂直加速下降。如果液滴未被带走而下降到液体表面，会溶入液体中。

这种推算的结论是：在卧式分离器中，分离空间与贮存液体所占的比例比较理想的是各占一半，这样的设计是比较安全的。在低压循环桶中，由于系统的循环，要求启动容积与缓冲容积以及最低液位容积占用一定比例的空间。如果这部分占用多了，分离空间就少了，分离效果可能达不到要求。如果分离空间增大，反过来留给系统循环的液体容量不能满足要求。欧洲的一些厂家并没有按这种方式设计卧式循环桶，通常他们认为在制冷量满足要求的情况下循环桶的液位可以高于50%，甚至可以达到70%左右。这种设计的前提是：湿回气的进口和干回气出口位置在卧式循环桶中尽可能地靠近卧式桶的顶部。

8.4.2　卧式分离容器的分离公式

图8-16是选取了参考文献［3］中低压循环桶的设计外形与内部结构。这种分离容器的湿回气（进气）管，是从循环桶顶部等分两边插入的（也有厂家是采用半圆），向两边延伸到接近桶封头的地方。蒸发器蒸发的气体分两边，从接近桶封头的地方进入分离容器进行分离。分离后的气体也是从循环桶中间顶部的干回气管出气，经过回气管回到压缩机。这是卧式分离容器上半部分的基本构成。这种两边进气，中间出气的布置形式比单边进气、单边出气的布置形式好，这是因为在相同的分离容器长度的情况下，前者的分离速度可以降低一半，因此分离过程更加稳定，效果更好。

以图8-16所示的容器结构为例进行分析，如图8-17所示，分离液滴从湿回气管在容器的出口位置M，到达在卧式分离器的液面中线位N点（假定循环液体占据容器一半的位置），这时分离液滴的分离速度 U_h 达到最大值。

立式分离容器的计算公式是式（8-13），可计算液滴在下降过程中运动速度。而卧式分离容器计算的是液滴水平运动速度。这两者之间是否有联系？找到它们之间的联系，就可以利用式（8-13）进行计算了。

对图8-17进行分析：湿回气管的液滴从出口M点流出，由于受到重力加速度以及横向牵引力（可以理解为压缩机的吸气作用力）的双重作用，液滴的方向运动是倾斜的。液滴运动过程中重力加速度是不变的，而横向牵引力是变化的。当液滴运动到容器液面的中心线N点时，笔者认为这个时候的横向牵引力是容器能够允许的最大分离速度（也称为卧式分离容器的最大分离速度）。当液滴的运动超过这个距离，就可以认为液滴有可能被压缩机吸走了。液滴在N点的

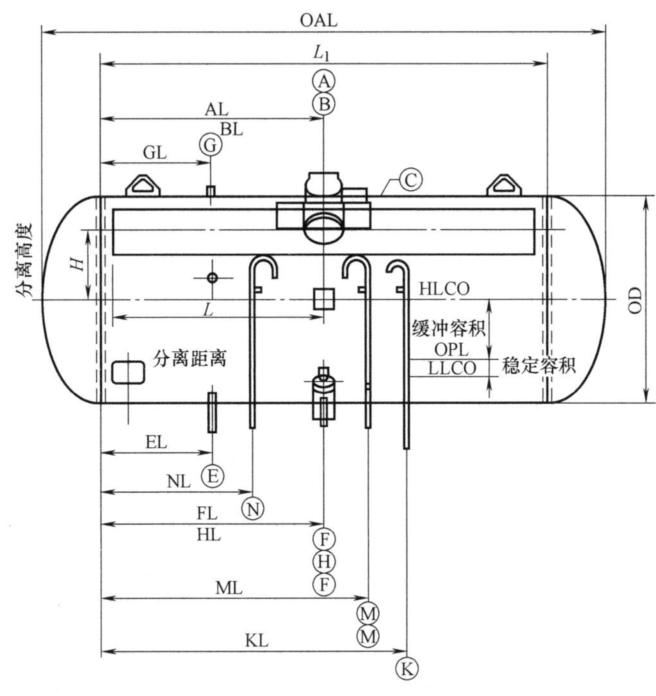

图 8-16　卧式低压循环桶外形图（产品的尺寸代号见参考文献［3］）

A—蒸发器回气口　B—出气口　C—供液口　E—液位集管接口　F—泵吸入口　G—安全阀接口　H—油排污口　HLCO—高液位报警　K—液体旁通　LLCO—低液位报警　M—排空口　N—集油器平衡管　OPL—操作液位

速度可以分解成两个速度：在垂直方向的分速度，用 U_t 表示；在水平方向的分速度，用 U_h 表示。另外，还有液滴的分离高度 H 以及水平分离距离 L。

计算卧式低压循环桶的分离速度，也就是要计算水平方向的分速度 U_h。液滴从湿回气管在容器内的出口 M 点达到卧式容器液面的中心 N 点，即液滴在水平方向运行到中心线的时间与运行到液面上的时间是相等的，用 T 表示。按照这个途径就可以找出 U_h。

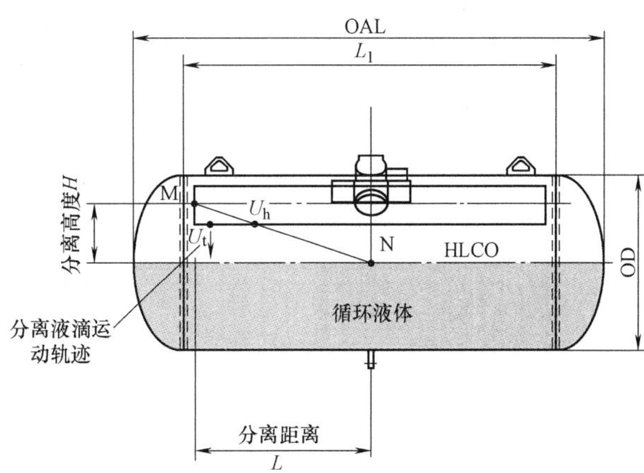

图 8-17　卧式分离器的分离液滴运动分析

即

$$\frac{L}{U_h}=\frac{H}{U_t}=T$$

$$U_h=\frac{L}{H}U_t$$

$\frac{L}{H}$值是卧式循环桶布置比例，这里把这个布置比例用 f 值表示，即

$$U_h=fU_t=f\sqrt{\frac{4gd(\rho_l-\rho_g)}{3C_D\rho_g}} \tag{8-41}$$

f 为卧式容器结构布置比例系数。这个比例系数是分离高度与分离长度的比值（即 L/H），也就是与分离容器的布置尺寸有关。生产厂家可以根据自己的容器布置特点来确定。直径为 900~3600mm 的卧式分离容器，其内部结构布置比例系数一般在 4.69~1.09 之间，见表 8-10。

表 8-10　卧式分离容器的内部结构布置比例

容器直径/mm	900	1050	1200	1350	1500	1800	2100	2400	2700	3000	3600
H/mm	318	371	424	477	530	636	742	848	954	1060	1372
L/mm	1490	1490	1490	1490	1490	1490	1490	1490	1490	1490	1490
$f(L/H)$	4.69	4.02	3.51	3.12	2.81	2.34	2.01	1.76	1.56	1.41	1.09

这种布置确定了 $U_h>U_t$，而实际工程软件上取的值比表 8-9 中的大部分值都要小。在国外的一些生产厂家容器选型软件中，f 值并没有完全按理论值来取，根据数据分析，这个值一般取 1~1.123。从欧洲的容器设计数据来看，分离能力大一些的主要原因是它在容器分离通道上增加了滤网与滤芯，使分离效率更高。具体各个厂家会有不同，但是也不会差别太大，这是因为如果 f 值设置得比较大，可能会造成液体再夹带速度。什么是液体再夹带速度？8.4.3 节会有详细解释。因此在工程软件中，没有完全按推导的理论公式进行选型，而是通过实践确定一个比较合理的计算值。可以发现理论数据需要与工程实践相结合，才能得到合理的选型。

对于卧式循环桶，通常的尺寸在 1∶3~1∶5 之间（容器直径∶容器长度）。这个系数与制冷剂的性质没有关系，因此在计算不同的制冷剂的分离速度时采用的系数是相同的。

卧式分离容器与立式分离容器结构的各层计算相似，但是卧式分离容器的分离理论计算与立式分离理论计算是有所区别。

8.4.3　低压循环桶的循环模式与产品数据设计

图 8-18 所示是卧式低压循环桶的一种最直观的桶泵运行循环模式。假设准备运行的蒸发器盘管（以下进上出的供液方式为例）液面是 50%，而循环桶的控制液面是设置在最低液位容积

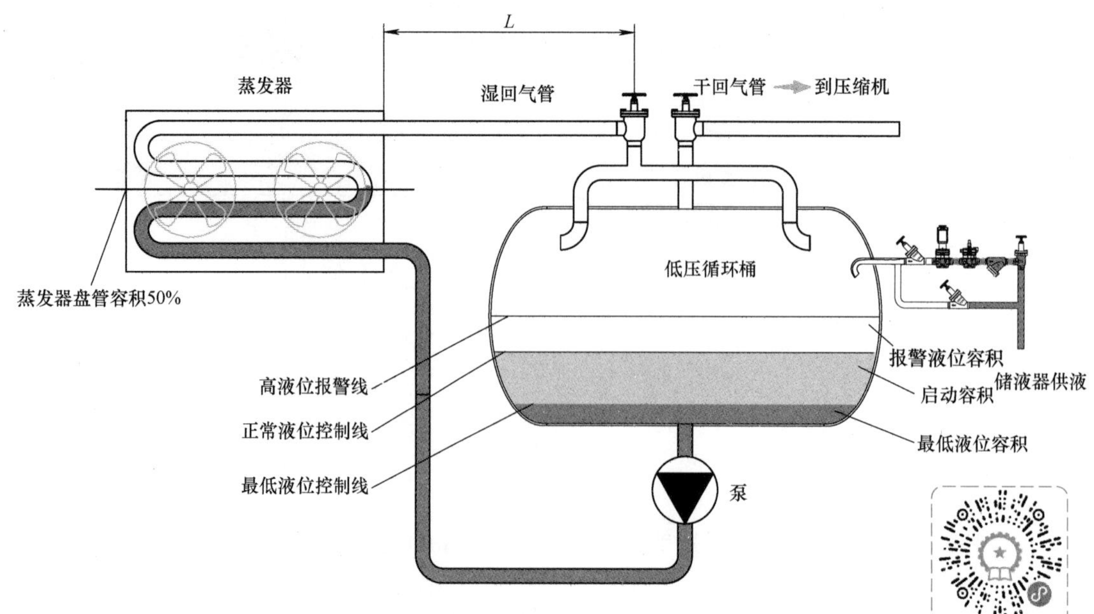

图 8-18　卧式低压循环桶系统运行前的状态（微信扫描二维码可看彩图）

（容器内液体用深灰部分表示，其实是气液混合体，容器外在供液管与蒸发器的液体是表示循环系统存有的液体）与启动容积（容器内液体用浅灰色部分表示，也是气液混合体）的相加容积。容器内的液面在控制液位线上。

在桶泵进入启动运行阶段，由于运行开始蒸发器的蒸发量大于设计的蒸发量，制冷剂泵的循环量一般采用 1.5 至数倍的量进行循环，而补充进入容器的制冷剂只有供液管设计所需的供液量。因此，容器中的液面逐渐下降，直至图 8-19 中用浅灰色表示的启动容积把蒸发器盘管的 50%容积填满，并且部分液体溢出通过湿回气管流入循环桶。当这些液体溢出流回的制冷剂量与供液管进入循环桶的制冷剂量之和等于制冷剂泵从容器中抽走的制冷剂量时，容器中的液面不再下降。而且这时的液面还不能低于最低液位控制线。这样桶泵的启动过程完成，如图 8-19 所示。从图 8-19 所示的循环过程可以知道，循环桶的启动容积计算是与蒸发器盘管容积和湿回气管的长度容积密切相关。在计算这些启动容积时应该比实际发生的容积会略微大一些，原因是有可能在接近完成启动阶段时由于运行时的液位波动，造成低液位报警而终止供液泵的运行。用这种形式表示只是想用不同色块让读者直观地理解启动容积与缓冲容积在桶泵系统中所负担的功能。

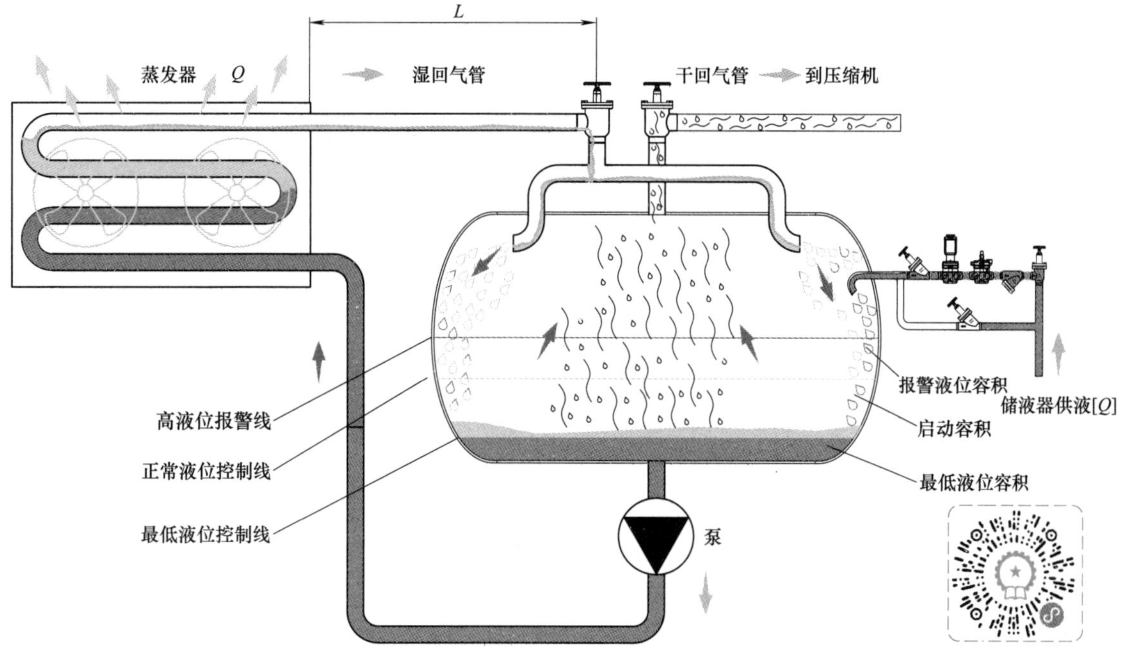

图 8-19　卧式低压循环桶系统运行进入完成启动阶段（微信扫描二维码可看彩图）

在完成桶泵的启动过程后，泵继续运行，容器内的液面逐渐上升，直至液面上升到容器的控制液位上，供液控制阀根据液位控制器的液位设置要求间断开停补充的液体。容器的液位在这条控制线上上下波动。当降温任务完成，制冷剂泵停止运行，由于泵输送液体的惯性作用，蒸发器盘管中的少量液体与湿回气管中的部分液体会流入循环桶中，这些液体就称为循环桶的计算缓冲容积（见图 8-20，用虚线填充表示）。这部分容积一般不会到达容器设定的高液位报警线。由于这部分容积决定了循环桶的高液位报警线，因此在计算时的量比实际发生的量会大一些，避免每次循环桶停止运行后出现报警现象。与启动容积的计算相似，缓冲容积的计算仍然与蒸发器盘管容积和湿回气管的长度容积密切相关。

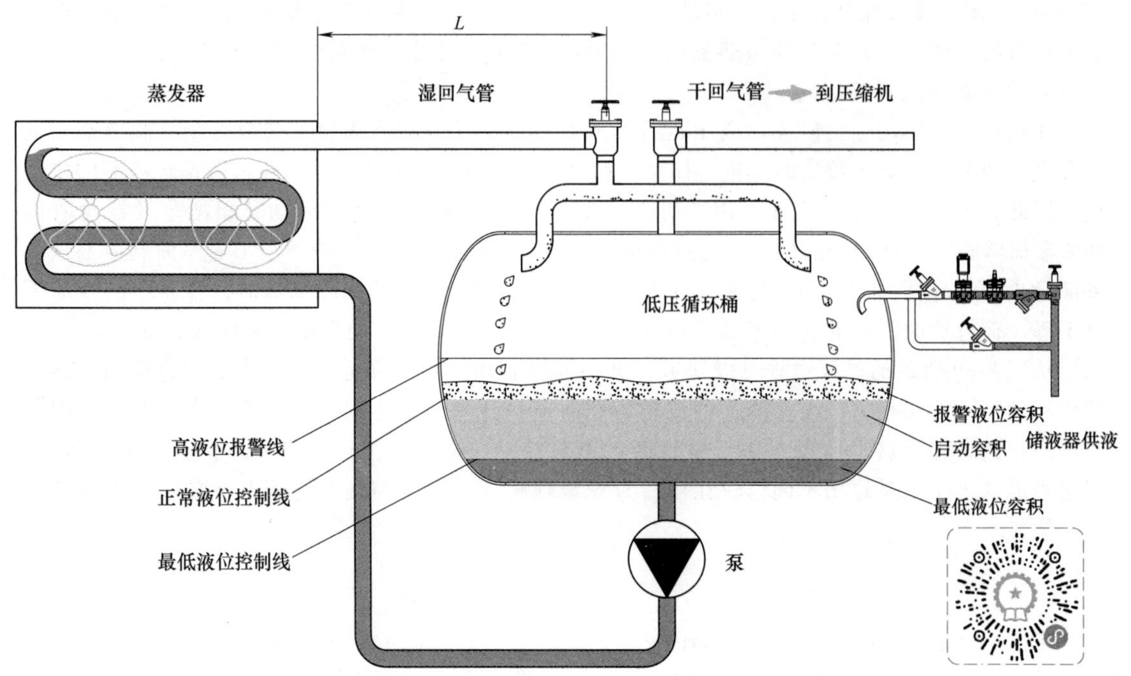

图 8-20　卧式低压循环桶系统运行进入结束阶段（微信扫描二维码可看彩图）

图 8-21～图 8-23 表示低压循环桶整个运行过程中的液面波动变化。通常蒸发器盘管内的存液在 50%～80%容积之间。这里是假设蒸发器的盘管容积是 50%，但在实际运行时盘管内的存液百分比是变化的，特别是在蒸发器进行了热气融霜后，在已经融霜的蒸发盘管的存液几乎为 0。如果低压部分的蒸发器一次融霜占的比例比较大，那么循环桶进入到完成启动的过程需要计算的启动容积，以及泵停止运行时需要计算的缓冲容积就会比较大。于是就有了表 8-7 的相关容积比例计算。这些容积比例是需要设计人员在实践中长期观察积累得到的。

卧式分离容器的主要产品有卧式低压循环桶以及卧式气液分离器。卧式低压循环桶构造比例如图 8-16 所示。具体产品不同厂家有不同的设计特点，欧洲与美国的产品也有一些差异。

卧式低压循环桶与立式低压循环桶的功能相似：具有分离液滴与贮存一定量的液体提供给泵输送到蒸发器进行制冷。不同的是：卧式循环桶有比立式桶更稳定的压头，而且减少了占用建筑高度的空间。因此卧式循环桶在现代的制冷系统中占据了很大的比重，特别是在欧洲市场，几乎都是卧式容器的天下。

卧式循环桶的基本选型参数与立式循环桶的参数相似，笔者总结的是：

理论指标：分离速度，按式（8-39）计算。

最高报警液面（美国与欧洲产品有区别）：美国，卧式容器直径的 50%～55%；欧洲，≥出气管高度 250mm。

物理指标：$V_L+V_b+V_s$=最高报警液面线以下的容积（m^3）。其中，V_L 为容器的最低液面容积（m^3）；V_b 为容器的启动容积（m^3）；V_s 为容器的缓冲容积（m^3）。

卧式循环桶结构计算详见参考文献［6］，以下以图 8-21 为例，做简要介绍。

卧式分离容器下半部分的基本构成是：容器底部最下面称为泵压头容积（在实际产品中称为最低液位容积）。容器内的液体低于这个量，制冷剂泵就有产生汽蚀的可能。在国外容器产品中通常用 LLCO（low level cutout）线表示最低液位线，用液位控制器对该液位报警。当液位到达

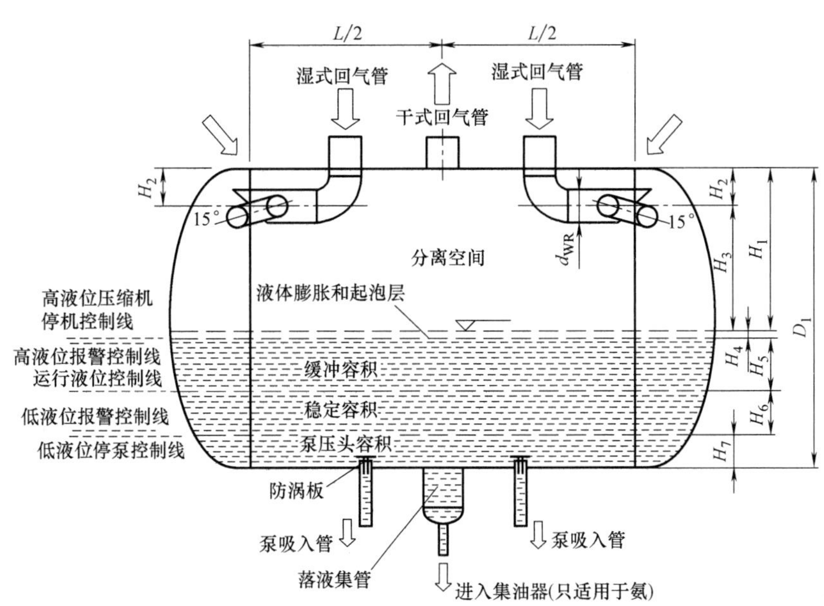

图 8-21 卧式分离容器的基本组成（两边进气，中间出气）

该位置时，通常发出报警信号，同时停止泵的运行。底部往上的第二层容积表示启动容积（产品中称为正常运行工作液面），容器中通常用 OPL（operation level）线表示。液位控制器也在这里设置停止供液信号，当液位到达该位置时，用于供液的电磁阀在该位置停止供液。底部往上的第三层部分称为缓冲容积，这部分的容积上限在容器中通常用 HLCO（hight level cutout）线表示，液位控制器对该液位进行高液位报警。如果容器的液位高于这个位置，就容易使压缩机产生液击，一般情况下需要手动关闭供液阀。同时，用制冷剂泵把液体送进蒸发器，以降低容器内的液位，保护压缩机免受液击的破坏。底部往上的第四层称为液体膨胀与气泡层，一般产品上没有标示，但是在工程实际应用中，会在这层的顶线设置停止压缩机运行的控制线。

1）选择卧式分离容器的直径。在卧式容器的截面上，液体占据的面积与分离气体占据的面积相等的条件下，在图 8-11 中，$D_i=2H_1$，即

$$D_i=\left(\frac{8\dot{V}}{\pi U_h}\right)^{0.5} \tag{8-42}$$

式中 D_i——选择分离容器的直径（m）；

$\dot{V}$——制冷量的气体流量（m^3/s）；

U_h——分离气体在容器中的水平速度（m/s）。

2）由制冷剂泵所需静压头确定最小垂直距离 H_7。与立式容器相似，H_7 也由泵的静压头决定，或取最低液位与分离器底部之间的距离，最小为 100~150mm。取 100mm 还是 150mm 根据制冷剂泵进液管在容器的布置位置确定。图 6-28 所示的布置选择的是 150mm，图 6-34 所示的布置只需要 105mm 就可以了。

3）计算启动容积所需的最小垂直距离 H_6。与立式容器不同，区别在于二次节流（是笔者根据容器的数据推算的），即

没有二次节流：

$$H_6=\frac{V_{\mathrm{Ballast}}}{\frac{\pi}{4}D_i^2} \tag{8-43}$$

有二次节流：
$$H_6=\frac{V_{\text{Ballast}}}{\frac{\pi}{4}D_i^2}+0.05 \tag{8-44}$$

符号含义参见立式容器。

4）计算用于容器缓冲容积的最小垂直距离 H_5。与立式容器相似，即
$$H_5=\frac{V_{\text{Surge}}}{\frac{\pi}{4}D_i^2} \tag{8-45}$$

5）计算突然减压引起的膨胀和起泡层的最小垂直距离 H_4。与立式容器相似，即
$$H_4\approx0.1(H_5+H_6+H_7) \tag{8-46}$$

6）计算湿回气管与最高运行液面的垂直距离 H_3。这个最小的距离应该是0.25m。

7）计算分离器顶部与两边湿回气管、供液管以及中心线的干回气管之间最小的垂直距离 H_2。这个距离在实际中应该尽可能小。
$$H_2\approx1.5d_{\text{WR}}+(0.05\sim0.1)\text{m 或者 }H_2\approx1.5d_{\text{DR}}+(0.05\sim0.1)\text{m} \tag{8-47}$$

式中　d_{WR}——湿回气管直径（m）；

d_{DR}——干回气管直径（m）。

8）根据分离器中的体积流量和最大允许气体速度计算最小垂直间隔距离 H_1，即
$$H_1=f(A_1),\quad \text{条件是}:A_1=\frac{\dot{V}_{\text{V}}}{U_{\text{V}}}+\frac{\pi}{4}d_{\text{WR}}^2 \tag{8-48}$$

或者 H_1 最少是 $1/3D_i$。

以上是根据制冷量以及制冷剂的不同，设计不同尺寸的卧式分离容器。但是在实际应用过程中，这些容器往往是由生产厂家提供的现成产品，因此在工程应用选型上，设计人员可以根据以上的数据选择合适的分离容器（留有一定的余量）；相反生产厂家也需要了解这些尺寸的意义，使生产出来的容器更加切合实际。

在实际使用中卧式循环桶比立式循环桶还有什么优势呢？笔者在实际应用中发现，卧式容器的最大优势是在一定范围内可以根据系统的数据改变容器的尺寸。

在选择低压循环桶时，确定系统所需要的规格有两种方法：①根据生产厂家提供的产品选择适合系统的低压循环桶，这是目前最普遍的选择方法；②根据系统的参数，即系统的启动容积数据与缓冲容积数据设计所需要的循环桶。这种方法在实际应用中会更适合系统的要求，而且也不会浪费容器的材料。

如果选择立式循环桶，由于容器的高度受机房建筑的限制，它的高度尺寸就不能随意更改。若容器的直径确定了，即使容器的制冷量能满足系统的要求，如果系统的启动容积与缓冲容积的总量不能满足要求，那么只能选择更大直径的容器，直至两种参数都能满足要求。

如果选择卧式低压循环桶，情况就有所不同了。在容器的直径确定后可以在一定范围内调整容器的长度，直到容器的数据与系统的数据相匹配。这是笔者在具体项目上设计卧式循环桶的一种做法。

笔者曾经在低压循环桶的触摸屏上做过这样的一些测试（图8-22）。在一个快速预冷的蔬菜加工间，制冷系统采用桶泵供液（制冷剂R507），库温要求1~3℃，当蒸发温度到达-10℃停止供液；反复多次，直到库温基本稳定在3℃之间。没有热气融霜要求。蒸发器两台（管内容积240L）采用下进上出供液方式；卧式低压循环桶直径为1500mm（6m^3）；ϕ89湿回气管160m。系统是部分负荷运行。测试结果大致如下：

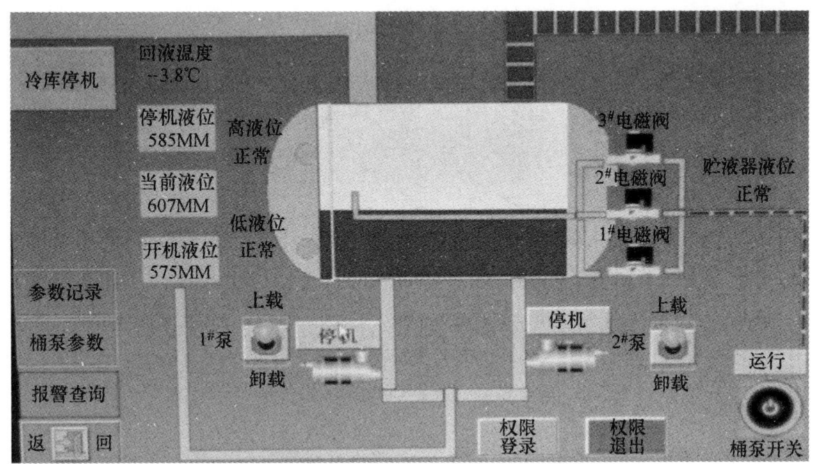

图 8-22　低压循环桶运行时液位波动的模拟显示屏

- 蒸发温度到达-10℃停止供液的液位：572mm。
- 低压循环桶停止液面波动的位置：607mm。
- 高液位报警位置：1000mm。
- 循环桶的液位在停止供液后上升了 35mm。

从现场的蒸发器结霜情况看，蒸发器盘管液位下降的很少，因此可以判断回流到循环桶的液体主要是湿回气管内的存液。初步判断是：蒸发器盘管内容积减少量≤5%，而湿回气管存液≤20%湿回气管总长度内容积。由于系统没有满负荷运行，并且也没有热气融霜，数据的代表性不够。基本上可以判断：如果制冷系统没有热气融霜，系统所需要的缓冲容积并不是很大。

这种缓冲容积的计算，是检查分离容器提供的缓冲容积能否满足工程实际液体回流所产生的容积，特别是卤代烃的满液式供液系统。由于卤代烃制冷剂单位容积制冷量相对于氨要小，因此实际工程计算中，往往不是分离容器的分离能力（制冷量）不能满足，而是容器能够提供的缓冲容积+启动容积之和不能满足。由于它与循环倍率有关，使用相同的蒸发器，氨的循环倍率要比卤代烃的循环倍率大一些。

一定范围内调整容器的长度，究竟多长才合适？笔者对欧美的循环桶做了一些研究，发现这个长度美国与欧洲的做法各有不同，主要表现在有效分离长度上。所谓有效分离长度，是指：湿回气管在循环桶的出气口至干回气管出气口之间的水平距离 L。图 8-23 所示是典型的欧洲卧式循环桶设计，有效分离长度 L 一般在 2.4~3m 之间，如果超过这个距离，就需要做成两个湿回气管在两边，中间是干回气管的布置。而美国的做法，相对比较保守，一般只有 1.4~1.5m（在卧式气液分离器中这个距离可以到 2.2m）。笔者对这两种计算结果做过对比，主要差别在于数据上的选择不一样，应该是分离液滴的直径选择以及阻力系数上的差异。另外，还有容器内的布置使分离高度与分离距离也有差别，其计算结果也会不同。

在这个距离之间，可以认为是允许有一组最大分离速度。如果大于这个距离，就有可能出现再夹带速度，因此卧式低压循环桶在实际设计中一般不宜超过 6.5m（不含封头）。如果确实满足不了要求，只能把容器的直径再增大一级。

较高速的分离速度可能会使压缩气体把运行液面的一些液滴重新带起来（这种现象称为再夹带，夹带的意思是指在气体气流中，液滴以重力形式传递或携带），通过回气管进入压缩机，造成液击。在英文中把产生这种现象的分离速度称为 The Re-entrainment Velocity（再夹带速度）。

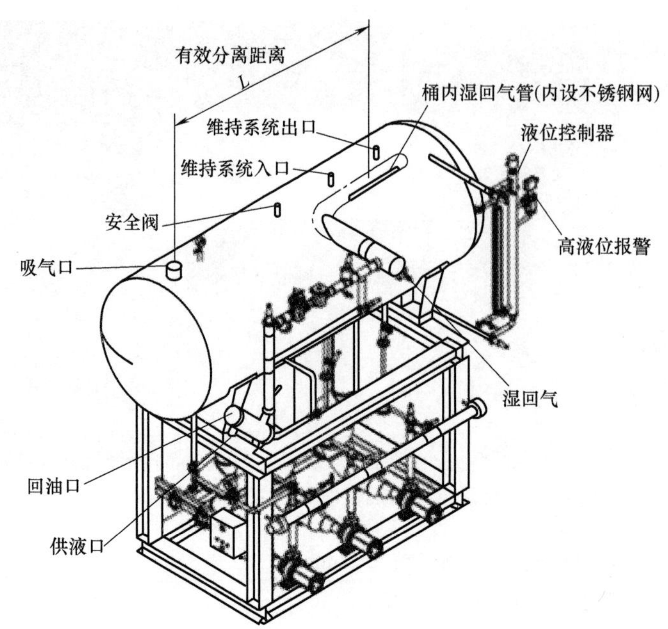

图 8-23　卧式循环桶的布置方式

这种现象通常发生在比较细长的分离容器中。另外，在复核卧式容器的水平速度时，需要把再夹带速度值作为一个指标，检查计算的水平速度是否超过再夹带速度（用 U_{Re} 表示）。

图 8-24 所示是解析在水力直径 d_{hL} 内液体流动产生液滴的再夹带速度的各种条件，即

$d_{hL}=4A/P$（基本原则）

$d_{hL}=D(L_h=D$ 或者 $D/2)$

$d_{hL}=1.2D(L_h=0.75D)$

$d_{hL}=0.6D(L_h=0.25D)$

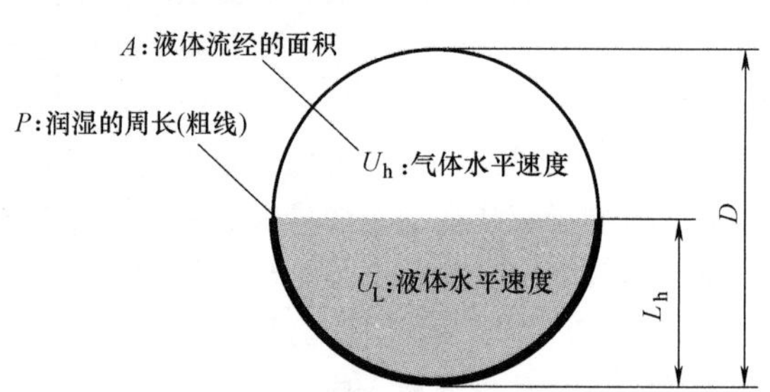

图 8-24　液体在水力直径 d_{hL} 圆管中流动

D—圆管的直径　L_h—圆管中液体的高度

液体的雷诺数：$Re_L=(d_{hL}\dot{V}_L)/(\eta_L/\rho_L)$

液体的密度系数：$R_\rho=(\rho_L/\rho_g)^{0.5}$

界面黏度：

$$N=\eta_L(\rho_L\sigma)^{-0.5}[(\rho_L-\rho_g)g/\sigma]^{0.25} \tag{8-49}$$

式中　η_L——液体动力黏度［kg/(m·s)，或 Pa·s］；

$\dot{V}_L$——气体流量（m^3/s）；

ρ_L——液体密度（kg/m^3）；

ρ_g——气体密度（kg/m^3）；

σ——气-液表面张力（N/m）。

这种再夹带速度的计算，根据不同的雷诺数与界面黏度范围，有不同的计算方式，见表 8-11。

表 8-11　再夹带速度的计算

公式	Re_L	N	再夹带速度 U_{Re}/(m/s)
A	<160	—	$>1.5(\sigma/\eta_L)R_\rho Re_L^{-0.5}$
B	$160\leqslant Re_L\leqslant 1635$	≤0.0667	$>11.78(\sigma/\eta_L)R_\rho N^{0.8}Re_L^{-1/3}$

（续）

公式	Re_L	N	再夹带速度 U_{Re}/(m/s)
C	$160 \leqslant Re_L \leqslant 1635$	>0.0667	$>1.35(\sigma/\eta_L)R_\rho Re_L^{-1/3}$
D	>1635	≤0.0667	$>(\sigma/\eta_L)R_\rho N^{0.8}$
E	>1635	>0.0667	$>0.1146(\sigma/\eta_L)R_\rho$

表中公式 D 与 E，只有当运行液面高度 $L_h \leqslant 0.75D$ 时，才需要进行这种计算。各种制冷剂不同温度的再夹带速度 U_{Re} 在表 8-12 中列出。

表 8-11 是参考文献［7］提供的常用的在分离容器中夹带速度的参考值（制冷剂液滴直径为 0.00152m）。

表 8-12　常用的在分离容器中夹带速度的参考值

制冷剂数据	温度/℃	压力/bar	潜热/(kJ/kg)	密度/(kg/m³)		黏度/[kg/(s·m),×1000cP]		分离器速度/(m/s)	
				液体 ρ_L	气体 ρ_V	液体	气体	U_T	U_{Re}
R404a M_w=97.6 t_c=73℃ p_c=37.8bar NBP=-47℃	-40	1.327	195.5	1288	7.070	0.2996	0.00935	0.715	4.39
	-30	2.045	188.7	1256	10.65	0.2615	0.00977	0.632	3.51
	-20	3.030	181.5	1223	15.54	0.2292	0.01021	0.561	2.84
	-10	4.341	173.7	1188	22.05	0.2014	0.01066	0.499	2.30
	0	6.042	165.3	1151	30.62	0.1771	0.01113	0.443	1.87
	10	8.200	156.0	1112	41.81	0.1555	0.01164	0.393	1.51
	20	10.89	145.6	1068	56.40	0.1359	0.01221	0.345	1.21
R134a M_w=102.03 t_c=101.2℃ p_c=40.67bar NBP=-26.7℃	-40	0.5121	225.9	1418	2.769	0.4722	0.00921	0.927	7.69
	-30	0.8438	219.5	1388	4.426	0.4064	0.00952	0.861	6.00
	-20	1.327	212.9	1358	6.784	0.3530	0.00992	0.724	4.75
	-10	2.006	206.0	1327	10.04	0.3086	0.01033	0.645	3.82
	0	2.928	198.6	1295	14.43	0.2711	0.01073	0.577	3.09
	10	4.146	190.7	1261	20.23	0.2388	0.01115	0.517	2.52
	20	5.717	182.3	1225	27.78	0.2107	0.01158	0.464	2.06
R22 M_w=86.5 t_c=96.15℃ p_c=50.54bar NBP=-40.86℃	-40	1.052	233.2	1407	4.873	0.3426	0.00979	0.797	6.21
	-30	1.639	226.8	1377	7.379	0.3046	0.01021	0.708	4.94
	-20	2.453	220.0	1347	10.79	0.2719	0.01063	0.633	3.99
	-10	3.548	212.8	1315	15.32	0.2434	0.01106	0.567	3.25
	0	4.980	205.0	1282	21.23	0.2182	0.01150	0.510	2.66
	10	6.809	196.7	1247	28.82	0.1957	0.01196	0.458	2.19
	20	9.100	187.6	1210	38.48	0.1753	0.01243	0.411	1.80
R507 M_w=98.9 t_c=71.0℃ p_c=37.9bar NBP=-47.0℃	-40	1.408	191.5	1297	7.618	0.2965	0.00940	0.707	4.24
	-30	2.156	184.9	1264	11.42	0.2592	0.00982	0.625	3.39
	-20	3.178	177.6	1231	16.57	0.2274	0.01026	0.556	2.74
	-10	4.534	170.0	1195	23.44	0.1999	0.01072	0.494	2.22
	0	6.287	161.5	1157	32.46	0.1757	0.01121	0.438	1.81
	10	8.506	152.2	1117	44.23	0.1541	0.01173	0.388	1.46
	20	11.26	141.9	1073	59.58	0.1346	0.01233	0.340	1.17

（续）

制冷剂数据	温度/℃	压力/bar	潜热/(kJ/kg)	密度/(kg/m³)		黏度/[kg/(s·m),×1000cP]		分离器速度/(m/s)	
				液体 ρ_L	气体 ρ_V	液体	气体	U_T	U_{Re}
R717 $M_w=17.03$ $t_c=132.3℃$ $p_c=113.3bar$ NBP=-33.3℃	-40	0.7169	1389	690.2	0.6438	0.2812	0.00786	0.724	21.2
	-30	1.194	1360	677.8	1.037	0.2441	0.00815	0.641	16.5
	-20	1.901	1329	665.1	1.603	0.2144	0.00845	0.572	13.1
	-10	2.907	1297	652.1	2.391	0.1902	0.00875	0.513	10.5
	0	4.294	1262	638.6	3.457	0.1701	0.00906	0.462	8.53
	10	6.150	1226	624.6	4.868	0.1530	0.00936	0.417	6.98
	20	8.575	1186	610.2	6.703	0.1383	0.00968	0.378	5.76
R744 $M_w=44.0$ $t_c=31.06℃$ $p_c=73.84bar$ NBP=-78.4℃	-50	6.826	339.7	1154	17.96	0.2306	0.01103	0.494	3.11
	-40	10.04	322.4	1116	26.15	0.1986	0.01157	0.434	2.45
	-30	14.26	303.5	1075	37.10	0.1711	0.01213	0.381	1.94
	-20	19.67	282.4	1031	51.65	0.1469	0.01274	0.332	1.52
	-10	26.45	258.6	983.2	71.04	0.1253	0.01345	0.286	1.17
	0	34.81	230.9	928.1	97.32	0.1054	0.01431	0.241	0.88
	10	44.97	197.2	861.7	134.4	0.08637	0.01546	0.194	0.62

注：M_w—摩尔质量；t_c—临界温度；p_c—临界压力；NBP—沸腾温度；U_{Re}—再夹带速度（m/s）；1Pa·s=1000cP；1kg/(m·s)=1Pa·s。

另外，欧洲公司通常将启动容积（start-up volume），按制冷剂泵的一定时间内的流量容积（L）计算，一般是1~3min泵的流量（time for pump）。

从以上计算可以知道，容器的内部尺寸、分离方式（增加挡板、除雾器等）和容器的形状，每一个尺寸的变化都会使分离能力（制冷量）发生改变，这是在容器设计时需要重视的。另外，这里采用半圆面积进行计算，也是假设容器内部没有任何管径、挡板之类的物体。在实际计算中与立式分离容器一样，需要考虑这些元件的存在，即要用在容器中分离气体允许流动的面积减去这些元件的截面面积。

根据笔者查到的资料，卧式低压循环桶的生产厂家设计类型一般分成两种：一种是不管容器直径多大，其容器长度（不考虑两边的封头长度）都没有变化。Frick公司、H. A. Phillips公司、EVAPCO Inc.（美国）公司等都采用这种设计，容器有效分离长度一般在2997~3048mm。由于不同的厂家使用不同的计算方法（内部布置也不尽相同），计算的结果会有一些区别。

由于上述原因，卧式分离容器的制冷量随着容器内部的尺寸变化而改变，这一点与立式分离容器不同。立式分离容器的计算完全是理论计算。

这种卧式分离容器也有一些缺点，主要缺点是这种容器的分离能力与它的缓冲容积+启动容积不成比例。在实际工程设计中，笔者发现它的分离能力通常超过它的缓冲容积+启动容积，因此，要获得更好的分离能力只能选择直径更大的容器。

为了改善这种情况，欧洲的制冷公司设计了另一种类型的卧式分离容器，即容器长度不同。即使容器直径相同，也有两种长度。长度长的一种，制冷量（分离能力）会大许多。比较有代表性的是英国的Star Refrigeration公司的卧式低压循环桶产品从容器直径610~2032mm（表8-

12)，长度分别是 3m、3. 75m、6m 以及 7. 5m。其中直径 1220mm 的长度有 3. 75m 与 6m 两种，因此制冷量也有较大的差别。这种产品的另一个特点是容器内部设置挡板和分配槽，目的是可以更好地分离液滴和气体。这些增加的容积用于贮存蒸发器没有蒸发完回到循环桶的液体。表 8-13 是这种容器的各种参数，图 8-25～图 8-27 是这种卧式低压循环桶运行不同制冷剂的制冷量。

表 8-13　Star Refrigeration 公司卧式低压循环桶的参数

尺寸	最大液体容积/L	最小液体容积/L	最大运行容积/L	启动容积/L	缓冲容积/L
φ610mm×3m	473	93	380	133	247
φ762mm×3. 75m	932	136	796	278	518
φ914mm×3. 75m	1375	145	1230	430	800
φ1220mm×3. 75m	2485	172	2313	810	1503
φ1220mm×6m	4035	274	3761	1316	2445
φ1321mm×6m	4762	513	4249	1487	2762
φ1524mm×6m	6403	551	5852	2048	3804
φ1829mm×7. 5m	11670	759	10911	3819	7092
φ2032mm×7. 5m	14492	812	13680	4788	8892

注：启动容积为 75%的蒸发器盘管容积；最大运行容积为运行容积（OPL）；最大液体容积为容器容积×55%；最小液体容积为低液位报警容积。

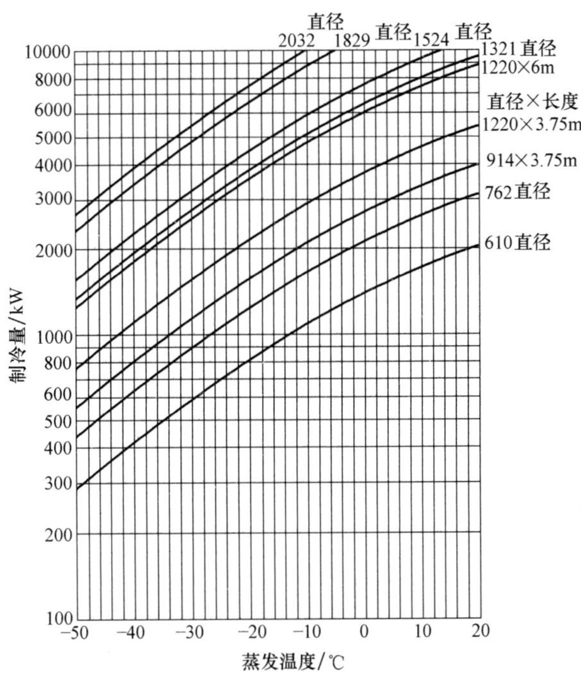

图 8-25　R717 Star 低压循环桶选型参数

从经济器或者冷凝器供液温度 45℃，供液温度 35℃增加 5%制冷量，供液温度 15℃增加 14%制冷量，供液温度−10℃增加 24%制冷量

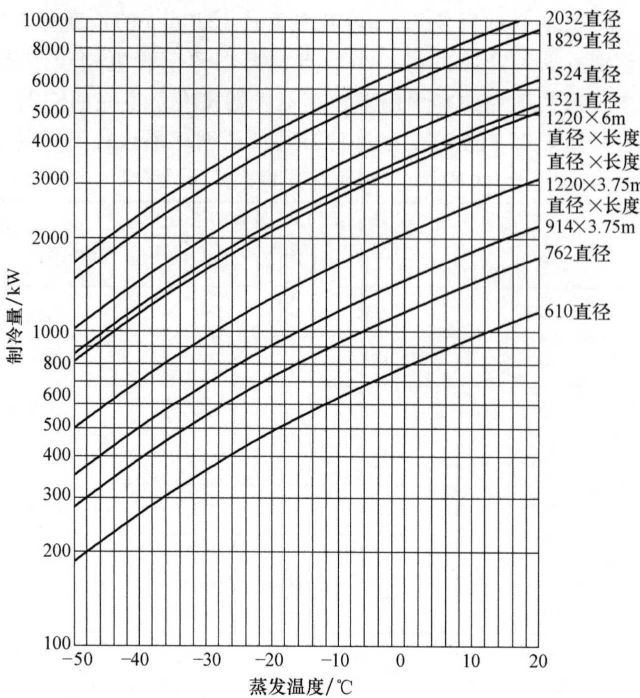

图 8-26　R404 Star 低压循环桶选型参数

从经济器或者冷凝器供液温度 45℃，供液温度 35℃增加 16%制冷量，供液温度 15℃增加 44%制冷量，供液温度-10℃，增加 77%制冷量

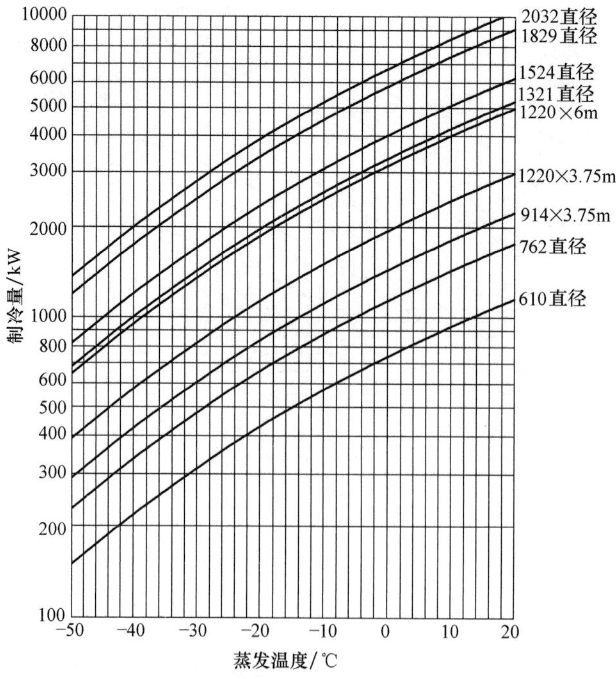

图 8-27　R134a Star 低压循环桶选型参数

从经济器或者冷凝器供液温度 45℃，供液温度 35℃增加 10%制冷量，供液温度 15℃增加 30%制冷量，供液温度-10℃增加 53%制冷量

由于这家公司是以工程设计安装为主，因此公司根据容器直径增大的需要，逐渐把容器的有效长度加长。目的也就是增大容器的缓冲容积与启动容积，使容器的制冷量与其配套。

对于第一种低压循环桶的设计，适合于采用冷风机的冷藏冷冻蒸发器，缓冲容积要求不大的场合。对于一些蒸发器需要缓冲容积比较大（如排管）或者循环倍数大的情况（如速冻）、单位容积制冷量比较小的卤代烃制冷系统，采用第二种设计更加合适。这种容器对于一桶多泵的布置形式也容易解决，缺点是容器太长，运输不是很方便。

8.4.4　卧式气液分离器

图 8-28 所示是为分离容器下方的蒸发器设置的气液分离器。这些蒸发器通常是冷风机、板式换热器、壳管式换热器等。这种容器的特点在于进气管是从分离容器的底部进入，减少与蒸发器连接的管道与阻力损失；进气管与出液管的管径相同，目的同样是减少出液管的阻力损失。

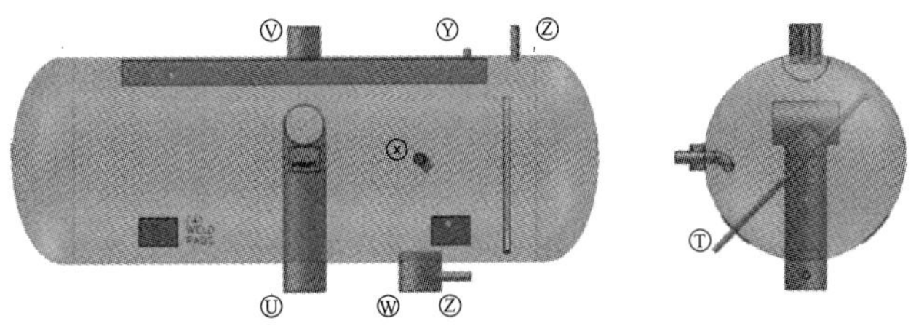

图 8-28　气液分离器（为分离容器下方的蒸发器而设置）

V—出气管　U—进气管　Y—安全阀接管　X—供液管

W—出液管　Z—液面指示接管　T—集油器抽气管

在选型计算上，卧式气液分离器与立式气液分离器有不同的地方：

理论指标：分离速度，按式（8-41）计算。

制冷量：按式（8-26）计算。

注意：这里用于计算质量流量的卧式气液分离器的截面面积与相同直径的卧式低压循环桶截面面积是不同的。用于卧式低压循环桶分离气流计算的截面在高液位报警线以上：一般在圆的一半以上（美国）或者更高一些（欧洲）；而卧式气液分离器的工作液面一般是高于出液口 50~200mm 之间，因此它计算的截面面积比卧式循环桶要大许多。这样计算出来的制冷量也比相同直径、相同进气管和出气管布置的低压循环桶大许多。

卧式气液分离器的进气、出气管布置也有一进一出和两进两出之分（图 8-28）以及两进一出之分。按式（8-26）计算分离器的制冷量，后两种布置的制冷量要比前一种布置的制冷量大一倍。

卧式气液分离器不管是采用哪一种布管方式，它们都有一个共同特点：进气管进入桶内的方式总是从底部插入桶内。原因是供液方式是采用重力，因此蒸发器总是位于桶的下面。这样的布置既方便连接，也减少阻力损失。

8.4.5　卧式低压循环桶选型的简易方式

在工程设计上，合适的设计选型软件会带来许多的方便与快捷，也节省了很多的计算过程，减少人为的因计算可能出现的错误。在日常制冷系统中采用选型软件选型的有：各种形式压缩机（螺杆、活塞、涡旋等）、各种形式的蒸发器（冷风机、板式换热器等）、各种的阀门包括管道。冷凝器由于工况相对变化不大，也有不同气温与湿球温度对应的各种型号冷凝器的排热量供选择，但是能进行容器选型的计算软件却非常少。据了解，能提供这些容器计算软件的公司往往是一些著名品牌的国际大公司。

笔者认为，编制这种容器选型软件可以这样进行：首先参考国外一些先进的分离容器设计，由此建立相应的容器模型，采集生产的容器数据进行计算与选型。目前这些著名品牌的国际大公司一般是采用这种方式进行选型。由于产品有各种直径系列以及容器的数据齐全，如果选型合适，很快就能让公司下单进行生产。

笔者曾经按照这种思路制作过容器选型软件（图 8-29）。笔者整理了不同的制冷剂以及蒸发温度、供液温度对应的各种分离容器上的分离能力（制冷量），根据上述的理论依据和不同制冷剂及其特性，编制成分离容器的选型软件。

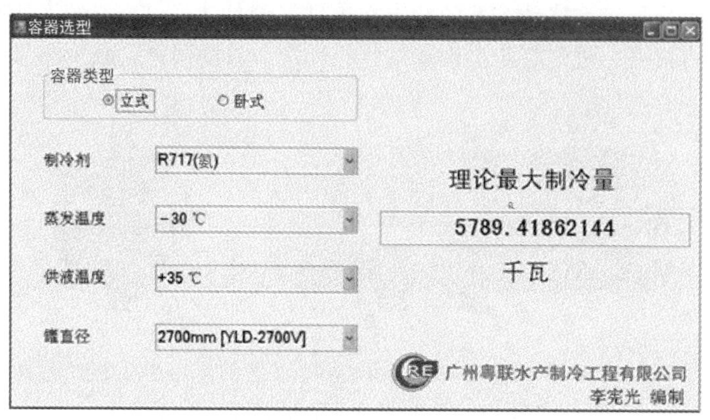

图 8-29　分离容器的选型软件截图

但是经过一段时间的深入研究，发现这种计算选型仅仅适用于立式或卧式气液分离器、中间冷却器以及供液量不大的闪发式经济器。而对于经常使用的低压循环桶，这种制冷量的参数只是满足其中的一个指标，还有启动容积与缓冲容积的指标与所选择的循环桶的相关参数相匹配，才能算满足选型使用。

国际大公司的选型软件，其数据非常庞大而且计算严谨。这些数据包括：各种不同的制冷剂对应的饱和压力与温度、蒸发温度、冷凝温度、供液温度；还有容器的型号、尺寸（容器直径、长度）、设计压力、运行液面高度、最高报警液面、缓冲容积、循环倍率、最大制冷量、最大流量、最大流速、压力降、质量流量；在容器内各种管道、管径的尺寸、相对位置，与容器形成的角度。一些是专门适合氨的容器，如果需要改用卤代烃或者 CO_2，可能需要调整内部尺寸，否则可能在出液管的位置形成扰动，或者是出液的过冷度不够，出现汽蚀。对于应用卤代烃的分离容器也需要增设取油口，定期在取油口上抽取一些已经进入容器的与制冷剂混溶的润滑油。

这种选型软件的优点是：设计的数据清晰完整，内部布置合理，对于分离容器不同的直径有固定的启动容积与缓冲容积；对于立式或者卧式气液分离器、中间冷却器以及闪发式经济器，可以根据软件提供的数据选择合适的型号规格。容积每变动一个参数，其他对应的参数会根据热力性能或者物理特性而做出改变。

但是这种选型软件也有不足的地方：只是对自己产品的数据而制作，因此对于分离容器的选择没有通用性。欧美国家的冷库一般是单层，其层高不会超过 15m，长度很少超过 120m，因此他们的循环桶参数中的启动容积与缓冲容积都是根据这种设计来定的。如果应用在我国的一些高层冷库或者是大型冷库，这些数据会有很大的区别。由于每个工程都有其独特性，这些变化的特性套用固定的数据显然是不行的。

笔者在长期的制冷实践中，总结出一些设计方法与其内在数据，推算出每个工程自身需要的低压循环桶数据模型。有了循环桶的数据模型，就可以让生产厂家按模型的数据进行制作。

以卧式低压循环桶为例（容器内直径在 1m 或者以上，有效长度 3m 或者以上，参考图 8-16 的内部布置设计），蒸发器的供液形式是下进上出（这种供液是目前大部分蒸发器采用的供液模式）。通常计算可以归纳为（有热气融霜）以下公式：

低压循环桶内部总容积 = 容器顶部分离容积 + 低压循环桶高液位容积

低压循环桶高液位容积 = 低压循环桶总容积 ×（50% ~ 70%，根据容器内的布置不同）

= 蒸发器总容积 ×（60% ~ 80%）+ 湿回气管总容积 ×55%

+ 最低液位报警容积　　(8-50)

其中　低压循环桶启动容积 = 蒸发器总容积 ×（25% ~ 50%）+ 湿回气管总容积 ×25%　　(8-51)

低压循环桶缓冲容积 =（蒸发器总容积 + 湿回气管总容积）×30%　　(8-52)

以上计算是建立在泵供液时蒸发器的电磁阀同时打开的情况下，这样得出的计算容积对于速冻系统是合适的。而对于正常运行的冷库，电磁阀同时打开的情况概率不大，选型计算时按使用的情况适当减少两种计算容积的比例。

如果是水融霜、排管蒸发器，或者是不需要排液的融霜方式，如空气融霜、电热融霜，根据笔者的测试数据：缓冲容积 =（蒸发器总容积 + 湿回气管总容积）×（15% ~ 20%）。

由于这种选择启动容积与缓冲容积的百分比变化，在实际应用中，可以根据不同的使用场合，在循环桶内部布置合理的前提下，分成不同的比例等级进行循环桶的选型。

根据前面介绍，最低液位报警容积一般是从容器底部往上 105mm；另外高液位控制线距离湿回气管中心线，卧式不能少于 250mm（立式不能少于 350mm）。

卧式循环桶内部的布置原则是：湿回气管的两端出气尽量靠近容器中线的顶部，并且两个出气口的水平距离远一些；干回气管也是在容器中线顶部的中间位置。这样的布置可以适当把高液位控制线提高一些。

8.5　特殊容器

8.5.1　闪发式经济器

闪发式经济器在第 2 章介绍过（图 2-11）。这种容器的内部结构比较简单，与开式中间冷却器内部结构相似，只有一根补气管、一根进液管与出液管，还有液面指示与控制装置。没有进气管，也没有孔板与挡板。

单独设计集中闪发式经济器的产品不多，原因是其他产品兼顾了这种产品的功能。例如，目前常用中温低压循环桶兼顾集中闪发式经济器的作用。笔者在 2012 年参观的欧洲冷库（Diepop's-Hertogenbosch B. V.）、2014 年参观的美国冷库（Lineage Logistics），其制冷系统均采用中温低压循环桶同时兼顾集中闪发式经济器的系统模式。这种设计方式采用中温低压循环桶给低温穿堂蒸发器供液，而低温螺杆压缩机从该中温低压循环桶抽取温度较低的气体补气（图 8-30）。

集中闪发式经济器一般用于比较大型的卤代烃系统。原因是卤代烃螺杆压缩机产生的补气压力（温度）比较高，而常用的高温系统的压力比这个补气压力低不少，在这种情况下不能共用高温系统的容器。因此，为了节能有必要单独设置集中闪发式经济器，同时这台设备也同时具备排液桶、贮液器的作用。由于国内没有这种容器，笔者通常将气液分离器改型以实现闪发式经济器的功能。

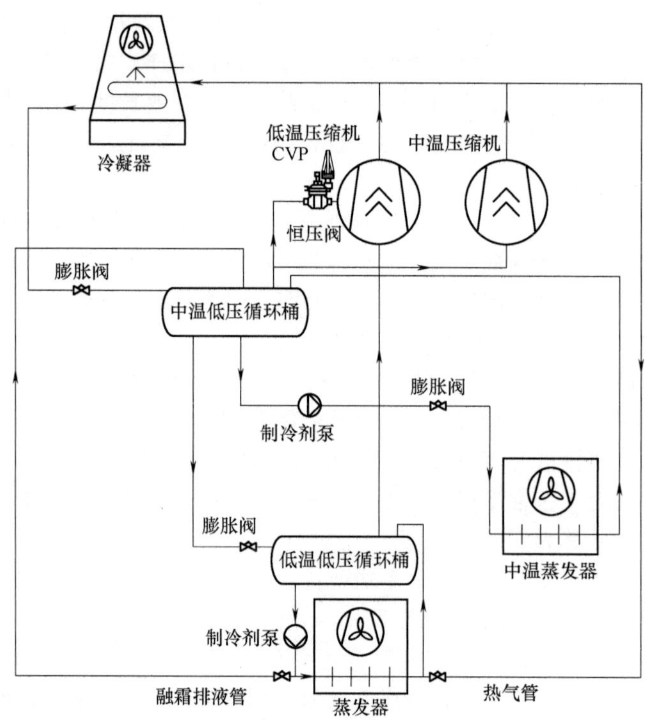

图 8-30　中温低压循环桶的综合利用

虽然闪发式经济器一般很少单独使用，在系统连接时大部分由中温低压循环桶担当这种角色，但是有三种情况需要独立设置这种容器：一是速冻系统独立，而且没有使用双级压缩机时，提供给需要补气的螺杆压缩机使用；二是低温冷库制冷系统没有设置中温系统时，也是采用需要补气的螺杆压缩机；三是制冷系统有中温，但是螺杆压缩机的补气压力高于系统的中温压力（这种情况在卤代烃满液式制冷系统中比较多）。

【例 8-4】　以图 8-31 的氨制冷系统为例，冷凝温度 35℃，中温蒸发温度-5℃，中温蒸发器负荷 100kW，低温蒸发温度-30℃，低温蒸发器负荷 500kW，循环倍率均为 3 倍，求：对中温低压循环桶供液的质量流量。

解：可利用式（7-16）进行计算，或直接使用阀门管道选型软件（例如丹佛斯阀门选型软件），在软件上选择泵循环，在冷凝器与循环桶之间的管道上单击，按题干所述工况 35℃/-5℃时输入 100kW，供液管道的质量流量为 325kg/h；-5℃/-30℃时输入 500kW 工况（这里是把软件中的冷凝温度设置为供液温度，与在制冷循环的压焓图上道理是相同的），供液管道的质量流量为 1419kg/h（这个质量流量是经过第一次节流后的数值）。查表 2-1，氨制冷剂从 35℃节流到-5℃时的液体百分比是 85.5%，也就是说，经过第一次节流给 500kW 供液的那一部分液体减少了（1-85.5%）= 14.5%，那么在中温低压循环桶供液的质量流量为

$$Q=(325+1419\times1.145)\text{kg/h}=1949.76\text{kg/h}$$

可以按该工况下的供液量选择电磁阀。如果还需要考虑温度的波动，可以按蒸发温度的上限值选择，即波动值为±2℃，可以按-3℃计算。其余的设置在第 10 章详细计算。以上的计算是适用于工程设计上的简易方法，如果要准确计算，可以采用压焓图的计算方式。

中温低压循环桶变为中温气液分离器（还是基于卧式容器考虑）：其余功能不变。

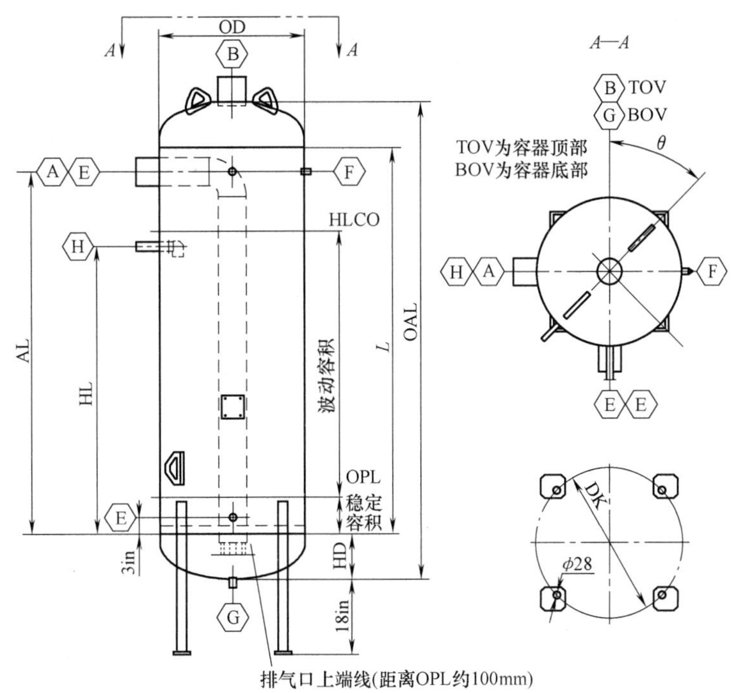

图 8-31　中间冷却器的设计（各种代号参见该产品的产品目录）

A—进气口　B—出气口　E—液位集管接口　F—安全阀接口　G—排污口

H—供液口　OPL—操作液位　HLCO—高液位报警

如果中温负荷不大，那么中温蒸发器改为采用重力供液。这种情况可以降低工程造价，而且系统管理更加简单。

注意：重力供液的阀门和管道选择时，需要按限制压力降的方式进行，特别是氨制冷系统。如果采用非共沸制冷剂（特别是温度滑移大时），一般不适合采用闪发式经济器，见表 8-14。

表 8-14　部分制冷剂滑移温度对照表　　（单位：K）

标准制冷剂名称	饱和温度			
	-35℃	-10℃	40℃	50℃
R22	0	0	0	0
R404A	0.72	0.59	0.36	0.31
R448A(N40)	5.53	5.21	4.13	3.75
R407F(LT)	6.55	6.05	4.63	4.2
R410A	0.25	0.29	0.33	0.3
R32	0	0	0	0
R447B(L41z)	6.7	6.24	4.96	4.51

注：滑移温度小于 1K 的制冷剂可以用于闪发式经济器及满液式制冷系统。

这种闪发式经济器在第 2 章也提到兼作中温贮液器的功能。了解了它的计算方式，就不难设计这种具有多重功能的容器。

8.5.2　没有中温负荷的集中闪发式经济器的设计

我国许多冷链物流冷库都没有设置中温或者低温穿堂，在这种情况下宜使用单独的集中闪发式经济器。按气液分离器进行选型，容器负荷按低温螺杆压缩机的补气温度负荷+2℃的过热度考虑，例如补气温度为-7℃，按-5℃考虑。供液量参考中温低压循环桶供液量的后半部分进行计算。即例8-4，如果没有中温负荷，则供液量按1419×1.145kg/h=1624.7kg/h计算。

上面举例的集中闪发式经济器的设计按卧式容器考虑，也可以使用立式容器，只是液面高度需要重新调整。为什么总是强调使用卧式分离容器而不是立式？这是因为卧式容器液面波动比立式的小许多，即能够稳定制冷剂泵的液柱压力，而且还可以降低压缩机房的建筑高度。欧洲一家著名的桶泵生产厂家在其产品说明书上直言不讳地说，尽量不要采用立式分离容器。笔者两次到欧洲参观不同的冷库，极少看到立式分离容器。而早期美国的冷库制冷系统几乎全部是立式分离容器。

8.5.3　分离容器的新设计理念

设计卧式分离容器时，在有限的分离空间中，为了使容器的分离能力增大，可以采用两种方法：一是尽量延长容器进气管的长度；二是尽量提高进气管到分离液面的距离。例如图8-28所示的卧式分离容器可以设计成图8-32所示的形式。

湿回气管不仅仅是到封头就截止，而是将喷嘴直接延伸进入部分封头，允许液体撞击分离器的封头位置而不飞溅，使液滴凝聚形成流体在封头部沿壁往下流动，最后流入运行液面实现分离。喷嘴与水平湿回气管的连接形式，不是在产品目录上看到的水平方式，而是形成一定的角度。

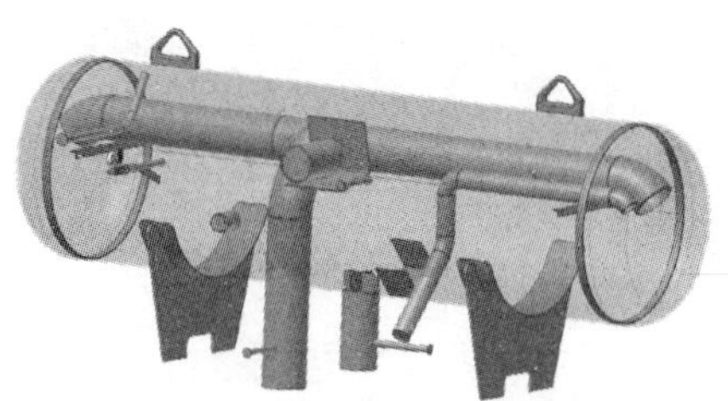

图8-32　卧式分离容器的新设计理念

提高分离液滴速度的另外一种途径是：在分离容器内的分离通道上设置一些有利于液滴分离的装置。例如在循环桶内湿回气管的末端，设置锯切状（sawcut）的分离出口，或者设置一些不锈钢网（内藏氟聚合物或聚丙烯材料）、分离挡板。这些措施都有利于液滴的聚合。因此，如何在分离容器内的分离通道上设置分离装置，这些装置是用什么材料以及结构型式组成，是今后我国在容器研究方面需要努力的方向。

8.6　常温容器

本书所谓的常温容器，在制冷系统中基本上也只有高压贮液器、虹吸桶和集油器三种。因为在现代的冷链物流冷库中，只有这三种容器是属于系统工程师设计的；压缩机配套的油分离器和油冷却器，一般由压缩机生产厂家设计和配套。对于后者本书不再进行专门的讨论。

虹吸桶的计算已经在第3章中进行了详细的讨论。对于高压贮液器的设计，如果蒸发器采用蒸发排管，国内的选型公式已经充分考虑到这一点，高压贮液器的容积计算完全可以满足使用要求。如果采用冷风机作为蒸发器，参考文献［4］提出了两种方案：

1）如果制冷系统的制冷剂充注量不是很大，对高压贮液器的容积设计，可按照把整个制冷系统的制冷剂全部贮存在容器内来考虑，还可以有10%的空间冗余。这种做法的好处是在系统维修时，不需要找其他容器贮存剩余的制冷剂。

2）如果制冷系统的制冷剂充注量比较大，那么贮液器的容积，只能按照贮存制冷系统中最大两间库房蒸发器的存液量设计。这种做法的好处是贮液器的容积不需要很大，缺点是如果系统需要比较大规模的维修，则需要找其他容器贮存剩余的制冷剂。

至于多少液量才算比较多？一些老牌的企业都有一套完整的企业标准，设计人员只需要按照要求设计就可以了。

另外，贮液器还有一个功能是补充制冷系统的液体循环。笔者认为：一般的高低温冷藏库，贮液器除了上述两个方案以外，其体积大小可以按蒸发温度下制冷量以 3~5min 的循环量进行选择（可根据系统规模的大小而定）；如果不考虑维修贮存液体，按 3~5min 的循环量选择的贮液器体积并不是很大。这种选择对于最小灌注量的制冷系统是很有作用的。

对于速冻系统，上面论述的方法不太合适。笔者的做法与第 5 章冷凝器的选择相似，按压缩机投入速冻系统的数量在蒸发温度-5~-10℃的工况下 3~5min 的循环量进行选择。因为此时制冷系统消耗的制冷剂是压缩机运行时的实际负荷，而不是设计负荷。有条件的工程，可以在贮液器上安装液位监控计（带触摸屏）。通过在速冻初期运行液面的波动体积，可以很快找到需要的答案。

集油器的设计比较简单，这里就不再详细讨论。

本章小结

分离容器设计中的计算是目前我国冷链物流制冷行业的设计短板。分离容器根据蒸发温度、供液温度来确定制冷量，可体现制冷系统设计的完整性。容器的分离计算是制冷系统优化设计的重要一环，可以减少制冷剂充注量以及减少容器重复设置，并且有效地提高系统的制冷效率。

不要认为容器的内部构成是一种简单的设计。以现在最常用的卧式低压循环桶为例，容器内湿回气管出口的位置与分离液面高度的距离，就构成了计算分离速度相关的容器分离特性系数（即布置比例系数）。而容器液面以上的分离空间，位于这个空间中的各种管件与分离气流垂直构成的截面面积，在计算循环桶的制冷量时，就需要减除。容器液面以下的管件，在计算容器的启动容积与缓冲容积时，同样也要减除它们所占的体积。另外，在布置循环桶出液管的时候，出液管在水平位置上的间距也是考虑的因素，如果间距太小，会造成制冷剂流动的相互干扰，容易造成汽蚀与涡流。

确定分离速度的方式以及各种参数的选择有不同的计算方法。它的选型不像阀门与管道的选型、压缩机的选型，可以通过理论进行比较准确地推导。即使采用液滴分离的理论，但是在实际应用中各种参数有太多的不确定性，在笔者的认知范围内，目前世界上还没有一个完全可以通过理论分析能够得到业内基本认同的分离容器计算公式。即使是 ASHRAE（美国采暖、制冷和空调工程师协会）这样的国际权威机构，在它每年发布的技术手册上都没有提及这方面的计算公式。而本章提供的一些计算方法是根据国外一些知名制冷设备厂家的技术资料，笔者应用一些基础公式推算出来的。

这些知名制冷设备厂家收集他们制造的容器在实践中运行的数据并进行分析研究，根据自己生产的产品性能确定分离液滴的直径，选择合适的阻力系数，并根据容器内的各种管件的布置（包括限定分离高度和分离距离），按运行工况计算出相关容器的选型测试数据，包括在 8.3.2 中给出的阻力系数。有了这些数据，用户与技术人员就可以方便地选择和使用了。但这些厂家的产品结构不同，选择的数据有比较大的差异。

一些发达国家的冷库制冷系统与国内的还是有一些区别。例如前者基本上是单层，而后者有接近 70%左右是多层；在蒸发器上，前者基本上是冷风机，国内除了冷风机，还有许多是蒸发排管。因此，在实际应用中需要理解与深入研究他们的设计产品，以此为基础才能设计出符合国内制冷系统的分离容器；而不是简单地套用他们的公式就能解决问题。另外，国内目前许多冷库的运行都是采用用电避峰的方式，这种运行方式对计算蒸发器液位波动容积还是有很大影响，因此在计算容器的启动容积与缓冲容积方面会有很大的改变。

笔者对这些产品数据进行了长期的跟踪与研究，发现：对于一些在制冷运行中只有分离功能的容器，例如气液分离器、中间冷却器，不同运行工况下的分离速度是选择这些容器的唯一指标。

利用式（8-13）计算分离容器的分离速度，其核心是：根据各种制冷剂自身的物理特性（气液密度比）来确定分离液滴直径的大小；根据蒸发温度的高低来确定分离速度的快慢；阻力系数的确定则是根据分离速度的变化而改变。

而对于既具有分离功能也需要制冷剂液体循环的容器，例如低压循环桶，在保证满足分离功能的前提下，把启动容积与缓冲容积在容器中所占的空间最大化是这种容器设计的关键因素。这种布置应该是使制冷供液泵在运行过程中能连续运行、不中断供液的一个重要指标。虽然这个指标不是必需的，但是这个指标是保证制冷系统能完全实现全自动运行的一个重要因素。

同样，闪发式经济器也有类似的指标。这种容器除了满足供液节流后的气液分离速度外，还能为下一级的供液容器或者蒸发器运行提供循环液体。因此进入这种容器的供液管上的节流装置型号以及在容器中所设置的供液容积是这种容器选择的另外一个技术指标。

至于低压循环桶中与蒸发器容积以及湿回气管容积相关的启动容积与缓冲容积比例计算，没有一个固定的模式，应该与系统的融霜排液形式、蒸发温度的控制波动范围有关，需要在实践中逐步积累相关的数据并加以总结。只要真正弄通它们之间的关系，工程应用上才会得心应手。

系统在停止运行后，容器需要留存一些空间给系统中通过湿回气管流入的一些过量液体，这些空间就称为缓冲容积。许多情况下降温接近结束，蒸发负荷减少，制冷剂蒸发量也减少，过量的供液也就随着流回到循环桶；当然，当设备出现故障，需要停止泵的运行时，过量的供液也会流回到循环桶；还有融霜时，需要融霜的蒸发器中的液体需要全部排入分离容器，这些都是容器选择缓冲容积的参考依据。

对于采用二次节流供液的制冷系统，在一次节流供液的容器中，如果这台容器同时负责二次节流供液，笔者认为这台容器的启动容积需要增加二次节流所附加的这些容积，这是现有的容器计算中没有考虑的部分。这部分的计算容积量不大，笔者的做法是把最低报警液位容积固定，然后把系统需要的启动容积、缓冲容积，以及增加二次节流所附加的容积相加。若相加之和小于或等于容器能提供的启动容积和缓冲容积之和，就可以认为选择的容器能满足制冷系统的要求。

至于分离容器的分离能力（制冷量），立式循环桶与卧式循环桶有一定的差别。对于立式，一旦容器的直径、蒸发温度以及供液温度确定，在这个工况下运行的理论分离速度是没有变化的。而对于卧式容器，液位越低，分离高度越大，也就是运行在相同的气流量下水平速度更慢。因此在选择好容器的分离速度后，尽量让运行液位在比较低的位置，这样运行起来更加安全。

从立式或卧式分离容器的计算可知，即使系统计算采用的是相同的制冷剂、相同的蒸发温度和供液温度以及相同的制冷量，如果系统采用的蒸发器不同（排管、冷风机或平板速冻等）、系统的运行方式不同（有热气融霜或没有热气融霜）、冷却方式不同（速冻或普通冷藏），分离容器的最终计算结果是：所选择的容器直径会相同，但是容器的高度（立式）或者长度（卧式）会不同。

低压循环桶与气液分离器在使用功能上同属分离容器，但是选型上是有所区别的。计算上相同的是：如果蒸发温度、供液温度相同，它们的最大分离速度是一样的。不同的是：这两种容器中的液面设计计算是不一样。在工程计算上，前者需要计算系统所需要的启动容积与缓冲容积的比例循环桶是否可以容纳；而后者只要保证能满足蒸发器的一次用液高度（立式与卧式的高度有区别）就可以了，因此所需要的液体比起前者少许多。相同的工况下，桶内布置也相似，卧式的气液分离器制冷量比卧式低压循环桶的制冷量要大一些（由于桶内的设计液面低，气体通过的截面积要大一些）。

一些发达国家的生产厂家生产的分离容器，其内部设计有许多的改进。他们改进后的产品，并不是我们现在看到的他们在国内的产品目录与图样。图8-32中容器内部的结构就是其中的一种改进，而这种改进已经在十多年前实现了，并且早已调整了这些产品的相关数据，我们在这方面确实已经落后了很多。这些设备看似简单，但因为对这些容器深入研究的技术人员非常少，还是造成了大量制作材料的浪费和制冷剂充注量的大大增加。

参考文献

[1]　商业部设计院. 冷库制冷设计手册［M］. 北京：农业出版社，1991.

[2]　EVAPCO Inc. USA Evapco MRP recirculation system［R］. 2008.

[3]　Johnson Controls 公司. 氨制冷系统压力容器选型手册［R］. 2012.

[4]　STOECKER W F. Industrial refrigeration handbook［M］. New York：McGraw-Hill Companies Inc.，1998.

[5]　JEKEL T B，REINDL D T. Gravity separator fundamentals and design［R］. 2001.

[6]　WIENCKE B. Fundamental principles for sizing and design of gravity separators for industrial refrigeration［J］. International journal of refrigeration，2011，34（8）：2029-2108.

[7]　STENHEDE C. A technical reference manual for plate heat exchangers in refrigeration & air conditioning applications［M］. 4th ed.［S. l.］：Alfa Laval AB，2001.

[8]　ASHRAE. Refrigeration handbook.［R］. Atlanta，GA：ASHRAE，1997.

[9]　LORENTZEN G. On the dimensioning of liquid separators for refrigeration systems［J］. Kae-ltetechnik-klimatisierung，1966，18（3）：89-97.

[10]　WIENCKE B. Richtlinien fuer die dimensionierung von schwerkraftfluessigkeitsab-scheidern in kaelteanlagen［J］. Die kaelte und klimatechnik，1993（9）：496-508.

[11]　GRASSMANN P，REINHART A. Zur ermittlung der sinkgeschwindigkeiten von tropfen und der steiggeschwindigkeiten von blasen［J］. Chem. Ing. Techn. 1961，33（5）：348-349.

[12]　DEP 31. 22. 05. 11-Gen. Gas/liquid separators-type selecction and design rules：Design and engineering practice used by Companies of the Royal Dutch/Shell Group［EB/OL］.（2002-09-31）［2023-04-27］. https：//docslib. org/gas-liquid-separators-type-selection-and-design-rules.

[13]　MEYER L A. Basic principles of refrigeration［N/OL］.（2007-05-27）［2023-04-27］. https：//www. achrnews. com/articles/104638-basic-principles-of-refrigeration.

[14]　Phillips. Refrigeration VALVES · VESSELS · SYSTEMS · CONTROLS［M］. 2015-2016.

[15]　Star Refrigeration Horizontal Accumulator Selection［M］. 2012.

[16]　谢鹏. 低温领域环保冷媒与压缩机发展分析［R］. 上海：上海汉钟精机股份有限公司，2017.

[17]　John Murdaugh Apex Refrigeration & Boiler Co. Phoenix Arizona refrigeration pressure vessel basics［R］. 2013.

[18]　BROWN P P，LAWLER D F. Sphere drag and settling velocity revisited［J］. Journal of environmental engineering，2003，129（3），222-231.

[19]　GERHART P M，GROSS R J. Fundamentals of Fluid Mechanics［M］. Reading，MA：Addison-Wesley Publishing Co.，1985.

[20]　IIAR. Ammonia refrigeration piping handbook［M］.［S. l.］：［s. n.］，2014.

[21]　张术学. 招商局海韵冷链有限公司冷库设计文件［Z］. 2018.

[22]　KOELET P C. Industrial refrigeration principles，design and applications［M］.［S. l.］：［s. n.］，1992.

[23]　MOSHFEG-HIAN M. Gas-liquid separators sizing parameter［R］. 2015.

[24]　REFPROP9. 1：Reference fluid thermodynamic and transport properties［CP］. 2013.

[25]　BOTHAMLEY M. Gas/Liquid Separators-Quantifying Separation Performance Part 1［R］. 2013.

[26]　BOTHAMLEY M. Gas/Liquid Separators-Quantifying Separation Performance Part 2［R］. 2013.

[27]　罗叶欣. 测试文件［Z］. 武汉：武汉盟特节能设备有限公司，2021.

[28]　SOUDERS M，BROWNGG. Design of fractionating colums-entrainment and capacity［J］. Industrical and engineering chemistry. 1934，26（1）.

第 9 章 冷链物流冷库的自动控制

冷库运行费用的主要构成是人工费与能耗。其关键因素：在保证冷藏食品的品质的前提下，把冷库的冷藏温度控制在合理的波动范围内；根据环境温度的变化，尽量降低冷凝温度、提高蒸发温度。这些因素都与能否实现冷库的全自动运行密切相关。首先自动运行把人工的费用最小化，同时也保障了食品的品质。其次，由于运行的自动化程度高，可以有效地通过计算机监控方式，降低系统运行的能耗。

冷库的全自动运行包括两部分：

1）制冷系统设备的全自动运行。

2）冷库进出货物的智能管理，包括：货物的自动堆垛、WMS（Warehouse Management System，仓库管理系统）、WCS（Warehouse Control System，仓储控制系统）、TMS（Transportation Management System，运输管理系统）以及 OMS（Order Management System，订单管理系统）等。这些技术属于冷库的运营管理，主要体现在使用计算机的软件配置和系统管理上，本章不详细讨论。

9.1 制冷系统设备的全自动运行

9.1.1 制冷系统的自动控制设置

在制冷系统设备的运行中，要实现全自动运行，以下的工作和步骤是必不可少的。

1）根据制冷系统的设计图制定冷库合理的运行控制逻辑方框图。

2）根据设计图选择控制阀门、检测元件。了解这些控制元件的特点以及执行动作所需要的输入信号，检测元件所发出的输出信号。

3）根据制冷设备的型号与选择控制元件设计合理的电气控制线路图。电气控制线路图的选择包括：继电器、PLC（可编程控制器）或专业模块控制（固定控制线路，部分可以输入应用数据）。

4）根据设计图和选择的各种设备元件进行安装与线路连接。

5）制冷系统调试：包括模拟调试与带负荷试运行。检查制冷系统是否达到原设计的要求和使用指标。

下面以一个小型制冷系统为例，根据目前比较先进的理念去设计，以实现制冷系统的全自动运行。

9.1.2 图纸设计

图 9-1 所示是一个简单的直接膨胀供液制冷系统的设计。

根据对设计图的分析，这个系统的各种设备配备的自控元件与检测元件主要包括：

1）压缩机：压力控制器（双开关），其作用是高压保护（防止压力过高）和低压停机保护（防止压力过低），以及压缩机内置过热保护（防止由于各种原因造成压缩机内的温升过高）。

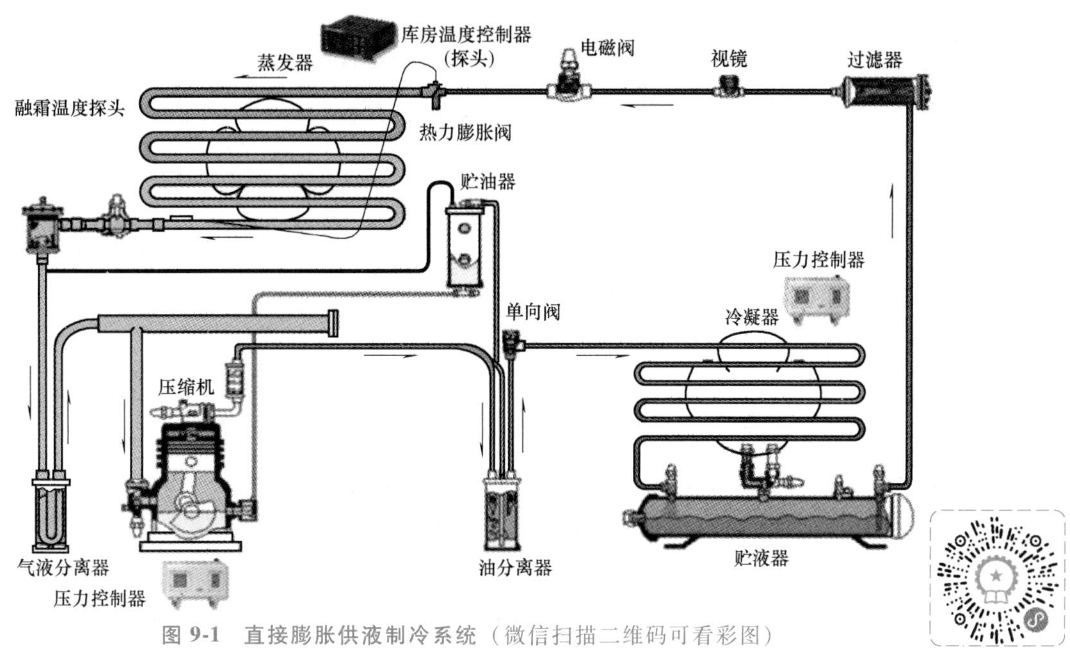

图 9-1　直接膨胀供液制冷系统（微信扫描二维码可看彩图）

2）风冷冷凝器：压力控制器（单开关），其作用是高压保护（防止压力过高）。

3）冷风机蒸发器：除霜温度控制器。除霜过程设置两种程序：除霜时间程序，在设置的时间内结束除霜；以及除霜温度达到设置温度，结束除霜。这两种程序同时作用，以除霜温度达到的程序优先，即当除霜温度到达设置的温度时，即使除霜时间没有到达，可即时终止除霜过程。

4）制冷系统：供液电磁阀（控制系统的制冷剂供给）和库房温度控制器（控制冷库的温度）。

9.1.3　制定冷库运行合理的运行控制逻辑方框图

1）制冷过程控制逻辑方框图如图 9-2 所示。

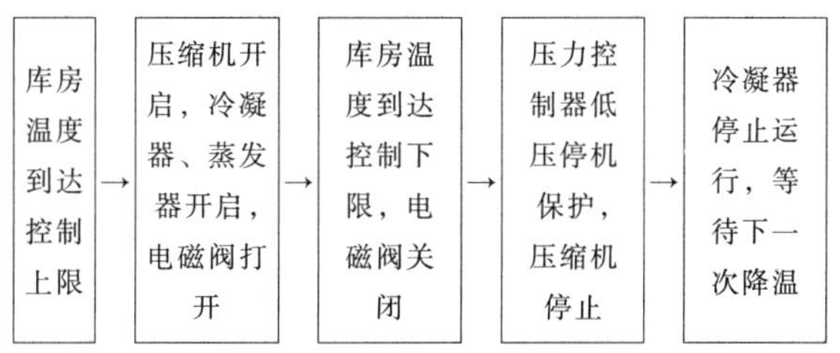

图 9-2　制冷过程控制逻辑方框图

2）除霜过程控制逻辑方框图如图 9-3 所示。

9.1.4　设计合适的电路控制图（主回路，控制回路）

由于该制冷系统比较简单，可以选择一种称为电子制冷控制器的微型计算机控制器作为这个控制系统的核心。这种电子制冷控制器的设计是根据一些小型甚至中型制冷系统的运行模式而特别设置的微型计算机控制系统（图 9-4）。由于这种设计面板的形式比较形象，连接方便，目前在国内的中、小型制冷系统广泛应用，以代替原来的继电器控制线路。

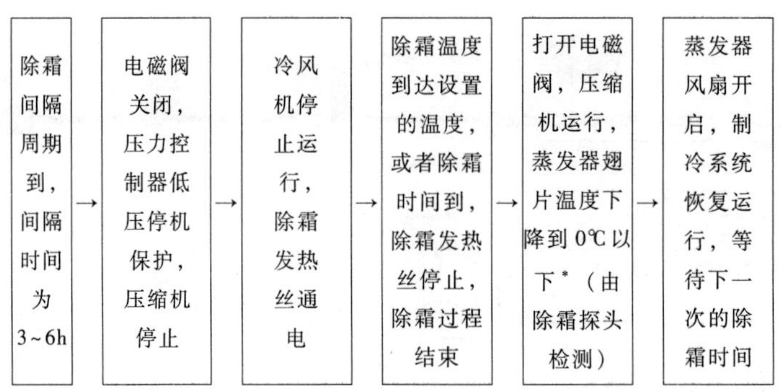

图 9-3　除霜过程控制逻辑方框图

*：由于除霜程序刚刚结束，蒸发器内处于比较高的温度。如果这时启动蒸发器风扇，会把这些热量通过风扇吹入冷库的冷空气混合，造成库内空气快速膨胀。对库内的货物产生不利影响，甚至造成冷库结构破坏。

控制系统在使用这些模块时，可以根据使用的需要，简单地编制输入一些应用的数据。例如需要控制的各个冷间的温度，冷风机融霜的时间，融霜的结束温度，甚至是融霜结束后，冷风机风扇的延时开始运行时间等。

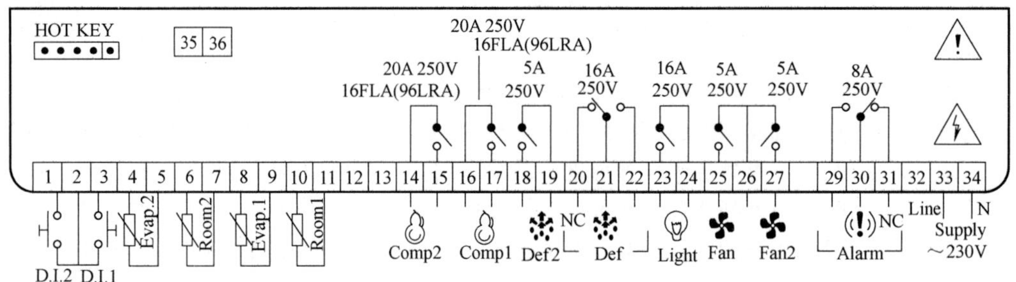

图 9-4　中小型冷库的控制模块

HOT KEY—编程钥匙　D. I. 1、D. I. 2—数字输入 1、2　Evap. 1、2—蒸发器探头 1、2　Room1、2—库温探头 1、2　Comp1、2—压缩机 1、2　Def、Def2—融霜输出 1、2　Light—库灯　Fan、Fan2—蒸发器风扇 1、2　Alarm—报警输出（出厂默认，是可以由 oA6 定义的辅助输出）　Supply 230V～—230V 交流电源　Line—火线　N—零线

根据图 9-1 所示的制冷系统，设计出图 9-5 和 9-6 所示的自动控制电路图。

从图 9-5 和图 9-6 中可以看到，辅助箱的电子制冷控制器是这个控制系统的控制中心，制冷系统的各种输入与输出信号都是通过控制器处理后给各种执行元件发送指令，从而实现系统的自动控制运行。除了满足系统控制的各种功能以外，该系统还配备了数据传送与网络监测的功能，即通过通信卡把系统的运行参数传送到上一级的通信网络，实现网络的现场监测，使用户与维护人员都能得到所需要的信息。

这些微型计算机控制器也有它的不足之处。例如制冷系统需要热气融霜，从制冷工艺的角度分析，需要有三台冷风机处于运行状态才能保证有足够的热量去支持一台相同冷量的蒸发器融霜。如果系统冷风机数量比较多，这种排列组合就非常复杂。还有对于一些工业制冷系统，各种设备的关联度比较复杂，显然这些微型计算机控制器就难以胜任。因此，在工业制冷系统中常常是采用一种称为“BAS”（Broadband Access Server/Broadband Remote Access Serve，宽带接入服务器）的智能化控制系统。

宽带接入服务器主要有两方面功能：

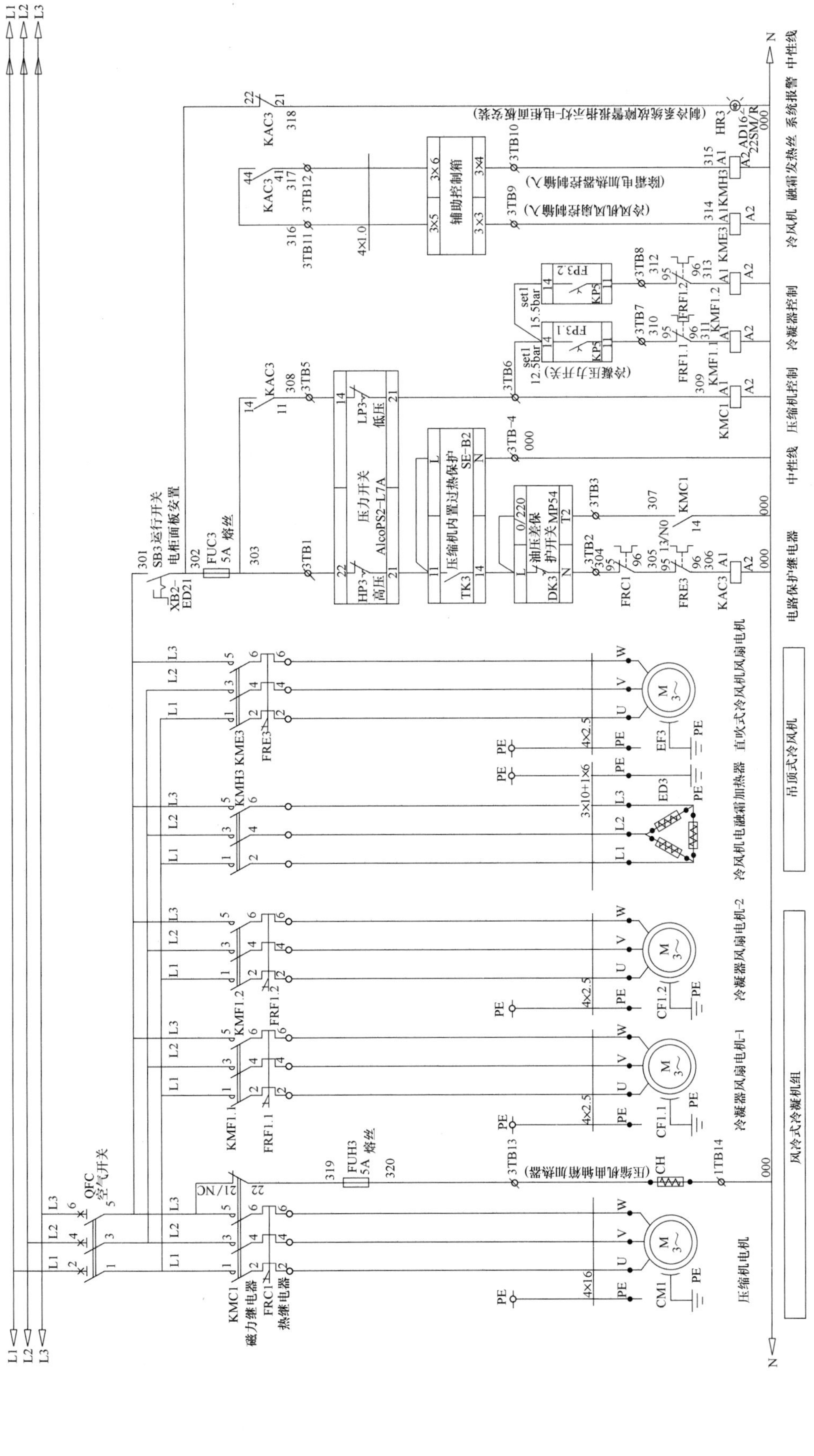

图 9-5　低温冷库电气线路图

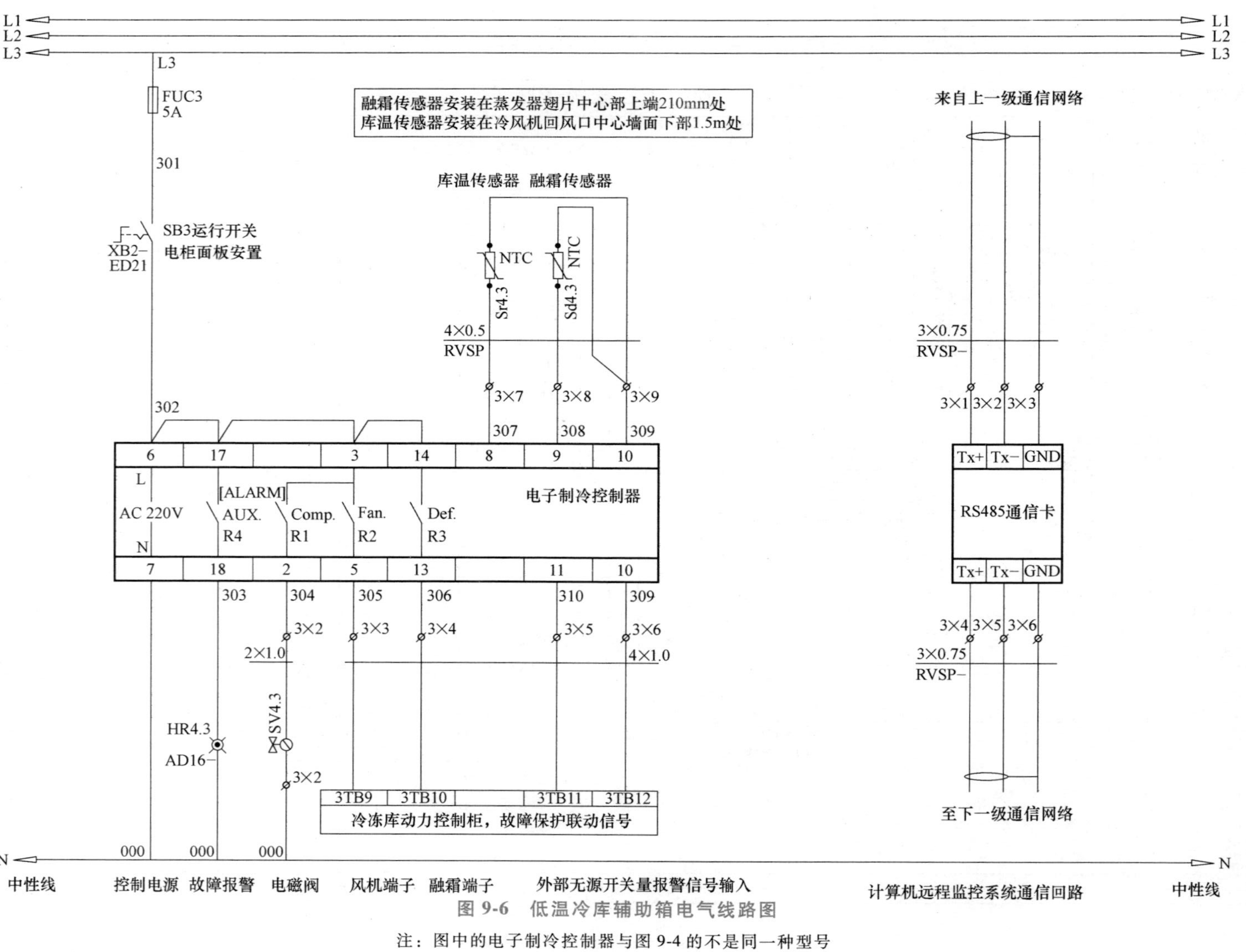

图 9-6　低温冷库辅助箱电气线路图

注：图中的电子制冷控制器与图 9-4 的不是同一种型号

1）网络承载功能：负责处理用户的 PPPoE（Point-to-Point Protocol Over Ethernet，一种以太网上传送 PPP 会话的方式）连接、汇聚用户的流量功能。

2）控制实现功能：与认证系统、计费系统、客户管理系统及服务策略控制系统相配合，实现用户接入的认证、计费和管理功能。BAS 智能化控制系统是将各个控制子系统集成为一个综合系统，其核心技术是集散控制系统，是由计算机技术、自动控制技术、通信网络技术和人机技术相互发展渗透而产生的。它不同于分散的仪表控制系统，也不同于集中式计算机控制系统，而是吸收了这两种技术的优点而发展起来的系统工程技术。

大中型制冷系统的 BAS 智能化控制系统又是如何规划的？图 9-7 所示是一个既有低温冷藏又有高温冷冻库的中型制冷系统。

首先为制冷系统的每一台设备设置为一套控制回路单元，并且根据设备所需要的输入与输出点，以及输入与输出的信号类型与数量（开关信号，数字信号或者时间信号等），配置相应型号的 PLC（可编程控制器）。在这个系统中，大概可以分成以下的控制回路单元：

1）压缩机控制回路。

2）蒸发式冷凝器控制回路。

3）冷库 1 号控制回路。

4）冷库 2 号控制回路。

5）封闭月台冷风机控制回路。

6）低温循环桶控制回路。

7）高温循环桶控制回路。

8）中控控制回路（负责以上各个控制回路的关联控制）。

根据以上的回路，设计了图 9-8 所示的控制网络图。

现在可以根据制冷系统在各个控制回路单元的控制运行要求进行编程。如果图 9-5 所示的制冷系统是一个氨制冷系统，那么蒸发冷凝器的运行（夏季运行，冷凝压力 35℃，湿球温度 28℃。注：蒸发冷凝器的运行包括风扇与水泵的运行，为了介绍的简化，这里把它们合并为冷凝器的运行，后面提及冷凝器的运行与此处的解释相同）要求如图 9-9 所示。

当然，如果考虑到系统的节能，还可以给蒸发冷凝器风机使用变频电机。因为在蒸发冷凝器的水泵和风机中，一般情况下风机的电机比较大。因此，当高压系统的冷凝压力下降时，通过变频的方式使风机的能耗下降。从而达到节能的效果。

该系统的蒸发式冷凝器的控制单元采用 PLC 程序控制器设计，如图 9-10 所示。

而制冷并联机组的控制如图 9-11 所示。这种并联机组的使用有出于节能方面的考虑，根据制冷系统的负荷变化能够实现多级压缩上载或者卸载，从某种意义上代替了压缩机变频的功能，而且总体造价也便宜许多，当然也包括压缩机的启动装置。这是一种适合中国制冷市场使用的工具。

根据图 9-9 所示的蒸发冷凝器的运行控制逻辑要求，可以在 PLC 程序控制器进行编程。不同厂家型号的 PLC 有不同的编程语言。例如按图 9-9 所示的要求，在西门子的程序控制器进行编程，它的编程次序如图 9-12 所示。

这种运行控制逻辑，需要设计人员熟悉制冷系统的运行模式，并且有一定的操作经验才能编制得比较合理。制冷系统最终是否能达到自动运行且安全可靠，与运行控制逻辑编制的是否得当有密切关系。

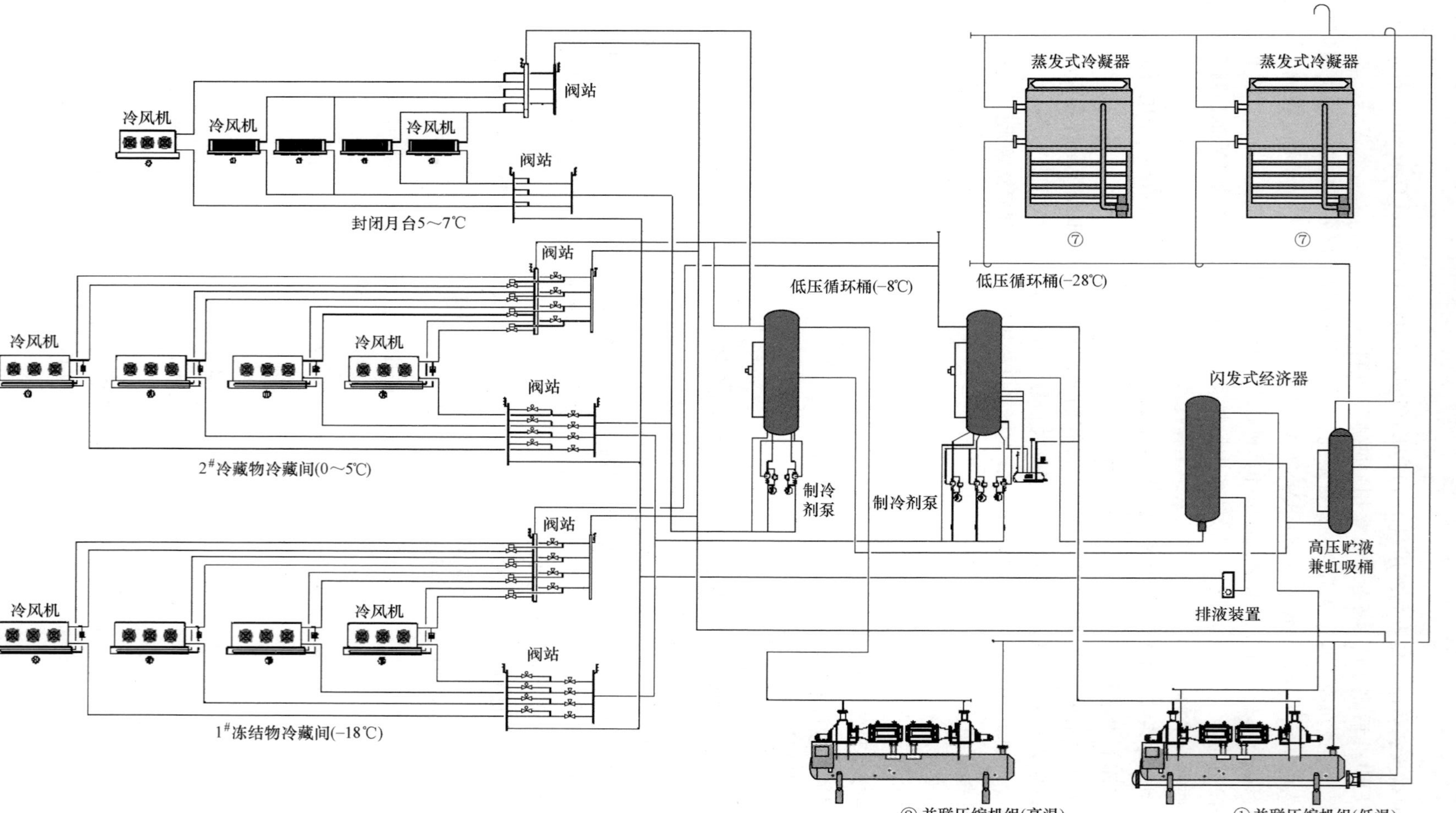

图 9-7　冷藏、冷冻库制冷系统图

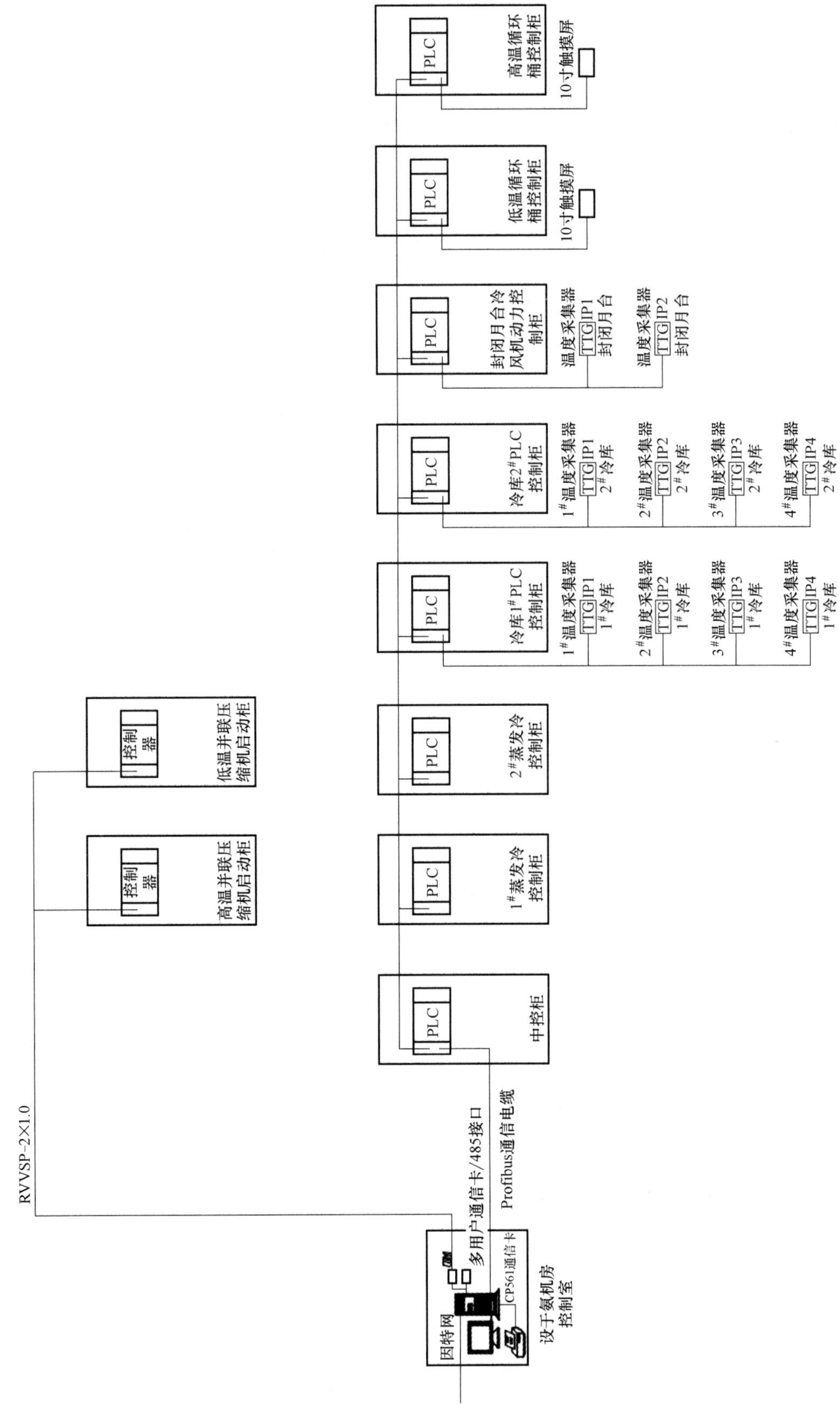

图 9-8　制冷系统通信控制图

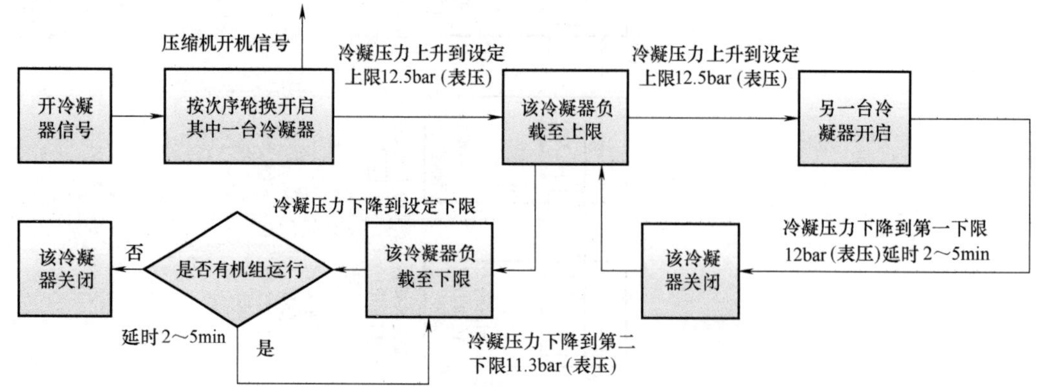

图 9-9　蒸发冷凝器的运行控制逻辑方框图

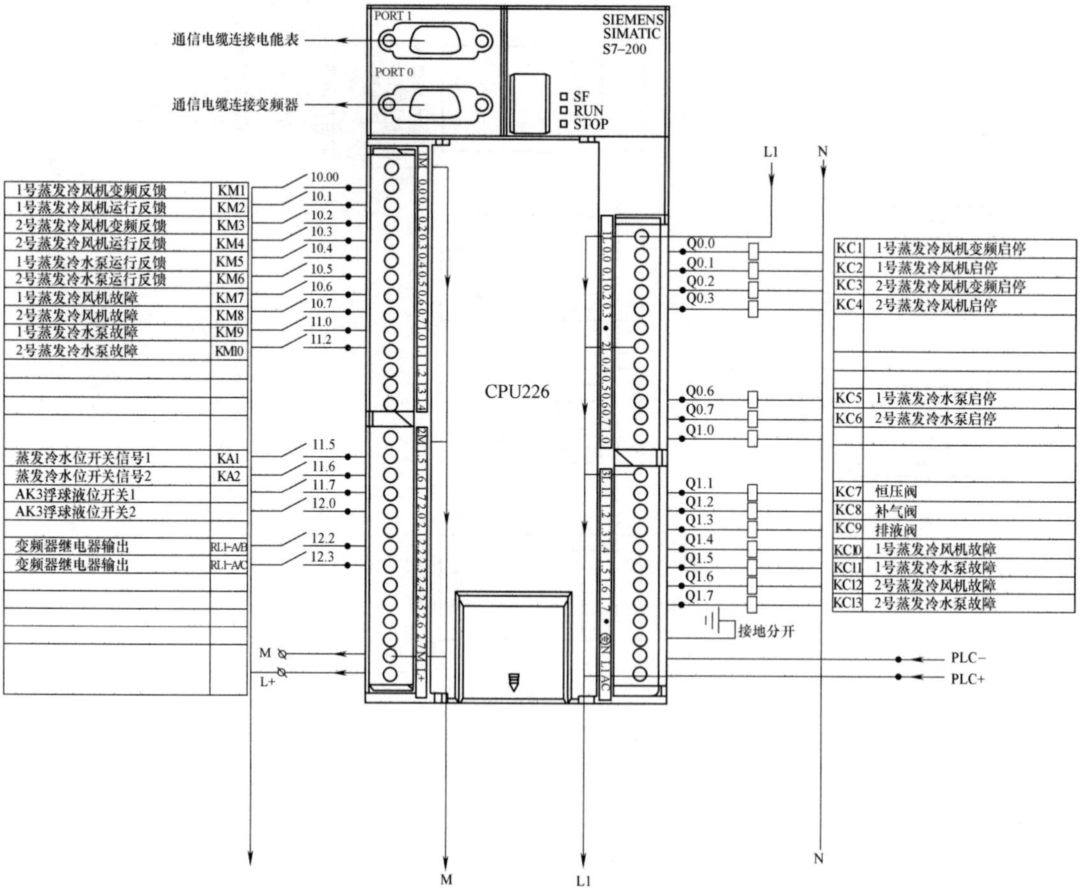

图 9-10　蒸发式冷凝器的 PLC 程序控制器设计布置图

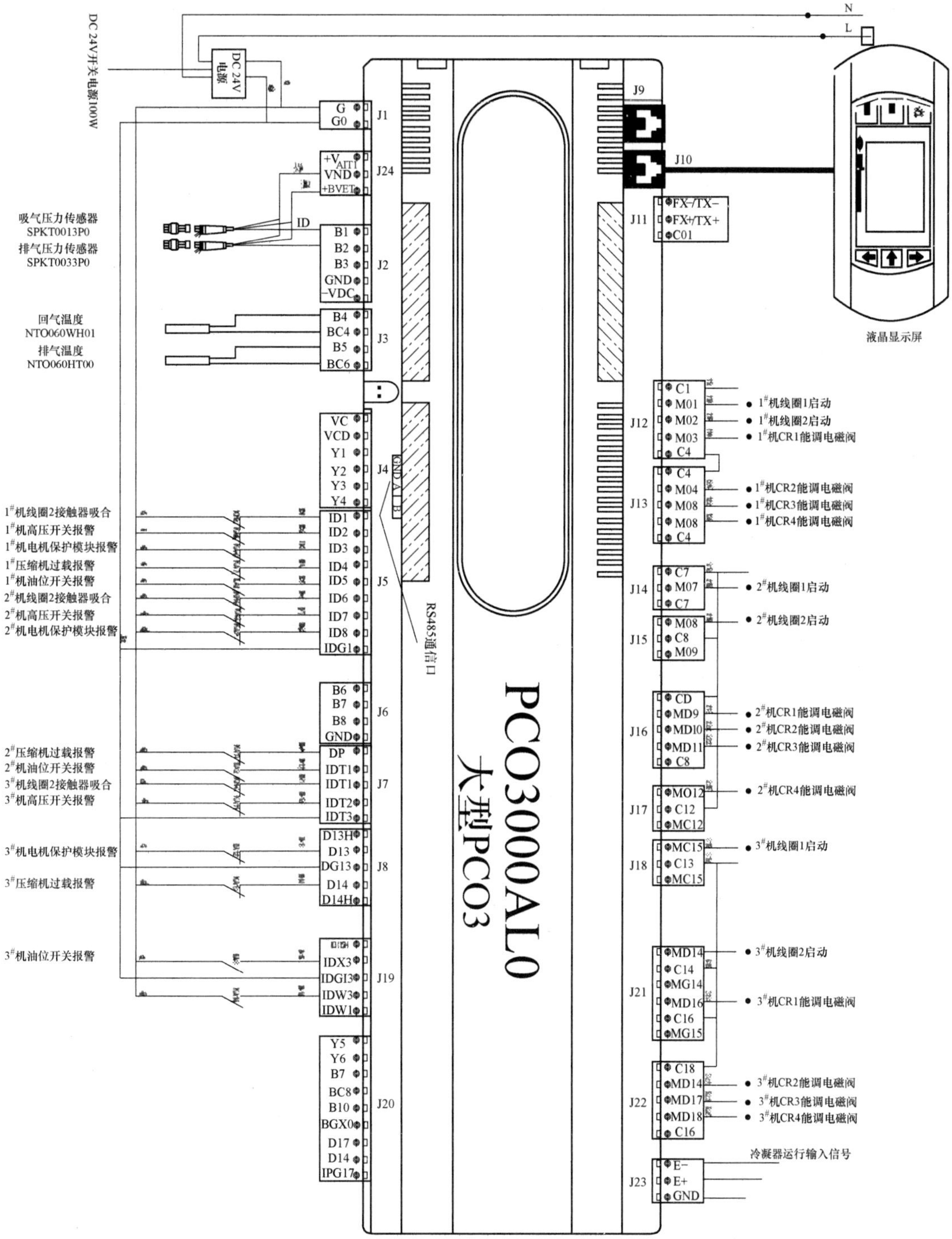

图 9-11　并联机组控制图

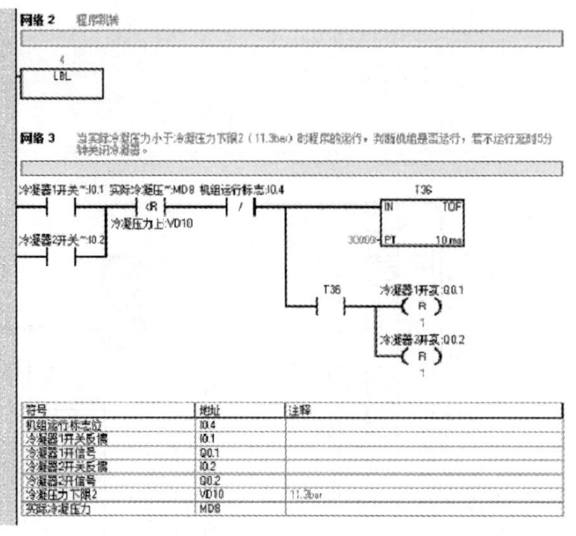

a)

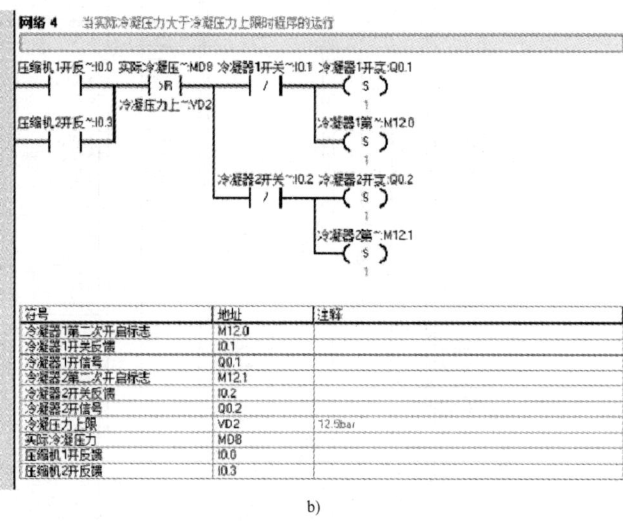

b)

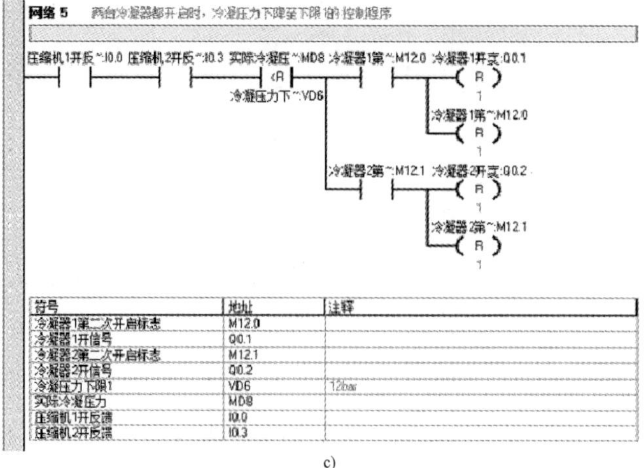

c)

图 9-12　西门子 PLC 控制逻辑

以上介绍的是目前国内比较流行的制冷系统控制模式。在欧美国家，部分已经采用了网络控制模式，而且这种控制模式已经向智能化、数字化以及更加节能的方向发展。图 9-13 所示是一种使用在啤酒冷冻生产线的网络控制界面图，特点是除了具有 PLC（可编程控制器）的一些逻辑控制以外，还特别加上了系统控制的安全钥匙功能。工程技术人员根据管理的等级，在监控页面上输入管理密码，实现在互联网上对系统的现场管理和修改系统运行的参数。

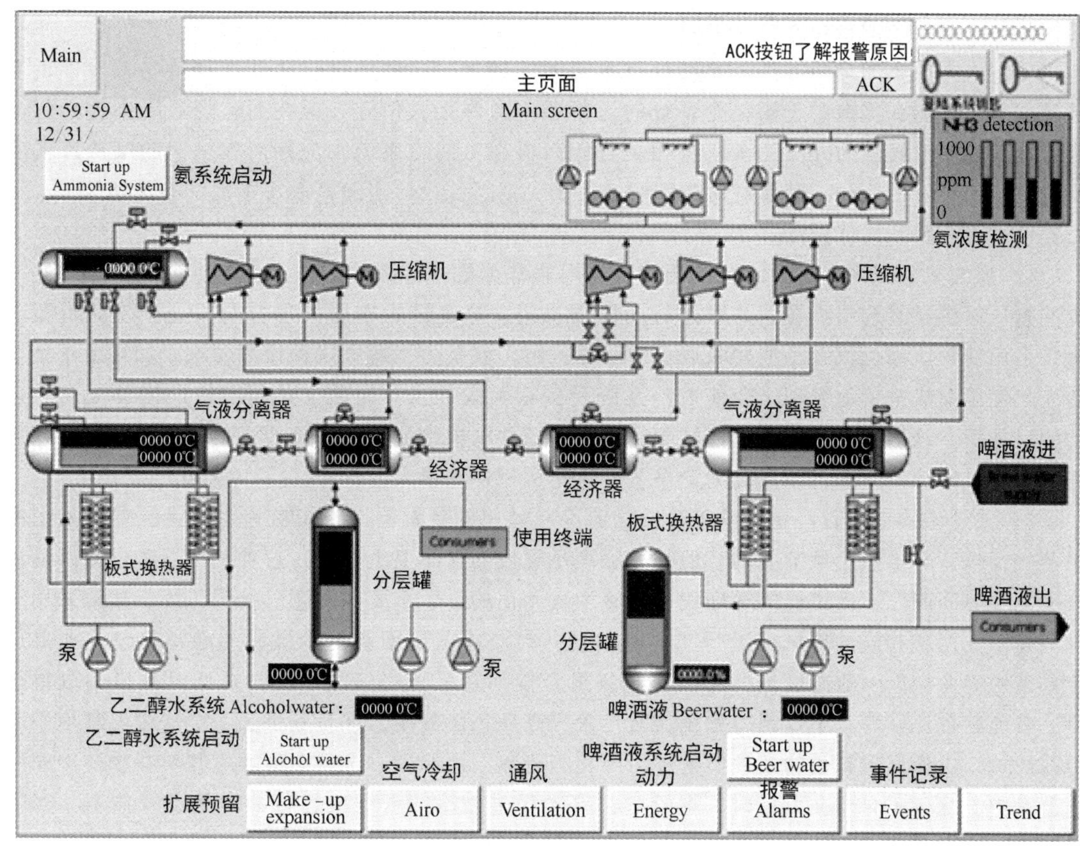

图 9-13　啤酒冷冻系统实时监控的画面

实现互联网上真正的实时监控的关键在于监控系统需要设置非常可靠的防火墙，以防止网络黑客的入侵或者竞争对手的破坏，导致监控系统的瘫痪，影响生产正常运行，甚至被更改管理密码，遭到对方的勒索或者出现更加不利的情况。

除了制冷系统运行的自动化设计以外，冷库的运营管理、货物的出入管理以及运输路线的设计等，都是属于冷库自动化管理的一部分。例如，自动仓储系统原来在普通常温仓中使用，近年来在冷链物流冷库中发展迅速，它是一种用于货物在仓库内自动运输（进出货物）的工具。随着冷链货物配送的迅速发展，这种自动仓储系统自然成为冷链物流冷库管理系统的组成部分。对于货物管理它具有先进性与合理性，而且与现代物联网可以无缝对接，极大地节省了人力资源，降低了货物管理的出错率。使用这种系统的物流冷库，预示着管理模式已经进入行业领先的行列。

9.2　自动控制系统与制冷工艺的配合

要实现制冷系统完美运行和节能，需要自动控制系统与制冷工艺的密切配合。多年来，氨制冷系统的无人值守问题一直困扰着我们。这在国外并不是一件很难实现的事情。从冷链物流冷库的设计与设备配置来看，国内一点都不比国外同类型的冷库差。制冷系统采用的自动阀门也没有任何差别，但最终还是没有实现制冷系统无人值守的功能，究其原因，笔者认为还是出在自动控制与制冷工艺的密切配合这个问题上。

随着人力成本的日渐提高以及熟练技术工人的缺乏，这个问题已经摆在冷链物流冷库的管理日程上。虽然在国内对于氨制冷系统的运行还不允许无人值守，但在卤代烃系统中使用无人值守是一种摸索经验的办法，在取得相关经验后再在氨制冷系统中应用。在昆明的某冷库的实践就是一个很好的例子。笔者对这个问题进行了大量系统设计实践，取得了良好的预期效果。下面提供一些思路和具体做法：

1）压缩机的选用。这种系统的压缩机选用非常重要，有两种途径：①制冷系统至少选用一台变频压缩机；②选用小型的并联运行的压缩机组。这是因为冷库大部分时间处于部分负荷运行，采用变频压缩机或者小型并联运行的压缩机组，就是为了适应这种使用要求。如果由于负荷的变化使压缩机频繁地启动，会使制冷系统受到很大的冲击。使用变频压缩机还需要配套软启动的启动柜，这两种设备价格都比较高。受卤代烃并联机组的启发，笔者尝试开发了采用并联机组的氨全自动控制系统，该系统无论是造价还是运行都有很大的优势。

2）热气融霜的编程问题。欧美冷链物流冷库采用的蒸发器以冷风机为主。我国传统采用的是蒸发器排管，虽然是最节能的，但是无法满足现代的食品卫生要求，这种蒸发器退出冷链物流冷库只是时间问题。冷风机的融霜编程是冷库自动化的一个重要的问题。按照传统，通常采用至少两台蒸发面积相同的冷风机运行，才能满足一台对应蒸发面积的冷风机的融霜热量。如果这个系统中有8台以上的冷风机，那么系统按组合排列几乎无法编程。而且在低温环境中取得热量，其能耗也比较高。工业制冷系统通常是采用高压系统共用，这就提供了一个从中温环境中取得的热量，供低温融霜用的条件。这种情况相当于热泵的原理。这种中温环境其实在物流冷库中也就是中温穿堂，只要在设计时，把给中温穿堂提供制冷的压缩机运行的时间设置在18~20h，就可以解决融霜热源的问题。中温穿堂使用并联压缩机组是这种方案的最佳选择。

3）让制冷工艺技术管理人员熟悉电气自动控制，让电气工程师了解制冷工艺过程，这是实现制冷系统无人值守运行的关键。特别是在系统调试期间，这种密切配合是不可缺少的。在调试期间，冷库的温度从常温逐渐下降到设定的温度。这期间系统的参数处在一个不断变化的状态，有些参数是不需要制冷系统正常后才输入控制系统。例如压力保护参数、系统缺水参数、融霜时间参数、融霜结束温度参数，以及系统保护的一些必要参数（如制冷剂泵缺液保护）等。而一些分离容器的正常液位设置、冷风机每天的融霜次数等参数，是可以在制冷系统基本正常后，才输入控制系统。

4）选择用PLC程序控制器作为制冷系统的主要控制元件时，对于PLC程序控制器的输入、输出点的数量选择，应该注意预留一些输入、输出点的机动位置。万一PLC程序控制器的某个输入、输出点出现故障或者损坏，这些机动输入、输出点就可以及时补上。同时把损坏点的程序重新输入到备用点上，系统控制就可以恢复正常运行。因此，对于已经输入并且使用的PLC程序控制器的程序保存与备份也很重要，在这些设备维护或者更换时，就能派上用场。

9.3　冷库自动化运行今后发展的模式

近年来，制冷技术的创新方法为全自动运行冷库带来更为广阔的发展空间，给传统冷库向全自动冷库的转型提供了良好的契机。这些新技术应用于冷库自动化管控系统，将显著提升冷库的智能化、网络化水平，提高冷库使用、维护的便利性，在确保冷库安全运行的前提下可实现无人值守，并且可以通过互联网/局域网实时了解机组和系统的运行情况，同时通过互联网对制冷过程运行参数进行动态管理，随时进行耗能对比，从而使制冷系统平稳、高效、节能地运行，为客户带来了经济效益和环境效益的双赢。

特别是自动化技术、计算机技术、通信技术的发展，不断推动移动互联网、云计算、大数据、物联网与现代制造业深度融合。其发展趋势主要体现在以下几个方面。

9.3.1　移动互联网技术应用于冷库监控

基于移动互联网技术的冷库监控系统由 3 层结构组成：最底层为现场控制层，中间层为区域监控层，最上层为中央监控层。现场控制层的核心为 PLC 或基于 PLC 技术的专用控制器，负责采集各类现场信号，包括温度、压力、流量等模拟量信号，以及风机和水泵的启停等开关量信号。控制器内含各种智能控制算法，根据工艺要求进行控制运算，通过控制运算和数据处理来控制各类设备的运行，包括模拟量调节和各类设备的开关、启停。与此同时，智能控制器通过多种通信方式与区域控制监控层相连（通信方式包括 Ethernet 和 Profibus 等有线网络，以及 GPRS 等无线网络），将现场数据传送到区域监控层并接受其控制指令。

区域监控层对所辖范围内的设备进行监控，将相关信息上传至中央监控层并接收中央监控层的指令。通过在监控层上运行监控软件，显示各类设备的运行状态和参数，对各类数据进行处理与存储。中央监控层是冷库监控系统的监控和管理中心，包括实时数据服务器、历史数据服务器、移动互联服务器、操作员工作站、工程师工作站、大屏幕显示器和打印机等。中央监控层以综合监控软件为中心，对各子系统的运行参数和状态进行监控，并对各类数据进行处理和管理，以提升冷库安全生产水平和企业经济效益。

该架构不仅可以通过 GPRS 和 WiFi 等无线通信技术传输现场运行数据，将冷库监控系统的实时数据发送至移动互联设备，实现在智能手机、平板计算机等移动终端上监控各类现场设备；还可以通过通信、定位一体化模块，实时监控移动冷链的精确位置，提高调度和管理水平。

9.3.2　云平台技术的应用

随着 IT 技术的迅速发展及其向工业制冷领域的渗透，冷库产业正在朝着规模化、智能化的方向演变。尤其是近几年兴起的云计算技术，其技术的成熟化也为 IT 系统的应用提供了新的技术途径。冷库云控制系统的概念也由此被提出，它是指一类融合了嵌入式、传感器、无线通信和智能物流等多种先进技术，以云平台为存储和计算中心的智能制冷控制系统。冷库云控制系统实现对冷库远程集中监控和分级分权限的管理及对分散多点的冷库设备温湿度实时监控，实现在远程的 PC 端和移动终端监测冷库温度。当出现故障时自动报警或短信通知报警；内置传感器参数资料库，根据实际情况调整冷库温度；通过物联网通信技术远程控制开关、除霜、加湿等，实现冷库系统的智能控制。

冷库云控制系统的结构大体上可分为边缘系统、云平台和人机交互系统三大部分，如图 9-14 所示。边缘系统是由大量传感器/感知设备，控制环境因素的执行设备，以及用于边缘数据处理的控制器和网络设备组成。人机交互系统由可接入互联网人机交互软件构成，它可以远程访问云平台数据资源，对边缘系统中冷库设备管理和控制过程进行监控。从需求者的视角来看，云平台提供了数据转发、存储和计算的功能，这些功能由许多虚拟化的服务器集群来完成，包括计算服务器、存储服务器和带宽资源等。

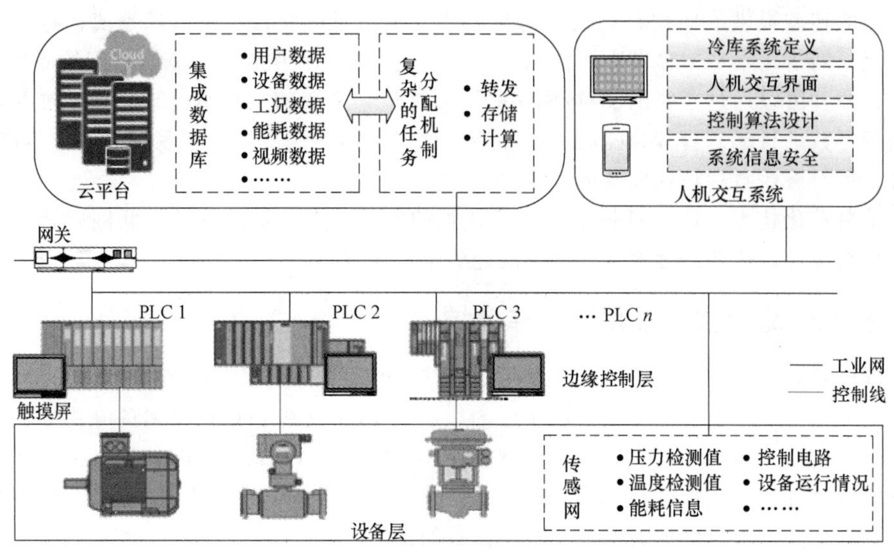

图 9-14　冷库云控制系统架构图

冷库云控制系统的优势是显而易见的，然而随着新技术和产业的发展和变迁，这项技术也将面临新的挑战，例如云平台的可靠性及其信息安全问题。云平台为冷库云控制系统提供了远程访问的服务，采用云平台就意味着将数据和应用分发到多个数据中心，这就需要创建新的安全边界，需要在更多的地方建立防护措施、抵御攻击，以确保工厂和用户数据的安全。倘若云服务提供商遭遇严重的病毒攻击，势必会对服务网的访问造成破坏，这等同于冷库云控制系统的“大脑”被侵蚀，造成整个制冷系统的失控和严重的经济损失。

9.3.3　控制功能更为复杂，自适应算法更优化

采用 PLC 及基于 PLC 技术的专用控制器对冷库进行监控，不仅能够采集各类运行参数和设备状态，而且可对温度、流量等实现精确控制。在配置多台同类设备时，通过专家系统等智能控制方案，可均衡各台设备的运行，延长设备的使用寿命和冷库的运行效率，进而提高制冷装置的综合性能，使制冷装置从传统控制进化到整个系统的最优控制。

此外，先进控制技术在冷库制冷领域的应用研究已经步向深入，控制目标参数从单一温度控制发展到对舒适度指标控制；在控制策略方面从基于查询表方法的简单模糊控制发展到智能模糊控制。为了优化控制效果和适应过程参数的变化对控制系统的要求，利用神经网络在线调整模糊控制参数形成自适应、自组织模糊控制器，利用遗传算法对模糊规则进行优化等。模糊控制与神经网络、遗传算法等现代智能控制方法相结合对冷库制冷系统进行优化控制，是该领域的未来发展趋势。模糊控制、变频控制及自适应控制系统的不断应用，使制冷装置的控制效果趋于合理，从而实现制冷系统的运行高效节能。

9.3.4　采用大数据技术对数据进行深度挖掘

在获取现场实时数据的基础上，通过大数据技术对各类数据进行分析、管理，优化冷库运行

参数，确保冷库在节能、自适应调节、最优配置、联合调节等方面处于最优运行状态。通过制冷系统大数据分析结果，在系统内建立庞大的专家库，做智能分析诊断，能够更加精准地控制制冷设备温度、压力和设备的运行参数，预防并降低故障，减少运营维护费用，达到节能减排目的。通过对不同机组、不同运行工况的运行数据进行分析，可对冷库各类设备进行预测性维护，并为产品进一步完善提供原始资料。

随着自动化技术的发展与完善，企业的经济效益越来越显著。自动控制元件价格的下降，且技术与元件可靠性的进一步提高，都使冷库向全自动化发展成为趋势。虽然冷库控制已经取得很大的成就，但在节能、自适应调节、最优配置、系统平衡等方面还存在一些没有解决的问题，这就迫使我们必须更深入地进行冷库自动化的研究，从制冷装置总体出发，综合考虑装置运行中诸参数之间的关联和影响，装置特性、环境因素和干扰特性以及它们之间的相互作用，确定最佳控制律，真正实现冷库的自动智能控制。

本章小结

本章主要介绍了工业制冷系统的二次线路常用做法。对于制冷系统的整体控制以及具体实施，需要多方面的技术融合和在实践中的反复磨合，才能达到工程设计的理想目标。这里只是强调在实际应用中两个工种（制冷工艺与自动控制）的相互配合与协调是必不可少的。制冷技术人员需要了解自动控制是如何实现的以及相关知识，协助自动控制技术人员解决编程中的一些合理性和复杂性问题。

国内比较大型的工业制冷系统真正实现无人值守的屈指可数，究其原因，设计与施工调试割裂，同时了解制冷工艺与自动控制两门技术的工程师实在太少。在这两种技术没有形成合力之前，能够发挥的作用是非常有限的。

本章同时介绍了云平台大数据对今后工业制冷自动控制发展这种必不可少的工具。

参考文献

[1] 殷际英，李玏一. 楼宇设备自动化［M］. 北京：化学工业出版社，2003.

[2] 上海捷胜制冷设备有限公司产品文件［Z］. 2018.

[3] 广州市粤联水产制冷工程有限公司. 京津港冷库设计文件［Z］. 2012.

[4] 福大自动化科技有限公司设计文件［Z］. 2018.

[5] Johnson controls 公司. 亚太啤酒工程设计文件［Z］. 2000.

[6] 李宪光，郑松，毕超. 全自动运行冷库技术［C］//张朝辉. 制冷空调技术创新与实践. 北京：中国纺织出版社有限公司，2019.

10

第 10 章 超低温制冷系统

随着我国经济的发展，超低温制冷在工业制冷行业得到了应用，同时也派生出了与这个行业相关的产品与一些特殊的设备和材料。本章重点讨论利用制冷设备使用不同的制冷循环——双级压缩、复叠系统、三级压缩以及超低温载冷技术如何达到工业制冷的超低温温度范围。

10.1 超低温制冷系统的温度范围与应用

工业制冷的超低温温度范围一般定义在-80~-40℃（也有定义在-100~-50℃），这种工艺的应用也非常广泛。在食品贮存中，应用最多的是金鲳鱼的加工与贮存；还有一些特殊的疫苗试剂和特殊的药品的保存，以及实验室用于各种低温材料的测试和试验的低温箱。

环境实验室最近几年在国内迅速发展。让汽车、动车车厢甚至飞机和航天工具在这些环境实验室模拟各种低温环境下运行和试验，以测试它们在这种环境下的各种物理特性与受损程度甚至是破坏性试验。这些环境试验的低温部分温度往往会低至-50℃，甚至更低。这些实验室的低温温度调节设备就属于超低温制冷系统。

10.2 超低温制冷系统采用的制冷方式与制冷剂的选择

为了达到超低温的环境，在三种蒸发温度下0℃制冷剂液体进入膨胀阀后的几种工业制冷常用的（不包括化工行业的丙烷、乙烷）制冷剂的压缩机排量（compressor displacement rates）见表10-1。

表10-1 压缩机排量 [单位：L/(s·kW)]

蒸发温度/℃	R22	R507	R717	CO_2	R23
-40	1.09	1.29	1.29	0.162	0.237
-60	3.01	2.87	4.01	-55.6℃冻结	3.06
-80	10.56	11.12	在-77.7℃已经冻结	—	10.13

从表10-1中的数据可以看到，当蒸发温度到达-65℃以下，就很难找到单一的制冷剂使用单一的压缩机（包括单机双级）来完成超低温的降温任务。系统配置和制冷剂的选择是相互关联的。在制冷剂冷凝时的压力希望不能过高，低温蒸发器中的压力也不应过低，因此很难找到在温度的两端（高压与低压端）都有适当压力的制冷剂。

图10-1显示了低温系统通常用于超低温的某些制冷剂的饱和压力曲线。这一数字表明，工业制冷系统的通用制冷剂：氨、R22、R507，甚至R134a在-80~-40℃范围内的蒸发压力极低。另一方面，制冷剂R23，CO_2在低温侧的蒸发器中有合理的蒸发压力，当在通常的环境温度下冷凝时，会具有不可思议的高冷凝压力。因此采用单级压缩单一制冷剂来实现超低温制冷循环是

不可能的事。

如果要实现超低温蒸发温度，有两种选择：多级压缩系统和复叠系统。

下面讨论多级压缩系统。多级压缩系统在设备选择上要比单级系统初投资要高许多。多级压缩系统先从双级压缩开始。就目前使用的单机双级压缩机来看，选择制冷剂氨、R22 都可以达到 -50℃；而 R507a 可以达到-65℃的蒸发温度。

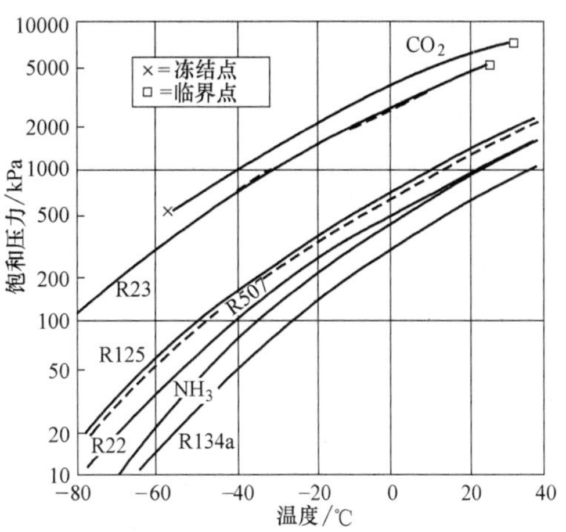

图 10-1　常用的一些低温制冷剂饱和压力随温度变化的曲线

单机双级压缩的优点：

1）低级压缩机排气温度降低使效率提高。

2）降低压缩机的压力比，提高压缩机的效率。

3）降低低压级压缩机所需制冷剂的体积流量。

4）减少低温蒸发器吸气管路尺寸。

但是如果需要更低的蒸发温度，就需要三级压缩了。这就产生了一个问题，即是选择一个三级压缩系统，还是选择一个双级压缩系统。对于三级压缩，在只有活塞压缩机的时代，只能接受。现在，随着螺杆压缩机的出现，这种情况已经改变了，尽管效率并不高，螺杆压缩机可以在高压缩比（压缩比可以达到 15 甚至更高）下运行。

图 10-1 所示，制冷剂 R23 选择双级压缩能解决超低温的蒸发温度（在-70℃时压缩比只有 4.88）。但是它的最高冷凝温度一般限制在 20℃之间，因为它的临界温度只有 26℃。因此在这种情况下引入了复叠制冷系统。

很难找到这样的一种理想制冷剂，既适用于高温和低温，又适用于压力范围较大的系统，这就引出了复叠制冷系统的概念。在复叠制冷系统中，如图 10-2 所示，两个独立的制冷回路通过冷凝蒸发器的连接（热交换）。选择用于低温回路的制冷剂是高压制冷剂，例如 R23 或 R508b。对于高温回路，可以选择任何常用的工业制冷剂，例如氨或 R134a。

这种复叠制冷系统的特点是：

1）冷凝蒸发器的负荷≥（低温蒸发器的负荷+低温级压缩机的轴功率）。

2）高温级冷凝器的负荷≥（冷凝蒸发器的负荷+高温级压缩机的轴功率）。

3）把高温级压缩机循环的回路称为高温回路：The high-temperature circuit（HTC）。

4）把低温级压缩机循环的回路称为低温回路：The low-temperature circuit（LTC）。

5）常用于高温级复叠循环系统的制冷剂有：氨、R22、R134a、R507、R404a。

6）用于低温级复叠循环系统的制冷剂有：R13、R503、R744、R23、R508b。

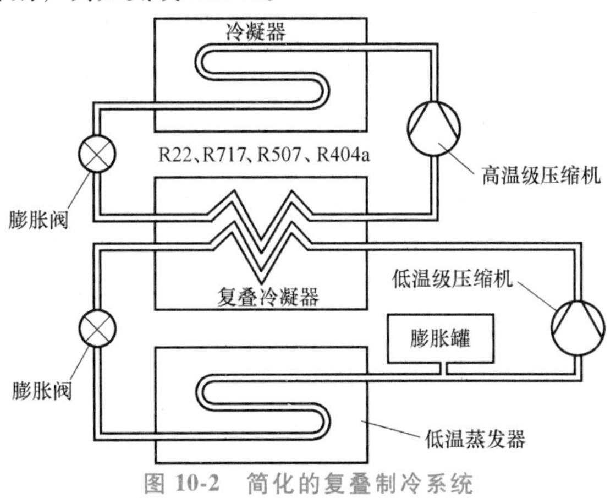

图 10-2　简化的复叠制冷系统

高温级使用的制冷剂是常用的制冷剂，对它们的性能比较熟悉，而对于低温级的制冷剂比较陌生。下面首先介绍 R13 与 R503，这两种制冷剂在对臭氧层的破坏方面与 R12 类似，已经不允许使用了；R744 是二氧化碳，将在第 11 章详细介绍；R23 是目前比较常用的超低温系统的低温制冷剂；而 R508b 是一种不消耗臭氧的 R23 和 R116 合成的共沸混合物，效果更好，它不易燃，臭氧消耗潜能值（ODP）为零。

与 R503 和 R13 相比，R508b 具有出色的工作特性，制冷量和效率值几乎与 R503 相当，并且优于 R13。R508b 的压缩机排气温度低于 R23。较低的排气温度意味着压缩机的使用寿命更长、润滑油稳定性更好。R503、R13、R23 与 R508b 复叠制冷系统的理论性能比较见表 10-2。

表 10-2 R503、R13、R23 与 R508b 复叠制冷系统的理论性能比较

项目	R503	R13	R23	R508b
制冷量(R503=100)	100	71	74	98
效率(R503=100)	100	105	95	103
排气压力/kPa	999	717	848	1013
吸气压力/kPa	110	83	90	110
排气温度/℃	107	92	138	87

注：运行条件：蒸发器蒸发温度为-84.4℃，冷凝器冷凝温度为-35℃；5.6K 过冷；-17.8℃吸入温度；等熵压缩效率为 70%，容积间隙为 4%。

表 10-3 列出了 R23 和 R508b 在两个工作范围内的计算数据。容积效率为 100%。实际压缩机的性能随压力比的增加而变化，产生较低的容量和效率以及较高的排气温度和压缩机排量。

表 10-3 两种不同蒸发温度下压缩机的理论数据性能

蒸发温度/℃	制冷剂	压缩比	排气温度/℃	压缩机排量/[L/(s·kW)]
-80	R23	7.49	58	1.10
-80	R508b	6.51	32	0.866
-100	R23	26.88	72	3.85
-100	R508b	21.88	39	2.94

注：运行条件：-35℃冷凝温度；压缩机效率 70%；容积效率 100%；10K 过冷，50K 吸入过热度。

在设计复叠制冷系统的计算中，有两个参数对系统的总效率影响很大。这两个参数是：冷凝蒸发器的传热温差和冷凝蒸发器最佳的冷凝/蒸发温度。

首先了解这种复叠制冷系统的总效率是如何计算的。复叠制冷系统总性能系数 COP 是蒸发器的制冷量除以两个回路所需的总功率。HTC（高温回路）的制冷负荷是蒸发器的热负荷加上 LTC（低温回路）压缩机的功率。如果低温回路的 COP 与高温回路的 COP 结合一起考虑，则复叠制冷系统整体 COP 通过以下组合表示：

$$COP_0=\frac{(COP_{LTC})(COP_{HTC})}{1+COP_{LTC}+COP_{HTC}} \tag{10-1}$$

式中 COP_0——复叠制冷系统整体效率；

COP_{LTC}——低温回路的 COP；

COP_{HTC}——高温回路的 COP。

图 10-3 显示了假定为等熵压缩的复叠制冷系统的整体 COP，其中低温回路（LTC）采用 R23，高温回路（HTC）采用氨。LTC 的冷凝温度和 HTC 的蒸发温度之间的温差受冷凝蒸发器尺寸的影响很大。随着冷凝蒸发器的传热能力增加，并且该换热器中的温度差减小，COP 总体增加。图 10-3 还显示了最佳中间温度，就像使用单一制冷剂的双级系统一样。

如图 10-3 所示，系统整体 COP 值是随着传热温差越小而增加。另外一点是：COP 的最佳值

对应于高温回路的蒸发温度-23～-22℃之间。图 10-3 只是氨与 R23 制冷剂之间的配搭。如果把氨换成 R507，情况会完全不一样，COP 的最佳值可能对应于高温回路的蒸发温度-10～-8℃之间。为什么会有这么大的区别？这与复叠制冷系统配搭的两种制冷剂的气体密度有关。在第 8 章提到过：压缩机在正常范围的蒸发压力下（在 0kPa 以上，表压），在相同的工况下制冷剂密度小的能耗会比密度大的小一些。如果用氨与 R23 比较，其后者的气体密度是前者的好几倍，因此，高温回路的蒸发温度下降一些所增加的能耗要比低温回路的冷凝温度升高所增加的能耗要少一些。换句话说，高温回路的蒸发温度适度下降会导致复叠制冷系统整体的 COP 得以提升。

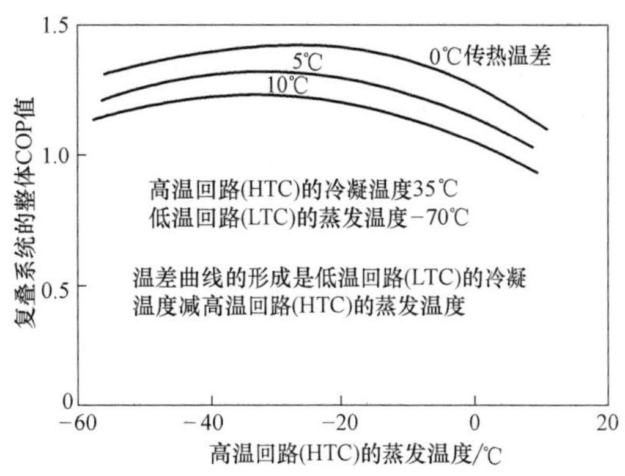

图 10-3　以氨作为高温回路制冷剂与 R23 为低温回路制冷剂所构成的复叠制冷系统整体 COP 值

注：图中 0℃传热温差只是理论值而已，这表示传热温差越小系统的 COP 值越大——笔者

而复叠制冷系统 R23 与 R507 搭配，情况就有所不一样了。两者的气体密度相差不大。因此结果也不一样。需要通过反复对比才能找出合适的最佳中间温度。在复叠制冷系统，不同的制冷剂搭配，会有不同的最佳中间温度。

从图 10-3 中可以发现，冷凝蒸发器的传热温差越小越好。但是温差小意味着冷凝蒸发器的尺寸增大，也就是增加了造价。如果温差加大，反过来压缩机的制冷量需要增大（造价与电费也同样随着增加）。需要在这两者之间进行平衡。参考文献［3］在氨与 CO_2 的复叠制冷系统中进行了分析，认为 5℃温差是比较合适（详细过程见第 11 章）。最近几年，国内的这种氨与 CO_2 的复叠制冷系统在冷库大量使用，这方面的技术在不断地提高，板壳式换热器已经由开始的全部进口，到现在的部分由国内生产了。而 CO_2 的主流压缩机（活塞式）仍然是进口品牌的市场。这两者之间的价格变化促使传热温差缩小到 4℃，甚至达到 3.5℃。用于 R23 的压缩机要求没有 CO_2 的压缩机高，因此也可以按 3.5～4℃的温差进行设计。

10.3　超低温制冷系统的设计特点

复叠制冷系统是两种不同的制冷剂在高温回路（HTC）与低温回路（LTC）的循环制冷。在高温回路的循环与普通的制冷循环基本上没有很大区别，但是这种制冷循环的传热方式主要采用的是重力供液系统（也有泵供液）。这种重力供液的技术关键是蒸发温度的压力降控制，这种控制直接对系统是否节能有很大的影响。在高温回路采用氨作为制冷剂与采用卤代烃作为制冷剂，在重力系统的气液分离器液面与换热器盘管的垂直高度差就有比较大的差距（具体要求详见第 6 章）。而且循环倍率通常也只有 1.5 倍，因此高温回路系统配置的高压贮液器容量比泵循环要小。在现代的制冷系统中，如果能做到计算准确，这种容器甚至可以取消。国内的某个测试试验场就采用过这种设计（国外的设计图纸）。

对于低温回路，系统的循环比较有特点。首先，用于低温回路的制冷剂 R23 或者 R508b，这些液体如果放在常温环境的容器内，其内部压力可以达到 4000kPa，整个低温系统必须能够适应这种压力。图 10-4 所示为这些低温制冷剂的压焓图。当系统在低温下运行时，系统中的制冷剂是气体与液体的混合物，如 *A* 点所示。当系统停止运行时，制冷剂开始升温并按定容线变化，压力根据饱和曲线增加。当在 B 点达到饱和气体线时，温度的进一步升高只会导致压力的轻微增加，因为制冷剂是过热气体。

在复叠系统停止运行后，由于环境温度的影响如果停机时间长了低温制冷剂的压力会上升到难以接受的程度。低温回路的制冷剂的临界温度都比较低，如 CO_2 的临界温度是31℃，R23的临界温度是26℃，R508b是14℃。为了防止系统进入跨临界状态产生不必要的高压，有两种方法可以解决：一种方法是设置容器对低温回路的系统进行限压，这台容器称为膨胀罐（fade-out vessel 或者 expansion tank，见图10-2）；另一种方法是安装一种辅助制冷系统来冷却容器内的制冷剂（常应用于二氧化碳系统）。

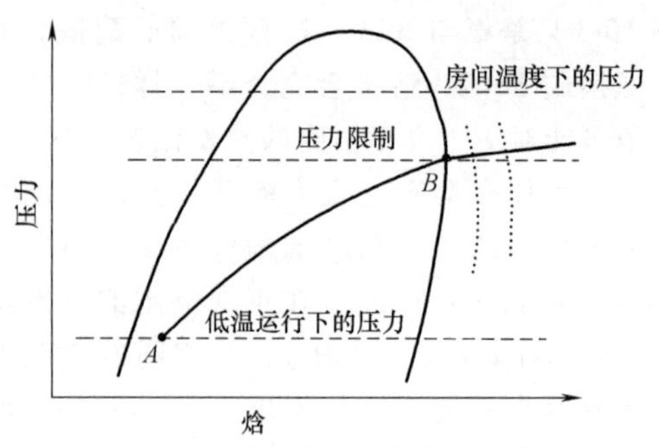

图10-4　复叠制冷系统的压焓简图

膨胀罐的作用是：当系统停止运行后，液体温度上升到室温时限制低温回路（LTC）中的压力。例如，R23在20℃处的饱和压力为4182kPa，如果在系统停止运行后中仍然存在液体，系统中的所有容器和管道必须承受这种高的压力。安装膨胀容器是限制压力的一种技术，使所有液体在限制的压力下都蒸发了。超过这个压力，温度增加但压力只是轻微增加。

膨胀罐的选型计算：

$$V=\frac{L}{\rho_1}-V_1 \tag{10-2}$$

式中　V——膨胀罐体积（m^3）；

L——低温回路中制冷剂的贮液量（kg）；

ρ——在限制压力下过热气体的密度（kg/m^3）；

V_1——低温回路系统体积（m^3）。

【例10-1】　如果在温度为20℃的停机状态下将压力限制在2002kPa（−8℃），假设系统中的体积为 $0.6m^3$，系统中R23的贮液量为100kg。则复叠制冷系统的R23低温回路中的膨胀罐体积是多少？

解：从压焓图的数据表上可以查到：对于R23，过热气体的密度为 $89.28kg/m^3$，将以上数据代入式（10-2），得

$$V=\frac{L}{\rho_1}-V_1=\left(\frac{100}{89.28}-0.6\right)m^3=0.52m^3$$

膨胀容器所需的体积为 $0.52m^3$，通常在实际应用中，选择的体积会略微大一些。这是由于如果系统比较大，系统的灌注量通常只是一个估计量。因此在选择膨胀容器的体积时，会留有一些余量。

如果在工业制冷系统低温回路采用的制冷剂是二氧化碳，一般不采用膨胀罐的形式，而是采用在贮液装置（贮液器或者低压循环桶）安装一种辅助制冷系统来冷却容器内的 CO_2 液体以防止出现压力过高的现象。这个辅助制冷系统也称为 CO_2 维持机组。具体内容见第11章。

在实际应用中，膨胀罐的安装如图10-5所示。当低温回路压缩机停止运行后，蒸发器中的液体会随着环境温度的影响而逐渐蒸发，蒸发的气体进入膨胀罐，而膨胀罐由于压力控制阀的控制，压力不再继续上升。直到低温回路的液体全部蒸发。在低温回路恢复运行时，膨胀罐中的

气体由于压缩机的运行重新被压缩机吸走、压缩。然后排到冷凝器冷凝变成液体，再进入导液罐供系统使用。膨胀罐在这里的作用是：容器的体积能够容纳低温回路中所有液体在压力限制下变成过热气体的体积。

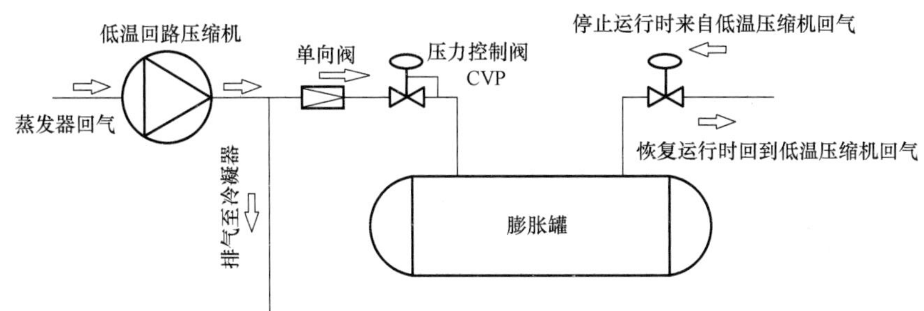

图 10-5　低温回路中的膨胀罐连接方式

低温回路系统设计的另外一个特点是：在干回气管上设置回气换热器，避免压缩机运行时产生湿冲程。特别是系统采用二氧化碳作为制冷剂时（详细原因见第 11 章的介绍）。用于低温回路循环的贮液器称为导液罐（pilot tank）。一般的做法是导液罐的液体在进入蒸发器前，与干回气管的气体进行热交换（如果低温回路是采用比较大型的 CO_2 活塞压缩机，这个过热度仍然不够，可能需要引入过热气体进行热交换。比较大型的 CO_2 系统干回气管就是这种热交换模式）。

低温回路的供液方式可以是：直接膨胀（以小系统为主，有时中等规模的系统也采用）、重力供液系统［中、大型系统，通常是用于比较大型的交通工具（飞机、动车车厢、汽车等）实验场的载冷剂冷却，将在第 14 章讨论载冷剂的应用］，以及泵供液（冷库等）。

10.4　超低温压缩机润滑油的选择

在现有低温系统中选择与 R508b 一起使用的润滑剂时，应考虑：①制冷剂/润滑剂的相容性；②化学稳定性；③制冷系统的设计。润滑油的型号一般需要压缩机供应商提供参数或者直接配置。

实际使用已经证实，使用添加剂能够提高系统性能，因此添加剂在低温工业中已得到很好应用，并可应用于 R508b。R508b 与某些多元醇酯（POEs）的混溶性略好于 R13 和 R503 与矿物油和烷基苯的有限混溶性，这有助于在蒸发器温度较低时油的循环。即使增加了混溶性，添加剂也可以提高性能，但是这种添加需要有专业人士或者润滑油供应商的专业指导。

20 世纪末我国在低温系统食品加工上有一些应用，但是使用效果不理想，相当一部分问题就出现在选择润滑油方面不够专业。笔者也曾经参与了这些项目的建设，从中得到了一些经验与教训。

10.5　超低温系统材料的选择与要求

高温回路的要求：高温系统通常使用制冷剂（R134a、R22、R404a 或 R717）的单级或两级系统；蒸发温度约为-45～-23℃，冷凝温度为正常环境条件。适合使用的压缩机是活塞式和螺杆压缩机。如果压缩机蒸发温度低于-45℃，则需要一台回气管换热器将压缩机吸入气体过热至至少-43℃，以避免出现与压缩机吸入阀和阀体温度较低相关的金属脆性现象。

高温回路与低温回路有交集的设备是复叠冷凝蒸发器。这种设备在设计与制造上需要按低温回路的要求进行。

适用于低温回路系统中的管道和容器的材料包括碳钢、不锈钢和铜。对于使用 HFC-23 等卤化烃单一制冷剂的系统，铜被广泛使用。铜用于温度甚至低于-100℃的系统。对于钢管，国内普遍使用的是低合金高强度结构钢，俗称 16Mn。对于不锈钢，考虑使用 304 或 316 不锈钢。

铝合金也是可以应用在低温回路系统的一种金属。铝合金因其成本、可焊性和韧性广泛应用于低温结构。尽管它被认为是中等的强度，但它在较低温度下仍具有韧性。表 10-4 列出了-196℃下铝合金的典型力学性能。

表 10-4　铝合金在-196℃下的力学性能

铝合金	弹性模量/GPa	屈服强度/MPa	极限抗拉强度/GPa	断裂伸长率(%)	平面应变断裂韧性/MPa · $m^{1/2}$
1100-0	78	50	190	—	—
2219-T851	85	440	568	14	45
5083-0	80	158	434	32	62
6061-T651	77	337	402	23	42

10.6　超低温系统在食品加工中的应用

在现代的食品加工过程中，使用超低温技术的工程案例并不是很多。目前在国内应用最多的是金鲳鱼的加工与贮存。由于这种产品每年产量不是很大，因此，整体的需求有限。

由于现代压缩机技术不断提高，质量与品种的增加，用于超低温贮存的冷库通常都不需要采用复叠制冷技术，而是采用普通的单机双级螺杆压缩机，制冷剂采用 R507 或者 R22（这种制冷剂已经进入淘汰阶段了）就可以达到蒸发温度-65～-60℃。如果这种金鲳鱼的加工工艺不是特别严格要求，甚至都可以用作超低温的速冻加工。这毕竟单机双级压缩系统的整体造价比起复叠制冷工艺要便宜许多，故障率也低一些。

这种超低温冷库的建造通常会在普通的低温冷藏库内划分出一个保温空间来贮存，这就是所谓的库中库。原因有两个：①节约能耗与造价，与外界的温差也减少了许多；②这些贮存产品昂贵，通常库内是采用不锈钢作为内表面，也就是采用组合冷库板作为建造这种冷库的保温材料。如果这些库板直接与外界环境接触，在我国的大部分地区需要保温板的厚度大于或等于 350～400mm，才能保证库板不结露。这么厚的库板几乎没有厂家会为此而专门制作，因此库中库就成为必然。

超低温冷库的平面布置如图 10-6 所示，它配套的滑升门如图 10-7 所示。由于这种超低温冷库的库温非常低，通常进货时先把外面的滑升门打开，货物放进缓冲间；然后再把内部滑升门开启，把货物送进库内；出货的次序刚好相反。由于库的面积不大，一般是采用人工堆码的方式进行出入货。

由于库温很低，操作人员需要专门配置的保暖衣裤（羽绒服）以及专用的鞋与帽子，甚至操作的手套都是采用定期充电的保温手套。而且每次进库的操作人员工作的时间都有规定，以免发生意外。

超低温冷库的制冷系统通常规模不大，一般采用的是直接膨胀供液，甚至速冻装置也会采用这种供液模式。冷风机的融霜方式基本上是采用电热融霜，不建议采用水融霜。因为库内是滴水成冰的环境，即使有少量的水滴在冷库地面，马上结冰。对冷库的地面结构破坏力极大。一旦地面结冰也不容易铲除。

用于这些冷库冷风机的电动机功率选择也必须非常慎重，原因是电动机发热对冷库的制冷量影响很大，而压缩机在这么低的蒸发温度下效率很低。笔者曾经在一个体积不到 $300m^3$ 超低温冷库中，把原来冷风机的电动机更换功率比原来少了 3kW，结果，降温比原来能降到的温度再下降 3~4℃。

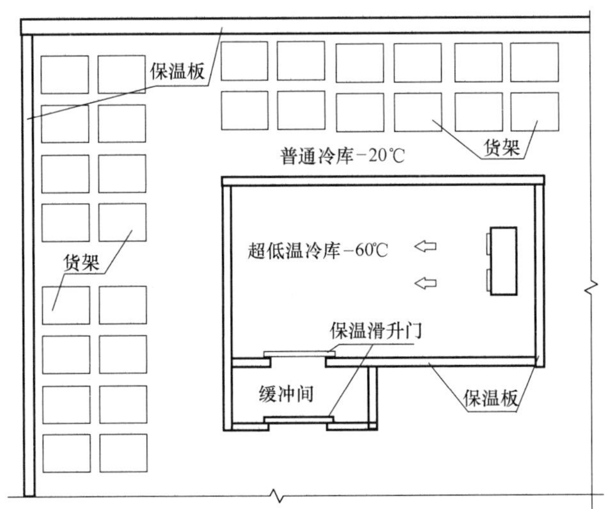

图 10-6　超低温冷库平面图

图 10-7　超低温冷库的滑升门

另外，超低温冷库的冷风机的机外余压与循环倍率的选择也要相当谨慎。原因是，每当冷风机融霜结束时，冷风机内部的空气温度与库内的温度差距太大（相差可能有 60℃以上，而普通的冷库一般只有二十多度的差距），这种差距会造成冷库内部的空气产生瞬间巨大的膨胀力，严重的情况会使冷库门破坏甚至库顶掀起。如果风机的这两个参数偏大，会助推这种破坏程度的扩大。因此，在选择合适的风机参数的同时，融霜结束后风机开始运行的时间也非常重要。在制冷系统运行后冷风机内部的空气尽量降低，等温差减少到一定程度后再启动是一个合适的解决办法。

在建造超低温冷库时，如果希望系统简单一些，而且能降低一些造价，可以把低温段的贮液器放置在恒温的（-5℃以下）冷库内。这样可以节省膨胀罐以及相关的连接管道与阀门，自动控制程序也简单一些。但在这种密闭场所，需要设置泄漏探测仪，以防止制冷剂泄漏。

本章小结

随着我国的经济发展超低温制冷系统会有更多的使用场合。各种交通工具试验场的低温部分测试系统、高档食品的加工与贮存、特殊药品的贮存，都会存在使用这种系统的可能。在这种工艺中，低温回路的制冷剂选择、膨胀罐的容积计算、润滑油和低温材料的选择是影响系统运行的关键因素。

参 考 文 献

[1]　ASHRAE. Refrigeration handbook 2014 [M]. [S. l.]: [s. n.], 2014.

[2]　STOECKER W F. Industrial refrigeration handbook [M]. New York: McGraw-Hill Companies Inc., 1998.

[3]　西安联盛能源科技有限公司. 中航工业623所飞机环境实验室超低温系统资料 [Z]. 2018.

[4]　全球冷链联盟（GCCA）在广州的报告会 [Z]. 2015.

第 11 章

11

二氧化碳工业制冷系统

二氧化碳复叠制冷是第 10 章论述低温复叠制冷的其中一种方式。由于这种制冷方式在我国得到迅速发展，因此本章将专门对这种制冷方式以及技术进行详细的讨论。

由于 ODP（臭氧破坏潜势）和 GWP（全球变暖潜势）对大气环境的影响，淘汰氯氟烃类（CFC）和氢氯氟烃类（HCFC）化合物已成为全球共识。为了保证安全，对大型氨系统内的制冷剂充注量应加以严格限制，加上国内氨制冷系统造成了一些事故并且发生了人身伤害，因此人们对使用二氧化碳作为制冷剂又重新感兴趣了。二氧化碳作为制冷剂最大的优点是无毒且不可燃。

把二氧化碳作为制冷剂使用，优点与缺点都非常明显。

优点是：与其他制冷剂比较，除了无毒和不可燃以外，如果系统工况（蒸发温度、冷凝温度等）保持不变，蒸发潜热大，单位容积制冷量高（0℃时达到 22.6MJ/m^3），约为传统制冷剂的 5~8 倍。二氧化碳的运动黏度小，并且在低温时也非常小。导热系数高，液体密度和气体密度的比值小（the ratio of liquid to vapor density。这种比值小有两个显著的特点，下面有详细的介绍），节流后各个回路间制冷剂能够分配得比较均匀。二氧化碳的这些良好的流动性与传热性，可显著减小压缩机和系统的尺寸，使整个系统变得非常紧凑。

缺点是：具有较低的临界温度（31.1℃）以及较高的临界压力（7.37MPa），尤其是高的临界压力。如果系统采用跨临界循环，二氧化碳制冷系统的工作压力最高可能达到 10MPa。在这么高的工作压力下，系统的设备、管道以及阀门的设计标准和造价都会大幅度提高。

由于我国正在积极推动环保工作，这几年二氧化碳制冷剂在冷库的应用发展很快。根据数据统计，到 2021 年为止，二氧化碳冷库（包括复叠与载冷两种）规模已经有几百万吨。这个规模可以说是世界第一了，所建的主要是排管冷库与加工厂的速冻。但是冷藏与速冻的用电量与传统冷库或者速冻比较，还没有准确完整的数据。

把二氧化碳制冷剂应用在工业制冷系统，这种系统与传统的氨和卤代烃制冷系统在设计和使用调试上有什么不同和注意的事项？这是本章要讨论的内容。图 11-1 所示是一个速冻库房温度为-38℃的采用二氧化碳/氨复叠制冷系统。高温级系统采用制冷剂 R717，低温级采用二氧化碳（简称 R744），低温级排出的 R744 气体被 R717 冷凝，通过冷凝蒸发器将高、低温级两部分联系起来。冷凝蒸发器既是低温级的冷凝器，又是高温级的蒸发器。冷藏货物的热负荷通过蒸发器传递给 R744 制冷剂，R744 制冷剂吸收的热量通过冷凝蒸发器，传给高温级的 R717 制冷剂，而高温级的 R717 制冷剂将热量传给高温级的蒸发式冷凝器，通过蒸发式冷凝器向环境介质释放热量，完成整个复叠制冷系统的循环。

在这个工业制冷的复叠系统中，可以分为二氧化碳的冷却系统（即高温级 R717 侧冷却系统，也可以用卤代烃系统进行冷却）和二氧化碳的蒸发系统（即低温级 CO_2）。下面对这两侧的设计和使用进行详细的讨论。

11.1 高温级的冷却系统

在图 11-1 所示的冷却系统中，有冷却系统使用常规冷却的压缩机、配套的冷凝器、贮液器以及冷凝蒸发器（对于高温制冷系统是蒸发器、对于被冷却的 CO_2 则是冷凝器）。在这个系统中需要确定的参数和设计的要求有：压缩机形式、冷凝温度、选择的制冷剂、供液的形式和要求、冷凝蒸发器采用的设备以及与之配套的气液分离器。设计这个系统时，应该注意的问题，下面分别详细讨论和分析。

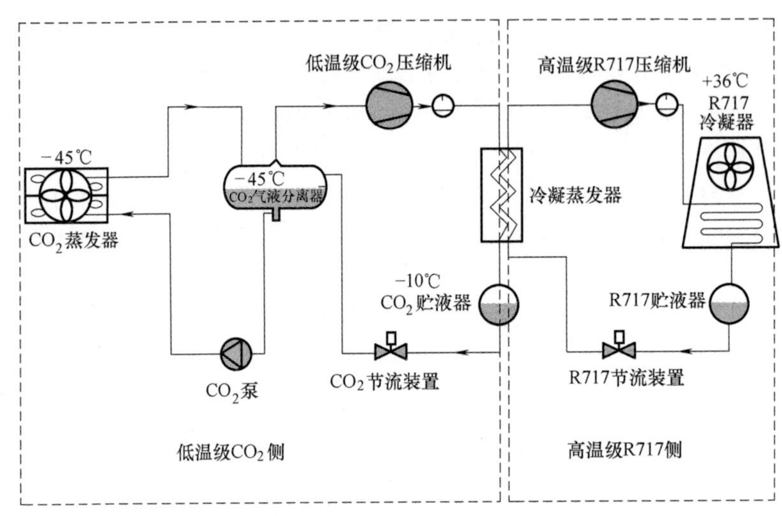

图 11-1 二氧化碳/氨复叠制冷系统

11.1.1 压缩机的选择

在我国的二氧化碳工业制冷系统中，高温级的冷却系统压缩机的选择基本上只有两种：活塞式压缩机和螺杆压缩机。

活塞式压缩机一般排气量比螺杆压缩机要小许多，而且故障率和易损件比较多，因此在大多数的高温级系统中，已经很少使用了。但采用活塞压缩机并联机组在价格上还有一些优势，因此一些比较小的商业制冷系统还在使用。不过对于大多数二氧化碳复叠制冷系统已经很少有活塞压缩机应用的情况了。

螺杆压缩机是国内二氧化碳工业制冷系统中应用最广泛的压缩机。螺杆压缩机的优势在于排气量大、易损件少、故障率也很低。还有一个比活塞压缩机好的优点是可以利用螺杆压缩机的补气特点，除了可以提高压缩机的 COP（运行效率）以外，还可以为系统的供液提供液体过冷供液。如果液体过冷供液是在活塞压缩机系统中处理，那就比较复杂，而且压缩机的效率也没有提高。

二氧化碳系统采用螺杆压缩机的另外一个优点是：这种压缩机通常采用的是聚结式油分离器，这种分离器是目前在制冷系统中效率最高的分离器，比较活塞压缩机通常采用的过滤式或者离心式油分离器效率要高许多。

笔者发现系统的液体过冷供液在一些设计人员眼中，显得不那么重要。其实这个功能是很重要的。制冷剂液体在流动过程中会由于管道表面的摩擦力产生闪发气体。制冷剂的流速越快，密度越大，产生的闪发气体就越多。如果系统是采用卤代烃作为制冷剂，这个过冷效果就非常明显。这种过冷除了可以提高系统的效率以外，对这些液体进入的低压循环桶或者气液分离器所选择的自动控制阀也是有很大的影响。如果进入这些自动控制阀的供液温度超过设计的冷凝温度，这些阀门会无法达到它所应有的功能。

11.1.2　高温级的冷却系统冷凝温度的确定

与普通的制冷系统一样，根据当地的夏季室外平均每年不保证 50h 的湿球温度高 5~10℃ 确定。如果采用的是蒸发式冷凝器，一般选择 5℃ 就可以了。

11.1.3　高温级的冷却系统的贮液器设计

可以根据制冷系统制冷量的大小以及设备布置的管道长短，保证系统的制冷量 3~5min 流量供液不间断来确定贮液器的容积。由于制冷冷却冷凝蒸发器的 CO_2，大部分是采用重力供液的气液分离器（个别的由于机房高度不足可以采用泵供液），这种计算是可以满足系统制冷循环的要求。

11.1.4　高温级的冷却系统的气液分离器设计

气液分离器在这里的作用是：制冷剂节流后进入气液分离器，利用重力的原理，制冷剂液体落入冷凝蒸发器冷却二氧化碳，二氧化碳气体在这里冷却变成液体，这些液体还是利用重力进入 CO_2 贮液器（图 11-2）。

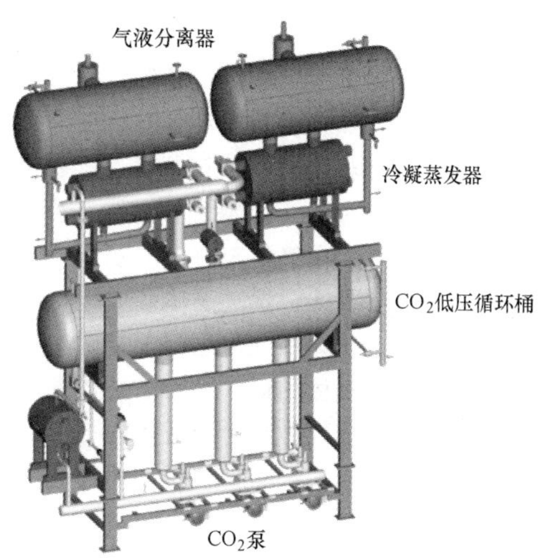

图 11-2　氨系统的气液分离器与 CO_2 冷凝蒸发器的联系

在这台气液分离器的设计计算中，有两个地方需要注意。一是气液分离器的分离能力，也就是容器的制冷量，第 8 章介绍了它的计算方式。首先是计算分离器的蒸发温度下的最大分离速度，然后是计算制冷剂气体通过的截面面积。二是卧式气液分离器的截面面积计算与卧式低压循环桶有比较大的区别。由于卧式气液分离器的计算中缓冲容积与启动容积一般没有低压循环桶需要设置的容积那么多（与循环倍率有关），因此，如果蒸发温度相同，容器的直径与长度也相同，卧式气液分离器计算的制冷量比卧式循环桶的制冷量要大许多。

11.2　冷凝蒸发器的设计与计算

冷凝蒸发器的设计与计算涉及二氧化碳的热力性质与压力要求，下面将讨论相关内容。

11.2.1　低温级二氧化碳侧

最佳温差与最大能效比的讨论。

本小节主要讨论二氧化碳与其他制冷剂不同的特性、设计压力，以及在制冷循环中一些特殊的布置与需要增加的一些附件等。

首先了解二氧化碳制冷系统在跨临界和亚临界状态下的设计压力。图 11-3 所示为 CO_2 在不同状态下的设计压力。其中在工业制冷的设计压力最高在 52bar（需要有热气除霜功能）或者 46bar（没有热气除霜要求）。

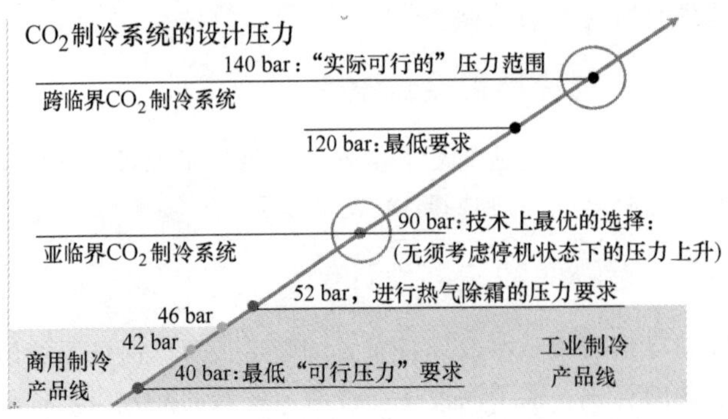

图 11-3　CO_2 制冷系统在跨临界和亚临界状态下的设计压力

需要了解二氧化碳压焓图上的几个特殊状态点（图 11-4）。超临界区域是二氧化碳以稠密流体（既不是液体也不是气体）的形式存在的超临界区域。临界点：液、气两相呈平衡状态的点。三相点：气相、液相、固相三相呈平衡态共存的点。固体二氧化碳在吸收热量时直接升华为气体。在三相点的上方，固体二氧化碳以最低能量比形式，在吸收热量的同时会融化成一种过冷的液体。当液体二氧化碳吸收足够的热量时，它将不再过冷，并蒸发成气体。

二氧化碳在超临界区，其温度与压力是独立的两个变量。超临界 CO_2 流体是一种高密度流体，兼有气体与液体的双重特性，即密度高于气体，接近液体。在这种超临界状态下，液体和气体之间没有明显的区别，黏度与气体相似，远少于液体黏度；扩散系数接近气体，约为液体的 10~100 倍，这种特性使超临界中的 CO_2 具有流动性与传输性。

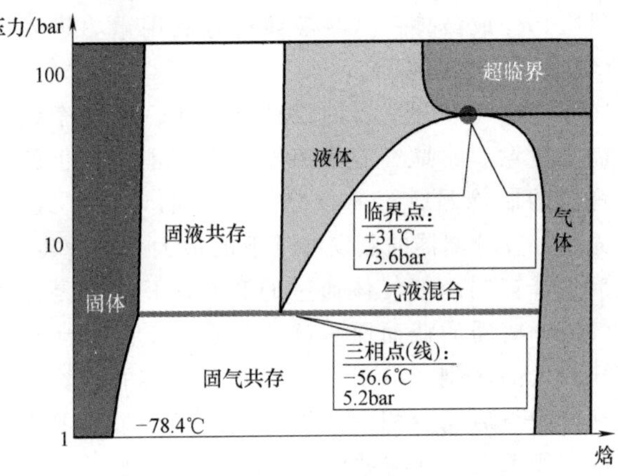

图 11-4　二氧化碳压焓图

二氧化碳工业制冷的工作范围，就是在临界压力线与三相点压力线之间的气液混合区间。而系统的安全阀、压力控制器，都是根据这些压力线的数据进行设计与布置。

在设计二氧化碳制冷系统时，首先需要确定高温级的蒸发温度或者是低温级的冷凝温度。在确定这个温度时（这里把这个温度暂时称为中间温度），笔者发现从确定高温级的蒸发温度与低温级的冷凝温度之间的温差 ΔT 着手，反过来比较容易推算最佳的中间温度。

参考文献［2］用图 11-5 说明了不同中间压力组合对压缩机和冷凝蒸发器的初投资成本的影响。在小温差（ΔT）下，冷凝蒸发器更大且更昂贵，而氨压缩机更小且更便宜。在高 ΔT 时，情况相反。将两条曲线相加在一起便产生资本投资的总成本（受 ΔT 选择影响的系统部分）。最低总资本投资发生在约 ΔT 为 6.11℃（11℉）时。

将上面计算的投资成本纳入财务分析（图 11-6），其中还包括压缩机运行总用电成本（净现值）。将这两条曲线相加以产生总金融投资。在约3.89℃（7℉）的ΔT下，总投资是最小的，代表最佳选择。许多工厂采用5℃（9℉）ΔT设计，是综合了最低投资成本与运行成本因素，以最低的初投资成本平衡最佳的总投资。

因此温差为5℃是初投资与运行费用比较的一个综合结果。有了这个结果，选择低温级的冷凝温度就容易一些了。

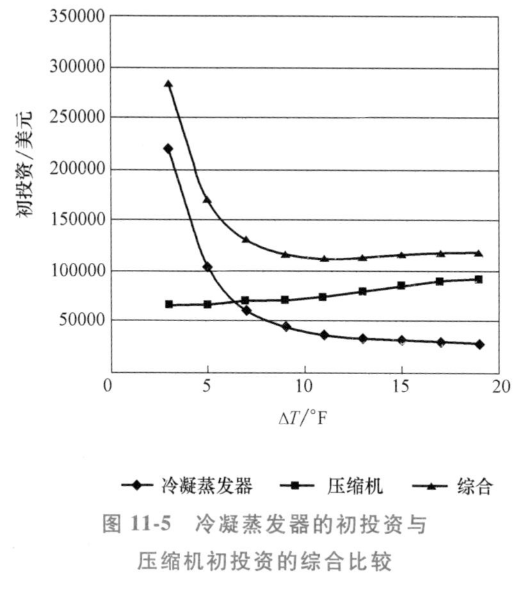

图11-5 冷凝蒸发器的初投资与压缩机初投资的综合比较

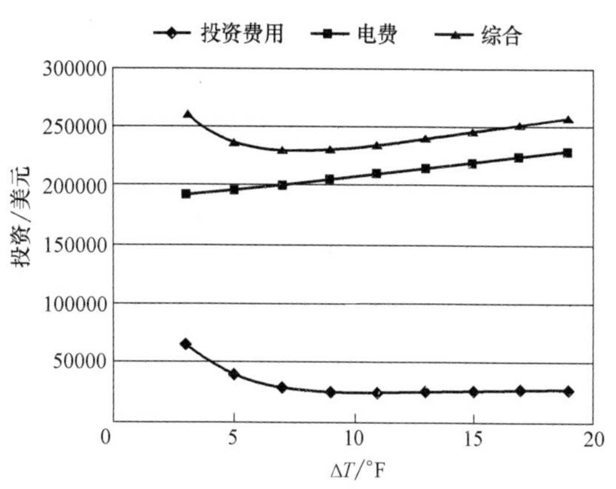

图11-6 投资与运行用电成本的综合比较

参考文献［2］试图用传统的双级压缩系统计算中间压力来找出最佳的低温级的冷凝温度，但是发现这种复叠形式的冷凝温度与双级压缩系统计算出来的中间压力对应的温度还是没有必然的联系。

参考文献［2］中举了一个例子，说明在高温级氨压缩系统的冷凝温度是+35℃，低温级的CO_2蒸发温度是-40℃的情况下，各级高压级蒸发温度下的总COP（低级加高级）。当高压级蒸发器温度在-11.1℃（12℉）和-8.89℃（16℉）之间时，复叠系统最佳性能出现在相当于最佳CO_2冷凝温度-6.11℃（21℉）和-3.89℃（25℉）之间。在这些温度下，CO_2的饱和压力分别为28.5barg（412.8psig，g指表压，以下均同）和30.38barg（440.7psig）。低于-40℃（-40℉）的低压级蒸发温度将产生略微不同的结果，具有类似的趋势。

另外，从工程角度考虑，CO_2覆叠满液式的贮液器供液首先进入油精馏器（oil rectifier）把制冷剂与油分离换热后，再次进入过热器（superheater）作为热源将回气管的液滴蒸发。由于供液两次过冷，因此，这个冷凝温度（也称为中间温度）一般不能设置太低，太低不利于回气液滴以及油与制冷剂分离时的蒸发。不管高温级采用的是氨还是卤代烃作为冷却工质，CO_2的蒸发温度与冷凝温度的温差至少大于25℃甚至大于30℃（根据蒸发温度不同）才能保证这种换热要求。因此，低温级CO_2的冷凝温度的确定需要考虑以上两种因素。笔者的建议是：在保证温差足够满足使用的前提下，如果高温级采用氨系统冷却，适度降低CO_2的冷凝温度效果会更好；而最高的中间温度不宜超过-5℃。由于采用这种工艺可以使CO_2供液得到更多的过冷，所以保证供液过冷所需的大温差比选择最佳中间温度更为重要。

由于近年来用于冷却二氧化碳的冷凝蒸发器（板壳式换热器）国内已经有厂家生产，从使用的情况来看，基本上能满足要求。根据笔者的调查发现，国产的冷凝蒸发器按换热面积每平方米的单价与进口产品比较，大概是进口产品的60%之间。原来最佳温差是5℃，由于价格数据已经有所改变，建议是采用4℃比较合适，由于最近世界能源价格不断地提高，甚至可以采用3.5℃。

从最近某知名品牌的制冷设备公司得到的数据，高温级的制冷剂选用除了氨，R134a与R507比较，从环保和COP考虑，也许是另外一种选择。

11.2.2　冷凝蒸发器

用于CO_2工业制冷的冷凝蒸发器的作用是：与制冷系统的冷凝器作用一样，将二氧化碳气体中的热量带走，并且使其液化。由于我国大部分地区是属于亚临界区域，对于CO_2系统的亚临界的冷凝器，一般采用的是冷凝蒸发器。而对于跨临界系统的冷凝器，采用的是气体冷却器(gas cooler)。跨临界制冷系统最近几年在欧洲发展很快，原因是一些关键技术获得了突破，特别是引射器（一种把低压CO_2流体引射到中压状态，以达到提升循环制冷量并降低压缩机功效的设备）技术效率提高了许多，使得这种原来只是在温带区域的制冷方式也可以在亚热带地区应用，甚至是热带地区也可以应用。由于新技术的出现，跨临界制冷系统的应用受到地理位置的限制这种说法就基本不成立了。本小节仍然是介绍冷凝蒸发器的形式以及一些技术要求。

冷凝蒸发器的两个主要设计参数是二氧化碳的饱和冷凝温度（SDT）和NH_3的饱和回气蒸发温度（SST），这两个温度越接近，传热效率越高，但需要更昂贵和更大的冷凝蒸发器，因此需要进行经济成本比较。

回气的饱和蒸发温度是冷凝蒸发器尺寸的函数。传热面越大，CO_2的饱和冷凝温度和NH_3的回气蒸发温度之间的温差（Δt）越小。假设二氧化碳排放压力是一个常数，那么冷凝蒸发器越大，温差越小，因此氨吸入温度越高，运行温度越高，运行效率越高。同样，这可能需要进行经济分析，以确定最有效的冷凝蒸发器。由于前面已经讨论了不同制冷剂的最佳温差和最佳冷凝温度，因此就可以进行冷凝蒸发器的选择。

冷凝蒸发器设备形式有三种：板壳式换热器、管壳式换热器和板式换热器。板壳式换热器在第4章已经进行了一些介绍，是由一系列圆形的不锈钢传热板焊接在每一个周边和每一个连接端口上，构成了一个“手风琴”结构。圆形板片焊接后形成了圆柱状的换热板组，换热板组嵌入在板壳容器中，两种热交换工质从相互垂直的角度进入各自的换热板组，如图11-7所示。这换热器可以很容易地适应二氧化碳所需的高压，同时氨侧不需要任何垫圈。这种设备是冷凝蒸发

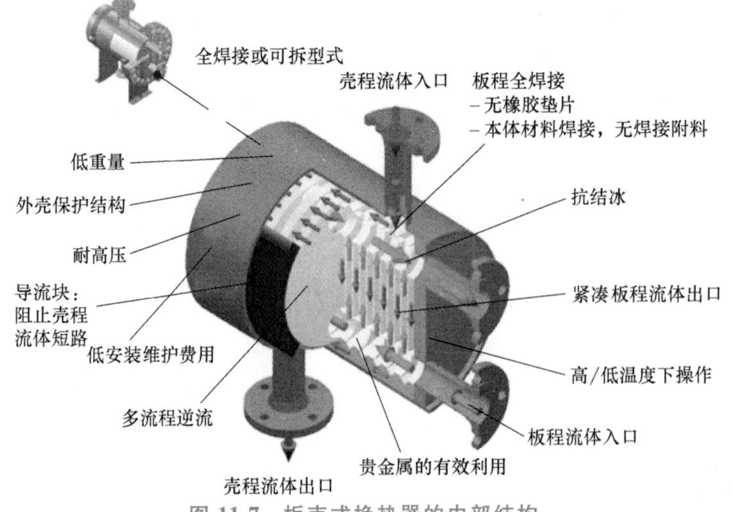

图11-7　板壳式换热器的内部结构

器的首选。

冷凝蒸发器设备的另一种换热器是管壳式换热器。一般形式的管壳式换热器是制冷剂在壳内沸腾，但是在这里的使用恰好相反，用于冷却的制冷剂在壳内，而 CO_2 气体却在管内冷却成液体，再供液到系统蒸发器进行制冷蒸发。这种做法的主要原因是考虑到不同制冷剂的管道和管壳承压问题与制造成本问题。在这台设备中相同厚度的管道与管壳相比，管道的承压肯定是高的，而造价也是低的。因此也就把承压高的管道用于 CO_2 的运行。而冷却的制冷剂则在管壳内运行。由于气体占用的空间远大于液体，因此，在这种设备中，管道的布置间距非常小（图 11-8）。

这种设备的优点是造价比较低，缺点是用于冷却的制冷剂灌注量远远大于板壳式换热器（原因是换热效果比较差），而且整个设备的需要焊接的位置非常多。因此运行时发生泄漏的概率也比板壳式换热器大许多。

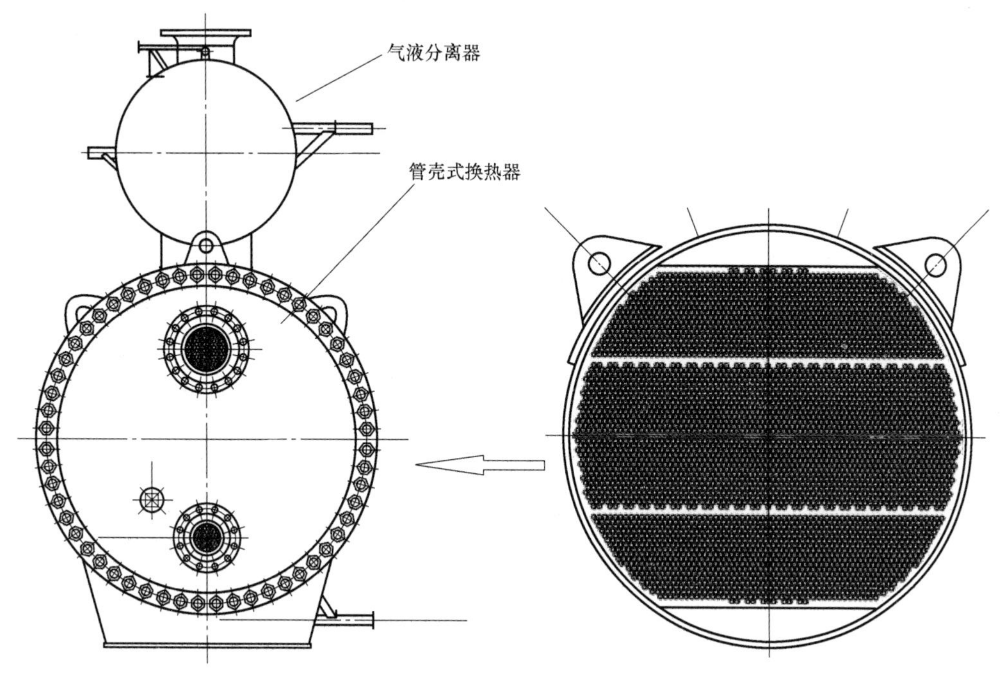

图 11-8　管壳式换热器及内部结构（剖面图）

如果在运行时出现泄漏，那么在设备中压力高的二氧化碳气体会进入压力比较低的氨液一侧，造成污染。会产生氨基甲酸铵，这是一种坚硬的固体白色晶体。在 60℃ 时，它会分解成氨和二氧化碳。

这些白色晶体进入冷却系统对运行中的压缩机影响非常大，因为这些白色晶体不能压缩。系统必须设置快速检测和纠正措施。根据参考文献［2］的介绍，目前检测故障有两种方法。一种是在干回气管中使用过滤器，在过滤器的前后检测到大的压力降时，应该是过滤器积聚了大量的氨基甲酸铵造成的。另一种方法是电导传感器，它能感应到氨的电导变化，当氨与二氧化碳发生反应时，就会发生这种变化。考虑到故障后果的严重性，建议使用这两种方法中的其中一种以保护压缩机免受损坏。

在氨气体管道使用过滤器（约 100 目）过滤这些白色晶体，该过滤器必须具有与管道相同的最大设计工作压力要求。过滤器通常最大可提供 DN250。对于大于此尺寸的，可考虑采用螺杆压缩机机组的吸气过滤器或锥形的工业用过滤器。

将压差指示器以及压差变送器安装在过滤器上，并在压缩机侧装检修阀。当压差达到用户定义的水平时，报警器使制冷系统断电并发出警报。安全措施可以通过控制阀的形式来实现：当二氧化碳泄漏到 NH_3 的部分时，控制阀关闭使吸入管内的污染物停止流进氨系统。

如果分离器的吸入管上安装了截止阀，那么冷凝蒸发器发生故障，混合物产生的氨基甲酸铵（粉末）。将与气体一起通过吸入管被吸入压缩机。这时过滤器会被粉末堵塞，增加压差，系统会进入吸入截止阀关闭的警报状态。在吸入阀关闭的情况下，受污染的氨将与系统的其他部分隔离。

氨基甲酸铵能堵塞过滤器，也能堵塞安全阀。如果吸入分离器是为氨气设计的，通常在上升到氨系统的最大设计工作压力时，安全阀会堵塞，那么容器中的压力很容易上升到 CO_2 最大设计工作压力，超过了氨容器的额定压力。

板式换热器已经在第4章介绍过，这里不再重复。

如果采用的是满液供液，考虑将氨的气液分离器设定为与 CO_2 系统相同的最大设计工作压力，或将气液分离器设计为冷凝蒸发器的一个组成部分，并将所有额定值定为 CO_2 最大设计工作压力。

11.2.3 从冷凝蒸发器到贮液器或者高压浮球阀的液柱高度

冷凝蒸发器的出液管流动规则控制：允许以重力的形式从冷凝器流入 CO_2 贮液器或高压侧浮球阀，而不会使液体停留在冷凝蒸发器。

必须将 CO_2 冷凝器或冷凝蒸发器的压降加上50%的安全系数转换为 CO_2 液柱压头（米）以确定液柱的高度。参考文献［2］给出的数据见表11-1。

表11-1 推荐的二氧化碳冷凝器液柱高度

冷凝器压力降/kPa	当量高度(不含安全系数)/m				
	CO_2 温度/℃				
	15.5	-1	-17.8	-34.4	-51.1
3.4	0.4	0.4	0.3	0.3	0.3
6.9	0.9	0.8	0.7	0.6	0.6
13.8	1.7	1.5	1.4	1.3	1.2
20.7	2.6	2.3	2.1	1.9	1.8
27.6	3.4	3.0	2.8	2.6	2.4
34.5	4.3	3.8	3.4	3.2	3.0
41.4	5.2	4.5	4.1	3.9	3.6
48.3	6.0	5.3	4.8	4.5	4.2
55.2	6.9	6.0	5.5	5.1	4.9
62.0	7.8	6.8	6.2	5.8	5.5
68.9	8.6	7.5	6.9	6.4	6.1

表11-1中的数据表明：CO_2 冷凝蒸发器与贮液器之间的高度变化是随着冷凝温度的上升与冷凝器压力降的增大而增加。但是对于使用板壳式换热器的系统，它们的通常冷凝器压力降在2.5~4kPa之间。冷凝器到贮液器高度距离基本上可以按最上面一栏选择（即选择3.4K）。而使用管壳式换热器压力降变化大一些，高度距离需要比较大。表11-1中的数据对于设计 CO_2 冷凝

器与 CO_2 低压循环桶的连接撬块高度会有很大的帮助，另外对于确定采用维持机组的换热器的落液管存液弯高度也有帮助。

11.3　二氧化碳压缩机及其辅助装置

本节介绍 CO_2 压缩机同时也介绍根据 CO_2 的特性，在压缩机的吸气与排气管上针对这些特性配置所需要的专用装置。

11.3.1　二氧化碳压缩机

通常用于工业制冷系统的二氧化碳（CO_2）压缩机一般有两种：活塞式与螺杆式。还有一种全封闭涡旋压缩机，通常是用于商业制冷系统。

1. 活塞式 CO_2 压缩机

对比起传统的制冷系统，根据二氧化碳负荷设计的压缩机的主要区别在于压缩机外壳的额定压力。CO_2 压缩机必须适用于亚临界系统，至少能承受 40barg 压力，而跨临界系统则高达 157.6barg 的压力。曲柄箱和活塞顶部之间的大压差会导致连杆和相关轴承负载比其他制冷剂大得多。为了抵消更高的压力，活塞的直径通常会减小，以减少表面积的受压，并在连杆、连杆轴承和曲轴上实现可承受的负载，但是压缩比却很低。

图 11-9　大型的活塞式 CO_2 压缩机

在国内使用的国外品牌活塞式 CO_2 压缩机，在选型软件上显示可以同时适用多种工质。如图 11-9 所示的一种比较大型的活塞压缩机，除了可以使用 CO_2 工质，也可以使用氨、R410、R134a 等。

对于比较小型的活塞式 CO_2 压缩机（基本上是外资品牌，见图 11-10），国内通常把它们组合成并联机组，机组总的制冷（排气）量几乎可以与大型的机组相比美，而成本又具有很强的竞争力，因此这些机组占据国内二氧化碳制冷市场的半壁江山。在我国还没能自行生产中大型活塞式 CO_2 压缩机之前，这种并联活塞式 CO_2 压缩机组应该能成为国内二氧化碳复叠制冷系统应用的主流产品。

这种并联机组的主要系统流程与传统的并联机组相差不大，区别主要是润滑油的均衡分配（与螺杆并联压缩机的润滑系统有差别），另外配置的容器承压更高（包括油分离器和过滤器），有些并联机组还配备了回气过热器。

图 11-10　并联活塞式 CO_2 压缩机组

在机组上的油分离器通常能够有效地从压缩机排出的气体中去除绝大部分的润滑油，只剩 5～10ppm 的润滑油排放到系统中。

用于 CO_2 压缩机组的润滑油通常有三种：多元醇酯（POE）润滑油、聚烯烃（PAO）润滑油，以及聚亚烷基乙二醇（PAG）润滑油。第一种和第三种与 CO_2 是互溶的，第二种是不溶的。据了解，目前应用在二氧化碳制冷系统的国产螺杆压缩机基本上采用的是矿物油（矿物油与 CO_2 基本不互溶，但是不排除在某个温度区间有一定的溶解度）。

POE 润滑剂由酯类与各种醇、酸和添加剂合成。虽然 POE 润滑油已用于卤代烃制冷剂多年，但 CO_2 压缩机中使用的 POE 润滑油需要格外注意。CO_2 在 POE 润滑油中的溶解度会使润滑油变稀并降低其黏度。另外，一些 CO_2 压缩机具有更高的轴承载荷，因此其润滑油必须能承受这些增加的载荷。在润滑油中加入化学添加剂通常能为活塞式 CO_2 压缩机提供更好的润滑性。

POE 润滑油极易吸湿。如果贮存油的包装箱的盖子打开，油将立即吸收周围空气中的水蒸气。水对 CO_2 系统内部具有极强的腐蚀性。CO_2 润滑油中的水可能导致碳酸的形成，这将大大缩短压缩机的轴承或弹簧中使用的硬化钢的寿命。

注意，POE 润滑油与氨系统不兼容。POE 润滑油可与氨反应并形成固体。如果 POE 润滑剂用于 CO_2/NH_3 复叠系统的 CO_2 部分，则必须特别小心以确保 POE 润滑油不会进入氨部分。根据调查确定，多元醇酯（POE）是活塞压缩机的首选润滑剂。

PAG 润滑油也适合在 CO_2 系统中部分混溶使用。PAG 润滑油也具有吸湿性。它们开始用于 CO_2 复叠系统，并且具有与 POE 润滑油类似的溶解性。

虽然 POE 润滑油与 CO_2 互溶，但是如果这些润滑油大量地进入 CO_2 的蒸发器一侧，将会严重影响蒸发器的传热效率。这一点将在后面的章节中详细讨论。

2. 螺杆式 CO_2 压缩机

螺杆式 CO_2 压缩机应用在工业制冷系统的国外案例相对不如活塞压缩机多，这主要是由二氧化碳制冷剂的特点所致。这种特点是在压缩机运动时，压缩比小，而压力差大（绝对值）。例如：

CO_2 在-42℃时的绝对压力是 9.346bar；

在-5℃时绝对压力是 30.47bar；

压缩比=30.47/9.346=3.26；

而压力差=30.47bar-9.346bar=21.124bar。

这种压缩比小、大压差的压缩特点要求压缩机在压缩过程中有比较高的密封性。由于活塞压缩机是依靠活塞在气缸的往复运动进行压缩，同时活塞上有多重的活塞环与气缸的紧密接触，因此能够减少气体压缩的泄漏。而螺杆压缩机在压缩过程仅仅是两根转子的转动压缩，其密封是依靠润滑油。可见在密封性能方面螺杆式不如活塞式。还有系统在部分负荷时螺杆压缩机的效率下降得很快（压缩行程短导致密封效率下降）。

但是，在 CO_2 复叠系统中使用螺杆压缩机也有一定的优点。主要体现在：由于 CO_2 系统在回气管上容易带液，而少量的回气带液对螺杆压缩机的运行影响不是很大。因此国内这种系统的回气管没有专门设置过热器来给压缩机回气提供过热度，这样在全负荷运行时螺杆压缩机与活塞压缩机（活塞压缩机需要一定温度的过热回气）的效率相差不大。但是如果螺杆压缩机没有设置过热器，回气带液回到压缩机会造成润滑油黏度下降，使得压缩机的运行轴承容易被磨损，甚至损毁。

另外，国内能生产 CO_2 螺杆压缩机（图 11-11）的厂家配置的油分离器是高效油分离器，分离效果普遍比活塞压缩机的分离效果要好。采用螺杆压缩机的系统，如果油分离器配置得当，排到低压系统的润滑油普遍会少很多。目前活塞压缩机配置的油分离器很难做得更好，这也是近年来国内 CO_2 螺杆压缩机比较盛行的原因之一。

国内有厂家生产的螺杆式 CO_2 压缩机，用变频的方法去克服由于压缩机卸载使能效下降太快的问题。据使用的参数分析，有一定的效果。但是螺杆转子的密封性不及活塞式是不争的事实。

为了服务二氧化碳制冷系统，近期已经生产出高承压的开启式高压螺杆压缩机（设计压力达到 63bar），能够满足二氧化碳系统的融霜使用要求。

压缩机的运行保护除了设置排气高压停机保护以外，还有为了使压缩机运行时不至于运行压力太低的保护措施。以上两种压缩机的压力控制器应设置在压力 4.19bar（表压）的三相点压力以上，防止 CO_2 气体在压缩机内逐渐固化。

图 11-11　国产的 CO_2 螺杆压缩机

11.3.2　二氧化碳压缩机吸气管上的过热器

为什么要在二氧化碳（CO_2）压缩机的选型上特别强调回气过热度的要求？同时吸气管上配置过热器？这是根据 CO_2 在压焓图上的一些特点所确定的。

CO_2 的三个特点确定了这种需求。首先是 CO_2 的气液密度比，在所有制冷剂中，CO_2 的气液密度比最小。气液密度比越小，表明在制冷蒸发后气体中的液滴越难分离，也就是说回气管回来的气体中容易带液。同时也验证了在分离容器选择需要计算分离液滴的直径为 0.001m 的原因。

其二根据参考文献［2］的介绍：NH_3 的蒸发温度为-40℃时，3∶1 再循环回气管横截面面积上 99.81%为气体而只有 0.19%为液体。但是 CO_2 的蒸发温度-40℃时，3∶1 的 CO_2 再循环回气管横截面面积上 95.5%为气体而有 4.5%为液体（注：CO_2 再循环的倍率通常是 2∶1 或 1.5∶1，因此是根据实际运行倍率计算带液量）。根据资料显示，目前使用的 CO_2 制冷剂制冷桶泵供液系统中，在比较低的回气温度区间，CO_2 容易再次形成液滴，即回气管中有可能带液（这种带液是由 CO_2 具有的特性引起的，产生的带液比例值与 CO_2 满液式蒸发器的供液方式有关：干回气管中的气体由于在管道流动距离比较长，产生的阻力使压力快速下降，有可能使气体再次形成液滴；而系统的回油通过回气管，润滑油与 CO_2 是完全互溶的，在油精馏器中混合在油中的 CO_2 液体可能没有完全蒸发，然后进入回气管内）。因此在活塞压缩机的选型软件上会有特别的提示。一般来说，对于小型压缩机（排气量≤100m^3/h），可根据压缩机厂家提供的选型要求过热度再加大一些；中大型压缩机（排气量>100m^3/h）过热度在 10~15K。

CO_2 复叠制冷的干回气管的过热度控制是一个比较关键的技术。如果回气管的过热度偏低，液滴进入压缩机除了会造成活塞压缩机的气缸受损或者拉缸，也会将压缩机的润滑油稀释，造成润滑部件的磨损。反之回气管的过热度偏高，使活塞压缩机的润滑油蒸发，造成压缩机需要经常补充润滑油。而且这些排出的润滑油进入制冷系统的蒸发器，形成油膜，影响蒸发器的换热效率。因此，控制干回气管合适的过热度是 CO_2 复叠制冷正常运行的基本保证。

另外，压缩 CO_2 的排气热量小于氨，但是大于 R507。工业制冷 CO_2 系统中大部分是采用活塞压缩机，这种压缩机对系统带液运行比较敏感，因此压缩机生产厂家一般是要求保持一定程度的吸入过热度，以确保干燥压缩。

为了保护压缩机的工作，需要在干回气管上（循环桶至压缩机的连接管）设置过热器装置，以保证吸入的气体过热度在设定的范围内。过热器与系统的连接方法主要有两种：一是利用 CO_2

在贮液器的液体供液来控制干回气管的气体过热度（图 11-12、图 11-15）。这种方法是目前最常用的。这种过热器通常是安装在干式回气管靠近活塞压缩机组的一端。另一种连接方法比较少用，利用压缩机的排气与干回气进行热交换的连接（图 11-13）；采用的换热器是一种壳管式换热器（图 11-14），其内部的结构很简单，气体经过壳程而液体走管程。由于是利用 CO_2 压缩机的排气与干回气管的气体进行热交换，如果过热度控制不当，对运行过程会造成比较大的影响。

笔者认为这两种方法有各自的优点。第一种气-液换热（图 11-16），使 CO_2 供液变成过冷供液。过冷供液对于 CO_2 供液非常重要，由于 CO_2 液体在流动过程中产生的压力降比较大，也就是过冷度很小，容易产生闪发气体，增大 CO_2 液体的过冷度，可以减少这些闪发气体。也就是提高了系统的制冷效果。不足的地方是：由于供液温度不高，产生的换热温差比较小，采用的换

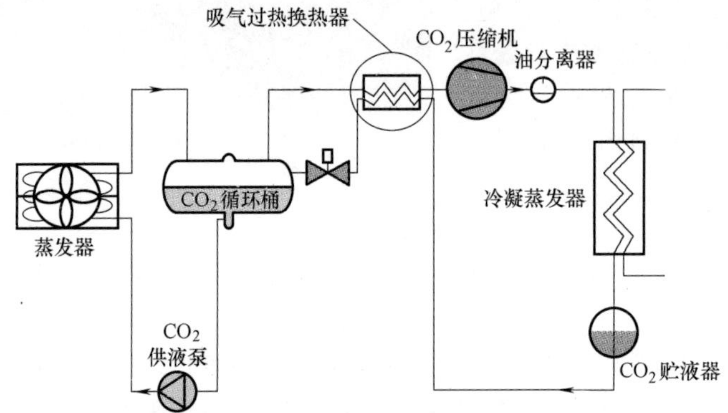

图 11-12　利用 CO_2 的供液进行过热度控制（气体与液体进行热交换）的系统连接

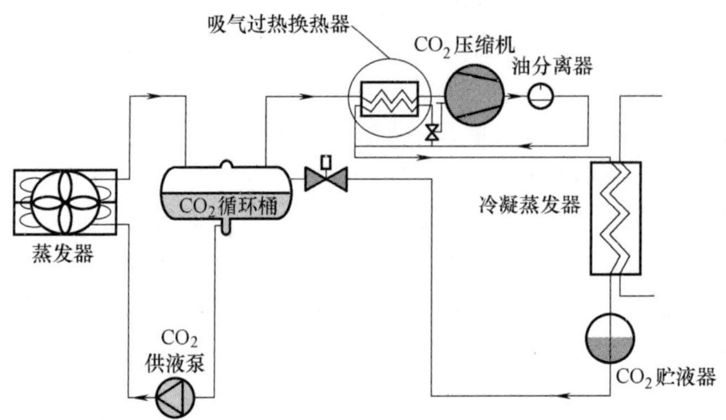

图 11-13　利用 CO_2 压缩机的排气进行过热度控制（排气与干回气进行热交换）的系统连接

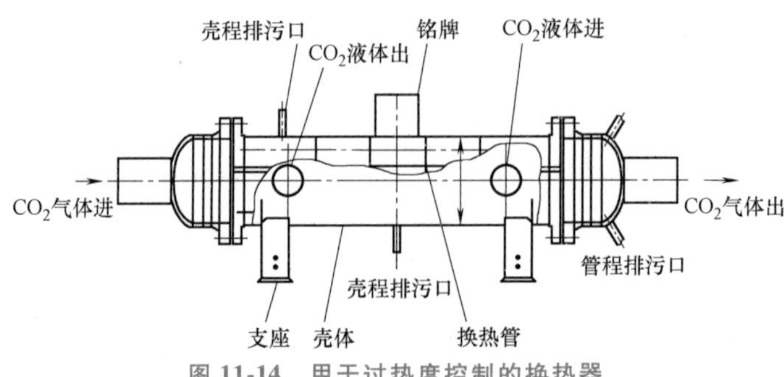

图 11-14　用于过热度控制的换热器

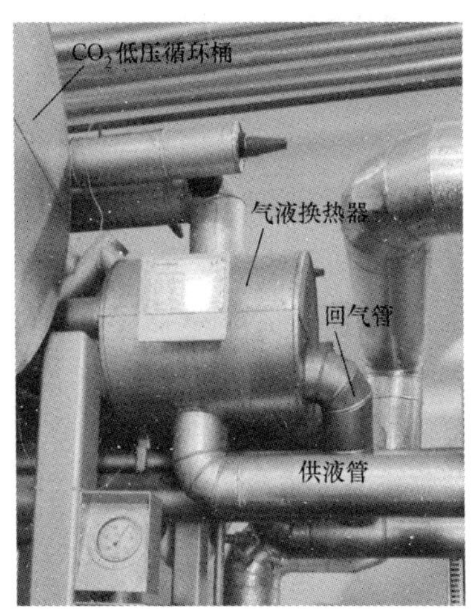

图 11-15　利用 CO_2 的供液进行过热度控制的现场连接

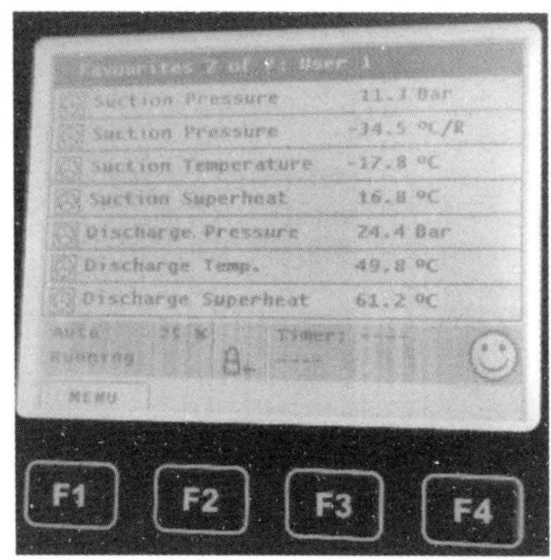

图 11-16　气液进行热交换的过热度控制数据（过热度数据能基本满足要求）

热器的换热面积比较大，换热器造价增大。第二种气-气换热，需要的换热器比较小；不足的是对供液过冷没有帮助（由于没有过冷，那么这种供液形式应该是过热的）。

用于过热度控制的换热器通常是按系统最大的负荷进行设计的。对于小型的活塞压缩机，由于压缩机上卸载负荷变化不大，因此回气过热的温度变化也不会很大。而对于一些比较大型的活塞压缩机，情况就完全不同了。负荷的变化可能会导致压缩机系统运行的回气过热度过高，这对压缩机的能耗以及油耗的影响很大。

这里讨论前面的一个问题，就是在干回气管设置过热器。CO_2 压缩机的主流是活塞压缩机，而这种压缩机对回气带液比较敏感，因此增加一定程度的过热度是可以理解的。如果过热度超过 15K 以上，产生的问题就比较多了。过高的过热度会造成压缩机能耗增大，润滑油的消耗也很大，从系统长时间运行角度来看，显然是不合适的。

【例 11-1】　图 11-12 所示的制冷系统中，如果 CO_2 蒸发温度是 -30℃，CO_2 的冷凝温度是 -5℃，CO_2 压缩机的制冷量是 350kW，低压循环桶的供液倍率是 1.5。假设干回气中的气体带有 3%* 的液体，需要的回气过热度为 15K。为压缩机的回气过热器选择合适的换热参数。

解：查表附录 8，CO_2 在蒸发温度 -30℃ 的液体焓值 h_5 与气态焓值 h_1：

$h_5=133.83\text{kJ/kg}$；$h_1=436.71\text{kJ/kg}$；

CO_2 在 -5℃ 的液体焓值 $h_4=188.23\text{kJ/kg}$；

CO_2 在 -30℃ 的蒸发热 $H_{fg}=302.89\text{kJ/kg}$。

首先计算出 350kW 系统中干回气与供液的质量流量。用式（7-16），即

$$\text{干回气质量流量}=\text{供液质量流量}=n\frac{\text{HXHTC}}{H_{fg}\left(1-\dfrac{h_4-h_5}{h_1-h_5}\right)}=1\times\frac{3.6\times350\times1000}{302.89\times\left(1-\dfrac{188.23-133.83}{436.71-133.83}\right)}\text{kg/h}=5078\text{kg/h}$$

气体带有 3% 的液体的质量流量 = 5078kg/h×3% = 152.34kg/h。

-30℃ 气体过热度为 15K 的 CO_2（-15℃）气体焓值 = 436.25kJ/kg

过热度所需要增加的能耗 = $(\Delta h\times5078)+152.34\times CO_2$ 在 -30℃ 的蒸发热

=[(436.71-436.25)×5078+152.34×302.89]kJ/h=48478.14kJ/h=13.5kJ/s

由于-5℃供液的质量流量=5078kg/h=1.41kg/s

焓值减少：(15.6÷1.41)kJ/kg=11.06kJ/kg

冷却后 CO_2 的供液焓值=(188.23-11.06)kJ/kg=177.17kJ/kg

查表附录八，177.17kJ/kg 对应的 CO_2 液体温度约-9.8℃。

换热器的换热能力=56168.52kJ/h=15.6kW

换热器的供液温差=4.8℃；选择温差为5℃，选择换热能力为13.5kW 的换热器。

本例题说明；＊处的3%只是笔者用于计算举例的一个参考数据，不可作为设计采用的真实数据，即并不代表在这个蒸发温度下在回气管上混合气体的比例。在实际工程应用中要根据取油方式不同选取相应的带液比。

在国内的一些生产厂家，在组装机组时利用高温侧的制冷剂供液与 CO_2 压缩机的回气进行热交换。原因是担心 CO_2 供液的热量不能满足这种热交换，这种担心是没有必要的。用高温侧的供液过冷与 CO_2 供液过冷的效果相比较，由于 CO_2 的液体在流动中产生的过冷度非常小，因此更加容易产生闪发气体。过冷的 CO_2 液体可以有效地改善系统的供液效率，也就是提高了系统的运行效率。

11.4　二氧化碳制冷系统中使用的容器

在二氧化碳亚临界制冷系统中使用的容器主要有两种：贮液器与低压循环桶。由于 CO_2 的质量通量不合适采用重力供液，因此也就没有气液分离器。由于 CO_2 的密度大，在运行时产生的压力降也大，因此在容器的选择布置方面有一定的要求。除了系统的油分离器是采用立式的以外，一般贮液器与低压循环桶会采用卧式的布置，以减少压力降对系统运行的影响。

11.4.1　二氧化碳贮液器

二氧化碳（CO_2）贮液器与在第8章的普通制冷系统的贮液器功能基本上是相似的。其主要功能是：贮存与分配由冷凝蒸发器冷却的 CO_2 液体。所不同的是：如果系统运行停止后，贮液器中的液体受环境的影响出现蒸发而压力升高了。这时就要注意：当贮液器压力超过19.69bar（表压）时，容器内释放的气体可能会闪发形成液体。因此，这种贮液器需要设置压力报警与液位报警装置。

当贮液器压力大于60.99bar（表压）时，会有更多的液滴形成，这是其他制冷剂没有的现象。

11.4.2　二氧化碳低压循环桶

二氧化碳（CO_2）低压循环桶的主要功能是：分离从蒸发器回来经过湿回气管的气体，其中这些气体分离出来的液滴与容器内的液体汇集，再通过泵或重力的形式送到蒸发器蒸发使用。而经过分离的气体被吸入压缩机压缩再排放到冷凝蒸发器冷凝。完成整个制冷循环。

CO_2 低压循环桶的理论最大分离速度 U_T（m/s）计算可以参考第8章的式（8-13）：

$$U_T=\sqrt{\frac{4gd(\rho_l-\rho_g)}{3C_D\rho_g}}$$

由于目前使用的 CO_2 低压循环桶（气液分离器）基本上是采用卧式容器，因此以上公式可以修正为

$$U_T = f\sqrt{\frac{4gd(\rho_l-\rho_g)}{3C_D\rho_g}}$$

式中 f——容器的特征系数，在第 8 章有相关解释；

d——分离液滴直径，取 0.001m（按照气液密度比的理论，二氧化碳气液密度比最小）；

C_D——阻力系数，可以采用 CO_2 蒸发温度实际对应的阻力系数，也可以参考本书第 8 章的工程计算方式。

参考文献［2］也给出一个相似的计算公式（称为 Souders 和 Brown 方程，立式与卧式都是采用相同的计算方式）：

$$U_T = k\sqrt{\frac{\rho_l-\rho_g}{\rho_g}} \tag{11-1}$$

式中 k——经验值，一般取 0.03；如果应用在中间冷却器，中冷器液面波动大，系数应降低至 0.025；

其余代号可以参考式（8-13）的说明。

与式（8-13）的计算结果比较，由于式（11-1）没有考虑制冷剂的黏度对分离速度的影响，计算结果略显得比较保守。该公式可用于氨与 CO_2，这里给读者多一种选择。

式（11-1）可以直接用于低压循环桶的容积选型。也就是说，除了可以从厂家提供的容器数据，选择大于或等于系统设计数据的，也可以根据系统的数据设计系统所需要的新容器。

在设计低压循环桶的桶泵机组时，二氧化碳的另一个特性需要考虑，即 $\Delta p/\Delta T$ 的比值曲线。与氨和卤代烃相比，二氧化碳 $\Delta p/\Delta T$ 的比值是最陡峭的。这个陡峭的比值意味着压力变化很大而温度变化很小。表 11-2 所示为氨与二氧化碳的 $\Delta p/\Delta T$ 在−51.1～4.4℃之间的变化值。

表 11-2 氨与二氧化碳的 $\Delta p/\Delta T$ 饱和温度下的变化值

温度/℃	氨 $\Delta p/\Delta T$/(kPa/℃)	二氧化碳 $\Delta p/\Delta T$/(kPa/℃)
-51.1	2.3	26.8
-40	3.8	37.0
-28.9	6.1	49.3
-17.3	9.1	63.8
-6.7	13.1	80.8
4.4	18.2	100.5

可以从图 11-17 和表 11-3 的比较来分析这些数据对系统设计的影响。

图 11-17 所示是一台低压循环桶，其液面与泵的进液口高度为 3m 时，三种不同制冷剂的温差（即过冷度）数据见表 11-3。

表 11-3 在相同高度上不同制冷剂的过冷度比较

制冷剂	R134a	R717	R744
液柱压差 ΔP/bar	0.418	0.213	0.329
液柱过冷 ΔT/K	14.91	5.21	0.88

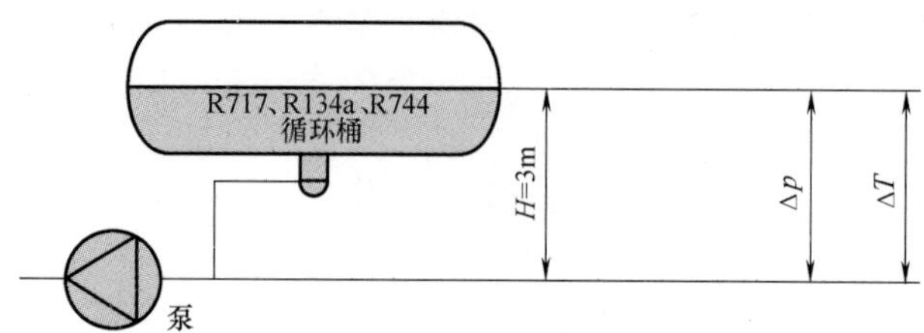

图 11-17　低压循环桶的液面与泵的进液口高度为 3m 时不同制冷剂的过冷度比较

从表 11-5 中的数据可以看到，二氧化碳的过冷度最小。换句话说也就是由于过冷度太小导致液体在流动时最容易汽化。当 CO_2 使用的蒸发温度在高温系统（-5℃以上），其 $\Delta P/\Delta T$ 的比值更高。这种特性表明 CO_2 在高温区域使用，很容易产生泵的汽蚀现象。表 11-5 所示的三种制冷剂中，CO_2 的过冷度最小，而卤代烃的过冷度最大。过冷度小表明在采用泵作为供液的设备中最容易产生汽蚀；而卤代烃则不容易产生汽蚀。

根据参考文献［2］显示：在-40~0℃的温度范围内，液态 CO_2 比氨的密度高 45%~60%。然而，由汽蚀引起的闪发 CO_2 气体的体积为等效氨气体体积的 2.4%~3.5%。

可用的净正吸入压头必须超过所需的净正吸入压头。由于 CO_2 和 NH_3 之间的物理特性差异（$\Delta P/\Delta T$），通常需要 CO_2 液面更高才能达到与氨相同的 NPSH（净正吸入压头）。

因此在设计 CO_2 循环桶的落液管与输送泵时，需要注意以下要求：

1）落液管的流速不能超过 0.3m/s。

2）确保足够的净正吸入压头和适当的安全系数。

3）建议循环桶的液面与泵的进液口中心线之间的高度≥2~2.5m（这个高度与制冷剂的密度以及与制冷剂的过冷度有密切关系，在这里过冷度的考虑更为优先）。

11.4.3　二氧化碳低压循环桶的其他配置

1. 油精馏器

在 CO_2 的复叠制冷系统中，虽然压缩机运行中的润滑油大部分会通过油分离器得到回收，但是小部分还是会通过压缩机排气管进入冷凝蒸发器，然后进入低压循环桶。如果这部分润滑油不能有效地得到回收，就会影响蒸发器的换热效率。

当一定量的润滑油到达蒸发器，并覆盖管的内表面。这种涂层的效果可以用污垢因子（fouling factor）的形式来量化，污垢因子在蒸发器表面影响整体传热。图 11-18 所示为蒸发器管中润

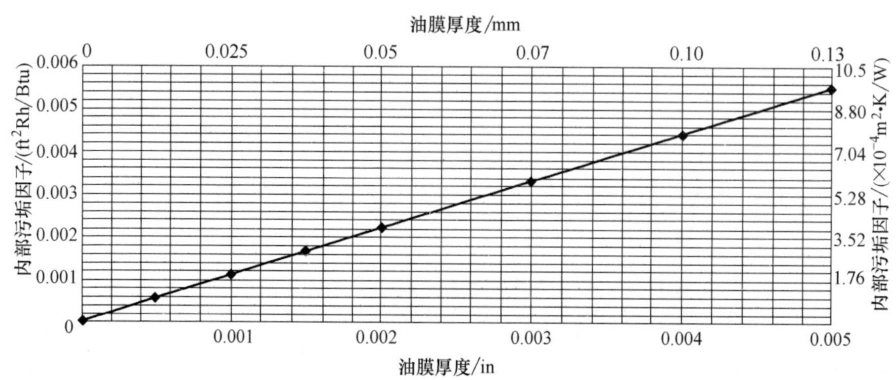

图 11-18　油膜厚度对内部污垢因子的影响

滑膜厚度对污垢因子的影响。

为了减少已经进入低温系统的润滑油对蒸发器传热的影响，有两种方法对这些进入系统的润滑油进行处理：一是在循环桶的控制液面下适当位置取油；二是在制冷剂泵的出液管某个位置取油并进行分离。

一般 CO_2 工业制冷是采用油精馏方法来防止过多的油影响制冷剂的传热。这种油精馏的设备称为油精馏器或者取油器（oil rectifier）。油精馏方法主要有两种。

第一种方法是由于液体 CO_2 的密度在 -1.3℃ 时为 933.8kg/m^3，在 -56.5℃ 时为 1178.4kg/m^3，此密度范围通常可与大多数合成润滑油（密度范围为 961～1005kg/m^3）互溶（密度范围接近）。可以认为 CO_2 与润滑油是完全互溶的。油精馏器的取油位置一般在泵的出液口附近（图 11-19）或者在出液主管上（图 11-20 或图 11-21）。

第二种方法是不混溶的润滑油如环烷烃和链烷烃矿物油，烷基苯和聚 α-烯烃（PAO）比液体 CO_2 轻，并且漂浮在液体 CO_2 的上层（在环境温度 15.5℃ 时，相对密度是 0.79～0.81）。为了回收这些润滑油，油精馏器的取油口一般设置在低压容器的控制液面下 500mm 的侧面，如图 11-22 所示（以上两种取油方式也可以应用在 R507 系统的低温容器中）。

油精馏器的精馏原理是：利用 CO_2 供液液体中的显热蒸发 CO_2，留下润滑油。如果过滤后的润滑油没有任何污染物（如水），则可以采用回油速度抽回压缩机。油精馏器内部结构也是一种换热器。

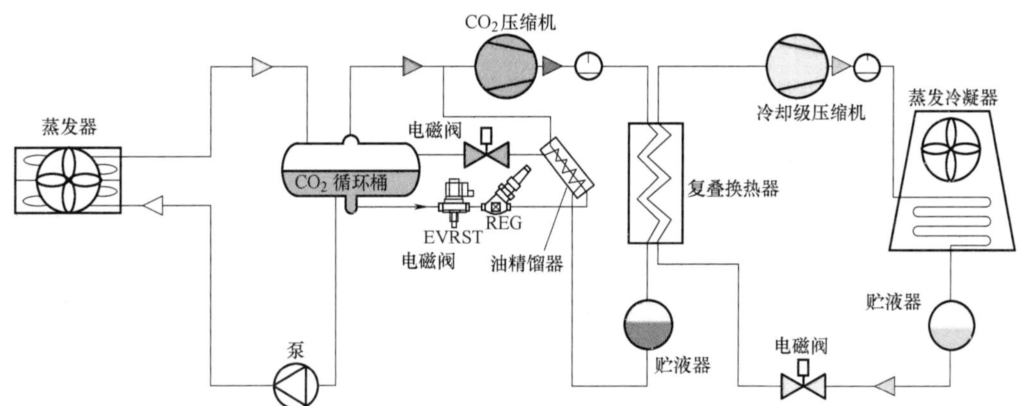

图 11-19　CO_2 低压系统采用油精馏方法之一

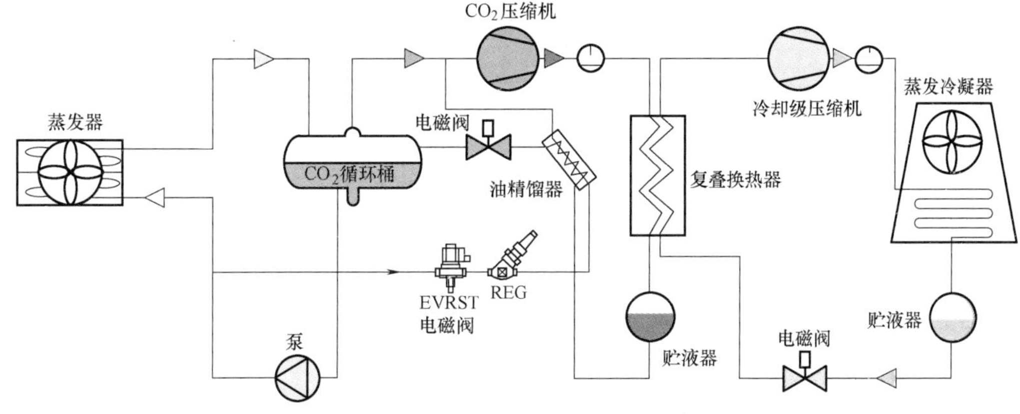

图 11-20　CO_2 低压系统采用油精馏方法之二

图 11-21　油精馏器在 CO_2 低压循环桶的出液管安装位置

图 11-22　油精馏器在 CO_2 低压循环桶的安装位置

对于在低压循环桶侧面开孔取油的位置，传统的开孔位置是在 CO_2 的波动位置（即启动容积的高度范围）上平均距离开三个孔。由于不混溶的润滑油是漂浮在液体 CO_2 的上层，比较新的做法是在正常液面控制的位置以下 50mm 处开孔（原因是由电动阀控制循环桶液面更加准确，取油孔由原来的三个变成一个）。由于油的排出需要克服排油管道的压力降，而排油管道产生压力降最大的是阀门，因此采用图 11-22 所示的方法取油，用电动阀代替电磁阀（在图中的电磁阀 EVRAT 也是一种无压差的电磁阀）。

图 11-23 是图 11-22 二氧化碳低压循环桶的设计效果图。

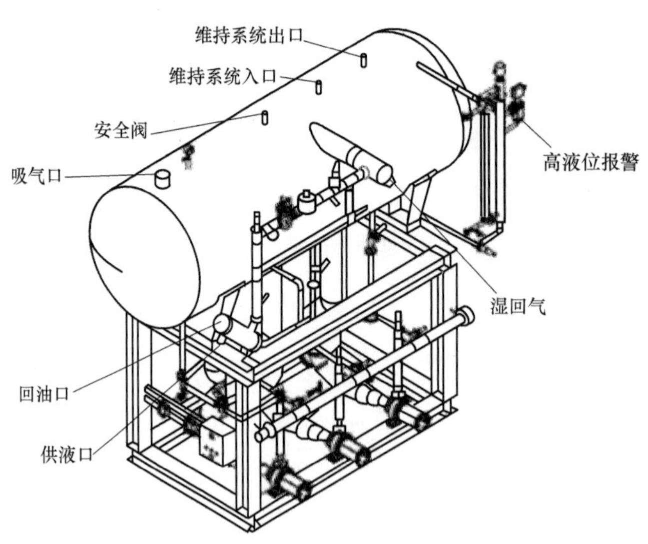

图 11-23　二氧化碳低压循环桶的设计效果图

设计这种油精馏器，可以通过表 11-4 得到相应的参数。

【例 11-2】　如图 11-20 所示，在蒸发温度为 -40℃ 的 CO_2 制冷系统中，CO_2 的冷凝温度是 -5℃，采用的润滑油与 CO_2 是完全混溶的。低压循环桶的制冷量为 300kW。假设压缩机的排出润滑油携带率是 10ppm，在 CO_2 液体中润滑油取平均浓度为 0.25%，取油率为 1.0%。试为这个系统设计相应的油精馏器。

解：计算过程和设计数据见表 11-4。

表 11-4　在-40℃的 CO_2 制冷系统中的油精馏器设计数据

内容	公式	计算过程
制冷量:300kW		
蒸发温度	-40℃	已知
-40℃的蒸发热	322.13kJ/kg(附录八)	
冷凝温度	-5℃	已知
供液(-5℃)液体焓值	188.23kJ/kg(附录八)	
理论上需要供液的 CO_2 质量流量	制冷量/-40℃的蒸发热=3352kg/h①	(300/322.13)×3600 油精馏器供液入口
油损耗	100ppm	已知
油的质量流量	CO_2 质量流量×油损耗=0.034kg/h	3352×10/1000000
稳态润滑油浓度	0.25%	已知
取油率	1.0%	已知
油精馏器的 CO_2 流量	CO_2 质量流量×取油率=33.52kg/h	3352×1.0% 油精馏器取油入口
油回收流量	油精馏器的 CO_2 流量×稳态润滑油浓度=0.084kg/h	33.52×0.25% 油精馏器取油出口
精馏油所需的热量	油精馏器的 CO_2 流量×蒸发热=3kJ/s	33.52×322.13/3600
油精馏器供液出口流量	CO_2 质量流量-油精馏器的 CO_2 流量=3318.5kg/h①	3352-33.52
焓值减少	精馏油所需的热量/油精馏器的 CO_2 流量=3.25kJ/kg	3×3600/3318.5
出口焓值	供液(-5℃)液体焓值-焓值减少=184.98kJ/kg	188.23-3.25
精馏器的 CO_2 供液出口温度	≈-6.4℃(根据出口焓值查表)	附录 8

注：1. 设置低压侧的润滑油度上升至 0.25%，取油率 1%，目的是略为超过压缩机排出的润滑油携带率 10ppm，减少系统的润滑油浓度。卤代烃满液式系统润滑油互溶状态的取油计算方式也可以参考这种做法。

2. 选择换热器的数据：3kJ/s≈3kW，换热温差=[-5-(-6.4)]K=1.4K。

① 实际供液量需要根据供液温度用式（7-16）进行修正。

将表 11-4 的数据提供给换热器厂家，可以得到合适条件的油精馏器。

结合与干回气管连接的过热器以及油精馏器的加热都是由二氧化碳的系统供液提供的，可得到如图 11-24 所示的连接流程图，即油精馏器与干回气管上的过热器连接流程图（局部）。

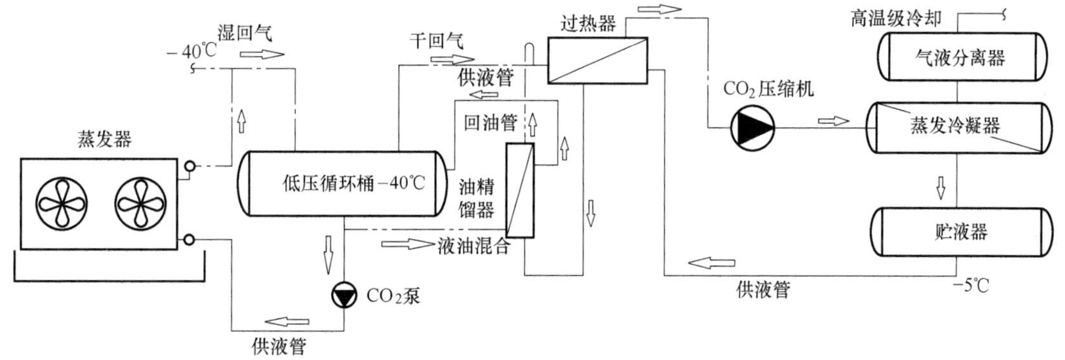

图 11-24　油精馏器与干回气管上的过热器连接流程（局部）

2. 干燥过滤器

在低压循环桶内部运行的液体 CO_2 通常含有水分，甚至是一些锈渣和污垢。这些水在低温 -40℃下在 CO_2 液体和气体中的溶解度分别约为 139ppm 和 6.5ppm，也就是说水在二氧化碳液体中的溶解度是在气体中的 20 倍（图 11-25）。在这种情况下水对 CO_2 的蒸发器影响最大。CO_2 中低温系统中容易发生结冰的现象通常是一些管径小的地方，如泵的压差控制器接管或者蒸发器底部管道。

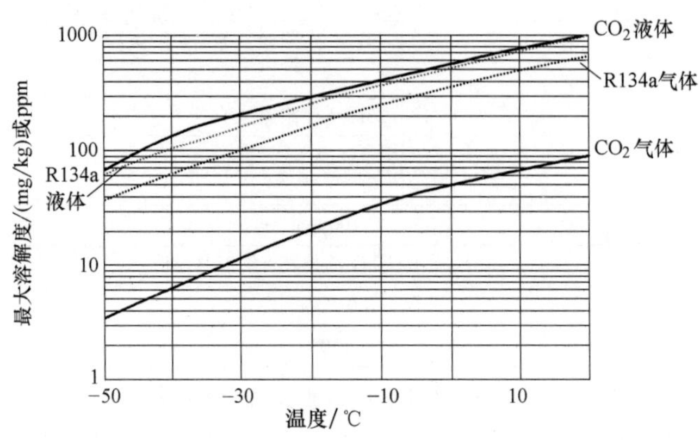

图 11-25　CO_2 的液体与气体溶解度比较以及与 R134a 液体与气体的比较

为了减少水在低温系统的堵塞和腐蚀，需要在液体循环的回路上安装干燥过滤器，定期吸收 CO_2 中的水分，同时过滤锈渣和污垢。传统的做法是在泵的出液主管道安装过滤器（图 11-19），但是这种做法大大增加了主管道的流动阻力。在工业制冷二氧化碳系统中，一般不会在气体管道上安装干燥过滤器（压缩机吸气口除外）。

近两年的做法已经做了进一步的优化。优化的方法有两种：一是把过滤器安装在主管道的旁路支管上，定期关闭主管路，让 CO_2 的液体经过过滤器，从而达到过滤干燥的目的（图 11-26）；另一种方法是把过滤器安装在泵出口的压差旁通管上，只要泵循环需要旁通液体，那就让 CO_2 液体自动干燥过滤。

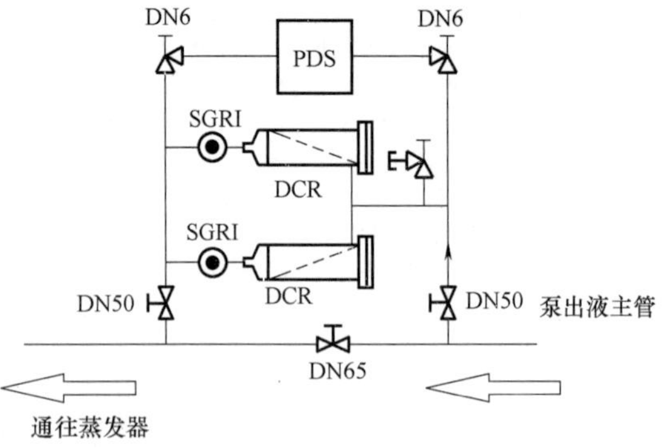

图 11-26　过滤器在泵的出液主管道安装

DCR—过滤器　PDS—压差继电器　SGRI—视镜

3. 安全阀

使用这些容器时，通常还要设置安全阀。这种设置与传统的制冷系统容器中的配置相比，有需要注意的地方。当安全阀由于事故的原因把 CO_2 气体排放到大气中时，由于大气环境的气压低于 CO_2 的三相点，即 4.16bar（表压），排出的 CO_2 会马上变为固体，因此安全阀在与大气相通的位置只能连接短管道。否则固体的 CO_2 会把管道堵塞，泄压的风险仍然没有排除。如果这段管道比较长，不容易发现问题。安全阀与连接管的正确连接如图 11-27 所示。把安全阀直接引出机房屋顶，用对应尺寸的连接管连接容器与安全阀。安全阀的出口不需要再连接任何管道（为了防止室外的沙尘进入安全阀的出口，也可以连接 50~100mm 的直管）。

安装在含有饱和液体的容器或部件上的安全阀应直接将气体排放到大气中，这就要求这类安全阀安装在室外，因此暴露在大气环境中。因此，应考虑使用带有不锈钢阀件的安全阀。

另一种选择是使用传统的制冷型安全阀，但需要配置一块挡风雨板，以防止环境对它们造成损坏。

也有例外，如果 CO_2 气体得到充分过热，则安全减压阀可通过出口管道将气体直接释放到大气中。压缩机油分离器的减压阀即是这种情况。

与其他制冷剂液体一样，CO_2 液体在温度升高时会膨胀。如果这些液体由于一些无法确定的原因被截留在一段管道或没有气囊的部件中，则静液压膨胀会产生足以使管道或部件破裂的压力。在大多数情况下，可以通过管理控制和标准操作程序来解决。但如果无法做到这一点，建议安装静压溢流阀（hydrostatic relief valve）。

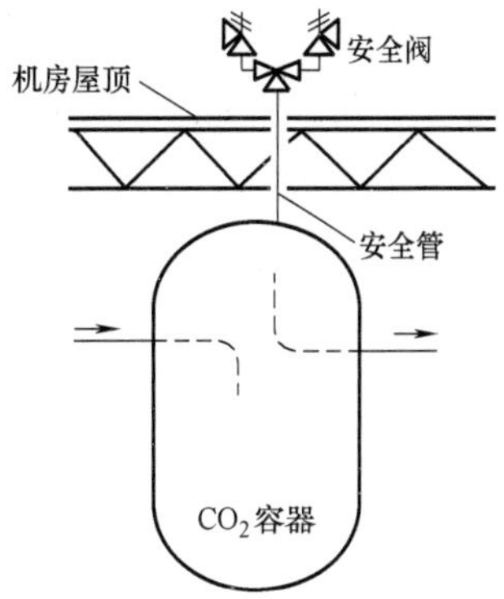

图 11-27　CO_2 安全阀在机房的连接

安全阀的安装还有一些要求：安全阀需要并联一个压力表，目的是观察安全阀是否堵塞。也可以并联一组由压力导阀控制的电磁阀（图 11-28a 的安全阀的位置旁边），一旦安全阀出故障或者容器压力过高，电磁阀会自动打开，把超压的气体排放到大气中，以确保系统的压力控制在安全范围内。图 11-28b 是另外一种连接方式，采用传感器和电磁阀配合与安全阀并联，也可以达到同样的效果。

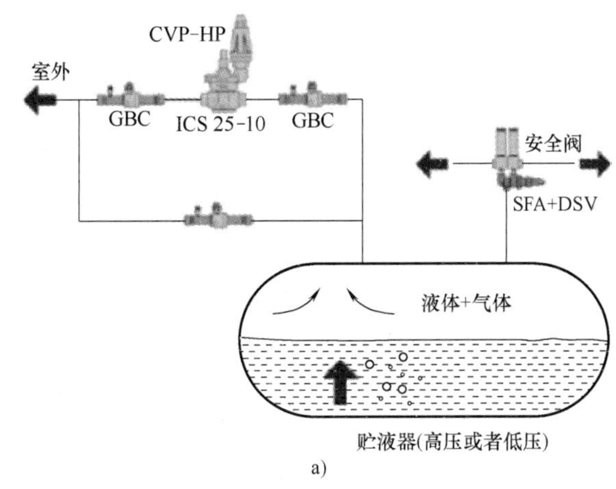

a)

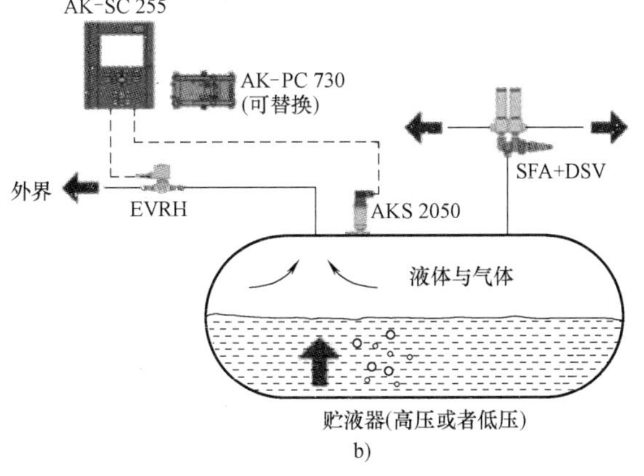

b)

图 11-28　安全阀与电磁阀并联安装

a）与安全阀并联的压力导阀+电磁阀安装　b）与安全阀并联的压力传感器+电磁阀安装

11.4.4 二氧化碳制冷系统停机（停电）状态下容器的压力处理

为了使二氧化碳制冷系统中的容器维持在正常的工作压力范围内，防止由于停电时间过长而导致 CO_2 容器内随着环境温度上升而压力上升到超出安全压力的范畴，致使 CO_2 复叠系统或载冷系统因为压力过高而出现安全事故，一般要求配置辅助制冷系统来冷却容器内的 CO_2 液体以防止出现压力过高的现象。这个辅助制冷系统也称为 CO_2 维持机组（图 11-29 和图 11-20 的右上角）。CO_2 维持机组的压缩机一般按系统的制冷量 1000kW/4kW 进行配置。

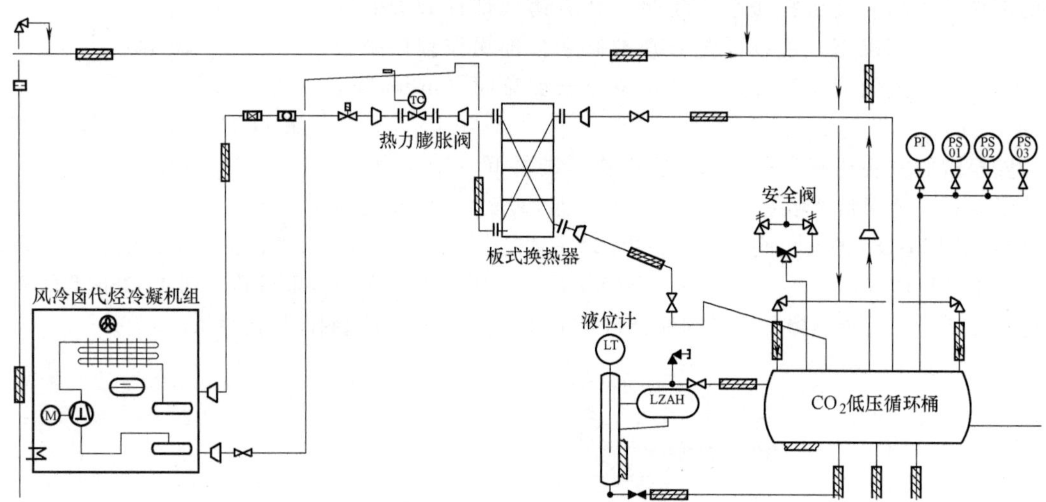

图 11-29 CO_2 容器与维持机组

为什么这种系统不配置像超低温系统那样的膨胀罐来代替维持机组呢？笔者认为由于二氧化碳制冷系统一般的正常灌注量都比较大，如果按式（10-2）的计算配置膨胀罐的容积，那么实际系统的膨胀罐容积会非常大而变得不现实。

11.5 二氧化碳制冷系统中的蒸发器

二氧化碳制冷系统使用的蒸发器与第 4 章讨论的蒸发器，在技术要求方面有相似的地方，也有一些比较特殊的要求。

11.5.1 二氧化碳蒸发器的设计方式

这里主要是讨论在二氧化碳工业制冷系统中使用的风冷式蒸发器（也就是冷风机），内容包括：供液方式、使用的材料以及合理的传热方式。

CO_2 的供液方式一般有：直接膨胀和泵供液两种。一般不采用重力供液。原因是：CO_2 的液体密度比氨和卤代烃高许多，重力供液所采用的高密度的液柱不能产生合适的质量通量（mass flux），其结果是只能出现沸腾传热系数（boiling heat transfer coefficient）低的情况。

CO_2 蒸发器使用的材料一般有不锈钢、铜管。一般情况下不建议采用普通碳钢。原因有两个：

1）管道腐蚀。在运行的二氧化碳系统的管道或容器中会存在残留水，它可以与二氧化碳结合形成碳酸。暴露在弱酸性环境中的碳钢容易受到腐蚀。

2）低温脆化。碳钢在低于-28.9℃的温度下会变脆，在受到冲击载荷时容易断裂。

铝合金管道也不合适，因为其屈服强度和拉伸强度难以满足二氧化碳系统运行所需的较高设计压力。

在所有的制冷剂中，二氧化碳的气液密度比是最小的。因此其循环倍率在冷藏系统中采用的是 1.5 倍；在速冻系统中是 2 倍。要避免出现制冷剂在蒸发器中以分离模式（分层/波浪形）流动，因为发生这种情况时，蒸发器的冷却能力会急剧下降。当在 15.6mm（5/8″）管的蒸发器中使用 CO_2 时，需要有最小质量通量。质量通量是指通过垂直于流动方向的单位面积的质量流量）200kg/(m^2·s）的流量通过蒸发器以避免分层/波浪形的情况发生（stratified/wavy）。制冷剂在蒸发管道出现分层/波浪形的情况使得管内没有完全浸湿，这是导致蒸发器的冷却能力急剧下降的原因。

换句话说，CO_2 蒸发器的盘管允许通过的最小质量通量（质量通量=制冷剂的密度×流速）与 CO_2 液体密度以及蒸发器的管径大小（管面积）有关。由于 CO_2 的液体密度变化不大，而制冷剂的速度也是在 1m/s 的范围，因此蒸发器的管径就成了限制最小质量通量的关键。管径越大就越容易发生分层/波浪形的情况，因此这些蒸发器的管径通常设计得都比较小，一般为 15.6~12mm（甚至更小）。

在蒸发器制冷传热性能方面，一般的概念是氨制冷剂在蒸发器的效果是最好的。但是为了达到或者接近这种传热效果，CO_2 蒸发器也采用了独特的循环布置，力求达到与氨制冷剂等效的冷却能力。

提高满液式循环系统制冷传热效果，有两种方式：增大蒸发器的对数平均温差或者增大供液的质量流量。但是二氧化碳供液蒸发器管侧的摩擦压降降低了平均温差，从而降低了蒸发器的冷却能力。这一点它不如氨制冷剂。另一方面，在供液的质量流量上，液体的二氧化碳比氨大许多，恰好弥补了这方面的缺陷。

随着制冷剂质量流量的增加，一方面传热系数增加，从而增加了冷却能力；另一方面压降也增加，从而降低了冷却能力。这就是液体流动（摩擦压降）和传热之间的矛盾，也是 CO_2 蒸发器独有的性质。

参考文献［2］的结论：如图 11-30 所示，与氨相比，二氧化碳气体压力曲线的斜率要大得多。意味着，设计二氧化碳蒸发器循环可以获得更高的质量流量，抵消了相关压降损失。与氨相比，设计质量流量越高，越能抵消沸腾传热系数的降低，这导致 CO_2 蒸发器的性能与氨蒸发器的性能几乎相同。换句话说，一台设计合理的 CO_2 蒸发器与相同蒸发面积的氨蒸发器相比，在

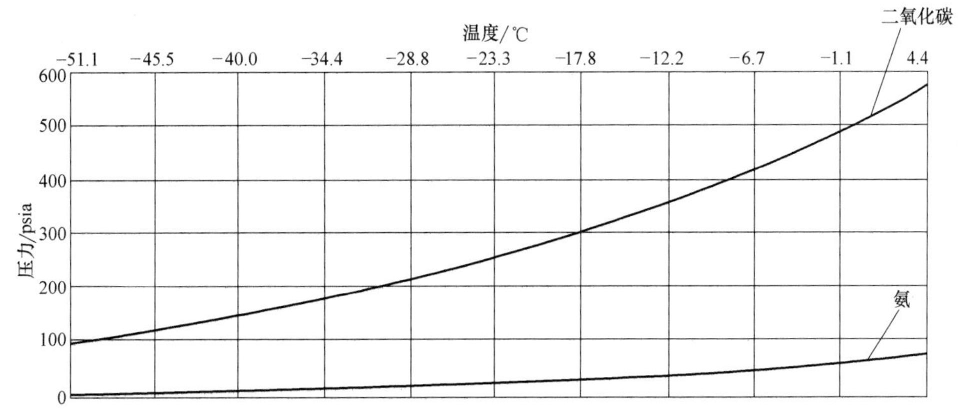

图 11-30　氨与二氧化碳的饱和压力差和饱和温度差之比（1psia=6.89kPa）

传热性能方面没有太大的区别。

与氨相比，二氧化碳的允许压降更高，这意味着蒸发器的循环可用于更少的供液和更长的蒸发回路。同样，如果制造设计得当，同样大小的二氧化碳蒸发器产生的冷却能力接近于氨。

CO_2 有一种特性，就是表面张力远低于传统的制冷剂（氨制冷剂）。较小的表面张力可以降低成核以及气泡生长所需的过热度，有利于气泡的形成，增强换热性能。但是较小的表面张力降低了液体表面的稳定性，增强液滴形成和夹带，易形成干涸。这种干涸现象不利于换热。例如，在国内传统制冷剂的低温蒸发排管中，通常为了节约电费，利用峰谷电降温，在低谷用电时把排管的蒸发温度降低到比较低的状态，这样在白天高峰用电时就几乎不用开压缩机。但是采用 CO_2 排管的库房维持温度的时间会短一些，这是由于 CO_2 张力低蒸发排管内比较难存液。

按 ASHRAE 15-2013 *Safety Standard for Refrigeration Systems*（《制冷系统的安全标准》），CO_2 蒸发器的设计承压标准是：设计运行工况下蒸发温度对应的饱和压力加 20% 的余量，即运行压力乘以 1.2。这个标准可以供厂家参考。

11.5.2　二氧化碳冷风机的融霜方式

冷风机的融霜方式在第 4 章有专门的讨论，这里不再重复，仅针对二氧化碳系统一些特殊性补充一些新的内容。

1. 热气融霜

热气融霜是一种比较传统的融霜方式，但是在 CO_2 制冷系统的实际应用中，却使用的比较少。原因是：融霜的热气温度受到严格的控制（由于系统压力的原因），需要的时间也比较长；造价高而且系统复杂。根据国内一些外资厂家使用的结果反映，每次融霜的时间需要约 1h 甚至更长。由于融霜压力高，系统中的阀门不容易关严，容易产生漏气现象。在复叠系统中，中间级的二氧化碳温度/压力通常太低，不允许原系统回路中的二氧化碳用于除霜。这就需要一个单独的高压（能达到 52bar）二氧化碳气体源（配套专用的压缩机），以便为除霜提供热气（图 11-31）。

这种融霜方式最大的优点在于：及时把进入到冷风机的润滑油排出蒸发系统，提高蒸发器的传热效率。

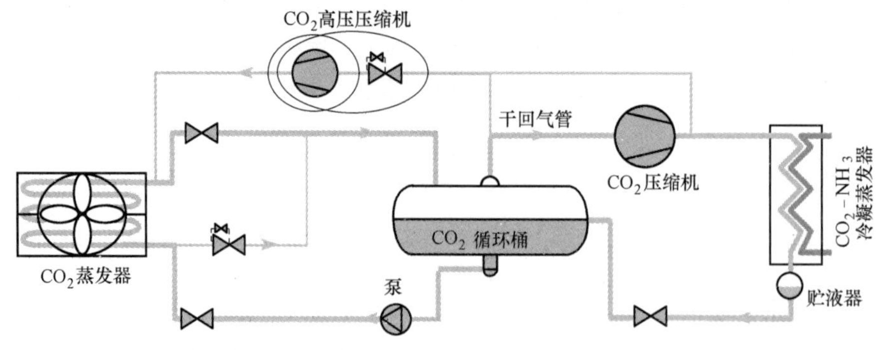

图 11-31　二氧化碳制冷系统的热气融霜

2. 乙二醇融霜

乙二醇可以通过上一级冷却系统的排热回收方法取得所需要的热量。由于是表面传热，融霜效果不如蒸发器管内通热气那么直接。每组冷风机需要布置两组供热管：一组直接加热风机下的水盘；另一组则进入蒸发盘管，盘管与二氧化碳加热盘管交错在一起。采用这种融霜方式的蒸发器盘管一般采用铜管（图 11-32），因为铜管的传热效果比不锈钢管好一些，融霜的速度也会快一些。乙二醇的加热温度可以控制在 20~25℃。对冷却盘管进行除霜时，加热盘管的加热能力通常是 CO_2 盘管冷却能力的 1.5 倍。

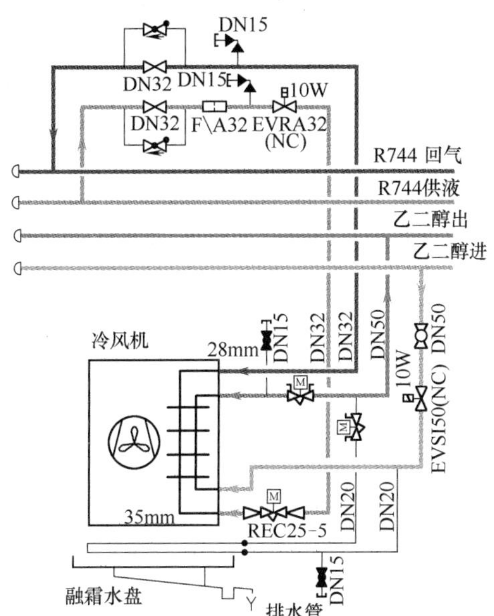

图 11-32　采用乙二醇融霜的冷风机盘管与加热管的布置

3. 其化融霜方式

还有一种融霜方式就是利用上一级的冷却系统排热把二氧化碳供液的液体加热到 7.5℃左右（所需的热量约为盘管蒸发量的 3 倍），然后用一台专用的泵把这些已经温热的气液混合体输入需要融霜的冷风机蒸发器管内，从而实现融霜的目的（图 11-33）。

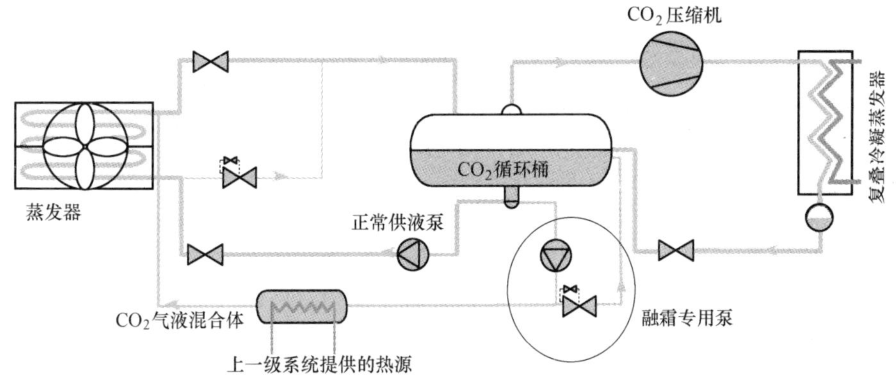

图 11-33　利用余热加热 CO_2 液体的泵融霜方式

冷风机的电热融霜和水融霜的方法第 4 章已经介绍了，CO_2 蒸发器在这方面也没有其他特殊要求，这里就不再重复了。

根据欧洲一家著名的冷风机生产厂家提供的 CO_2 蒸发器订货数据可以发现：采用乙二醇融霜的占了总数的 90%以上，3%~5%是水融霜（主要是速冻设备），剩下的是电热、温热的 CO_2 气液混合融霜以及热气融霜。

11.6　二氧化碳的载冷剂系统

通常一个二氧化碳的载冷剂系统只有一个温区，而复叠系统可以有两个或者多个温区。二氧化碳的载冷剂系统通常被称为“挥发性盐水”系统（图 11-34）。CO_2 黏度低，当用作挥发性盐水时循环非常经济，因此适合在很宽的温度范围内用作传热流体。它可以有效地用于接近三相点的低温，也就是说可以直接用于低温速冻系统。

二氧化碳的载冷剂系统特点是：利用上一级的制冷系统（氨或者卤代烃）冷却下一级的冷媒（即二氧化碳），这些经过冷却的冷媒通过泵送到系统中的换热器实现制冷循环。这种载冷剂系统与普通的载冷系统不同的地方在于：除了冷媒的显热传热以外，这些二氧化碳液体还有部分潜热蒸发。二氧化碳回路可以设计成一个类似热虹吸的润滑油冷却系统，利用供液流和回气流之间的密度差作驱动。原因是：一部分供液在蒸发器中蒸发，回流的液体部分显然平均密度就减少了。此外，液体运行的黏度也比较低。这就是二氧化碳的载冷剂系统与普通的载冷剂系统相比的优势所在。

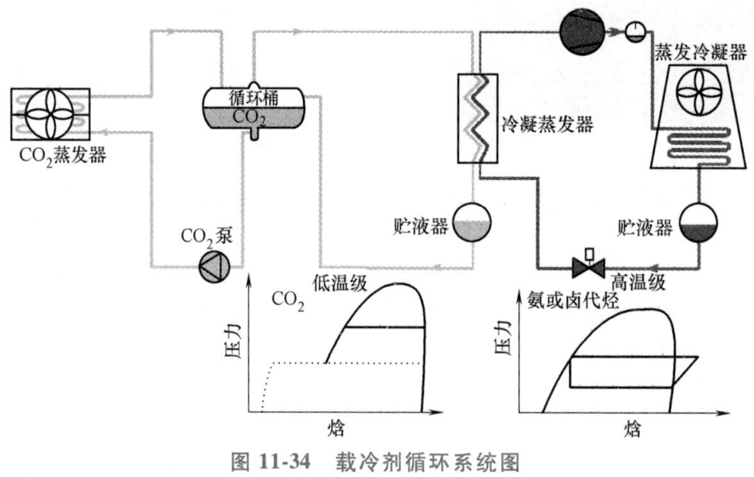

图 11-34　载冷剂循环系统图

在第 4 章提及的冷风机的传热基本计算公式为

$$Q = A\lg\Delta t U$$

式中　Q——热负荷；

A——换热面积；

U——传热系数；

$\lg\Delta t$——对数平均温差（K）。

这个公式反映了传热与 $\lg\Delta t$（对数平均温差，简称 LMTD）成正比。

对于传统载冷剂的乙二醇，通常是通过管道的湍流，来提高传热性能。然而，乙二醇压力降大致随输送速度的二次方增加而增大，并且由此产生输送乙二醇泵功率急剧增加。

此外，乙二醇吸收了显热并升高了温度，从而降低了传热表面的对数平均温差。当使用二氧化碳作为挥发性盐水时，液态二氧化碳被泵送入蒸发器，然后在饱和温度下沸腾。这利用了二氧化碳中的汽化潜热，该潜热量明显大于在这种工况下的显热量（只有很小的温差）。例如，在换热器内部，沸腾过程发生在相对恒定的温度下，由于压力下降，沸腾过程只会略有增加。

参考文献 [2] 将乙二醇和二氧化碳作为载冷剂在冷风机上的运行数据进行了对数平均温差的比较，见表 11-5。

表 11-5　乙二醇和二氧化碳作为载冷剂在冷风机上对数平均温差的比较（单位：℃）

项目	乙二醇	二氧化碳	备注
冷风机进风温度	-2.22	-2.22	
冷风机出风温度	-3.78	-4.94	
盐水进入温度	-7.78	-7.78	盐水进出压降为 0.2068bar
盐水出来温度	-4.89	-7.5	
ΔT_1	-3.78-(-7.78)=4	-2.22-(-7.5)=5.28	
ΔT_2	-2.22-(-4.89)=2.67	-4.94-(-7.78)=2.84	
对数平均温差(LMTD)	3.325	3.935	
结论：二氧化碳作为载冷传热效果比乙二醇增加了 18%以上			

注：对数平均温差 LMTD 的计算公式如下：

当 $\Delta T_1/\Delta T_2>1.7$ 时

$$\mathrm{LMTD}=(\Delta T_1-\Delta T_2)/\ln(\Delta T_1/\Delta T_2)$$

当 $\Delta T_1/\Delta T_2\leqslant 1.7$ 时

$$\mathrm{LMTD}=(\Delta T_1+\Delta T_2)/2$$

在本表中，对于乙二醇，由于 4℃/2.67℃ ≤1.7，则 $\mathrm{LMTD}=(\Delta T_1+\Delta T_2)/2=3.325$℃；对于二氧化碳，由于 5.28℃/2.84℃>1.7，则 $\mathrm{LMTD}=(\Delta T_1-\Delta T_2)/\ln(\Delta T_1/\Delta T_2)=3.935$℃。二氧化碳作为载冷传热效果比乙二醇增加了 (3.935-3.325)/3.325×100%≈18%。

下面对在冷风机蒸发器的供液工况进行比较。选择质量分数 30%的乙二醇作为载冷剂，将其在两种不同形式的蒸发器上运行得出的数据与二氧化碳进行比较。冷风机蒸发器的基本参数是：进风温度：-2.22℃；相对湿度 85%；风量 30227m^3/h；表面风速 2.55m/s；管回路 9 组；片距 8mm；盐水温度-7.778℃。比较的结果见表 11-6。

表 11-6　不同载冷剂供液蒸发器的比较

项目	质量分数 30%的乙二醇（标准型）	质量分数 30%的乙二醇（加强型）	CO_2 盐水
管道材料	普通铜管	加强型铜管	普通不锈钢
翅片材料	铝合金	铝合金	铝合金
制冷量/kW	18.11	20.79	39.25
出风温度/℃	-3.78	-3.94	-4.94
除湿量/(kg/h)	3.18	4.54	13.15
盐水出水温度/℃	-4.89	-4.5	不适用
流量/(kg/h)	6045	6045	1117.6
压降/bar	0.385	0.297	不适用
相对造价	1	1.07	1.18
相对费用	100%	93%	54%

综合以上两个表的数据，得出的结论是：与乙二醇载冷剂系统相比，二氧化碳载冷剂系统的冷却盘管的所需流速和相对成本显著降低。二氧化碳载冷剂系统使用的泵功率约为乙二醇载冷剂系统的功率的 25%或每千瓦节约 11%。

在二氧化碳载冷剂系统中，循环过程采用泵循环，这个回路没有压缩机的运行，因此也就是没有润滑油对蒸发器造成传热影响，二氧化碳蒸发侧不需要考虑污垢系数。在我国还没有研发出新的二氧化碳活塞式压缩机前，这种系统是我们应该重点研究与开发的一种环保制冷系统。

日本在这方面的研究与应用值得我们借鉴。

二氧化碳载冷剂系统存在的最大问题是：在低温工况下温度的变化使二氧化碳压差变大。以库温-20℃±2℃的冷库为例：如果采用二氧化碳载冷剂供液，它的蒸发温度在-30～-26℃，也就是说蒸发压力在13.3～15.3bar（表压），这样如果部分冷间已经接近完成降温，而有些冷间正在进货，冷间之间的温差达到4℃，这种情况在冷库是经常发生的。正在进货的冷间需要大量供液，但由于2bar压差的问题，回气管没有压缩机的吸气，液体无法进入需要的蒸发器中（湿回气的管道背压不平衡），经常需要手动调整阀门的开启度。如果冷库的冷间比较多，压力相差又比较大，特别是用于具有配送功能的多温区冷库，可能面临的操作问题比较多。背压不平衡的问题，其实是我们对 CO_2 作为载冷剂供液方式的认知误区。

下面介绍日本的NewTon R-8000产品所代表的方式。图11-35所示是这个系统的主机部分，图11-36所示是NewTon载冷剂系统图。

图11-35　NewTon R-8000主机

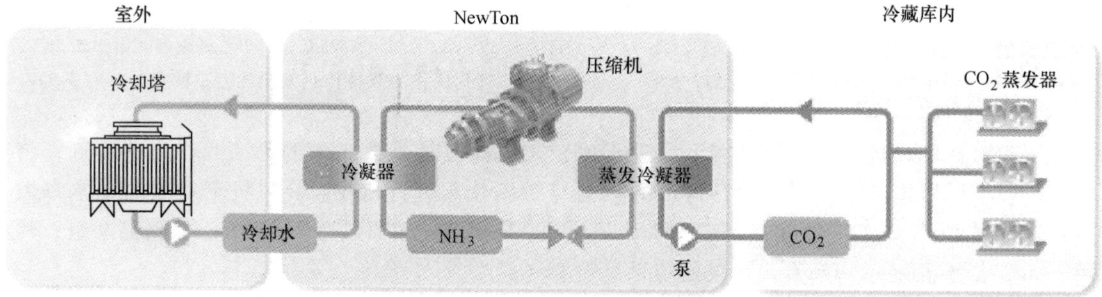

图11-36　NewTon载冷剂系统图

这种机组是一种紧凑型的撬块组合，它把压缩机、冷凝器、蒸发冷凝器、贮液器等设备装在同一平台上，机组的充注量也非常少。例如NewTon R-8000主机，在 CO_2 的蒸发温度达到-32℃时，其主机的充注量也只有60kg。该机组采用闭式冷却塔冷却系统，回收热源把冲霜水加热，提高融霜速度。

这种系统是如何解决库房温度压力不平衡的问题呢？如图11-37所示，在冷风机的外部增加了一套外置液位浮球开关。这种开关的主要作用是：控制蒸发器的电磁阀只有在盘管的液位达到设定的高度时或者库房温度到达设定值时才关闭。当系统降温时，系统压力低的库房盘管的液位首先到达设置液位，控制这个房间的电磁阀关闭。而压力比较高的库房电磁阀仍然开启。因此这些压力高的库房可以在这种情况下得到供液，从而达到均衡供液的效果。这种浮球控制蒸发器液面的另外一种功能是给 CO_2 液体留出蒸发的空间。

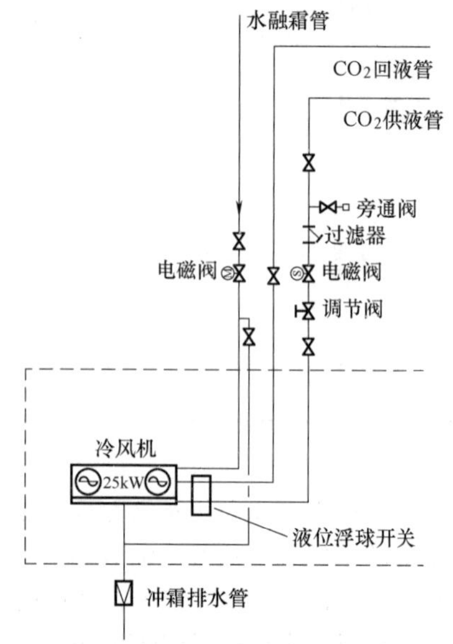

图11-37　液位浮球开关在载冷蒸发器上的应用

如果 CO_2 载冷剂是满液供液，从表 11-5 数据分析可知，CO_2 载冷剂会在进入蒸发器盘管后停留不到 30s 就流出，而得不到充分蒸发，结果是降低了蒸发换热效率。可以这样认为，CO_2 载冷剂的供液不是满液式，因此就不存在背压不平衡的问题。

CO_2 载冷剂与其他载冷剂不同的是：普通的载冷剂只是利用温差传热，整个传热过程没有产生蒸发；而 CO_2 作为载冷剂，从表 11-8 中的数据可以看出，在制冷过程中，主要依靠蒸发传热，而温差传热的比例很少。正是这种蒸发使 CO_2 比普通的载冷剂有更加高的传热。因此，CO_2 的载冷剂系统与普通载冷剂系统不同的是：蒸发器回来的混合体（基本上是气体）不是回到换热器，而是进入循环桶，液体留在循环桶，而混合体中的气体经过分离再进入换热器冷却成液体后再流入循环桶。

正是这种特点，CO_2 载冷剂系统与 CO_2 复叠系统在循环桶上有不同的处理方式：载冷剂系统在相同容积的循环桶中液面可以更高，因为不需要更多的空间分离（不存在压缩机的回气带液问题）。

二氧化碳载冷剂系统除了可以应用于低温冷藏的制冷系统，也可以应用在更加低温的速冻系统。其能耗也许与复叠制冷系统有一些差距，但是这种系统运行模式更加简单，而且初投资也比复叠系统更低。另外，这种载冷剂系统在二氧化碳侧没有润滑油的存在，因此不需要考虑污垢系数。在复叠系统，如果蒸发器没有用热气体反向流动进行除霜，则没有常规的过程来加热和清除蒸发器回路中积聚的润滑油，蒸发器传热面上的润滑油膜将逐渐形成，直至与循环二氧化碳吸收润滑油的能力处于平衡状态。试验表明 0.5%PAG 润滑剂含量会使蒸发器的传热系数降低 7%~10%。在这一点上，二氧化碳载冷剂系统的蒸发传热比复叠系统的蒸发传热更胜一筹。

11.7　二氧化碳制冷系统的设计压力要求与管道连接

关于二氧化碳制冷系统的设计压力与管道连接要求。这里借用一些国外成熟的设计规范供读者参考。在美国现有的执行标准是 ASHRAE 15。

ASHRAE 15（2010 年版）规定，在二氧化碳制冷系统中建立所需的复叠/冷凝温度时，应该确定系统的设计工作压力（design working pressure，DWP）。其中第 9.2.6 条指出，当制冷系统使用二氧化碳（R744）作为传热流体时，系统组件的最小设计压力应符合下列要求：

第 9.2.6.1 条：在没有 CO_2 压缩机的回路中，设计压力应至少比回路中最热位置的饱和压力高 20%。

第 9.2.6.2 条：在复叠制冷系统中，高压设计压力应至少比受压元件产生的最大压力高 20%，低压侧压力应至少比到回路中最温暖位置的饱和压力高 20%。

ASHRAE 15 第 9.2.6 条专门针对亚临界或跨临界的复叠 CO_2 系统。而第 9.2.1 条适用于所有制冷系统 26.7℃ 的低压侧，相当于 65.8bar（表压）的 CO_2 压力和跨临界 CO_2 系统高压侧 140bar（表压）的环境冷凝条件。

在所有使用的制冷剂中，当温度发生变化时，二氧化碳的体积变化是最大的（图 11-38）。

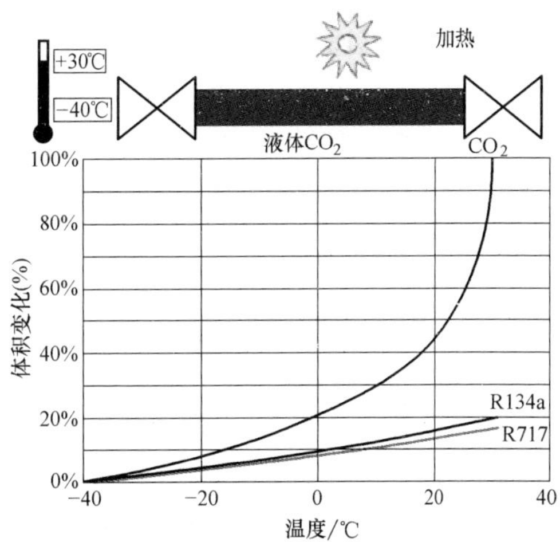

图 11-38　各种制冷剂液体从-40℃温升到+30℃的体积变化

在管道中，如果温度变化从-40℃温升到+30℃，二氧化碳液体的体积增加100%；而其他制冷剂如R134只是增加20%，氨只有18%左右。因此二氧化碳的供液管道设计与操作需要非常小心。供液管道两端的阀门必须有一端常开（这种要求对于所有制冷供液管道都适用），以防止意外发生。

在相关标准中，二氧化碳制冷系统的管道材料和强度要求如下：

① 可以使用碳钢、不锈钢甚至铜管，但是不能采用螺纹接头。

② 在采用碳钢时，CO_2 中的少量水会腐蚀管道内部。应考虑碳钢 CO_2 管内外的腐蚀余量，总腐蚀量考虑1.6mm。

③ 系统运行在-29℃以下时，普通碳钢会变脆。国内通常采用16Mn钢，相当于现在的Q345钢。因此在二氧化碳制冷系统中，为了焊接上的方便，统一都采用这种钢管。

参考文献［2］中对 CO_2 管道的压力降设计提出的一些要求：

① 供液管：对系统功耗的影响很小。管道设计考虑的因素包括：气体和液体的混合共存，闪发气体产生，管道液锤和泵吸入管的汽蚀，如何平衡成本，以及如果采用更大的供液管需要额外的制冷剂充注量。

② 直接膨胀供液到设备（饱和）的速度：1.0~1.4m/s。

③ 泵送系统供液（过冷）的速度：1.6~2.3m/s。注意：分支管上的供液电磁阀供液，如果只有一根或两根管径大于DN40，速度限制应降至1.2m/s以下，以避免液锤和振动。

④ 分支供液管到单台设备的速度：0.99~1.2m/s。

⑤ 除霜排液管中的速度：1.2m/s。

⑥ 回气管道：对系统功率消耗有直接影响，因为它们的摩擦压力下降会降低所需的压缩机吸气压力，并提高所需的压缩机排气压力。通过使用适度增大管道直径能减少这些管的压降，从而能够减少设备使用期间的功率消耗。

唯一的例外是在直接膨胀系统的蒸发器连接的带互溶润滑油的回气管，在这种情况下，无论压降如何都要保证最基本的回油速度。

⑦ 压缩机吸气管：从压缩机到吸入容器的设计总压降小于0.14bar（表压）。

⑧ 压缩机排气管：从压缩机到冷凝器入口的设计总压降小于0.14bar（表压）。

⑨ 干式蒸发器吸气管：从蒸发器到吸入容器的设计总压降小于0.14bar（表压）。

⑩ 冷凝器平衡管：设计总压降为：0.017bar（表压）。在冷凝温度下，可以用系统总流量乘以气体密度，再除以液体密度来估算平衡管路的流量。

也可以采用一些外资厂商的阀门与管道选型软件选择与计算。

回气管建议按压力降的计算进行选择。原因在第7章的管道选型中已经讨论过，目的是减少压缩机的能耗。

11.8　二氧化碳制冷系统的试压、抽真空、制冷剂充注、调试及运行

近三十多年来，我国工业制冷技术和市场发展迅速，制冷系统从设计到安装验收以及调试运行，都有了比较完善的规范和措施。但是随着市场的变化，有些规范与措施未能跟上发展的需要。由于最近几年国内氨制冷系统安全事故的发生，环保工质的兴起，二氧化碳制冷系统已成为一种潮流。

下面介绍一些国外这方面的规范与要求，供读者参考。

11.8.1　二氧化碳制冷系统的压力测试

在美国采用的是 IIAR（国际氨制冷学会）、ASME（美国机械工程师协会）和 ASHRAE（美国采暖、制冷与空调工程师学会）制定的相关标准。

标准要求：所有现场安装的管道在调试前都需要进行压力和泄漏测试。应在对焊缝进行无损检测后和安装管道保温系统之前完成该试验，以便所有接头、焊缝和低位安装位置都暴露在外，便于检查。

超出试验压力范围的泄压阀、压力传感器和装置需要从被测管道上卸下或卸下阀门，安装位置应适当堵塞或封闭。所有带手动开启杆的电磁阀和控制阀应置于开启位置。

二氧化碳制冷系统在有游离水的情况下极易受到腐蚀，因此，无氧干燥氮气是推荐用于压力测试的唯一气体。压缩空气不得用作试压气体。

如果要对运行中的二氧化碳系统的隔离（关闭阀门）部分进行压力试验，则应谨慎使用制冷级二氧化碳气体（纯度为 99.9%）进行试验，以避免试验气体的潜在交叉污染。

根据 ASME《锅炉和压力容器规范》第五节第 10 条的建议，用肥皂水进行气泡试验是首选的泄漏检测方法。

在进一步提高试验压力之前，应将系统加压至 2bar（表压），并目视检查整个系统的接头和配件是否松动。该程序尤其适用于大型系统，作为系统测试的实际第一步。

在完成压力和泄漏试验并记录后，应从系统最低位以 1bar（表压）的排出压力排出水分。如果只从高点释放压力，系统中的残留水不能完全被排出，并且会大大增加系统排空所需的时间。

制造厂家已进行压力试验的部件不需要进行现场压力试验，只需要进行泄漏测试。

试验压力至少为 DWP（最高工作压力）的 110%，但不超过 130%。减压装置应连接到被测管道上，并设置成高于试验压力以上时进行减压，但减压装置的设置压力要足够低，以防系统变形。

对于大型系统，首先逐渐加压到测试压力的 50%，然后以 10% 的测试压力增量增加，直到达到测试压力，保持至少 10min，然后逐渐降低到测试压力。

11.8.2　二氧化碳制冷系统的抽真空

二氧化碳制冷系统抽真空的目的主要是两方面：去除系统中的大部分不凝性气体，让系统中的水分蒸发。

随着系统压力（真空度）的降低，水的沸腾温度将从 100℃（大气压力 760000μm，相当于 760 mmHg）逐渐降低到 0℃（4580μm），管道和容器壁的余热将蒸发掉这些残留的水。如果这些水在系统中散开，会聚集在金属容器低点位置形成很小的水珠，可能永远不会吸收足够的热量来蒸发。

当 2mL 的水在 5000μm（相当于 5mmHg）下蒸发时，会产生 0.2m^3 的水蒸气，这会显著降低蒸发速度。

在制冷系统抽真空之前，首先选择合适型号的真空泵。美国要求的做法是：比如在内部容积为 4.3m^3 至更大的 43m^3 系统中，选择一台抽真空能力为 5.8m^3/h 的真空泵，该真空泵能够在大约 24h 内将 16.3m^3 干燥系统抽真空至 5000μm。如果系统内水分较多，需要抽真空的时间更长。

如何衡量系统的真空状况？参考文献［2］提供了表 11-7，表中列出了各种真空度下水蒸发温度和水蒸气的比体积。

表 11-7　各种真空度表

绝对压力	表压		水的沸点	水蒸气比体积
bar	mm/Hg	μm	℃	m^3/kg
1.013	760	760000	100	1.7
0.664	498	497961	88.9	2.5
0.266	200	199878	66.1	5.9
0.133	100	100068	51.1	11.5
0.067	50.1	50060	38.3	21.3
0.048	36.1	36149	32.2	29.2
0.035	26.1	26219	26.7	39.5
0.033	24.9	24875	25.6	42.8
0.025	18.8	18772	21.1	56.1
0.018	13.2	13239	15.6	75.4
0.013	9.9	9929	11.1	100.2
0.012	9.2	9205	10.0	106.4
0.008	6.3	6309	4.4	152.7
0.007	5.1	5120	1.7	179.5
0.006	4.6	4603	0.0	206.2
0.003	2.0	2017	-9.4	不适用
0.0013	1.0	983	-17.2	不适用
0.0007	0.52	517	-23.9	不适用
0.0003	0.25	250	-33.3	不适用
0.0001	0.10	100	-38.9	不适用

为了更好地去除二氧化碳制冷系统中的水蒸气，采用了一种名为水蒸气捕获冷槽（cold trap）的装置（图 11-39）。它的工作原理是：系统的潮湿气体会迅速污染真空泵的油，而油中释放的过量水蒸气会降低泵的效率。在排空系统时，为了延长真空泵油的纯度，建议使用这种捕获冷槽。典型的捕获冷槽如图 11-39 所示，它的构造是使排出的蒸汽通过在酒精中的干冰形成的冷表面，并且水蒸气 在进入泵之前冻结在冷表面上。除了延长真空泵油的使用寿命外，它还通过在真空泵之前去除大部分的水蒸气来缩短抽真空过程。

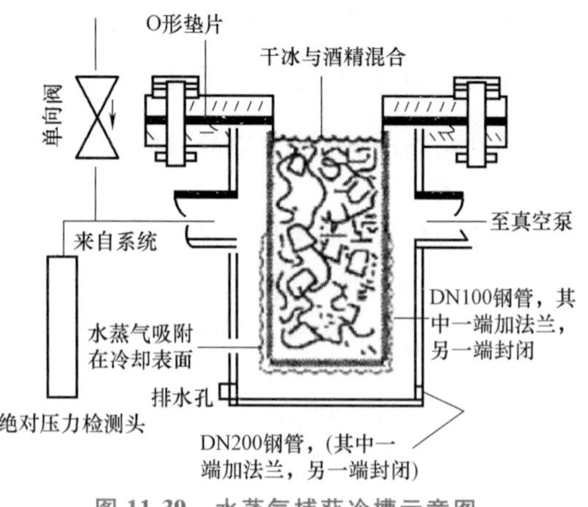

图 11-39　水蒸气捕获冷槽示意图

在抽真空的过程中，还要进行两三次的反复抽取水蒸气的过程。

做法大致如此：这种方法将初始真空抽至 5000μm，略高于冻结温度，然后释放干燥的氮气以吸收水蒸气。再第二次抽真空至 5000μm。如果第二次抽真空后压力下降缓慢或者徘徊在 10000~5000μm（反映管道温度下的水沸腾），则系统中仍有水，再第三次抽真空。

图 11-40 所示为一种常用的多次重复抽真空过程。从大气压力 760mmHg 开始，系统压力迅速降低到大约 10mmHg（10000μm），此时系统中的任何残余水都在蒸发，并产生水蒸气，从而减慢排空过程。最后，所有的水都蒸发了，压力下降到 5mmHg（5000μm），这时将干燥的氮气灌注到系统，真空被破坏，压力上升到 760mmHg（760000μm）。抽真空再次开始。

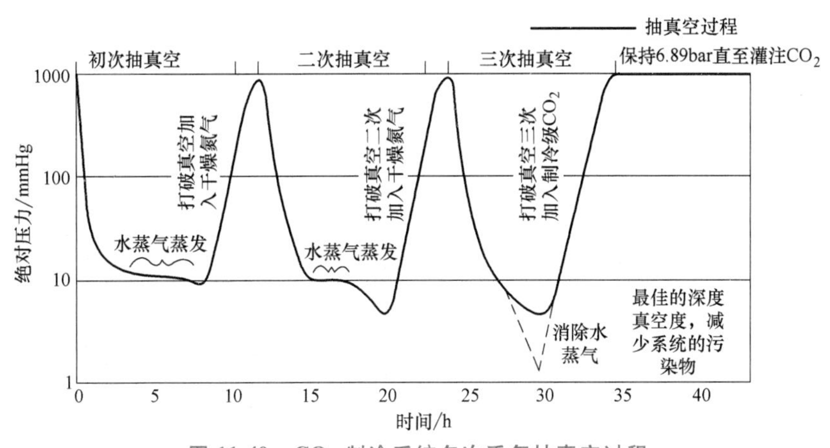

图 11-40 CO_2 制冷系统多次重复抽真空过程

一般在安装隔热层之前进行系统抽真空，具体的步骤大致如下：

1）压力和泄漏测试完成后，压力应从系统中所有阀门低点依次释放，这将有助于将所有汇集的液态水推出系统。如果从一个高点一次性排放会在系统中留下水，并大大增加抽真空过程。

2）把因试压需要而拆下的安全泄压阀和传感器重新安装，确保系统的所有部件都已准备好接受 CO_2 制冷剂充注，并连接真空泵。真空泵与系统的连接应采用合适的软管。

3）选择合适型号的真空泵以及数字真空计，用已经更换新润滑油的真空泵。因为真空泵在停用时设备中的润滑油会从空气中吸入水分，被水污染的润滑油会闪发并降低泵的真空抽吸能力。

4）如果真空泵的吸入能力相对于系统体积太大，可能会使系统真空度下降到 4600μm 以下，并且冻结残留的水而不是蒸发。

5）将系统的高侧和低侧连接到真空泵，真空泵开始工作直至达到约 5120μm 1. 66℃的真空。可能存在某个程度的真空范围，其中真空度似乎趋于平稳而不是下降，这很有可能是系统内存留的水分蒸发所致。当所有的水蒸发后，压力将恢复下降。系统可能需要更换泵的润滑油或采用水蒸气捕获冷槽以实现完全真空。如果真空泵的润滑油含有水分，则会看起来混浊甚至是乳白色。

6）按图 11-40 所示的方式对系统多次抽真空，直至所有的水都蒸发。

7）在完成以上的步骤后，继续添加用制冷剂级二氧化碳气体（99. 9% 纯度，含水量小于 10ppm），直到达到 7bar（表压）的系统压力。此压力将允许意外的部分气体释放，并保持在三相点以上。

8）整个抽真空过程，需要做好详细的文字记录。

11. 8. 3 二氧化碳制冷系统充注制冷剂

二氧化碳制冷剂的充注需要区分充注的系统是跨临界还是亚临界。这里主要讨论工业制冷系统，这种系统通常是亚临界系统。亚临界系统的充注有一些先决条件：要么冷凝蒸发器需要运行，要么高温复叠系统必须运行。上一级制冷系统冷却必须运行。否则当系统升温至环境温度时，会有二氧化碳通过安全泄压阀排出。这种操作与双级配打制冷系统的操作相似。

一般来说，从抽真空过程到调试充入二氧化碳制冷剂之间会有数周间隔，这是因为需要时间做管道的保温，在这期间也可以观察管道的焊口与接头是否还有泄漏。如果管道与设备没有泄漏，在系统中应充满 7bar（表压）的制冷剂级 CO_2 气体。

对于不同制冷剂的系统，应各自建立一个充注制冷剂阀站。如图 11-41 所示，是笔者参与安装的一个二氧化碳复叠与载冷的冷库项目，机房的墙壁上有两组充注制冷剂阀站，左边的两组管是二氧化碳充注阀站；右边的两组是氨充注阀站。二氧化碳充注阀站其中一组是气体充注，另一组是液体充注，液体的一组增加了一个干燥过滤器。

图 11-41　二氧化碳与氨制冷剂充注阀站

如果二氧化碳系统在保温期间没有发生泄漏，而且系统的压力保持在 7bar（表压）或者以上，那么仍然需要把气体压力增加到 13.7bar（表压，采用 R134a 作为冷却系统的除外），才可以开始少量加入二氧化碳液体。如果在这期间发现有泄漏或者管道需要修改，系统压力已经下来，那么需要首先做二氧化碳气体充注。

气体充注的步骤：

1）将装载二氧化碳的槽车通过地磅过称，并且做好记录。

2）通过样品分析或文件证明运输过程中的二氧化碳为制冷剂级，水含量低于 10ppm（国内的产品只能做到 30ppm）。

3）将二氧化碳气体软管连接到气体加注接头并对其进行净化。将系统中的二氧化碳气体压力提高至最低 13.7bar（表压），这相当于−28.9℃，这是碳钢管和容器的最低设计温度（除非专门为较低温度设计）。如果系统的某些部分（如换热器）暴露在水、乙二醇或盐水中，则二氧化碳气体压力必须高于该液体最低凝固点的饱和压力。

4）系统末端的电磁阀全部打开。

5）继续充注二氧化碳气体，直到系统的压力达到 13.7bar（表压）。

6）检查系统是否有泄漏发生。如果没有可以转入下一步工作。

由气态充注转为液态充注。

二氧化碳的浓度等级见表 11-8（按美国国家标准）。

表 11-8　二氧化碳的浓度等级

等级	纯度(%)	水分含量(ppm)
科学实验用	99.95	3～5
制冷剂	99.9	10
低温用	99.9	20
饮料(啤酒)	99.9	20
工业用	99.8	50

我国厂家提供的二氧化碳液体浓度一般可以达到 99.8%～99.5%，水分含量是 30ppm。

液态充注的步骤：

1）将 CO_2 液体软管连接到液体注入接口上并进行吹扫。

2）慢慢地让少量液体进入系统，以将系统金属管道与容器冷冻至饱和温度。

3）监视系统压力，以确保压力保持在 13.7bar（表压）以上。

4）逐渐增加液体流量，同时监视压力。

5）将所需量的液体灌注入系统后，记录 CO_2 充入量。

6）将注液软管中的液体放回输送槽中，然后清除剩余的气体，断开两条充注软管，并盖上系统充注接口。

7）液态充注完成。

注意在充注工作前软管末端应用安全件固定，以防止压力降低引起的搅动。因为减压的 CO_2 还可引起充气软管的搅动，导致形成干冰塞并以高速喷射出。二氧化碳气体与液体充注现场如图 11-42 所示。在整个充注过程中，应该有专业人员在现场密切关注，防止意外发生。

从制冷剂充注开始，整个制冷系统其实已经开始进行调试与试运行了。在这个过程中需要注意与制定操作规程。笔者曾参与从设计交底、施工阶段到调试整个过程的工作。下一节将结合国外的一些技术要求与我国的情况提供一些可供参考的操作与规程。因为每个二氧化碳制冷系统系统的具体设计不同、工况不同，会有一些差别。

图 11-42　二氧化碳气体与液体充注现场

11.8.4　二氧化碳制冷系统的调试与试运行

由于国内还没有制定完整的二氧化碳复叠、载冷制冷系统的操作规程，下面提供笔者参与的相关项目的一些措施和做法，供读者参考。

在调试与试运行开始之前，需要对操作人员进行必要的培训和上岗测试，全面熟悉整个制冷系统的基本要求与操作原则。这些内容包括：

1）确保所有操作人员都熟悉房间安全关闭程序。他们应该知道紧急停止按钮的位置和操作。

2）所有安全设备，如电气和化学火灾的灭火器、防火毯、急救设备，氨气泄漏检测设备（如果采用氨系统冷却）、通风设备，呼吸器具和淋浴器，都可操作并且有明显的标记。用于工厂和人员安全操作的安全设备清单应安装在墙上并清楚标记，以便在正常操作和紧急情况下方便使用。在事先咨询之后，应急响应人员应将此项目和任何其他安全相关项目放置在指定的接入点附近。

3）检查所有电磁阀。应恢复自动运行并验证其运行情况。

4）所有维修阀应设置在适当的位置，以便进行系统操作。

5）压缩机启动：按照压缩机厂家提供的操作手册开机，并检查各项运行指标是否正常。检查压缩机的油耗是否在允许范围内。

这里以氨/二氧化碳复叠系统为例（卤代烃/二氧化碳复叠系统可以作为参考）。二氧化碳制冷系统采用活塞压缩机（在-8℃/-42℃工况下，制冷量在500kW以上）；氨系统的冷凝温度为35℃，采用螺杆压缩机（由于这种压缩机操作与常规的系统无异，不做介绍）。

活塞压缩机操作：

① 活塞压缩机组运行前应先检查：运动部件周围无异物、电动机通风口无遮挡物；排空阀关闭，吸排气阀门全部打开；机组油位正常（下视镜可见）；电源电压符合要求380V±10%；氨制冷处于手动运行状态或处于全自动待机状态；氨/CO_2换热器一切正常，或处于自动待机状态；氨贮液器一切正常；公共经济器一切正常；对应桶泵机组一切正常。检查完毕一切正常后方可送电，界面应无报警，若有需排除。

② 手动操作：进入菜单设置，启动→压缩机→控制→模式→密码→选择“菜单”；进入主界面，按“启动”按键即可启动，启动正常后通过按上载键或下载键可根据需要加减载；停机时先减载至0位后，按下停机按键即可。

③ 远程自动操作：进入菜单设置，启动→压缩机→控制→模式→密码→选择“遥控”；返回主界面，计算机上显示处于手动状态下的机组，根据需要（螺杆压缩机运行时）点击对应机组即可启动（运行过程中在计算机界面上点击对应机组则会自动减载关机；若螺杆压缩机停机，活塞机受连锁控制会自动减载停机）。自动状态时，计算机会根据需要选择机组与螺杆机连锁控制（螺杆压缩机运行后，所选活塞压缩机会根据需要自动投切；运行过程中在计算机界面上点击对应机组则会自动减载关机；若螺杆压缩机停机，活塞压缩机受连锁控制会自动减载停机）。两种状态下机组均会根据吸气压力设定值自动调节能级。

如果系统采用手动运行，需要首先观察氨的螺杆压缩机是否已经运行，然后观察是否已经下降到CO_2的冷凝温度，满足要求才能开启CO_2活塞压缩机。

遇到紧急情况需要制冷系统停止运行时，首先要紧急按动CO_2活塞压缩机上的急停按钮，并且尽快手动关闭回气阀，然后停止螺杆压缩机的运行。

出现故障需要拆卸处理的地方，处理完成以后需要对拆卸部分进行抽真空处理，防止外界空气中的水分进入系统。

压缩机需要维护或者检修时，请先查看生产厂家提供的维修手册再进行工作。需要维修的设备必须在所连接的电气控制柜上悬挂维修警示牌。

6）二氧化碳低压循环桶机组（桶泵机组）：

-5℃（-30℃、-42℃）桶泵机组在运行前应检查准备运行的CO_2泵进液阀、出液阀及其压力表阀、压差控制器前后角阀、干燥过滤器前后截止阀、旁通压力调节阀前后截止阀（供液压力高于循环桶约0.2~0.3MPa表压）及其压力表阀是否开启。

-5℃（-30℃、-42℃）循环桶正常运行压力在2.7MPa左右（-30℃对应1.3MPa左右；-42℃对应0.8MPa左右），最高安全压力应低于3.7MPa（安全阀整定压力值为3.73MPa）；安全液位应在报警液位以下，并且设置低液位报警。正常运行控制在设计规定的液位区间内。

CO_2泵根据末端供液阀开启情况自动投入，投入台数与供液电磁阀开启数量有关（比例可调）。

定期检查干燥过滤器，如果发现泵的压差控制器的两边导管堵塞，应及时更换过滤器。

桶泵机组出现故障需要拆卸处理的地方，处理完成后需要对拆卸部分进行抽真空处理，防止外界空气中的水分进入系统。

定期检查 CO_2 液体过滤器，如果出现多次不上液，或者循环桶的液面没有达到控制液位，有可能是过滤器出现堵塞，应及时清洗过滤器的滤网。

7）二氧化碳贮液器：

CO_2 贮液器在运行前应开启安全阀下部的三通阀、安全电磁阀前截止阀（对应电气开关选择到自动挡）、压力表阀、压力传感器阀、液面指示器阀（气相阀和液相阀）、氨/CO_2 复叠冷凝蒸发器均压阀、进液阀和出液阀、冲霜回液阀；关闭排污阀。

运行中 CO_2 贮液器液位不应低于 10%，保持在容器的 20%~60%之间相对稳定，其最高液位不超过容器的 80%。

运行中 CO_2 贮液器压力应与氨/CO_2 换热器（复叠蒸发冷凝器）保持一致，其压力控制在 2.7MPa 左右，最高压力不超过 3.7MPa（安全阀设置压力值为 3.73MPa）。

贮液器出现故障需要拆卸处理的地方，处理完成后需要对拆卸部分进行抽真空处理，防止外界空气中的水分进入系统。

如果贮液器的液面经常保持在低液位，而且出现蒸发压力升高的情况下，系统可能是 CO_2 液体不足，需要补充 CO_2 液体。在灌注 CO_2 的过程中需要做好防护工作。

如果 CO_2 设备出现故障需要维修，需要排放 CO_2 时，注意在 CO_2 液体排放过程，可能会出现 CO_2 结晶现象（俗称干冰）。CO_2 结晶会把管道堵塞，因此在排放过程需要处理 CO_2 结晶体，保持排放管道畅通。如果液体 CO_2 要排放到大气中，那么必须在排污管末端安装一个设置为 5.17bar（表压）的调节阀，以防止系统中形成固体 CO_2。并且在排出管上安装一个压力表，以确保它不会被固体 CO_2 堵塞。

8）压力维持机：

压力维持机主要针对系统停电，防止桶泵机组压力回升太高而设。

因系统中换热设备为小型板式换热器，内部结构间隙小，CO_2 高压气体靠自然流动换热，所以传热温差较大，效率相对较低。建议-30℃、-42℃桶泵机组压力达到 20bar（表压）以上投入使用（防止负荷太小而造成维持机回液），-8℃桶泵机组压力达到 30bar（表压）以上再投入使用。

如果压力维持机长期处于停机状态，开关机需注意以下几点：

① 开机时提前 1h 送上主电源（曲轴箱预加热），检查各板式换热器进出口阀门（常开状态），开启贮液器总供液阀、压缩机吸排气阀。

② 关闭面板上供液按钮，打开电源开关按钮；待-30℃、-42℃维持机（以采用制冷剂 R507 为例）上的压缩机吸气压力降至 0.8bar 时，开供液按钮，压力升至 1.5bar 时关闭供液，如此反复操作 4~5 次。待吸气压力维持在 1.3bar 左右时，将供液按钮打到常开状态。而-8℃维持机上的压缩机将吸气压力控制在 2~3bar 范围，吸气压力稳定在 3bar 左右时将供液开关打到常开状态。

复叠、载冷系统操作的基本内容包括：

① 检查需要开启设备处于正常待机状态，电源正常，水系统正常；冷凝显示选择自动运行（平常均应如此），对应桶泵选择自动运行。确认以上几项后准备开机。

② 先开启螺杆压缩机（台数可选）；待吸气压力降至 1.7bar（表压）左右时，再开启活塞机（台数可选，需注意吸气压力调整）；待活塞机启动正常、吸气压力接近目标值（-30℃对应

13bar 左右、-42℃对应 9bar 左右）时，最后开启冷风机至自动运行即可。

③ 关机时先关冷风机，再关活塞压缩机，最后关螺杆压缩机。

如果发现二氧化碳制冷系统压力变化太大，活塞压缩机运行异常，则需要把复叠循环停止运行，改为载冷循环运行。把二氧化碳的液体温度尽量降低，等系统运行平稳了再把二氧化碳活塞压缩机投入运行。一句话：先载冷后复叠。

每天需要对运行的设备进行检查，并且做好设备运行记录和每班的交接班工作。需要维修的设备必须在所连接的电气控制柜上悬挂维修警示牌，防止意外情况发生。

11.9　二氧化碳制冷系统的安全运行

为了安全使用二氧化碳制冷系统，应该在使用二氧化碳的制冷机房以及安装了蒸发器的库房区域内制定必要的安全措施和规章制度。同时，让操作人员与管理人员更多地了解二氧化碳的多种热力性质以及可能对人产生的危害，减少由此而产生的事故。

11.9.1　基本的安全原则与指南

制冷系统应尽可能避免液击（或者液锤）。为了避免这种情况出现，尽量减少低压系统的温度波动或者负荷变化过大。

防止液体到达压缩机。具体表现在干回气管上的回气过热器的选型与过热度控制。

为防止相关设备与容器超压提供安全阀。详见安全阀的设置。

防止系统管道与设备过度振动。即适当降低液体与气体在管道与容器中的流动速度（管道直径大于 DN40 时，供液速度小于 1.2m/s，以及管道支架的间距不能太大。

设备所连接的管道应由独立支架支撑，并确保设备与管道正确连接，以避免出现连接应力。

保护管道与设备外表面不受腐蚀。

确保非制冷区域（机房）有足够的通风。

采取预防措施，以避免二氧化碳液体制冷剂喷洒在操作人员的皮肤上造成冻伤。

操作人员要接受足够的培训，以确保操作人员在系统出现事故时具备应有的处理能力。

11.9.2　二氧化碳制冷系统工作环境下出现泄漏的危害性和安全防范

要知道在二氧化碳制冷系统工作环境下如果出现泄漏会对操作人员造成什么影响，首先要了解二氧化碳的一些基本特性。二氧化碳是一种高密度气体（液体），温度越低密度越大（图 11-43）。CO_2 制冷剂为无毒不燃性制冷剂。

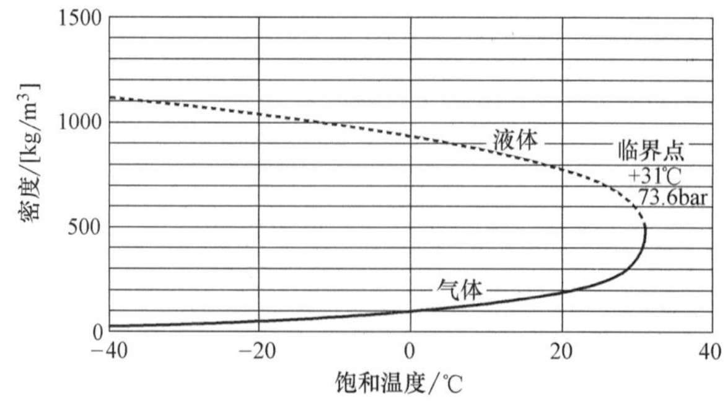

图 11-43　二氧化碳气体（液体）在不同温度下的密度曲线

二氧化碳的临界限值（TLV）为 0.5%（体积分数，下同），这是工人可以安全接触长达 8h 的最高含量。

据报道，二氧化碳含量为 2.0%不会造成有害影响。美国卫生职业研究所为 CO_2 制定的对生命或健康的直接危险限值为 4.0%。

二氧化碳含量超过 3%时，会逐渐增加不适感，包括呼吸困难、脉搏加快、头痛、头晕、出汗和定向障碍。

血液中的二氧化碳含量由延髓控制，以将供应血液的酸碱度（pH 值）控制在 7.4±0.05。当血液中的二氧化碳增加时，身体的反应是呼吸频率增加，以便从血液中排出二氧化碳。这被称为过度换气，当空气中的二氧化碳含量超过 3%时开始过度换气。当过度换气不能纠正二氧化碳水平时，会出现晕眩或麻木的嗜睡症状。更高水平的二氧化碳会破坏呼吸过程，即通气不足。随后，人会在空气中二氧化碳含量超过 10%时昏迷，最终在二氧化碳含量超过 30%的情况下死亡。

AGA（美国煤气协会）气体手册为健康成年人提供了以下数据：

空气中 0.04%含量的二氧化碳为正常含量数据。

2%：呼吸频率增加 50%。

3%：10min 短期允许正常呼吸的限值，呼吸频率增加 100%。

5%：呼吸频率增加 300%，头痛和出汗可能在大约 1h 后开始。(可以忍受，但增加体力消耗)。

8%～10%：10～15min 后头痛、头晕、耳鸣、血压升高、脉搏加快、焦虑和恶心。

10%～18%：几分钟后抽筋，类似于癫痫发作，失去意识，休克（血压急剧下降）。在新鲜空气中快速恢复是可能的。

18%～20%：类似中风的症状。

虽然二氧化碳似乎比氨更安全，但它仍然是致命的。氨气的好处是它的有毒气味会发出警报，人们不会有意识地待在氨气浓度有害的房间里。而二氧化碳是无味无色的，所以浓度水平可能会很高，没有人知道危险，除非有检测设备提醒他们。为确保环境安全，使用二氧化碳的场所必须配备监测设备。检测值从最低 0.5%的 PEL 到最高 4.0%的 IDLH（对生命或健康的直接危险）都需要设置，而主报警浓度水平为体积分数 1%。

这些二氧化碳特性在制冷系统设计中必须考虑到。因此，在二氧化碳制冷系统的机房和库房，设置二氧化碳浓度检测设备是非常必要的。这种设备必须准确、可靠和坚固。通常这些浓度检测设备采用红外线二氧化碳探测器（图 11-44）。红外探测器很少出现假警报。

图 11-44　红外线二氧化碳探测器

二氧化碳检测系统必须与二氧化碳制冷机房的充分通风相结合，以保护工人免受有害气体的影响。

在大气压下，二氧化碳的重量是空气的 1.5 倍，如果发生泄漏，一般二氧化碳气体会下沉、沉降并在靠近地面的地方分层。因此，二氧化碳探测器的最佳位置大约在地板上方 1.2m 处（有资料要求是 0.3m，但是这个高度容易因物体移动或者人员走动造成损坏），低于大多数人呼吸的水平。当探测器检测到房间内二氧化碳的危险水平时，应启动警报系统，同时对机房进行强制通风并疏散房间的操作人员。

本章小结

二氧化碳复叠制冷，是制冷行业最近几年最热门的话题。从压缩机的试验开始，到工程设计与施工大规模的应用，整个过程也只有不长的时间，目前我国二氧化碳复叠制冷系统的规模与占有量已是世界第一。但是从使用的数据来看，还有许多需要改进的地方，例如蒸发排管的管径选择、低压循环桶的液柱高度、CO_2 泵的流速以及汽蚀问题等，二氧化碳制冷剂的特性也需要深入研究。它山之石可以攻玉，重视与尊重国外科研人员的研究结果与数据，理解这些结果与数据并且应用到工程设计与建设中是我们今后需要学习的地方。

在满液式供液系统中，低温系统的回油主要依靠热气融霜，在二氧化碳系统中热气融霜一直是理论容易实现而实际运行中比较难完美的一个难题。在二氧化碳复叠系统中，供液过冷和回气过热度控制是该系统的关键技术。对于蒸发温度高于-30℃以上的复叠制冷系统，通常需要适当降低蒸发温度以满足系统大温差的换热过冷和过热的要求。目前国内二氧化碳复叠系统存在两个比较大的问题：一是 CO_2 的过冷供液和对干回气管的压力降限制；二是系统中存在的铁锈、沙粒、热气融霜温度受限以及绝对压差值大，这是影响实现热气融霜的主要难题，也是我们今后努力探索的方向。

参考文献

[1]　黄志华．CO_2 在工业制冷系统中的应用［Z］．2014.

[2]　IIAR. The CO_2 Handbook［M］．［S. l.］：［s. n.］，2018.

[3]　比泽尔公司选型软件说明［Z］．2014.

[4]　深圳鑫晨换热设备有限公司资料［Z］．2019.

[5]　Johnson Controls Inc. Unisab Ⅲ Control Version 1. 10. 7：Operating manual［Z］．2016.

[6]　A Comparative Study of Traditional and Non-traditional POE lubricants for CO_2 Applications［C］//Int'l Refrigeration and Air Conditioning Conference：A comparison of miscibility viscosity and frictional property for various POE blends. West Lafayette：Purdue University，2010.

[7]　烟台市奥威制冷设备有限公司．广州京东冷库设计资料［Z］．2018.

[8]　Johnson controls 公司．Sabroe About CO_2 Compressor［Z］．2016.

[9]　Johnson controls 公司．设备选型文件［Z］．2016.

[10]　NELSON B I，Colmac Coil Manufacturing Inc. Evaporators for CO_2 refrigeration［Z］．2016.

[11]　张术学．招商局海韵冷链有限公司冷库设计文件［Z］．2018.

[12]　NewTon R-8000 产品样本［Z］．2016.

[13]　松下冷机投标技术文件［Z］．2018.

[14]　刘振强，李宪光．招商局海韵冷链有限公司冷库交工资料［Z］．西安联盛能源科技有限公司．2018.

[15]　Danfoss A/S. Food Retail CO_2 Refrigeration System Application Handbook［Z］．2009.

[16]　马一太，等．自然工质二氧化碳制冷与热泵循环原理的研究与进展［M］．北京：科学出版社，2017.

第 12 章 制冷剂

由于《巴黎协定》的签订以及我国的参与与承诺，我国提出了“二氧化碳排放力争 2030 年前实现碳达峰，2060 年前实现碳中和”。工业制冷领域使用的制冷剂关系到碳排放的问题。未来将采用什么制冷剂？我国的碳排放目标已经进入倒计时阶段了。

12.1 制冷剂的发展历程

自从 Jacob Perkins（美国发明家）为制冷剂气体压缩循环申请专利以来，已经过去近两百年，这一循环开创了制冷剂的历史。气体压缩循环使用制冷剂将热量从制冷系统、热泵或空调系统的冷侧输送到热侧。尽管制冷剂已经发生了很大的变化，但是今天仍然使用相同的热力学循环进行制冷。

图 12-1 所示为自 1834 年以来制冷剂的发展。起初，所有制冷剂都很容易获得，因为它们存在于自然界中，或者已经用于工业过程。到了 20 世纪 30 年代，很明显，许多早期制冷剂都存在严重的安全问题，包括制冷剂泄漏引起的火灾和中毒。就在这个时候，一系列卤代烃制冷剂被发明，杜邦公司将其命名为氟利昂（freon）。它们是人造的含有氯、氟等元素的碳氢化合物，并开始在全球范围内使用。合成制冷剂的开发在 20 世纪 50 年代继续进行，当时开发了部分氯化制冷剂，其中包括 R12 和 R22。

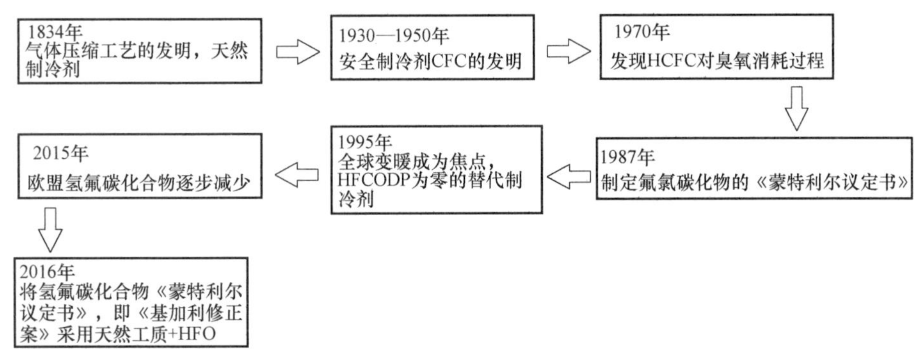

图 12-1 制冷剂的历史进程

HFO—次氟酸制冷剂是第四代基于氟的制冷剂

20 世纪 70 年代初，人们发现氟氯化碳和氟氯烃制冷剂导致臭氧层破裂。氟氯化碳具有特别高的臭氧消耗潜能（ODP），尽管氟氯烃的 ODP 相对较低，但它们仍然对臭氧层造成了严重破坏。在 20 世纪 80 年代中期，科学家在南极上空发现了巨大的臭氧层空洞，这被一致认为是全球重大的环境危机。意识到这一危险，有关国家的政府于 1987 年签署了《蒙特利尔议定书》，开始在全球建立了关于消耗臭氧层物质的逐步减少机制，采用新的替代制冷剂。到目前为止，这项全球的努力，被认为在减少危险化学品方面取得了巨大的成功。

这个成功不仅减缓了大气臭氧层的破坏，同时含氯卤代烃排放的减少，也大大降低了全球变暖的影响。许多新的替代制冷剂为氢氟碳化合物，包括氢氯氟烃（HCFC）和氢氟烃（HFC），虽然它们的ODP值为零（不破坏臭氧层），但全球变暖潜能值（GWP）为中到高，即它们是重要的“温室气体”，对全球气候有较大的不良影响。这迫使人们开发新一代制冷剂——以全球变暖效应为选择标准。

科学调查表明，氢氟碳化合物排放和泄漏，目前可能还不是导致全球变暖的主要因素。但是，如果不采取逐步减少的措施，氢氟碳化合物日益增长的消费量，特别是发展中国家空调机组的消费量，最终将使氢氟碳化合物成为全球变暖的主要因素。2016年10月，《蒙特利尔议定书》缔约方商定逐步减少氢氟碳化合物。该公约在2019年生效。

如果我们不实行对环境的管理，制冷剂可能会对环境造成严重的破坏。技术的进步，最终会使人们朝着零臭氧消耗潜能值、低GWP值的制冷剂的长期解决方案迈进。

12.2　制冷剂的分类与编号

目前对制冷剂进行的编号是采用美国采暖、制冷和空调工程师协会（ASHRAE）34-92标准，标准对所有制冷剂（包括空气和水）进行了分类和编号。

工业制冷剂，即工业制冷系统使用的制冷剂，可以按不同方式分类。按照制冷剂的标准蒸发温度，可以分为高温、中温、低温三类。标准蒸发温度是指标准大气压力下的蒸发温度，也就是沸点。

1）高温制冷剂：标准蒸发温度大于0℃，常用的有R123等。

2）中温制冷剂：标准蒸发温度-60~0℃，常用的有氨、R22、R134a等。

3）低温制冷剂：标准蒸发温度低于-60℃，常用的有R13、乙烯、R744（CO_2）等。

按照化学组成，制冷剂可分为四类：

- 卤代烃（halocarbons），属于烃的衍生物。
- 碳氢化合物（hydrocarbon），又称烃（烃和烃的衍生物都是有机化合物）。
- 混合物制冷剂，包括共沸混合物（azeotropes）和非共沸混合物（zeotropes）。
- 无机化合物（inorganic compounds）。

卤代烃通常又称氟利昂，是饱和碳氢化合物的氟、氯、溴衍生物的总称。氟利昂有几十种，为了便于区分，经常把氟利昂分为五类（表12-1）。

表12-1　氟利昂的分类

序号	学名	英语缩写	常见	备注
1	氯氟烃	CFC	R11和R12	对臭氧层有显著的破坏
2	氢氯氟烃	HCFC	R22	对臭氧层有破坏作用
3	氢氟烃	HFC	R134a	对臭氧层无影响，但有显著的温室效应
4	氟烃	FC	R14	对臭氧层无影响，但有显著的温室效应
5	次氟酸	HFO	R1234yf	对臭氧层无影响，有轻微的温室效应

图12-2显示了氯氟烃（CFC）R12的分子结构。它是一种非氢化（无氢）卤代烃。这种化学物质非常稳定，这是制冷剂的理想特性，但当释放到大气中时，它最终会扩散到大气层中。在

高层大气中，氯氟烃分解，氯与臭氧结合，消耗臭氧浓度。虽然臭氧对地球表面具有有害影响，但高层大气中的臭氧具有阻挡太阳有害紫外线的有益作用。紫外线强度过高会导致地球居住者患皮肤癌的概率增加。由于这类型制冷剂对全球环境破坏力很大，我国早已严禁使用了。

图 12-3 所示为氢氯氟烃（HCFC）R22 的结构。由于氢原子的存在，这种化学物质不像 CFC 那样稳定，因此当释放到大气中时，大部分在到达臭氧层之前就分解了。因此，HCFC 对臭氧层的破坏可能要小得多。由于全球环境持续恶化，这几年在我国也限制使用了。

氢氟烃（HFC）的结构如图 12-4 所示。这种化学物质不仅在到达平流层前分解，而且不含消耗臭氧层的氯。图 12-4 所示的特殊制冷剂为 R134a，其饱和特性与 R12 相似，是 R12 的替代品。同样，由于这种制冷剂 GWP 值（全球变暖潜能值）仍然比较高，一些发达国家也开始限制使用了，相信我国很快也会加入这个行列。

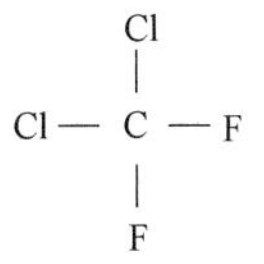

图 12-2　R12 制冷剂的分子结构

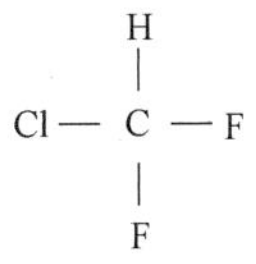

图 12-3　R22 制冷剂的分子结构

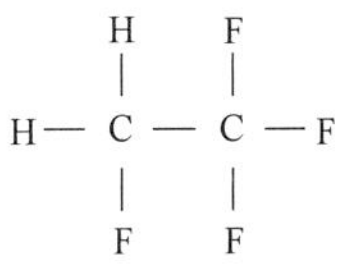

图 12-4　R134a 制冷剂的分子结构

在工业、商业制冷方面一些常用制冷剂编号与安全性分类见表 12-2。

表 12-2　制冷剂编号、安全性分类

制冷剂编号	成分标识前缀	化学名称	化学分子式	摩尔质量	标准沸点/℃	安全分类①
R12	CFC	二氯二氟甲烷	CCl_2F_2	120.9	-30	A1
R22	HCFC	氯二氟甲烷	$CHClF_2$	86.5	-41	A1
R23	HFC	三氟甲烷	CHF_3	70	-82	A1
R134a	HFC	1,1,1,2-四氟乙烷	CH_2FCF_3	102.0	-26	A1
R290	HC	丙烷	$CH_3CH_2CH_3$	44.0	-42	A3
R717		氨	NH_3	17.0	-33	B2L
R744		二氧化碳	CO_2	44.0	-78②	A1
R1234yf	HFO	2,3,3,3-四氟-1-丙烯	$CF_3CF=CH_2$	114.0	-29.4	A2L
R1234ze(E)	HFO	1,3,3,3-四氟-1-丙烯	$CF_3CH=CHF$	114.0	-19.0	A2L

① 安全分类见 12.3 节部分解析。

② 升华。

共沸物是至少两种不同液体的混合物。它们的混合物可以具有比任一组分更高的沸点，也可以具有更低的沸点。当液体的馏分不能通过蒸馏改变时，就会产生共沸物。它的符号为 R5（）（）。括号中的数字为该混合物命名先后的序号，从 00 开始。例如，最早命名的共沸混合制冷剂符号为 R500；以后命名的按先后次序符号依次为 R501、R502……R512A（见表 12-3）。

表 12-3　一些主要的共沸混合物制冷剂

制冷剂编号	组分质量分数（%）	组分质量分数允差（%）	共沸温度/℃	泡点/℃①	露点/℃②	安全分类
R502	R22/115 (48.8/51.2)		19	-45.3	-45.0	A1/A1

（续）

制冷剂编号	组分质量分数(%)	组分质量分数允差(%)	共沸温度/℃	泡点/℃①	露点/℃②	安全分类*
R507A	R125/143a (50.0/50.0)	+1.5～-0.5/+0.5～-1.5	-40	-47.1	-47.1	A1/A1
R508B	R23/116 (46/54)	±2.0/±2.0	-46	-87.4	-87.0	A1/A1

① 泡点定义为一种制冷剂的液态饱和温度，即液态制冷剂开始沸腾时所处的温度。

② 露点定义为一种制冷剂的蒸汽饱和温度，即液态制冷剂最后一滴沸腾时所处的温度。

非共沸混合制冷剂由两种或更多种制冷剂组成的，其平衡气相和液相成分在任何点都不同的混合制冷剂，它的符号为R4（）(），或直接写出混合物各组分的符号并用“/”分开，如R22和R152a的混合物写成R22/R152a或者HCFC22/HFC152a（见表12-4）。

表12-4　一些主要的非共沸混合制冷剂

制冷剂编号	组分质量分数(%)	组分浓度允差(%)	泡点/℃	露点/℃	安全分类
R404A	R125/143a/134a (44/52/4)	±2/±1/±2	-46.6	-45.8	A1/A1
R407c	R32/125/134a (23/25/52)	±2/±2/±2	-43.8	-36.7	A1/A1

有机化合物：600系列被指定为杂项有机化合物，主要种类见表12-5。

表12-5　有机化合物制冷剂

制冷剂编号	成分标识前缀	化学名称	化学分子式	摩尔质量/(g/mol)	标准沸点/℃	安全分类
R600	HC	丁烷	$CH_3CH_2CH_2CH_3$	58.1	0	A3
R600a	HC	2-甲基丙烷(异丁烷)	$(CH_3)_2CHCH_3$	58.1	-12	A3
R601	HC	戊烷	$CH_3CH_2CH_2CH_2CH_3$	72.2	36	A3
R601a	HC	2-甲基丁烷(异戊烷)	$(CH_3)_2CHCH_2CH_3$	72.2	27	A3

无机物按700和7000系列序号编号，见表12-6。

表12-6　无机物制冷剂

制冷剂编号	成分标识前缀	化学名称	化学分子式	摩尔质量/(g/mol)	标准沸点/℃	安全分类
R702	—	氢	H_2	2.0	-253	A3
R704	—	氦	He	4.0	-269	A1
R717	—	氨	NH_3	17.0	-33	B2L
R744	—	二氧化碳	CO_2	44.0	-78①	A1

① 升华。

12.3　制冷剂的特性与安全分类

制冷剂常用的热力性质包括热力状态参数p（压力）、T（温度）、h（焓值）等。

制冷剂的基本特性包括：黏度与导热性、制冷剂与润滑油的溶解性、安全性（毒性和可燃性）等。制冷剂的这些性质对制冷机辅机（特别是热交换设备）的设计有重要影响。

1. 黏度与导热性

黏度反映流体内部分子之间发生相对运动时的摩擦力。

制冷剂的导热性用导热系数［W/(m · K)］表示。气体的导热系数很小，并随温度的升高而增大。在制冷技术常用的压力范围内，气体的导热系数实际上不随压力而变化。液体的导热系数主要受温度影响，受压力影响很小。

2. 制冷剂与润滑油的溶解性

氨与润滑油是几乎完全不溶的。

卤代烃与润滑油的溶解性分为有限溶解和完全溶解两种情况。完全溶解时，制冷剂与油混合成均匀溶液。有限溶解时，制冷剂与油的混合物出现明显分层。一层为贫油层（富含制冷剂），另一层为富油层（富含油）。

3. 制冷剂的安全性与安全分类

在制冷剂使用安全性方面，我国参考了国外的相关技术文件和分类方法，把目前使用的制冷剂按毒性和可燃性分为 8 个安全类别（A1、A2L、A2、A3、B1、B2、B2L 和 B3），如图 12-5 矩阵图所示。

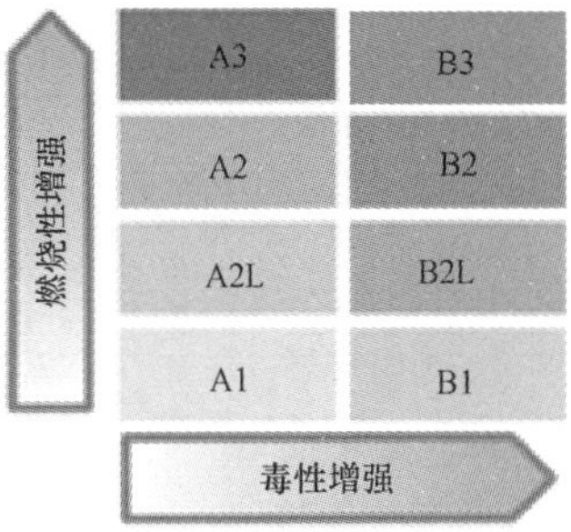

图 12-5　基于可燃性和毒性的制冷剂安全性分类

（1）毒性

制冷剂毒性的评价指标为 TLV，它是造成中毒的制冷剂气体在空气中体积限量的极限值。

制冷剂根据容许的接触量，毒性分为 A、B 两类。

A 类（低慢性毒性）：制冷剂的职业接触限定值 OEL≥400ppm。（注：0.01%的体积分数相当于 100ppm）。

B 类（高慢性毒性）：制冷剂的职业接触限定值 OEL<400ppm。

（2）可燃性　可燃性的评价指标有可燃性低限 LFL 和燃烧热 HOC。

LFL 为引起燃烧的空气中制冷剂含量（单位为 kg/m^3 或质量/体积百分比）的低限值；HOC 为单位质量制冷剂燃烧的发热量（单位为 kJ/kg）。

按制冷剂的可燃性危险程度，制冷剂的可燃性根据可燃下限（LFL）、燃烧热（HOC）和燃烧速度（Su）分为 1、2L、2 和 3 四类。其中，第 1 类为无火焰传播；第 2L 类为弱可燃；第 2 类为可燃；第 3 类为可燃易爆。

12.4　目前与制冷剂淘汰相关的国际公约

未来的制冷剂的特点：实现真正的可持续平衡，即可承受性、安全性和环境友好性。

在分析制冷剂的最低寿命周期成本、服务可用性、运行效率和安全性，以及制冷剂的 GWP 的基础上，只有平衡这些参数，才能实现可持续的解决方案。实现这种平衡需要对影响这些参数的因素进行彻底的评估。

2016 年 4 月签订《巴黎协定》(*The Paris Agreement*)，是由全世界 178 个缔约方共同签署的气候变化协定，是对 2020 年后全球应对气候变化的行动做出的统一安排。同年 10 月 15 日，在卢旺达首都基加利召开的《蒙特利尔议定书》第 28 次缔约方大会以协商一致的方式，达成了历史性的限控温室气体氢氟碳化物（HFC）修正案——《基加利修正案》。

《基加利修正案》中规定：发达国家，包括欧盟在内的发达国家，承诺在 2036 年削减 HFC

制冷剂至 2011 年到 2013 年平均水平的 15%；A5 国家第一集团，包括中国、巴西在内的发展中国家。在 2024 年冻结 HFC 生产，在 2045 年前使用量削减至 2020 年到 2022 年平均水平的 20%：超过 85%的发展中国家选择这个时间表。

A5 国家第二集团，包括印度、巴基斯坦、巴勒斯坦、伊朗等发展中国家，在 2028 年冻结 HFC 生产，在 2047 年前使用量削减至 2024 年到 2026 年平均水平的 15%。

表 12-7 是这个修正案削减 HFC 制冷剂的时间表以及不同国家应该采取的削减步骤，根据这个表，我国已经实行分阶段冻结 HFC 制冷剂的生产和使用。

表 12-7　《基加利修正案》削减 HFC 制冷剂的时间表以及不同国家应该采取的削减步骤

时间表	发达国家	发展中国家第一集团	发展中国家第二集团
HFC 制冷剂基线	2011 年—2013 年 平均 HFC 消耗量	2020 年—2022 年 平均 HFC 消耗量	2024 年—2026 年 平均 HFC 消耗量
	基线的 15%	基线的 65%	基线的 65%
冻结	N/A	2024	2028
第一步	2019-10%	2029-10%	2032-10%
第二步	2024-40%	2035-30%	2037-20%
第三步	2029-70%	2040-50%	2042-30%
第四步	2034-80%	2045-80%	2047-85%
第五步	2036-85%	N/A	N/A

从表 12-7 可以发现，我国在使用 HFC 制冷剂达峰的时间最迟是 2024 年。然后有四年的平稳过渡期，再下来到 2029 年就开始采取的削减步骤。不难推算，我国从 2025 年到 2028 年之间的某个时间节点，新增的工业制冷系统就开始不允许大量使用 HFC 制冷剂了（对于一些灌注量比较少的系统，如直接膨胀系统或者用于载冷剂冷却的高温侧系统应该不在范围内）。这对于国内许多生产、制造与安装卤代烃制冷设备和系统的厂家来说，是要进入一个需要逐步转型的过程中了。

12.5　目前可选择的制冷剂

12.5.1　现有可选择的常规制冷剂

目前使用的制冷剂如图 12-6 所示。从图 12-6 中阴影覆盖的地方可以看到，在这些有限的制冷剂中，真正能够用于工业制冷的制冷剂也只有氨与二氧化碳以及 HFO。其余的少数合成制冷剂（大部分属于可燃型），由于各种原因只能应用于商业制冷或者空调领域。

由于环境保护的迫切需要，目前在欧洲，原来采用 R22 商业制冷系统（中、低温工况）的小型冷库、陈列柜、展示柜及超级市场的冷藏柜改用 ODP 值为 0 的 R404 或者 R507 制冷剂。但是随着《京都议定书》的开始实施，这些高 GWP 值的 R404 或者 R507 再次面临被淘汰的命运，目前正在被二氧化碳制冷剂或者低 GWP 值的合成制冷剂所替代。

商业制冷大部分采用电热融霜，没有考虑太多的能耗问题。工业制冷系统规模大，能耗是工业制冷的主要运行成本。而二氧化碳制冷在融霜方面还存在着一定的不足，融霜速度慢（指热气融霜），运行压力高。在冷链物流冷库运行的蒸发温度范围内（-33~0℃），二氧化碳与其他还在使用的制冷工质（如氨、R404 或者 R507）相比，没有太多的优势。在气候比较寒冷的欧洲，二氧化碳系统已经有了工业制冷标准，但是按照这种标准做的制冷系统工程造价比较高。地

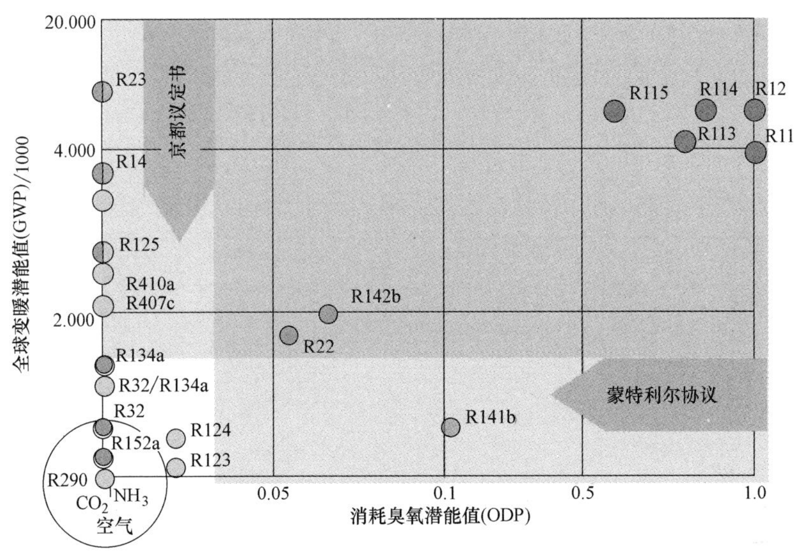

图 12-6 现有可供选择的制冷剂

理环境与我国相似的美国，到目前为止二氧化碳系统还是主要用于商业制冷。

12.5.2 新型过渡性合成制冷剂

国内大部分的冷链物流冷库的经营者是民营企业，而这些经营基本上是微利的，因此对经营成本的考核是非常看重的。随着 2030 年的临近，HCFC 的停止使用，高 GWP 值的 HFC 使用也受到限制。在这个过渡期，低 GWP 值的合成制冷剂应该是可以考虑的选择。因此一些世界著名的制冷剂生产厂家，近年来陆续推出了一些低 GWP 值的合成制冷剂，来替代目前正在使用的 R404 或者 R507。例如一家著名的制冷剂生产厂家推出了 Solstice® N40（美国采暖、制冷与空调工程师学会把它编号为 R448A）用来替代 R404 或者 R507，其特性见表 12-8。这些低 GWP 值的新制冷剂虽然目前还处于商业制冷使用范围，但是随着时间的推移，将来可能会部分应用在工业制冷。

表 12-8 R448A 特性表

特性	参数
ASHRAE 编号	R448A
成分组成(%)	R32/R125/R134a/R1234ze/R1234yf 26/26/21/7/20
摩尔质量/(g/mol)	86.3
101.3kPa 下沸点/℃	-45.9
临界压力/bar	46.6
临界温度/℃	83.7
气体在沸点的密度/(kg/m^3)	4.701
液体在 0℃ 密度/(kg/m^3)	1192.5
ODP 值	0
GWP 值	1273
ASHRAE 安全分类	A1

制冷剂 R448A 的 GWP 值与 R404A 相比下降了 70%，而热力性能也与这两种制冷剂相似。图 12-7 所示为 R448A 制冷剂的压焓图。

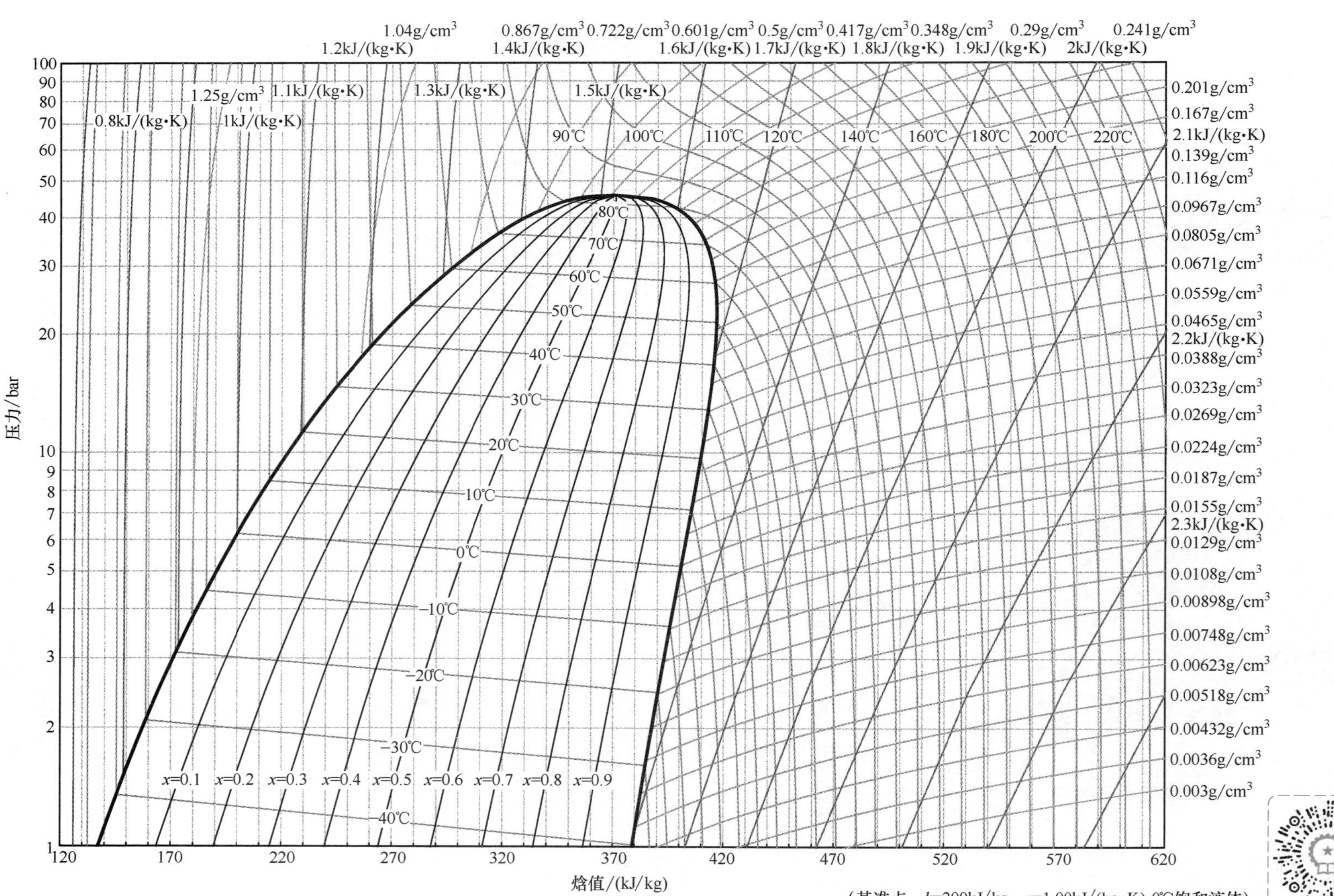

图 12-7　R448A 压焓图（微信扫描二维码可看彩图）

一家著名的外资制冷剂生产商用这种 R448A 在北京、广州与兰州地区与 R404A 制冷剂分别在三个不同容积的冷库（不同蒸发温度）、采用半封闭活塞压缩机、半封闭螺杆压缩机进行能耗上的对比。其结果对比如下：

冷凝方式：风冷、蒸发式冷凝。

库温类型：冷却物冷藏库（蒸发温度-8℃）、冻结物冷藏库（蒸发温度-28℃）。

库体容积分别是：1613m^3、6451m^3、43200m^3。

通过这些冷库一段时间的运行，得出了以下结论：

● 安全：无毒不燃（安全分类为 A1），没有使用场所及设备限制。

● 节能：实际项目运行，综合中、低温应用，节能约 5%~16%；在中、高温段节能效率比较明显。

● 低成本：在现有 R404A 系统中替换非常方便，开发成本低。

因此 R448A 今后有可能被冷链物流冷库使用，它是值得关注的一种过渡性制冷剂。

由于 R448A 是一种非共沸制冷剂，温度滑移比较大，一般只是用于直径膨胀供液。在工业制冷领域使用受到一定的规模限制。

在欧洲，另一家著名的制冷剂生产厂家推出了® XP40（美国采暖、制冷与空调工程师学会把它编号为 R449A）和® XP44（编号为 R452A）用来替代 R404 或者 R507，它们的特性分别见表 12-9 和表 12-10。

表 12-9　R449A 特性表

特性	参数
ASHRAE 编号	R449A
成分组成(%)	R32/R125/R1234yf/R134a 24.3/24.7/25.3/25.7
摩尔质量/(g/mol)	87.2
101.3kPa 下沸点/℃	-46.0
临界压力/kPa	4447
临界温度/℃	81.5
21.1℃密度/(kg/m^3)	1113.3
ODP 值	0
GWP 值	1397
ASHRAE 安全分类	A1
系统温度滑移/K	4

表 12-10　R452A 特性表

特性	参数
ASHRAE 编号	R452A
成分组成	R32/R125/R1234yf 11.0%/59.0%/30.0%
摩尔质量	103.5g/mol
101.3kPa 下沸点	-52.6℉(-47.0℃)
临界压力	580.4psi(4002kPa)
临界温度	166.8℉(74.9℃)
70℉(21.1℃)下密度	71.7lb/ft^3(1148.8kg/m^3)
ODP 值	0
GWP 值	2140
ASHRAE 安全分类	A1
系统温度滑移	5.4°R(3K)

制冷剂 R449A 的 GWP 值只有 R404 或者 R507 的 65%，而热力性能也与这两种制冷剂相似，R452A 的 GWP 值略高。图 12-8 和图 12-9 是这些制冷剂的压焓图。

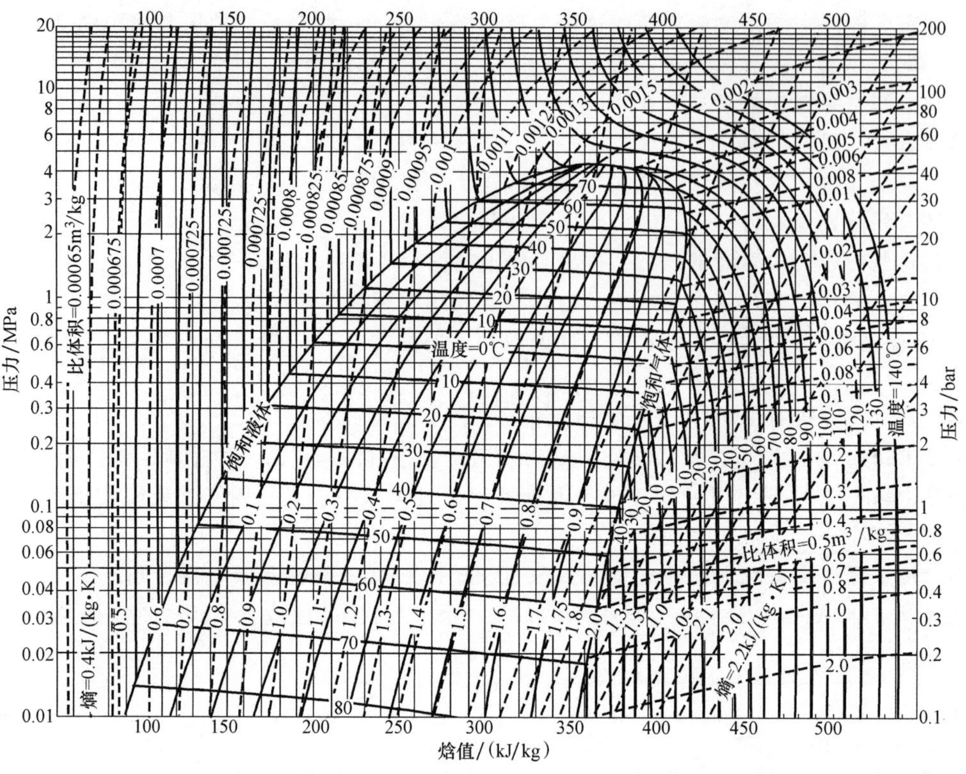

图 12-8 R449A 压焓图

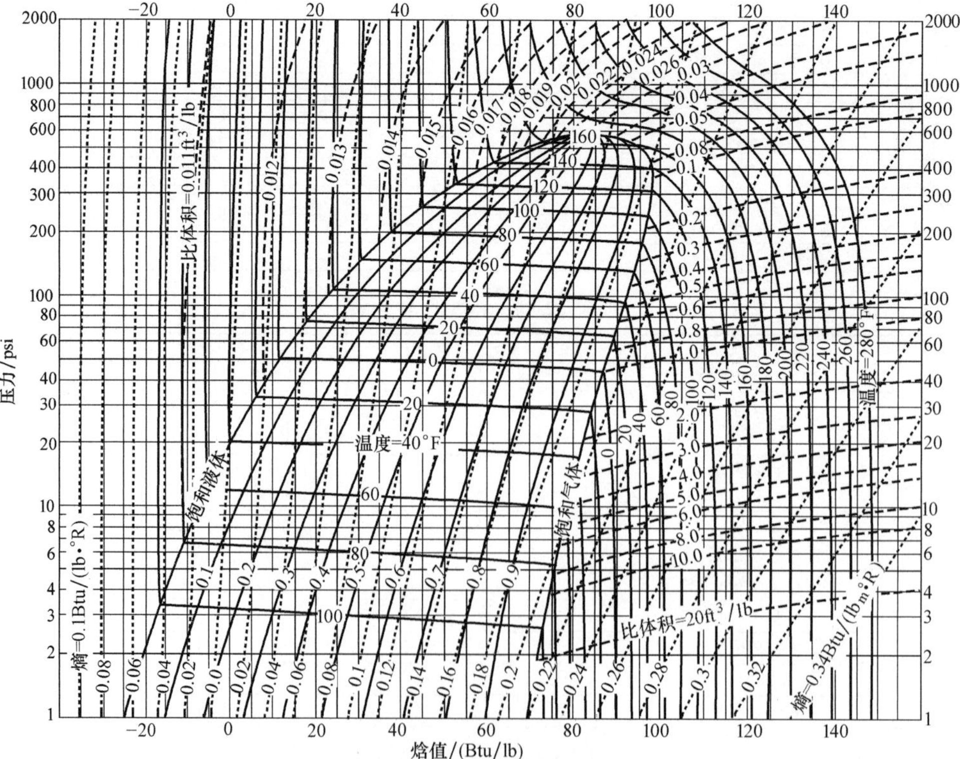

图 12-9 R452A 压焓图

由于这些过渡性的合成制冷剂距离《京都议定书》的要求还有一定的距离（在欧洲，要求 GWP 值在 150 以下），因此这些制冷剂在使用一段时间后可能被淘汰。从图 12-6 中可以看到，R134a 在允许使用的范围内，而 R449A 的 GWP 值也只有 1397，与 R134a 的 GWP 值 1300 相差不大。由于 R134a 的热力性能，其一般适用于中温的空调工况，而 R448A、R449A 都可以填补低温工况使用的范围。

前面介绍的这三种制冷剂都是非共沸制冷剂，主要在直接膨胀系统中应用。还有一些制冷剂是属于 A2L（弱可燃型）的，如 R444B、R454C 及 R455A。这些在欧洲是用于小型的中、低温制冷系统中，灌注量需要限制在规定的范围内，因此在我国工业制冷范围内肯定是不能采用的。

12.6　国内外在制冷剂选择上的应对措施

制冷剂是当今世界工业制冷中的必需品，虽然以前的一些解决方案已经对今天的环境产生了影响，但业界必须向前看，为当前的挑战找到经得起未来考验的解决方案。

1. 欧盟

欧盟制定了 F-gas（含氟气体）法规，F-gas 法规于 2015 年 1 月 1 日实施。该法规通过配额制度和对高 GWP 值制冷剂的部门性禁令，从 2015 年到 2030 年逐步减少 HFC。R404A/R507 尤其处于受控制压力之下，可能会逐步淘汰所有商用系统。欧盟在 2016 年和 2017 年完成了第一阶段的淘汰步骤。与基准线相比，配额减少了 17%。配额制度将配额分配给散装气体的生产商和进口商。配额持有人可以通过授权转让部分配额，例如转让给预收费单位的进口商。授权可以再次委派，但只能委派。所有操作都必须在中央登记处报告，以确保符合规定。

在逐步降低使用卤代烃的基准线过程中，自 2017 年起，预收费单位的氢氟碳化合物进口量已纳入官方配额，这对氢氟碳化合物的可用性造成了额外的压力。

温度高于-50℃的固定式制冷设备，GWP≥2500 的 R404A、R507 禁止使用。天然制冷剂和新型 HFC 将增加许多类型的解决方案。

商用多机组并联集中制冷系统，容量≥40kW，150≤GWP≤1500 的制冷剂可以用于复叠的一次循环。禁止使用传统 HFC，但复叠中的 R134a 除外。新的 HFC/HFO 共混物也可以发挥作用。

2. 美国

美国的新替代政策：早在 1989 年，作为实施 ODP 逐步淘汰的工具，美国环境保护局（EPA）制定了重要的新替代政策（SNAP）计划。SNAP 计划的最初目的是从减少臭氧物质到最终实现碳中和安全平稳地过渡。SNAP 的机制是接受或最终禁止特定制冷剂在某些应用中使用。

在美国，大部分冷库与食品加工厂采用的是以氨制冷系统为主的制冷循环。根据美国在这个行业的最大冷链联盟——全球冷链联盟（GCCA）2014 年的介绍，联盟内的两千多家企业中，有接近 90%的企业是与氨系统有关联的业务。可见氨是美国在工业制冷的主流制冷剂。

3. 日本

2014 年，日本推出了一项减少氢氟碳化合物排放的综合计划。该计划是一种生命周期方法，旨在降低应用氢氟碳化合物的 GWP，以及减少现场（服务和回收）和生命结束期间系统的泄漏。该体系不采用美国或欧盟的直接禁令或具体配额分配，相反，它针对特定应用的特定 GWP 值，并结合标签计划。表 12-11 是这个综合计划中的一些指标数据。

表 12-11　GWP 值和时间线

应用	目标 GWP 值(最大值)	全面执行的目标年
房间空调	750	2018
商业空调	750	2020
商业制冷	1500	2025
冷库	100	2019
汽车空调	150	2023

从许多方面的信息不难发现，日本在冷库制冷方面已经由原来的卤代烃为主的系统向减少氨充注量的系统以及用氨作为冷却的二氧化碳载冷系统的方向发展。而其中“牛顿”载冷系统就是这些系统的一个代表产品。

4. 中国

根据《基加利修正案》要求，我国最迟将在 2029 年削减上述 HFC 的使用，在这个背景下，生态环境部发布了《消耗臭氧层物质和氢氟碳化物管理条例（修订草案征求意见稿）》(以下简称条例草案)，其中明确《中国受控消耗臭氧层物质和氢氟碳化物清单》由国务院生态环境主管部门会同国务院有关部门制定、调整和公布。

条例草案对消耗臭氧层物质（ODS）和氢氟碳化物（HFC）两类物质分别进行管理，所有涉及的生产、使用、销售、进出口等活动，都将受到条例草案的影响。其最终目的，是逐步淘汰作为制冷剂、发泡剂、灭火剂、溶剂、清洗剂、加工助剂、杀虫剂、气雾剂、膨胀剂等受控用途的 ODS 的生产和使用，并逐步削减作为制冷剂、发泡剂、灭火剂、溶剂、清洗剂、气雾剂等受控用途的 HFC 的生产和使用。条例草案中规定：

1）从事以下活动需要申请领取配额许可证：

① 消耗臭氧层物质和氢氟碳化物的生产。

② 实行总量控制的豁免受控用途的使用。

③ 消耗臭氧层物质和氢氟碳化物的进出口。

2）从事以下活动的应当按照本条例规定进行备案：

① 消耗臭氧层物质和氢氟碳化物及其混合物的销售。

② 除实行总量控制豁免受控用途以外的受控用途的使用、原料用途的使用。

③ 含消耗臭氧层物质和氢氟碳化物的制冷设备、制冷系统或者灭火系统的维修经营活动。

④ 专门从事消耗臭氧层物质和氢氟碳化物回收、再生利用或者销毁等经营活动的。

3）申请配额的单位应当于每年 10 月 31 日前向国务院生态环境主管部门提交下一年度的配额许可证申请表。国务院生态环境主管部门于每年 12 月 20 日前完成对申请单位下一年度配额的审查和公示，符合条件的，核发下一年度的配额许可证，予以公告。

4）进出口列入《中国进出口受控消耗臭氧层物质和氢氟碳化物名录》的消耗臭氧层物质和氢氟碳化物的单位，应当依照条例草案的规定向国家消耗臭氧层物质和氢氟碳化物进出口管理机构申请配额。

对于我国的工业制冷领域，生态环境保护部门提出了图 12-10 所示的解决路径。

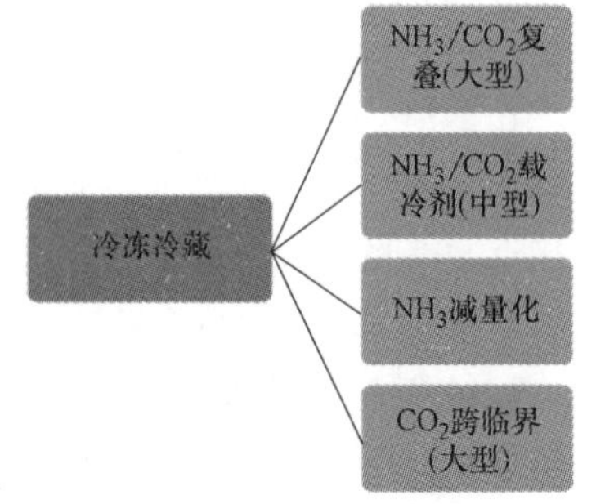

图 12-10　我国在冷冻冷藏制冷系统的解决方案

下面分析实行图 12-10 中这些制冷系统方案可能面临的问

题以及具体的应对方式。这种分析需要结合我国的现实国情。

第一种解决方案是：NH_3/CO_2（大型）复叠制冷系统。NH_3 和 CO_2 都是天然工质，非常环保。冷链物流（也包括冷库）是城市生活离不开的设施，如果在城市规划中没有规划，按国家最新颁发的《冷库设计标准》(GB 50072—2021) 中第 3.0.9 规定：使用氨制冷系统的房间、安装在室外的氨制冷设备和管道与厂区外民用建筑的最小间距不应小于 150m；当氨制冷系统符合本标准第 6.7.17 条的规定时，与厂区外民用建筑的最小间距不应小于 60m。

不管是 150m 还是 60m，对于我国沿海的超大或者大城市都是非常困难的事情。因此大城市的冷链布局规划是一个我们城市规划需要补课的内容。在这方面一些发达国家就充分考虑到这个问题。笔者在丹麦或者美国的洛杉矶，都看到在规划区的集中冷链物流冷库群（一般有五、六栋，最多的可能超过十栋），而且这些冷库群都是采用氨制冷系统的。

由于是复叠制冷系统，CO_2 压缩机是一个重要的设备。但是我国在活塞式压缩机的设计与生产上一直都没有重大的突破。其中活塞压缩机的气缸套与阀片材料不是一个短时间能解决的问题。目前国内采用的 CO_2 螺杆压缩机与活塞压缩机相比，其密封性显然是处于下风。从一些运行三年以上的这种复叠制冷系统的冷库运行数据来看，能耗并没有达到理想的状况。主要原因是压缩机随着运行时间增加而密封性变差；另外 CO_2 压缩机排出的油进入低温系统难以回收。

根据 CO_2 制冷剂的热力性能，系统在蒸发温度-35℃以下运行具有比氨制冷剂更好的能效优势。因此使用这种复叠制冷系统最佳的方案是将其用于食品的速冻而不是冷库。

第二种解决方案是：NH_3/CO_2（中型）载冷剂系统。这种系统与上面复叠制冷系统相比较，其特点是：当冷间温度在-18℃时，NH_3/CO_2 复叠制冷系统与 NH_3/CO_2 载冷剂系统能效值几乎相当（图 12-11）；当冷间温度在-20℃、-22℃和-25℃时，其 NH_3/CO_2 复叠制冷系统比 NH_3/CO_2 载冷剂系统能效值大 1%～2%。根据另外一家外资公司的计算，这个蒸发温度区间的能效比有 5%～13%的差距。即使这样，也已经说明：在这个蒸发温度下 CO_2 复叠与载冷的差距并不是很大。考虑到一次投资比复叠制冷系统要低比较多的原因，日本国内许多冷库制冷系统都采用 NH_3/CO_2 载冷剂系统。

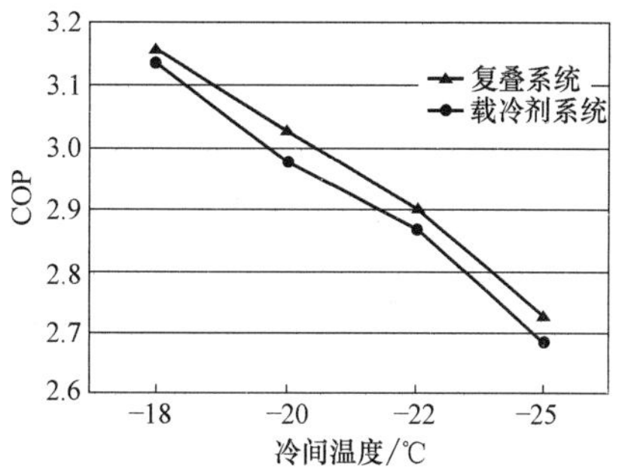

图 12-11 不同的冷间温度下 NH_3/CO_2 载冷剂系统与复叠制冷系统制冷循环性能系数对比

因此低温冷藏系统采用载冷方式的优点在于：可以降低系统的一次性投资，按现在的设计至少节约 20%；另外低温部分没有压缩机，蒸发器就不会有润滑油，不会发生蒸发器由于油的逐渐增加而换热系数持续下降的现象。

第三种解决方案是：NH_3 减量化系统。这种减量化系统中，研究最多的一种是氨的直径膨胀系统，在第 6 章已经有了详细介绍。这种系统已经在国内有了个位数的案例，但是无法大量推广应用。原因如下：我国大部分冷库由于建设用地紧张建成了多层冷库，因此在这种系统中使用的膨胀阀是否允许安装在库内是关系到这种系统能否实现的一个必要条件。这种系统仍然属于有一定风险与危险性的制冷系统，需要有当地政府相关部门的支持与减压政策，减少一些不必要的行政干预；另外这种系统需要有科学的量化评估，在冷库投产前按冷库使用的体积来评估系统实际使用的氨液灌注量，用科学的手段和先进的技术解决问题，并给予一定的优惠政策。

氨的重力供液在某种意义上也可以算是减量化系统，特别是应用在低温冷藏立体库的制冷系统。由于低温冷藏立体库除了在维修时有人在里面操作以外，运行时是没有操作人员在内的。这种立体库内部的输送设备为了避免融霜时的水分洒落在输送轨道上，制冷系统一般不能采用水融霜。因此，在重力系统采用热气融霜是一个不错的选择。

第四种解决方案是：CO_2 跨临界制冷系统。CO_2 跨临界主要适用的区域是温带地区（在本书的第11章已经有描述），而我国大部分地区属于温带和亚热带，因此这种系统在国内应用不多，仅有个别工程案例。从运行的数据来看，运行能耗比较大，而且由于运行压力比较高，也容易出现一些故障。这主要原因是关键技术没有突破。如果相关的技术得以掌握，应该也是一种比较好的选择。

由于前面的三种方案都与液氨有关，最后一种方案显然不是我们希望选择的，那么要在今后的工业制冷中选择合适的方案，几乎都绕不开氨制冷剂。最近几年我国的冷链行业得到了飞速的发展，但是氨制冷系统的发展却停滞不前。原因是多方面的。例如：氨制冷系统在管理使用上的缺失、技术落后。如果希望这个传统的制冷系统再次焕发青春，同时也是为了环保和减少碳排放的任务，需要在政策方面有所扶持、在技术层面有所提高。要实现双碳目标，在工业制冷领域，没有氨制冷系统，是无法完成的。如何配合当地相关管理部门使工业制冷行业达到既环保，又能实现生产安全的目标，是摆在我们面前的一个非常重要的任务。

12.7 制冷剂未来发展面临的挑战

从以上的分析可以发现，除了 NH_3 减量化系统能够做得比较完美以外，其他的系统都存在一定的不足与缺陷。

如果环境没有得到很好的改善，这些合成制冷剂最终还是会淘汰的，那么工业制冷就会面临没有太多制冷剂可用的困境。可能最后也只有两种制冷剂——氨和二氧化碳供使用。其实目前全世界冷链物流冷库中，氨制冷所占的比例至少有75%，而且一直都运行良好。氨制冷系统节能和无人值守是其优势所在。为什么一些工业发达国家在这方面一直都比较领先，也极少出现安全事故，而我国一出问题就将氨系统改为卤代烃系统？历史的欠账和技术的落后是国内需要反思的地方。

在冷链物流冷库使用氨制冷系统是符合我国国情的。要把氨制冷系统做得安全、有效、可靠和节能，需要各方面的通力配合。

一是政府规划方面。把冷链物流冷库规划在一个人口居住很少的区域。人口少，即使冷库发生氨的事故也容易疏散，把对城市的影响降到最低。因为现在冷库的配送主要依靠高速公路，只要冷链物流冷库规划在高速公路出口附近的地方就可以满足要求。欧美大部分地区的冷库，基本上都是遵循上述原则进行建造的。

二是冷库氨制冷系统的分级管理。可以参考美国的管理模式。他们把冷库的安全评估交给保险公司，这相当于我国车辆的年检与保险挂钩，没有保险就不允许经营。这样如果出现事故，保险公司需要赔付一大笔赔偿。因此保险公司也不敢马虎，他们会聘请一些非常专业的人员进行综合评估。这就是市场管理的模式，政府只是以宏观的形式进行监督，而不是以一种被动的形式进行管理。

三是冷库氨制冷系统的小型化。在美国，冷库制冷系统的贮氨量少于50000lb，也就是大约2.268t，不需要在政府相关部门注册登记。这样系统的贮氨量少，安全性就容易保证。如果希望在冷库的贮存量不变的情况下，这种贮氨量减少，可以促进系统制冷技术的提高。这种存液量分级制在欧洲也有规定。在欧洲，不受监管的制冷系统，充注量大约是500kg。同样，贮氨量的分级也会促使冷库制冷系统的多样化。而我国现在的模式，如甲级设计院设计的方案与丙级设计院的设计系统几乎没有差别，系统也没有自己的特色。可以借鉴工业发达国家的一些管理模式，根据国内的实际情况加以改进再实施，以改变现有的被动局面。比如像民用的工业制冷专业，在国外基本上从设计到工程实施是由专业的工程公司来实现的。这样的做法有利于制冷技术的提高与创新。目前国内的一些专业设计院也有部分改为工程公司的，应该就是顺应潮流的变化。

近年来，由于我国出现过氨泄漏造成重大事故的情况，二氧化碳制冷剂才逐步进入我们的视野。国外二氧化碳制冷系统的应用出现在 20 世纪初，由于卤代烃的出现，使这种系统慢慢退出了市场。历史开了个玩笑，由于卤代烃对大气层造成破坏，这种古老的制冷剂又重出江湖。这样的一出一进，说明了这种工质有一定的缺陷性，并非完全适合于工业制冷的温度范围。

截至 2021 年，我国的二氧化碳冷库项目已经是世界第一了。这些项目需要经得起时间的考验，让运行数据来说明一切。

前面提到了一种名为 HFO（次氟酸）的制冷剂。R1234yf 制冷剂是含有 H 与 F 的碳化物，因此也属于 HFC 卤代烃制冷剂。但是由于其 GWP 值很小，因此霍尼韦尔与杜邦公司向美国 ASHRAE 建议称它为 HFO 族，“O” 代表烯烃（olefin）。HFO 制冷剂是第四代基于氟的制冷剂。在《基加利修正案》是不含这种制冷剂的，换句话说不属于淘汰之列。

因此，现在一些欧洲发达国家采用图 12-12 所示的制冷剂替代一些高 GWP 值的制冷剂。其中替代 R134a 的制冷剂主要用于空调与中、高温冷库；替代 R404A 用于低温与速冻；替代 R410A 的也是用于冰箱与家用空调。

从图 12-12 中可以发现，蒸发温度在高温工况（-10℃以上），同时也是 A1 工质而且还是共沸的制冷剂只有 R513A；如果是蒸发温度在低温工况（-28℃以下），只有非共沸的制冷剂以及低可燃性制冷剂。由于国内的冷库规模越来越大，显然这些制冷剂很难进入到大规模的使用范围。

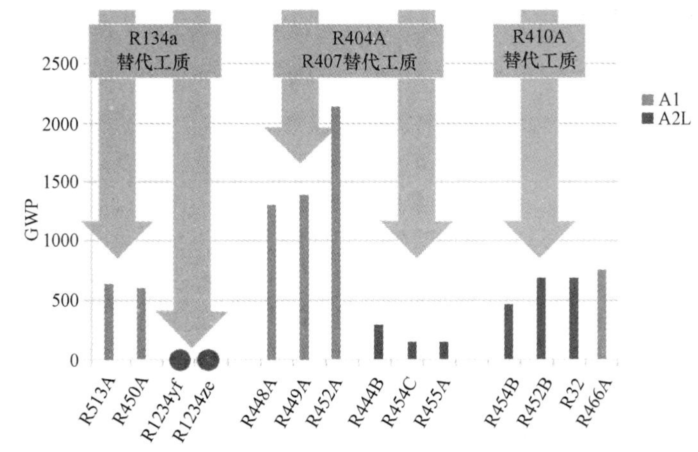

图 12-12　主要替代方案及其组成和 GWP 水平

国内最近几年在低温冷库或者速冻的制冷系统采用了许多 R507A 卤代烃制冷剂，有满液式的，也有作为复叠制冷的冷却系统或者载冷剂系统的冷却系统。一旦国内的 R507A 进入淘汰阶段，两种可能：一是价格上涨到难以承受的程度，二是由于配额的原因在市场上很难购买到。作为替代制冷剂，R513A 也许是这些系统选择的一种折中的办法。从压缩机的选型数据可以判断，代价是能耗的大幅提升。

在工业制冷范围内，如果没有更合适的合成制冷剂，未来的制冷剂，最后也只能在氨与二氧化碳中，根据它们的适用范围进行选择。笔者更大的倾向是：对于大、中型的冷链物流冷库采用氨作为制冷剂，速冻加工或者小型冷库（3000t 以下）采用二氧化碳作为制冷剂。理由是：作为大、中型的冷库，由于库内自动装卸已经成熟，因此冷库库内自动装卸应该逐渐成为主流（原因是低 GWP 值的合成制冷剂至少还能用到这个时候），库内几乎没有人员操作，压缩机房的无人操作早已经实现。氨在这种使用范围，节能和融霜都有优势，操作人员的危险性也降到最低的程度。

速冻加工由于加工间的工作人员众多，一般蒸发温度在-33℃以下，这恰好是二氧化碳制冷剂的优势范围。并且，对于速冻加工，其蒸发器的融霜大部分是采用经过处理的软水融霜，基本避开二氧化碳热气融霜的短板。至于小型冷库大部分都不会以独立经营模式存在，它们通常依附于超级市场或者食品加工厂。它们只是为主体经营服务，以独立经营模式存在的小型冷库，很难在激烈的市场竞争中生存。今天欧美的冷链物流冷库的规模分布已经印证了这一点。

应该说明，关于制冷剂替代的研究还在不断深入，不少问题尚无定论。因此在选用制冷剂时，尤其对于需要充注大量制冷剂的大型制冷空调系统，应该认真查阅最新的文献资料，掌握最新的发展动态，以做出适当的决策。

本章小结

从 1834 年发现制冷剂到现在已经经历了将近 200 年的时间。在工业制冷的使用范围内，采用的制冷剂似乎从原来的天然工质，到合成工质，最后因为环保的原因又回到了以天然工质为主的循环。但是制冷的技术经过几代科技人员的努力，在制冷工艺流程、设备性能提高方面都得到很大的进展。

从上面的讨论可以得出这么一个结论：为了防止全球变暖的趋势继续蔓延下去，环境保护是一项艰巨和长期的任务，也是我国的基本国策。在工业制冷领域，与我国地理位置相似的美国，氨制冷是他们工业制冷的主力军。其实按我国现有的技术水平，完全可以把氨系统做到几乎完美无缺的境界。我们没有理由因为前几年一些由于监管不足而造成的事故而放弃这种物美价廉的制冷系统。解决的方法，前面提及的一些制冷历史悠久的国家已经做出了榜样。

对于冷库的另外一种选择是 CO_2 载冷剂系统，目前日本用这种方式也走出了他们的成功之路。至于采用 HFO（次氟酸）制冷剂的制冷系统，只适用于一些规模比较小的商业制冷系统。由于我国的冷库规模太大了，从图 12-12 的选择替代方案中，能够应用在低温冷藏或者速冻系统的都是一些非共沸制冷剂。这种制冷剂由于在制冷过程中会出现温度的滑移，只能采用直接供液系统。这些系统如果比较大，能耗也大，碳排放将以另外一种的形式出现，而且一次性投资也大，不符合我们现有的国情。

最后引用国内一位在长期研究制冷剂的学者对制冷剂今后的发展方向给出的结论：

1）目前为止，并没有一种可以广泛使用的理想制冷剂（价格低廉、效率高、无毒、不可燃、环境性能好），而且将来也很可能并不会出现，不同场合的应用应根据各自的条件和要求进行适当的选择。

2）替代制冷剂应该具有零或者近零 ODP，具有较低温室效应（近零 ODP 值，低 TEWI/LCCP。TEWI：total equivalent warming impact，总等效变暖影响。LCCP：life cycle climate performance，生命周期气候绩效）和较高的能源效率。

3）现有的高 GWP 的 HFC 制冷剂要逐步消减使用，自然制冷剂、低 GWP 的 HFO 制冷剂及其混合物将占据重要地位。

4）对于可燃制冷剂的应用需建立完善的法规，并加强相关人员的培训教育。

5）要减少制冷剂的充注量，制冷剂要尽量回收再利用。

6）要探索、研发推广不需要制冷剂的其他制冷技术。

参考文献

[1]　Danfoss 公司. Refrigerant options now and in the future [R/OL]. (2018-08-31) [2023-05-18]. https://www.danfoss.com/

media/7174/low-gwp-whitepaper. pdf.

[2]　STOECKER W F. Industrial refrigeration handbook [M]. New York: McGraw-Hill Companies Inc., 1998.

[3]　吴业正，等. 制冷原理及设备 [M]. 3 版. 西安：西安交通大学出版社，2010.

[4]　全国冷冻空调设备标准化技术委员会. 制冷剂编号方法和安全性分类：GB/T 7778—2017 [S]. 北京：中国标准出版社，2018.

[5]　肖学智. 制冷行业的环境友好发展-制冷剂的替代行动 [R]. 北京：环境保护部环境保护对外合作中心，2018.

[6]　霍尼韦尔特性材料与技术研发中心. 高效环保制冷剂 R448A 在商业制冷领域的应用 [R]. 2021.

[7]　李坤. CO_2 复合制冷系统的理论能效分析 [J]. 冷藏技术，2021，44 (1)：56-59.

[8]　张朝辉. 制冷空调技术创新与实践 [M]. 北京：中国纺织出版社有限公司，2019.

第 13 章 制冷系统的润滑油

13

在制冷系统中，由于蒸发器中的制冷剂蒸发形成制冷过程。为了使制冷过程得以延续，蒸发后的制冷剂气体必须靠压缩机压缩到某个压力范围内，在这个压力范围内再通过某种介质（水、空气或者某种载体）的冷凝变成液体，这些液体通过节流装置进入蒸发器再次蒸发，形成制冷循环。在这过程中，压缩机的运行需要有润滑油的润滑。也有不需要润滑的特殊压缩机，使用这种压缩机的制冷系统可以不含油（例如最近几年研发出来的磁悬浮压缩机，但是它不能应用在低温工业制冷系统）。但购买和运行无油压缩机的成本远远高于润滑型压缩机，因此到目前为止，几乎所有工业制冷系统都在使用润滑型压缩机。

润滑油的基本功能是在滑动金属表面之间提供润滑，但润滑油通常也有其他用途。润滑油可以用于密封，以防止制冷剂在压缩机的高压和低压区域之间泄漏，在某些类型的压缩机中还具有重要的冷却功能，能够清除接触面上的碎屑，并降低压缩机内产生的噪声。润滑油在压缩机各运动部件间润滑时，可带走工作过程中所产生的热量，使各运动部件保持较低的温度，从而提高压缩机的效率和使用的可靠性。对于带有能量调节机构的制冷压缩机，可利用润滑油的油压作为能量调节机械的动力。

对于设计人员来说，系统设计时，需要考虑如何防止润滑油进入压缩机以外的系统，以及如何从系统中除去从压缩机组件中逸出的润滑油。如果这些润滑油进入了制冷系统，还要想办法把这些润滑油从系统中回收或者排走。

本章的目的是帮助制冷设备的设计人员或操作人员明确如何选择润滑油，以及在系统中润滑油如何正确处理。

13.1 制冷系统润滑油的分类

常用于压缩机的润滑油有两种：矿物油与合成油。

矿物油是从石油中提取的，是液态烃（仅由碳和氢制成的分子），其性质随分子质量和精制过程而变化，出于润滑目的，通常是石蜡基（paraffinic）或环烷基（naphthenic）。石蜡基的矿物油不合适用于低温系统；环烷基的矿物油是氨制冷系统使用的标准油。

合成油是从天然气等原料中提取的，以二烷基苯（dialkylated benzene），聚 α-烯烃（polyalphaolefin）和聚亚烷基二醇（polyalkylene glycol）为基础的合成润滑剂。

通常矿物油比合成油的价格便宜很多，因此如果系统使用这两种油都合适，矿物油应该是首选。

13.2 润滑油的几个重要指标

选择制冷系统润滑油的标准主要依据的指标有：黏度（viscosity）、与制冷剂的混溶性（miscibility）和溶解性（solubility）、倾点（pour point）、闪点（flash point）和燃点（fire point）、油气压力以及絮凝点（flock point）。

1. 黏度

润滑油的黏度是影响其润滑特性的关键因素之一。润滑油受黏度影响的两个重要功能：一是金属表面之间的密封，以防止制冷剂泄漏；二是摩擦和滚动表面之间的润滑。一般来说，理想的黏度能够提供适当密封使制冷剂泄漏降到最低值。低黏度的润滑油会降低压缩机的功耗，但如果黏度过低，则密封效果不充分，使容积效率的损失增大。

流体的黏度定义如下：

黏度=剪应力/剪切应变率

黏度分为绝对黏度（又称动力黏度）与运动黏度。

根据图 13-1 所示的变量进一步定义和量化黏度，绝对黏度表达式为

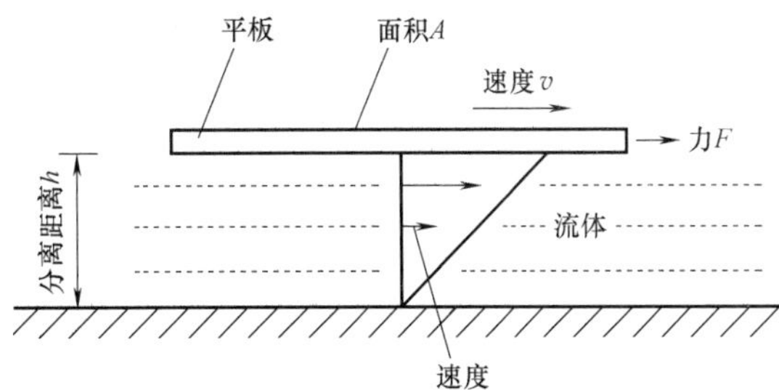

图 13-1　黏度术语的表达方式

$$\mu=\frac{F/A}{v/h} \tag{13-1}$$

式中　μ——绝对黏度（Pa·s）；

F——力（N）；

A——流体接触的面积（m^2）；

v——速度（m/s）；

h——分离距离（m）。

常用来计算雷诺数的制冷剂黏度是绝对黏度，单位为 Pa·s。绝对黏度的另一组单位是 P（Posie，泊）。当 $A=1cm^2$，$v=1cm/s$，$h=1cm$ 时，如果 F 单位是 dyn（达因），则 $1P=1dyn·s/cm^2$。更常用的术语是 cP（厘泊），1P=100cP。

另一种常用的黏度是运动黏度，即绝对黏度除以密度：

$$\nu=\mu/\rho \tag{13-2}$$

式中　ν——运动黏度（m^2/s）；

ρ——润滑油的密度（kg/m^3）。

运动黏度的另一组单位是 St（Stoke，斯托克斯，简称斯），即绝对黏度单位（P）除以密度单位（g/cm^3），变成 cm^2/s。cSt（centistoke，厘斯）比 St 更常用，1St=100cSt。

对于润滑油，最广泛使用的黏度的名称来自测量装置。该黏度称为 Saybolt Seconds Universal（简称 SSU），并且与标准体积的油在给定温度下通过特定尺寸的管所需的时间（秒）相关。SSU 与运动黏度最密切相关，虽不成比例，但转换相当准确，即

单位为厘泊的运动黏度值 ν=0.22×单位为 SSU 的黏度值−180/单位为 SSU 的黏度值　(13-3)

制冷系统运行对黏度的要求：应选择具有最低黏度的润滑油，选择的润滑油具有用于整个温度和压力范围的制冷剂所需的密封性能。当黏度太低而不能提供足够的密封时，压缩机的容积泵送能力下降。黏度太高会导致功率要求高，因此选择合适的黏度是一种妥协。

润滑油的选择原则上是由压缩机制造厂家提供。但是也有例外的情况，如果当地气温特别高，而且压缩机的冷却形式有特别之处，原来由厂家选择的润滑油可能就会出现问题。2000 年

笔者在福建的一个项目，系统采用氨制冷剂，压缩机是一个欧洲品牌的活塞压缩机。压缩机的机套冷却是采用自然空气冷却（通常这种压缩机是采用循环水冷却），厂家配套提供的润滑油的黏度指标是KS 46润滑油（压缩机如果不是采用这种润滑方式，应该采用KM 32润滑油）。结果在夏天压缩机（采用的是单机双级）的低压级运行时，由于气温高，润滑油黏度下降，使压缩机缸套拉毛，最终导致十多个缸套损坏。经过反复检查，最后确认是润滑油的问题。通过更换KC 68指标的润滑油（一般用于空调工况的压缩机，黏度更高），压缩机后来运行了十多年都没有出现类似情况。这个案例说明，有时候润滑油的选择也不是一成不变的。它会随着压缩机的冷却形式，使用的环境不同而改变。

2. 倾点

任何用于低温环境的润滑剂都应能够在它将遇到的最低温度下流动。通常通过指定适当的低倾点来满足此要求。根据ASTM标准D97或D5950中规定的标准方法进行测试时，润滑剂的倾点是指其倾倒或流动的最低温度。为了提供润滑，油的倾点必须低于油的工作温度。对于卤化碳系统中的油，倾点并不像氨系统中的油那样重要。原因是在卤烃系统中，一些制冷剂很可能溶解在油中，因此油与制冷剂混合后的流动温度将低于单独的油的流动温度。另一方面，油和氨不会混合，因此润滑油的倾点是至关重要的。

3. 闪点和燃点

大多数润滑油的闪点和燃点通常高于175℃，这是制冷系统中通常不会遇到的温度。闪点和燃点以及气体压力更多地表明了油的挥发性。当使用具有低闪点和燃点的油的系统中出现压缩机排气温度高时，油可能会碳化并覆盖活塞式压缩机的阀门。

4. 油气压力

气体压力实际上，从分离器中逸出的油是以气体形式离开的。油的气相在特定温度下与液相平衡时的压力通常称为油气压力。气相和液相的组成（不纯净时）会影响油气压力。对于制冷润滑剂，不同的类型、沸点范围和黏度也会影响油气压力。特定黏度等级的环烷油通常显示出比石蜡油更高的油气压力。

5. 絮凝点

絮凝点是指在特定条件下冷却10%油和90%R12混合物时，类蜡材料或其他固体物质沉淀的最高温度。在选择与完全混溶的制冷剂一起使用的润滑油时，可以通过絮凝试验来确定润滑剂的成蜡趋势。其作用是：蜡分离性能对于合成润滑油而言并不重要，因为它们不包含蜡或蜡状分子。但是，石油衍生的润滑油是大量化学上不同大小的烃分子的混合物，在制冷单元低压侧的低温下，一些较大的分子与大部分润滑油分离，形成蜡状沉积物。这种蜡会堵塞毛细管并导致膨胀阀被黏住，这在制冷系统中是不利的因素。

6. 制冷剂在油中的溶解度

所有气体在某种程度上都可溶于润滑油，许多制冷剂气体高度可溶。例如，含氯化合物制冷剂在任何可能遇到的温度下都可与大多数润滑油混溶。但是，不含氯化合物制冷剂通常仅溶于极性合成润滑油，例如POE或PAG油。溶解量取决于气压和润滑油温度及其性质。由于制冷剂的黏度远低于润滑油，因此如果在润滑油中存在大量已经溶解的制冷剂，都会明显降低润滑油的黏度。

7. 混溶性

在压缩机中，润滑流体是溶解在润滑油中的制冷剂溶液。在制冷剂系统的其他部分，溶液是液态制冷剂中的润滑油。在这两种情况下，如果不存在润滑油或制冷剂，则它们可以单独作为液体存在。因此，溶解和混溶之间的区别仅是一种不同的说法。两种液体都可以视为溶解另一种液体（互溶性）。

R22 是重要的工业制冷剂，R22 系统中的润滑油的处理方式与氨系统中的润滑油不同。润滑油和 R22 是部分混溶的，但这种混溶性取决于温度、润滑油浓度和类型。润滑油/R22 混溶性的一般模式如图 13-2 所示。该曲线适用于不同的类型的润滑油。

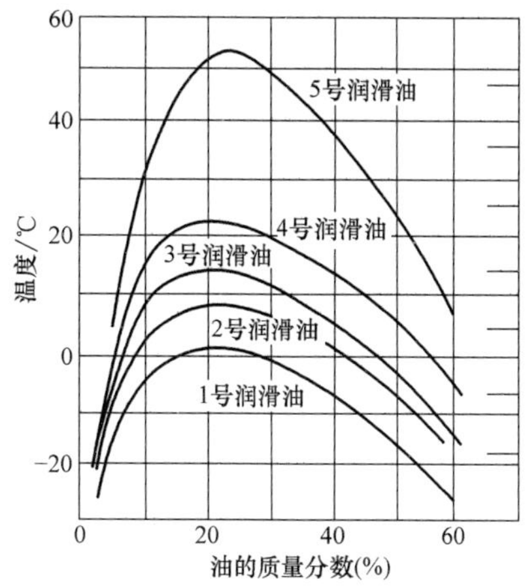

图 13-2　几种不同类型编号的环烷油与 R22 的混溶性

R22 的溶液中含有润滑油的一个含义是：油会影响传热系数。因此，需要研究从 R22（或者其他卤代烃制冷剂）蒸发器中去除润滑油。

矿物油与制冷剂之间的溶解程度见表 13-1。

表 13-1　常用制冷剂与矿物油的互溶性

完全混溶	部分混溶			完全不溶
	高混溶性	中混溶性	低混溶性	
R11、R12、R113	R123	R22、R114	R13、R14、R152a、R502	R717(氨)、R744(CO_2)、R134a、R407C、R410A

注：合成油与制冷剂之间的溶解度可以参考第 11 章。其中 POE 与 R507 可以认为是完全混溶。

13.3　矿物油的组成和应用范围

矿物油（也称为石油）是液态烃（仅由碳和氢制成的分子），其性质随分子质量和精制过程而变化。

对于典型应用，矿物来源的润滑油可分为：石蜡、环烷烃、芳烃和非烃。

表 13-2 所示是几种类型的润滑油的典型特性，包括环烷和石蜡矿物油。

表 13-2　黏度等级为 ISO 32 的制冷剂的典型特性

润滑油	类型	在 40℃时的黏度①/(mm^2/s)	黏度索引②	在 15℃时的相对密度③	倾点/℃④	闪点/℃⑤	电介质强度⑥/kV	润滑油在 10%(体积分数)制冷剂体积的临界溶解温度/℃		
								R22	R134a	R410A
R 矿物油(MO)	环烷	33.1	0	0.913	-43	171	30	-4	—	—
	石蜡	34.2	95	0.862	-18	202	35	27	—	—
烷基苯(AB)		31.7	27	0.872	-45	177	30	-73	—	—
多元醇酯(POE)	支链酸	30.7	871	0.959	-18	229	35	<-48	-38	-15
	混合酸	32.0	118	0.982	-57	260	35	<-48	<-40	-25
聚亚烷基二醇(PAG)	SEC⑦	33.0	169	0.970	<-51	208	30	—	<-51	<-51
	DEC⑧	30.0	216	0.993	<-51	216	30	—	<-51	<-51

（续）

润滑油	类型	在 40℃时的黏度①/(mm²/s)	黏度索引②	在 15℃时的相对密度③	倾点/℃④	闪点/℃⑤	电介质强度⑥/KV	润滑油在 10%(体积分数)制冷剂体积的临界溶解温度/℃		
								R22	R134a	R410A
聚乙烯醚		32.4	78	0.923	-45	202	30	—	<-55	<55

① ASTM 标准 D445。
② ASTM 标准 D2270。
③ ASTM 标准 D1298。
④ ASTM 标准 D97。
⑤ ASTM 标准 D92。
⑥ ASTM 标准 D877。
⑦ SEC：single end capped，单封端，化学键的一种形式。
⑧ DEC：double end capped，双封端。

直到 20 世纪末，氯氟烃（CFC，如 R12 等）成为主要制冷剂时，矿物油已成为绝大多数制冷应用的首选润滑油。如今，矿物油仍在许多应用中与氢氯氟烃（HCFC，例如 R22）或烃类（例如异丁烷 R600a）制冷剂一起使用。矿物油的一个优点是与其他类型的制冷润滑油相比，其价格成本较低。但是，它们不能与 HFC（如 R134a、R410A）制冷剂混溶，而当时 HFC 制冷剂已经普及使用。这是 1990 年代初转向使用含氧合成润滑剂的主要原因。

制冷应用中矿物油的主要限制特性是倾点，倾点会根据润滑油的确切碳氢化合物混合物而变化很大。倾点不够低会使矿物油无法用于要求非常低的蒸发器温度（低于-40℃）的应用中，因此在制冷系统中开始使用合成润滑油。

13.4　合成润滑油的组成和应用范围

最初，矿物油与 R22 和 R502 的溶解度有限，导致人们研究了制冷用合成润滑油。此外，矿物油在非氯化氟有机碳制冷剂（如 R134a 和 R32）中缺乏溶解性，导致许多合成润滑油在商业上使用。

合成润滑油包括二元酸酯（dibasic acid esters），新戊酸酯（neopentyl esters），硅酸酯（silicate esters）和聚乙二醇（polyglycols）均具有出色的黏度/温度关系，并且在极低的温度下仍可与 R22 混溶。最常用的合成润滑剂是：烷基苯（alkylbenzene），用于 R22；聚亚烷基二醇（polyalkylene glycols）；聚乙烯醚（polyvinyl ethers）；多元醇酯（polyol esters），用于 HFC 制冷剂和相应的制冷剂混合物；聚 α 烯烃（Polyalphaolefins），用于氨（R717）和亚临界 CO_2（R744）制冷剂。多元醇酯、聚亚烷基二醇、聚 α 烯烃用于各种 R744 跨临界制冷剂。

合成润滑油的品种比较丰富，各种合成润滑油各有不同的特点与服务对象。下面主要介绍工业、商业制冷系统的合成润滑油。

1. 烷基苯（ABs）

ABs 的化学特征是芳族苯环，其黏度由烃链的大小、与芳环相连的链数和链的支化度控制。与矿物油相比，ABs 的一个优势是在 HCFC 制冷剂（例如 R22）中具有更高的溶解度/混溶性。烷基苯的倾点也比矿物油低，这使其成为使用 CFC 和 HCFC 制冷剂的极低温应用（<-50℃）的润滑剂。除了具有良好的溶解性外，ABs 还具有比矿物润滑油更好的高温和氧化稳定性。

2. 聚亚烷基二醇（PAG）

聚亚烷基二醇（PAG）源自环氧丙烷（PO）或环氧丙烷与环氧乙烷（EO）混合物的受控聚

合。PAG 的黏度由聚合物链的分子量平均值决定。PAG 被认为是最通用的合成润滑油类别之一。PO/EO 比率可用于控制润滑油的极性，因此，可以容易地调整该润滑油类别的性质以控制黏度，同时还优化与特定制冷剂的相容性（混溶性/溶解性）。PAG 是使用 R134a 的汽车空调系统中的常用润滑油。PAG 具有很高的黏度指数，出色的润滑性，低的倾点以及良好相容性，通常用于全密封、半密封压缩机的润滑。

3. 聚 α 烯烃（PAO）

聚 α 烯烃是由线性 α 烯烃的受控低聚衍生而来的。PAO 与 R134a 不混溶，主要用作氨系统中的不混溶油。尽管 PAO 是烃，可以被认为与矿物油的特性相近，但与矿物油相比，它们的性能大大改善了，例如更高的黏度指数，更低的倾点和更高的热稳定性。

聚 α 烯烃（PAO）的主要物理特性与组成见表 13-3。

表 13-3　PAO 润滑油的典型物理性质和组成

项目		PAO 4	PAO 6	PAO 8	PAO 10
ISO 黏度等级		16	32	46	68
40℃下的运动黏度/(mm^2/s)		16.7	30.9	46.3	64.5
100℃下的运动黏度/(mm^2/s)		3.8	6.0	7.7	9.9
黏度指数		124	143	136	137
癸烯低聚物组成(%)	二聚体	0.6	0.1	0	0
	三聚体	84.4	33.9	6.0	1.1
	四聚体	14.5	43.5	55.7	42.5
	五聚体	0.5	17.4	27.2	32.3

4. 多元醇酯（POE）

多元醇酯是通过羧酸与醇的反应制得的，它具有较高的相对分子量，较高的黏度指数和较高的 ISO 黏度等级。多元醇酯润滑油与 HFC 制冷剂一起在商业上用于所有类型的压缩机。

多元醇酯比其他类型的酯具有更高的热稳定性。表 13-4 列出了这种润滑油的物理性质。

表 13-4　POE 润滑油的典型物理性质

项目		POE 1	POE 2	POE 3	POE 4	POE 5	POE 6	POE 7	POE 8	POE 9	POE 10	POE 11
40℃ 下的运动黏度/(mm^2/s)		5.8	7.5	19	32	32	46	65	68	72	220	400
黏度指数		N/A	125	140	118	115	83	96	150	120	88	88
倾点/℃		-66	-62	-59	-57	-57	-7	-40	-46	-44	-28	-16
闪点/℃		216	182	243	260	246	245	256	279	277	254	288
低温临界溶液温度①/℃	R134a	<-60	<-60	<-60	<-38	<-60	-27	-46	不混溶	-30	-20	-20
	R410A	<-50	<-46	-38	-24	-57	N/A	-33	不混溶	-11	N/A	不混溶
	R404A	<-60	<-60	<-60	<-60	<-60	无数据	<-60	不混溶	<-60	N/A	无数据
Falex②		750	650	850	900	750	650	750	1100	875	800	800

注：从 POE 1 至 POE 11，编号的变化表明编号越大油的运动黏度指数越大。

① 制冷剂中有 10%体积分数的润滑剂。

② 法莱克斯试验（一种磨损试验），采用 ASTM 标准 D3233 销钉和型块负载测试（故障时直接负载）。

5. 聚乙烯醚（PVE）

PVE 属于一类特殊的聚 α 烯烃。PVE 在有水分的情况下是稳定的，但具有吸湿性，通常比 POE 具有更高的水分含量。

这些合成润滑剂通常用于使用 HFC 制冷剂（如 R134A、R404A、R410A 和 R407C）的应用中。在其他应用中，PVE 还与天然制冷剂（例如二氧化碳）一起使用。

与 POE、矿物油和 ABs 一样，PVE 具有高电阻率。PVE 的其他性能优势包括与加工液的良好溶解性和选择性、表面活性，这被认为有助于提高含磷抗磨添加剂的性能。

聚乙烯醚的特点：尽管 PVE 比 POE 更具吸湿性，但它们非常耐水解，并且不会与水分发生化学反应而形成酸和金属皂，而上述副产物分别会导致腐蚀和毛细管堵塞。

以上是制冷系统使用的各种润滑油的综合介绍。具体使用的范围以及适合的压缩机类型详见表 13-5。

表 13-5 制冷剂、压缩机、润滑油配套应用举例

制冷剂	应用	压缩机类型	润滑油类型	润滑剂 ISO 黏度
R22,R123	家用电器,住宅空调,汽车、商业和工业空调与制冷	活塞、旋转、涡旋、离心、螺杆	MO,POE,ABs	32~320
R134a	空调,热泵	活塞、旋转、涡旋、离心、螺杆	POE,PVE,PAG	7~220
R407C	独立式低温冷却器,制冰机,商业和工业制冷和冰柜	活塞、旋转	POE	32~68
R404A/R507	住宅和屋顶空调,热泵	活塞、旋转、涡旋	POE	32~68
R410A	家电制冷	活塞、旋转、涡旋	POE,PVE,PAG	32~68
R600/R600a	小型独立式商用制冷	活塞、旋转、涡旋	MO,POE,ABs,PAO,PAG	7~68
R290	家用电器和小型独立商业制冷	活塞、旋转	MO,POE,ABs	32~68
氨(R717)	工业、商业制冷	离心、活塞、螺杆	PAG,ABs,MO,PAO	32~220
二氧化碳(R744)	工业、商业制冷,热泵热水,家用电器,饮料,移动空调(卡车,公共汽车,火车)	活塞、旋转、涡旋	亚临界:PAO,POE,PAG 跨临界:POE,PAG	68~120

13.5 润滑油的添加剂

通常，制冷压缩机润滑油中不需要添加剂。但是，含添加剂的润滑油可得到令人满意的结果，并且某些润滑油（例如，具有抗磨添加剂的润滑油）相对于纯正的基础油具有性能优势。合理使用这些添加剂不会显著降低性能。添加剂通常可与合成润滑油一起使用，以减少磨损，因为与矿物油不同，它们不包含诸如硫之类的不含烃类成分。

添加剂通常分为三类：极性化合物，聚合物和含有活性元素（例如硫或磷）的化合物。添加剂类型包括矿物油降凝剂、矿物油絮凝剂、矿物油黏度指数改进剂、热稳定性改进剂、防锈剂、消泡剂、金属脱硫剂、分散剂、氧化抑制剂。

一些添加剂在一个方面有优势的同时，在另一个方面则劣势明显。例如：抗磨添加剂可减少压缩机部件的磨损，但由于这些材料的化学反应性，添加剂可降低润滑剂的整体稳定性。与其他添加剂结合使用时，某些添加剂效果最佳。添加剂必须与系统中的材料（包括制冷剂）兼容，并以最佳浓度存在：如果添加剂太少可能无效，而太多则可能有害或没有因为添加量的加大而得到改进。

13.6　制冷系统的除油方式

在制冷系统中，只有在压缩机运行中才需要润滑油。在螺杆压缩机运行的情况下，密封转子之间的润滑油，是用来润滑压缩机的金属部件。但是系统的其余部分并不需要油。事实上，在诸如蒸发器之类的设备中不需要油，因为它通常会降低传热系数。

系统除油大致可以分为：压缩机排气除油，氨系统低压除油，卤代烃系统低压除油。

1. 压缩机排气除油

润滑油在压缩机运行时为运动部件提供润滑、密封及冷却，一部分油滴由于冷却飞溅进入了系统。此外，压缩通道气体压缩产生排气温度高，也会导致部分油雾化随着排气管排出压缩机进入系统。为了减少这些油进入制冷系统，阻止油进入系统的第一步就是在压缩机排气出口设置油分离器。

压缩机油分离器设置有许多方式：洗涤式、离心式、填料式和过滤式。聚结式油分离器（属填料式高效油分离器的一种）通常使用在螺杆压缩机上，这是目前工业制冷系统应用最多的一种油分离器。

聚结式油分离器的工作原理如下：

油的分离分成三级分离。含油制冷剂遇到油分离器桶的第一级前端部分，撞击分离允许大滴油最终落到油分离器的内壳底部。该分离的油量比随后进入隔板（第二级）的聚结部分（重力作用）可以除去更多的油，如图 13-3 所示。最后（第三级）是高分子材料高效精分离。制冷剂气体进入聚结部分并流过细金属网。在这里，微小的油滴撞击网状物并与其他小液滴一起聚合，直到液滴足够大能落到聚结贮槽的底部。

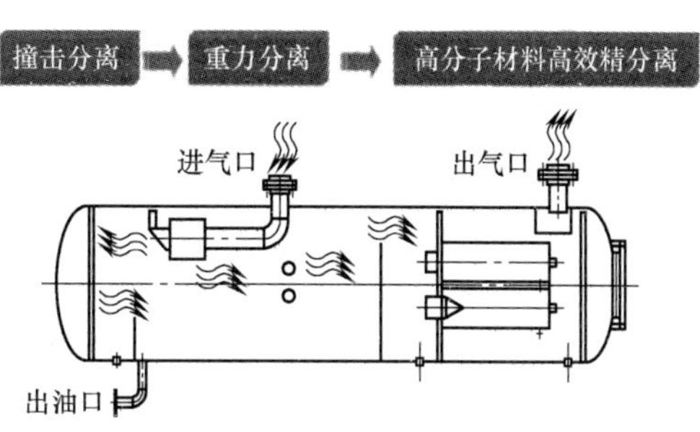

图 13-3　聚结式油分离器的工作原理

采用这种聚结式油分离器能分离出大部分从压缩机排出的油气体。为了使系统减少更多的油，许多压缩机制造厂家为螺杆压缩机配置了二级油分离器。甚至三级和四级油分离器。这样做的目的是尽量使压缩机的油不进入制冷系统。这是一种主动防御的设备配置模式。笔者参与过配置这种设备的工程（采用三级油分）。在投产前四年，除了到期正常换油以外，没有为系统增加额外的润滑油。

为压缩机配置质量好的油分离器是保障制冷系统运行正常的关键一步。笔者也看过一些配置比较差的压缩机油分离器，这是一些卤代烃的满液式桶泵供液系统。在系统试运行阶段，系统正在灌注的制冷剂还没有到达循环桶的回油液面位置而得不到及时回油的情况下，压缩机已经出现缺油报警信号了。减少工程上的必要初投资会让以后的运行费用付出更多。

2. 氨系统低压除油

氨几乎很难与润滑油相溶。数据显示矿物油会对氨气体有少量的吸收，吸收量随压力增加而增加，随温度增加而减少。在压力适中的氨系统中，溶解在润滑油中的 1%或更少的氨制冷剂对润滑油的黏度几乎没有影响。

氨液在管内沸腾时，油可以降低氨的传热系数，如图 13-4 所示，这种减少通常不是空气冷却盘管的问题。空气冷却盘管经常通过除霜来加热积聚的润滑油使其从蒸发器中排出。一些氨管式蒸发器用于工艺冷却时，如果蒸发器必须长时间运行而不预热排油，则会出现积油问题。

目前对于采用满液式供液的氨系统，除油的基本方式是通过对蒸发器的热气融霜，把蒸发盘管中的油加热加压，然后排放到低压循环桶。由于润滑油的密度比氨液大，因此这些排放的油一般会沉淀在低压循环桶的底部。经过一段时间多次融霜的累积，油包的油会逐渐增多，需要通过手动操作的模式把这些油排放到集油器中（图 13-5）。

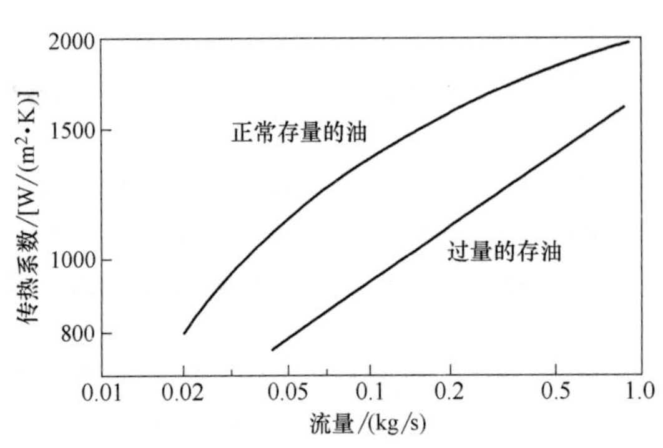

图 13-4　存量的油对氨在管内沸腾时的影响

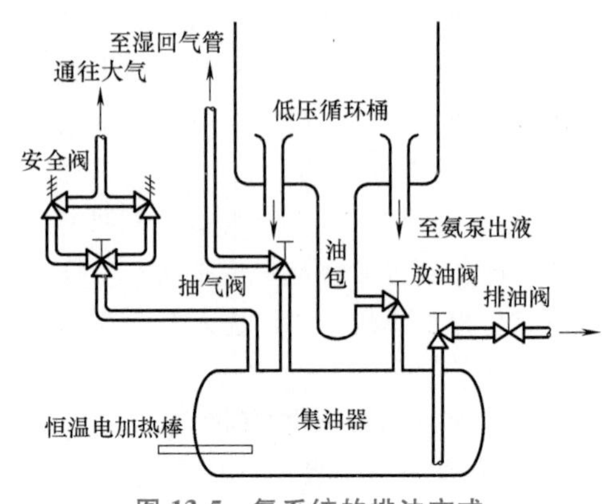

图 13-5　氨系统的排油方式

这个放油操作过程需要注意的是：由于低压循环桶内的温度比较低，沉淀在桶底的油黏度会非常大，加上在融霜过程中经常会把系统安装时残留的一些垃圾铁锈一起带入桶内与这些油混合，因此在选择放油阀的尺寸时，需要把尺寸放大一些（比如选择 DN50 或者以上的阀门）。对于特别低温的低压循环桶（如速冻系统），有必要在循环桶上增加热气加压阀，在该桶停止运行时，通过加压把这些油排放到集油器中。因此许多分离容器通常会设置加压阀以方便排油。

油排放到集油器后，不能马上排放出来。建议这样做：当油与氨液的混合物排放到集油器时，注意观察集油器的液位，一般不能超过容器容积的 70%，接近时停止排放。关闭放油阀，打开抽气阀，给恒温电加热棒通电加热（建议控制温度不超过 50℃），让氨油混合物中的氨液蒸发。经过大约 24h 的静止蒸发，关闭抽气阀，这时只要集油器内的表压大于大气压力 0.2～0.3bar，打开排油阀，集油器的油就可以顺利排放出来。如果集油器没有设置恒温电加热棒，用水淋在集油器的表面也能达到同样目的。

而采用直接膨胀供液的氨系统，回油方式仍然是采用热气融霜的办法。热气进入蒸发器把油带回到气液分离器中，按低压循环桶的排油方法定期把进入气液分离器的油放出来。

3. 卤代烃系统低压除油

从卤代烃系统的低压端回油的方法不同于用于氨系统的方法，因为油和卤代烃至少是部分互溶的。

不管润滑剂与制冷剂的可混溶关系如何，为了使制冷系统正常运行，润滑油必须通过回气管回到曲轴箱。由于制冷剂饱和润滑油混合后的黏度很高，并且管路长度较长，因此吸入管路通常是润滑剂回流最容易出问题的区域。学者 Parmelee 表示，对于低压和低温下制冷剂与润滑油的混合流体，适合的黏度是确定润滑油是否能顺利回流的重要特性。

两个相反的因素决定了当吸入气体将润滑剂抽回压缩机时，富油层混合流体的黏度如何变化。首先，温度升高会降低纯润滑油和纯制冷剂的黏度。其次，由于吸入管路中的压降很小，温度的升高会将溶解的制冷剂从混合流体中带走，从而增加混合流体的黏度。图 13-6 显示了 R22 制冷剂/润滑油溶液在−40～20℃范围内由于温度升高制冷剂蒸发混合流体黏度先逐渐增大，然后又逐渐降低的一个变化过程。在这种情况下，混合流体的黏度随着恒压下的温度变化而通过最大值，这一发现与学者 Bambach（1955）获得的数据一致。根据 Parmelee 的说法，最大黏度的存在是很重要的，因为富含润滑油的混合流体不是在蒸发器的最冷区域而是在许多制冷剂已从润滑油中逸出的某个中间点变得最黏稠，这种情况通常是在吸油管中。由蒸发引起的回气速度增加可能使润滑油与制冷剂溶液在蒸发器的较冷区域中移动，但该速度可能太低而无法在最大黏度点处满足回油的速度。设计人员必须考虑这个因素。

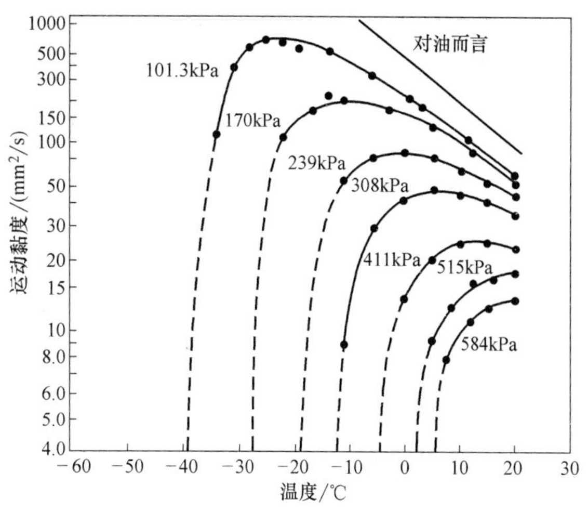

图 13-6　R22 制冷剂/润滑油溶液在 −40～20℃条件下的黏度

这种情况下，卤代烃满液式系统无法完全依靠在回气管的正常速度回油，因此在低压循环桶的卤代烃与油的混合液面上分离油，并且提供一定的温度与回油速度保障成了润滑油回流到压缩机曲轴箱的一种途径。通常对于满液式的蒸发器中的存油，最有效的除油方式是通过热气融霜，融霜加热使富油层混合流体的黏度降低，而融霜的热气速度又比较快，两方面作用下油被高效地带回压缩机中。

此外，液态卤代烃比油更稠密，而且液态制冷剂的密度比起润滑油要大一些。因此，通常将满液的管壳式蒸发器或低压循环桶的液面上层的这两种液体的混溶部分称为富油层。卤代烃的油分离就是在系统运行时把这些富油层连续或间歇地取出来。取出来的混溶液体进入换热器（见图 13-7）。换热器加热的一端通常是来自于贮液器的常温供液或者来自于压缩机板式换热器的中温液体（也可以是电热棒或者电加热器），另一端的混溶液体由于受热使混溶的卤代烃液体蒸发，没有蒸发的液体就是需要分离的润滑油。这些分离后的润滑油在压缩机的吸气作用力下，缓慢地断续小量地回收到压缩机的曲轴箱，完成回油的过程。

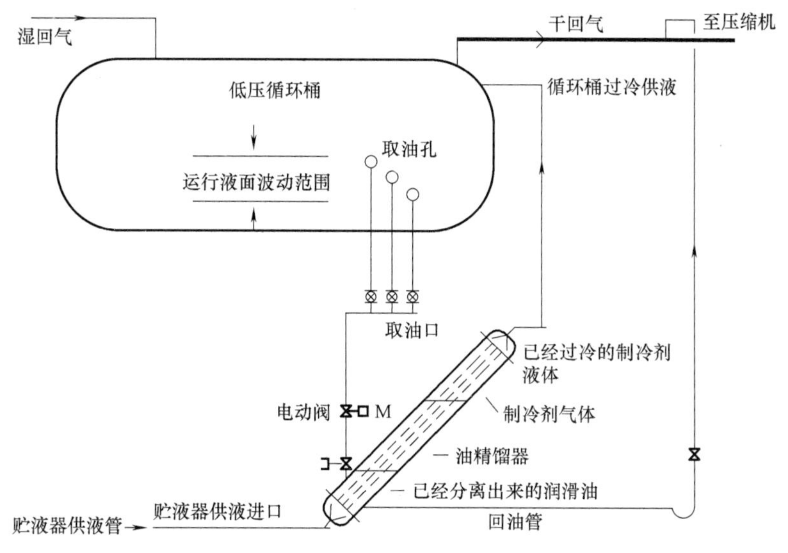

图 13-7　卤代烃低压循环桶油分离示意图

上述的问题总结出来：通过回气管回油需要有一定的速度和温度要求，也就是需要从低压循环桶的富油层取油后采用分离的方法把油分离，然后采用换热器的方法提供一定的温度，计算回油管的管径，达到回油速度使油回到压缩机的曲轴箱。回油速度的要求见第7章。

这种回油方式需要注意的是：板式换热器分离油的一侧，在回油管至压缩机回气管这段需要设置一个存油弯或静止装置（图13-7），存油弯或静止装置设置在循环桶运行液面波动范围的取油口，具体参考第11章。这种做法与直接膨胀供液的蒸发器回气管的回油弯类似，需要足够的静压头和回油速度。另外，原有的取油口一般在富油层的对应高度分上、中、下三个位置分别定时开启取油（图13-7）。但是最新的做法已经变成一个取油口了。原因是用于现代的循环桶液面控制位置已经相当准确了（供液可以根据液面的波动实现电动阀步进供液），而不是原来的一个波动区间。具体做法可以参考第11章。

也有另外一种取油方式，也就是在低压循环桶的落液管上或者在供液泵的供液管连接取油管，例如二氧化碳等一些与润滑油密度比较接近的制冷剂系统的取油。由于制冷剂与润滑油的密度接近，互溶，又处于混溶状态，没有明显富油层的出现，该取油方式也是可以达到取油的效果（见第11章图11-21）。

在卤代烃或者二氧化碳制冷系统中，压缩机使用与这些制冷剂完全互溶、混溶状态的润滑油，通过合理的取油方式使系统制冷剂内的含油量保持在一个稳定的低含量状态，也许是系统的一种最佳运行状态。

对于以上三种油的回收方法，最重要的是压缩机设置的油分离器。因为润滑油进入低压系统始终对系统的运行会产生一些不良的影响，例如增大阻力、影响传热从而降低效率。后面两种方法只是一种被动的防御方式。这就是为什么近代的卤代烃压缩机需要配置多级的油分离器的原因。同样道理，如果系统采用的是互溶的润滑油，那么这种设置是很有必要的。如果在压缩机的排气部分配置有足够能力的油分离器，比如配置了二级甚至多级油分离器，那么在循环桶的取油位置应该配置相应的电动阀（电磁阀），以控制间歇性地取油，实际上对于一些设计油分离效果特别好的系统（例如油分离效率在3~5ppm），在系统投产后两三年内，压缩机加入的润滑油在运行保质时间内不需要补充新的润滑油，基本上可以不开启取油电磁阀。一旦在运行保质时间内压缩机需要补充润滑油，表明油分离器效果变差。那么就要开启取油程序，因为连续取油会分流压缩机对系统的吸气量，降低系统的制冷效果。

在压缩机的排气系统采用二级、三级甚至四级的油分离器是制冷系统除油的一种比较好的方式，是减少润滑油进入制冷系统一个有效手段，因此在国外的一些压缩机生产厂家那里会经常看到这些油分离器产品的介绍。特别是对于一些特殊的制冷工艺要求，例如采用直接膨胀供液的制冰设备，如果由于制造工艺的要求，制冷供液只能采用下进上出的方式（正常供液方式是上进下出，而采用下进上出这种供液方式的原因是在制冰桶内的水结冰过程的由下自上，如果次序反了，桶内的上面首先结冰而下部还是水，等下部的水再结冰，会由于冰产生的膨胀无法疏导，导致把冰桶涨破），那么该系统的压缩机最好是采用二级油分离器或者高效油分离器。

这种供液使制冷系统在制冰过程中无法正常回油（这种系统的回油一般是在采用四通阀反向运行融霜脱冰时，把蒸发器的油排回到压缩机中）。如果高压系统的分离效果不好，这种供液方式会导致油大量地进入低压蒸发器而无法正常返回，最终造成压缩机缺油运行，从而损坏压缩机。因此采用多级油分离器是一种有效的解决办法。

对于卤代烃制冷系统低压部分（蒸发器）的润滑油如何去除？不同的供液方式有不同的方法：直接膨胀供液采用回气管管径需要满足系统全负荷以及部分负荷工况下的回油速度；而满液式供液则依靠热气融霜排油。

13.7　如何选择系统合适的润滑油以及一些运行时注意的事项

为制冷系统选择合适的润滑油，这是每个从事制冷行业的技术人员都会遇到的一个问题。通常为制冷系统选择润滑油是生产压缩机厂家的事情，但是一些润滑油的技术指标与相关的物理化学性质是技术人员需要了解的。因为目前国内制冷市场主要是二氧化碳与卤代烃制冷剂系统，除了 R22 准备退出市场以外，其他的制冷剂采用的基本上是合成油，而国内合成油几乎是外资品牌的天下，所以熟悉和学习润滑油的一些基本特性以及选择方法是很有必要的。

作为含氟制冷系统润滑油的基础油，需要考虑一系列的性能指标，如黏度、倾点、总酸值、稳定性、润滑性能等；但最重要的性能，是润滑油与制冷剂的可混溶性。可混溶性不但决定了制冷系统能达到的下限温度和温度区间，也决定了系统的换热效率高低。在设计选择能够满足压缩机及制冷工程需要的润滑油时，可混溶性是优先考虑的目标之一。

在 ASTM（美国材料与试验学会）黏度表上，可以根据图形拟合出溶解度-黏度的方程，同时得到的还有制冷剂/润滑油系统的密度曲线。这些数据可以表达在压力（pressure)-黏度（viscosity)-温度（temperature）图上，即 PVT 图（图 13-8）上，它表示制冷剂/润滑油系统的全部溶解性能。

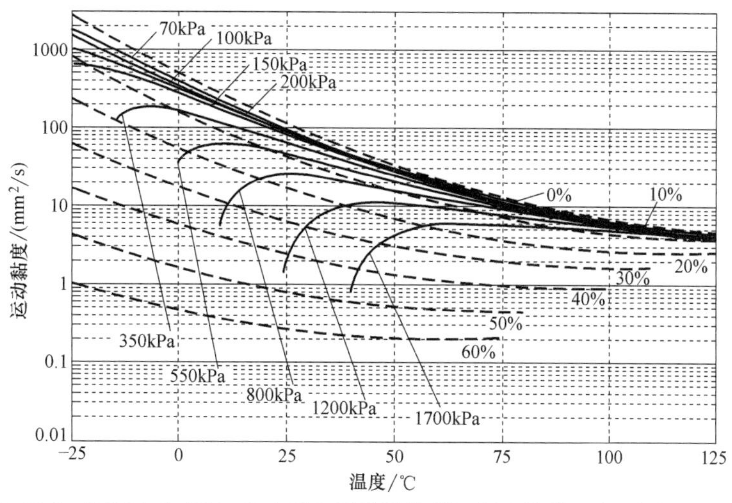

图 13-8　R507A 和 ISO 68 支链多元醇酯润滑油混合物的压力-黏度-温度图

图 13-8 中的百分数是溶解度转换成的质量分数。通常通过实验确定制冷剂在油中的溶解度。

如果选择了与制冷剂不互溶的润滑油，有可能这些油进入蒸发器内壁形成油膜。产生的原因也许是在 HFC 制冷剂系统中使用了矿物油。其后果是蒸发器的蒸发效果差而带液回到压缩机，造成压缩机带液运行（图 13-9）。

图 13-9　选择了与制冷剂不互溶的润滑油造成压缩机带液运行

在卤代烃满液式制冷系统，通常出于节能和热气融霜综合使用的考虑，会把高温与低温系统的高压部分合并在一起。如果两个系统分开，很多情况下是高温系统采用矿物油而低温系统（黏度问题）采用合成油。如果需要合并，则需要使用统一型号的润滑油。笔者会让整个系统采用能满足低温系统要求的合成油，因为在大部分情况下，矿物油不能代替合成油，而合成油一般都能满足矿物油的各种指标，只是成本高一些而已。

但是合成油有一个特点在使用时需要注意：POE 和 PAG 润滑油具有很强的吸湿性，因此在制冷系统中使用时，它们应通过专为液体设计的干燥过滤器。可以将干燥过滤器安装在输送液态制冷剂的管路中或将润滑油返回压缩机的管路中（回气管）。干燥过滤器中的材料必须与润滑油相容。同样，干燥剂可以去除润滑油中的一些添加剂。一旦这些合成油的密封盖打开使用，迅速把这些油加入到需要使用的制冷系统，尽量减少油在空气中暴露的时间。否则这些油由于吸收了空气中的水分受潮，受潮的合成油如果加入制冷系统会造成许多问题。

选择润滑油时，还要考虑其在空气中的溶解度。制冷剂系统不应包含过量的空气或其他不可冷凝的气体。空气中的氧气可与润滑剂反应形成氧化产物。更重要的是，空气中的氮气是不可冷凝的气体（不会与润滑剂发生反应），会影响性能。在卤代烃或者 CO_2 制冷系统中，不可冷凝气体的允许量非常低。因此，如果在系统抽真空后加入润滑油，则润滑油中要求不得包含过量的空气或其他不可冷凝的气体。用干燥的空气试压与干燥的氮气相比，干燥的氮气更可取，因为将空气引入系统中会导致意外氧化问题。这就是使用合成油的卤代烃或者 CO_2 制冷系统最后一次试压需要使用氮气，而且试压完成后真空试验要求比较高的原因。

近年来，国内由于冷库产业升级以及冷库的贮存功能发生变化、制冷系统运行安全等原因，对一些旧的制冷系统进行改造，同样会面临原有系统去除旧润滑油的工作。通常使用的冲洗介质是系统加入能满足准备加入系统替代制冷剂要求的润滑油。液体制冷剂或其他商业上可用的冲洗溶剂用于整个系统中循环。

如果使用中间液体和润滑油冲洗，则必须在冲洗过程中运行制冷设备。系统充注冲洗液体，并且运行时间要允许制冷剂在系统中多次循环。所需的时间随运行温度和系统复杂性而变化，但是通常的建议是冲洗至少 8h。运行后，润滑油从压缩机中排出。重复该过程，直到排出的清洗液体中的旧润滑油含量降低到指定水平为止。如果清洗达不到要求，过量的残留原油可能会增加能量消耗或阻止系统降温到所需的温度。

在完成系统清洗后，在进行任何制冷剂转换时，就像对系统进行任何重大维护时一样，重要的是更换所有垫圈、阀门、弹性密封件或 O 形密封圈。润滑油或制冷剂类型的变化可能会影响垫圈的密封能力，如果垫圈或密封件因使用年限而变脆或暴露于非最佳运行条件（例如过热）下，那就更加应该更换。此外，重要的是更换干燥过滤器，因为大多数 CFC 或 HCFC 干燥过滤器介质与 HFC 制冷剂不兼容。系统对干燥的要求也很重要，因为通常在冲洗过程中水分会被带入系统。

本章小结

综上所述，对于常用的三大制冷剂：氨、卤代烃以及二氧化碳。氨与润滑油几乎是不溶的，而卤代烃和 CO_2 是与润滑油互溶的或者是部分混溶的。对于后面两种制冷剂，通常在制冷工艺方面以及设备配套方面需要更多地考虑制冷剂的除油问题。

制冷系统除油最有效的方法是在压缩机的排气出口增设高效的油分离器，甚至是多级油分离器。根据相关的资料披露，现代的压缩机配置的油分离器可高达四级甚至五级。虽然多级油分离器会略微降低压缩机的排气压力，但是这种降低对系统运行的影响是很小的。这种影响主要反映在冬季气温比较低的情况下，高压贮液器的供液压力可能不足或者热气融霜压力降低导致融霜速度变慢。但是通过在高压排气管上设置恒压阀基本上就可以解决上述问题。设置多级油分离器目前在国内的制冷界很少引起重视，但这种配套的钱是值得花的。如果配套得当，后面介绍的两种除油技术基本上在系统投产运行几年内都很少应用。这是笔者多年实践与调查所得出的结论。

还有两种除油方法是用于卤代烃与 CO_2 复叠满液式供液系统的：一是低压蒸发器的热气融霜排油；二是低压循环桶的富油层下取油，加热分离后通过压缩机吸入回收。由于 CO_2 的热气融霜方法比较难完善。在实际使用中都属于辅助的、被动的除油方式。

如何选择卤代烃系列的制冷系统的冷冻油的基础油，需要考虑润滑油多种性能指标，如黏度、倾点、总酸值、稳定性、润滑性能等，最重要和最特殊的性能是润滑油与制冷剂的可混溶性。可混溶性不但决定了制冷系统能达到的下限温度和温度区间，也决定了系统的换热效率高低。

如何为制冷系统与制冷剂选择合适的润滑油，在实际应用中这部分的工作主要是由压缩机生产商和经营这方面的业务销售商完成的。但是，设备维护、系统改造以及系统运行操作等工作则需要技术人员与操作人员充分了解润滑油相关的知识。制冷剂混溶性、溶解度、互溶性、长期稳定性、低吸湿性、最低安全黏度等级，以及足够的润滑性和低温特性（例如倾点），是选择润滑油的依据。另外，建议在二氧化碳活塞压缩机上配置聚结式油分离器，虽然一次性投资会多一些，但是从长远考虑这种投资是值得的。

参考文献

[1] STOECKER W F. Industrial refrigeration handbook [M]. New York: McGraw-Hill Companies Inc., 1998.

[2] ASHRAE handbook refrigeration 2014 [M]. Georgia: ASHRAE, 2014.

[3] 殷正权. 采用环保冷媒工质的冷冻油应用 [Z]. 2018.

[4] RUDNICK L R. Synthetics, mineral oils and bio-based fluids [M]. Boca Raton, FL: CRC Press, 2005.

[5] PARMELEE H M. Viscosity of refrigerant-oil mixtures at evaporator conditions [J]. ASHRAE Transactions, 1964.

[6] LOFFLER H J. Viscosity of oil-refrigerant mixtures [J]. Kältetechnik, 1960.

[7] ASHRAE handbook refrigeration 1994 [M]. Atlanta, Georgia: ASHRAE, 1994.

[8] BAMBACH, G. The behavior of mineral oil-F12 mixtures in refrigerating machines [J]. Kältetechnik, 1955.

第 14 章 载冷剂

14

14.1 载冷剂的定义与使用场合

载冷剂是在间接制冷系统中，用以吸收被制冷物体或空间的热量，并将此热量转移给制冷装置的蒸发器的介质。

水也是载冷剂，它的运行温度在 0℃以上。本章主要介绍运行温度在 0℃以下的各种载冷剂。

载冷剂的制冷效率比直接蒸发制冷的效率要低很多。原因是它的传热主要是依靠显热而不是潜热（个别载冷剂除外），而且制冷剂冷却这些载冷剂时还存在传热温差以及它的输送还有泵的功率消耗。但是载冷剂已经使用多年，应用似乎在增加而不是减少，因为这种系统确实有它的特殊用途与合适的地方。

载冷剂系统适用的场所：

1）对于一些操作人员密集、存贮的货物特别贵重，并且有温度控制要求的场所。例如冷库的穿堂、食品加工车间、特殊货物的冷库，系统由于泄漏制冷剂而容易造成人员以及货物的严重伤害的，需要使用载冷剂系统。

2）使用温度变化范围特别大的场所。例如运输工具的测试场（如飞机、汽车、动车车厢等），测试的低温部分从 0℃到-70℃（甚至更低），如果采用直接蒸发系统，至少要采用两套以上的制冷系统（包括压缩机与蒸发器），而且整个测试过程不连贯，需要系统进行转换。

3）系统制冷量特别大，而且要求生产过程的温度波动范围比较小的场所。例如啤酒的低温发酵工艺过程要求温度波动比较小，一般在 6.5~7℃。

4）要求贮存一定的系统能量的场所。如冰蓄冷。

另外，目前国内有些地方把这种系统用在一些原来使用氨系统的低温冻结物冷藏库，甚至是低温速冻系统，早些年在我国的台湾地区使用的也比较多。虽然峰谷用电政策给这些系统带来一些可行的生存空间，但是从发展的眼光看，这种使用有一定的局限性。

14.2 载冷剂的选择与特性

14.2.1 载冷剂的选择因素

载冷剂的选择有几个关键因素需要考虑：

1）所选择的载冷剂在运行温度下是液体状态的，其凝固温度应低于运行温度；而沸点也应高于运行温度。

2）所选择的载冷剂其热容量尽可能大。这样，在传递冷量时流量不会很大，能提高系统循环的经济性，减少输送载冷剂泵的功率以及输送管道的尺寸。

3）载冷剂的密度尽可能小，目的也是减少输送载冷剂泵的功率。

4）黏度尽可能小，减少管道的流动阻力。

5）载冷剂的化学稳定性好，在系统运行时不分解，不与空气中的氧气起化学作用，不发生化学性质变化。

6）不腐蚀系统中运行的冷水机组的容器与管道。

7）尽可能不燃烧、不爆炸、低毒，减少对人员的伤害（这是对开式载冷剂系统的要求，对于闭式系统的要求是不爆炸，其他方面可以放宽）。

8）价格比较经济，容易采购。

14.2.2　载冷剂的基本特性

图 14-1 所示是水与载冷剂混合后的液态载冷剂状态（相）变化图。其特点是：在许多情况下，两种成分溶液的冰点都比任何一种物质的单独冰点的温度要低。图 14-1 显示了在不同浓度和温度下可能存在的状态和混合物。这里假设的是盐和水的溶液。

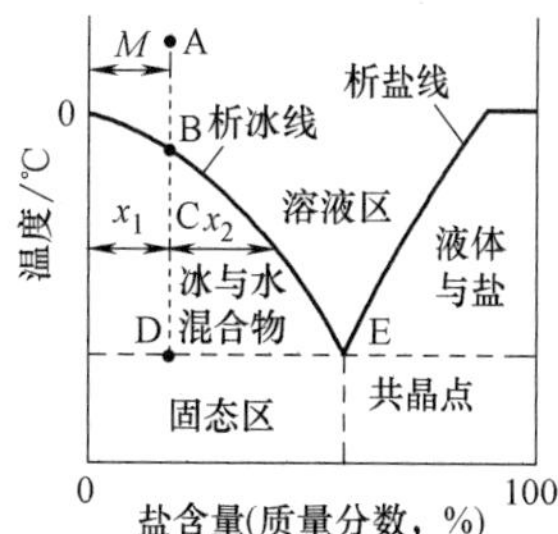

图 14-1　液态载冷剂状态（相）变化图

盐水溶液是盐和水的混合溶液，它的性质取决于溶液中盐的含量，如图 14-1 所示。图中曲线为不同浓度盐水的凝固温度曲线。溶液中盐的含量低时，凝固温度随含量增加而降低，当含量高于一定值以后，凝固温度随含量增加反而升高，此转折点为冰盐共晶点。曲线将相图分为四区，各区盐水的状态不同。曲线上部为溶液区；曲线左部（虚线以上）为冰-盐溶液区，就是说当盐水浓度低于合晶点浓度、温度低于盐含量对应的析盐温度而高于合晶点温度时，有冰析出，溶液浓度增加，故左侧曲线也称为析冰线；曲线右部（虚线以上）为盐-盐水溶液区，就是说盐水浓度高于共晶点浓度、温度低于盐含量对应的析盐温度而高于共晶点温度时，有盐析出，溶液浓度降低，故右侧曲线也称为析盐线；低于共晶点温度（虚线以下）部分为固态区。如果 A 点的盐水的浓度为 M，则随着盐水的逐渐冷却，其状态会变得如何呢？盐水一直保持液态，直到温度降至 B 点。进一步冷却到 C 点会产生冰水，变成冰和盐水的混合物。在 C 点的盐水已经通过把溶液中的一些水冻结成冰而使盐水浓缩。C 点时混合物中冰和液体的质量分数分别为

$$\text{冰的质量分数} = \left(\frac{x_2}{x_1+x_2}\right)\times 100\% \tag{14-1}$$

$$\text{液体的质量分数} = \left(\frac{x_1}{x_1+x_2}\right)\times 100\% \tag{14-2}$$

当冷却温度低于 D 点时整个混合物凝固。E 点称为共晶点，表示在不凝固的情况下可达到最低温度的浓度。虽然在 E 点右侧由于温度上升混合物的浓度增加，但是这种改变不会使这种混合物的共晶点温度下移。在换热过程中没有产生蒸发的载冷剂都具有这种特性。

一般地说，只要保证蒸发器中溶液不冻结，凝固温度不要选择过低即可。如果没有特殊要求，一般比蒸发温度低 4~5℃（开放式蒸发器）或 8~10℃（封闭式蒸发器），而且浓度不应大于共晶点浓度。

载冷剂大致分为两组，根据其冻结温度分：低温载冷剂，适用于-20℃以上；超低温载冷剂，适用于-40℃以下。假设蒸发器的总制冷负荷包括泵电动机输入和管路的保温效果，其他有利于冷却的条件都考虑在内，本书将典型的载冷剂性能值制成表格，见表 14-1。这样有助于载冷剂的选择。表 14-2 使用表 14-1 中的数据与相同载冷剂的传热系数比进行了比较排序。

表 14-1　各种载冷剂的相关参数

载冷剂		含量(质量分数,%)	冻结点/℃	流量①/[L/(s·kW)]	压力降②/kPa	传热系数③/[W/(m^2·K)]
低温载冷剂	乙二醇(ethylene glycol)	38	-21.6	0.0495	16.410	2305
	丙二醇(propylene glycol)	39	-20.6	0.0459	20.064	1164
	甲醇(methanol)	26	-20.7	0.0468	14.134	2686
	氯化钠(sodium chloride)	23	-20.6	0.0459	15.858	3169
	氯化钙(calcium chloride)	22	-22.1	0.0500	16.685	3214
	氨水(aqua ammonia)	14	-21.7	0.0445	16.823	3072
超低温载冷剂	三氯乙烯(trichloroethylene)	100	-86.1	0.1334	14.548	2453
	D-柠檬烯(D-Limonene)	100	-96.7	0.1160	10.204	1823
	二氯甲烷(methylene chloride)	100	-96.7	0.1146	12.824	3322
	R11	100	-111.1	0.1364	14.341	2430

① 基于 3.9℃的泵进口载冷液温度。

② 采用一根长度为 4.9m，内径为 26.8mm 的管，根据穆迪图（1944），得出的平均速度为 2.13m/s。评估的总体温度为-6.7℃，温度范围为 5.6K。

③ 采用 Kern（1950）的曲线拟合方程，采用 Sieder 和 Tate（1936）的传热方程，$L/D=181$ 时采用 4.9m 管，速度为 2.134m/s 时膜温比平均整体温度低 2.8℃。

表 14-2　在 2m/s 时的传热系数比①

载冷剂	传热系数比	载冷剂	传热系数比
丙二醇	1.000	甲醇	2.307
D-柠檬烯	1.566	氨水	2.639
乙二醇	1.981	氯化钠	2.722
R11	2.088	氯化钙	2.761
三氯乙烯	2.107	二氯甲烷	2.854

① 此为使用 4.9m 长的直径为 27mm 管的值。

如果蒸发器配置、负荷和温度范围已经确定，如何选择一种载冷剂，使该冷却剂能够得到令人满意的速度、传热和压降？在-6.7℃的温度下，在相同温度范围内，碳氢化合物（hydrocarbon）和卤素（halocarbon）载冷剂（secondary coolant）的泵送速率必须按以水为基准的载冷剂速率的 2.3~3.0 倍。也就是说，如果采用水为载冷剂输送的流速在 0.8~1.2m/s 之间，那么在碳氢化合物和卤素载冷剂中的流速可能会达到 2m/s 甚至更高。

较高的泵送速率需要较大的冷却液管路，以将泵的压力和功率保持在合理的范围内。表 14-3 列出了载冷剂所需泵送能量系数（载冷剂泵功率的近似比率）。载冷剂传递的热量会影响系统中冷水机组和其他换热器的成本，可能还会影响其配置和压力降。因此，表 14-2 和表 14-3 给出了各载冷剂相关参数，供比较。

表 14-3　载冷剂所需泵送能量系数[①]

载冷剂	泵送能量系数	载冷剂	泵送能量系数
氨水	1.000	氯化钙	1.447
甲醇	1.078	D-柠檬烯	2.406
丙二醇	1.142	二氯甲烷	3.735
乙二醇	1.250	三氯乙烯	4.787
氯化钠	1.295	R11	5.022

① 基于相同的泵压、制冷负荷、-6.7℃平均温度、6 K 范围（以水基准的载冷剂），冰点低于载冷剂最低的温度 11~13K。

14.2.3　载冷剂及加入缓蚀剂的载冷剂的特点

有些载冷剂在使用前，需要根据它的酸碱特性加入一些抑制剂。通常使用两类抑制剂：一是在与载冷剂接触的金属表面涂覆缓蚀剂，保护输送管道的金属表面；二是环境稳定剂，其主要目的是将 pH 值调节到略高于 7，以避免酸性条件。传统的盐水闭式系统缓蚀剂有铬酸盐（chromate），特别是重铬酸钠（sodium dichromate）。添加重铬酸钠使溶液变酸，因此要使盐水溶液恢复到接近中性的 pH 值，通常还需要添加苛性钠（氢氧化钠、NaOH）。如果盐水是酸性的，可以通过加入在温水中溶解的苛性钠来提高 pH 值。如果盐水是碱性的，则应添加碳酸或铬酸、乙酸或氢氯酸。加入缓蚀剂的载冷剂其特点又是如何呢?

1. 乙二醇

乙二醇水溶液可能是工业制冷系统中一个最受欢迎的载冷剂。乙二醇的冷冻温度低到足以使其适合许多工业制冷应用。该溶液不易燃，可采用钢、铝和铜的管道系统。正如盐水一样，乙二醇水溶液应避免使用镀锌管和配件。此外，在使用铝管的系统中，温度应保持在 60℃以下。影响流动载冷剂压降和对流换热系数的重要输运特性之一是黏度，从这两个角度来看，尽量采用低黏度。乙二醇溶液的黏度值是介于氯化钙（卤化物）溶液的较低值和丙二醇溶液的较高值之间。乙二醇的相变化、密度、黏度、比热容和导热系数如图 14-2~图 14-6 所示。乙二醇是一种中度火灾危险的载冷剂，在 113℃附近有一个闪点。它的腐蚀性小于 $CaCl_2$ 盐水，特别是当这种溶液加入缓蚀剂时（这是乙二醇通常加入缓蚀剂后才出售的原因）。虽然它可以在温度低于-40℃的情况下使用，但它在低温下的黏度实在是太高，因此它通常被认为是在-10℃以上的温度下使用的高温冷却剂。乙二醇有一定毒性，故不宜用于与食品接触。

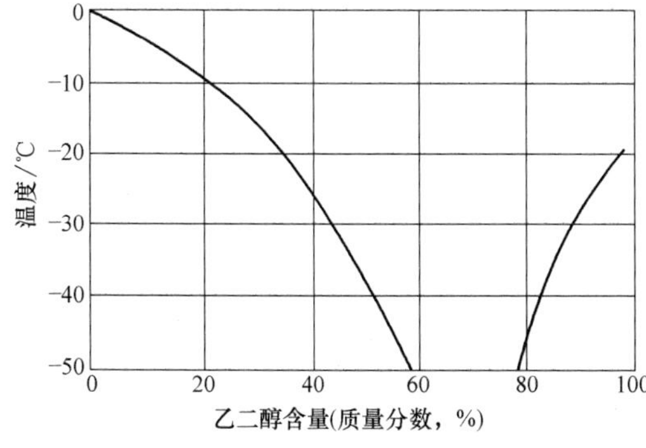

图 14-2　乙二醇载冷剂状态（相）变化图

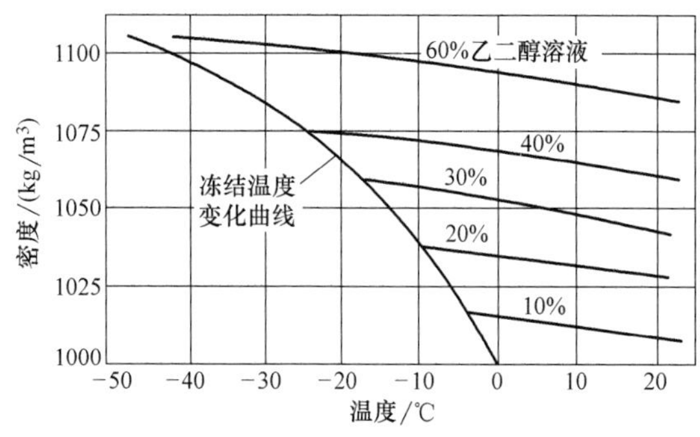

图 14-3　加入缓蚀剂后乙二醇溶液的密度

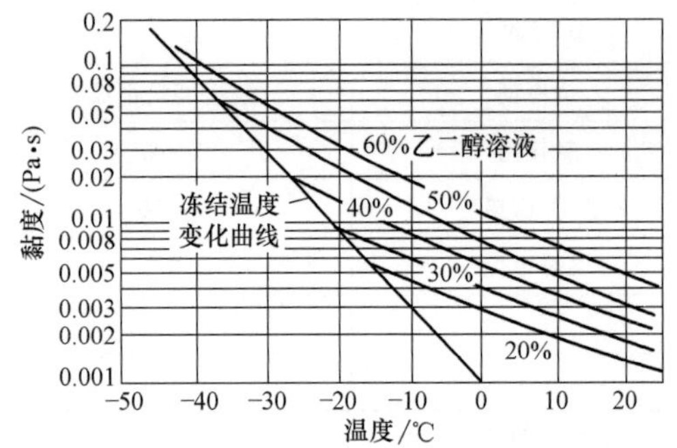

图 14-4　加入缓蚀剂后乙二醇溶液的黏度

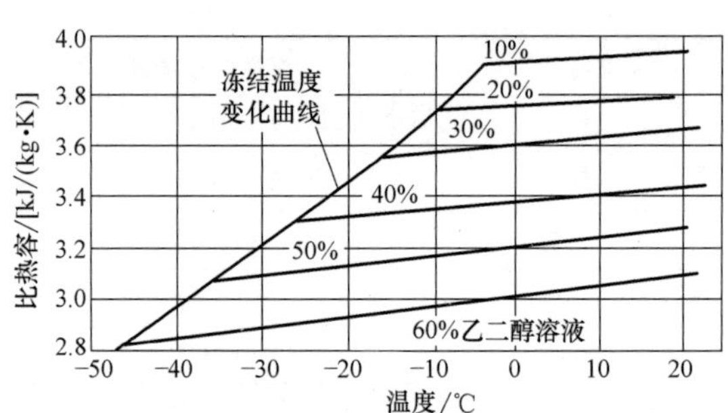

图 14-5　加入缓蚀剂后乙二醇溶液的比热容

2. 丙二醇

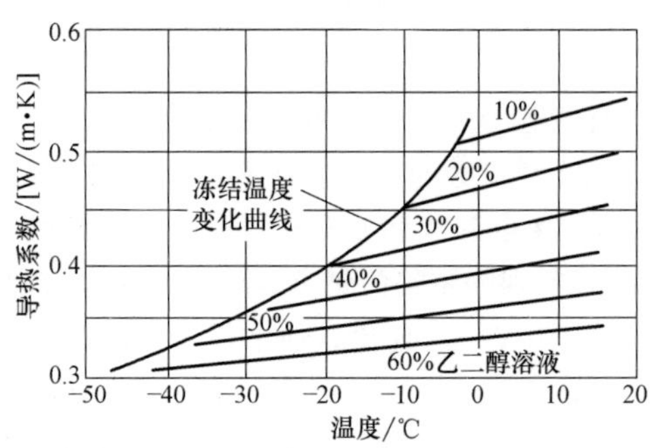

图 14-6　加入缓蚀剂后乙二醇溶液的导热系数

丙二醇溶液的相变化、密度、比热容和导热系数分别如图 14-7～图 14-10 所示。丙二醇是一种广泛应用的载冷剂，它是无毒的，适合直接接触食品。其最低冷冻温度为-51℃，与乙二醇和氯化钙盐水相当。它通常比乙二醇贵。丙二醇在高浓度和低温下的黏度很高，很难接近-51℃温度。事实上，给定温度下的高黏度是丙二醇的主要缺点之一。它的黏度比乙二醇大 2～4 倍，导致压力降高，传热系数低。因此很少在-20℃以下运行。它就像乙二醇一样，几乎不会引起腐蚀。其应用的实际低温约为-10℃（表 14-1 的数据是它常用的使用浓度）。丙二醇的闪点与乙二醇相似，认为是一种低度火灾危险的载冷剂。

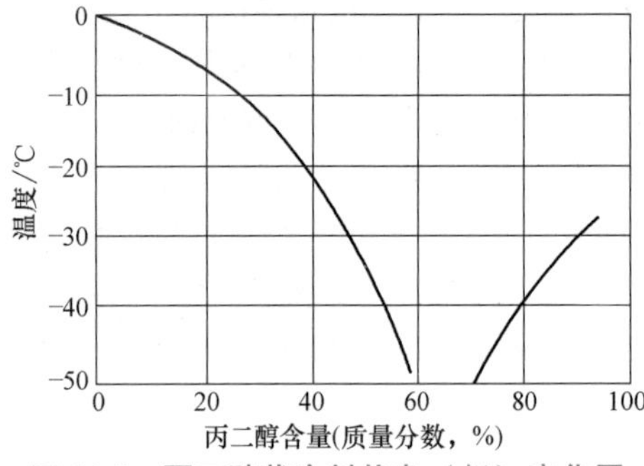

图 14-7　丙二醇载冷剂状态（相）变化图

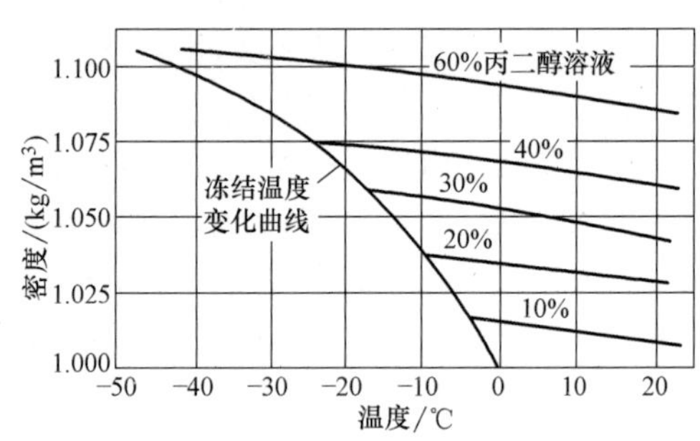

图 14-8　加入缓蚀剂后丙二醇溶液的密度

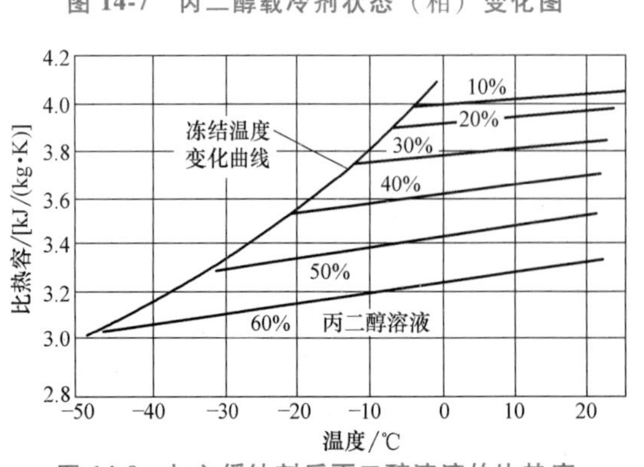

图 14-9　加入缓蚀剂后丙二醇溶液的比热容

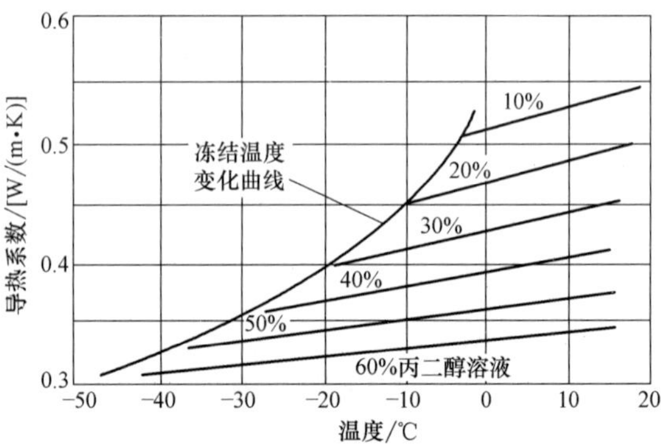

图 14-10　加入缓蚀剂后丙二醇溶液的导热系数

3. 甲醇

甲醇作为载冷剂主要由于 PVA（Polyvinyl Alcohol，聚乙烯醇）化工产品的生产工艺，这种 PVA 是一种可溶性树脂，一般用作纺织浆料、黏合剂等。也可通过改性制成薄膜，用于制作可降解的地膜、保鲜膜等。甲醇具有挥发性和可燃性，所以使用中要注意防火，特别是当设备停止运行，系统处于室温时，更需特别小心。

4. 氯化钠（NaCl）

氯化钠溶液可能是所有可用的载冷剂中最经济的一种，由于其低毒性，可用于与食品接触和开放系统中（如制冰池）。此外，氯化钠溶液是不可燃的，具有良好的热力学和输运性质。氯化钠溶液的冻结温度（冰点）、密度、黏度、比热容和导热系数分别如图 14-11～图 14-15 所示。尽管它特性在传热系数方面不如氯化钙（$CaCl_2$）溶液，但是仍然是一种传热系数比较好的载冷剂。氯化钠溶液的缺点是其相对较高的冷冻温度和高度腐蚀性，因此氯化钠溶液不如氯化钙溶液受欢迎（目前用于制冰池的载冷剂一般都采用氯化钙溶液原因就在于此）。在处理这些溶液时必须考虑其缓蚀性、与建筑材料的兼容性以及其他因素。

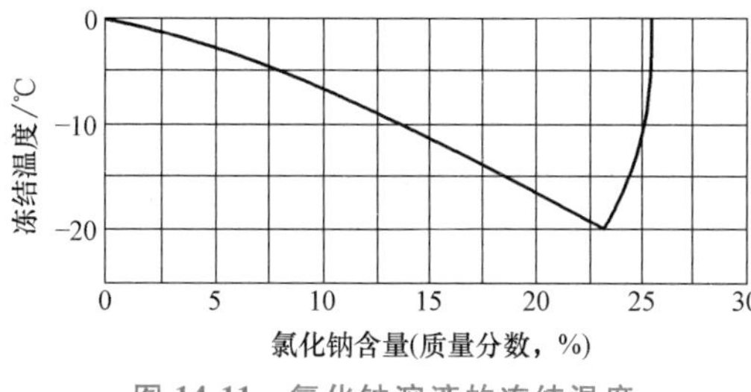

图 14-11　氯化钠溶液的冻结温度

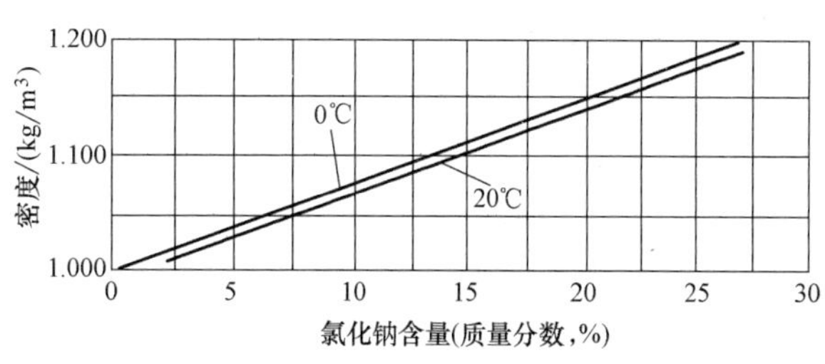

图 14-12　氯化钠溶液在不同温度下的密度与含量的关系

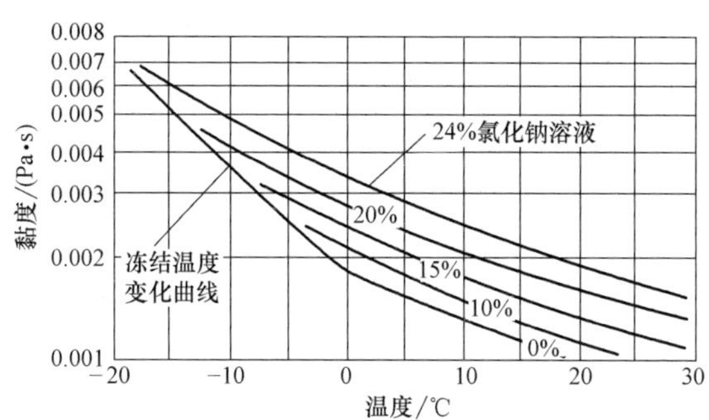

图 14-13　氯化钠溶液在不同温度下的黏度

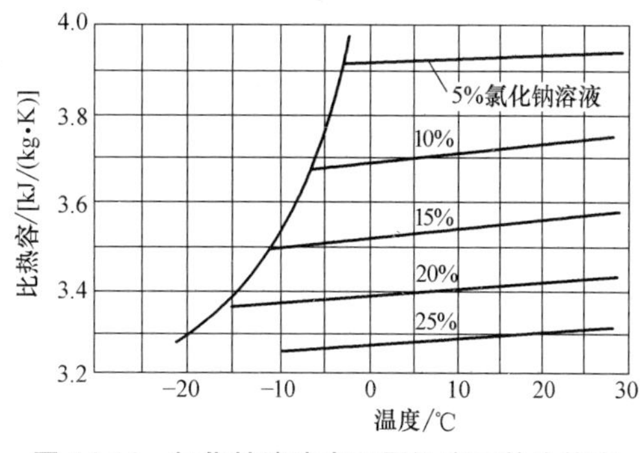

图 14-14　氯化钠溶液在不同温度下的比热容

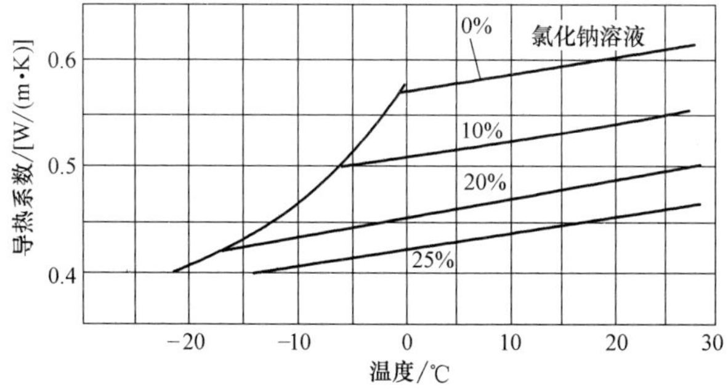

图 14-15　氯化钠溶液在不同温度下的导热系数

5. 氯化钙（$CaCl_2$）

氯化钙是工业制冷领域的最受欢迎的载冷剂。与氯化钠盐水相比，氯化钙溶液成本最低，实际应用的冷冻温度低于氯化钠盐水，因此国内的制冰池系统应用最多。虽然氯化钙在食物应用上是可以接受的，但本质上无毒的氯化钙溶液还是应该避免与食物直接接触。与乙二醇特别是丙二醇相比，氯化钙溶液的黏度较低。氯化钙溶液是不可燃的，加入适当的缓蚀剂，可使这种溶液与钢和铝相容。氯化钠和氯化钙溶液都不应与镀锌钢一起使用，因为这些溶液会侵蚀镀锌层中的锌。正如许多工业制冷用的载冷剂一样，氯化钙溶液对其密封系统的金属具有腐蚀性，因此，必须在溶液中添加缓蚀剂，维护计划应包括定期检查溶液。氧气有助于腐蚀，因此溶液系统应采用封闭式，需要配备一个膨胀箱。然而，即使在一个封闭的系统中，氧气似乎仍然能够存在。氯化钙溶液的冻结温度、密度、黏度、比热容和导热系数见图 14-16～图 14-20 所示。

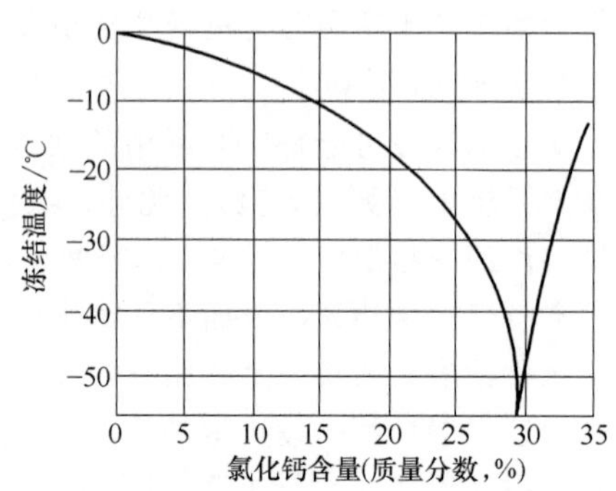

图 14-16　氯化钙溶液在不同浓度下的冻结温度

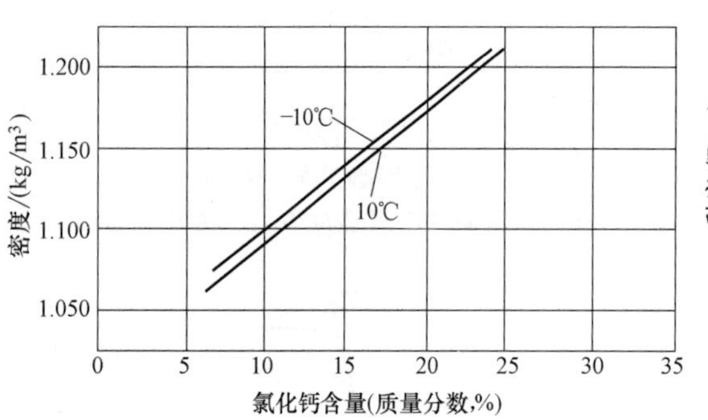

图 14-17　氯化钙溶液在不同温度下的密度

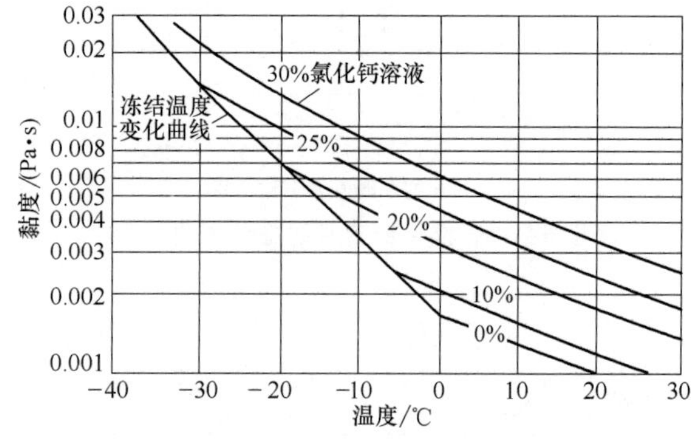

图 14-18　氯化钙溶液在不同温度与浓度下的黏度

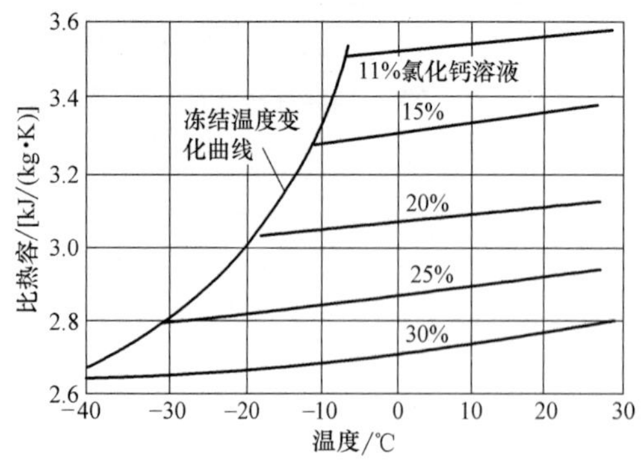

图 14-19　氯化钙溶液在不同温度下的比热容

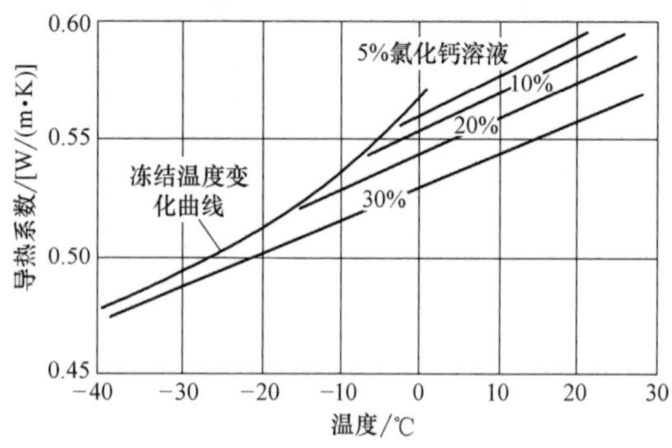

图 14-20　氯化钙溶液在不同温度下的导热系数

6. 氨水

氨水溶液可以有效地用作载冷剂。质量浓度为 14% 的氨溶液的冻结温度为 −21.7℃。这种溶液产生的传热系数与氯化钙溶液有相同数量级，明显高于乙二醇与丙二醇，特别是丙二醇。氨水溶液所需的泵送能量是所有常用载冷剂中最低的。在假设有 14% 氨溶液的封闭系统中，即使在室温下，系统内的压力也低于大气压力，在低温下，压力甚至更低。

虽然氨是一种低毒性的制冷剂，但是质量分数为 14% 的氨溶液已经是经过稀释的液体，其毒性更低，而且采购成本也是一种优势，因此在欧美国家氨更多的是作为载冷剂应用在冷库的穿堂与食品加工间，而且有专用的槽车与槽罐用来运输与贮存这种载冷剂。我们国内缺乏在这方面的应用。氨作为一种经济实用而且也具有环保概念的载冷剂，安全性也没有大的问题，值得我们去开发与应用。

7. 三氯乙烯

三氯乙烯作为载冷剂的适用范围在-90～-50℃之间。其缺点比较明显：①液体挥发性高，沸点也比较低，因此运行时经常需要进行补充，这是其应用的最大问题；②含氯元素，由于氯元素很活泼，容易脱落形成盐酸及盐酸盐，造成设备腐蚀；③溶水性低，在低温下运行容易造成设备或者管道冰堵、爆管等现象；④传热系数也不高。因此已经被一些其他同类型的载冷剂所代替。

8. D-柠檬烯

D-柠檬烯是柑橘油的主要成分，通过蒸馏柑橘油能够生产食品级 D-柠檬烯。D-柠檬烯是一种萜类化合物，其分子式为 $C_{10}H_{16}$，D 表示该材料为右旋的，这不影响其用途。

D-柠檬烯的主要用途是作为溶剂和清洁剂，以及调味品。它具有-97℃的低温冷冻用途，以食品级形式提供，并且具有低黏度。这一特性吸引了人们将其作为可能的载冷剂的兴趣，但是其作为载冷剂的使用还不广泛。

9. 二氯甲烷

二氯甲烷作为载冷剂，其适用范围在-80～-50℃之间，其缺点与三氯乙烯相似。挥发性高与传热系数不高都影响了它的用途。现在逐渐被其他一些性能更好的低温载冷剂所替代。

以上分析可以知道，用于低温的三种载冷剂都存在一些不足之处。从目前国内应用的情况来看，已经有了这些产品的替代品。这些产品中，有一种名为 LM 系列载冷剂（也称为冰河冷媒）。根据使用的范围以及品种特性分，它属于无闪点型、无毒型、宽温域型、超低温型、冷库专用型等，涵盖了几乎所有从常温到超低温的应用场合。从已经投产的项目来看，效果还是不错的，基本能达到使用的要求。由于不清楚它的配方，从报道的信息来看，施工与使用时应该注意防火工作。

根据厂家介绍，LM 系列载冷剂与其他载冷剂比较，其最大的优点是：对于输送的管道基本没有腐蚀，可以使系统运行更加安全。

由于 LM 系列载冷剂是属于一种以醇类为主的组合配方。在有机化合物中，乙醇（ethanol，CH_3CH_2OH 或 C_2H_5OH），俗称酒精，是最常见的一元醇。其在常温常压下是一种易燃、易挥发的无色透明液体；低毒，纯液体不可直接饮用；具有特殊香味，略带刺激；微甘，伴有刺激的辛辣滋味；易燃，其气体能与空气形成爆炸性混合物；能与水以任意比互溶，也能与氯仿、乙醚、甲醇、丙酮和其他多数有机溶剂混溶。其与甲醚是同分异构体。传热系数稍低。乙醇易燃，在工程施工以及系统运行时需要制定防火措施。

根据厂家的介绍，这种 LM 系列载冷剂按照不同的用途以及不同的使用温度有多种型号。这些产品的构成分别有：改性一元醇、改性二元醇、混合醇改性、改性烷烃、改性有机酸盐溶液、改性无机酸盐溶液等。

制冷剂也可用作系统中载冷剂，例如 R11。载冷剂泵需要以足够高的流速和压力进行输送，使这些载冷剂在一次热交换时不发生蒸发。随后，制冷剂在低压下产生闪发气体，然后这些闪发气体以传统方式被抽到压缩机中。由于 R11 对臭氧层的破坏很大，因此这种制冷剂已经停止生产。

二氧化碳既是制冷剂也是一种载冷剂，作为载冷剂的使用已在前面的章节进行了介绍，不再重复。

最近在对 LNG 液化气的能源转换中，笔者采用的是 R507 作为载冷剂。原因是万一 LNG 供应跟不上而影响运行，系统配置的另外一套压缩机组可以投入运行，载冷剂在这种情况下直接变成制冷剂。

选择冷却载冷剂、载冷剂需要加入的抑制剂和系统部件时必须考虑腐蚀问题，必须考虑载冷剂和抑制剂毒性对工厂人员或食品和饮料消费者的健康和安全的影响，还必须评估载冷剂气体的闪点和爆炸极限。

在系统使用材料的极限温度下，检查载冷剂的稳定性，以确定预期的湿度、空气和污染物。系统中最热元件的表面温度决定了载冷剂的稳定性。

14.3 载冷剂系统中各种设备的设置

由于本章主要讨论的是运行温度低于0℃的载冷剂，因此在考虑系统的运行温度时也按这种模式去选择。载冷剂的系统配置有多种形式，图 14-21 所示是目前国内在低温冷库中最普遍的一种配置形式。这种配置形式有以下主要特点：

配置的系统形式是参考普通中央空调的冷水系统。而普通中央空调压缩机组的选择有：活塞式、螺杆式、离心式、涡旋式、滚动转子式和溴化锂吸收式。如果需要在低温工况下（-15℃蒸发温度以下）运行，压缩机大部分采用的只有前面两种形式。

冷却模式采用冷却塔。

冷冻换热模式：主要采用直接膨胀供液，壳管式换热器。

闭路系统；补液箱（膨胀水箱）只是考虑载冷剂的补充。

载冷剂的冷冻水有比较大的传热温差，图 14-21 中显示的是 5℃。由此推算，低温系统的蒸发温度应该在-40~-38℃之间。

首先讨论压缩机冷水机组。从目前笔者了解的范围内，采用活塞式压缩机组在提高能效方面没有太多的突破；而螺杆式压缩机组已经开始采用具有补气功能的过冷供液模式。这种补气一般是采用板式换热器节流部分液体的形式实现。笔者认为，可以采用更节能的模式，即采用闪发经济器的供液模式，使供液温度更低；也可以考虑减少传热温差，提高压缩机的蒸发温度以达到节能。

冷却模式：由于这种载冷剂的冷却系统通常是用于工业制冷，使用场地没有太多的要求，因此可以采用蒸发式冷凝器的冷却模式，使系统的冷凝温度比冷却塔的冷凝模式下降 5.6℃（见第 5 章的介绍）。

冷冻换热模式：通常在国内的这种系统中，传统的冷冻换热模式采用直接膨胀供液，壳管式换热器的热交换。从换热效率的角度来看，采用重力供液与板式换热器相结合是一种换热效率比较高的方法。还有一种方法是直接膨胀供液、重力分离与壳管式换热器（满液式）相结合（图 14-22），这种供液方式的特点：由于直接膨胀供液因节流产生的闪发气体会与节流后的液体一同进入壳管式换热器，这些气体会占用一部分壳管式换热器中的换热空间，造成换热面积减少而效率下降。为了减少甚至不让这些气体进入换热器，解决的办法是：当制冷剂液体经过节流，流过一小段管道后，再进入变径管，这种变径管的尺寸一般是原来供液管径的 3 倍。目前液体管道的计算流速是 0.8~1.2m/s，进入这种变径管道后，流速也只有原来的 1/8~1/9 之间。变径后的管道在一小段水平管道后，转 90°弯往上延伸，然后再转 90°变成水平管延伸一小段，最后再转 90°垂直向下，到达壳管式换热器的底部再进入换热器。供液管道的这种布置是为了达到一种什么目的？

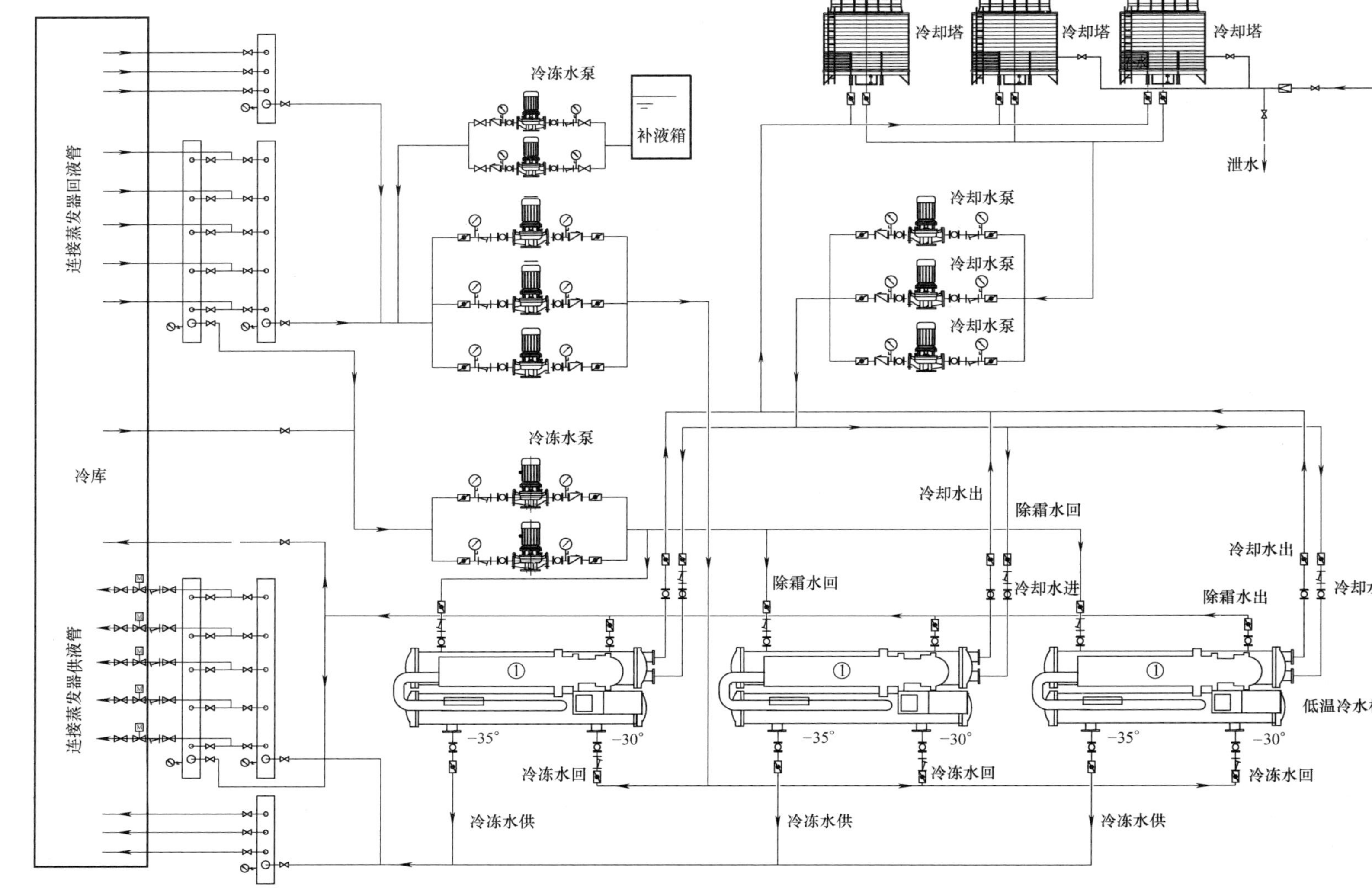

图 14-21　传统的冷库载冷剂系统图（局部）

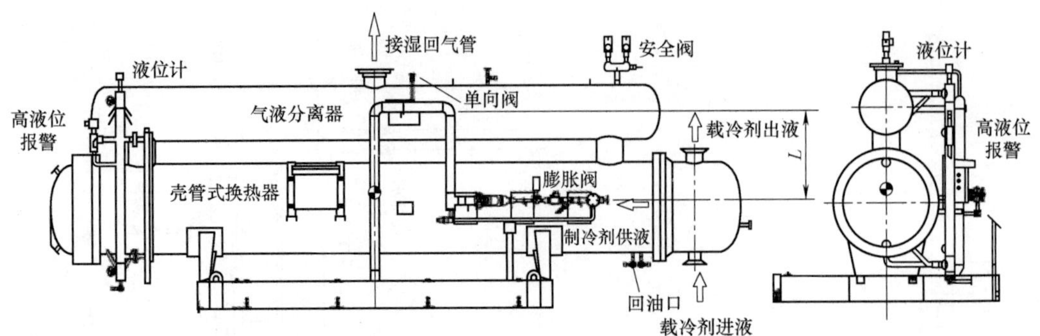

图 14-22　重力供液与壳管式换热器相结合的特殊供液方式

目的是让这些气液混合流体在进入壳管式换热器前把气体分离出去。很显然，这些气液混合流体由于流速变慢同时在垂直弯往上延伸的重力作用下，其中的气体会停留在供液管最高的一段水平管上部，这段水平管有一根垂直管（抽气管）经过一个单向阀进入气液分离器。由于在这段管道中液体经过节流产生了许多气体，使管道内的压力逐渐升高直至克服了单向阀的阻力作用，部分气体经过抽气管抽走，而液体仍然留在水平管内，最后全部进入壳管式换热器中，这样就基本上保证了进入壳管式换热器的全部是液体。不同的制冷剂、不同的蒸发温度，分离气体的比例会有所不同。从理论上分析，液体（如果供液按正常 2℃ 的过冷）从冷凝温度 35℃ 节流到 0℃ 以下的蒸发温度，至少有 10%~25% 的气体得以分离（二氧化碳制冷剂除外）。蒸发温度越低，分离的效率越高。

另外，这种供液管节流后变径向上，然后水平延伸一段再向下从蒸发器的底部进入的高度 H（图 14-22），也有一定的要求。这个液柱高度产生的压头是要求能克服蒸发器盘管的阻力损失。

载冷剂的传热温差：一般地说，壳管式换热器由于传热管与壳的布置关系，正常在工程应用上是 3~5℃ 的传热温差；而板式换热器的传热温差通常在 1.5~3℃；板壳式与板式换热器的传热温差相近。后两种是目前比较理想的换热器。降低传热温差可以提高系统的蒸发温度，也就是提高了制冷系统的效率。

为了提高这种载冷剂系统的运行效率，现代的一些工业载冷剂系统中增加了贮罐的蓄能作用。一般贮罐在载冷剂系统中具有载冷剂液体补充的功能。但是现代的贮罐除了载冷剂的补充功能以外，同时还有蓄能的功能（相当于冰蓄冷的贮能罐，但在这里是贮存低温液体）。在啤酒行业，通常把它称为分层罐（stratification tank）。

贮罐的作用：可以在短时间内降低峰值负荷，减少制冷设备的制冷量，并降低能源成本。在非高峰时段，一台相对较小的制冷设备冷却并储存载冷剂的冷量，以备日后使用。启动单独的循环泵，以满足峰值负荷所需的最大流量。如果在夜间使用制冷设备对载冷剂进行冷却，而用于散热的冷却介质通常处于最低温度，则可以提高节能效果。

24h 以上的负荷曲线和载冷剂的温度范围决定了制冷设备所需的最小制冷量、泵的尺寸和储存的载冷剂的最小量。为了在预期温度下最大限度地利用贮罐容积，选择入口速度，并根据冷却液体的特性（较冷的液体下沉而较暖的液体上升）设计贮罐的内部结构。但是，请注意，峰值负荷所需的最大使用量不应超过贮罐容积的 90%，在某些情况下，可能仅等于贮罐容积的 75%。

【例 14-1】　在一个载冷剂的运行系统中，有四组蒸发器，每组蒸发器的负荷 30kW。每天从 0 点开始运行，只有一组蒸发器运行到早上 8 点；从 8 点开始另外三组蒸发器投入运行直至 14

点；最后从 14 点到 24 点，再降为两组蒸发器运行。图 14-23 所示为制冷设备负荷曲线，图 14-24 所示为在标称-30℃下储存质量分数为 50%的乙二醇载冷剂的制冷设备的布置。在 120kW 的峰值负荷期间，在工作平均温度为-27.5℃时，需要的温度变化范围是 5K。载冷剂的比热容 c_p 为 3.05kJ/(kg·K)。在-25℃运行时，泵的出口处载冷剂密度 ρ_L = 1088.01kg/m^3；在 - 30℃ 时，密度 ρ_L = 1089.04kg/m^3。假如选择冷水机组的制冷量为 90kW（供载冷剂的温度为-30℃），如何设计分层罐的尺寸以及选择冷却泵、高峰值泵的流量？

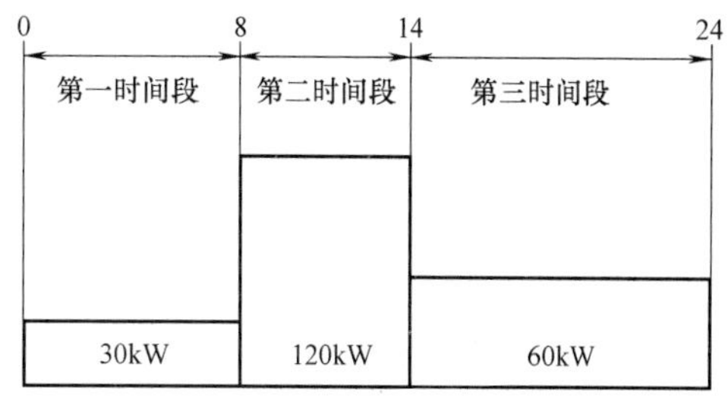

图 14-23　制冷设备的负荷曲线

解：由于系统的最大负荷是 120kW，如果按常规计算，应该选择的冷水机组的制冷量为 120kW。白天的电费最贵，而晚上 11 点到隔天早上的电费最经济。那么利用峰谷用电，系统的实际运行是这样（图 14-24a）：从第三时间段 14 点系统运行，冷水机组的制冷量大于蒸发器负荷，供液温度为-30℃。为冷水机组配套的冷却泵给其中两组蒸发器供液。由于另外两组不运行，控制阀关闭，水压升高，使贮罐上的压力旁通阀开启，部分已经冷却的载冷剂旁通进入贮罐，并且把贮罐中没有经过冷却的载冷剂挤出，与运行的蒸发器回水管中的载冷剂汇合，至冷却泵进口，进入冷水机组冷却。系统运行到隔天早上 0 点，运行的蒸发器负荷只剩一组，更多的已经冷却的载冷剂进入贮罐，直至贮罐的载冷剂温度达到设定的-30℃时，冷水机组可以减载运行。

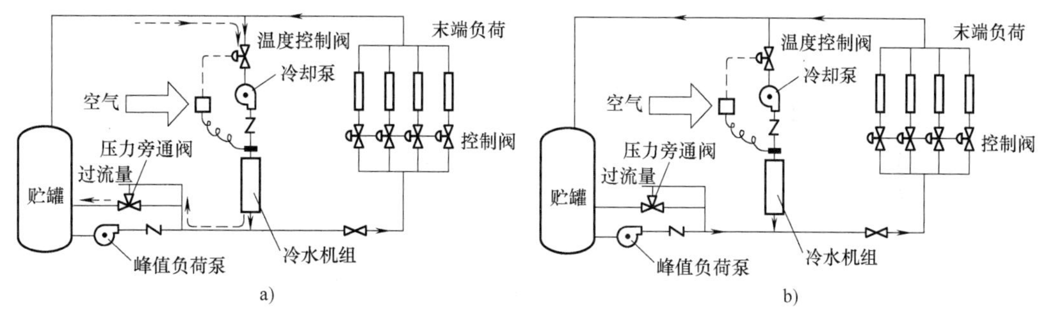

图 14-24　带有载冷剂存储罐的系统布置

a）系统在低峰值时的运行状态　b）系统在高峰值时的运行状态

当到达早上 8 点（图 14-24b）时，系统的全部蒸发器投入运行。这时，利用贮罐储存的低温载冷剂，把峰值负荷泵投入运行，并且把供载冷剂温度设置在-27.5℃，冷水机组停止运行。这种没有冷水机组运行的模式直至到下午 2 点，之后系统又回到第三时间段运行。

其中，峰值负荷下的载冷剂流量 W 为

$$W=120/(3.05\times5)\text{kg/s}=7.87\text{kg/s}$$

对于 90kW 的冷水机组，载冷剂流量为

$$W=90/(3.05\times5)\text{kg/s}=11.44\text{kg/s}$$

冷却液泵的流量为

$$1000\times11.44/1088.01\text{L/s}=10.51\text{L/s}$$

峰值负荷泵的流量为

$$1000\times7.87/1089.04\text{L/s}=7.22\text{L/s}$$

贮罐的容积应该不少于：

$$(7.22\times3600\times6)/0.9/1000\mathrm{m}^3 = 173.28\mathrm{m}^3$$

考虑到贮罐以及输送管道因保温原因的冷量损失，实际工程中这个贮罐需要约 230m³ 的容积，才能满足这个项目的使用。

这种应用案例最合适负荷比较稳定的载冷剂项目。比如普通冷库、啤酒与饮料以及食品加工生产线。例 14-1 中制冷设备的负荷曲线也可以套用在冷库的载冷剂系统上。只要对一些类似冷库的负荷运行曲线做出详细的记录，把冷库每天的负荷波动曲线做成几个不同的平均运行负荷段，套用上述的计算方式，同样可以达到冷库的蓄能运行。设计出这种相对比较节能的载冷剂运行模式，冷库就可以实现白天高峰期时几乎不用运行制冷机组（只有峰值负荷泵在运行），而晚上只需要制冷功率比较小的冷水机组运行，这样可以充分享受峰谷用电的优惠，也能满足整个冷库的使用要求。

这种带有储能功能的贮罐（多层罐）的制作工艺相对复杂，在国内只有一些外资企业的载冷剂项目会配套这种贮罐，本书第 9 章图 9-13 就是这种贮罐的具体应用。这种贮罐一般采用普通钢板以及管件制作，也可以采用玻璃钢制作。玻璃钢在防腐以及保温性能上更加合适，罐体的重量也会减少许多。在能源资源比较宝贵的今天，这种具有储能功能的系统，不仅在普通的空调工程上可以使用，而且在低温系统的载冷剂系统上也有推广的价值。

图 14-21 所示的系统，是原来使用排管作为蒸发器进行系统改造所设计的系统。因此这种系统没有设置融霜功能。但是对于一些采用冷风机作为蒸发器的冷库，国内目前使用最普遍的是水融霜。这种水融霜方式由于水质的原因或者融霜水在输送的过程中有可能受到原来系统安装时管道留下的垃圾、沙粒等的影响，以及外界可能的污染、融霜水管的安装坡度等因素，会给系统带来各种问题。这种系统理想的融霜方式是：利用蒸发式冷凝器的热回收，单独设置加热循环系统。该加热循环系统把部分载冷剂加热到 20℃ 左右，在需要融霜的蒸发器上，停止蒸发器的正常供液，采用逆向循环的方式把这些已经加热的载冷剂加入到这些盘管中，这样就能实现热载冷剂融霜了。

另外，一些具有蒸发特性的载冷剂，如二氧化碳或者采用制冷剂作为载冷剂的系统，在管道布置上与普通的载冷剂系统不同；普通的载冷剂系统从蒸发器回来的液体直接回流到换热器再次冷却，被系统循环泵再次送到蒸发器中；而具有蒸发特性的载冷剂只需回流到循环桶中，经过气液分离的气体被换热器吸走，冷却为液体后给循环桶补充；由循环桶循环供液。两者的区别是前者有循环桶，后者没有。另外，这种具有蒸发能力的载冷剂在系统设计时需要降低循环倍率以及蒸发器中留有一些蒸发空间。否则这种具有潜热蒸发的功能就不能体现出来。

应用在具有蒸发特性的载冷剂系统，蒸发器回液管的尺寸与没有蒸发特性的载冷剂系统的蒸发器回液管的尺寸是有区别的。通常这种具有蒸发特性的载冷剂蒸发量不会很大，一般其回液管尺寸比供液管尺寸大一个等级就可以满足要求了。另外，具有蒸发特性的载冷剂系统一般需要设置安全阀，不设置放空气阀；而普通载冷剂的系统有所不同，不仅需要设置安全阀，还要设置放空气阀。

14.4　载冷剂系统的日常维护

载冷剂系统的日常维护除了像普通的中央空调系统的维护工作以外，还要做以下几方面的工作：

1）防腐：要求选择合适的材料和抑制剂，对 pH 值进行常规测试，并清除污染物。由于潜在腐蚀性氯化钙和氯化钠盐水载冷剂系统的广泛应用，每月须对盐水溶液进行测试和调整。补充系统中的盐水时，采用浓缩溶液可能比直接放入氯化钙和氯化钠的结晶体形式更好，因为它更容易处理和混合。

2）盐水的 pH 值：不允许盐水从碱性变为酸性。酸会迅速腐蚀制冷和制冰系统中的金属件。氯化钙通常包含足够的碱，以使新鲜制备的盐水略呈碱性。但当盐水暴露在空气中时，它会逐渐吸收二氧化碳和氧气，最终使盐水变成具有微酸性。稀盐水比浓缩盐水更容易溶解氧气，并且通常更具腐蚀性。氯化钠或氯化钙系统的溶液 pH 值为 7.5 是理想的，因为使用弱碱性而不是弱酸性的盐水更安全。操作人员应定期检查 pH 值。

3）使用抑制剂（缓蚀剂）：通常在盐水加入重铬酸钠是最有效和最经济的。粒状重铬酸盐呈亮橙色，易溶于温水。因为它在冷盐水中溶解得很慢，所以应该在温水中溶解，并在进入泵前足够远的地方加入盐水，只有这样溶液才能使经过稀释到达泵的入口。建议用量为 $2kg/m^3$ 氯化钙盐水和 $3.2kg/m^3$ 氯化钠盐水。

4）注意安全：重铬酸钠的晶体和浓缩溶液会引起严重的皮疹，所以避免接触。如果发生接触，需要立即清洗皮肤。

5）定期检查载冷剂系统的放空气阀：一般载冷剂系统的每个区域最高一段管位置都会设置放空气阀（与普通的中央空调系统相似）。系统调试或者每次进行维修、更换部件时都会有空气进入。如果不能通过放空气阀及时排放系统中的空气，系统的运行效率就会受到影响，甚至会造成局部降温的问题。由于有些低温载冷剂具有一定的毒性或者对人体造成一定伤害，如果放空气阀发生泄漏，会构成一定的风险，因此需要进行定期检查。

本章小结

对于载冷剂系统的应用，国内目前大部分是由载冷剂供应商给用户提供制冷方案。这些供应商采用的冷却和制冷方式很多都是从空调系统移植过来的，例如冷却采用冷却塔，给载冷剂降温采用壳管式直接膨胀蒸发器，这些都是典型的传统的空调制冷方式。载冷剂冷却在目前国内的应用中有比较大的提升空间，现代的制冷方式已经发生了很大的变化。蒸发式冷凝器冷却、满液式制冷方式、过冷供液都被证明是一种更加节能的应用模式。

在现代工业载冷剂系统中，已经采用了许多新技术，例如用蒸发式冷凝器代替传统的冷却塔和壳管式换热器；用满液式蒸发器与气液分离器的结合代替直接膨胀供液+壳管式蒸发器；用经济器除了给压缩机补气以外，同时也使系统的供液过冷。

另外，在载冷剂的应用上，除了采用传统的没有蒸发功能的载冷剂（如乙二醇、丙二醇、氯化钙等，应该将供液速度控制在 1.8~2.5m/s，其速度变化与制作蒸发器的材料有关）外，还有一些具有蒸发功能的载冷剂（如 R717、R744 等）。前者的蒸发器是温差换热，后者是蒸发换热。因此，后者的供液方式与前者不同。在第 11 章二氧化碳载冷剂系统中有介绍。

在工业制冷发展的今天，虽然载冷剂系统的传热效能比不上直接蒸发的制冷系统，但由于它在应用方面更加安全和稳定，而且它在宽温区的应用（特别是试验场的应用）是其他制冷方式不能替代的，因此近年来得到了更大的发展。应该看到，我国在载冷剂低温系统储能的应用还比较欠缺，这方面的文章与设计也不多。重视低温系统储能的研究与使用会使这种应用在今后具有更加广阔的前景。

参考文献

[1]　STOECKER W F. Industrial refrigeration handbook [M]. New York: McGraw-Hill Companies Inc., 1998.

[2] Melinder A, Granryd E. Secondary refrigerants for heat pumps and low temperature refrigeration [R]. Department of Applied Thermodynamics and Refrigeration, The Royal Institute of Technology, 1992.

[3] ASHRAE handbook-fundamentals 1993 [M]. Atlanta, Georgia: ASHRAE, 1993.

[4] Calcium chloride for refrigeration Brine [R]. Washington DC: Calcinm Chloride Institute, 1956.

[5] Engineering guide for heat transfer fluids [Z]. UCARTHERMR, Union Carbide Corporation, 1993.

[6] Engineering manual for DOWFROST R heat transfer fluids [Z]. Midland, Michigan: Dow Chemical USA, 1990.

[7] 彦启森，石文星，田长青. 空气调节用制冷技术 [M]. 4版. 北京：中国建筑工业出版社，2010.

[8] 国内某地冷库改造载冷剂系统图 [Z]. 2017.

[9] ASHRAE handbook refrigeration 2014 [M]. Georgia: ASHRAE, 2014.

[10] ASME. Rules for construction of pressure vessels: Boiler and pressure vessel code [S]. New York: American Society of Mechanical Engineers, 2007.

第 15 章 冷链物流冷库的新动态

15

这些年来，冷链物流冷库除了部分在经营方面转型以外，在使用新技术、新材料、节约能源，甚至在设计工具方面都有许多创新。随着科技的日新月异，一些高科技的技术也进入这个领域，如网络监控、物联网的经营管理、货物配送以及制冷机房的无人值守等。本章结合相关新文献和笔者对欧美冷库的考察，介绍国际上与现代冷链物流冷库相关的一些新技术、新动态。

15.1 制冷系统的热回收

1. 制冷系统的热回收应用

制冷循环在获得低温的同时，必须向环境放出热量。这些热量是制冷循环过程中产生的副产品。在科技发展的今天，由于能源资源的日渐减少，当设计冷链物流冷库时，如何提高能源效率是设计人员必须考虑的首要问题。热回收是提高能源效率的重要一环。冷库最主要的热源在哪里？答案是在蒸发式冷凝器上。蒸发式冷凝器的热回收是冷库设计和建设中需要重点考虑的内容。从现有的利用情况看，这些热源主要用于冷库的地坪加热和生产中热水的综合利用。

2. 地坪加热的设计与计算

1）地坪加热的流程设计。热源采用压缩机在蒸发式冷凝器的排气热量，根据冷库库温的要求，某个质量浓度乙二醇水溶液为热媒，其乙二醇不冻液循环流程为：热回收冷凝器（板式换热器）→循环泵→分水器→地坪加热盘管→集水器→热回收器（图 15-1）。

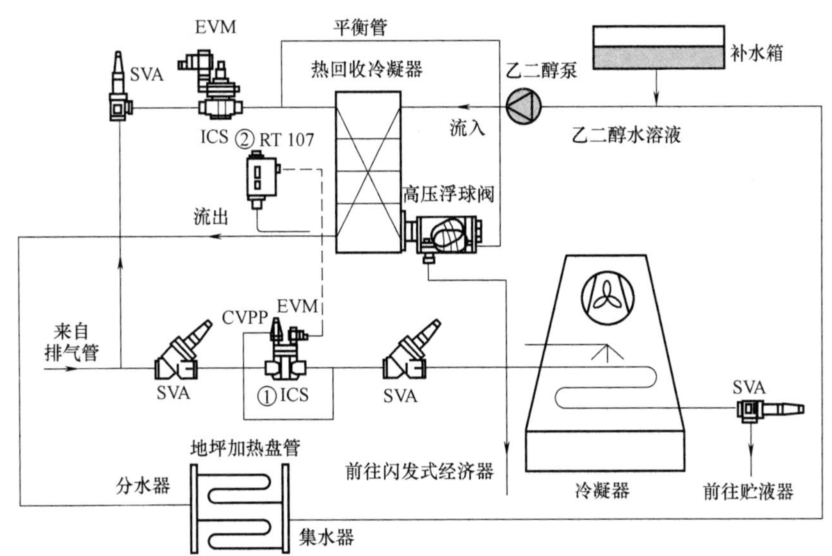

图 15-1 地坪加热流程示意图

2）计算不冻液地坪防冻方案负荷。一般地坪防冻加热管敷设在冷库保温层下面的混凝土垫层里（图15-2、图15-3）。

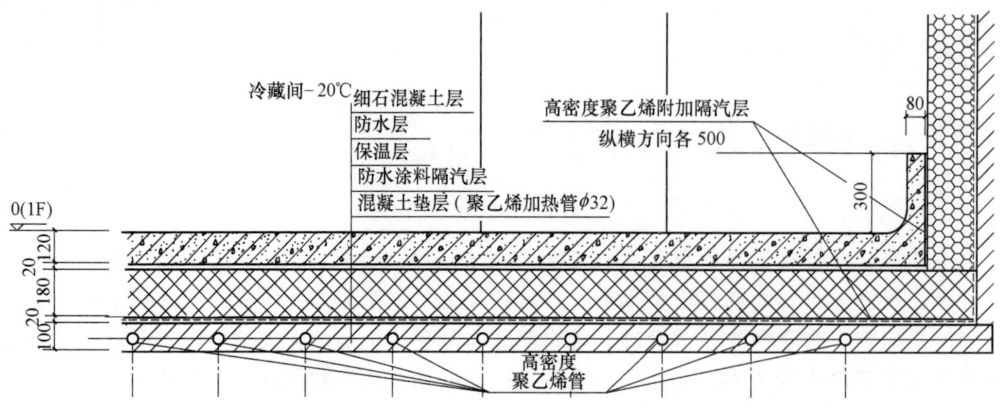

图15-2　防冻加热管的敷设位置

图15-3　地坪加热管的敷设

① 地面下为加热管道的地坪围护结构。

地坪围护结构传热系数计算式为

$$K=\frac{1}{\frac{1}{\alpha_w}+\frac{\delta_1}{\lambda_1}+\frac{\delta_2}{\lambda_2}+\cdots+\frac{1}{\alpha_n}} \tag{15-1}$$

式中　α_w——通风加热管道的传热系数［W/(m²·℃)］；

δ_1，δ_2…——各种材料的厚度（m）；

λ_1，λ_2…——各种材料的热导率［W/(m·℃)］；

α_n——有鼓风设备的冷藏间的传热系数［W/(m²·℃)］。

② 通过地坪围护结构传入地下土壤的冷量，计算式为

$$Q_g=KF\alpha(t_w-t_n) \tag{15-2}$$

式中　Q_g——围护结构传出的冷量（W）；

K——围护结构的传热系数［W/(m²·℃)］；

F——围护结构传热面积（m²）；

α——围护结构两侧温差修正系数；

t_w——围护结构外侧计算温度（℃）；

t_n——围护结构内侧计算温度（℃）。

③ 土壤传到加热层的热量计算。需要先计算土壤传热系数，计算式为

$$K_{tu}=\frac{1}{\frac{\delta_{tu}}{\lambda_{tu}}+\sum\frac{\delta_{i-n}}{\lambda_{i-n}}} \tag{15-3}$$

式中　K_{tu}——土壤传热系数［W/(m²·℃)］；

δ_{tu}——土壤计算厚度（m）；

λ_{tu}——土壤的导热系数［W/(m·℃)］；

δ_{i-n}——加热层至土壤表面各层材料的厚度（m）；

λ_{i-n}——加热层至土壤表面各层材料的导热系数［W/(m·℃)］。

土壤传到加热层的热量为

$$Q_{tu}=K_{tu}F\alpha(t_w-t_n)$$

④ 地面防冻加热负荷为

$$Q_f=\alpha'(Q_r-Q_{tu})\frac{24h}{T} \tag{15-4}$$

式中　Q_f——地面加热负荷（W）；

α'——计算修正值，当室外平均气温低于 10℃时宜取 1，当室外平均气温不低于 10℃时，宜取 1.15；

Q_r——地面加热层传入冷间的热量（W）；

Q_{tu}——土壤传给地面加热层的热量（W）；

T——加热装置每日运行的时间（h），一般不宜小于 2~4h（根据各个地区不同）。

3）根据计算出来的加热负荷，选取合适的热回收冷凝器。

4）选取泵以及设计乙二醇水溶液系统。

5）室内需要给乙二醇水溶液管道以及分水器和集水器做保温（图 15-4）。

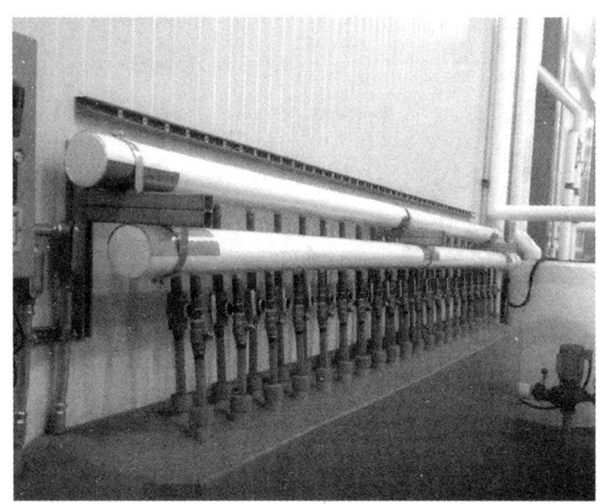

图 15-4　乙二醇水溶液系统分水器、集水器及水泵

以上的计算是理论值。在实际中，由于用于冷库地面的保温材料在完成施工投入使用后，保温的效果会逐年下降，因此在计算时通常采用保守数值。这个保守数值是考虑在若干年后，由于保温效果逐年下降后的平均值。地坪的冻鼓现象，在南方地区一般在冷库投产 5~8 年甚至更长的时间后才能发生（如果地坪不做加热层）。

【例 15-1】　以广州地区为例，冷链物流冷库的冻结物冷藏间（库温-20℃）采用冷风机作为蒸发器。如果采用这种不冻液地坪防冻方案，冷库面积在 2000m^2，冷藏间的地面做法如图 15-2 所示，细石混凝土 150mm 厚，地面保温采用高密度聚苯乙烯挤塑板 250mm，计算地面防冻加热负荷是多少？

解：1）计算地坪围护结构传热系数，可用式（15-1）：

$$K=\frac{1}{\frac{1}{\alpha_w}+\frac{\delta_1}{\lambda_1}+\frac{\delta_2}{\lambda_2}+\cdots+\frac{1}{\alpha_n}}=\frac{1}{0+\frac{0.15}{1.5468}+\frac{0.25}{0.03}+\frac{1}{12}}\text{W/(m}^2\cdot℃)=0.1175\text{W/(m}^2\cdot℃)$$

这里：混凝土的导热系数 $\lambda=1.5468$W/(m·℃)，聚苯乙烯挤塑板的导热系数按 $\lambda=0.03$W/(m·℃)，地下没有设置加热管道，$\alpha_w=0$W/(m^2·℃)，冻结物冷藏间有鼓风设备，$\alpha_n=12$W/(m^2·℃)。

2）计算通过地坪围护结构传入地下土壤的冷量：

$$Q_g=KF\alpha(t_w-t_n)=0.1175\times2000\times0.6\times[5-(-20)]\text{W}=3525\text{W}\approx3.53\text{kW}$$

这里，围护结构两侧温差修正系数取 0.6；加热层的平均温度取 5℃。

这时需要选用保守数值，通常会采用 $K=0.31$W/(m^2·℃)。

传入地下土壤的冷量会变成：

$$Q_g=KF\alpha(t_w-t_n)=0.31\times2000\times0.6\times[5-(-20)]\text{W}=9300\text{W}=9.3\text{kW}$$

3）计算土壤传到加热层的热量。

广州地区土壤温度最低的两个月的平均温度为22℃（3.2m深），土壤的导热系数一般取 $\lambda=1.4\text{W}/(\text{m}\cdot\text{℃})$。

土壤按3.2m深处地温计算：

$$K_{tu}=\frac{1}{\dfrac{\delta_{tu}}{\lambda_{tu}}+\sum\dfrac{\delta_{i-n}}{\lambda_{i-n}}}=\frac{1}{\dfrac{3.2}{1.4}+0}\text{W}/(\text{m}^2\cdot\text{℃})=0.4375\text{W}/(\text{m}^2\cdot\text{℃})$$

采用保守值时，$K_{tu}=0.375\text{W}/(\text{m}^2\cdot\text{℃})$。

土壤传到加热层的热量为

$$Q_{tu}=K_{tu}F\alpha(t_w-t_n)=0.4375\times2000\times0.6\times(22-5)\text{W}=8925\text{W}\approx8.9\text{kW}$$

而采用保守值计算得

$$Q_{tu}=0.375\times2000\times0.6\times(22-5)\text{W}=7650\text{W}=7.65\text{kW}。$$

计算地面防冻加热负荷（按保守值计算）：

$$Q_f=\alpha'(Q_r-Q_{tu})\frac{24}{T}=1.15\times(9.3-7.65)\times\frac{24}{4}\text{kW}=11.39\text{kW}$$

根据计算的负荷可以选择合适的板式换热器。

在冷库地面的地质结构允许的条件下，采用这种地面防冻加热的做法不仅节能，还可以降低造价，是冷库地面防冻做法的发展方向。笔者对已经完工的项目进行比较，这种防冻做法的造价比冷库地面架空的做法节省60%左右。

需要注意的是：在使用高密度聚乙烯管（PE）作为加热管时，应尽量减少管道的焊接口数量。一般情况下在完成设计图后，根据现场的实际尺寸，每一个回路不能有焊接口。即只有地面以上的集水器或者分水器上的接口，才可以进行（热熔）焊接，因此每一个回路尺寸直接为生产厂家定制尺寸。因为如果施工不慎造成漏水，不但不能防冻，还有可能造成地面冻鼓的现象。另外，在敷设加热管网的同时，还需要布点设置测温探头，以便在使用时能监测冷库地面加热层的温度变化情况。

3. 热回收的其他应用

在冷冻食品加工厂，利用蒸发式冷凝器的余热回收，还可以提供生产用的辅助热水或者生活用热水。

15.2　冷链物流冷库热负荷的其他计算方式

下面介绍一种常见冷库热负荷计算方法，其通过软件获得的热负荷计算结果见表15-1。计算方式是以冷库全天外界传入冷库的热负荷汇总，然后确定系统的运行时间，选择压缩机以及末端蒸发器的负荷。表中的许多参数可以根据具体冷库的各种进出货需求、保温厚度、贮存的货物品种等进行输入，并迅速得到计算结果。

这种计算负荷的特色是：直观，容易编程并且做成软件，可以根据冷库经营的模式输入所需要的进出货数据。国内传统的冷库负荷计算模式是以存贮型冷库为主，而现代的物流冷库相当一部分在转型，向配送型方向发展。这种配送型冷库的特点是：货物流通量大而且流通快。由于超级市场的服务需要，这些冷库的配送人员从早上8时开始配送工作，分班工作到晚上12时，因此压缩机运行的时间往往会超过16h。

表 15-1　常见冷库的热负荷计算结果

建筑物尺寸			条件			参考值	负荷计算						
L	53.6	m	冷间性质	冻结物冷藏间			维护结构传热量	$Q_1=K\cdot A\cdot a(t_w-t_n)$				14.7	kW
W	12.6	m	环境温度	33	℃			保温厚度		隔热材料	隔热材料导热系数	K 值	传热量
H	6	m	库温要求	−18	℃		顶板	200	mm	聚氨酯库板	0.024	0.12	4.13
商品特性			库容量	890	t		左墙板	150	mm	聚氨酯库板	0.024	0.16	0.62
○海产品	少脂鱼		日进货量	40	t		右墙板	150	mm	聚氨酯库板	0.024	0.16	0.62
◉冻肉	肉类副食品		进货温度	−5	℃		上墙板	150	mm	聚氨酯库板	0.024	0.16	2.62
○冻分割肉	肉类副食品		出货温度	−18	℃		下墙板	150	mm	聚氨酯库板	0.024	0.16	2.62
○鲜蔬菜	番茄(熟)		冷却时间	20	h		地面	200	mm	聚氨酯库板	0.024	0.12	4.13
○鲜水果	鲜苹果		冷藏间数量	2	间		货物换热量	$Q_2=\frac{1}{3.6}\left[\frac{G'(h_1-h_2)}{T}+G'\cdot B\frac{(t_1-t_2)c_0}{T}\right]+\frac{G'(q_1+q_2)}{2}+(G_n-G')q_2$				33.3	kW
○冰蛋	冻蛋		操作人员数量	2	个		通风换气热量	$Q_3=\frac{1}{3.6}\left[\frac{(h_w-h_n)nV\rho_n}{24}+30n_r\rho_n(h_w-h_n)\right]$				0	kW
○鲜蛋	蛋黄		风机额定功率	0.83	kW		电动机运转热量	$Q_4=1000\sum P\cdot\xi\cdot\rho$				6	kW
○其他	牛奶冰淇淋		风机数量	12	个		操作热量	$Q_5=q_dA+\frac{V\cdot n\cdot(h_w-h_n)\cdot M\cdot\rho_n}{24\times3600}+\frac{3}{24}n_r\cdot q_r$				25.7	kW
商品名	肉类副食品		开门次数	10	次		设备负荷	$Q_q=Q_1+PQ_2+Q_3+Q_4+Q_5$				55.55	kW
进货焓值	62.9	kJ/kg	风幕机	是			机械负荷	$Q_j=(n_1\sum Q_1+n_2\sum Q_2+n_3\sum Q_3+n_4\sum Q_4+n_5\sum Q_5)R$				50.5	kW
出货焓值	5	kJ/kg	包装材料	瓦楞纸类			速冻库铝皮,冷藏瓦楞纸						
进货呼吸热	0	kJ/kg	冷加工方式	搁架式									
出货呼吸热	0	kJ/kg	冷却方式	一般直接冷却									

笔者在实践中发现，原有的冷库负荷计算模式都不适合配送型冷库，因此制冷系统的传统设计也不能满足降温的要求，我国传统的冷库负荷计算模式亟须改善。新的计算模式应该方便各种功能的冷库设计（不仅仅是贮存型冷库，还有配送型冷库等），压缩机的运行时间也是考虑的重要因素。

15.3　冷库快速门

由于部分冷链物流冷库的转型，即转型为配送型的冷库，原来冷库使用的电动平移门已经无法跟上这种需求的变化。原因是原有的冷藏门由于需要有较好的保温性能，因此门一般做得比较厚，其结果是门的移动也比较慢。这种现象除了使冷库内部的冷量很快跑掉以外，频繁的移动也使门容易出现故障。由于现代冷库大部分采用的是机械蓄电池车装卸货物，移动速度快，而传统的冷库门移动速度慢，也容易相互碰撞。冷库快速门就是为了适应这种变化而设计和制作的一系列保温门。这种系列的门最早出现在一些需要机械装卸而且频繁开、关的仓库以及加工车间。部分冷库功能的转型，使得这种门更加体现出优越性，也扩大了这种门的使用功能。冷库快速门是一种统称，现在应用在冷链物流冷库的门根据材质及用途的不同分为滑升门、快卷门、冷库门和自由门。

15.3.1　滑升门

滑升门在冷库的应用如图 15-5 所示。

使用场合：适用于大型物流仓储中心等场所物流通道。

产品特点：开启轻便，快捷，方便；停电时可换至手动；节省空间以及外形美观。

滑升门的分类：根据门楣高度情况分为标准提升型、高位提升型和垂直提升型如图 15-6 所示。

图 15-5　滑升门在冷库的应用

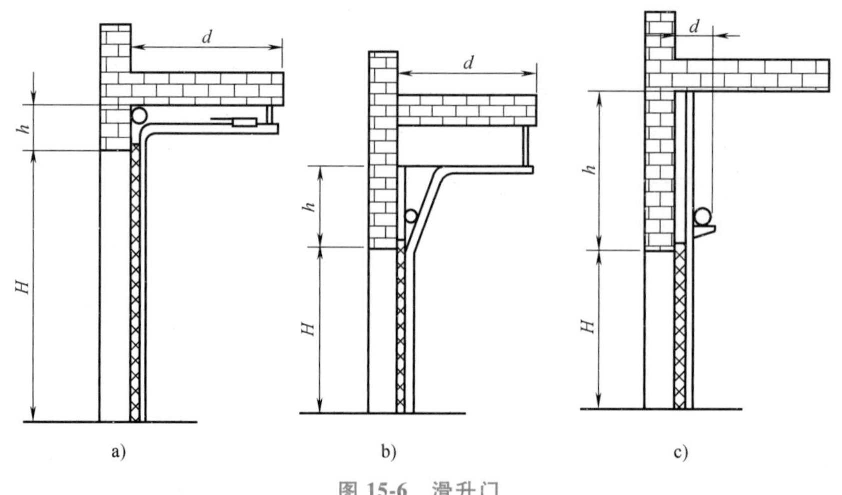

图 15-6　滑升门

a）标准提升型　b）高位提升型　c）垂直提升型

它们之间的区别是：

1）标准提升型。门洞的高度 H+安装的墙身的剩余高度 h=墙身高度；门打开后，门与门洞成 90°角，这种情况一般是需要的门比较高，而墙身剩余高度不满足垂直提升上去（图 15-7）。

2）高位提升型。标准提升型墙身高（$H+h$）<墙身高度<$2H$，门打开后，部分门在斜轨上，其余与门洞成 90°角（图 15-8）。

3）垂直提升型：$h>H$，门打开后，墙身剩余高度满足垂直升上去。

由于这种门通常的厚度在 4～5cm，因此一般作为冷库穿堂的对外封闭门。当冷藏车的后门与这种封闭门对接以后，滑升门打开，然后再打开冷藏车的后门，即可装卸货物（图 15-9）。

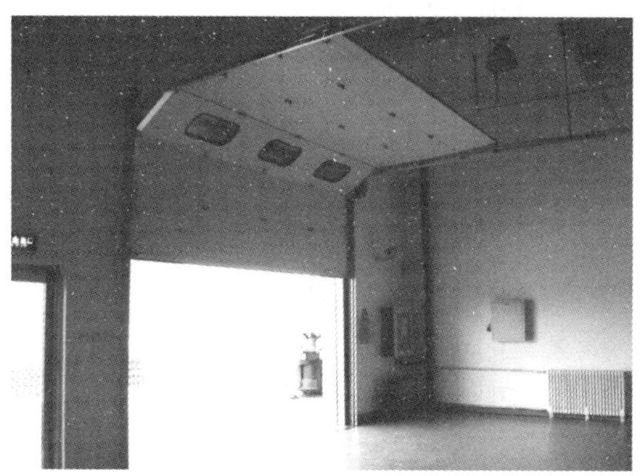

图 15-7 标准提升型的半开状态

图 15-8 高位提升型

15.3.2 快速卷帘门

快速卷帘门（简称快卷门）应用在冷链物流冷库（图 15-10），具有防虫、防风、防尘、防异味等多种功能，专门阻隔库房通道口风沙与库内冷气，能快速启闭，提升作业效率。

图 15-9 滑升门应用在冷链物流冷库的穿堂作为对外的封闭门

图 15-10 快卷门在冷库中的应用

这种快卷门的安装特点是：使用配备传感器（地磁或雷达）的自动开闭装置，方便货物的进出操作。

这种门的运行特点：开启速度可达 2.4m/s，关闭为 1.2m/s；快卷门帘柔软而富有弹性，整个门帘没有任何负重及硬质材料，确保在紧急情况下对操作员与货物进行彻底的保护。极高的开启/关闭速度缩短了开关门时间，极大地减少了温湿空气的进入，从而提高了冷库的效能。此外，含保温材料的门帘，将通过门帘的能量损失降到最低。

这种门在冷库中通常是与普通（手动）平移冷藏门组合一起安装（图15-11）。在冷库与穿堂之间安装快卷门，而在这道门的里面，安装的是普通冷藏门，此方式特别适合配送型的冷库。在白天配送频繁，普通冷藏门开启，冷库门只有快卷门在配合开启或者关闭，这样方便进出货；而到了下班完成配送后，再关闭普通冷藏门，可以增强冷库门的保温效果。

快速卷帘门还分为软质和硬质两种，可以根据需求供用户选择。

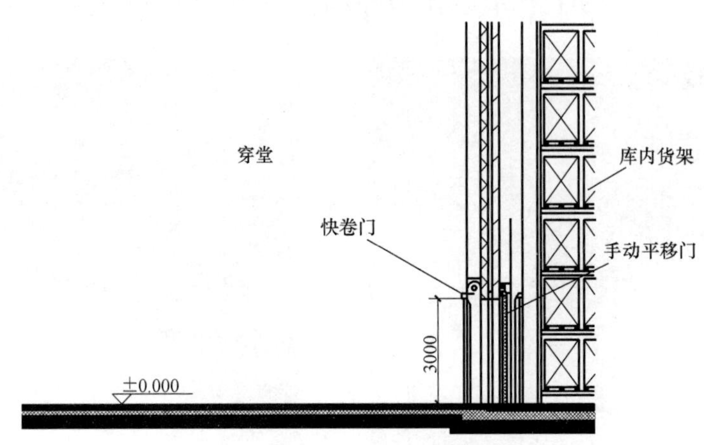

图15-11　快卷门与普通（手动）平移冷藏门的组合

15.4　自动仓储系统

自动仓储系统原来用于普通常温仓储，近年来在冷链物流冷库中发展迅速，它是一种用于货物在仓库内自动运输（进出货物）的工具。随着冷链货物配送的迅速发展，这种自动仓储系统自然地进入冷链物流冷库的管理系统。它具有对货物管理的先进性与合理性，而且与现代的物联网可以进行无缝对接。它极大地节省了人力资源和降低了货物管理的出错率，使用这种系统的物流冷库，预示着管理模式已经处于行业领先地位。

15.4.1　自动仓储系统在冷库的基本构成

自动仓储系统在冷库的基本组成包括堆垛机、输送机（自动输送带）、运输车、货架等，如图15-12所示。其中堆垛机（又称巷道起重机）即自动存取机（Storage & Retrieval Machine, SRM），负责高架库位与出入库站间的搬运。

15.4.2　堆垛机

堆垛机（图15-13）主要由上下轨道、主柱、升降台三部分组成，取货物的底座固定在升降台上面。

堆垛机在下轨道走行，依靠上轨道维持垂直状态，升降台同时在主柱上面升降，到达指定库位的水平及垂直位置后，再用伸缩叉叉取货物。堆垛机平时与计算机联机自动作业。调整试车或计算机联机中断时，以半自动模式操作，即在巷道前面采用连接计算机操作。如果堆垛机出现故

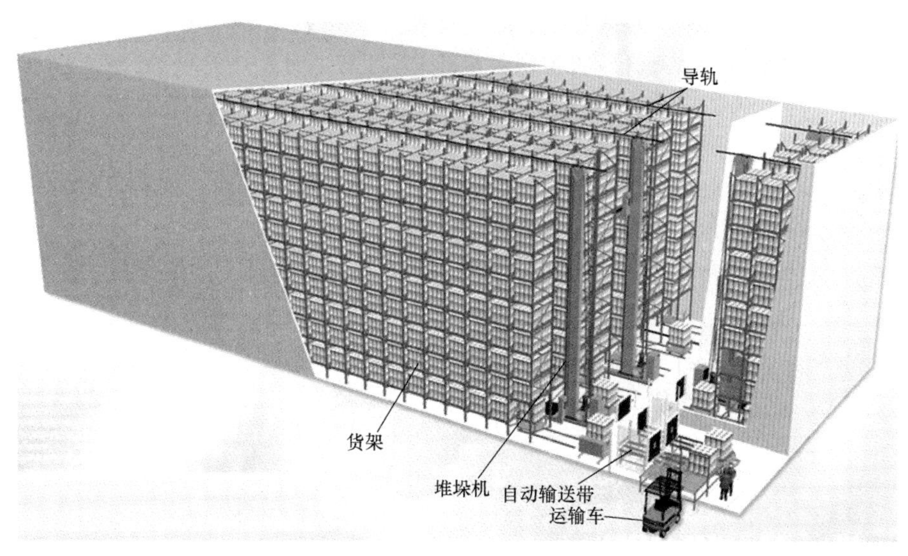

图 15-12　自动仓储系统在冷库的基本构成

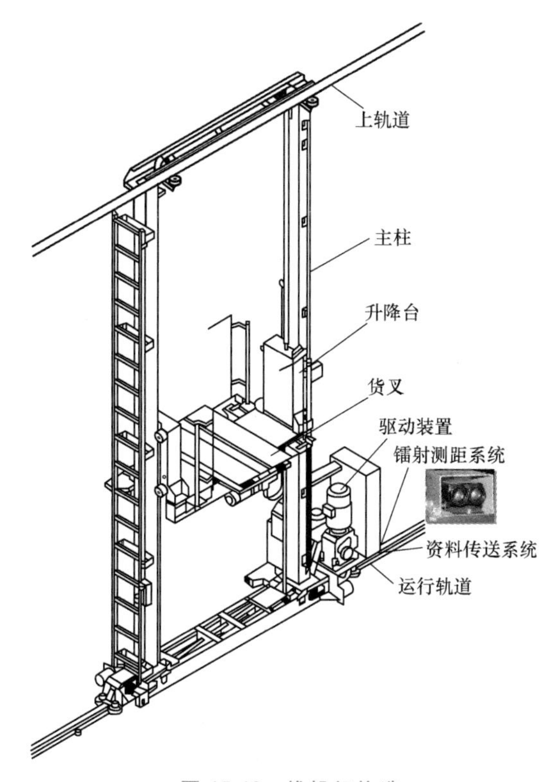

图 15-13　堆垛机构造

障，自动或半自动操作都很危险，必须采用手动模式作业。手动操作可使用附在电气箱的控制器，或升降台上面的手动按钮。

堆垛机具有一面走行，一面与上位计算机联机通信的功能。通信方面，光学传送器（Optical Data Transmitter，ODT）是目前比较常用的选择。

堆垛机采用的终端控制器（SNDS），在现场测试调整时，需要把测试调整的参数，例如适当的加减速、货物库位坐标值等，输入控制器储存起来。

堆垛机控制模式有远程管理计算机控制、巷道末端手提式计算机控制和手动控制器控制。

15.4.3　自动仓储系统的货物进出模式以及盘点模式

在仓储冷库中，自动仓储系统如何对进出的货物进行有效的管理？这种货物的管理一般分为三种模式：入库流程、出库流程以及盘点流程。

1）入库流程（图 15-14）指货物进入仓库的次序和过程。

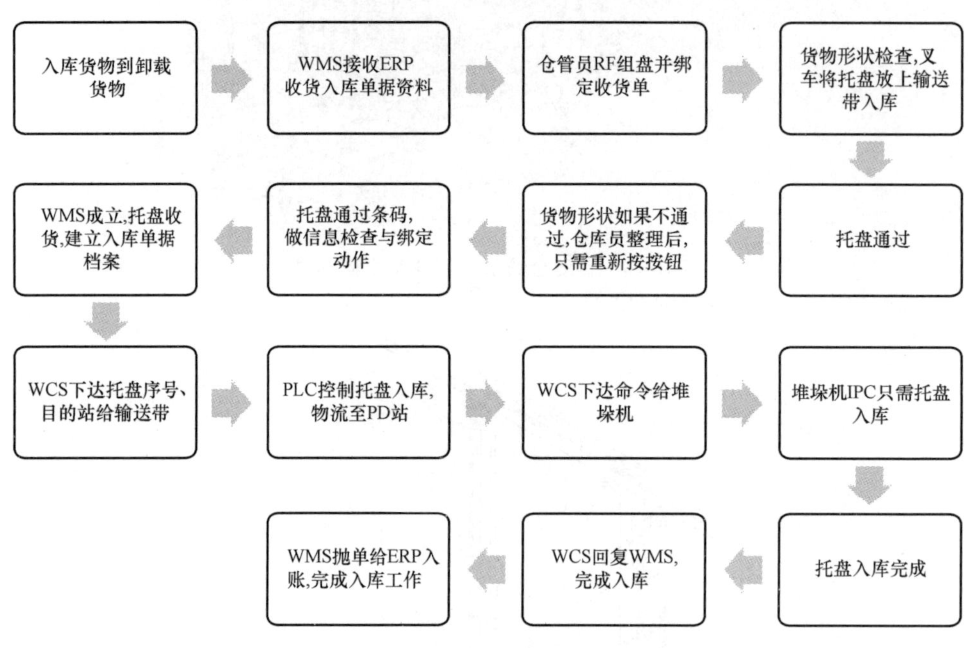

图 15-14　入库流程

PLC 表示可编程逻辑控制器，是 Programmable Logic Controller 的缩写。

WMS 表示仓库管理系统，是 Warehouse Management System 的缩写。仓库管理系统是通过入库业务、出库业务、仓库调拨、库存调拨和虚仓管理等功能，对批次管理、物料对应、库存盘点、质检管理、虚仓管理和即时库存管理等功能综合运用的管理系统。它可以有效控制并跟踪仓库业务的物流和成本管理全过程，实现完善的企业仓储信息管理。该系统可以独立执行库存操作，也可与其他系统的单据和凭证等结合使用，可为企业提供更为完整的企业物流管理流程和财务管理信息。

WCS 表示仓库控制系统，是 Warehouse Control System 的缩写。仓库控制系统包括一个以互联网技术为基础的网络平台。其优点是物流控制系统可以通过网络浏览器远程操作访问。支持仓库控制系统的目标是实现对所有机械设备的控制。物流控制软件包中的仓库控制系统，可以实现与 PLC（可编程逻辑控制器）的机械设备进行对接，以保证快速响应和反应。

IPC 表示信息处理中心，是 Information Processing Center 的缩写。

ERP 表示企业资源计划，是 Enterprise Resource Planning 的缩写。

2）出库流程（图 15-15）指货物从仓库搬运的次序和过程。

3）货物盘点流程（图 15-16）指在仓库的货物进行清点的次序和过程。

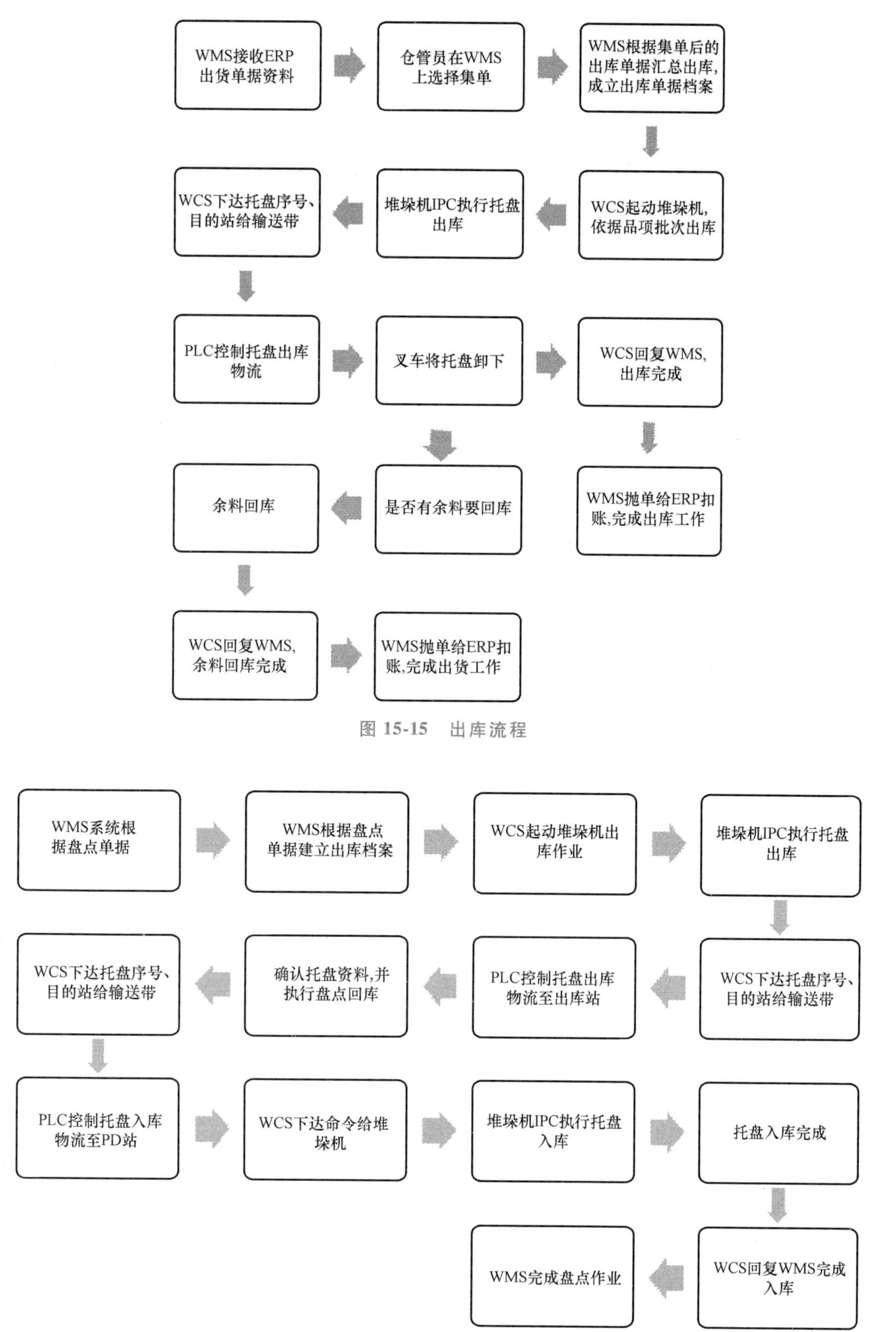

图 15-15　出库流程

图 15-16　货物盘点流程

15.5　自动仓储系统在冷库的布置与安装要求

自动仓储系统在冷库的布置如图 15-17 所示。在穿堂的叉车把货物放在输送带上，输送带上的货物首先进入传输廊，再从传输廊的门进入冷库冷藏间。一般情况下，进传输廊的门与出传输廊的门相互错开。目的是减少外界的空气水分进入冷库，避免造成传输设备或者输送链条结冰，出现故障。传输廊使穿堂与冷藏间隔开，如果冷藏间的库温在-20℃，而穿堂的温度为 5~10℃，则传输廊的温度在这两者之间，即-5~0℃。传输廊相当于一个过渡间。

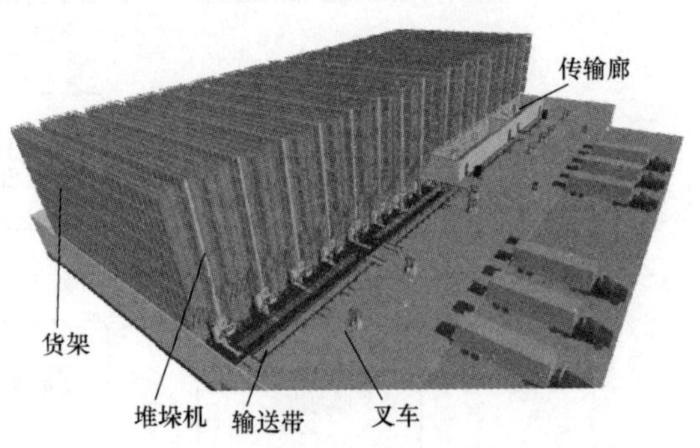

图 15-17　自动仓储系统在冷库的布置

安装自动仓储系统的冷库，由于输送货物要求平稳，其地面与普通的冷库地面敷设要求不一样。地面浇筑有一定的要求，地板需一次灌浆完成，不可以二次灌浆或用找平层方式处理地坪高差。地板不允许不均匀和下陷。

15.6　冷链物流冷库的系统安全

冷链物流行业属于新兴行业，近年来随着我国国民经济的快速发展，全国各地新建的冷链物流冷库达到每年两位数的增长率。这种增长速度既带来了不少的机遇，但同时由于我国在该领域的理论基础以及设计配套相对滞后，也带来不少的问题。其中系统的安全和冷库的运行能耗是最大的两个问题。顺便说一句，按我国沿海城市的发展速度，目前所配套的物流冷库已经基本满足要求了，更大的发展空间在于对现有冷库进行系统优化、节能改造以及系统的安全改造。

15.6.1　设计与安装规范

目前国内冷链物流冷库设计与安装常用的规范如下：

1)《冷库设计标准》(GB 50072—2021)。

2)《冷库施工及验收标准》(GB 51440—2021)。

3)《冷库制冷设计手册》(商业部设计院编)。

4)《室外给水设计标准》(GB 50013—2018)。

5)《室外排水设计标准》(GB 50014—2021)。

6)《建筑给水排水设计标准》(GB 50015—2019)。

7)《工业建筑供暖通风与空气调节设计规范》(GB 50019—2015)。

8)《工业金属管道设计规范》(GB 50316—2000)(2008 版)。

9)《机械设备安装工程施工及验收通用规范》(GB 50231—2009)。

10)《制冷设备、空气分离设备安装工程施工及验收规范》(GB 50274—2010)。

11)《现场设备、工艺管道焊接工程施工规范》(GB 50236—2011)。

12)《风机、压缩机、泵安装工程施工及验收规范》(GB 50275—2010)。

13)《制冷装置用压力容器》(NB/T 47012—2020)。

14)《冷藏库建筑工程施工及验收规范》(SBJ 11—2000)。

15)《氨制冷系统安装工程施工及验收规范》(SBJ 12—2011)。

16)《压力管道安全技术监察规程——工业管道》(TSG D0001—2009)。

只要严格按照这些规范进行项目的设计、建造，冷库系统的安全就是有保障的。至于国内与国际发达国家的规范相比较，差距不大，有些地方国内标准可能还要严格，但在行业细分上，差距还是存在的。国内最大的问题在于标准规范执行不到位。

15.6.2　制冷系统的气体检测

制冷系统气体检测的主要目的是：及时发现制冷剂有毒气体对操作人员以及周边库存产品的损害；防止系统中制冷剂不足造成能源消耗成本的增加；防止卤代烃制冷剂大量泄漏对臭氧层的破坏，或者形成温室气体效应。

1. 现场检测设备

目前，较为常见的用于现场检测的气体传感器有：电化学传感器、红外传感器、催化燃烧传感器、光离子化检测器、固态传感器、半导体传感器等。应用在制冷行业的传感器主要是：半导体传感器、电化学传感器、红外传感器和催化燃烧传感器。

气体传感器技术，是借助于气体本身的物理或者化学性质变化，通过光电技术将其转化为可被电子线路处理、放大、传输的电信号。因此，作为相对检测技术，所有的气体监测仪器都必须经常用标准浓度的气体进行标定。

电化学传感器是目前较为常见的检测无机类有毒有害气体的元件。由于电化学反应本身的性质决定，能很好地排除干扰组分影响的特定物质传感器还不是很多，市场上目前可以见到的大约有 20 种。电化学传感器的特点是体积小、耗电小、线性和重复性较好、寿命较长。这种传感器适用于氨气的检测，测量范围一般在 0~5000ppm，使用这种传感器如果出现氨气大量泄漏，会严重影响其使用寿命（图 15-18 和图 15-19）。

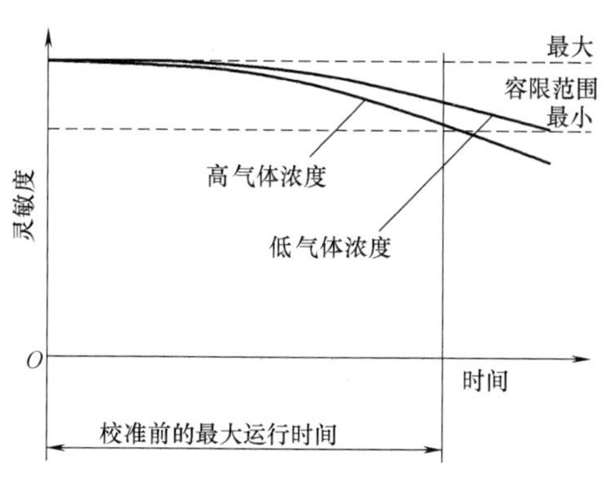

图 15-18　电化学传感器的使用时间与灵敏度的关系

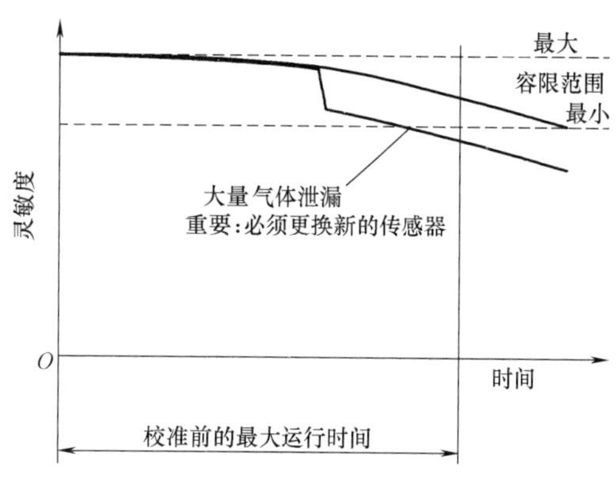

图 15-19　氨气大量泄漏对传感器使用寿命的影响

催化燃烧传感器可以看成一个小型化的热量计，它的检测原理在几十年内没有大的变化。这是一个惠斯顿电桥的结构（图 15-20）。在它的测量桥上涂有催化物质，在整个测量过程中是不被消耗的。即使空气中气体和蒸气浓度远远低于 LEL（气体浓度），它们也会在这个桥上发生催化燃烧反应。催化燃烧传感器主要用于检测易燃气体（包括氨气），使用寿命可以达到五年，反应时间约 20~30s。

金属氧化物半导体传感器（MOS）既可以用于检测 ppm 级（10^{-6} 级）的有毒气体，也可以用于检测易燃易爆气体的百分比浓度。正如前面讨论的，MOS 传感器由一个金属半导体（比如

SnO_2）构成。在清洁空气中，它的电导率很低，而遇到还原性气体，比如一氧化碳或可燃性气体，传感元件的电导率会增加。如果控制传感元件的温度，可以对不同的物质有一定的选择性。这种传感器可以测量易燃气体、有毒气体以及制冷剂气体，但对于混合气体中检测单一气体，或者可能出现高浓度干扰气体的地方不适用。半导体传感器对“宽”和“窄”灵敏度的反应，如图 15-21 所示。

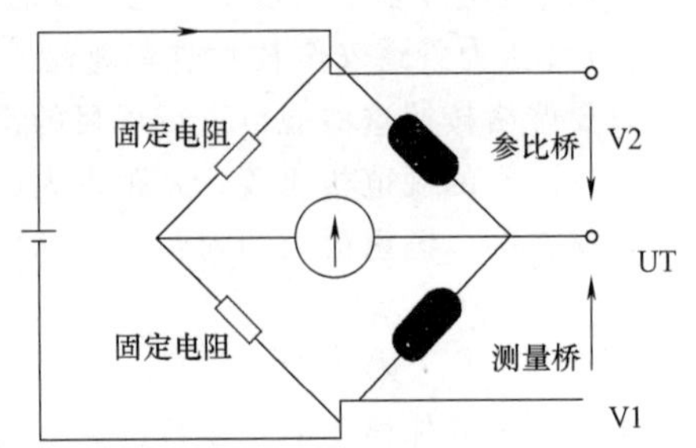

图 15-20　惠斯顿电桥原理图

大多数气体在光谱的红外线区域具有特有的吸收频带，因此红外检测仪可以用来检测不同的气体。通过参考光束相对比，可检测出允许的气体浓度。这种传感器只适用于单一气体检测，不适合应用于有多种气体的监视环境中。红外检测器原理如图 15-22 所示。

那么这些传感器应用于什么场合比较合适？表 15-2 给出了建议。

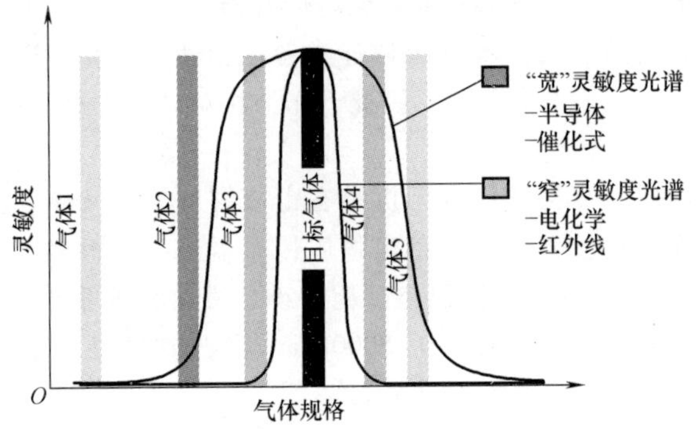

图 15-21　半导体传感器对“宽”和“窄”灵敏度的反应

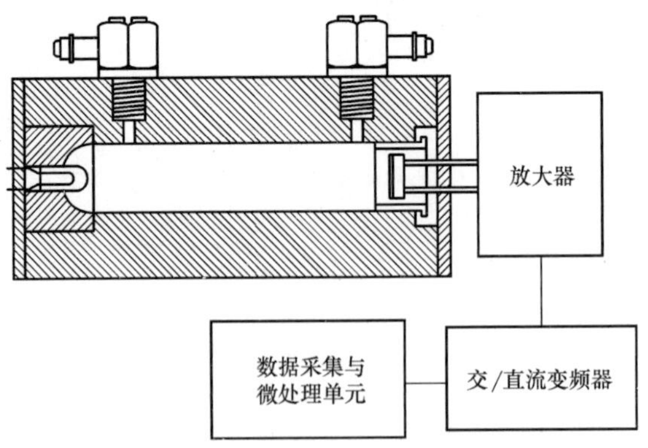

图 15-22　Industrial Scientific 红外检测器原理图

表 15-2　各种传感器适合使用的场合

场　　合	半导体	电化学	催化式	红外线
氨气“低”含量(<100ppm)		√		
氨气“中等”含量(<1000ppm)	(√)	√		(√)
氨气“高”含量(<10000ppm)	√		√	(√)

（续）

场　合	半导体	电化学	催化式	红外线
氨气“极高”含量（>10000ppm）			√	（√）
二氧化碳 CO_2				√
HC 碳氢化合物	（√）		√	（√）
HCFC-HFC 碳氢化合物	√			（√）

注：√表示最佳解决方案；（√）表示适用，但吸引力较弱；其余为不适用。

不同的制冷系统需要配合相应的气体探测器。

氨属于有毒物质，它的刺激性气味具有“自我报警能力”。为保证人员能及时采取安全措施，在机房使用气体探测器是必需的。此外，氨是常用制冷剂中唯一比空气轻的气体。碳氢化合物属于易燃易爆类制冷剂，因此必须确保制冷系统周围浓度不超过可燃性限制。

卤代烃制冷剂对环境有一定的影响，因此应避免泄漏。CO_2（二氧化碳）是空气的组成部分，大气中二氧化碳含量大约为 0.04%（体积分数）。二氧化碳密度较空气大，当二氧化碳少时对人体无危害，但其超过一定量时会影响人的呼吸。空气中二氧化碳的体积分数为 1%时，人会感到气闷、头昏、心悸；3%时感到眩晕，呼吸困难；10%以上时使人神志不清、呼吸逐渐停止直至死亡。

2. 法规及标准

不同国家气体探测的要求不同。目前欧洲实施的制冷系统安全标准为 EN 378—2000，此标准在过去的几年里不断更新。美国是根据 ASHRAE 15—2004 的要求进行气体探测。

3. 传感器的安装要求

从采样方法上，固定检测探头分为自然扩散式和强制吸入式两种。自然扩散式将传感器安装在周围空间范围内检测，以确保监测整个空间。中控室及机电控制中心等人员常去的场所，使用强制吸入式。

检测探头宜安装在无冲击、无振动、无强电磁干扰的地方，尽量避免溅水、溅油和机械碰撞等外部因素对传感器的损伤，确保气体检测传感器灵敏、有效；且检测探头的周围，宜留出不小于 0.3m 的净空。

检测比空气重（在标准状况下，气体密度大于 $0.97kg/m^3$ 的即认为比空气重，反之则比空气轻）的气体时，气体检测器的高度应距地面 0.3~0.6m。过低容易被雨水淋，过高则超过比空气重的气体易于聚集的高度。

维持气体检测传感器在量程范围内工作。各类气体检测器都有其特定的检测范围，只有在其测量范围内，才能保证仪器的测量准确可靠。若长时间超出测量范围进行检测，就可能对传感器造成永久性的破坏。如催化燃烧型检测器长期在超过 100%LEL 的环境中使用，就有可能烧毁传感器。而气体检测器，长时间在高浓度下使用也会造成损坏。所以，固定式仪器在使用时如果发生超限信号，要立即采取相应措施，以保证传感器安全。

测量比空气轻的气体时，传感器应安装在墙上、顶棚或接近排气处，气体检测探头宜高出释放源 1~2m。安装位置应方便维护。

在国内，除了上述安装要求外，传感器还需要安装在高压管安全阀的排放口。通常的原因是安全阀弹簧的质量问题，在系统压力还没有达到设定压力值时可能会自动打开。传感器最好能够与自动记录仪连接，因为如果是卤代烃系统，泄漏有可能无法知道（如果情况发生在夜间），大量的泄漏除了对环境产生破坏外，经济损失也是一个不小的问题。

4. 气体检测器的安装

气体检测器必须按照说明书中的要求，从控制器引出指定的电缆长度供电和安装。

（1）安装传感器的两种方法　强制吸入式，传感器安装在尽可能接近泄漏源的位置；自然扩散式，传感器完全环绕危险区域安装。

安装方法取决于设备的大小和性质。检测器位置高与低取决于实际制冷剂密度。如果存在机械通风机房，排风扇将抽走室内空气。在冷藏库中，如果可能，传感器应该放置在墙上，或低于人头部高度的回风位置上。

（2）通用准则　如果在房间内有一套压缩机/冷却器需要检测，则在装置的边界取样。两台冷却器或者有三台甚至更多冷却器，检测设备应该安装在设备之间和两边，确保区域采样可以监控全部区域，不要吝惜传感器的数量。

传感器应该安装在最有可能发生气体泄漏的地方，包括机械连接处、密封处，以及系统温度和压力产生规则变化的地方（如压缩机和蒸发器控制阀）。

（3）气体检测器数量　气体检测器的安装数量没有特别的规定和标准。

一般准则：根据空间实际情况一个检测器可测得有效覆盖水平面积通常约50~100m^2。在有效覆盖面积内，应至少设置一台检测器。根据制冷剂的密度，安装在顶棚水平面或接近地板水平面的检测器，在有中间隔断且缺乏通风的房间，可测得面积约50m^2；无阻隔的空间并具有良好的机械通气的房间，可测得面积约100m^2。

机房：建议检测器安装在压缩机，或系统可能发生振动部件或设备的下风区。如果检测比空气轻的制冷剂，并且压缩机房的结构横梁比较高，建议将探测器安装在双梁之间梁的底部位置；如果是一个空气流通的房间，检测点应位于最后的潜在泄漏源附近的下风区。

5. 校准与测试

每隔一段时间对气体检测器进行校准/测试是确保仪器准确、可靠的必要条件，考虑到不同的因素，需特别注意以下三个问题：

1）国家法律法规要求。

2）电化学传感器是耗损件，必须根据气体检测器实际类型和制冷剂浓度选择。

3）周期性更换。

根据不同国家的标准，对这些检测器的测试有推荐校准间隔。表15-3是EN 378标准测试的规定。

表15-3　按照EN 378标准（欧洲标准）要求检测器测试频率

检测器	预计生命周期/年	最低推荐校准间隔/年	推荐测试间隔/年②
SC半导体	>5	2	1
EC电化学	2~3①	2	1
CT接触反应	≈5	2	1
IR红外线	>5	2	1

① 如果检测器暴露于高氨浓度气体范围内，必须更换。

② 必须进行功能测试。

15.6.3　氨制冷系统的紧急关闭阀

在第7章已经提及氨制冷系统的紧急关闭阀（king valve）的设置。这种阀门在系统发生制冷剂（氨液）泄漏时，用于控制阀门的两个紧急按钮（一般设置两个按钮，避免出现误动作，而且会安装在压缩机房的室外）需同时按下，紧急关闭阀（气动阀）会在几秒钟内立即关闭。在事故排除后，需要手动操作才能恢复紧急关闭阀的开启。

国内传统做法是在机房外设置紧急停机按钮。当事故发生时，停止压缩机运行。笔者认为，传统的停机并不能马上停止制冷剂的泄漏。因为事故通常发生在系统的高压侧，停机后系统内的高压制冷剂还会继续泄漏。而紧急关闭阀则可以迅速切断制冷剂泄漏的源头，大大减少事故发生时制冷剂的泄漏量。因此，在氨制冷系统采用紧急关闭阀值得我国借鉴。

15.6.4　新的安全技术——设备机房以及管道阀门布置在冷库的顶层

当氨液暴露在常温空气时会快速蒸发，因此，在一些设计条件允许的情况下，尽量把氨系统的设备机房以及管道阀门布置在冷库的屋面（室外），如图 15-23 所示。一旦发生氨液泄漏，液体蒸发到屋面大空间的空气中，可以减少对操作人员以及周边居民住宅的影响。

图 15-23　布置在冷库屋面的管道阀门以及设备机房

15.6.5　氨制冷系统的安全标识

为了保证氨制冷系统的运行安全，国际氨制冷学会（International Institute Ammonia Refrigeration，IIAR）为氨制冷管道和系统组件制定了统一的准则。该准则旨在帮助和促进系统的安全，便于维护，并为维护人员在紧急事故时提供重要信息。

工业制冷系统都需要设置识别系统，确定管道的属性，尽可能避免造成人员伤亡和财产损失。

在制定的识别系统中，所有的管道系统——主要管道和分支都应确定并标识制冷剂的物理状态，即气体、液体等，制冷剂的相对压力等级和流动方向。制冷系统的所有组件，如贮液器、换热器、循环桶等，也应制定统一标识。

对于制冷系统的图样，应用这些指南使管道和组件命名一致。

需要做安全标识的范围包括管道系统和系统组件。

管道系统：包括所有的氨制冷剂管路和配件、手动阀、控制阀，安装在其他设备的制冷系统。管道保温工程也被认为是管道系统的一部分，但是管道的支架、吊架或其他管道附件不属于管道系统。

系统组件：包括压缩机和压缩机组、冷凝器、贮液器、热虹吸容器、低压循环桶、中冷器、蓄液器、运输容器、换热器。

设计管道应标记制冷剂名称（例如氨）、制冷剂的物理状态、制冷剂的相对压力等级和流动方向。

图 15-24 列举了国际氨制冷学会批准的各种管道英文标记缩写。图 15-25 是这个学会所设置的管道的标识式样。表 15-4 规定了在不同尺寸的管道上，标识式样的尺寸。图 15-26 是制冷系统各种容器的标识式样。图 15-27 是笔者在负责国内工程项目时采用的标识式样在管道上的图片。做好制冷系统的安全标识，对于规范管理和安全运行均有重要意义（我国的相关规范也有这方面的要求，但是没有这么详细）。

IIAR APPROVED ABBREVIATIONS

Booster Discharge **BD**
Condenser Drain **CD**
Defrost Condensate **DC**
Economizer Suction **ES**
Hot Gas Defrost **HGD**
High Pressure Liquid **HPL**
High Stage Discharge **HSD**
High Stage Suction **HSS**
High Temperature Recirculated Liquid **HTRL**
High Temperature Recirculated Suction **HTRS**
Low Temperature Recirculated Liquid **LTRL**
Low Temperature Recirculated Suction **LTRS**
Liquid Injection Cooling **LIC**
Low Stage Suction **LSS**
Relief Vent **RV**
Thermosyphon Return **TSR**
Thermosyphon Supply **TSS**

图 15-24　国际氨制冷学会批准的各种管道英文标记缩写

BD：（双级压缩系统中）低压级压缩机排气管
CD：冷凝器排出管
DC：融霜冷凝管
ES：经济器回气管
HGD：融霜热气管
HPL：高压液体管
HSD：高压排出管
HSS：（双级压缩系统中）高压级压缩机回气管
HTRL：高温循环液体管
HTRS：高温循环回气管
LTRL：低温循环液体管
LTRS：低温循环回气管
LIC：喷液冷却管
LSS：低压级压缩机回气管
RV：安全（阀）排出管
TSR：虹吸桶回气管
TSS：虹吸桶供液管

低温循环回气管缩写

物理状态
(LIQ)=橙色
(VAP)=蓝色

压力等级
低于或者等于70psi=绿色
高于70psi=红色

箭头流动方向

标识(黄底黑字)

图 15-25　管道的标识式样

表 15-4　管道标识的相关尺寸

管道直径 英制(公制)	标识宽度 英制(公制)	标识长度 英制(公制)	字体尺寸 英制(公制)	物理状态 英制(公制)	压力等级 英制(公制)
$3/4 \sim 1\frac{1}{4}$in (20～32mm)	1in (25mm)	8in (200mm)	1/2in (15mm)	1/2in (15mm)	1/2in (15mm)
$1\frac{1}{2} \sim 2$in (38～50mm)	$1\frac{1}{2}$in (38mm)	8in (200mm)	3/4in (20mm)	3/4in (20mm)	3/4in (20mm)
$2\frac{1}{2} \sim 6$in (65～150mm)	$2\frac{1}{2}$in (65mm)	12in (300mm)	$1\frac{1}{4}$in (32mm)	1in (25mm)	1in (25mm)

（续）

管道直径 英制（公制）	标识宽度 英制（公制）	标识长度 英制（公制）	字体尺寸 英制（公制）	物理状态 英制（公制）	压力等级 英制（公制）
8~10in （200~250mm）	$3\frac{1}{2}$in （89mm）	24in （600mm）	$2\frac{1}{2}$in （65mm）	$1\frac{1}{2}$in （38mm）	$1\frac{1}{2}$in （38mm）
10in 以上 （250mm 以上）	$4\frac{1}{2}$in （112mm）	32in （800mm）	$3\frac{1}{2}$in （89mm）	2in （50mm）	2in （50mm）

设备名称(黄底黑字)

压力等级
低(压力等于或低于70psi)=绿色
高(压力高于70psi)=红色

图 15-26　设备的标识式样

图 15-27　管道标识在我国应用的实际图片

15.7　冷链物流冷库设计的新工具

15.7.1　三维设计软件 Revit

Revit 是 Autodesk 公司一套系列三维设计软件的名称。Revit 系列软件是专为建筑信息模型（BIM）构建的，可帮助建筑设计师设计、建造和维护质量更好、能效更高的建筑。

Autodesk Revit 作为一种应用程序，它结合了 Autodesk Revit Architecture、Autodesk Revit MEP 和 Autodesk Revit Structure 软件的功能。

Revit 作为一款专门面向建筑的软件，它的功能是非常强大的。它可以兼任辅助建筑设计和建筑表现两方面工作。建模指的是建筑表现方面的工作，用 Revit 辅助建筑设计，需要设计者非常熟练地掌握 Revit 建模。

近年来，业界已经开始使用Revit设计软件设计冷链物流冷库。Revit除了在冷库建筑上使用外，在制冷系统的设备布置、阀门安装以及管道走向上都可以使用。通过Revit，制冷设备的外形、设备和所连接的阀门与管道之间的相互位置关系，都能表示得相当清楚。

这种设计可以大大地减少施工过程中的材料浪费，也使安装人员对设计图有更深刻的认识。通过Revit软件的碰撞检测，各个工种之间交叉占用的空间几乎不可能出现矛盾的情况，因此有效地加快了工程进度，方便施工管理人员合理安排各种工序。这种软件的建模建立在三维设计上，因此把它变为平面图也是顺理成章、十分方便的事情。根据笔者的了解，我国制冷行业部分大型设备工程公司已经掌握这种新技术。

15.7.2　Revit在冷库建筑上的设计应用

目前，欧美国家一些具有一定规模的专业冷链物流工程公司，已经把Revit设计软件应用到冷库的整体设计。图15-28和图15-29就是采用这种软件设计的冷库穿堂以及在这个设计基础上的分解立面图，图15-30是这个设计最终施工完成的现场照片。

图15-28　采用Revit软件设计的冷库穿堂三维模型图

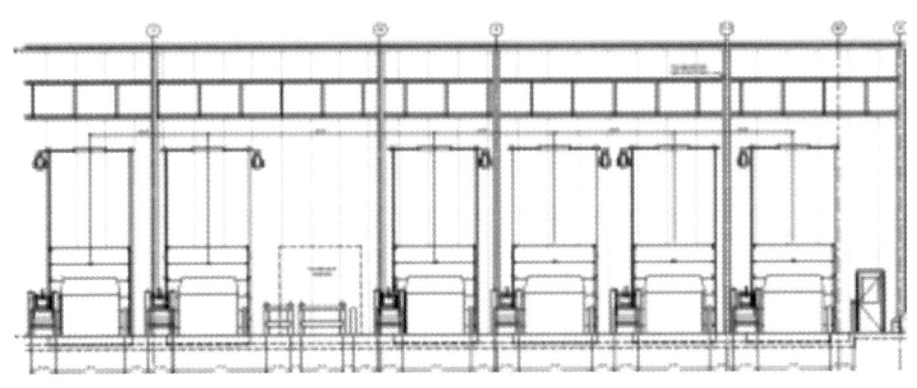

图15-29　采用Revit软件设计分解的立面图

15.7.3　Revit 在冷库制冷系统管道布置上的应用

制冷系统图采用这种软件设计，在复杂的系统管道布置中，充分发挥了软件的空间处理特点。如图 15-31 所示，在这个管廊的管道布置中，在同一平面上有多层的管道纵横交错。用这种软件处理后，它们之间的连接关系非常清晰，有利于现场技术人员和安装工人的安装工作。

图 15-30　设计后最终施工完成的现场照片

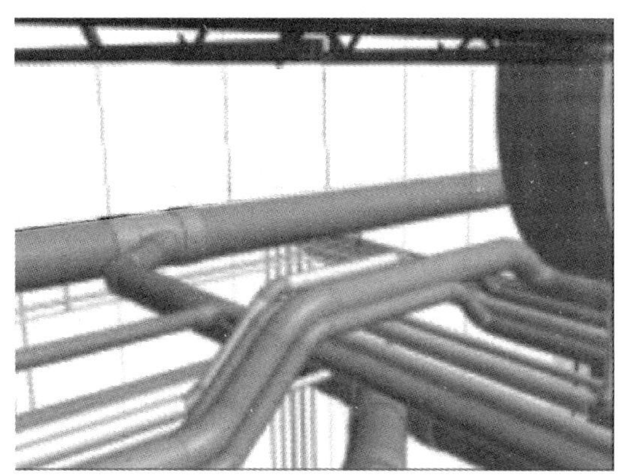

图 15-31　用 Revit 制作的制冷管道三维布置

15.7.4　用 Revit 制作的制冷设备以及阀门管道连接

这种软件还可以应用在制冷产品的设计上，图 15-32 是用 Revit 设计的低压循环桶。当设计人员需要把这种产品设计成桶泵机组时，在设计存档中调出这台设备的设计模块，还有制冷泵以及阀门、管道的模块，再进行合理的组织，连接在一起，就成了如图 15-33 所示的低压循环桶泵机组。

图 15-32　用 Revit 设计的低压循环桶三维图

图 15-33　低压循环桶泵机组三维图

15.8　其他形式的低充注量氨制冷系统

15.8.1　低充注量的其他氨制冷系统

除了在第 6 章的氨直接膨胀系统是属于低充注量的氨制冷系统以外，还有一些是以复叠制冷形式出现的低充注量制冷系统。

什么样的制冷系统能称为低充注量的系统？在以氨为冷库主要制冷剂的美国，满液式供液系统中（泵送再循环液体系统）经过比较合理的设计并且优化的系统称为 PRL（Pumped Recirculated Liquid）系统。根据制冷量来衡量系统氨液的充注量，基准的 PRL 系统的充注量是 17.314~23lb/RT(2.23~2.97kg/kW)，而低充注量的基准是少于 PRL 系统 50%的充注量。这种趋势进一步发展，可以预期以后的系统充注量会不高于 1.29kg/kW。

这些系统除了低充注量以外，还有几个指标可以衡量系统的先进性：能耗、安装成本和维护成本。其中能耗的基准是：在冷凝温度 35℃ 的条件下，2.5kW（耗电）/RT（制冷量）；而安装与维护成本因为各国货币价值以及收入水平有区别，没有太多的可比性，这里不再列出。

从目前已经投入使用的制冷系统中，可以称为氨低充注量的系统有以下几种：

1）先进的直接膨胀（使用电子膨胀阀）系统，简称 DX（氨）系统（在第6章已经介绍了）。

2）CO_2/NH_3 复叠系统。

3）CO_2/NH_3 载冷剂系统。

4）Star（欧洲一家制冷工程公司）Azanechillers™ 和 Azanefreezers™ 系统。Azanechillers™ 采用乙二醇作为载冷剂，Azanefreezers™ 采用独特的低压循环桶（LPR）系统设计。这类系统中，所有控制阀位于冷凝装置内，取消了蒸发器上的阀。此外，在 Azanefreezer™ 系统中，低压循环桶（LPR）的低循环倍率和先进的铝蒸发器的组合构成了一个高效率的系统。

5）NXTCOLD™ 机组系统。这是一种特殊的直接膨胀系统，通过利用多种专利技术在蒸发器独特的供液和供液控制算法以及制冷剂的充注量方面取得了显著的进步。在所有的低充注量的系统中，NXTCOLD™ 机组系统具有最小的充注量。

6）Frick® 低灌注量中央系统，以及一些欧美工业制冷公司（如 EVAPCO 有限公司）的低灌注量系统。

15.8.2 Azanechillers™ 和 Azanefreezers™ 系统

Star 公司的 Azanechillers™ 主要应用在高温系统，采用板式换热器进行热交换，乙二醇作为载冷剂；Azanefreezers™ 系统的特点是将低循环倍率和铝蒸发器组合（图 15-34），主要应用在低温与速冻系统。这种系统还有一个很重要的特点，在融霜方式上，它吸收了热泵的反向循环方法，反向循环除霜的关键部件是冷凝装置内安装的四通阀。这种阀门是专为该项应用开发的，在 1980 年开始投入使用，已证明是非常可靠的。四通阀是反向循环系统所需的唯一阀门，它使系统大大简化，比传统的热气除霜系统的阀门少得多。

从图 15-35 中可以发现，Azanefreezer™ 系统除了采用低循环倍率的桶泵机组布置以外，也有的采用重力供液系统。其特点是设计时尽量实现系统的模块化，将容器与末端的距离减小，这样

图 15-34 Azanefreezers 机组外形图

图 15-35 Azanefreezers 的末端组合布置

现场安装的工作量很少，甚至容器与管道的保温都已经提前完成，现场只需要进行电源连接，对于比较大的系统，才需要与压缩机的管道连接。机组的模块化、系统的紧凑化是这种系统的一个显著特点。

15.8.3　NXTCOLD™ 机组系统

从一家外资公司最近几年的资料显示，这种氨直接膨胀供液系统正在逐步向冷库系统进军。其优势是系统的充注量非常少，而且制冷效率也相当不错。

15.8.4　Frick@ 低灌注量中央系统

Frick@ 低灌注量中央系统简称 LCCS（Frick@ Low Charge Central System）。如图 15-36 所示，这是一种氨二次节流直接膨胀供液的系统。这种系统的技术要点在于：从冷凝器冷凝下来的氨液从高压浮球阀（注意：整个系统没有贮液器，而是用高压浮球阀代替）出来进入闪发式经济器（图 15-37 所示的立式容器就是闪发经济器）一次节流后，闪发气体提供给螺杆压缩机补气。液体进入直接膨胀阀二次节流后再进入冷风机蒸发器。机房内只有压缩机组以及必要的控制柜，没有任何辅助容器。压缩机可以采用单级、双级以及带经济器的压缩系统，系统的制冷量设计的范围为 879~3517kW（250~1000RT）。系统的灌注量为 2lb/RT（0.26kg/kW），是一种接近理想灌注量的氨制冷系统。其制冷系统图如图 15-38 所示。这也是一种不带贮液器的制冷系统，在这里闪发式经济器同时也起到中温贮液器的作用。

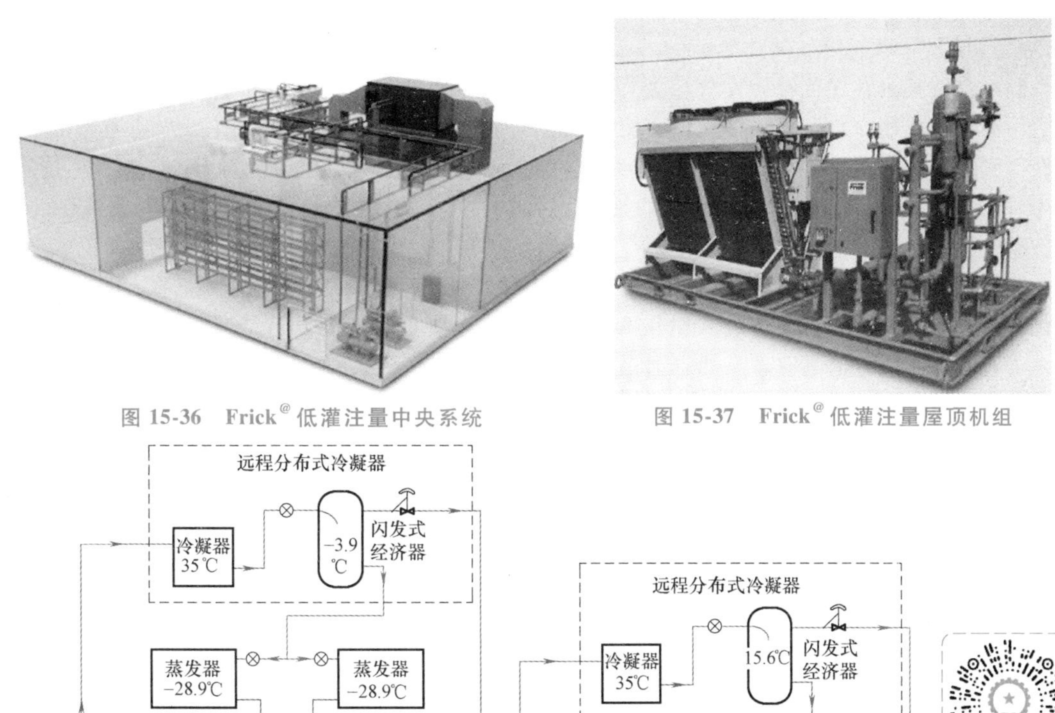

图 15-36　Frick@ 低灌注量中央系统

图 15-37　Frick@ 低灌注量屋顶机组

图 15-38　Frick@ 低灌注量制冷系统图（微信扫描二维码可看彩图）

以上介绍的六种低灌注量氨制冷系统在实际应用中的能耗如何？参考文献［26］披露了前面的五种能耗数据（图15-39）。

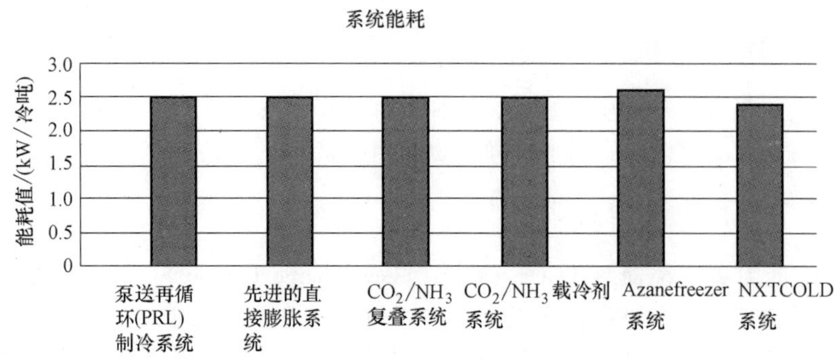

图15-39　各种低灌注量氨制冷系统的能耗值

从图15-39可以发现，除了Azanefreezer系统能耗值略大于2.5kW/RT（0.71kW/kW），NXTCOLD系统只有2.4kW/RT，其余系统基本上都是2.5kW/RT。从数据上分析，这些系统除了灌注量少以外，另外一个特点是非常节能。

15.9　冷库制冷系统运行的节能

制冷空调技术在现代社会发挥重要作用的同时，也消耗大量的能源。能源消耗伴随着对环境的污染，因此制冷空调节能在我国节能工作中具有举足轻重的地位。近年来，制冷空调的节能已经得到广泛的重视。例如，高校中建筑环境与能源应用工程等专业把“制冷空调节能技术”作为一门专业课程开设。在各种国际性和全国性制冷空调会议上，节能经常是主题或者主题之一。

制冷系统的节能包括设计、运行调节、维护等几个环节。本书内容基本围绕系统集成设计的优化，目的一方面是实现系统的安全正常运行，另一方面是达到高效节能运行。在工业发达国家，工业制冷系统普遍具有较高的自动化水平。在这种情况下，系统设计环节更加重要。它既是自动控制的基础，又是运行节能的基础。即自动化控制水平高的情况下，只要制冷系统设计优化，就可以实现安全高效运行。

我国地域辽阔，各地经济发展水平不一，技术水平也有较明显差距。目前，我国冷库行业总体的自动化水平与工业发达国家比较，还有很大的差距。大量的冷库制冷系统运行，仍然采用人工操作。显然，制冷系统运行要实现高效节能，操作是十分关键的。

实际上，在制冷系统设计方面，还有设计规范作为指导。但是，制冷系统运行调节和维护方面的规范比较缺乏。国内工业制冷系统没有统一的操作规程，通常是用户自行编制操作规程。这些操作规程的主要目的，是保证制冷系统安全正常运行。因此，在我国现阶段工业制冷系统的运行节能，尤其是对现有非自动控制系统，很大程度依靠精心操作调节。

近年来，这个问题已经得到行业同仁的关注，并相继发表了一系列论文，编制了行业标准《冷库节能运行技术规范》（SB/T 11091—2014），和国家标准《制冷系统节能运行规程　第1部分：氨制冷系统》（GB/T 33841.1—2017）。这些标准参考了工业发达国家制冷系统运行节能的文献和手册，结合国情，吸收了许多适合我国实际情况的节能新技术。

在国家标准GB/T 33841.1—2017中，其附录设计了一个现行制冷系统能效评估清单。清单针对典型的冷冻冷藏食品加工制冷系统设计，包括了工业氨制冷系统的设备和操作的主要方面，按照对系统总效率影响及对运行费用的影响程度，从 10 个方面（35 个问题）设置了分数（权重）。通过计算问卷各个部分得分，和系统总得分，用户可以评估自己制冷系统的效率，或效率提高的潜力。该能效评估清单实用性强，可操作性强，是工业制冷系统用户提高运行效率，实现节能降耗的有力工具，值得重视。

近年来，我国不断加强标准化建设。2017 年 3 月 16 日，为满足社会各界便捷地查阅国家标准文本的迫切需求，“国家标准全文公开系统”（https：//openstd. samr. gov. cn/bzgk/gb/）正式上线运行。目前任何企业和社会公众，都可以通过国家标准化管理委员会的全国标准信息公共服务平台查阅国家标准文本。例如，上述的国家标准《制冷系统节能运行规程　第 1 部分：氨制冷系统》（GB/T 33841. 1—2017），已经可以免费在网上全文阅读。

目前，对于国内外的节能新技术免费资源，许多国内制冷技术人员尚不太了解，未能很好利用。制冷系统的操作人员，普遍不太了解节能新技术，也缺乏足够的积极性。如何使节能新技术在生产中得到实际应用，使我国的工业制冷行业达到国际先进水平，尚待行业同仁的进一步努力。

15. 10　制冷管道的防腐

制冷管道的防腐主要分成两种：常温管道、阀门的防腐处理与低温管道、阀门的防腐方法。

通常在国内的设计规范中没有做出管道防腐的分类专门规定，只是要求：制冷系统管道和设备经排污、严密性试验合格后，均应涂防锈底漆和色漆。此要求与一些发达国家的规范或者标准相比还是有比较大的差距。规范与标准的编制反映了一个国家在这个行业中技术水平的先进程度。

对于常温管道、阀门，防腐处理还会分为：普通温度室内管道、阀门与高温室外露天管道、阀门。我国对普通温度室内管道、阀门的防腐要求与国外发达国家的要求相似，只是对防腐油漆的厚度以及金属管道表面处理有更加严格的标准；对高温室外露天管道、阀门的防腐要求，由于管道、阀门所处的环境变化比较大，因此制定的标准更加严格，更加完整。

工程涂层技术，
ACT材料多层涂料
金属层

图 15-40　ACT™ 涂料技术

为了适应这种要求，有外资公司推出了一种阀门的防腐涂层材料——ACT™ 涂料。根据介绍（图 15-40，图 15-41），这种涂料应用在阀门上，其效果几乎与不锈钢阀门的外观接近，其耐用性可达十年以上。

a)

b)

图 15-41　ACT™ 涂料效果比较

a）没有涂料的阀门　b）采用 ACT™ 涂料的阀门

对于低温管道、阀门的防腐，也有不同的处理方法。由于含氯的材料会对金属管道产生腐蚀，特别是在保温管道表面由于冻融循环产生的水分溶入氯的成分，会加速金属表面的腐蚀。一些早期使用的用于保温材料的聚氨酯配方中的发泡剂通常也含有氯的成分。例如 AS 4426—1997（澳大利亚）标准 *Thermal insulation of pipework, ductwork and equipment—Selection, installation and finish*（《管道、管道和设备的保温——选择、安装和完成》）以及 PIP INEG1000 *Insulation Design Guide*（PIP INEG1000《保温绝热设计指南》，美国）指出：氯化物的来源可以是绝缘层中固有的可浸出氯化物，也可以是从雨水或冲洗水进入绝缘系统的大气氯化物。某些类型的绝缘材料在可浸出氯化物中含量高于其他类型。ASTM C871 描述了测定绝缘材料中可浸出氯化物的标准试验程序。一般来说，靠近海岸的大气氯离子含量高于内陆，工业区的氯离子含量高于农村地区。

隔热层下腐蚀的缓解措施包括：①正确安装和维护、防止进水；②使用低氯绝缘材料；③在金属上涂上一层涂料防止水接触。

NACE RP 0198—2004 描述了缓解隔热条件下腐蚀的控制措施。减轻隔热下腐蚀的常用涂料是环氧酚醛和煤焦油环氧树脂。PIP CTSE1000 提供了有关涂料的更多信息。

通常是用一种“油脂带”（grease tape）搭接缠绕在管道表面（图 15-42），或用黄油涂抹在聚乙烯拉伸薄膜（polyethylene stretch wrap）后搭接缠绕在金属管道表面。这种聚乙烯拉伸薄膜类似用于缠绕埋地的煤气管道的黑色胶带或电工胶布。缠绕后才允许在管道表面上做保温的施工程序。

图 15-42　用于保温管道表面的油脂带以及施工

由于国内的制冷施工规范没有做出相应的要求，因此也没有生产类似的材料与施工的工具。笔者做过这类工程的后续回访，发现制冷系统低温部分有保温要求的管道表面，在运行时间 8~10 年之间，出现比较严重的腐蚀现象。一些腐蚀严重的部位，甚至造成管道穿孔、制冷剂泄漏的情况。

对于国内一些有要求的项目，笔者的做法是：将塑料胶带或者无纺布上涂上黄油，在需要做保温的金属管道表面缠绕后，再做管道表面上的保温工程。

本章小结

随着经济的发展、科技的日新月异，冷链物流冷库行业迅速发展壮大，先进的技术不断应用在冷链物流冷库行业。工业制冷系统的工厂化、模块化、智能化将是这个行业达到环保、节能的重要基础。除了一些特大型的制冷系统，需要安装工人在现场做一些连接工作外，制冷系统的大部分工作将在工厂完成。

平心而论，我国在工业制冷领域的技术水平，对比发达国家仍然属于需要认真学习的追赶阶段。许多技术需要我们不断地实践、积累与摸索。而发展与创新则应该建立在坚实的理论数据平台上，这样才能有我们的核心技术与创新手段。

本书介绍了许多现代工业制冷系统的模式，以及系统的计算方法与设备选型。工业制冷系统的设备选型包括压缩机、冷风机、冷凝器、阀门以及管道的选型以及各种容器的选型计算等。

与我们行业相近的空调行业，已经完成了系统设计软件的编制工作。工业制冷系统人工智能化的选型设计，需要的技术和计算数据（包括数据库）已经具备，因此具备了智能化系统设计软件的编制条件，我们应该朝这个方向发展。希望我国的工业制冷技术的发展越来越好！

参考文献

[1]　烟台冰轮股份公司项目方案书 [Z]. 2014.

[2]　中华人民共和国住房和城乡建设部. 冷库设计规范：GB 50072—2014 [S]. 北京：中国计划出版社，2021.

[3]　HEATCRAFT 公司广州项目投标设计文件 [Z]. 2006.

[4]　丹佛斯公司. 浅析氨制冷系统安全性 PPT [Z]. 2013.

[5]　OpteonTMXP40 Refrigeration [Z]. 2016.

[6]　Johnson controls 公司. Sabroe About CO_2 Compressor PPT [Z]. 2016.

[7]　福建雪人股份有限公司冷藏库负荷计算文件 [Z]. 2017.

[8]　郝敬熙，唐建国. NH_3/CO_2 复叠式制冷及其在冷库上的应用 [Z]. 2016.

[9]　丹佛斯公司. 丹佛斯应用手册 [Z]. 2016.

[10]　HILLPHOENIX 公司. Cold storage and Ind refrigeration [Z]. 2014.

[11]　优泰门业有限公司产品介绍 PPT [Z]. 2015.

[12]　李林. 近年来大型物流冷库发展动态 PPT [Z]. 2008.

[13]　台朔重工（宁波）有限公司. 北京京津港国际物流有限公司冷库工程文件说明 [Z]. 2012.

[14]　DEPARTMENT OF LABOUR. Government Notice [Z]. 1996.

[15]　美国 Industrial Scientific 公司气体检测及应用手册 [Z]. 2012.

[16]　丹佛斯公司. "制冷系统用气体检测传感器" 应用手册 [Z]. 2016.

[17]　低灌注量氨制冷系统 [Z]. 2016.

[18]　International Institute Ammonia Refrigeration. Guidelines for identification of ammonia refrigeration piping and system components [Z]. 1991.

[19]　网络监控 [Z]. 2013.

[20]　捷配电子通. 监控手册 [Z]. 2016.

[21]　映翰通网络公司文件 [Z]. 2016.

[22]　百度百科. Revit 定义 [Z]. 2013.

[23]　Dunmin5247 Revit 入门级小教程 [Z]. 2013.

[24]　Stellar（美国）公司介绍 PPT [Z]. 2014.

[25]　Johnson controls 公司. (Frick) 公司产品设计 [Z]. 2016.

[26]　约克公司低灌注量中央系统 [Z].

[27]　张建一，李莉. 制冷空调节能技术 [M]. 北京：机械工业出版社，2011.

[28]　全国制冷标准化技术委员会. 冷库节能运行技术规范：SB/T 11091—2014 [S]. 北京：中国标准出版社，2015.

[29]　全国能量系统标准化技术委员会. 制冷系统节能运行规程　第 1 部分：氨制冷系统：GB/T 33841.1—2017 [S]. 北京：中国标准出版社，2017.

[30]　张建一. 氨制冷系统能效评估清单剖析 [J]. 冷藏技术，2017，40 (3)：40-45.

[31]　ACT^{TM}-protect all valves from corrosion [Z]. HANSEN TECHOLOIGES CORPORATION. 2020.

[32]　Thermal insulation of pipework，ductwork and equipment—Selection，installation and finish：AS 4426—1997 [S]. 1997.

[33]　PIP INEG1000 Insulation Design Guide [S]. 2010.

附录

附录一　R22 热力性质表

温度/℃	压力/bar	比体积		焓		蒸发热/(kJ/kg)	熵	
		dm^3/kg（液体）	m^3/kg（气体）	kJ/kg（液体）	kJ/kg（气体）		kJ/(kg·K)（液体）	kJ/(kg·K)（气体）
-80	0.105	0.6580	1.76347	115.05	369.32	254.27	0.6355	1.9519
-79	0.112	0.6592	1.65054	116.01	369.81	253.80	0.6405	1.9477
-78	0.120	0.6603	1.54606	116.98	370.31	253.32	0.6454	1.9435
-77	0.129	0.6615	1.44931	117.95	370.80	252.85	0.6504	1.9394
-76	0.138	0.6626	1.35964	118.92	371.29	252.37	0.6553	1.9354
-75	0.148	0.6638	1.27648	119.90	371.78	251.89	0.6603	1.9314
-74	0.158	0.6650	1.19928	120.87	372.27	251.40	0.6652	1.9275
-73	0.169	0.6661	1.12757	121.85	372.77	250.92	0.6701	1.9237
-72	0.180	0.6673	1.06089	122.83	373.26	250.43	0.6749	1.9199
-71	0.193	0.6685	0.99885	123.81	373.75	249.94	0.6798	1.9162
-70	0.205	0.6697	0.94109	124.79	374.24	249.45	0.6846	1.9125
-69	0.219	0.6709	0.88726	125.78	374.73	248.95	0.6895	1.9089
-68	0.233	0.6721	0.83706	126.77	375.22	248.45	0.6943	1.9054
-67	0.248	0.6733	0.79021	127.76	375.71	247.95	0.6991	1.9019
-66	0.263	0.6746	0.74647	128.75	376.20	247.45	0.7039	1.8985
-65	0.280	0.6758	0.70558	129.74	376.69	246.95	0.7087	1.8951
-64	0.297	0.6770	0.66735	130.74	377.18	246.44	0.7135	1.8918
-63	0.315	0.6783	0.63157	131.74	377.66	245.93	0.7182	1.8885
-62	0.334	0.6795	0.59807	132.74	378.15	245.41	0.7230	1.8852
-61	0.354	0.6808	0.56667	133.74	378.64	244.90	0.7277	1.8821
-60	0.375	0.6821	0.53724	134.75	379.12	244.38	0.7324	1.8789
-59	0.397	0.6833	0.50962	135.76	379.61	243.85	0.7372	1.8758
-58	0.420	0.6846	0.48369	136.77	380.09	243.32	0.7419	1.8728
-57	0.444	0.6859	0.45933	137.78	380.58	242.79	0.7465	1.8698
-56	0.469	0.6872	0.43643	138.80	381.06	242.26	0.7512	1.8669
-55	0.495	0.6885	0.41489	139.81	381.54	241.72	0.7559	1.8640
-54	0.522	0.6899	0.39462	140.84	382.02	241.18	0.7606	1.8611
-53	0.551	0.6912	0.37554	141.86	382.50	240.64	0.7652	1.8583
-52	0.580	0.6925	0.35755	142.88	382.98	240.09	0.7699	1.8555

（续）

温度/℃	压力/bar	比体积		焓		蒸发热/(kJ/kg)	熵	
		dm³/kg（液体）	m³/kg（气体）	kJ/kg（液体）	kJ/kg（气体）		kJ/(kg·K)（液体）	kJ/(kg·K)（气体）
-51	0.611	0.6939	0.34060	143.91	383.45	239.54	0.7745	1.8528
-50	0.644	0.6952	0.32461	144.94	383.93	238.99	0.7791	1.8501
-49	0.678	0.6966	0.30951	145.98	384.40	238.43	0.7837	1.8474
-48	0.713	0.6980	0.29526	147.01	384.88	237.86	0.7883	1.8448
-47	0.749	0.6994	0.28180	148.05	385.35	237.30	0.7929	1.8422
-46	0.787	0.7008	0.26907	149.09	385.82	236.73	0.7975	1.8397
-45	0.827	0.7022	0.25703	150.14	386.29	236.15	0.8021	1.8372
-44	0.868	0.7036	0.24564	151.19	386.76	235.57	0.8066	1.8347
-43	0.911	0.7050	0.23485	152.24	387.23	234.99	0.8112	1.8322
-42	0.955	0.7064	0.22464	153.29	387.69	234.40	0.8157	1.8298
-41	1.002	0.7079	0.21496	154.34	388.16	233.81	0.8203	1.8275
-40	1.049	0.7093	0.20578	155.40	388.62	233.22	0.8248	1.8251
-39	1.099	0.7108	0.19707	156.46	389.08	232.62	0.8293	1.8228
-38	1.151	0.7123	0.18881	157.52	389.54	232.01	0.8339	1.8205
-37	1.204	0.7138	0.18096	158.59	390.00	231.41	0.8384	1.8183
-36	1.259	0.7153	0.17351	159.66	390.45	230.79	0.8429	1.8161
-35	1.317	0.7168	0.16642	160.73	390.91	230.18	0.8474	1.8139
-34	1.376	0.7183	0.15969	161.80	391.36	229.55	0.8518	1.8117
-33	1.438	0.7198	0.15329	162.88	391.81	228.93	0.8563	1.8096
-32	1.501	0.7214	0.14719	163.96	392.26	228.30	0.8608	1.8075
-31	1.567	0.7229	0.14139	165.04	392.70	227.66	0.8652	1.8054
-30	1.635	0.7245	0.13586	166.13	393.15	227.02	0.8697	1.8034
-29	1.705	0.7261	0.13060	167.22	393.59	226.37	0.8741	1.8013
-28	1.778	0.7277	0.12558	168.31	394.03	225.72	0.8786	1.7993
-27	1.853	0.7293	0.12080	169.40	394.47	225.07	0.8830	1.7974
-26	1.930	0.7309	0.11623	170.50	394.91	224.41	0.8874	1.7954
-25	2.010	0.7325	0.11187	171.60	395.34	223.74	0.8918	1.7935
-24	2.092	0.7342	0.10772	172.70	395.77	223.07	0.8963	1.7916
-23	2.177	0.7358	0.10374	173.80	396.20	222.40	0.9007	1.7897
-22	2.265	0.7375	0.09995	174.91	396.63	221.72	0.9050	1.7879
-21	2.355	0.7392	0.09632	176.02	397.05	221.03	0.9094	1.7860
-20	2.448	0.7409	0.09286	177.13	397.48	220.34	0.9138	1.7842
-19	2.544	0.7426	0.08954	178.25	397.90	219.65	0.9182	1.7824
-18	2.643	0.7443	0.08637	179.37	398.31	218.95	0.9226	1.7807
-17	2.745	0.7461	0.08333	180.49	398.73	218.24	0.9269	1.7789

（续）

温度/℃	压力/bar	比体积		焓		蒸发热/(kJ/kg)	熵	
		dm^3/kg（液体）	m^3/kg（气体）	kJ/kg（液体）	kJ/kg（气体）		kJ/(kg·K)（液体）	kJ/(kg·K)（气体）
-16	2.849	0.7478	0.08042	181.61	399.14	217.53	0.9313	1.7772
-15	2.957	0.7496	0.07763	182.74	399.55	216.81	0.9356	1.7755
-14	3.068	0.7514	0.07497	183.87	399.96	216.09	0.9399	1.7738
-13	3.182	0.7532	0.07241	185.00	400.37	215.36	0.9443	1.7721
-12	3.299	0.7550	0.06996	186.14	400.77	214.63	0.9486	1.7705
-11	3.419	0.7569	0.06760	187.28	401.17	213.89	0.9529	1.7688
-10	3.543	0.7587	0.06535	188.42	401.56	213.14	0.9572	1.7672
-9	3.670	0.7606	0.06318	189.57	401.96	212.39	0.9615	1.7656
-8	3.801	0.7625	0.06110	190.71	402.35	211.64	0.9658	1.7640
-7	3.935	0.7644	0.05911	191.86	402.74	210.87	0.9701	1.7624
-6	4.072	0.7663	0.05719	193.02	403.12	210.11	0.9744	1.7609
-5	4.213	0.7683	0.05534	194.17	403.51	209.33	0.9787	1.7593
-4	4.358	0.7703	0.05357	195.33	403.88	208.55	0.9830	1.7578
-3	4.507	0.7722	0.05187	196.50	404.26	207.77	0.9872	1.7563
-2	4.659	0.7742	0.05023	197.66	404.63	206.97	0.9915	1.7548
-1	4.816	0.7763	0.04866	198.83	405.00	206.17	0.9957	1.7533
0	4.976	0.7783	0.04714	200.00	405.37	205.37	1.0000	1.7519
1	5.140	0.7804	0.04568	201.17	405.73	204.56	1.0042	1.7504
2	5.308	0.7825	0.04427	202.35	406.09	203.74	1.0085	1.7490
3	5.481	0.7846	0.04292	203.53	406.45	202.92	1.0127	1.7475
4	5.657	0.7867	0.04162	204.72	406.80	202.09	1.0169	1.7461
5	5.838	0.7889	0.04036	205.90	407.15	201.25	1.0212	1.7447
6	6.023	0.7910	0.03915	207.09	407.50	200.41	1.0254	1.7433
7	6.212	0.7932	0.03798	208.29	407.84	199.55	1.0296	1.7419
8	6.406	0.7955	0.03685	209.48	408.18	198.70	1.0338	1.7405
9	6.604	0.7977	0.03576	210.68	408.51	197.83	1.0380	1.7392
10	6.807	0.8000	0.03472	211.88	408.84	196.96	1.0422	1.7378
11	7.014	0.8023	0.03370	213.09	409.17	196.08	1.0464	1.7365
12	7.226	0.8046	0.03273	214.30	409.49	195.19	1.0506	1.7351
13	7.443	0.8070	0.03179	215.49	409.81	194.32	1.0547	1.7338
14	7.665	0.8094	0.03087	216.70	410.13	193.42	1.0589	1.7325
15	7.891	0.8118	0.02999	217.92	410.44	192.52	1.0631	1.7312
16	8.123	0.8142	0.02914	219.15	410.75	191.60	1.0672	1.7299
17	8.359	0.8167	0.02832	220.37	411.05	190.68	1.0714	1.7286
18	8.601	0.8192	0.02752	221.60	411.35	189.74	1.0756	1.7273

（续）

温度/℃	压力/bar	比体积		焓		蒸发热/(kJ/kg)	熵	
		dm^3/kg（液体）	m^3/kg（气体）	kJ/kg（液体）	kJ/kg（气体）		kJ/(kg·K)（液体）	kJ/(kg·K)（气体）
19	8.847	0.8217	0.02675	222.83	411.64	188.81	1.0797	1.7260
20	9.099	0.8243	0.02601	224.07	411.93	187.86	1.0839	1.7247
21	9.356	0.8269	0.02529	225.31	412.21	186.90	1.0880	1.7234
22	9.619	0.8295	0.02459	226.56	412.49	185.94	1.0922	1.7221
23	9.887	0.8322	0.02391	227.80	412.77	184.96	1.0963	1.7209
24	10.160	0.8349	0.02326	229.05	413.03	183.98	1.1005	1.7196
25	10.439	0.8376	0.02263	230.31	413.30	182.99	1.1046	1.7183
26	10.723	0.8404	0.02201	231.57	413.56	181.99	1.1087	1.7171
27	11.014	0.8432	0.02142	232.83	413.81	180.98	1.1129	1.7158
28	11.309	0.8461	0.02084	234.10	414.06	179.96	1.1170	1.7146
29	11.611	0.8490	0.02029	235.37	414.30	178.93	1.1211	1.7133
30	11.919	0.8519	0.01974	236.65	414.54	177.89	1.1253	1.7121
31	12.232	0.8549	0.01922	237.93	414.77	176.84	1.1294	1.7108
32	12.552	0.8579	0.01871	239.22	415.00	175.78	1.1335	1.7096
33	12.878	0.8610	0.01822	240.51	415.22	174.71	1.1377	1.7083
34	13.210	0.8641	0.01774	241.80	415.43	173.63	1.1418	1.7071
35	13.548	0.8673	0.01727	243.10	415.64	172.54	1.1459	1.7058
36	13.892	0.8705	0.01682	244.41	415.84	171.43	1.1500	1.7046
37	14.243	0.8738	0.01638	245.71	416.03	170.32	1.1542	1.7033
38	14.601	0.8771	0.01595	247.03	416.22	169.19	1.1583	1.7021
39	14.965	0.8805	0.01554	248.35	416.40	168.05	1.1624	1.7008
40	15.335	0.8839	0.01514	249.67	416.57	166.90	1.1666	1.6995
41	15.712	0.8874	0.01475	251.00	416.74	165.73	1.1707	1.6983
42	16.097	0.8909	0.01437	252.34	416.89	164.55	1.1748	1.6970
43	16.487	0.8946	0.01400	253.68	417.04	163.36	1.1790	1.6957
44	16.885	0.8983	0.01364	255.03	417.18	162.15	1.1831	1.6944
45	17.290	0.9020	0.01329	256.38	417.32	160.93	1.1873	1.6931
46	17.702	0.9058	0.01295	257.74	417.44	159.70	1.1914	1.6918
47	18.121	0.9097	0.01261	259.11	417.56	158.45	1.1956	1.6905
48	18.548	0.9137	0.01229	260.49	417.66	157.18	1.1998	1.6892
49	18.982	0.9178	0.01198	261.87	417.76	155.90	1.2039	1.6878
50	19.423	0.9219	0.01167	263.25	417.85	154.60	1.2081	1.6865
51	19.872	0.9261	0.01137	264.65	417.93	153.28	1.2123	1.6851
52	20.328	0.9304	0.01108	266.05	417.99	151.94	1.2165	1.6838
53	20.793	0.9349	0.01080	267.46	418.05	150.59	1.2207	1.6824

（续）

温度/℃	压力/bar	比体积		焓		蒸发热/(kJ/kg)	熵	
		dm^3/kg（液体）	m^3/kg（气体）	kJ/kg（液体）	kJ/kg（气体）		kJ/(kg·K)（液体）	kJ/(kg·K)（气体）
54	21.265	0.9394	0.01052	268.88	418.09	149.21	1.2249	1.6810
55	21.744	0.9440	0.01025	270.31	418.13	147.82	1.2291	1.6796
56	22.232	0.9487	0.00999	271.74	418.15	146.40	1.2333	1.6781
57	22.728	0.9535	0.00973	273.19	418.16	144.97	1.2376	1.6767
58	23.232	0.9585	0.00948	274.64	418.15	143.51	1.2418	1.6752
59	23.745	0.9635	0.00924	276.11	418.13	142.02	1.2461	1.6737
60	24.266	0.9687	0.00900	277.58	418.10	140.52	1.2504	1.6722

附录二　R23热力性质表

温度/℃	压力/bar	比体积		焓		蒸发热/(kJ/kg)	熵	
		dm^3/kg（液体）	m^3/kg（气体）	kJ/kg（液体）	kJ/kg（气体）		kJ/(kg·K)（液体）	kJ/(kg·K)（气体）
-82.66	1.015	0.6950	0.21425	86.30	325.92	239.62	0.5180	1.7716
-81.00	1.075	0.6966	0.20299	87.47	326.33	238.86	0.5241	1.7672
-80.00	1.138	0.6982	0.19245	88.65	326.74	238.09	0.5302	1.7629
-79.00	1.204	0.6998	0.18255	89.83	327.14	237.31	0.5363	1.7586
-78.00	1.273	0.7015	0.17327	91.01	327.55	236.53	0.5423	1.7544
-77.00	1.345	0.7032	0.16455	92.20	327.94	235.74	0.5484	1.7502
-76.00	1.419	0.7049	0.15635	93.40	328.34	234.94	0.5544	1.7461
-75.00	1.498	0.7066	0.14865	94.59	328.73	234.13	0.5605	1.7421
-74.00	1.579	0.7084	0.14140	95.80	329.12	233.32	0.5665	1.7380
-73.00	1.664	0.7101	0.13457	97.01	329.50	232.49	0.5725	1.7341
-72.00	1.753	0.7119	0.12813	98.22	329.88	231.66	0.5785	1.7302
-71.00	1.845	0.7138	0.12207	99.44	330.25	230.81	0.5845	1.7263
-70.00	1.941	0.7156	0.11635	100.66	330.62	229.96	0.5905	1.7225
-69.00	2.041	0.7175	0.11095	101.89	330.98	229.10	0.5965	1.7187
-68.00	2.145	0.7194	0.10585	103.12	331.35	228.22	0.6025	1.7150
-67.00	2.253	0.7213	0.10104	104.36	331.70	227.34	0.6085	1.7113
-66.00	2.365	0.7232	0.09648	105.61	332.05	226.45	0.6145	1.7077
-65.00	2.481	0.7252	0.09217	106.86	332.40	225.54	0.6205	1.7040
-64.00	2.602	0.7272	0.08810	108.12	332.75	224.63	0.6265	1.7005
-63.00	2.727	0.7293	0.08423	109.38	333.08	223.71	0.6324	1.6969
-62.00	2.857	0.7313	0.08058	110.65	333.42	222.77	0.6384	1.6935
-61.00	2.991	0.7334	0.07711	111.92	333.75	221.83	0.6444	1.6900

（续）

温度/℃	压力/bar	比体积		焓		蒸发热/(kJ/kg)	熵	
		dm³/kg（液体）	m³/kg（气体）	kJ/kg（液体）	kJ/kg（气体）		kJ/(kg·K)（液体）	kJ/(kg·K)（气体）
-60.00	3.130	0.7355	0.07382	113.20	334.07	220.87	0.6504	1.6866
-59.00	3.275	0.7377	0.07070	114.49	334.39	219.90	0.6563	1.6832
-58.00	3.424	0.7399	0.06774	115.78	334.70	218.93	0.6623	1.6799
-57.00	3.578	0.7421	0.06493	117.08	335.01	217.94	0.6683	1.6765
-56.00	3.738	0.7443	0.06225	118.38	335.32	216.94	0.6742	1.6733
-55.00	3.903	0.7466	0.05971	119.69	335.62	215.93	0.6802	1.6700
-54.00	4.074	0.7489	0.05729	121.01	335.91	214.91	0.6862	1.6668
-53.00	4.250	0.7513	0.05499	122.33	336.20	213.87	0.6921	1.6636
-52.00	4.432	0.7537	0.05281	123.65	336.48	212.83	0.6981	1.6604
-51.00	4.620	0.7561	0.05072	124.99	336.76	211.78	0.7040	1.6573
-50.00	4.814	0.7586	0.04873	126.32	337.03	210.71	0.7100	1.6542
-49.00	5.014	0.7611	0.04684	127.67	337.30	209.63	0.7159	1.6511
-48.00	5.220	0.7636	0.04503	129.02	337.56	208.54	0.7218	1.6481
-47.00	5.432	0.7662	0.04331	130.37	337.82	207.45	0.7278	1.6451
-46.00	5.651	0.7688	0.04167	131.73	338.07	206.33	0.7337	1.6421
-45.00	5.877	0.7715	0.04009	133.10	338.31	205.21	0.7396	1.6391
-44.00	6.109	0.7742	0.03859	134.47	338.55	204.08	0.7455	1.6361
-43.00	6.348	0.7770	0.03716	135.85	338.78	202.94	0.7514	1.6332
-42.00	6.593	0.7798	0.03579	137.20	339.01	201.80	0.7573	1.6303
-41.00	6.846	0.7826	0.03448	138.59	339.23	200.64	0.7632	1.6274
-40.00	7.106	0.7856	0.03323	139.98	339.44	199.46	0.7690	1.6245
-39.00	7.374	0.7885	0.03203	141.38	339.65	198.27	0.7749	1.6217
-38.00	7.648	0.7915	0.03088	142.78	339.85	197.07	0.7808	1.6189
-37.00	7.931	0.7946	0.02978	144.18	340.04	195.86	0.7867	1.6161
-36.00	0.221	0.7977	0.02872	145.59	340.23	194.63	0.7925	1.6133
-35.00	8.519	0.8009	0.02771	147.01	340.40	193.40	0.7984	1.6105
-34.00	8.824	0.8041	0.02674	148.42	340.58	192.15	0.8042	1.6077
-33.00	9.138	0.8074	0.02581	149.85	340.74	190.89	0.8101	1.6049
-32.00	9.460	0.8108	0.02492	151.28	340.90	189.62	0.8159	1.6022
-31.00	9.791	0.8142	0.02406	152.71	341.04	188.34	0.8217	1.5995
-30.00	10.129	0.8177	0.02324	154.14	341.18	187.04	0.8275	1.5968
-29.00	10.477	0.8212	0.02245	155.59	341.32	185.73	0.8333	1.5940
-28.00	10.033	0.8248	0.02169	157.03	341.44	184.41	0.8391	1.5913
-27.00	11.198	0.8286	0.02095	158.48	341.56	183.08	0.8449	1.5886
-26.00	11.572	0.8323	0.02025	159.94	341.66	181.73	0.8507	1.5859

（续）

温度/℃	压力/bar	比体积		焓		蒸发热/(kJ/kg)	熵	
		dm^3/kg（液体）	m^3/kg（气体）	kJ/kg（液体）	kJ/kg（气体）		kJ/(kg·K)（液体）	kJ/(kg·K)（气体）
-25.00	11.955	0.8362	0.01957	161.39	341.76	100.37	0.9564	1.5833
-24.00	12.348	0.8401	0.01892	162.86	341.05	178.99	0.8622	1.5806
-23.00	12.750	0.8442	0.01830	164.33	341.93	177.60	0.8679	1.5779
-22.00	13.162	0.8483	0.01769	165.80	341.99	176.20	0.8737	1.5752
-21.00	13.583	0.8525	0.01711	167.28	342.05	174.78	0.8794	1.5725
-20.00	14.015	0.8568	0.01652	167.56	342.11	173.34	0.8851	1.5698
-19.00	14.456	0.8612	0.01597	169.01	342.13	171.89	0.8908	1.5671
-18.00	14.908	0.8657	0.01549	171.74	342.16	170.42	0.8965	1.5614
-17.00	15.370	0.8703	0.01498	173.24	342.17	168.93	0.9022	1.5617
-16.00	15.842	0.8750	0.01450	174.74	342.17	167.43	0.9079	1.5590
-15.00	16.326	0.8798	0.01403	176.25	342.16	165.91	0.9136	1.5563
-14.00	16.820	0.8848	0.01357	177.77	342.13	164.36	0.9193	1.5536
-13.00	17.326	0.8899	0.01313	179.29	342.09	162.80	0.9250	1.5508
-12.00	17.843	0.8951	0.01271	180.82	342.03	161.21	0.9307	1.5480
-11.00	18.371	0.9004	0.01230	182.36	341.96	159.60	0.9364	1.5452
-10.00	18.911	0.9059	0.01190	183.91	341.88	157.97	0.9421	1.5424
-9.00	19.463	0.9116	0.01152	185.46	341.77	156.31	0.9478	1.5396
-8.00	20.027	0.9174	0.01115	187.03	341.65	154.62	0.9535	1.5367
-7.00	20.603	0.9234	0.01079	188.60	341.51	152.91	0.9593	1.5338
-6.00	21.192	0.9296	0.01044	190.19	341.35	151.16	0.9650	1.5309
-5.00	21.794	0.9360	0.01010	191.79	341.17	149.39	0.9708	1.5279
-4.00	22.408	0.9425	0.00977	193.40	340.97	147.57	0.9766	1.5249
-3.00	23.036	0.9493	0.00945	195.02	340.75	145.72	0.9824	1.5218
-2.00	23.677	0.9563	0.00914	196.67	340.50	143.83	0.9882	1.5187
-1.00	24.332	0.9636	0.00884	198.32	340.22	141.90	0.9941	1.5155
0.00	25.001	0.9711	0.00855	200.00	339.92	139.92	1.0000	1.5123
1.00	25.685	0.9788	0.00826	201.70	339.59	137.89	1.0060	1.5089
2.00	26.383	0.9869	0.00799	203.41	339.23	135.81	1.0120	1.5056
3.00	27.095	0.9953	0.00772	205.16	338.83	133.67	1.0180	1.5021
4.00	27.823	1.0041	0.00745	206.92	338.40	131.47	1.0241	1.4985
5.00	28.567	1.0132	0.00720	208.72	337.93	129.21	1.0304	1.4949
6.00	29.326	1.0227	0.00695	210.55	337.41	126.86	1.0366	1.4911
7.00	30.101	1.0327	0.00670	212.41	336.85	124.44	1.0430	1.4872
8.00	30.893	1.0431	0.00646	214.32	336.24	121.91	1.0495	1.4832
9.00	31.702	1.0541	0.00623	216.26	335.58	119.32	1.0561	1.4790

（续）

温度/℃	压力/bar	比体积		焓		蒸发热/(kJ/kg)	熵	
		dm³/kg（液体）	m³/kg（气体）	kJ/kg（液体）	kJ/kg（气体）		kJ/(kg·K)（液体）	kJ/(kg·K)（气体）
10.00	32.528	1.0657	0.00600	218.24	334.86	116.62	1.0628	1.4747
11.00	33.372	1.0779	0.00577	220.29	334.06	113.78	1.0697	1.4701
12.00	34.233	1.0909	0.00555	222.39	333.20	110.81	1.0768	1.4654
13.00	35.113	1.1047	0.00534	224.56	332.25	107.70	1.0840	1.4604
14.00	36.012	1.1194	0.00512	226.80	331.21	104.42	1.0915	1.4551
15.00	36.931	1.1353	0.00491	229.12	330.07	100.95	1.0992	1.4495
16.00	37.869	1.1524	0.00470	231.54	328.80	97.26	1.1072	1.4436
17.00	38.828	1.1711	0.00449	234.07	327.39	93.32	1.1156	1.4372
18.00	39.807	1.1916	0.00428	236.73	325.81	89.08	1.1243	1.4303
19.00	40.808	1.2143	0.00407	239.55	324.02	84.48	1.1336	1.4227
20.00	41.831	1.2400	0.00386	242.55	321.98	79.44	1.1434	1.4143
21.00	42.876	1.2695	0.00364	245.79	319.60	73.81	1.1540	1.4049
22.00	43.944	1.3043	0.00342	249.33	316.78	67.45	1.1655	1.3941
23.00	45.036	1.3472	0.00318	253.31	313.32	60.01	1.1785	1.3811
24.00	46.153	1.4041	0.00292	257.97	308.79	50.83	1.1937	1.3647
25.00	47.294	1.4926	0.00260	264.01	302.02	38.01	1.2134	1.3409
25.90	48.300	1.9050	0.00191	281.32	281.32	0.00	1.2708	1.2708

附录三　R448A 热力性质表

温度/℃	液体压力/bar	气体压力/bar	比体积		焓		蒸发热/(kJ/kg)	熵	
			dm³/kg（液体）	m³/kg（气体）	kJ/kg（液体）	kJ/kg（气体）		kJ/(kg·K)（液体）	kJ/(kg·K)（气体）
-50	0.8360	0.60286	0.73444	0.34624	132.45	372.98	240.53	0.72897	1.8244
-49	0.8791	0.63641	0.73605	0.32909	133.75	373.58	239.83	0.73476	1.822
-48	0.9239	0.67143	0.73768	0.31295	135.05	374.18	239.13	0.74052	1.8197
-47	0.9705	0.70798	0.73933	0.29776	136.35	374.78	238.43	0.74627	1.8174
-46	1.0190	0.74609	0.74098	0.28345	137.65	375.38	237.73	0.75199	1.8152
-45	1.0693	0.78583	0.74265	0.26996	138.95	375.97	237.02	0.7577	1.813
-44	1.1216	0.82723	0.74432	0.25725	140.26	376.57	236.31	0.76339	1.8108
-43	1.1758	0.87035	0.74602	0.24525	141.56	377.16	235.6	0.76906	1.8087
-42	1.2321	0.91523	0.74772	0.23392	142.87	377.76	234.89	0.77472	1.8066
-41	1.2905	0.96193	0.74944	0.22322	144.18	378.35	234.17	0.78036	1.8045
-40	1.3511	1.0105	0.75117	0.21311	145.49	378.94	233.45	0.78598	1.8025
-39	1.4139	1.0610	0.75291	0.20354	146.81	379.53	232.72	0.79158	1.8005

（续）

温度/℃	液体压力/bar	气体压力/bar	比体积		焓		蒸发热/(kJ/kg)	熵	
			dm^3/kg（液体）	m^3/kg（气体）	kJ/kg（液体）	kJ/kg（气体）		kJ/(kg·K)（液体）	kJ/(kg·K)（气体）
-38	1.4789	1.1134	0.75467	0.19449	148.12	380.11	231.99	0.79717	1.7986
-37	1.5462	1.1679	0.75644	0.18593	149.44	380.7	231.26	0.80275	1.7967
-36	1.6160	1.2245	0.75823	0.17782	150.76	381.28	230.52	0.8083	1.7948
-35	1.6881	1.2832	0.76003	0.17013	152.08	381.86	229.78	0.81384	1.7929
-34	1.7627	1.3441	0.76185	0.16284	153.41	382.44	229.03	0.81937	1.7911
-33	1.8399	1.4072	0.76368	0.15593	154.74	383.02	228.28	0.82488	1.7893
-32	1.9197	1.4727	0.76553	0.14937	156.06	383.60	227.54	0.83038	1.7876
-31	2.0021	1.5405	0.76739	0.14314	157.40	384.17	226.77	0.83586	1.7859
-30	2.0873	1.6107	0.76927	0.13722	158.73	384.74	226.01	0.84133	1.7842
-29	2.1752	1.6834	0.77116	0.13160	160.06	385.31	225.25	0.84678	1.7825
-28	2.2660	1.7586	0.77308	0.12626	161.40	385.88	224.48	0.85222	1.7808
-27	2.3596	1.8365	0.77500	0.12117	162.74	386.45	223.71	0.85765	1.7792
-26	2.4563	1.9170	0.77695	0.11633	164.09	387.01	222.92	0.86306	1.7776
-25	2.5559	2.0002	0.77891	0.11173	165.43	387.57	222.14	0.86846	1.7761
-24	2.6586	2.0862	0.78090	0.10734	166.78	388.13	221.35	0.87385	1.7745
-23	2.7645	2.1750	0.78290	0.10316	168.13	388.69	220.56	0.87922	1.7730
-22	2.8736	2.2668	0.78491	0.099172	169.48	389.25	219.77	0.88459	1.7715
-21	2.9860	2.3615	0.78695	0.095372	170.84	389.80	218.96	0.88994	1.7701
-20	3.1017	2.4593	0.78901	0.091747	172.20	390.35	218.15	0.89528	1.7686
-19	3.2208	2.5601	0.79109	0.088287	173.56	390.89	217.33	0.90061	1.7672
-18	3.3433	2.6642	0.79318	0.084983	174.92	391.44	216.52	0.90593	1.7658
-17	3.4694	2.7715	0.79530	0.081827	176.29	391.98	215.69	0.91123	1.7644
-16	3.5991	2.8820	0.79744	0.078812	177.66	392.52	214.86	0.91653	1.7631
-15	3.7325	2.9960	0.79960	0.075930	179.03	393.06	214.03	0.92181	1.7617
-14	3.8696	3.1134	0.80179	0.073174	180.40	393.59	213.19	0.92709	1.7604
-13	4.0105	3.2343	0.80399	0.070537	181.78	394.12	212.34	0.93235	1.7591
-12	4.1552	3.3587	0.80622	0.068014	183.16	394.65	211.49	0.93761	1.7578
-11	4.3039	3.4869	0.80847	0.065599	184.55	395.17	210.62	0.94285	1.7566
-10	4.4566	3.6187	0.81075	0.063286	185.94	395.69	209.75	0.94809	1.7553
-9	4.6133	3.7543	0.81305	0.061070	187.33	396.21	208.88	0.95332	1.7541
-8	4.7742	3.8938	0.81538	0.058947	188.72	396.73	208.01	0.95854	1.7529
-7	4.9393	4.0373	0.81773	0.056911	190.12	397.24	207.12	0.96375	1.7517
-6	5.1087	4.1847	0.82011	0.054959	191.52	397.75	206.23	0.96895	1.7505
-5	5.2824	4.3362	0.82251	0.053086	192.92	398.25	205.33	0.97414	1.7493
-4	5.4605	4.4919	0.82494	0.051290	194.33	398.75	204.42	0.97933	1.7481

（续）

温度/℃	液体压力/bar	气体压力/bar	比体积		焓		蒸发热/(kJ/kg)	熵	
			dm³/kg（液体）	m³/kg（气体）	kJ/kg（液体）	kJ/kg（气体）		kJ/(kg·K)（液体）	kJ/(kg·K)（气体）
-3	5.6432	4.6518	0.82740	0.049565	195.74	399.25	203.51	0.98451	1.7470
-2	5.8303	4.8160	0.82990	0.047908	197.16	399.74	202.58	0.98968	1.7459
-1	6.0221	4.9846	0.83241	0.046317	198.58	400.23	201.65	0.99484	1.7447
0	6.2186	5.1577	0.83497	0.044789	200.00	400.72	200.72	1.0000	1.7436
1	6.4199	5.3353	0.83755	0.043319	201.43	401.20	199.77	1.00520	1.7425
2	6.6261	5.5175	0.84016	0.041907	202.86	401.68	198.82	1.01030	1.7415
3	6.8371	5.7044	0.84281	0.040548	204.29	402.15	197.86	1.0154	1.7404
4	7.0531	5.8961	0.84549	0.039241	205.73	402.62	196.89	1.0206	1.7393
5	7.2743	6.0927	0.8482	0.037983	207.17	403.09	195.92	1.0257	1.7383
6	7.5005	6.2942	0.85095	0.036773	208.62	403.55	194.93	1.0308	1.7372
7	7.7320	6.5007	0.85374	0.035607	210.07	404.00	193.93	1.0359	1.7362
8	7.9687	6.7123	0.85656	0.034484	211.52	404.46	192.94	1.0410	1.7351
9	8.2108	6.9291	0.85942	0.033403	212.98	404.90	191.92	1.0462	1.7341
10	8.4584	7.1512	0.86232	0.032360	214.45	405.34	190.89	1.0513	1.7331
11	8.7114	7.3786	0.86526	0.031355	215.92	405.78	189.86	1.0564	1.7321
12	8.9701	7.6115	0.86825	0.030386	217.39	406.21	188.82	1.0615	1.7310
13	9.2344	7.8499	0.87127	0.029452	218.87	406.63	187.76	1.0665	1.7300
14	9.5045	8.0939	0.87434	0.028550	220.35	407.05	186.70	1.0716	1.7290
15	9.7803	8.3437	0.87746	0.027680	221.84	407.47	185.63	1.0767	1.7280
16	10.062	8.5992	0.88062	0.026840	223.33	407.88	184.55	1.0818	1.7270
17	10.350	8.8606	0.88383	0.026029	224.83	408.28	183.45	1.0869	1.7260
18	10.644	9.1280	0.88710	0.025246	226.33	408.67	182.34	1.0920	1.7250
19	10.944	9.4014	0.89041	0.024489	227.84	409.06	181.22	1.0971	1.7240
20	11.250	9.6810	0.89377	0.023758	229.35	409.45	180.10	1.1021	1.7230
21	11.562	9.9669	0.89719	0.023051	230.87	409.82	178.95	1.1072	1.7221
22	11.881	10.259	0.90067	0.022368	232.40	410.19	177.79	1.1123	1.7211
23	12.206	10.558	0.90420	0.021707	233.93	410.56	176.63	1.1174	1.7201
24	12.538	10.863	0.90779	0.021068	235.47	410.91	175.44	1.1225	1.7191
25	12.876	11.175	0.91145	0.020450	237.01	411.26	174.25	1.1275	1.7180
26	13.221	11.493	0.91517	0.019851	238.56	411.60	173.04	1.1326	1.7170
27	13.573	11.819	0.91895	0.019272	240.11	411.93	171.82	1.1377	1.7160
28	13.932	12.151	0.92281	0.018711	241.68	412.25	170.57	1.1428	1.7150
29	14.298	12.491	0.92673	0.018168	243.25	412.57	169.32	1.1479	1.7140
30	14.670	12.837	0.93073	0.017641	244.82	412.88	168.06	1.1530	1.7129
31	15.050	13.191	0.93481	0.017132	246.40	413.17	166.77	1.1581	1.7119

（续）

温度/℃	液体压力/bar	气体压力/bar	比体积		焓		蒸发热/(kJ/kg)	熵	
			dm^3/kg（液体）	m^3/kg（气体）	kJ/kg（液体）	kJ/kg（气体）		kJ/(kg·K)（液体）	kJ/(kg·K)（气体）
32	15.437	13.552	0.93896	0.016637	247.99	413.46	165.47	1.1632	1.7108
33	15.831	13.921	0.94320	0.016158	249.59	413.74	164.15	1.1683	1.7098
34	16.233	14.297	0.94752	0.015693	251.20	414.01	162.81	1.1734	1.7087
35	16.642	14.681	0.95194	0.015243	252.81	414.27	161.46	1.1785	1.7076
36	17.058	15.073	0.95644	0.014806	254.43	414.52	160.09	1.1836	1.7065
37	17.482	15.472	0.96105	0.014381	256.06	414.76	158.70	1.1887	1.7054
38	17.914	15.880	0.96575	0.013969	257.70	414.98	157.28	1.1939	1.7043
39	18.354	16.296	0.97056	0.013570	259.34	415.20	155.86	1.1990	1.7031
40	18.801	16.720	0.97548	0.013181	261.00	415.40	154.40	1.2042	1.7020
41	19.257	17.153	0.98051	0.012804	262.66	415.60	152.94	1.2093	1.7008
42	19.720	17.594	0.98567	0.012437	264.34	415.77	151.43	1.2145	1.6996
43	20.192	18.044	0.99095	0.012081	266.02	415.94	149.92	1.2197	1.6983
44	20.672	18.503	0.99637	0.011735	267.72	416.09	148.37	1.2249	1.6971
45	21.160	18.970	1.0019	0.011398	269.42	416.23	146.81	1.2301	1.6958
46	21.656	19.447	1.0076	0.011070	271.14	416.35	145.21	1.2354	1.6945
47	22.161	19.933	1.0135	0.010751	272.87	416.46	143.59	1.2406	1.6932
48	22.675	20.428	1.0195	0.010441	274.61	416.55	141.94	1.2459	1.6918
49	23.197	20.933	1.0257	0.010139	276.36	416.62	140.26	1.2512	1.6905
50	23.728	21.448	1.0321	0.009845	278.13	416.68	138.55	1.2565	1.6890
51	24.268	21.972	1.0387	0.009558	279.91	416.71	136.80	1.2618	1.6876
52	24.817	22.507	1.0454	0.009279	281.70	416.73	135.03	1.2671	1.6861
53	25.375	23.051	1.0525	0.009006	283.51	416.73	133.22	1.2725	1.6846
54	25.942	23.606	1.0597	0.008741	285.34	416.70	131.36	1.2779	1.6830
55	26.519	24.172	1.0672	0.008481	287.18	416.66	129.48	1.2834	1.6813
56	27.104	24.748	1.0750	0.008228	289.04	416.59	127.55	1.2888	1.6797
57	27.699	25.336	1.0830	0.007981	290.92	416.49	125.57	1.2943	1.6779
58	28.304	25.934	1.0914	0.007740	292.82	416.37	123.55	1.2999	1.6761
59	28.918	26.544	1.1001	0.007504	294.73	416.22	121.49	1.3055	1.6743
60	29.542	27.165	1.1092	0.007273	296.68	416.04	119.36	1.3111	1.6724
61	30.176	27.799	1.1186	0.007047	298.64	415.82	117.18	1.3168	1.6704
62	30.820	28.444	1.1286	0.006826	300.63	415.57	114.94	1.3225	1.6683
63	31.474	29.102	1.1389	0.006609	302.65	415.29	112.64	1.3283	1.6661
64	32.137	29.773	1.1499	0.006397	304.70	414.96	110.26	1.3342	1.6638
65	32.811	30.456	1.1614	0.006189	306.78	414.59	107.81	1.3401	1.6615
66	33.496	31.153	1.1735	0.005984	308.90	414.17	105.27	1.3461	1.6590

（续）

温度/℃	液体压力/bar	气体压力/bar	比体积		焓		蒸发热/(kJ/kg)	熵	
			dm³/kg（液体）	m³/kg（气体）	kJ/kg（液体）	kJ/kg（气体）		kJ/(kg·K)（液体）	kJ/(kg·K)（气体）
67	34.190	31.864	1.1864	0.005782	311.06	413.70	102.64	1.3522	1.6564
68	34.895	32.589	1.2001	0.005584	313.26	413.18	99.92	1.3584	1.6536
69	35.610	33.329	1.2148	0.005388	315.51	412.59	97.08	1.3648	1.6507
70	36.336	34.084	1.2305	0.005195	317.81	411.93	94.12	1.3712	1.6476
71	37.072	34.854	1.2474	0.005004	320.17	411.19	91.02	1.3778	1.6443
72	37.819	35.641	1.2659	0.004815	322.61	410.36	87.75	1.3846	1.6408
73	38.575	36.445	1.2860	0.004626	325.12	409.43	84.31	1.3916	1.6370
74	39.342	37.267	1.3082	0.004438	327.74	408.37	80.63	1.3989	1.6329
75	40.119	38.109	1.3330	0.004250	330.47	407.18	76.71	1.4064	1.6284
76	40.905	38.971	1.3611	0.004061	333.34	405.81	72.47	1.4144	1.6234
77	41.699	39.856	1.3934	0.003868	336.39	404.23	67.84	1.4228	1.6179
78	42.500	40.765	1.4316	0.003671	339.68	402.38	62.70	1.4319	1.6117
79	43.306	41.704	1.4783	0.003466	343.32	400.15	56.83	1.4419	1.6044
80	44.111	42.678	1.5387	0.003248	347.48	397.39	49.91	1.4533	1.5956

附录四　R449A 热力性质表

温度/℃	压力/bar	比体积		焓		蒸发热/(kJ/kg)	熵	
		dm³/kg（液体）	m³/kg（气体）	kJ/kg（液体）	kJ/kg（气体）		kJ/(kg·K)（液体）	kJ/(kg·K)（气体）
-80	0.086	0.690	2.116	95.6	352.3	256.7	0.551	1.907
-79	0.093	0.692	1.969	96.8	352.9	256.1	0.558	1.902
-78	0.101	0.693	1.834	98.0	353.5	255.5	0.564	1.898
-77	0.108	0.694	1.709	99.3	354.1	254.8	0.570	1.895
-76	0.117	0.696	1.595	100.5	354.7	254.2	0.577	1.891
-75	0.126	0.697	1.489	101.7	355.3	253.6	0.583	1.887
-74	0.135	0.698	1.392	103.0	356.0	253.0	0.589	1.883
-73	0.145	0.700	1.302	104.2	356.6	252.3	0.595	1.879
-72	0.155	0.701	1.219	105.5	357.2	251.7	0.601	1.876
-71	0.167	0.703	1.142	106.7	357.8	251.1	0.608	1.872
-70	0.179	0.704	1.071	107.9	358.4	250.5	0.614	1.869
-69	0.191	0.705	1.005	109.2	359.0	249.8	0.620	1.866
-68	0.204	0.707	0.944	110.4	359.6	249.2	0.626	1.862
-67	0.218	0.708	0.887	111.7	360.2	248.6	0.632	1.859
-66	0.233	0.710	0.834	112.9	360.9	247.9	0.638	1.856

（续）

温度/℃	压力/bar	比体积		焓		蒸发热/(kJ/kg)	熵	
		dm³/kg（液体）	m³/kg（气体）	kJ/kg（液体）	kJ/kg（气体）		kJ/(kg·K)（液体）	kJ/(kg·K)（气体）
-65	0.249	0.711	0.785	114.2	361.5	247.3	0.644	1.853
-64	0.265	0.713	0.740	115.4	362.1	246.6	0.650	1.850
-63	0.282	0.714	0.697	116.7	362.7	246.0	0.656	1.847
-62	0.301	0.716	0.658	117.9	363.3	245.3	0.662	1.844
-61	0.320	0.717	0.621	119.2	363.9	244.7	0.668	1.841
-60	0.340	0.719	0.586	120.5	364.5	244.1	0.674	1.838
-59	0.361	0.720	0.554	121.7	365.1	243.4	0.680	1.835
-58	0.383	0.722	0.524	123.0	365.7	242.7	0.686	1.832
-57	0.406	0.723	0.496	124.2	366.3	242.1	0.691	1.830
-56	0.431	0.725	0.469	125.5	366.9	241.4	0.697	1.827
-55	0.456	0.726	0.445	126.8	367.5	240.8	0.703	1.825
-54	0.483	0.728	0.421	128.0	368.1	240.1	0.709	1.822
-53	0.511	0.730	0.400	129.3	368.8	239.4	0.715	1.820
-52	0.540	0.731	0.379	130.6	369.4	238.8	0.720	1.817
-51	0.571	0.733	0.360	131.9	370.0	238.1	0.726	1.815
-50	0.603	0.734	0.342	133.1	370.6	237.4	0.732	1.812
-49	0.637	0.736	0.325	134.4	371.2	236.7	0.737	1.810
-48	0.672	0.738	0.309	135.7	371.8	236.1	0.743	1.808
-47	0.708	0.739	0.295	137.0	372.4	235.4	0.749	1.806
-46	0.746	0.741	0.280	138.3	372.9	234.7	0.754	1.803
-45	0.786	0.743	0.267	139.5	373.5	234.0	0.760	1.801
-44	0.827	0.744	0.255	140.8	374.1	233.3	0.766	1.799
-43	0.870	0.746	0.243	142.1	374.7	232.6	0.771	1.797
-42	0.915	0.748	0.232	143.4	375.3	231.9	0.777	1.795
-41	0.961	0.749	0.221	144.7	375.9	231.2	0.782	1.793
-40	1.009	0.751	0.211	146.0	376.5	230.5	0.788	1.791
-39	1.060	0.753	0.202	147.3	377.1	229.8	0.793	1.789
-38	1.112	0.755	0.193	148.6	377.7	229.1	0.799	1.787
-37	1.166	0.757	0.184	149.9	378.3	228.4	0.805	1.785
-36	1.223	0.758	0.176	151.2	378.8	227.6	0.810	1.784
-35	1.281	0.760	0.169	152.5	379.4	226.9	0.815	1.782
-34	1.342	0.762	0.161	153.8	380.0	226.2	0.821	1.780
-33	1.404	0.764	0.155	155.1	380.6	225.4	0.826	1.778
-32	1.470	0.766	0.148	156.4	381.1	224.7	0.832	1.777
-31	1.537	0.768	0.142	157.8	381.7	224.0	0.837	1.775

（续）

温度/℃	压力/bar	比体积		焓		蒸发热/(kJ/kg)	熵	
		dm^3/kg（液体）	m^3/kg（气体）	kJ/kg（液体）	kJ/kg（气体）		kJ/(kg·K)（液体）	kJ/(kg·K)（气体）
-30	1.607	0.769	0.136	159.1	382.3	223.2	0.843	1.773
-29	1.679	0.771	0.130	160.4	382.9	222.5	0.848	1.772
-28	1.754	0.773	0.125	161.7	383.4	221.7	0.853	1.770
-27	1.831	0.775	0.120	163.0	384.0	220.9	0.859	1.768
-26	1.912	0.777	0.115	164.4	384.5	220.2	0.864	1.767
-25	1.994	0.779	0.111	165.7	385.1	219.4	0.870	1.765
-24	2.080	0.781	0.106	167.0	385.7	218.6	0.875	1.764
-23	2.168	0.783	0.102	168.4	386.2	217.8	0.880	1.762
-22	2.259	0.785	0.098	169.7	386.8	217.1	0.885	1.761
-21	2.354	0.787	0.095	171.1	387.3	216.3	0.891	1.760
-20	2.451	0.789	0.091	172.4	387.9	215.5	0.896	1.758
-19	2.551	0.791	0.088	173.8	388.4	214.7	0.901	1.757
-18	2.654	0.793	0.084	175.1	389.0	213.9	0.907	1.755
-17	2.761	0.796	0.081	176.5	389.5	213.0	0.912	1.754
-16	2.871	0.798	0.078	177.8	390.0	212.2	0.917	1.753
-15	2.984	0.800	0.075	179.2	390.6	211.4	0.922	1.751
-14	3.101	0.802	0.073	180.5	391.1	210.6	0.928	1.750
-13	3.221	0.804	0.070	181.9	391.6	209.7	0.933	1.749
-12	3.344	0.806	0.068	183.3	392.2	208.9	0.938	1.748
-11	3.471	0.809	0.065	184.7	392.7	208.0	0.943	1.746
-10	3.602	0.811	0.063	186.0	393.2	207.2	0.948	1.745
-9	3.737	0.813	0.061	187.4	393.7	206.3	0.954	1.744
-8	3.876	0.816	0.059	188.8	394.2	205.4	0.959	1.743
-7	4.018	0.818	0.057	190.2	394.8	204.6	0.964	1.742
-6	4.164	0.820	0.055	191.6	395.3	203.7	0.969	1.741
-5	4.315	0.823	0.053	193.0	395.8	202.8	0.974	1.739
-4	4.469	0.825	0.051	194.4	396.3	201.9	0.979	1.738
-3	4.628	0.828	0.049	195.8	396.8	201.0	0.985	1.737
-2	4.791	0.830	0.048	197.2	397.3	200.1	0.990	1.736
-1	4.958	0.833	0.046	198.6	397.7	199.2	0.995	1.735
0	5.130	0.835	0.045	200.0	398.2	198.2	1.000	1.734
1	5.306	0.838	0.043	201.4	398.7	197.3	1.005	1.733
2	5.487	0.841	0.042	202.8	399.2	196.3	1.010	1.732
3	5.672	0.843	0.040	204.3	399.7	195.4	1.015	1.731
4	5.862	0.846	0.039	205.7	400.1	194.4	1.020	1.730

（续）

温度/℃	压力/bar	比体积		焓		蒸发热/(kJ/kg)	熵	
		dm³/kg（液体）	m³/kg（气体）	kJ/kg（液体）	kJ/kg（气体）		kJ/(kg·K)（液体）	kJ/(kg·K)（气体）
5	6.057	0.849	0.038	207.1	400.6	193.5	1.026	1.729
6	6.257	0.851	0.037	208.6	401.0	192.5	1.031	1.728
7	6.462	0.854	0.035	210.0	401.5	191.5	1.036	1.727
8	6.672	0.857	0.034	211.5	402.0	190.5	1.041	1.726
9	6.887	0.860	0.033	212.9	402.4	189.5	1.046	1.725
10	7.107	0.863	0.032	214.4	402.8	188.5	1.051	1.724
11	7.333	0.866	0.031	215.8	403.3	187.5	1.056	1.723
12	7.564	0.869	0.030	217.3	403.7	186.4	1.061	1.722
13	7.800	0.872	0.029	218.8	404.1	185.4	1.066	1.721
14	8.042	0.875	0.028	220.2	404.5	184.3	1.071	1.720
15	8.290	0.878	0.028	221.7	405.0	183.3	1.076	1.719
16	8.543	0.881	0.027	223.2	405.4	182.2	1.081	1.718
17	8.802	0.884	0.026	224.7	405.8	181.1	1.086	1.717
18	9.067	0.888	0.025	226.2	406.2	180.0	1.091	1.716
19	9.338	0.891	0.024	227.7	406.5	178.9	1.096	1.715
20	9.615	0.894	0.024	229.2	406.9	177.7	1.102	1.714
21	9.899	0.898	0.023	230.7	407.3	176.6	1.107	1.713
22	10.188	0.901	0.022	232.2	407.7	175.5	1.112	1.712
23	10.484	0.905	0.022	233.7	408.0	174.3	1.117	1.711
24	10.787	0.909	0.021	235.3	408.4	173.1	1.122	1.710
25	11.096	0.912	0.020	236.8	408.7	171.9	1.127	1.709
26	11.412	0.916	0.020	238.3	409.1	170.7	1.132	1.708
27	11.734	0.920	0.019	239.9	409.4	169.5	1.137	1.707
28	12.064	0.924	0.019	241.4	409.7	168.3	1.142	1.706
29	12.400	0.928	0.018	243.0	410.0	167.0	1.147	1.705
30	12.744	0.932	0.018	244.6	410.3	165.8	1.152	1.704
31	13.094	0.936	0.017	246.1	410.6	164.5	1.157	1.703
32	13.452	0.940	0.017	247.7	410.9	163.2	1.162	1.702
33	13.818	0.944	0.016	249.3	411.2	161.9	1.167	1.701
34	14.191	0.949	0.016	250.9	411.5	160.5	1.172	1.700
35	14.571	0.953	0.015	252.5	411.7	159.2	1.178	1.699
36	14.960	0.958	0.015	254.1	412.0	157.8	1.183	1.698
37	15.356	0.962	0.014	255.8	412.2	156.4	1.188	1.697
38	15.760	0.967	0.014	257.4	412.4	155.0	1.193	1.696
39	16.172	0.972	0.014	259.0	412.6	153.6	1.198	1.695

（续）

温度/℃	压力/bar	比体积		焓		蒸发热/(kJ/kg)	熵	
		dm^3/kg（液体）	m^3/kg（气体）	kJ/kg（液体）	kJ/kg（气体）		kJ/(kg·K)（液体）	kJ/(kg·K)（气体）
40	16.593	0.977	0.013	260.7	412.8	152.1	1.203	1.693
41	17.022	0.982	0.013	262.3	413.0	150.7	1.208	1.692
42	17.459	0.987	0.012	264.0	413.2	149.2	1.213	1.691
43	17.905	0.992	0.012	265.7	413.3	147.7	1.219	1.690
44	18.360	0.998	0.012	267.4	413.5	146.1	1.224	1.689
45	18.824	1.004	0.011	269.1	413.6	144.5	1.229	1.687
46	19.297	1.009	0.011	270.8	413.7	142.9	1.234	1.686
47	19.779	1.015	0.011	272.5	413.8	141.3	1.239	1.685
48	20.270	1.021	0.010	274.2	413.9	139.7	1.245	1.683
49	20.771	1.028	0.010	276.0	414.0	138.0	1.250	1.682
50	21.281	1.034	0.010	277.7	414.0	136.3	1.255	1.681
51	21.801	1.041	0.010	279.5	414.0	134.5	1.261	1.679
52	22.332	1.048	0.009	281.3	414.0	132.7	1.266	1.678
53	22.872	1.055	0.009	283.1	414.0	130.9	1.271	1.676
54	23.423	1.062	0.009	284.9	414.0	129.1	1.277	1.674
55	23.984	1.070	0.008	286.8	413.9	127.2	1.282	1.673
56	24.556	1.078	0.008	288.6	413.8	125.2	1.288	1.671
57	25.139	1.086	0.008	290.5	413.7	123.2	1.293	1.669
58	25.734	1.095	0.008	292.4	413.6	121.2	1.299	1.668
59	26.339	1.103	0.007	294.3	413.4	119.1	1.304	1.666
60	26.957	1.113	0.007	296.3	413.2	116.9	1.310	1.664
61	27.586	1.122	0.007	298.2	413.0	114.7	1.316	1.662
62	28.227	1.133	0.007	300.2	412.7	112.5	1.321	1.659
63	28.881	1.143	0.007	302.3	412.4	110.1	1.327	1.657
64	29.548	1.155	0.006	304.3	412.0	107.7	1.333	1.655
65	30.228	1.167	0.006	306.4	411.6	105.2	1.339	1.652
66	30.921	1.179	0.006	308.5	411.2	102.6	1.345	1.650
67	31.628	1.193	0.006	310.7	410.7	100.0	1.351	1.647
68	32.350	1.207	0.006	312.9	410.1	97.2	1.357	1.644
69	33.087	1.223	0.005	315.2	409.4	94.2	1.364	1.641
70	33.839	1.239	0.005	317.5	408.7	91.2	1.370	1.638
71	34.608	1.257	0.005	319.9	407.9	88.0	1.377	1.635
72	35.393	1.277	0.005	322.4	407.0	84.6	1.384	1.631
73	36.196	1.299	0.005	325.0	405.9	81.0	1.391	1.627
74	37.018	1.323	0.004	327.7	404.8	77.1	1.399	1.622

（续）

温度/℃	压力/bar	比体积		焓		蒸发热/(kJ/kg)	熵	
		dm³/kg（液体）	m³/kg（气体）	kJ/kg（液体）	kJ/kg（气体）		kJ/(kg·K)（液体）	kJ/(kg·K)（气体）
75	37.861	1.351	0.004	330.5	403.4	72.9	1.406	1.617
76	38.726	1.383	0.004	333.5	401.8	68.3	1.415	1.612
77	39.616	1.421	0.004	336.8	400.0	63.2	1.424	1.605
78	40.535	1.468	0.004	340.4	397.7	57.3	1.434	1.598
79	41.490	1.531	0.003	344.6	394.9	50.3	1.445	1.589
80	42.495	1.626	0.003	350.0	391.1	41.0	1.460	1.577

附录五　R507热力性质表

温度/℃	压力/bar	比体积		焓		蒸发热/(kJ/kg)	熵	
		dm³/kg（液体）	m³/kg（气体）	kJ/kg（液体）	kJ/kg（气体）		kJ/(kg·K)（液体）	kJ/(kg·K)（气体）
-80	0.139	0.7033	1.15764	101.34	327.20	225.86	0.5747	1.7441
-79	0.149	0.7048	1.08176	102.55	327.68	225.13	0.5810	1.7405
-78	0.160	0.7064	1.01174	103.76	328.15	224.39	0.5872	1.7370
-77	0.172	0.7079	0.94707	104.96	328.62	223.65	0.5933	1.7336
-76	0.184	0.7094	0.88728	106.18	329.09	222.91	0.5995	1.7302
-75	0.197	0.7109	0.83196	107.39	329.56	222.17	0.6056	1.7269
-74	0.211	0.7125	0.78072	108.60	330.03	221.43	0.6117	1.7236
-73	0.226	0.7140	0.73322	109.82	330.51	220.69	0.6178	1.7204
-72	0.241	0.7156	0.68916	111.04	330.98	219.94	0.6239	1.7173
-71	0.258	0.7172	0.64824	112.26	331.45	219.19	0.6299	1.7142
-70	0.275	0.7188	0.61021	113.48	331.93	218.45	0.6360	1.7113
-69	0.293	0.7203	0.57484	114.70	332.40	217.69	0.6420	1.7083
-68	0.312	0.7219	0.54192	115.93	332.87	216.94	0.6479	1.7054
-67	0.332	0.7236	0.51124	117.16	333.35	216.19	0.6539	1.7026
-66	0.353	0.7252	0.48264	118.38	333.82	215.44	0.6598	1.6998
-65	0.375	0.7268	0.45596	119.61	334.29	214.68	0.6657	1.6971
-64	0.399	0.7284	0.43104	120.84	334.76	213.92	0.6716	1.6944
-63	0.423	0.7301	0.40776	122.08	335.24	213.16	0.6775	1.6918
-62	0.448	0.7318	0.38598	123.31	335.71	212.40	0.6833	1.6893
-61	0.475	0.7334	0.36560	124.54	336.18	211.64	0.6892	1.6868
-60	0.503	0.7351	0.34652	125.78	336.65	210.88	0.6950	1.6843
-59	0.532	0.7368	0.32863	127.01	337.13	210.11	0.7007	1.6819
-58	0.563	0.7385	0.31186	128.25	337.60	209.34	0.7065	1.6795

（续）

温度/℃	压力/bar	比体积		焓		蒸发热/（kJ/kg）	熵	
		dm^3/kg（液体）	m^3/kg（气体）	kJ/kg（液体）	kJ/kg（气体）		kJ/（kg·K）（液体）	kJ/（kg·K）（气体）
-57	0.595	0.7402	0.29611	129.49	338.07	208.58	0.7122	1.6772
-56	0.628	0.7420	0.28133	130.73	338.54	207.81	0.7179	1.6749
-55	0.663	0.7437	0.26744	131.97	339.01	207.04	0.7236	1.6727
-54	0.699	0.7455	0.25438	133.21	339.48	206.27	0.7293	1.6705
-53	0.737	0.7472	0.24208	134.45	339.95	205.49	0.7349	1.6684
-52	0.777	0.7490	0.23051	135.69	340.41	204.72	0.7405	1.6662
-51	0.818	0.7508	0.21961	136.94	340.88	203.95	0.7461	1.6642
-50	0.861	0.7526	0.20933	138.18	341.35	203.17	0.7517	1.6622
-49	0.905	0.7544	0.19964	139.42	341.81	202.39	0.7572	1.6602
-48	0.952	0.7562	0.19049	140.66	342.28	201.61	0.7628	1.6582
-47	1.000	0.7581	0.18185	141.91	342.74	200.84	0.7683	1.6563
-46	1.050	0.7599	0.17369	143.15	343.21	200.06	0.7737	1.6544
-45	1.102	0.7618	0.16597	144.40	343.67	199.27	0.7792	1.6526
-44	1.155	0.7637	0.15867	145.64	344.13	198.49	0.7846	1.6508
-43	1.211	0.7656	0.15176	146.89	344.59	197.71	0.7900	1.6490
-42	1.269	0.7675	0.14521	148.13	345.06	196.92	0.7954	1.6473
-41	1.329	0.7694	0.13901	149.37	345.51	196.14	0.8007	1.6456
-40	1.391	0.7714	0.13314	150.62	345.97	195.35	0.8061	1.6439
-39	1.456	0.7733	0.12756	151.86	346.43	194.57	0.8114	1.6423
-38	1.523	0.7753	0.12227	153.11	346.89	193.78	0.8166	1.6407
-37	1.592	0.7773	0.11725	154.35	347.34	192.99	0.8219	1.6391
-36	1.663	0.7793	0.11248	155.59	347.80	192.20	0.8271	1.6376
-35	1.737	0.7813	0.10794	156.84	348.25	191.41	0.8323	1.6361
-34	1.813	0.7834	0.10363	158.08	348.70	190.62	0.8375	1.6346
-33	1.892	0.7854	0.09953	159.32	349.15	189.83	0.8427	1.6331
-32	1.973	0.7875	0.09563	160.56	349.60	189.04	0.8478	1.6317
-31	2.057	0.7896	0.09191	161.81	350.05	188.25	0.8529	1.6303
-30	2.144	0.7917	0.08837	163.05	350.50	187.45	0.8580	1.6289
-29	2.233	0.7938	0.08500	164.29	350.95	186.66	0.8631	1.6276
-28	2.325	0.7960	0.08178	165.53	351.39	185.86	0.8681	1.6263
-27	2.420	0.7982	0.07871	166.77	351.83	185.07	0.8731	1.6250
-26	2.518	0.8003	0.07578	168.01	352.28	184.27	0.8781	1.6237
-25	2.619	0.8026	0.07299	169.24	352.72	183.47	0.8831	1.6224
-24	2.723	0.8048	0.07032	170.48	353.15	182.67	0.8880	1.6212
-23	2.830	0.8070	0.06776	171.72	353.59	181.88	0.8929	1.6200

（续）

温度/℃	压力/bar	比体积		焓		蒸发热/(kJ/kg)	熵	
		dm^3/kg（液体）	m^3/kg（气体）	kJ/kg（液体）	kJ/kg（气体）		kJ/(kg·K)（液体）	kJ/(kg·K)（气体）
-22	2.940	0.8093	0.06533	172.95	354.03	181.08	0.8978	1.6188
-21	3.054	0.8116	0.06299	174.19	354.46	180.27	0.9027	1.6176
-20	3.170	0.8139	0.06076	175.42	354.90	179.47	0.9075	1.6165
-19	3.290	0.8163	0.05863	176.66	355.33	178.67	0.9124	1.6154
-18	3.414	0.8186	0.05658	177.89	355.76	177.87	0.9172	1.6143
-17	3.540	0.8210	0.05463	179.12	356.19	177.06	0.9220	1.6132
-16	3.671	0.8234	0.05275	180.36	356.61	176.26	0.9267	1.6121
-15	3.804	0.8259	0.05095	181.59	357.04	175.45	0.9315	1.6111
-14	3.942	0.8283	0.04923	182.82	357.46	174.64	0.9362	1.6101
-13	4.083	0.8308	0.04758	184.05	357.88	173.83	0.9409	1.6091
-12	4.228	0.8333	0.04599	185.28	358.30	173.02	0.9455	1.6081
-11	4.376	0.8359	0.04447	186.51	358.72	172.21	0.9502	1.6071
-10	4.529	0.8385	0.04300	187.74	359.13	171.39	0.9548	1.6061
-9	4.685	0.8411	0.04160	188.97	359.55	170.58	0.9594	1.6052
-8	4.846	0.8437	0.04025	190.20	359.96	169.76	0.9640	1.6043
-7	5.010	0.8464	0.03895	191.42	360.37	168.94	0.9686	1.6034
-6	5.179	0.8491	0.03770	192.65	360.77	168.12	0.9731	1.6025
-5	5.352	0.8518	0.03650	193.88	361.18	167.30	0.9777	1.6016
-4	5.529	0.8546	0.03535	195.11	361.58	166.47	0.9822	1.6007
-3	5.710	0.8574	0.03424	196.32	361.98	165.66	0.9866	1.5999
-2	5.896	0.8602	0.03317	197.54	362.38	164.84	0.9911	1.5990
-1	6.087	0.8631	0.03214	198.77	362.77	164.00	0.9956	1.5982
0	6.282	0.8660	0.03115	200.00	363.17	163.17	1.0000	1.5974
1	6.481	0.8689	0.03019	201.23	363.56	162.33	1.0044	1.5965
2	6.686	0.8719	0.02927	202.46	363.94	161.49	1.0088	1.5957
3	6.895	0.8749	0.02838	203.69	364.33	160.64	1.0132	1.5950
4	7.108	0.8780	0.02752	204.92	364.71	159.79	1.0176	1.5942
5	7.327	0.8811	0.02670	206.15	365.09	158.94	1.0220	1.5934
6	7.551	0.8843	0.02590	207.38	365.47	158.08	1.0263	1.5926
7	7.780	0.8875	0.02513	208.62	365.84	157.22	1.0307	1.5919
8	8.014	0.8907	0.02438	209.85	366.21	156.36	1.0350	1.5911
9	8.254	0.8940	0.02366	211.09	366.58	155.49	1.0393	1.5904
10	8.498	0.8974	0.02297	212.33	366.94	154.61	1.0436	1.5897
11	8.749	0.9008	0.02230	213.57	367.30	153.73	1.0479	1.5889
12	9.004	0.9043	0.02165	214.81	367.65	152.84	1.0522	1.5882

（续）

温度/℃	压力/bar	比体积		焓		蒸发热/(kJ/kg)	熵	
		dm³/kg（液体）	m³/kg（气体）	kJ/kg（液体）	kJ/kg（气体）		kJ/(kg·K)（液体）	kJ/(kg·K)（气体）
13	9.265	0.9078	0.02102	216.06	368.01	151.95	1.0565	1.5875
14	9.532	0.9113	0.02041	217.31	368.35	151.05	1.0608	1.5868
15	9.805	0.9150	0.01982	218.56	368.70	150.14	1.0650	1.5861
16	10.084	0.9187	0.01925	219.81	369.04	149.23	1.0693	1.5854
17	10.368	0.9224	0.01870	221.07	369.38	148.30	1.0735	1.5847
18	10.659	0.9263	0.01817	222.34	369.71	147.37	1.0778	1.5840
19	10.955	0.9302	0.01765	223.60	370.04	146.43	1.0820	1.5833
20	11.258	0.9341	0.01715	224.87	370.36	145.48	1.0863	1.5826
21	11.567	0.9382	0.01666	226.15	370.68	144.53	1.0905	1.5819
22	11.883	0.9423	0.01619	227.43	370.99	143.56	1.0948	1.5812
23	12.205	0.9465	0.01573	228.72	371.30	142.58	1.0990	1.5805
24	12.534	0.9508	0.01529	230.02	371.60	141.59	1.1033	1.5798
25	12.870	0.9552	0.01486	231.32	371.90	140.58	1.1076	1.5791
26	13.212	0.9596	0.01444	232.62	372.19	139.57	1.1118	1.5784
27	13.562	0.9642	0.01404	233.94	372.47	138.54	1.1161	1.5777
28	13.919	0.9689	0.01365	235.26	372.75	137.49	1.1204	1.5770
29	14.282	0.9737	0.01326	236.60	373.03	136.43	1.1247	1.5762
30	14.653	0.9785	0.01289	237.94	373.29	135.36	1.1290	1.5755
31	15.032	0.9835	0.01253	239.29	373.55	134.26	1.1333	1.5748
32	15.418	0.9887	0.01218	240.65	373.81	133.15	1.1377	1.5740
33	15.812	0.9939	0.01184	242.03	374.05	132.03	1.1421	1.5733
34	16.213	0.9993	0.01151	243.41	374.29	130.88	1.1464	1.5725
35	16.623	1.0048	0.01118	244.81	374.52	129.71	1.1509	1.5718
36	17.041	1.0105	0.01087	246.23	374.74	128.51	1.1553	1.5710
37	17.466	1.0164	0.01056	247.65	374.95	127.30	1.1598	1.5702
38	17.901	1.0224	0.01026	249.10	375.15	126.05	1.1643	1.5694
39	18.343	1.0286	0.00997	250.56	375.34	124.78	1.1688	1.5686
40	18.795	1.0349	0.00969	252.04	375.53	123.49	1.1734	1.5678
41	19.255	1.0415	0.00941	253.54	375.70	122.16	1.1780	1.5669
42	19.724	1.0483	0.00914	255.06	375.86	120.80	1.1827	1.5660
43	20.202	1.0554	0.00888	256.61	376.01	119.40	1.1875	1.5651
44	20.689	1.0626	0.00862	258.17	376.15	117.97	1.1922	1.5642
45	21.186	1.0702	0.00837	259.77	376.27	116.50	1.1971	1.5633
46	21.692	1.0780	0.00813	261.39	376.38	114.99	1.2020	1.5623
47	22.208	1.0861	0.00789	263.04	376.48	113.44	1.2070	1.5613

（续）

温度/℃	压力/bar	比体积		焓		蒸发热/(kJ/kg)	熵	
		dm³/kg（液体）	m³/kg（气体）	kJ/kg（液体）	kJ/kg（气体）		kJ/(kg·K)（液体）	kJ/(kg·K)（气体）
48	22.734	1.0946	0.00765	264.73	376.56	111.83	1.2121	1.5603
49	23.270	1.1034	0.00742	266.45	376.62	110.17	1.2173	1.5593
50	23.816	1.1126	0.00720	268.21	376.67	108.46	1.2225	1.5582
51	24.373	1.1222	0.00698	270.01	376.70	106.69	1.2279	1.5570
52	24.940	1.1323	0.00676	271.86	376.71	104.85	1.2334	1.5559
53	25.518	1.1430	0.00655	273.76	376.70	102.94	1.2390	1.5546
54	26.107	1.1542	0.00634	275.71	376.66	100.95	1.2448	1.5534
55	26.707	1.1660	0.00614	277.72	376.60	98.88	1.2507	1.5521
56	27.319	1.1786	0.00594	279.80	376.52	96.71	1.2568	1.5507
57	27.942	1.1919	0.00574	281.96	376.40	94.44	1.2631	1.5492
58	28.578	1.2062	0.00554	284.20	376.25	92.05	1.2697	1.5477
59	29.225	1.2216	0.00535	286.53	376.07	89.53	1.2765	1.5461
60	29.884	1.2381	0.00515	288.98	375.84	86.86	1.2836	1.5443

附录六 R508B 热力性质表

温度/℃	压力		比体积		焓		蒸发热/(kJ/kg)	熵	
	液体/kPa	气体/kPa	dm³/kg（液体）	m³/kg（气体）	kJ/kg（液体）	kJ/kg（气体）		kJ/(kg·K)（液体）	kJ/(kg·K)（气体）
-97.00	60.4	56.7	0.0006	0.2623	80.7	167.3	247.9	0.4853	1.4348
-96.00	64.3	60.6	0.0006	0.2465	81.5	166.9	248.4	0.4899	1.4318
-95.00	68.4	64.6	0.0006	0.2319	82.4	166.4	248.8	0.4946	1.4288
-94.00	72.6	68.9	0.0006	0.2184	83.3	166.0	249.3	0.4993	1.4260
-93.00	77.1	73.4	0.0006	0.2058	84.2	165.6	249.7	0.5040	1.4231
-92.00	81.8	78.2	0.0006	0.1941	85.0	165.1	250.2	0.5088	1.4203
-91.00	86.7	83.1	0.0006	0.1832	85.9	164.7	250.6	0.5135	1.4176
-90.00	91.9	88.3	0.0006	0.1731	86.8	164.2	251.1	0.5184	1.4150
-89.00	97.3	93.8	0.0007	0.1636	87.8	163.7	251.5	0.5232	1.4124
-88.00	102.9	99.5	0.0007	0.1548	88.7	163.3	251.9	0.5281	1.4099
-87.00	108.8	105.4	0.0007	0.1466	89.6	162.8	252.4	0.5330	1.4074
-86.00	115.0	111.7	0.0007	0.1389	90.5	162.3	252.8	0.5379	1.4049
-85.00	121.4	118.2	0.0007	0.1316	91.5	161.8	253.2	0.5428	1.4026
-84.00	128.2	125.0	0.0007	0.1249	92.4	161.2	253.7	0.5478	1.4002
-83.00	135.2	132.1	0.0007	0.1186	93.4	160.7	254.1	0.5528	1.3979
-82.00	142.5	139.5	0.0007	0.1126	94.4	160.2	254.5	0.5578	1.3957

（续）

温度/℃	压力		比体积		焓		蒸发热/(kJ/kg)	熵	
	液体/kPa	气体/kPa	dm³/kg（液体）	m³/kg（气体）	kJ/kg（液体）	kJ/kg（气体）		kJ/(kg·K)（液体）	kJ/(kg·K)（气体）
-81.00	150.1	147.2	0.0007	0.1071	95.3	159.6	255.0	0.5628	1.3935
-80.00	158.1	155.2	0.0007	0.1018	96.3	159.1	255.4	0.5678	1.3914
-79.00	166.3	163.6	0.0007	0.0969	97.3	158.5	255.8	0.5729	1.3893
-78.00	175.0	172.3	0.0007	0.0923	98.3	157.9	256.2	0.5779	1.3872
-77.00	183.9	181.3	0.0007	0.0879	99.3	157.3	256.7	0.5830	1.3852
-76.00	193.2	190.7	0.0007	0.0838	100.3	156.8	257.1	0.5881	1.3832
-75.00	202.9	200.5	0.0007	0.0799	101.3	156.2	257.5	0.5932	1.3813
-74.00	213.0	210.6	0.0007	0.0763	102.4	155.5	257.9	0.5983	1.3794
-73.00	223.4	221.2	0.0007	0.0728	103.4	154.9	258.3	0.6035	1.3775
-72.00	234.2	232.1	0.0007	0.0695	104.4	154.3	258.7	0.6086	1.3756
-71.00	245.5	243.4	0.0007	0.0665	105.5	153.6	259.1	0.6138	1.3738
-70.00	257.1	255.2	0.0007	0.0635	106.5	153.0	259.5	0.6189	1.3721
-69.00	269.2	267.4	0.0007	0.0608	107.6	152.3	259.9	0.6241	1.3703
-68.00	281.7	280.0	0.0007	0.0582	108.7	151.7	260.3	0.6293	1.3686
-67.00	294.7	293.0	0.0007	0.0557	109.7	151.0	260.7	0.6345	1.3670
-66.00	308.1	306.5	0.0007	0.0533	110.8	150.3	261.1	0.6397	1.3653
-65.00	321.9	320.5	0.0007	0.0511	111.9	149.6	261.5	0.6449	1.3637
-64.00	336.3	334.9	0.0007	0.0490	113.0	148.9	261.9	0.6501	1.3621
-63.00	351.1	349.9	0.0007	0.0470	114.1	148.2	262.3	0.6553	1.3605
-62.00	366.5	365.3	0.0007	0.0450	115.2	147.5	262.7	0.6606	1.3590
-61.00	382.3	381.2	0.0007	0.0432	116.3	146.7	263.1	0.6658	1.3575
-60.00	398.7	397.7	0.0007	0.0415	117.4	146.0	263.4	0.6710	1.3560
-59.00	415.6	414.7	0.0007	0.0399	118.6	145.2	263.8	0.6763	1.3545
-58.00	433.1	432.2	0.0007	0.0383	119.7	144.5	264.2	0.6815	1.3531
-57.00	451.1	450.3	0.0007	0.0368	120.9	143.7	264.6	0.6868	1.3516
-56.00	469.6	468.9	0.0007	0.0354	122.0	142.9	264.9	0.6920	1.3502
-55.00	488.8	488.1	0.0007	0.0340	123.2	142.1	265.3	0.6973	1.3489
-54.00	508.5	507.9	0.0007	0.0327	124.3	141.3	265.7	0.7026	1.3475
-53.00	528.9	528.3	0.0007	0.0315	125.5	140.5	266.0	0.7078	1.3461
-52.00	549.8	549.3	0.0007	0.0303	126.7	139.7	266.4	0.7131	1.3448
-51.00	571.4	570.9	0.0007	0.0292	127.8	138.9	266.7	0.7184	1.3435
-50.00	593.6	593.2	0.0007	0.0281	129.0	138.0	267.1	0.7236	1.3422
-49.00	616.4	616.1	0.0007	0.0270	130.2	137.2	267.4	0.7289	1.3409
-48.00	640.0	639.6	0.0008	0.0261	131.4	136.3	267.8	0.7342	1.3397
-47.00	664.1	663.8	0.0008	0.0251	132.6	135.5	268.1	0.7395	1.3384

（续）

温度/℃	压力		比体积		焓		蒸发热/(kJ/kg)	熵	
	液体/kPa	气体/kPa	dm³/kg（液体）	m³/kg（气体）	kJ/kg（液体）	kJ/kg（气体）		kJ/(kg·K)（液体）	kJ/(kg·K)（气体）
-46.00	689.0	688.7	0.0008	0.0242	133.9	134.6	268.4	0.7447	1.3372
-45.00	714.6	714.3	0.0008	0.0233	135.1	133.7	268.8	0.7500	1.3359
-44.00	740.9	740.6	0.0008	0.0225	136.3	132.8	269.1	0.7553	1.3347
-43.00	767.8	767.6	0.0008	0.0217	137.5	131.9	269.4	0.7606	1.3335
-42.00	795.6	795.4	0.0008	0.0209	138.8	130.9	269.7	0.7659	1.3323
-41.00	824.0	823.8	0.0008	0.0202	140.0	130.0	270.0	0.7712	1.3311
-40.00	853.3	853.1	0.0008	0.0195	141.3	129.0	270.3	0.7765	1.3299
-39.00	883.3	883.1	0.0008	0.0188	142.5	128.1	270.6	0.7818	1.3288
-38.00	914.0	913.9	0.0008	0.0182	143.8	127.1	270.9	0.7871	1.3276
-37.00	945.6	945.4	0.0008	0.0176	145.1	126.1	271.2	0.7924	1.3264
-36.00	978.0	977.8	0.0008	0.0170	146.4	125.1	271.5	0.7977	1.3253
-35.00	1011.2	1011.0	0.0008	0.0164	147.7	124.1	271.8	0.8030	1.3241
-34.00	1045.2	1045.0	0.0008	0.0158	149.0	123.1	272.0	0.8083	1.3230
-33.00	1080.1	1079.9	0.0008	0.0153	150.3	122.0	272.3	0.8136	1.3218
-32.00	1115.8	1115.6	0.0008	0.0148	151.6	121.0	272.6	0.8189	1.3207
-31.00	1152.5	1152.2	0.0008	0.0143	152.9	119.9	272.8	0.8242	1.3195
-30.00	1189.9	1189.6	0.0008	0.0138	154.2	118.9	273.1	0.8295	1.3184
-29.00	1228.3	1228.0	0.0008	0.0134	155.6	117.8	273.3	0.8349	1.3172
-28.00	1267.6	1267.3	0.0008	0.0129	156.9	116.6	273.6	0.8402	1.3160
-27.00	1307.9	1307.5	0.0008	0.0125	158.3	115.5	273.8	0.8456	1.3149
-26.00	1349.0	1348.6	0.0008	0.0121	159.6	114.4	274.0	0.8509	1.3137
-25.00	1391.1	1390.7	0.0008	0.0117	161.0	113.2	274.2	0.8563	1.3125
-24.00	1434.2	1433.7	0.0009	0.0113	162.4	112.0	274.4	0.8616	1.3114
-23.00	1478.3	1477.7	0.0009	0.0109	163.7	110.9	274.6	0.8670	1.3102
-22.00	1523.3	1522.7	0.0009	0.0106	165.1	109.6	274.8	0.8724	1.3090
-21.00	1569.4	1568.7	0.0009	0.0102	166.5	108.4	274.9	0.8778	1.3077
-20.00	1616.4	1615.8	0.0009	0.0099	168.0	107.2	275.1	0.8832	1.3065
-19.00	1664.5	1663.8	0.0009	0.0096	169.4	105.9	275.3	0.8887	1.3053
-18.00	1713.7	1712.9	0.0009	0.0093	170.8	104.6	275.4	0.8941	1.3040
-17.00	1763.9	1763.1	0.0009	0.0090	172.3	103.3	275.5	0.8996	1.3027
-16.00	1815.1	1814.3	0.0009	0.0087	173.7	101.9	275.6	0.9051	1.3014
-15.00	1867.5	1866.6	0.0009	0.0084	175.2	100.5	275.8	0.9106	1.3001
-14.00	1921.0	1920.1	0.0009	0.0081	176.7	99.1	275.8	0.9162	1.2987
-13.00	1975.6	1974.6	0.0009	0.0079	178.2	97.7	275.9	0.9218	1.2973
-12.00	2031.3	2030.3	0.0009	0.0076	179.7	96.2	276.0	0.9274	1.2959

（续）

温度/℃	压力		比体积		焓		蒸发热/(kJ/kg)	熵	
	液体/kPa	气体/kPa	dm³/kg（液体）	m³/kg（气体）	kJ/kg（液体）	kJ/kg（气体）		kJ/(kg·K)（液体）	kJ/(kg·K)（气体）
-11.00	2088.1	2087.1	0.0009	0.0074	181.3	94.7	276.0	0.9330	1.2944
-10.00	2146.1	2145.1	0.0009	0.0071	182.8	93.2	276.0	0.9388	1.2930
-9.00	2205.3	2204.2	0.0010	0.0069	184.4	91.6	276.1	0.9445	1.2914
-8.00	2265.7	2264.6	0.0010	0.0067	186.0	90.0	276.0	0.9503	1.2898
-7.00	2327.3	2326.1	0.0010	0.0064	187.7	88.4	276.0	0.9562	1.2882
-6.00	2390.1	2388.9	0.0010	0.0062	189.3	86.7	276.0	0.9622	1.2865
-5.00	2454.1	2452.9	0.0010	0.0060	191.0	84.9	275.9	0.9682	1.2848
-4.00	2519.4	2518.1	0.0010	0.0058	192.7	83.1	275.8	0.9743	1.2830
-3.00	2586.0	2584.7	0.0010	0.0056	194.5	81.2	275.7	0.9805	1.2811
-2.00	2653.8	2652.5	0.0010	0.0054	196.3	79.2	275.5	0.9869	1.2792
-1.00	2722.9	2721.6	0.0010	0.0052	198.1	77.2	275.3	0.9934	1.2771
0.00	2793.4	2792.0	0.0011	0.0051	200.0	75.1	275.1	1.0000	1.2750
1.00	2865.2	2863.8	0.0011	0.0049	202.0	72.9	274.9	1.0069	1.2727
2.00	2938.3	2936.9	0.0011	0.0047	204.0	70.6	274.6	1.0139	1.2704
3.00	3012.8	3011.4	0.0011	0.0045	206.1	68.1	274.2	1.0212	1.2679
4.00	3088.7	3087.3	0.0011	0.0044	208.3	65.6	273.8	1.0288	1.2653
5.00	3165.9	3164.5	0.0012	0.0042	210.6	62.8	273.4	1.0367	1.2626
6.00	3244.6	3243.3	0.0012	0.0040	213.0	59.9	272.9	1.0451	1.2597
7.00	3324.8	3323.4	0.0012	0.0039	215.6	56.8	272.4	1.0540	1.2566
8.00	3406.4	3405.0	0.0012	0.0037	218.4	53.4	271.8	1.0636	1.2533
9.00	3489.5	3488.1	0.0013	0.0036	221.5	49.6	271.1	1.0740	1.2499
10.00	3574.0	3572.7	0.0013	0.0034	224.9	45.5	270.4	1.0856	1.2463

注：本表源自美国杜邦公司 2004 年的资料技术数据。

附录七　R717 热力性质表

温度/℃	压力/bar	比体积		焓		蒸发热/(kJ/kg)	熵	
		dm³/kg（液体）	m³/kg（气体）	kJ/kg（液体）	kJ/kg（气体）		kJ/(kg·K)（液体）	kJ/(kg·K)（气体）
-70	0.109	1.3783	9.00587	-110.78	1356.08	1466.85	-0.3102	6.9103
-69	0.118	1.3805	8.41117	-106.46	1357.89	1464.34	-0.2890	6.8839
-68	0.126	1.3827	7.86181	-102.13	1359.69	1461.83	-0.2679	6.8578
-67	0.136	1.3849	7.35392	-97.81	1361.49	1459.30	-0.2468	6.8320
-66	0.146	1.3871	6.88398	-93.48	1363.29	1456.76	-0.2259	6.8065
-65	0.156	1.3893	6.44881	-89.15	1365.07	1454.22	-0.2050	6.7814
-64	0.167	1.3915	6.04553	-84.81	1366.85	1451.66	-0.1843	6.7565

（续）

温度/℃	压力/bar	比体积		焓		蒸发热/（kJ/kg）	熵	
		dm^3/kg（液体）	m^3/kg（气体）	kJ/kg（液体）	kJ/kg（气体）		kJ/（kg·K）（液体）	kJ/（kg·K）（气体）
-63	0.179	1.3938	5.67150	-80.47	1368.63	1449.10	-0.1636	6.7320
-62	0.192	1.3961	5.32434	-76.13	1370.40	1446.53	-0.1430	6.7077
-61	0.205	1.3983	5.00187	-71.78	1372.16	1443.94	-0.1225	6.6838
-60	0.219	1.4006	4.70212	-67.44	1373.91	1441.35	-0.1020	6.6601
-59	0.234	1.4029	4.42328	-63.09	1375.66	1438.74	-0.0817	6.6367
-58	0.249	1.4052	4.16371	-58.73	1377.40	1436.13	-0.0614	6.6136
-57	0.266	1.4075	3.92191	-54.37	1379.13	1433.50	-0.0412	6.5908
-56	0.283	1.4099	3.69649	-50.01	1380.85	1430.86	-0.0211	6.5682
-55	0.302	1.4122	3.48621	-45.65	1382.57	1428.21	-0.0010	6.5459
-54	0.321	1.4146	3.28992	-41.28	1384.27	1425.55	0.0190	6.5239
-53	0.341	1.4170	3.10656	-36.91	1385.97	1422.88	0.0388	6.5021
-52	0.362	1.4194	2.93517	-32.53	1387.66	1420.19	0.0587	6.4805
-51	0.385	1.4218	2.77486	-28.15	1389.35	1417.50	0.0784	6.4592
-50	0.408	1.4242	2.62482	-23.77	1391.02	1414.79	0.0981	6.4382
-49	0.433	1.4266	2.48431	-19.38	1392.68	1412.07	0.1177	6.4173
-48	0.459	1.4290	2.35264	-14.99	1394.34	1409.33	0.1372	6.3967
-47	0.487	1.4315	2.22917	-10.60	1395.99	1406.59	0.1567	6.3764
-46	0.515	1.4340	2.11333	-6.20	1397.63	1403.83	0.1760	6.3562
-45	0.545	1.4364	2.00458	-1.80	1399.25	1401.06	0.1953	6.3363
-44	0.576	1.4389	1.90242	2.60	1400.87	1398.27	0.2146	6.3166
-43	0.609	1.4414	1.80641	7.01	1402.48	1395.47	0.2338	6.2971
-42	0.644	1.4440	1.71612	11.42	1404.08	1392.66	0.2529	6.2778
-41	0.680	1.4465	1.63116	15.84	1405.67	1389.83	0.2719	6.2587
-40	0.717	1.4491	1.55117	20.25	1407.25	1387.00	0.2909	6.2398
-39	0.756	1.4516	1.47582	24.68	1408.82	1384.14	0.3098	6.2211
-38	0.797	1.4542	1.40480	29.10	1410.38	1381.27	0.3286	6.2026
-37	0.840	1.4568	1.33783	33.53	1411.93	1378.39	0.3474	6.1843
-36	0.885	1.4594	1.27465	37.97	1413.46	1375.50	0.3661	6.1662
-35	0.931	1.4621	1.21501	42.40	1414.99	1372.59	0.3847	6.1483
-34	0.980	1.4647	1.15868	46.84	1416.51	1369.66	0.4033	6.1305
-33	1.030	1.4674	1.10545	51.29	1418.01	1366.72	0.4218	6.1130
-32	1.083	1.4701	1.05513	55.74	1419.50	1363.77	0.4403	6.0956
-31	1.138	1.4728	1.00753	60.19	1420.99	1360.80	0.4587	6.0783
-30	1.195	1.4755	0.96249	64.64	1422.46	1357.81	0.4770	6.0613
-29	1.254	1.4782	0.91984	69.10	1423.92	1354.81	0.4953	6.0444

（续）

温度/℃	压力/bar	比体积		焓		蒸发热/(kJ/kg)	熵	
		dm³/kg（液体）	m³/kg（气体）	kJ/kg（液体）	kJ/kg（气体）		kJ/(kg·K)（液体）	kJ/(kg·K)（气体）
-28	1.315	1.4810	0.87945	73.57	1425.36	1351.80	0.5135	6.0277
-27	1.379	1.4837	0.84117	78.03	1426.80	1348.77	0.5316	6.0111
-26	1.446	1.4865	0.80488	82.50	1428.22	1345.72	0.5497	5.9947
-25	1.515	1.4893	0.77046	86.98	1429.64	1342.66	0.5677	5.9784
-24	1.587	1.4921	0.73779	91.45	1431.04	1339.58	0.5857	5.9623
-23	1.661	1.4950	0.70678	95.93	1432.42	1336.49	0.6036	5.9464
-22	1.738	1.4978	0.67733	100.42	1433.80	1333.38	0.6214	5.9305
-21	1.818	1.5007	0.64934	104.91	1435.16	1330.25	0.6392	5.9149
-20	1.901	1.5036	0.62274	109.40	1436.51	1327.11	0.6570	5.8994
-19	1.987	1.5065	0.59744	113.89	1437.85	1323.95	0.6746	5.8840
-18	2.076	1.5094	0.57338	118.39	1439.17	1320.78	0.6923	5.8687
-17	2.168	1.5124	0.55047	122.90	1440.48	1317.59	0.7098	5.8536
-16	2.263	1.5154	0.52866	127.40	1441.78	1314.38	0.7273	5.8386
-15	2.362	1.5184	0.50789	131.91	1443.07	1311.15	0.7448	5.8238
-14	2.464	1.5214	0.48810	136.43	1444.34	1307.91	0.7622	5.8091
-13	2.570	1.5244	0.46923	140.94	1445.59	1304.65	0.7795	5.7945
-12	2.679	1.5275	0.45123	145.46	1446.84	1301.38	0.7968	5.7800
-11	2.791	1.5305	0.43407	149.99	1448.07	1298.08	0.8140	5.7657
-10	2.908	1.5336	0.41769	154.52	1449.29	1294.77	0.8312	5.7514
-9	3.028	1.5368	0.40205	159.05	1450.49	1291.44	0.8483	5.7373
-8	3.152	1.5399	0.38712	163.58	1451.68	1288.09	0.8653	5.7233
-7	3.280	1.5431	0.37285	168.12	1452.85	1284.73	0.8824	5.7094
-6	3.412	1.5463	0.35921	172.66	1454.01	1281.35	0.8993	5.6957
-5	3.548	1.5495	0.34618	177.21	1455.16	1277.95	0.9162	5.6820
-4	3.688	1.5527	0.33371	181.76	1456.29	1274.53	0.9331	5.6685
-3	3.833	1.5560	0.32178	186.32	1457.40	1271.09	0.9499	5.6550
-2	3.982	1.5593	0.31037	190.87	1458.51	1267.63	0.9666	5.6417
-1	4.136	1.5626	0.29944	195.43	1459.59	1264.16	0.9833	5.6284
0	4.294	1.5659	0.28898	200.00	1460.66	1260.66	1.0000	5.6153
1	4.457	1.5693	0.27895	204.57	1461.72	1257.15	1.0166	5.6022
2	4.625	1.5727	0.26935	209.14	1462.76	1253.62	1.0332	5.5893
3	4.797	1.5761	0.26014	213.72	1463.79	1250.07	1.0497	5.5764
4	4.975	1.5795	0.25131	218.30	1464.80	1246.50	1.0661	5.5637
5	5.158	1.5830	0.24284	222.89	1465.79	1242.91	1.0825	5.5510
6	5.345	1.5865	0.23471	227.47	1466.77	1239.30	1.0989	5.5384

（续）

温度/℃	压力/bar	比体积		焓		蒸发热/(kJ/kg)	熵	
		dm^3/kg（液体）	m^3/kg（气体）	kJ/kg（液体）	kJ/kg（气体）		kJ/(kg·K)（液体）	kJ/(kg·K)（气体）
7	5.539	1.5900	0.22692	232.07	1467.73	1235.66	1.1152	5.5259
8	5.737	1.5936	0.21943	236.67	1468.68	1232.01	1.1315	5.5135
9	5.941	1.5972	0.21224	241.27	1469.61	1228.34	1.1477	5.5012
10	6.150	1.6008	0.20533	245.87	1470.52	1224.65	1.1639	5.4890
11	6.365	1.6044	0.19870	250.48	1471.42	1220.94	1.1800	5.4768
12	6.586	1.6081	0.19232	255.10	1472.30	1217.21	1.1961	5.4647
13	6.813	1.6118	0.18619	259.72	1473.17	1213.45	1.2121	5.4527
14	7.046	1.6155	0.18029	264.34	1474.02	1209.67	1.2281	5.4408
15	7.285	1.6193	0.17462	268.97	1474.85	1205.88	1.2441	5.4290
16	7.530	1.6231	0.16916	273.60	1475.66	1202.06	1.2600	5.4172
17	7.781	1.6269	0.16391	278.24	1476.46	1198.21	1.2759	5.4055
18	8.039	1.6308	0.15885	282.89	1477.24	1194.35	1.2917	5.3939
19	8.303	1.6347	0.15398	287.53	1478.00	1190.46	1.3075	5.3823
20	8.574	1.6386	0.14929	292.19	1478.74	1186.55	1.3232	5.3708
21	8.851	1.6426	0.14477	296.85	1479.47	1182.62	1.3390	5.3594
22	9.136	1.6466	0.14041	301.51	1480.17	1178.66	1.3546	5.3481
23	9.427	1.6506	0.13621	306.18	1480.86	1174.68	1.3703	5.3368
24	9.725	1.6547	0.13216	310.86	1481.53	1170.68	1.3859	5.3255
25	10.031	1.6588	0.12826	315.54	1482.19	1166.65	1.4014	5.3144
26	10.343	1.6630	0.12449	320.23	1482.82	1162.59	1.4169	5.3033
27	10.664	1.6672	0.12085	324.92	1483.43	1158.51	1.4324	5.2922
28	10.991	1.6714	0.11734	329.62	1484.03	1154.41	1.4479	5.2812
29	11.326	1.6757	0.11396	334.32	1484.60	1150.28	1.4633	5.2703
30	11.669	1.6800	0.11069	339.04	1485.16	1146.12	1.4787	5.2594
31	12.020	1.6844	0.10753	343.76	1485.70	1141.94	1.4940	5.2485
32	12.379	1.6888	0.10447	348.48	1486.21	1137.73	1.5093	5.2377
33	12.746	1.6933	0.10153	353.22	1486.71	1133.49	1.5246	5.2270
34	13.121	1.6978	0.09867	357.96	1487.19	1129.23	1.5398	5.2163
35	13.504	1.7023	0.09593	362.58	1487.65	1125.07	1.5547	5.2058
36	13.896	1.7069	0.09327	367.33	1488.09	1120.75	1.5699	5.1952
37	14.296	1.7115	0.09069	372.09	1488.50	1116.41	1.5850	5.1846
38	14.705	1.7162	0.08820	376.86	1488.89	1112.03	1.6002	5.1741
39	15.122	1.7210	0.08578	381.64	1489.26	1107.62	1.6153	5.1636
40	15.549	1.7257	0.08345	386.43	1489.61	1103.19	1.6303	5.1532
41	15.985	1.7306	0.08119	391.22	1489.94	1098.72	1.6454	5.1428

（续）

温度/℃	压力/bar	比体积		焓		蒸发热/(kJ/kg)	熵	
		dm^3/kg（液体）	m^3/kg（气体）	kJ/kg（液体）	kJ/kg（气体）		kJ/(kg·K)（液体）	kJ/(kg·K)（气体）
42	16.429	1.7355	0.07900	396.02	1490.25	1094.22	1.6604	5.1325
43	16.883	1.7404	0.07688	400.84	1490.53	1089.69	1.6754	5.1222
44	17.347	1.7454	0.07483	405.66	1490.79	1085.13	1.6904	5.1119
45	17.820	1.7505	0.07284	410.49	1491.02	1080.53	1.7053	5.1016
46	18.302	1.7556	0.07092	415.34	1491.23	1075.90	1.7203	5.0914
47	18.795	1.7608	0.06905	420.19	1491.42	1071.23	1.7352	5.0812
48	19.297	1.7660	0.06724	425.06	1491.59	1066.53	1.7501	5.0711
49	19.809	1.7713	0.06548	429.93	1491.73	1061.79	1.7650	5.0609
50	20.331	1.7767	0.06378	434.82	1491.84	1057.02	1.7798	5.0508
51	20.864	1.7821	0.06213	439.72	1491.93	1052.21	1.7947	5.0407
52	21.407	1.7876	0.06053	444.63	1491.99	1047.36	1.8095	5.0307
53	21.961	1.7932	0.05898	449.56	1492.03	1042.47	1.8243	5.0206
54	22.525	1.7988	0.05747	454.50	1492.04	1037.54	1.8391	5.0106
55	23.100	1.8046	0.05600	459.45	1492.02	1032.57	1.8539	5.0006
56	23.686	1.8103	0.05458	464.42	1491.98	1027.56	1.8687	4.9906
57	24.284	1.8162	0.05320	469.40	1491.91	1022.51	1.8835	4.9806
58	24.892	1.8221	0.05186	474.39	1491.81	1017.42	1.8983	4.9707
59	25.512	1.8282	0.05056	479.40	1491.68	1012.28	1.9131	4.9607
60	26.143	1.8343	0.04929	484.43	1491.52	1007.09	1.9278	4.9508

附录八　R744 热力性质表

温度/℃	压力/bar	比体积		焓		蒸发热/(kJ/kg)	熵	
		dm^3/kg（液体）	m^3/kg（气体）	kJ/kg（液体）	kJ/kg（气体）		kJ/(kg·K)（液体）	kJ/(kg·K)（气体）
-45	8.336	0.8798	0.04594	102.57	433.99	331.42	0.6212	2.0739
-44	8.663	0.8828	0.04424	104.68	434.25	329.57	0.6303	2.0686
-43	9.000	0.8858	0.04263	106.78	434.50	327.72	0.6394	2.0633
-42	9.346	0.8889	0.04108	108.88	434.74	325.86	0.6483	2.0581
-41	9.701	0.8920	0.03960	110.98	434.97	324.00	0.6572	2.0529
-40	10.067	0.8952	0.03819	113.07	435.19	322.13	0.6661	2.0477
-39	10.442	0.8984	0.03683	115.15	435.40	320.25	0.6749	2.0426
-38	10.828	0.9017	0.03553	117.24	435.59	318.36	0.6836	2.0374
-37	11.224	0.9050	0.03429	119.32	435.78	316.46	0.6923	2.0324
-36	11.631	0.9083	0.03310	121.36	435.95	314.59	0.7007	2.0273

（续）

温度/℃	压力/bar	比体积		焓		蒸发热/(kJ/kg)	熵	
		dm^3/kg（液体）	m^3/kg（气体）	kJ/kg（液体）	kJ/kg（气体）		kJ/(kg·K)（液体）	kJ/(kg·K)（气体）
-35	12.048	0.9117	0.03196	123.43	436.11	312.68	0.7093	2.0223
-34	12.477	0.9151	0.03086	125.51	436.26	310.75	0.7179	2.0172
-33	12.916	0.9186	0.02981	127.59	436.39	308.81	0.7264	2.0122
-32	13.367	0.9221	0.02880	129.66	436.51	306.85	0.7348	2.0073
-31	13.829	0.9257	0.02783	131.74	436.62	304.88	0.7432	2.0023
-30	14.303	0.9293	0.02690	133.83	436.71	302.89	0.7516	1.9973
-29	14.788	0.9330	0.02600	135.91	436.79	300.88	0.7600	1.9924
-28	15.286	0.9368	0.02514	138.00	436.86	298.86	0.7684	1.9875
-27	15.796	0.9406	0.02431	140.10	436.91	296.81	0.7767	1.9825
-26	16.318	0.9444	0.02352	142.20	436.95	294.75	0.7850	1.9776
-25	16.852	0.9484	0.02275	144.31	436.97	292.66	0.7934	1.9727
-24	17.400	0.9524	0.02201	146.42	436.97	290.55	0.8016	1.9678
-23	17.960	0.9564	0.02130	148.55	436.96	288.42	0.8099	1.9629
-22	18.533	0.9606	0.02061	150.67	436.94	286.26	0.8182	1.9580
-21	19.120	0.9648	0.01995	152.81	436.89	284.08	0.8265	1.9531
-20	19.720	0.9691	0.01932	154.95	436.83	281.88	0.8347	1.9482
-19	20.334	0.9734	0.01870	157.10	436.75	279.95	0.8430	1.9433
-18	20.961	0.9778	0.01811	159.26	436.65	277.39	0.8512	1.9384
-17	21.603	0.9824	0.01754	161.43	436.54	275.11	0.8594	1.9334
-16	22.259	0.9870	0.01699	163.61	436.40	272.80	0.8677	1.9285
-15	22.929	0.9917	0.01645	165.79	436.25	270.46	0.8759	1.9236
-14	23.614	0.9965	0.01594	167.99	436.07	268.09	0.8841	1.9186
-13	24.313	1.0014	0.01544	170.19	435.88	265.69	0.8923	1.9136
-12	25.028	1.0064	0.01496	172.40	435.66	263.25	0.9005	1.9086
-11	25.758	1.0115	0.01450	174.63	435.42	260.79	0.9088	1.9036
-10	26.504	1.0167	0.01405	176.86	435.16	258.29	0.9170	1.8985
-9	27.265	1.0221	0.01361	179.11	434.87	255.76	0.9252	1.8934
-8	28.042	1.0275	0.01319	181.37	434.56	253.19	0.9335	1.8883
-7	28.835	1.0331	0.01278	183.64	434.22	250.58	0.9417	1.8832
-6	29.644	1.0389	0.01239	185.93	433.86	247.93	0.9500	1.8780
-5	30.470	1.0447	0.01201	188.23	433.46	245.23	0.9582	1.8728
-4	31.313	1.0508	0.01163	190.55	433.04	242.50	0.9665	1.8675
-3	32.173	1.0570	0.01128	192.88	432.59	239.71	0.9749	1.8622
-2	33.050	1.0633	0.01093	195.23	432.11	236.88	0.9832	1.8568
-1	33.944	1.0699	0.01059	197.61	431.60	233.99	0.9916	1.8514

（续）

温度/℃	压力/bar	比体积		焓		蒸发热/(kJ/kg)	熵	
		dm^3/kg（液体）	m^3/kg（气体）	kJ/kg（液体）	kJ/kg（气体）		kJ/(kg·K)（液体）	kJ/(kg·K)（气体）
0	34.857	1.0766	0.01026	200.00	431.05	231.05	1.0000	1.8459
1	35.787	1.0836	0.00994	202.42	430.47	228.06	1.0085	1.8403
2	36.735	1.0908	0.00963	204.86	429.85	225.00	1.0170	1.8347
3	37.702	1.0982	0.00933	207.32	429.19	221.87	1.0255	1.8290
4	38.688	1.1058	0.00904	209.82	428.49	218.68	1.0342	1.8232
5	39.693	1.1137	0.00875	212.34	427.75	215.41	1.0428	1.8173
6	40.716	1.1220	0.00847	214.89	426.96	212.07	1.0516	1.8113
7	41.760	1.1305	0.00820	217.48	426.13	208.65	1.0604	1.8052
8	42.823	1.1393	0.00794	220.11	425.24	205.13	1.0694	1.7990
9	43.906	1.1486	0.00768	222.77	424.30	201.53	1.0784	1.7926
10	45.010	1.1582	0.00743	225.47	423.30	197.83	1.0875	1.7861
11	46.134	1.1683	0.00719	228.21	422.24	194.02	1.0967	1.7795
12	47.279	1.1788	0.00695	231.03	421.09	190.06	1.1061	1.7726
13	48.446	1.1899	0.00671	233.86	419.90	186.04	1.1155	1.7657
14	49.634	1.2015	0.00648	236.74	418.62	181.89	1.1251	1.7585
15	50.844	1.2138	0.00626	239.67	417.26	177.60	1.1348	1.7511
16	52.077	1.2269	0.00604	242.70	415.79	173.09	1.1447	1.7434
17	53.332	1.2407	0.00582	245.78	414.22	168.44	1.1548	1.7354
18	54.611	1.2555	0.00561	248.94	412.54	163.60	1.1652	1.7271
19	55.914	1.2714	0.00540	252.19	410.73	158.54	1.1757	1.7184
20	57.242	1.2886	0.00519	255.53	408.76	153.24	1.1866	1.7093
21	58.594	1.3073	0.00498	258.99	406.63	147.64	1.1977	1.6997
22	59.973	1.3277	0.00478	262.59	404.30	141.71	1.2093	1.6895
23	61.378	1.3502	0.00457	266.35	401.72	135.37	1.2214	1.6785
24	62.812	1.3755	0.00436	270.32	398.86	128.54	1.2342	1.6667
25	64.274	1.4042	0.00415	274.56	395.65	121.09	1.2477	1.6539
26	65.766	1.4374	0.00394	279.14	391.97	112.84	1.2623	1.6395
27	67.289	1.4769	0.00371	284.23	387.64	103.41	1.2786	1.6231
28	68.846	1.5259	0.00348	290.02	382.42	92.39	1.2971	1.6039
29	70.437	1.5909	0.00321	296.97	375.73	78.75	1.3193	1.5799
30	72.065	1.6895	0.00289	306.21	366.06	59.85	1.3489	1.5461
31	73.733	1.9686	0.00232	325.75	343.73	17.98	1.4123	1.4714
31.06	73.834	2.1552	0.00216	335.68	335.68	0.00	1.4449	1.4449

后　　记

让制造业产业升级，实现智能制造，整个工业4.0过程就是自动化和信息化不断融合的过程，也是用软件重新定义世界的过程。工业4.0将无处不在的传感器、嵌入式中端系统、智能控制系统、通信设施通过CPS形成一个智能网络。通过这个智能网络，使人与人、人与机器、机器与机器以及服务与服务之间互联，从而实现横向、纵向和端到端的高度集成。

工业制冷集成的新设计就是用大量的数据来重新整合现代冷链需求与应用技术，现代冷链物流的发展趋势正让冷库从过去的计划经济时代储存型冷库向配送物流型冷库的方向发展，这种转型意味着未来冷库的选型计算更为精准，技术需要更大的提高。作者李宪光高级工程师编写的这本实用型书籍《工业制冷集成新技术与应用》，以应对这种市场的变化，让专业技术人员了解、学习和接受创新技术与模式，让国内制冷行业尽快与国外的先进技术对接，作为最终目的。

作者李宪光先生在冷库行业沉淀了30余年，终生奉献给制冷工程设计与安装事业，本书是其多年工作实践经验和专业技术的结晶，综合了欧美及国内工业制冷系统的设计特点与计算模式，具有先进性和科学性，并经数次修改完善，最终定稿。

《工业制冷集成新技术与应用》的出版，是对我国工业制冷集成的提升，对于中国制冷行业具有一定的重要意义。未来企业将变成数据的企业、创新的企业、集成的企业、不断快速变化的企业。对于整个制冷业来说，这是一个大的挑战与尝试。

广东省冷链协会会长